# 无 机 化 学

**主　编**　刘德育　刘有训

**副主编**　海力茜·陶尔大洪　任群翔　李雪华　陆家政

**编　委**　(以姓氏笔画为序)

于丽(天津医科大学)　　　李雪华(广西医科大学)

乌恩(内蒙古医学院)　　　张爱平(山西医科大学)

叶建涛(中山大学)　　　　陆家政(广东药学院)

乔秀文(石河子大学)　　　陈志琼(重庆医科大学)

任群翔(沈阳医学院)　　　房晨婕(首都医科大学)

刘有训(大连医科大学)　　赵先英(第三军医大学)

刘德育(中山大学)　　　　海力茜·陶尔大洪(新疆医科大学)

刘毅敏(第三军医大学)　　程向晖(包头医学院)

杜志坚(石河子大学)　　　燕小梅(大连医科大学)

科 学 出 版 社

北 京

## 郑　重　声　明

　　为顺应教育部教学改革潮流和改进现有的教学模式,适应目前高等医学院校的教育现状,提高医学教学质量,培养具有创新精神和创新能力的医学人才,科学出版社在充分调研的基础上,引进国外先进的教学模式,独创案例与教学内容相结合的编写形式,组织编写了国内首套引领医学教育发展趋势的案例版教材。案例教学在医学教育中,是培养高素质、创新型和实用型医学人才的有效途径。

　　案例版教材版权所有,其内容和引用案例的编写模式受法律保护,一切抄袭、模仿和盗版等侵权行为及不正当竞争行为,将被追究法律责任。

**图书在版编目(CIP)数据**

无机化学:案例版 / 刘德育,刘有训主编 . —北京:科学出版社,2009
(中国科学院教材建设专家委员会规划教材·全国高等医药院校规划教材)
ISBN 978-7-03-025472-6

Ⅰ.无… Ⅱ.①刘… ②刘… Ⅲ.无机化学—医学院校—教材 Ⅳ.061

中国版本图书馆 CIP 数据核字(2009)第 155697 号

策划编辑:周万灏　李国红 / 责任编辑:周万灏　李国红 / 责任校对:陈玉凤
责任印制:徐晓晨 / 封面设计:黄　超

科　学　出　版　社 出版
北京东黄城根北街 16 号
邮政编码:100717
http://www.sciencep.com

北京教园印刷有限公司 印刷
科学出版社发行　各地新华书店经销
*

2009 年 9 月第　一　版　　　开本:787×1092 1/16
2016 年 8 月第七次印刷　　　印张:25 1/4　插页:1
字数:730 000

**定价:49.00 元**
如有印装质量问题,我社负责调换

# 前　言

　　无机化学是高等医药院校药学、药物制剂学专业的一门重要基础课，同时它对后续的化学课程和专业课程起着至关重要的作用。本书考虑到医药院校对本课程的要求及大学一年级学生的实际水平，在内容选择和安排上保持了无机化学学科的科学性和系统性，避免了复杂的理论推导，文字叙述也力求深入浅出，通俗易懂，便于自学。本教材的编写思路：以创新精神为主，突出"三基"（基础理论、基本知识、基本技能）和体现"五性"（思想性、科学性、先进性、启发性、适用性），知识点明确，学生好学，教师好教；注重创新能力和实践能力的培养，为学生知识、素质、能力协调发展创造条件；将教学改革和教学经验融入教材，使学生在尽可能短的时间内掌握所学课程的知识点。

　　本教材在内容选编方面，有以下几个特点：

　　1. 注重理论联系实际和专业需要。本教材重点阐述了与医学及药学等领域紧密相关的内容，如溶液理论、酸碱平衡、沉淀溶解平衡、氧化还原平衡、配位平衡；化学热力学基础、化学平衡和化学反应速率；原子结构理论、分子结构理论和离子键概念；元素化学概念以及 s 区、p 区、d 区、ds 区和 f 区元素的一般性质和常见化合物，元素的生物学效应和常用药物。

　　2. 在不改变现有教学体制的情况下，每章增加了 3~5 个与本章相关的案例，大多数案例来自于药学或医学的真实例子，案例描述后根据案例情况，提出相关的问题，启发学生思维，并结合理论知识对案例进行相应的分析和总结，这样既能激发学生的学习兴趣，又能拓展学生的知识面。

　　3. 在每章开头给出本章的学习目标，使学生知道哪些部分需要掌握、哪些部分只需要一般了解。每章的后面给出了本章的英文小结，即 summary，使学生同时也学习了专业英语。

　　4. 本教材在附录表格中选用了相关的常用物理化学数据，这些资料引自当今国际上权威刊物或手册的最新数据资料。

　　5. 本教材根据 60~90 学时教学计划编写，各院校可以根据专业需要和教学时数，对相关内容进行取舍。

　　本教材在编写过程中得到了科学出版社和中山大学的大力支持,各编者所在学校也给予了支持和帮助。在此谨向他们致以诚挚的谢意。

　　本教材可作为药学、药物制剂、临床药学、医学检验专业及其他相关专业的教科书或参考书,也可供社会读者阅读。

　　本教材在编写时力求做到开拓创新、尽善尽美,但由于我们水平有限,时间仓促,书中难免有不妥之处,敬请同行和读者批评指正。

编　者

2009 年 6 月

# 目　　录

# 第1章 绪论

## 第1节 无机化学的发展和研究内容

### 一、化学是研究物质的化学变化的科学

**化学**(chemistry)是自然科学的一个分支,它是研究物质及其变化规律的一门科学。

物质可分为实物和场。实物包括宏观物质和微观物质两类,宏观指我们肉眼看得到的,如课本、书桌、树木、水、太阳、星星等;微观是指一般肉眼看不到的,如分子、原子、电子等。场是一种特殊的物质状态,没有静止质量,包括中学物理学过的磁场、电场、重力场等。场虽然不被我们的感官所感觉,但可以证明它是确实存在的。

所有物质都有其结构和性质,而且可以发生变化。是不是物质的变化就是化学要研究的对象呢?我们来看下面的两类变化:

(1) 1941 年,美国的 Anderson 用中子轰击 Hg 得到了 Au,其反应式为:

$$_{80}^{196}\text{Hg} + 2_0^1\text{n} \longrightarrow _{79}^{197}\text{Au} + _1^1\text{H}$$

又如核反应:

$$_{92}^{235}\text{U} + _0^1\text{n} \longrightarrow _{56}^{142}\text{Ba} + _{36}^{91}\text{Kr} + 3_0^1\text{n}$$

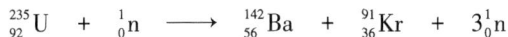

(2) 氢与氧反应生成水,其反应式为:

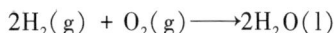

$$2\text{H}_2(\text{g}) + \text{O}_2(\text{g}) \longrightarrow 2\text{H}_2\text{O}(\text{l})$$

锌与硫酸反应生成硫酸锌并放出氢气:

$$\text{Zn}(\text{s}) + \text{H}_2\text{SO}_4(\text{aq}) \longrightarrow \text{ZnSO}_4(\text{aq}) + \text{H}_2(\text{g})\uparrow$$

上述两类反应都发生了物质变化。第一类是原子核发生了变化,如从元素 Hg 反应得到了元素 Au,从元素 U 反应得到了元素 Ba 与 Kr。第二类变化虽然也有新物质生成,但原子核没有发生变化。例如,氢与氧反应生成水,反应前是 H、O 元素,反应后也是这两种元素,只是它们的结合方式发生了变化;锌与硫酸反应,反应前是 Zn、S、H、O 元素,反应后也是这些元素。虽然上述这两类变化都有新物质生成,但它们的本质有区别。我们把第一类变化叫核变化(属于物理学研究内容),第二类变化叫化学变化。化学变化是在原子核不变的情况下,发生了分子组成或原子、离子等结合方式的质变。

化学变化具有以下三个特征:

(1) 化学变化前后,所有元素的原子核总数和核外电子数不变,遵循**质量守恒定律**,即参与反应的各种物质之间有确定的计量关系,如:

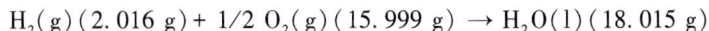

$$\text{H}_2(\text{g})(2.016\text{ g}) + 1/2\text{ O}_2(\text{g})(15.999\text{ g}) \rightarrow \text{H}_2\text{O}(\text{l})(18.015\text{ g})$$

$$\text{Zn}(\text{s})(65.409\text{ g}) + \text{H}_2\text{SO}_4(\text{aq})(98.079\text{ g}) \rightarrow \text{ZnSO}_4(\text{aq})(161.472\text{ g}) + \text{H}_2(\text{g})(2.016\text{ g})\uparrow$$

(2) 在化学变化中,分子组成发生改变——**有新的物质生成**。如氢与氧反应生成了水,锌与硫酸反应生成硫酸锌并放出氢气。因此,化学变化发生了质的变化,是旧化学键断裂和新化学键生成的过程。

(3) 化学变化伴随着能量的变化,遵循"**能量守恒定律**"(热力学第一定律),即反应过程中系统和环境的能量总和保持不变。例如上述氢与氧反应生成水,破坏氢气和氧气分子中的化学键需要从环境中吸收 285.8 kJ·mol$^{-1}$的能量,而生成水分子形成新的化学键则要向环境放出同

样多的能量。

因此,化学是在原子、分子、离子层次上研究物质的组成、结构、性质和它们之间的关系,研究一种物质变成另一种物质的条件、方法及变化规律的科学。

化学与许多其他科学领域紧密相关,这些领域包括:药学、生物学(生命科学)、环境科学、电子学、计算机科学、工程学、地质学、物理学、冶金学等。在这些相关的领域中,化学都起到了十分重要的作用。化学家的任务是,研究和发明供人类衣、住、行的各种新型材料;发明保证粮食供应和提高产量的新方法;制造农药和化肥用于农作物;制造新药,保障人类的健康等。

化学在其发展和应用过程中,按其研究的对象和目的不同,产生了一些分支,其中无机化学、有机化学、分析化学、物理化学和高分子化学是化学的五大分支学科。随着科学的不断发展,化学与各种学科交叉,形成了许多新的学科,例如,药物化学、临床化学、生物化学(包括植物生理等内容时也可称为生命化学)、地球化学、环境化学、核化学(放射化学与辐射化学)、农业化学、工业化学、天体化学与宇宙化学、固体化学、计算化学以及化学信息学、化学商品学、化学教育学…等。化学与其他学科的联系愈来愈密切,当今化学已被公认为一门中心科学。

## 二、无机化学的研究内容和发展过程

**无机化学**(inorganic chemistry)是化学中最古老的分支学科。在人类历史早期,人们受当时的生存条件和生产力水平的限制,化学的研究多以实用为目的,研究对象主要为矿物等自然界的无机物。因此,早期的化学发展史可认为是无机化学的发展史。早在新石器时代初期,我国原始人就懂得烧黏土制陶器,并逐渐发展为彩陶、白陶、釉陶和瓷器。在制陶过程中,黏土经烧制使 $SiO_2$、$Al_2O_3$、$CaCO_3$、$MgO$ 等发生了一系列化学反应。公元前约 5000 年,人类发现了天然铜的性质坚韧,用作器具不易破损,后来又观察到铜矿石如孔雀石[主要成分:$Cu_2(OH)_2CO_3$]与炽热的木炭接触而被分解为氧化铜,进而被还原为金属铜。人们经过反复观察和试验,终于掌握以木炭还原铜矿石的炼铜技术,以后又陆续掌握了炼锡、炼锌、炼镍等技术。公元前约 3600 年,人们将一定比例的铜与锡混合加热,得到了青铜,这是最早的合金。人们将青铜用于制造工具和武器,由此造就了青铜时代;之后又将铁矿与木炭加热,得到了纯铁,由此创造了铁器时代。除了铂、金、银等金属以天然单质存在外,大多数金属均以类似方法得到。在化合物方面,我国人民在公元前 17 世纪的殷商时代就知道食盐($NaCl$)是调味品,苦盐($MgSO_4$)的味苦。公元 7 世纪,我国就有了焰硝($KNO_3$)、硫磺和木炭做成火药的记载。明朝宋应星在 1637 年的《天工开物》中详细记述了我国古代手工业技术,其中有陶瓷器、铜、钢铁、食盐、焰硝、石灰、红矾、黄矾等几十种无机物的生产过程。由此可见,在化学科学建立前,人类已掌握了很多无机化学的知识和技术。

古代的炼丹术是化学科学的先驱。炼丹术就是希望将丹砂($HgS$)之类的药剂变成黄金,并炼制出长生不老之丹。我国的炼丹术始于公元前 2~前 3 世纪的秦汉时代。公元 142 年炼丹家魏伯阳著的《周易参同契》是世界上最古老的论述炼丹术的书。约公元 360 年,葛洪著的《抱朴子》对炼丹术做了进一步总结,记载了 $Hg$、$Pb$、$Au$、$S$ 等化学元素和几十种药物的性质、化学变化及一些化学实验的操作技术。葛洪写道:"丹砂($HgS$)烧之成水银($Hg$),积变(把硫和水银二者放在一起)又还成丹砂"。这是化学变化规律的一个总结。到了公元 8 世纪,欧洲的炼丹术兴起,后来逐渐演进为近代的化学科学,而我国的炼丹术则未能进一步发展。炼丹家关于无机物变化的知识主要从实验中得来。他们设计发明了加热锅、熔化炉、蒸馏器、研磨器、过滤装置等实验用具。英语中的炼丹家(alchemist)与化学家(chemist)二者很相近,其含义是"化学源于炼丹术"。

无机化学是研究无机物的组成、结构、性质和变化规律的科学。除了含碳的有机化合物以外的所有元素及其化合物都是无机物,因此无机化学的研究范围极其广泛。在古代,人类很早就懂得从自然界中分离出纯化学物质。例如,从某些花卉和昆虫中提取染料,用于作画和染布。但人们不知道这些染料是什么,直至 19 世纪初,化学家们才搞清楚它们的化学结构。人类很早就通过化学反应创造出新物质。最早的例子是制备活性炭和肥皂。人们将木材经过加热,水分失去而得到了活性炭。人们用火加热食物,产生的脂肪滴到了木材燃烧后的灰烬(含有一些碱)上而得到了肥皂,它比活性炭的发现还早。

无机化学学科是随着元素的发现而逐步发展起来的。许多基于无机化学方面的工作,导致了一些化学基础理论的形成。从 19 世纪 30 年代开始,无机化学家发现了多种新元素,合成了大量的已知元素的各种化合物,确定了定比定律。1869 年,俄国化学家 DI Mendeleev(门捷列夫)提出了以氧等于 16 为基准的元素原子量,创立了近代自然科学基石之一的元素周期律。1893 年,瑞士化学家 A Werner(维尔纳)奠定了配位化学的基础。随后,放射化学的开展、非水溶剂和过渡金属化合物的研究等,标志着现代无机化学阶段的开始,同时,一些新理论也陆续出现。例如,量子力学的产生和原子结构理论的形成、化合物的价键理论和分子轨道理论的建立,以及配合物的晶体场理论等。这些基本理论是现代无机化学的理论基础。运用现代物理实验方法,如 X 射线、中子衍射、电子衍射、磁共振、光谱、质谱、色谱等,使无机物的研究由宏观深入到微观,从而将元素及其化合物的性质和反应与结构联系起来,形成了现代无机化学。

20 世纪 50 年代开始,无机化学研究进入了一个崭新的时代。原子能量的研究,主要集中在重过渡金属元素和镧系元素。电子工业和计算机行业的崛起,促进了半导体材料的迅猛发展。在过去的半个多世纪中,人们对于新方法、新理论、新领域(如金属在生物体系中的发展)、新材料、新催化剂,以及高产出和低污染等的追求,促进了无机化学的发展。

21 世纪的无机化学将得到更深入、更全面的发展。我国著名的无机化学家徐光宪院士对 21 世纪的化学发展趋势概括为"五多",即多学科交叉、多层次研究、多尺度探索、多整合发展和多方法协作攻关。21 世纪的无机化学构筑了分子与固体之间的多层次的桥梁和通道,打通了微观、介观、宏观的界限,打破了化学家合成高纯化合物和电子学家制造芯片与器件的分工,将无机材料研究开发的不同层面整合起来,达到最高的效率和发展速度。以多层次结构构筑起分子和液体以及生命体液之间的桥梁和通道,在超分子或泛分子的水平上进行研究。

随着现代化学内容的拓宽和加深,与其他学科的融合与交叉,无机化学由此产生了许多分支,按其发展方向分为配位化学、现代无机合成、生物无机化学、原子簇化学、固体无机化学、无机材料化学、稀土化学、同位素化学等。

配位化学在 20 世纪 50 年代至 60 年代中,是无机化学最活跃的领域。配位化学在有机化学、分析化学、生物化学、药物化学、化学工业等领域应用广泛。配合物在生命体中起着十分重要的作用,例如血红素、维生素 $B_{12}$、细胞色素 $c$,以及大多数金属酶都是配合物。这些配合物的中心原子大多数是必需的微量金属元素。配位化学也广泛应用于医药中,例如利用乙二胺四乙酸二钠盐与汞形成配合物,可将人体中有害元素排出体外;顺式二氯二氨合铂(Ⅱ)是临床常用的抗癌药物。有关配位化学的知识将在第 12 章中介绍。

生物无机化学又称无机生物化学或生物配位化学,是介于生物化学与无机化学之间的内容十分广泛的边缘交叉学科,其研究对象是生物体内的金属(和少数非金属)元素及其化合物,特别是微量金属元素和生物高分子配体形成的生物配合物,如各种金属酶、金属蛋白等。生物化学主要研究生物体内物质的结构-性质-生物活性之间的关系以及在生命环境内参与反应的机制。自从 20 世纪 70 年代以来,由于蛋白质和其他生物分子高分辨结构的迅速测定,以及分子生物学技术的应用,生物无机化学成为化学和生物学交叉领域中一个非常活跃的分支。

固体无机化学是建立在固体物理、结构化学、物理化学等学科的基础上,为适应科技对材料科学的需要而成长起来的一门学科,主要研究固体无机材料的合成、结构、性质及应用。无机材料化学是材料科学的一个重要分支,是固体化学等理论学科在无机材料,主要是在无机非金属材料领域里的应用。"能源、信息、材料"被喻为现代文明的三大支柱,而材料又是能源和信息的物质基础。现代科学技术的发展对材料的要求越来越高,需要具有质轻、高强、耐热、耐磨、抗氧化、耐腐蚀等优良性质,因此,无机材料化学发展迅速。现已研制出许多具有优良性能的超导材料、铁电材料、磁材料、发光材料、纳米材料等,尤其是纳米材料是 21 世纪研究最热门的材料,呈现出独特的应用前景。

20 世纪 50 年代至 60 年代以来,非金属化学也获得了很大的发展,其中最突出的是稀有气体和硼烷化学两个领域,另外就是对 C 的研究。$C_{60}$ 巴基球(富勒烯)在 20 世纪 80 年代由美国科学家研制出来,我国于 20 世纪 90 年代开始研究,$C_{70}$、$C_{80}$、$C_{90}$ 等相继被合成出来,这些巴基球在超导、催化方面有特殊功能。

金属与碳形成 M-C 键的化合物称为有机金属化合物。能与碳形成 M-C 键的金属元素,包括 I A、II A、III A、V A 族以及过渡元素等 80 多种元素,产生了许多有不同特性的新的化合物。无机化学与有机化学的结合是 21 世纪化学发展的必然趋势,有机金属化学的迅速发展就是一个很好的例子。

# 第 2 节　无机化学与药学

无机化合物作为药物被使用的历史可以追溯到公元前 3000～前 2000 年的古埃及和中国,当时铜和金等金属就经常被使用。我国明代李时珍著的《本草纲目》收载的药物有 1892 种,其中矿物类药达 222 种。矿物药是中药的重要组成部分,这些药物有的是金属元素单质,有的是含杂质的天然无机物,有的是经过制备或人工合成的无机化合物。如轻粉($Hg_2Cl_2$)、砒霜($As_2O_3$)、炉甘石(主含 $ZnCO_3$)、绿矾(主含 $FeSO_4 \cdot 7H_2O$)、食盐($NaCl$)、朴硝(主含 $Na_2SO_4 \cdot 10H_2O$)、滑石[主含 $Mg_3(SiO_4O_{10}) \cdot (OH)_2$]、石膏($CaSO_4 \cdot 2H_2O$)等,这些物质作为药物一直沿用至今。我国 2005 年版药典收载的无机化学药物就有数十种之多。

近代医药学上用于临床的最有代表性的例子是具有抗肿瘤作用的铂配合物以及用于抗风湿性关节炎的金化合物。顺式二氯二氨合铂(II)简称顺铂,自 20 世纪 60 年代发现、70 年代用于临床以来,已有了第二代的卡铂、第三代的乐铂等一系列铂的配合物用于肿瘤治疗和研究。金化合物一般作为关节炎的治疗药,这在我国古代就已经开始使用。目前,广泛应用于治疗风湿性关节炎的是金的硫醇类化合物和含磷的金化合物。除此之外,金的化合物还被发现能用于治疗结核病,如 20 世纪初合成的二氰合金配合物 $K[Au(CN)_2]$,近年来又发现其具有抗肿瘤和抗艾滋病活性。另外,一些非铂类配合物的抗肿瘤药是目前临床上治疗生殖泌尿系统及头颈部、食管、结肠等部位癌症有效的广谱药。含铋化合物作为治疗胃溃疡的药物已经在临床上使用多年。

除了治疗性药物的研究以外,放射造影诊断药物是另一个发展比较成熟且意义重大的分支。由于放射示踪、磁共振造影等方法可以实时实空地反映基本状况,故各种造影剂已经成为现代医生临床诊断中不可或缺的助手。

无机化学是相关专业大学课程中的第一门化学基础课,也是药学类专业的主干基础课,它既和中学化学相连,又为后续其他化学课程学习打下基础,承前启后,对实现药学专业的培养目标起着至关重要的作用。其内容不仅是学习后续的其他化学课程和药学课程的基础,也是今后从事专业工作所必需。在理论课学习、实验室工作、或生产实践中,有许多与无机化学的理论知识紧密相关,下面举两个例子说明。

**案例 1-1**

2001 年 12 月 14 日某院内科病房在给一患者静脉滴注阿莫西林钠克拉维酸钾后,接着滴注乳酸环丙沙星氯化钠注射液。当两种药物在输液器混合接触后,出现大量微黄色的针状结晶沉淀,而输液瓶中的剩余乳酸环丙沙星注射液仍澄明。经研究发现:阿莫西林钠克拉维酸钾注射液的 pH 为 8.76,当 pH 降至 6.59 时产生浑浊,pH 低于 4.13 即有微黄色的针状结晶析出。因此,阿莫西林钠克拉维酸钾注射液与 pH 较低的药物乳酸环丙沙星(pH 为 3.5~4.5)、庆大霉素(pH 为 4.0~6.0)配伍时即出现沉淀。滴加 NaOH 试液使溶液 pH 升高后,溶液变为澄清。

**问题:**

1. 药物的酸碱性如何划分?
2. 如何测定或计算溶液的 pH?
3. 物质在溶液中形成沉淀,或沉淀的溶解与什么因素有关?如何控制?

**案例 1-1 分析**

上述因药物的配伍使用不当而出现的问题在临床中经常遇到,为保证临床用药的安全性及有效性,应注意不同药物溶液的 pH 差异,避免因药物溶液 pH 的改变所造成的不良后果。我们可以在本书的"弱电解质与酸碱平衡"以及"难溶强电解质的沉淀溶解平衡"章节的学习中得到问题的解答。

**案例 1-2**

维生素 C 注射液的制备。在配制容器中,加处方量 80% 的注射用水,通 $CO_2$ 至饱和,加维生素 C 104 g 溶解后,分次缓缓加入 $NaHCO_3$ 49.0 g,搅拌使完全溶解,加入预先配制好的含依地酸二钠($EDTA-Na_2$)0.05 g 和 $Na_2SO_3$ 2.0 g 的水溶液,搅拌均匀,调节药液 pH 6.0~6.2,添加 $CO_2$ 饱和的注射用水至 1000 ml,用垂熔玻璃漏斗与膜滤器过滤,溶液中通 $CO_2$,并在 $CO_2$ 气流下灌封,最后于 100℃ 流通蒸气 15 min 灭菌。

**问题:**

1. 在制备维生素 C 注射液时,为何要加入较大量的 $NaHCO_3$?
2. 加入依地酸二钠和 $Na_2SO_3$ 的作用是什么?
3. 在制备的整个过程中,为什么要通 $CO_2$?

**案例 1-2 分析**

维生素 C 分子中有烯二醇式结构,显强酸性,注射时刺激性大,产生疼痛,故加入 $NaHCO_3$ 调节 pH,以减轻疼痛,并增强本品的稳定性。维生素 C 易氧化水解,原辅料的质量是影响维生素 C 注射液的关键。空气中的氧气、溶液 pH 和金属离子(特别是铜离子)对其稳定性影响较大。因此,处方中加入抗氧剂 $Na_2SO_3$、金属离子整合剂 $EDTA-Na_2$ 及 pH 调节剂,并且工艺中采用充惰性气体 $CO_2$ 等措施,以提高产品稳定性。通过学习氧化还原反应及配位化合物理论知识,我们就可以获得上述问题的答案。

无机化学中的很多基本理论和基础知识与药学的理论、实验以及生产密切相关。例如,从元素的原子结构理论推测物质的分子结构,由分子结构理论推测物质的理化性质,推测生物活性,这是现代药物分子设计的基本方法之一。研究药物在胃液中的存在状态与胃液中各种因素的关系时,需要配制人工胃液进行模拟实验,需要固定或改变人工胃液的 pH 以反映被试药物的存在状态和组成变化,这需要溶液的酸碱理论知识。消化道溃疡的症状之一是胃酸过高,药物治疗方法之一是利用制酸剂来中和胃酸,这是利用了简单的酸碱反应,根据这一反应机制,我们能够利用一些碱性药物如碳酸氢钠或氢氧化铝来进行治疗。衡量药物的稳定性以及药物在体内的清除时间等,需要用半衰期表示;测定药物的有效期、药物在体内的吸收、分布、代谢、排泄等,这些都需要化学动力学知识。

# 第 3 节　无机化学课程的基本内容和学习方法

## 一、无机化学课程的基本内容

无机化学课程内容可分为基本理论和元素各论两大部分。基本理论主要包括物质的结构理论(原子结构和分子结构)、化学反应的平衡原理(酸碱平衡、沉淀平衡、氧化还原平衡和配位平衡)、化学热力学和化学动力学基础等三部分。元素各论主要介绍周期表中各族重要元素及其化合物的组成、结构、性质及其规律和用途方面的知识。

## 二、如何学习无机化学

基本理论是无机化学课程的精髓,熟练掌握非常重要。在学习这部分内容时,要弄清基本概念,弄懂基本原理,在理解的基础上掌握这些知识。对每一个理论和概念,应了解其提出背景、解决现象的方法、实际应用以及局限性等。不要单纯地死记硬背,不要片面地考虑问题,要把学过的知识联系起来,这样既便于巩固记忆,也有利于深入了解和掌握所学的内容,使学到的知识更加系统化。例如,在学习"离子键、共价键和分子间作用力"这一章时,我们能运用价层电子对互斥理论推断元素化合物的几何构型,并用杂化轨道理论加以解释;运用分子轨道理论确定一些双原子分子或离子的电子排布式,从而比较分子的键级、磁性及其相对稳定性;运用分子间作用力理论可以解释或判断物质的熔沸点、溶解性等规律。

对于元素各论的学习,需要剖析元素化学知识的体系,理清脉络,抓住重点。元素各论部分主要讨论元素及其化合物的存在、性质、制备和用途,其中性质是最基本的内容,包括物质的酸碱性、溶解性、热稳定性、氧化还原性质和配位反应等。这部分内容由于涉及的元素和化合物较多,描述性内容较多,初学起来往往感到既记不住又抓不住要领。因此,一方面要加深对基本理论的理解和应用,将前面学过的理论和原理应用于具体的元素和化合物的学习中,力求用理论和原理来预言或解释物质的结构和性质,通过物质的结构和性质反过来验证并加深对理论和原理的理解。例如,根据原子结构理论,我们能够写出某一元素原子的电子组态,然后确定该元素在周期表中的位置,预测其电负性、电离能、原子半径大小以及常见的氧化值,从而掌握该元素单质的金属性或非金属性和化合物酸碱性的变化规律。另一方面要抓住重点,采用前后联系、归纳总结的方法加深记忆,使元素各论内容系统化。

需要强调的是,大学学习不同于以前中学的学习方式。无机化学课程内容多,上课的学时有限,因此一定要根据课程特点,做到课前认真预习、课堂专心听讲、课后及时复习。预习可以帮助我们理解和掌握新知识,可以使我们上课听讲更认真,注意力更集中,可以培养我们的自学能力,培养主动学习的好习惯。在预习中做到先通读,再细读,并注意总结归纳,找出重点和难点内容,将发现的问题记下来带到课堂上。听讲是学习中一个非常重要的环节,在听讲时要紧跟老师的思路,抓住重点,带着问题听课。对于预习中存在的问题,要看老师是如何分析的,自己为什么没弄清楚,这样不但可以理解这部分知识,还有助于提高自己分析问题的能力。带着问题听课,可以变被动为主动,听讲目的更明确,注意力更集中。在听讲时要做到手脑并用,做好听课笔记,记下重点和难点部分。对于例题分析和解答,记下老师分析问题的过程和解答的方法。课后复习是把预习的内容和老师课上所讲内容加以整理、归纳,是一个知识再现的过程,也是一个强化记忆的过程。预习和听课是对知识的初步记忆,必须做到课后及时复习。复习越及时,遗忘越少。复习时可一边整理笔记,一边看教材,使老师讲课内容得到再现,并通过整理、归纳,使所学知识条理化、系统化。通过复习,对所学知识已基本掌握。但要对知识真正理解,能够灵活应用,还必须通过练习来达到这一目的,检验掌握知识的准确程度,巩固所学知识。要对每一章后的习题进行有目的、有选择地练习,但不是所有题都要去做。在做题时要养成良好的解题习惯,先进行审题,从不同的角度、不同的层次,运用不同的方法进行分析研究,尝试找出最佳解题方法。解题之后对题目进行归纳整理,有意识地从学过的知识中联系与本题有关的内容,举一反三,训练思维的创造性。课后我们还要善于利用图书馆和网络上的辅导书籍和参考资料,不但能从中寻找疑难问题的答案,还能开阔视野,增加知识。

化学是一门实验性很强的科学,在学习无机化学过程中,将理论课的内容与实验课的具体操作和现象联系起来,用理论指导实验,用实验验证理论。通过认真做实验增强感性认识,强化形象思维,加深理解物质变化的本质和规律,这不仅有助于对基本理论的强化理解,还可锻炼对实验现象的观察能力和分析、推理能力。综合实验、设计型实验与研究型实验还有利于创造性思维的发展。掌握无机化学实验的基本操作技能,不但为后续实验课打下基础,为未来就业所面临的考核做准备,也是每个从事药学专业科技工作者必须具备的基本功。

(刘德育)

# 第 2 章 溶 液

学习目标

掌握溶液组成标度的表示方法和有关计算,能熟练进行各组成标度间的换算;能熟练应用 Raoult 定律;掌握渗透压力及其与浓度、温度的关系;溶液凝固点下降规律,能利用溶液凝固点下降规律求算溶质的摩尔质量。熟悉溶解度的定义和影响溶解度大小的因素;溶液蒸气压下降原因及下降规律、沸点升高的原因及升高的规律;渗透现象、产生渗透现象的条件及渗透方向;强电解质溶液理论、强电解质溶液表观解离度和活度、离子氛、离子强度等概念。了解渗透压力在医学和药学中的意义和作用;溶剂蒸气压与温度的关系;溶剂和溶液冷却曲线的异同点;活度因子及其计算。

溶液(solution)是一种特殊的混合物,是指含有两种或两种以上的气体、液体或固体物质的均匀体系。其中,水溶液与医学和药学的关系尤为密切。人体内的水溶液简称为**体液**(humor),包括血液、胃液、尿液、细胞内液、组织间液等。机体的新陈代谢、食物的消化和吸收、营养物质的运输及转化、代谢废物的排泄等都是在水溶液中进行的。因此,在无机化学的学习中,掌握关于溶液特别是水溶液的基本知识具有十分重要的意义。

本章将探讨溶解过程及溶解度的概念,以溶液为例说明混合物的组成标度,重点介绍难挥发性非电解质稀薄溶液的依数性及其在医药学中的意义,并讨论强电解质溶液理论。

# 第 1 节 溶 解

案例 2-1

中草药所含有的化学成分较为复杂,要想应用和研究其中的某些成分,必须将它们从中草药中提取出来。溶剂提取法是获得中草药有效成分的主要方法之一。首先应对原料进行适当的预处理(如粉碎、浸泡等),其次需要根据待提取成分的化学结构和性质,选用适当的提取溶剂。中草药中某些成分如糖类、蛋白质、氨基酸、鞣质、有机酸、生物碱、无机盐等,常以水为提取溶剂。而挥发油、油脂、叶绿素、树脂、某些游离生物碱等则常以石油醚、苯、乙醚、氯仿、醋酸乙酯等有机溶剂提取。

**问题:**

1. 试述以溶剂提取法获得中草药有效成分的原理。

2. 为什么不同类型的中草药成分需选择不同性质的提取溶剂?选择溶剂时应注意哪些问题?

3. 中药传统用的汤剂,多用中药饮片直火加水煎煮而得。这种提取方法具有哪些优缺点?

## 一、溶解和水合作用

**溶质**(solute)溶解在**溶剂**(solvent)中形成溶液。**溶解**(dissolve)是一种物质(溶质)均匀地分散在另一种物质(溶剂)中的过程。溶质溶解于溶剂的过程是一种特殊的物理化学过程。溶质在溶解过程中,常伴随着能量变化和体积变化,有时还会有颜色的变化。例如,浓硫酸和氢氧化钠溶于水均放出大量的热,而硝酸钾、硝酸铵溶解于水时则要吸收热量;水与乙醇混合时液体总体积会减小,而水与乙酸混合时液体的总体积则会增大;无水硫酸铜是白色粉末,溶解于水时则形成蓝色溶液。这些现象说明,溶质在溶剂中的溶解不是一种简单的、机械混合的物理过程,在溶解时也伴随有一定程度的化学变化。但是这种化学变化又与单纯的化学变化不同,因为用蒸馏、结晶等物理方法又能很容易地将溶质从溶剂中分离出来。

溶质在溶剂中的溶解实际上包括两个过程(图 2-1):一是溶质的分子或离子的分散,即溶质的微粒(分子或离子)在溶剂分子的作用下,克服相互的作用力,向溶剂中扩散的过程。这一过程需要吸收热量以克服原有质点间的吸引力,属于物理变化;另一过程是溶质的微粒(分子或离子)和溶剂分子作用形成溶剂化分子或溶剂化离子的过程,即溶剂分子与溶质质点发生**溶剂化**作用(solvation),当溶剂为水时称为**水合作用**(hydrated effect),这一过程会放出热量,属于化学变化。上述两个过程是同时存在的,整个溶解过程是放出热量还是吸收热量,体积是增大还是缩小,受"分散"和"溶剂化"两个过程的控制。至于颜色的变化也与"溶剂化"有关,如无水二价铜离子是无色的,仅溶解于水后生成水合铜离子时是蓝色的。$CuSO_4 \cdot 5H_2O$ 固体呈蓝色,就是因为其中的 $Cu^{2+}$ 与 $H_2O$ 生成 $[Cu(H_2O)_4]^{2+}$;而无水硫酸铜则是无色的。

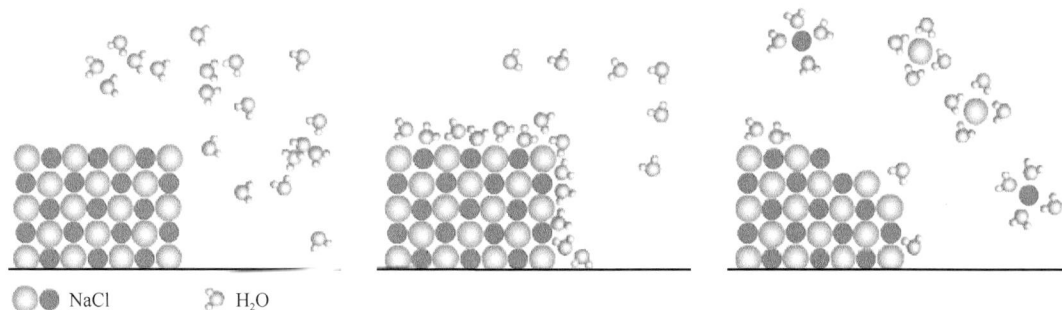

图 2-1 氯化钠晶体在水中的溶解过程示意图

水合作用不仅限于离子化合物,许多共价化合物也能与水发生水合作用。例如,葡萄糖分子中的羟基(—OH)和醛基(—CHO)都是极性基团,在这些基团中氧原子相对显负电性,氢原子相对显正电性。当把葡萄糖晶体放入水中时,水分子在葡萄糖晶体表面便自动取向,使水分子的正极或负极端朝向葡萄糖分子中带异号电荷端排列,并且葡萄糖分子还可以和水分子通过形成氢键而增加其水合作用。

需要指出的是,尽管在溶解过程中伴有化学变化,但溶液与化合物不同:化合物是单一的纯物质,有特定的组成、结构及摩尔质量等;溶液则是一种特殊的混合物,在溶液中,溶质和溶剂的相对含量可以在一定范围内变化。人们最熟悉的溶液是液态溶液。根据溶剂的不同,可以将液态溶液分为水溶液和非水溶液,本书在没有特别指明溶剂时,通常所说的溶液都是指水溶液。

# 二、溶解度和相似相溶

## (一) 溶解度

在 20℃时,100 g 水中最多只能溶解 35.7 g NaCl 固体,再多就溶解不了,固体 NaCl 和溶液共存。表观上看,溶液中 $Na^+$、$Cl^-$ 的含量和固体 NaCl 的量都不再变化,但微观地看则不然,固体 NaCl 仍不断溶解,而溶液中的 $Na^+$ 和 $Cl^-$ 也不断结晶析出,这就形成了溶解过程的动态平衡。这种与溶质固体共存的溶液称为**饱和溶液**(saturated solution)。在一定温度和压力下,一定量饱和溶液中,所能溶解的溶质的量称为该溶质的**溶解度**(solubility),溶解度是反映物质溶解性的重要指标。对于药品而言,溶解度也是其重要的物理性质之一。在我国现行版药典中,药品的近似溶解度以下列名词表示:

**1. 极易溶解**    系指溶质 1 g(ml)能在溶剂不到 1 ml 中溶解。

**2. 易溶**    系指溶质 1 g(ml)能在溶剂 1~10 ml 中溶解。

**3. 溶解**    系指溶质 1 g(ml)能在溶剂 10~30 ml 中溶解。

**4. 略溶**    系指溶质 1 g(ml)能在溶剂 30~100 ml 中溶解。

**5. 微溶**    系指溶质 1 g(ml)能在溶剂 100~1000 ml 中溶解。

**6. 极微溶解**    系指溶质 1 g(ml)能在溶剂 1000~10000 ml 中溶解。

**7. 几乎不溶或不溶**    系指溶质 1 g(ml)在溶剂 10000 ml 中不能完全溶解。

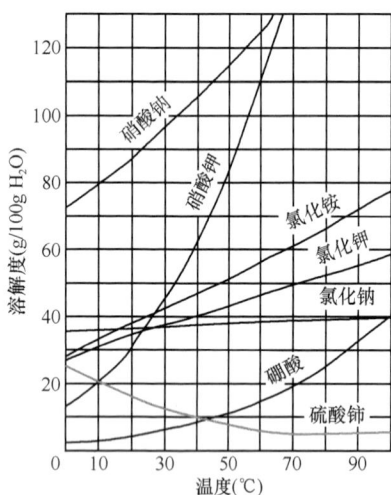

图 2-2    一些固体物质的溶解度曲线

同时药典中也给出了观察药品近似溶解度时所采用的试验法,即:称取研成细粉的供试品或量取液体供试品,置于(25±2)℃一定容量的溶剂中,每隔 5 分钟强力振摇 30 秒钟;观察 30 分钟内的溶解情况,如看不见溶质颗粒或液滴时,即视为完全溶解。

溶解度与溶质和溶剂的本性以及温度、压力均有关。温度对固体溶质的溶解度有明显的影响,绝大多数固体的溶解度随温度升高而增大(图 2-2)。例如,咖啡因在 100 g 水中,20℃下的溶解度为 2.2 g,100 ℃下为 67 g。但少数物质的溶解度会随温度升高而减小,如硫酸铈。因此,讨论固体溶质的溶解度时必须标明温度。通常压力对固体的溶解度的影响较小,可以忽略。

气体的溶解度一般用单位体积的溶液中所溶解气体的质量或物质的量表示,其大小与气体分压关系密切,通常气体分压增大,其溶解度也随之增大。因此,讨论气体溶解度时必须注明溶液的温度和气体的压力(表 2-1)。与以固体或液体作溶质的溶液相比,以气体为溶质的溶液有其特殊的性质,在生理及病理上也有特殊的意义。如在人体的呼吸过程中,肺泡内气体的分压大小直接影响到 $O_2$ 和 $CO_2$ 在血液中的溶解度,是影响气体交换过程的关键因素之一。

**表 2-1    气体溶解度与气体压力的关系**

| $p/10^5 P_a$ | 100℃ $CO_2$ 溶解度/(mol·L$^{-1}$) | $p/10^5 P_a$ | 100℃ $N_2$ 溶解度/(mol·L$^{-1}$) |
| --- | --- | --- | --- |
| 80.1 | 0.3 | 25.3 | 0.0155 |
| 106.5 | 0.4 | 50.7 | 0.0301 |
| 120.0 | 0.5 | 101.3 | 0.061 |
| 160.1 | 0.7 | 202.6 | 0.100 |
| 200.1 | 0.8 | | |

## (二) 相似相溶原理

由于溶质与溶剂的种类繁多,性质千差万别,导致溶质与溶剂的相互作用关系呈现多样性,因此,关于溶解度的规律至今尚无完整的理论体系。归纳大量的实验事实所获得的经验规律是,溶质分子与溶剂分子的结构越相似,相互溶解越容易,即**相似相溶原理**(like dissolves like)。如前所述,溶解过程包括溶剂分子分散、溶质分子分散、溶剂与溶质分子相结合(溶剂化)等过程。若溶剂与溶质分子的结构越相似,溶解前后分子周围的作用力变化越小,则溶解过程就越容易发生(图2-3)。例如,甲醇($CH_3OH$)和水(HOH)都可看做是羟基($—OH$)与另一个基团联接而成的分子,结构相似,因此它们之间可以无限互溶;而戊醇($CH_3CH_2CH_2CH_2CH_2OH$)在水中几乎不溶,这是因为戊醇虽也含羟基,但戊醇的碳氢链相当长,与水的结构相似度较低。

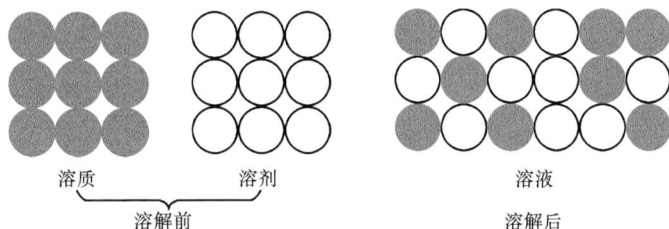

溶质　　　　　　溶剂　　　　　　　溶液

溶解前　　　　　　　　　　溶解后

图 2-3　溶解前后分子间作用力的变化

分子的极性是否相似对溶解性影响很大,所以相似相溶原理又可以理解为"极性分子易溶于极性溶剂中,非极性分子易溶于非极性溶剂中"。例如,$CCl_4$是非极性分子,而$H_2O$是极性分子。$Br_2$、$I_2$等都是非极性分子,所以易溶于$CCl_4$和苯等非极性溶剂,而在水这一极性溶剂中溶解度就很小。相反,盐类($NaCl$等离子化合物)可看做是极性很强的物质,它们就易溶于水而不溶于$CCl_4$和苯。$HCl$和$H_2SO_4$都是强极性分子,故易溶于水而难溶于$CCl_4$。关于分子结构和分子极性的知识将在本书第11章讨论和学习。

综上所述,掌握相似相溶原理,有助于我们判断物质在不同溶剂中的溶解性。因此,相似相溶原理在生产、生活及科学研究中有着广泛的应用。在药物合成、制剂及使用中,常需要将药物溶解于适当的溶剂中,利用相似相溶原理可对药物在某种溶剂中的溶解性进行推测,从而帮助我们选择合适的溶剂。此外,相似相溶原理在生命科学中也具有十分重要的意义。细胞膜实际上是具有磷脂双分子层结构的脂质膜,所以一些分子极性小、脂溶性高的药物相对较容易透过细胞膜而进入细胞内部发挥作用。当然,细胞膜对物质的通透性还受到很多其他因素(如被动扩散、主动转运或胞饮作用等)的影响,往往十分复杂。药物吸收后在体内的分布也受到药物分子极性或脂溶性的影响,一些极性小、脂溶性高的药物易于进入脂肪组织而被"贮存"起来,若长期服用就有可能因过量蓄积而产生明显的毒副作用。

**案例 2-1 分析**

将溶剂加入中草药原料后,由于渗透等作用,溶剂分子逐渐通过细胞壁进入细胞内,将可溶性物质溶解,而造成细胞内外的浓度差,于是细胞内的浓溶液不断向外扩散,溶剂又不断进入药材组织细胞中。如此多次往返,直至细胞内外溶液浓度达到动态平衡,形成饱和溶液。将此饱和溶液滤出,继续多次加入新溶剂并重复上述过程,就可以把所需要的成分大部分溶出。

中草药成分在溶剂中的溶解度与溶剂的性质密切相关。溶剂可分为水、亲水性有机溶剂及亲脂性有机溶剂等,被溶解物质也有亲水性及亲脂性的不同。根据相似相溶原理,只要中草药成分的亲水性和亲脂性与溶剂的性质相似,就会在其中有较大的溶解度,这是选择适当溶剂的重要依据之一。此外,溶剂还需满足:对杂质溶解度小;溶剂不能与中草药成分发生化学变化;溶剂要经济、易得、环保等。

采用传统的煎煮法获得的中草药汤剂,除具有制备简单易行、溶剂(水)安全且价廉易得等优点外,还具备液体制剂普遍的优点,即吸收快、能迅速发挥药效等。煎煮时通过加热可增大中药成分的溶解度,但多数亲脂性成分在沸水中的溶解度不大,不易提取完全。同时,由于受热时间较长,有可能造成挥发性成分和受热易分解成分的损失。煎煮完毕后所得药液量一般较多,除不利于直接服用外,也增加了蒸发浓缩时的困难,给进一步分离提纯带来麻烦。

# 第 2 节　混合物的组成标度

混合物(mixture)是由两种或两种以上物质所共同组成的体系。当组成混合物的各组分在体系中所占的比例发生变化时,可能会导致混合物的性质产生明显改变。因此,对于混合物除应确定其组成成分外,往往需要进一步指明各组分的相对含量,即**组成标度**(composition scale)。作为混合物,溶液各组分的相对含量有时可定性地描述,如把单位体积中含少量溶质的溶液称为"稀薄"溶液,而把含较多溶质的溶液看成"浓"溶液。浓溶液与稀薄溶液性质有时可相差很大,如铁和稀硫酸发生置换反应放出氢气,但浓硫酸可使铁钝化,使其表面生成致密的氧化膜而阻止铁和硫酸继续作用,故浓硫酸可贮存于铁制容器中。由此可见,对于溶液,明确其组成标度十分必要。

## 一、混合物的常用组成标度

溶液的组成标度通常是指溶液中溶质和溶剂的相对含量,其表示方法很多,但总的来说可分为两大类:一类是用溶质与溶剂(或溶液)的相对量表示,这里所指的量可以是质量(克、千克)或物质的量(摩尔);另一类是用一定体积溶液中所含溶质的量表示。同一种溶液,根据不同的需要,可以选择不同的组成标度表示方法。下面以溶液为例介绍混合物的常用组成标度。

### (一) 质量分数

**质量分数**(mass fraction)定义为物质 B 的质量除以混合物的质量。对于溶液而言,质量分数定义为溶质的质量除以溶液的质量,符号为 $\omega_B$,即:

$$\omega_B \stackrel{\text{def}}{=\!=\!=} m_B/m \tag{2-1}$$

式中:$m_B$ 为溶质 B 的质量;$m$ 为溶液的质量。

用质量分数表示溶液的组成标度,方法简单,使用方便,是常用的溶液组成标度表示方法之一,尤其是在生产上经常使用。市售硫酸、盐酸、硝酸、氨水等试剂都用这种方法表示其相对含量。

### (二) 摩尔分数

**摩尔分数**(mole fraction)又称为物质的量分数或物质的量比。物质 B 的摩尔分数定义为:物质 B 的物质的量与混合物的总物质的量之比,符号为 $x_B$,即:

$$x_B \stackrel{\text{def}}{=\!=\!=} n_B/\sum n_i \tag{2-2}$$

式中:$n_B$ 为溶质 B 的物质的量;$\sum n_i$ 为混合物的物质的量。

对于由溶质 B 和溶剂 A 组成的溶液,溶质 B 的摩尔分数为:

$$x_B = n_B/(n_A + n_B)$$

式中:$n_B$ 为溶质 B 的物质的量;$n_A$ 为溶剂 A 的物质的量。

同理,溶剂 A 的摩尔分数为:

$$x_A = n_A / (n_A + n_B)$$

显然 $x_A + x_B = 1$,即混合物(或溶液)中各物质的摩尔分数之和为 1。

在化学反应中,物质的质量比往往较为复杂,但用物质的量表示有关物质之间量的关系则相对简单,所以用摩尔分数来表示溶液的组成标度可以和化学反应直接联系起来。此外,这种组成标度表示方法也常用于下面将要学习到的稀薄溶液性质的研究中。

## (三) 质量摩尔浓度

**质量摩尔浓度**(molarity)定义为溶质 B 的物质的量除以溶剂的质量,符号为 $b_B$,即:

$$b_B \xlongequal{\text{def}} n_B / m_A \tag{2-3}$$

式中:$n_B$ 为溶质 B 的物质的量;$m_A$ 为溶剂的质量。$b_B$ 的 SI 单位为 $mol \cdot kg^{-1}$。

**例 2-1** 将 7.00 g 结晶草酸($H_2C_2O_4 \cdot 2H_2O$)溶解于 93.0 g 水中,计算该草酸溶液的质量摩尔浓度 $b(H_2C_2O_4)$ 和摩尔分数 $x(H_2C_2O_4)$。

**解**:根据结晶草酸的摩尔质量 $M(H_2C_2O_4 \cdot 2H_2O) = 126 \ g \cdot mol^{-1}$,而 $M(H_2C_2O_4) = 90.0 \ g \cdot mol^{-1}$,故 7.00 g 结晶草酸中草酸的质量为:

$$m(H_2C_2O_4) = \frac{7.00 \ g \times 90.0 \ g \cdot mol^{-1}}{126 g \cdot mol^{-1}} = 5.00 \ g$$

溶液中水的质量为:

$$m(H_2O) = 93.0g + (7.00 \ g - 5.00 \ g) = 95.0g$$

故

$$b(H_2C_2O_4) = \frac{5.00 \ g}{90.0 g \cdot mol^{-1} \times 95.0 g} \times \frac{1000 \ g}{1 \ kg} = 0.585 \ mol \cdot kg^{-1}$$

$$x(H_2C_2O_4) = \frac{5.00 \ g / 90.0 \ g \cdot mol^{-1}}{(5.00 \ g / 90.0 \ g \cdot mol^{-1}) + (95.0 \ g / 18.0 \ g \cdot mol^{-1})} = 0.0104$$

在上述三种溶液组成标度的表示方法中,溶质或溶剂的量都是用质量或物质的量来表示,其优点是组成标度的数值不随温度变化,缺点是用天平或台秤来称量液体较为不便。实验中经常用量筒或容量瓶来量度溶液的体积,因此也常会用到一定体积溶液中所含溶质的量来表示溶液组成标度的方法。

## (四) 体积分数

**体积分数**(volume fraction)定义为在相同温度和压力下,物质 B 的体积除以混合物混合前各组分体积之和,符号为 $\varphi_B$,即:

$$\varphi_B \xlongequal{\text{def}} \frac{V_B}{\sum_A V_A^*} \tag{2-4}$$

式中:$V_B$ 为溶质 B 的体积;$\sum_A V_A^*$ 为混合前各组分体积之和。体积分数也可以用百分数表示。例如,310.15 K 时,人体动脉血中氧气的体积分数 $\varphi_B = 0.196$(或 19.6%);消毒乙醇的体积分数 $\varphi_B = 0.75$(或 75%)。

## (五) 质量浓度

**质量浓度**(mass concentration)定义为溶质 B 的质量除以溶液的体积,符号为 $\rho_B$,即:

$$\rho_B \xlongequal{\text{def}} m_B / V \tag{2-5}$$

式中:$m_B$ 为溶质 B 的质量;$V$ 为溶液的体积。$\rho_B$ 的 SI 单位为 $kg \cdot m^{-3}$,常用单位为 $g \cdot L^{-1}$ 或 $g \cdot ml^{-1}$。如药典中所提及的稀盐酸、稀硫酸、稀硝酸皆是质量浓度为 0.10 $g \cdot ml^{-1}$ 的溶液。

## (六) 物质的量浓度

**物质的量浓度**(amount-of-substance concentration)定义为物质 B 的物质的量除以混合物的体积。对于溶液而言,物质的量浓度定义为溶质的物质的量除以溶液的体积,即:

$$c_B \xlongequal{def} n_B/V \tag{2-6}$$

式中:$c_B$ 为溶质 B 的物质的量浓度;$n_B$ 为溶质 B 的物质的量;$V$ 为溶液的体积。物质的量浓度的 SI 单位为 $mol \cdot m^{-3}$,常用单位为 $mol \cdot dm^{-3}$;医学和药学上常用的单位为 $mol \cdot L^{-1}$、$mmol \cdot L^{-1}$、$\mu mol \cdot L^{-1}$等。

物质的量浓度常简称为浓度。本书采用 $c_B$ 表示物质 B 的浓度,用 $[B]$ 表示物质 B 的平衡浓度。在使用物质的量浓度时应该注意下述问题:

(1) 必须指明物质 B 的基本单元,如 $c(H_2SO_4) = 1 \ mol \cdot L^{-1}$,$c\left(\frac{1}{2}Ca^{2+}\right) = 3 \ mmol \cdot L^{-1}$等。

(2) 此种溶液组成标度表示方法的缺点是溶液的浓度会随温度的改变而略有变化,所以在讨论有些理论问题时,常用质量摩尔浓度($mol \cdot kg^{-1}$)。但是,对于很稀的溶液,可以认为 $c_B \approx b_B$。在下面的章节中将要涉及的稀薄溶液,一般是指 $b_B \leqslant 0.2 \ mol \cdot kg^{-1}$的溶液。

(3) 世界卫生组织提议,凡是已知相对分子质量的物质,在体液内的含量应当用其物质的量浓度表示;而对于未知其相对分子质量的物质,在体液内的含量则可以用其质量浓度表示。

**例 2-2**　正常人体每 100 ml 血浆中含 $Na^+$ 326 mg、$HCO_3^-$ 164.7 mg、$Ca^{2+}$ 10 mg,试计算它们各自的物质的量浓度。

**解:**

$$c(Na^+) = \frac{326 \ mg}{23.0 \ g \cdot mol^{-1}} \times \frac{1}{100 \ ml} \times \frac{1 \ g}{1000 \ mg} \times \frac{1000 \ ml}{1 \ L} \times \frac{1000 \ mmol}{1 \ mol} = 142 \ mmol \cdot L^{-1}$$

$$c(HCO_3^-) = \frac{164.7 \ mg}{61.0 \ g \cdot mol^{-1}} \times \frac{1}{100 \ ml} \times \frac{1 \ g}{1000 \ mg} \times \frac{1000 \ ml}{1 \ L} \times \frac{1000 \ mmol}{1 \ mol} = 27.0 \ mmol \cdot L^{-1}$$

$$c(Ca^{2+}) = \frac{10 \ mg}{40 \ g \cdot mol^{-1}} \times \frac{1}{100 \ ml} \times \frac{1 \ g}{1000 \ mg} \times \frac{1000 \ ml}{1 \ L} \times \frac{1000 \ mmol}{1 \ mol} = 2.5 \ mmol \cdot L^{-1}$$

## (七) 比例浓度

**比例浓度**(ratio concentration)定义为将固体溶质 1 g 或液体溶质 1 ml 制成 $X$ ml 溶液,用符号 1:$X$ 表示,其中 $X$ 为溶液体积;另一定义为将固体溶质 1 g 或液体溶质 1 ml 溶解于 $X$ ml 溶剂中配成溶液,也可表示为 1:$X$,其中 $X$ 为溶剂的体积。

例如,1:1000 的高锰酸钾消毒液就是指 1 g $KMnO_4$ 加水溶解成 1000 ml 的溶液。此种表示方法极为简单,这样的溶液也易于配制,所以是药物制剂中常用的溶液组成标度表示方法之一。我国现行版药典还有用溶液后标示的"(1→10)"等符号,系指固体溶质 1.0 g 或液体溶质 1.0 ml 加溶剂使成 10 ml 的溶液。

# 二、组成标度之间的换算

## (一) 质量浓度与物质的量浓度之间的换算

质量浓度和物质的量浓度是两种常用的溶液组成标度的表示方法,根据它们的定义,可以求出它们之间的关系,并进行相互换算。因为:

$$\rho_B = \frac{m_B}{V} \qquad c_B = \frac{n_B}{V} = \frac{m_B}{M_B V}$$

故

$$m_B = \rho_B V = c_B M_B V$$

可得：
$$\rho_B = c_B M_B \qquad (2\text{-}7)$$

式中：$\rho_B$ 为溶液的质量浓度；$c_B$ 为溶液的物质的量浓度；$M_B$ 为溶质的摩尔质量。

**例 2-3** 1.0 L NaHCO₃ 注射液中含 50.0 g NaHCO₃，试求算该注射液的质量浓度和物质的量浓度。

**解：** 由题可知，$m_B = 50.0$ g，$V = 1.0$ L，$M_B = 84.0$ g·mol⁻¹，故：

$$\rho_B = \frac{m_B}{V} = \frac{50.0 \text{ g}}{1.0 \text{ L}} = 50 \text{ g·L}^{-1}$$

$$c_B = \frac{\rho_B}{M_B} = \frac{50 \text{ g·L}^{-1}}{84.0 \text{ g·mol}^{-1}} = 0.60 \text{ mol·L}^{-1}$$

## (二) 质量分数与其他组成标度表示方法之间的换算

质量分数是以质量表示溶液的量，当与其他以体积表示溶液的量的组成标度进行换算时，需要用到溶液的密度 $\rho$。溶液的密度可直接测得（如用密度计），或可从有关手册查得。

**例 2-4** 市售浓 $H_2SO_4$ 的密度为 1.84 kg·L⁻¹，$H_2SO_4$ 的质量分数为 96%，计算物质的量浓度 $c(H_2SO_4)$ 和 $c(\frac{1}{2}H_2SO_4)$，单位用 mol·L⁻¹ 表示。

**解：** $H_2SO_4$ 的摩尔质量为 98 g·mol⁻¹，$\frac{1}{2}H_2SO_4$ 的摩尔质量为 49 g·mol⁻¹

$$c(H_2SO_4) = \frac{96}{100} \times \frac{1}{98 \text{ g·mol}^{-1}} \times 1.84 \text{ kg·L}^{-1} \times \frac{1000 \text{ g}}{1 \text{ kg}} = 18 \text{ mol·L}^{-1}$$

$$c(\frac{1}{2}H_2SO_4) = \frac{96}{100} \times \frac{1}{49 \text{ g·mol}^{-1}} \times 1.84 \text{ kg·L}^{-1} \times \frac{1000 \text{ g}}{1 \text{ kg}} = 36 \text{ mol·L}^{-1}$$

# 第3节 稀薄溶液的依数性

作为混合物，溶液的性质既不同于纯溶质，也不同于纯溶剂。总的来看，溶液的性质可分为两类：一类是由溶质的本性所决定，例如溶液的颜色、体积的变化、导电性能等；另一类主要与溶质的微粒数目和溶剂的微粒数目之间的比值有关，如溶液的蒸气压下降、沸点升高、凝固点降低和渗透压力等。这类与溶质本性无关的性质，对难挥发性非电解质的稀薄溶液而言，被称为**稀薄溶液的依数性质**（colligative properties of dilute solution），简称稀薄溶液的**依数性**。当溶质是电解质或虽是非电解质溶液但浓度较大时，依数性规律将发生偏离。

稀薄溶液的依数性在人们的生产、生活中有很多的应用，对药学和医学都很重要，例如测定难挥发性溶质的相对分子质量、在临床进行输液治疗、讨论人体内的水和电解质的代谢等问题时，都要涉及稀薄溶液的依数性。本节主要讨论难挥发性非电解质稀薄溶液的通性。

## 一、溶液的蒸气压下降

**案例 2-2**

用如图 2-4 所示的装置，在左侧试管中装入纯水，右侧试管中装入葡萄糖溶液。两试管经由 U 型压力计相连。将两侧活塞的开关关闭，把装置置于恒温水浴中。

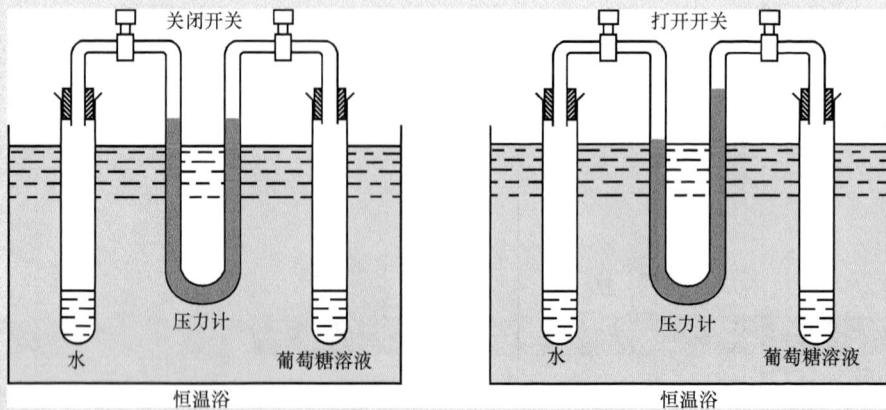

图 2-4　溶液的蒸气压下降示意图

**问题：**
1. 当两侧开关打开时，我们能够观察到什么现象？为什么？
2. 将两侧开关打开后，压力计水银柱液面高度的变化何时停止？停止时水银柱所示的压力差代表什么？

### （一）溶液的蒸气压

水和所有其他液体一样，其分子在不断地运动，其中有少数分子因为动能较大，足以克服液体分子间的引力而逸出液面，成为气相分子，这种现象称为**蒸发**(evaporation)。液面上的气相分子也可能被液面分子吸引或受外界压力作用而返回到液体中，这种现象称为**凝结**(condensation)。如将液体置于密闭容器内，开始时，液面上方气相分子较少，蒸发速率占优。随着液面上方气相分子逐渐增多，凝结的速率也随之加快。这样蒸发和凝结的速率逐渐趋于相等，即在单位时间内进出液面的分子数相等，从而达到平衡状态。当达到平衡时，蒸发和凝结这两个过程仍在进行，只是两个相反过程进行的速率相等而已。

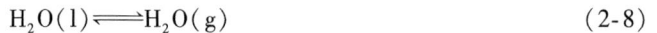

$$H_2O(l) \Longrightarrow H_2O(g) \tag{2-8}$$

与液相处于动态平衡的蒸气称为**饱和蒸气**(saturated vapor)。饱和蒸气所产生的压力称为**饱和蒸气压力**，简称为**蒸气压**(vapor pressure)，用符号 $p$ 表示，常用单位为 Pa 或 kPa。每种液体在一定温度下，其饱和蒸气压力是一个常数，与液体的量以及液面上方空间体积无关。温度升高，液体的蒸气压也随之增大。这是因为蒸发是吸热过程，温度升高导致蒸发速率增加，式(2-8)所示的液相与气相的平衡将向右移动。水的蒸气压和温度的关系列于表 2-2 中。

表 2-2　水在不同温度下的蒸气压

| $T$/℃ | 0 | 5 | 10 | 15 | 20 | 25 | 30 | 35 | 40 |
|---|---|---|---|---|---|---|---|---|---|
| $p$/kPa | 0.6113 | 0.8726 | 1.228 | 1.706 | 2.339 | 3.169 | 4.246 | 5.627 | 7.381 |

| $T$/℃ | 50 | 60 | 70 | 80 | 90 | 100 | 110 | 120 | 130 |
|---|---|---|---|---|---|---|---|---|---|
| $p$/kPa | 12.34 | 19.93 | 31.18 | 47.37 | 70.12 | 101.3 | 143.2 | 198.5 | 270.0 |

液体的蒸气压与液体的本性有关，不同的液体在相同温度下，其蒸气压往往不同。图 2-5 表示了乙醚、乙醇、水和聚乙二醇的蒸气压随温度的改变情况。

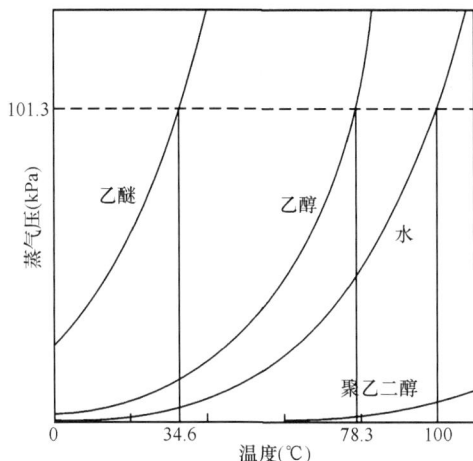

图 2-5　蒸气压与温度的关系示意图

固体物质也具有一定的蒸气压。固体直接蒸发成为气体的过程称为**升华**(sublimation),如碘、樟脑、萘等属于易升华物质。固体的蒸气压也随温度的升高而增大,表 2-3 列出了冰在不同温度下的蒸气压。

表 2-3　冰在不同温度下的蒸气压

| $T/℃$ | 0 | −1 | −2 | −3 | −4 | −5 |
|---|---|---|---|---|---|---|
| $p/kPa$ | 0.6113 | 0.5627 | 0.5177 | 0.4761 | 0.4375 | 0.4018 |
| $T/℃$ | −10 | −15 | −20 | −25 | −30 | −35 |
| $p/kPa$ | 0.2599 | 0.1653 | 0.1034 | 0.06329 | 0.03801 | 0.02235 |

无论固体或液体,我们常将蒸气压较大的物质称为易挥发性物质,而将蒸气压相对较小的物质称为难挥发物质。固体的蒸气压在室温下通常较小,在本章对稀薄溶液依数性的讨论中,仅考虑溶剂的蒸气压而忽略难挥发性溶质所产生的蒸气压。

## (二) 溶液的蒸气压下降

大量实验表明,当难挥发性溶质溶于溶剂中形成溶液时,溶液的蒸气压总是低于纯溶剂的蒸气压,此现象称为溶液的**蒸气压下降**(vapor pressure lowering)。溶液蒸气压下降的原因是:如图 2-6 所示,由于难挥发性溶质的溶解,纯溶剂的部分表面或多或少地被溶剂化的溶质所占据。从而导致在一定温度下,单位时间内逸出液面的溶剂分子数相应地比纯溶剂减少。所以,当达到平衡时,溶液的蒸气压低于纯溶剂的蒸气压。显然,溶液的浓度越大,其蒸气压下降就越多(图 2-7)。

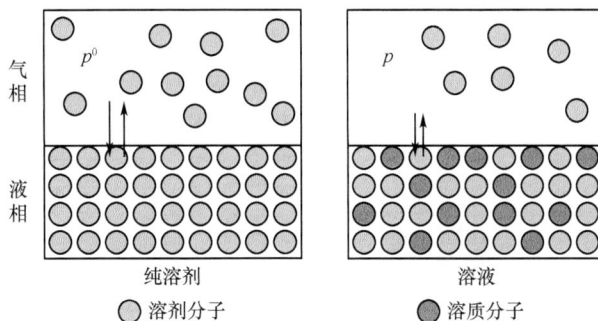

图 2-6　纯溶剂和溶液的蒸发-凝结示意图

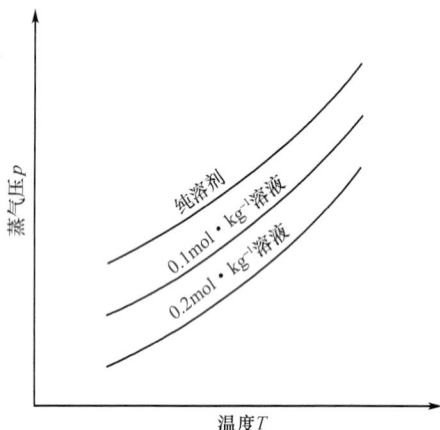

图 2-7　纯溶剂与溶液的蒸气压曲线

19 世纪 80 年代,法国物理学家 F. M Raoult(拉乌耳)研究了溶质对纯溶剂的凝固点和蒸气压的影响。1881 年,他根据实验结果得出如下结论:在一定温度下,难挥发非电解质稀薄溶液的蒸气压等于纯溶剂的蒸气压乘以溶剂的摩尔分数,其数学表达式为:

$$p = p^\circ x_A \tag{2-9}$$

式中:$p$ 为溶液的蒸气压;$p^\circ$ 为纯溶剂的蒸气压;$x_A$ 为溶液中溶剂的摩尔分数。由于 $x_A$ 小于 1,所以 $p$ 必然小于 $p^\circ$。

对于只有一种溶质 B 的稀薄溶液,设 $x_B$ 为溶质的摩尔分数,则 $x_A + x_B = 1$,上式可写为:

$$p = p^\circ(1 - x_B) = p^\circ - p^\circ x_B$$

$$p^\circ - p = p^\circ x_B$$

用 $\Delta p$ 表示溶液的蒸气压下降,即 $\Delta p = p^\circ - p$,则:

$$\Delta p = p^\circ x_B \tag{2-10}$$

此公式的意义在于,在一定温度下,难挥发非电解质稀薄溶液的蒸气压下降值 $\Delta p$ 和溶质的摩尔分数成正比,而与溶质的本性无关。这一结论称为 Raoult 定律。

需要注意的是,Raoult 定律仅适用于难挥发非电解质的稀薄溶液。这是因为,在稀薄溶液中,溶剂分子之间的引力受溶质分子的影响很小,与纯溶剂几乎相同。所以,溶剂的饱和蒸气压力仅取决于单位体积内溶剂的分子数。当溶液浓度较大时,溶质与溶剂分子之间的引力不可忽略,用 Raoult 定律直接计算溶液的蒸气压时会出现较大的误差。

对于由溶质 B 和溶剂 A 组成的稀薄溶液,$x_B = \dfrac{n_B}{n_A + n_B} \approx \dfrac{n_B}{n_A}$ $(n_A \gg n_B)$,若取溶剂 1000 g,则 $n_A = \dfrac{1000 \text{ g}}{M_A}$。此时,溶质 B 的物质的量在数值上约等于其质量摩尔浓度,即 $(n_B)_{mol} \approx (b_B)_{mol \cdot kg^{-1}}$,可得:

$$x_B = \frac{n_B}{n_A} = b_B \frac{M_A}{1000}$$

$$\Delta p = p^\circ x_B = p^\circ \frac{M_A}{1000} b_B$$

$$\Delta p = K b_B \tag{2-11}$$

式中:$K$ 为比例系数,取决于 $p^\circ$ 和溶剂的摩尔质量 $M_A$。

因此,Raoult 定律又可表述为:在一定温度下,难挥发非电解质稀薄溶液的蒸气压下降与溶质的质量摩尔浓度 $b_B$ 成正比,而与溶质的本性无关。

**例 2-5**　已知 293 K 时水的饱和蒸气压力为 2.3388 kPa,若将 1.201 g 尿素[$CO(NH_2)_2$]溶于 100.0 g 水中,计算该尿素溶液的质量摩尔浓度和蒸气压。

**解:**尿素的摩尔质量为 60.06 g·mol$^{-1}$,所以溶液的质量摩尔浓度为:

$$b[CO(NH_2)_2] = \frac{1.201 \text{ g}}{60.06 \text{ g} \cdot \text{mol}^{-1}} \times \frac{1000 \text{ g} \cdot \text{kg}^{-1}}{100.0 \text{ g}} = 0.2000 \text{ mol} \cdot \text{kg}^{-1}$$

水的摩尔分数为:

$$x(H_2O) = \frac{\dfrac{100.0 \text{ g}}{18.02 \text{ g} \cdot \text{mol}^{-1}}}{\dfrac{100.0 \text{ g}}{18.02 \text{ g} \cdot \text{mol}^{-1}} + \dfrac{1.201 \text{ g}}{60.06 \text{ g} \cdot \text{mol}^{-1}}} = \frac{5.549 \text{ mol}}{5.549 \text{ mol} + 0.02000 \text{ mol}} = 0.9964$$

尿素溶液的蒸气压为:$p = p^0 x_A = 2.338 \text{ kPa} \times 0.9964 = 2.330 \text{ kPa}$。

**案例 2-2 分析**

　　两侧开关关闭,即在两个试管中的液面上方形成密闭的空间。恒温浴则保证两试管内的液体处于同一温度。在葡萄糖的水溶液中,葡萄糖作为难挥发性非电解质占据了溶液的部分表面,从而导致在一定温度下,单位时间内从溶液表面逸出的水分子数相应地比纯水减少。因此,葡萄糖溶液中水分子的蒸发速率比同温度的纯水小,当达到蒸发和凝结过程平衡时,右侧葡萄糖溶液的蒸气压也就低于左侧纯水的蒸气压。一旦将两侧开关打开,可以观察到压力计左侧的水银柱降低,而右侧升高。

　　当两侧水银柱液面高度不同时,即产生了静水压。当右侧葡萄糖溶液的蒸气压加上水银柱的静水压,等于左侧纯水的蒸气压时,则水银柱液面高度将不再发生变化。此时水银柱所示的压力差等于此实验温度下纯水和该浓度葡萄糖溶液的蒸气压差值,即后者的蒸气压下降值而非其蒸气压值。

# 二、溶液的沸点升高

## (一) 液体的沸点

　　液体的蒸气压随着温度的升高而增大。当温度增加到使液体的蒸气压等于外界压力时,不仅在液面上,而且在液体的内部也发生剧烈的蒸发,液体内部形成大量气泡并逸出,液体便开始沸腾。液体沸腾时,要使液体中的气泡形成并且增大,气泡内的蒸气压力就必须与施加于它的外界压力相等。因此,液体的**沸点**(boiling point)定义为液体的蒸气压等于外界压力时的温度。

　　液体的沸点不仅与液体的本性有关,而且与外界压力的大小有关。因此,在讨论液体的沸点时就必须指明外界压力条件。我们常将外界压力等于 101.3 kPa,即 1 个标准大气压时,液体的沸点称为**正常沸点**(normal boiling point),简称沸点,用 $T_b^p$ 表示。例如,水的正常沸点为373.15 K(即100℃)。没有专门注明压力条件的沸点通常都是指正常沸点。表 2-4 列出了几种常见溶剂的正常沸点。

表 2-4　几种常见溶剂的 $T_b^p$、$K_b$ 和 $T_f^p$、$K_f$ 值

| 溶剂 | $T_b^p$/℃ | $K_b$/(K·kg·mol⁻¹) | $T_f^p$/℃ | $K_f$/(K·kg·mol⁻¹) |
|---|---|---|---|---|
| 水 | 100 | 0.512 | 0.0 | 1.86 |
| 乙酸 | 118 | 2.93 | 17.0 | 3.90 |
| 乙醇 | 78.4 | 1.22 | −117.3 | 1.99 |
| 四氯化碳 | 76.7 | 5.03 | −22.9 | 32.0 |
| 苯 | 80 | 2.53 | 5.5 | 5.10 |
| 萘 | 218 | 5.80 | 80.0 | 6.90 |

　　根据液体的沸点与外界压力有关的性质,在提取和精制对热不稳定的物质时,常采取减压蒸馏或减压浓缩的方法,降低蒸发温度,以防止高温对这些物质的破坏。与此相反,医学上常见的高压灭菌法,即在密闭的高压消毒器内加热,可通过提高水蒸气的温度来缩短灭菌时间并提高灭菌效果,适用于对热稳定的注射液和对某些医疗器械、敷料的消毒灭菌。

## (二) 溶液的沸点升高

当纯溶剂中加入难挥发性物质而形成溶液后,其沸点会如何变化呢? 实验表明,溶液的沸点总是高于纯溶剂的沸点,这一现象被称为溶液的**沸点升高**(boiling point elevation)。

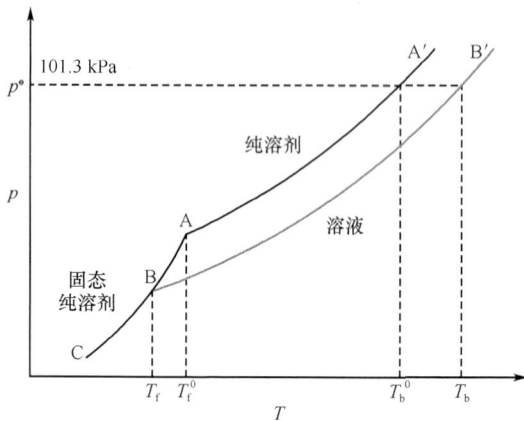

图 2-8    溶液的沸点升高和凝固点降低

导致溶液沸点升高的原因正是前边所介绍的溶液的蒸气压下降。图 2-8 给出了水、冰和溶液的蒸气压与温度的关系,其中横坐标表示温度,纵坐标表示蒸气压。AA′ 为纯水的蒸气压曲线,BB′ 为稀薄溶液的蒸气压曲线。从图中可以看出,在任何温度下,溶液中水的蒸气压都低于同温度下纯水的蒸气压,所以 BB′ 始终处于 AA′ 的下方。当纯水的蒸气压等于外界压力 101.3 kPa (AA′曲线上的 A′点)时,稀薄溶液中水的蒸气压小于 101.3 kPa。要使稀薄溶液中水的蒸气压等于外界压力而发生沸腾,就必须升高温度。当温度升高到 $T_b$ 时,稀薄溶液开始沸腾,$T_b$ 即为溶液的沸点,溶液的沸点升高为 $\Delta T_b$,$\Delta T_b = T_b - T_b^0$。$T_b^0 = 373.15$ K 是纯水的沸点。

需要注意的是,以其他液体为溶剂所形成的稀薄溶液,其蒸气压、沸点也有类似的现象。此外,纯溶剂的沸点是恒定的,而稀薄溶液的沸点却是不断变化的。这是因为随着沸腾的进行,溶剂不断蒸发,溶液的浓度会随之增大,其蒸气压也会不断下降,所以溶液的沸点会持续升高。直到形成饱和溶液时,随着溶剂的不断蒸发,溶质不断地析出,溶液的浓度不再改变,其蒸气压也不会再改变,此时溶液的沸点才会恒定。所以,稀薄溶液的沸点是指稀薄溶液刚开始沸腾时的温度。

溶液沸点升高是由溶液的蒸气压下降引起。因此,根据 Raoult 定律,可以得到难挥发非电解质稀薄溶液的沸点升高与溶液的质量摩尔浓度之间的定量关系:

$$\Delta T_b = T_b - T_b^0 = K_b b_B \tag{2-12}$$

式中:$\Delta T_b$ 为溶液沸点升高值;$T_b$ 为溶液的沸点;$T_b^0$ 为纯溶剂沸点;$K_b$ 为溶剂的沸点升高常数,它只取决于溶剂的本性。

式(2-12)的意义在于:难挥发非电解质稀薄溶液的沸点升高与溶液的质量摩尔浓度成正比。溶液的沸点升高与溶液中所含溶质颗粒的数目有关,而与溶质的本性无关。

$K_b$ 只取决于溶剂的本性,可以由理论推算,也可以通过实验测得。若测定不同质量摩尔浓度($b_B$)稀薄溶液的 $\Delta T_b$,以 $\Delta T_b / b_B$ 为纵坐标,$b_B$ 为横坐标作图,再外推到 $b_B = 0$,则在纵轴上的截距即为该溶剂的 $K_b$。

若已知溶剂的 $K_b$,也可以从溶液的沸点升高求算出溶质的摩尔质量,其计算公式为:

$$M_B = \frac{K_b \cdot m_B}{\Delta T_b \cdot m_A} \tag{2-13}$$

式中:$M_B$ 为溶质的摩尔质量(kg·mol$^{-1}$);$m_B$ 为溶质的质量;$m_A$ 为溶剂的质量。

# 三、溶液的凝固点降低

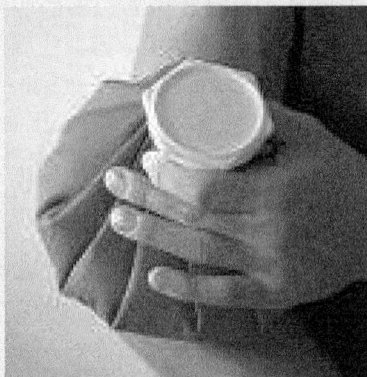

图 2-9　用冰袋进行冷敷

## (一) 纯液体的凝固点

物质的**凝固点**(freezing point)是指在一定外界压力下物质的液相蒸气压和固相蒸气压相等时的温度,即固液共存的温度。在外压为 101.3 kPa 下,冰和水的蒸气压都等于 0.611 kPa 时的温度为 273.15 K,冰和水共存,即为水的凝固点,习惯上也称为冰点。若两相蒸气压不相等,则蒸气压大的一个相将向蒸气压小的一个相转变。温度高于 273.15 K 时,水的蒸气压低于冰的蒸气压,冰转化为水,温度低于 273.15 K 时,冰的蒸气压低于水的蒸气压,水转化为冰。

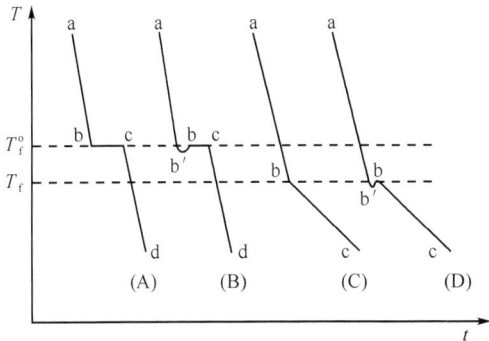

图 2-10 为水和稀薄溶液的冷却曲线。曲线(A)为纯水的理想冷却曲线,从 a 点处无限缓慢地冷却至 b 点(273.15 K)时,水开始结冰。在结冰的过程中,温度不再降低,曲线上出现一段平台,即 bc 段,此时水和冰平衡共存。如果继续冷却,待全部的水都结成冰以后,温度会再下降。在冷却曲线上,不随时间而改变的平台相对应的温度 $T_f^o$,被称为该液体的凝固点。

曲线(B)是在实验条件下水的冷却曲线。因为在实验中不可能做到无限缓慢地冷却,而只能是较快地强制性冷却,所以在温度已降低

图 2-10　水和稀薄溶液的冷却曲线

到 $T_f^o$ 时水仍然不凝固,而出现过冷现象(此时在液相中缺少既存的晶核供晶体附着生长,而导致结晶过程较难开始)。一旦固相出现(即水开始结冰),结晶所释放的热量使体系温度回升而至 b 点。

## (二) 溶液的凝固点降低

在图 2-10 中,曲线(C)表示溶液的理想冷却曲线。与曲线(A)不同的是,当温度由 a 处冷却,达到 $T_f$ 时,溶液才开始结冰,此时 $T_f < T_f^\circ$。随着冰不断析出,溶液浓度逐渐增大,溶液的凝固点也随之下降,bc 段为下降的斜线,而不是一段平台。因此,对溶液而言,其凝固点是指刚有溶剂固体析出(即 b 点)的温度 $T_f$。

曲线(D)是实验条件下的溶液冷却曲线,可以看出,过冷现象的出现使溶液凝固点的观察变得容易(因为温度降低到 $T_f$ 以下的 b′点,一旦固体相出现很快回升到 b 点,即 $T_f$)。

难挥发性非电解质稀薄溶液的凝固点总是低于纯溶剂的凝固点,这一现象被称为稀薄溶液的**凝固点降低**(freezing point depression),这也是由于稀薄溶液的蒸气压总低于纯溶剂的蒸气压所造成。如图 2-8 所示,水的蒸气压曲线 AA′与固体水(即冰)的蒸气压曲线 AC 相交于 A 点,表明其蒸气压都为 0.611 kPa,此时冰和水两相平衡共存。A 点所对应的温度即为水的凝固点,$T_f^\circ = 273.15$ K。此时若向冰水共存的体系中加入难挥发性非电解质,则必然会引起溶液中溶剂(水)的蒸气压下降,但对冰的蒸气压却没有影响,溶液和冰不能共存,冰将融化。如果进一步降低温度到 B 点,由于冰的蒸气压曲线 AC 的斜率大,而溶液的蒸气压曲线 BB′的斜率小,AC 与 BB′相交于 B 点,此时溶液中溶剂的蒸气压与冰的蒸气压又相等,溶液和冰又能平衡共存,B 点所对应的温度就是溶液的凝固点。

对于难挥发性非电解质稀薄溶液,其凝固点降低也正比于溶液的质量摩尔浓度,而与溶质的本性无关,即:

$$\Delta T_f = T_f^\circ - T_f = K_f b_B \qquad (2\text{-}14)$$

式中:$\Delta T_f$ 为溶液的凝固点降低值;$T_f^\circ$ 为溶剂的凝固点;$T_f$ 为溶液的凝固点;$K_f$ 为溶剂的凝固点降低常数,它只与溶剂本性有关。与溶剂的 $K_b$ 一样,溶剂的 $K_f$ 既可以由理论推算,也可以通过实验测定。其测定方法与测定 $K_b$ 的方法相类似,即 $K_f$ 也可通过测定一系列已知质量摩尔浓度($b_B$)的稀薄溶液的 $\Delta T_f$ 值,并用 $\Delta T_f / b_B$ 对 $b_B$ 作图,再外推到 $b_B = 0$ 处而求得。一些常见溶剂的沸点及 $K_b$、凝固点及 $K_f$ 列于表 2-4 中。

利用稀薄溶液的凝固点降低同样可以测定溶质的摩尔质量,其公式为:

$$M_B = \frac{K_f \cdot m_B}{\Delta T_f \cdot m_A} \qquad (2\text{-}15)$$

式中:$M_B$ 为溶质的摩尔质量($kg \cdot mol^{-1}$);$m_B$ 为溶质的质量;$m_A$ 为溶剂的质量。

从式(2-11)的推导过程可以看出,通过实验测出溶液的蒸气压下降值 $\Delta p$,即可求出溶液的质量摩尔浓度,进而计算溶质的摩尔质量。但是,由于蒸气压不容易测准,所以用该方法得到的摩尔质量往往不够准确。从式(2-13)和式(2-15)可见,利用溶液的沸点升高和凝固点降低法都可以测定溶质的摩尔质量。但大多数常见溶剂的 $K_f$ 值都大于其 $K_b$ 值,因此,由同一质量摩尔浓度的稀薄溶液测得的凝固点降低值 $\Delta T_f$ 常比其沸点升高值 $\Delta T_b$ 大,故灵敏度相对较高,实验误差较小。同时,稀薄溶液的凝固点测定是在低温下进行的,即使多次重复测定也不易引起生物样品的变性或破坏,且稀薄溶液的质量摩尔浓度也不易改变,所以在医学和生命科学实验中,凝固点降低法的应用更为广泛。此外,对于挥发性溶质不宜用沸点升高法测定摩尔质量,而可采用凝固点降低法。用现代实验技术,$\Delta T_f$ 的测量可以准确到 0.0001 ℃。

**例 2-6**　将 0.749 g 谷氨酸溶于 50.0 g 水中,测得该溶液的凝固点为 -0.188 ℃,试计算谷氨酸的摩尔质量。

**解**:水的 $K_f = 1.86$ K $\cdot$ kg $\cdot$ mol$^{-1}$,由式(2-15)代入有关数值得:

$$M_B = \frac{1.86 \ K \cdot kg \cdot mol^{-1} \times 0.749 \ g}{50.0 \ g \times 0.188 \ K}$$

$$= 0.148 \ kg \cdot mol^{-1} = 148 \ g \cdot mol^{-1}$$

谷氨酸的分子式为[COOHCH·NH₂·(CH₂)₂COOH]，其理论摩尔质量为147 g·mol⁻¹。

在日常生活中我们常遇到与凝固点降低有关的现象。例如，海水的凝固点低于0℃；常青树的树叶因富含糖分在严寒的冬天常青不冻等。溶液凝固点降低的性质还有许多实际应用，例如，撒盐可将道路上的积雪融化；冬天施工的混凝土中常添加氯化钙；为防止冬天汽车水箱冻裂常加入适量的乙二醇、甲醇或甘油等抗冻剂。在水产事业和食品贮藏及运输中，广泛使用食盐和冰混合而成的冷却剂，这是因为冰的表面总附有少量水，当撒上盐后，盐溶解在水中形成溶液，此时溶液的蒸气压下降，当它低于冰的蒸气压时，冰就会融化。冰融化时将吸收大量的热，于是冰盐混合物的温度就会降低。尽管我们日常遇到的不一定是难挥发非电解质的溶液，但溶液的凝固点仍会降低，只是不符合式(2-14)的定量关系而已。表2-5给出了一些常用的实验室制冷剂。

表 2-5　实验室常用的冰盐制冷剂

| | W/g | T/℃ | | W/g | T/℃ |
|---|---|---|---|---|---|
| CaCl₂·6H₂O | 41 | −9.0 | NaNO₃ | 59 | −18.5 |
| CaCl₂ | 80 | −11 | (NH₄)₂SO₄ | 62 | −19 |
| Na₂S₂O₃·5H₂O | 67.5 | −11 | NaCl | 33 | −21.2 |
| KCl | 30 | −11 | CaCl₂·6H₂O | 82 | −21.5 |
| NH₄Cl | 25 | −15.8 | CaCl₂·6H₂O | 125 | −40.3 |
| NH₄NO₃ | 60 | −17.3 | CaCl₂·6H₂O | 143 | −55 |

注：W为与100 g冰(或雪)混合的盐的质量；T为最低制冷温度。

**案例 2-3 分析**

冰袋局部降温是最常见的物理降温方法之一，效果肯定，经济实用。但直接用自来水制备的冰块硬度较高，与体表面积接触少且固定性差。根据溶剂中溶有溶质时，形成的溶液其沸点上升、凝固点下降的原理，可制备盐水冰袋。10%盐水在−18℃冰箱内置24 h后呈冰霜状，放在室温18~24℃环境下持续3 h时其温度仍在−5℃，低温持续时间长，在融化过程中其形态为霜水混合，冰袋很松软，能充分接触体表面积，易于固定，用于高热患者降温效果优于自来水冰块降温。能较好满足临床使用的需要，且充分符合理想的冷敷材料应具备的特点，即：降温效果好、感觉舒适、易于塑型、与体表接触良好、制作简单、成本低廉等。

与盐水冰袋的制备原理类似，将乙醇与水按适当比例混合制成的乙醇冰袋也具有上述作用和特点。尽管在本章讨论的依数性限于难挥发性非电解质的稀薄溶液，但对于电解质溶液或溶质浓度较高的溶液，也可以观察到沸点升高和凝固点降低等现象。对于挥发性的溶质，其溶液的蒸气压变化比较复杂，但在乙醇冰袋中，由于溶液是密闭的且不存在液面上方的空间，乙醇的挥发受到限制。此时，作为溶质的乙醇分子同样可以引起溶液的凝固点降低。

# 四、溶液的渗透压力

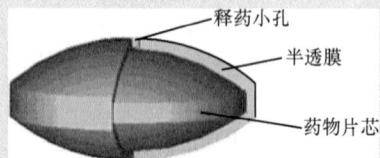
## (一) 渗透现象和渗透压力

如果在一个烧杯中装入一定量的蔗糖溶液,再在该溶液的上面小心地加上一层纯水,在避免任何机械振动的情况下,静置一段时间。由于分子的热运动,溶液中的蔗糖分子向水层中运动,而水层中的水分子也同时向溶液中运动,到最后成为一杯均匀的蔗糖溶液,这种某物质的微粒(分子或离子)自发地向其他物质中分散的现象称为**扩散**(diffuse)。事实上,在任何纯溶剂与溶液之间或者两种不同浓度的溶液相互接触时,都会有溶质分子和溶剂分子之间的扩散现象发生。

假如用**半透膜**(semi-permeable membrane),即一种只允许某些物质透过而不允许另一些物质透过的特殊薄膜,将连通容器中的蔗糖溶液与水分开(图 2-12)。一段时间后,可以观察到蔗糖溶液的液面上升,这说明水分子不断地通过半透膜转移到蔗糖溶液中,这种溶剂分子通过半透膜进入到溶液中的现象,称为**渗透**(osmosis)。

在图 2-12 A 中,半透膜只允许溶剂水分子透过,不允许蔗糖分子透过。由于膜两侧单位体积内溶剂分子数不等,单位时间内由纯溶剂进入溶液中的水分子数要比由溶液进入纯溶剂的多,结果是一侧的液面上升而另一侧的下降(图 2-12 B)。由此可见,产生渗透现象需要两个必要条件:一是有半透膜存在;二是半透膜两侧单位体积内溶剂的分子数不相等。

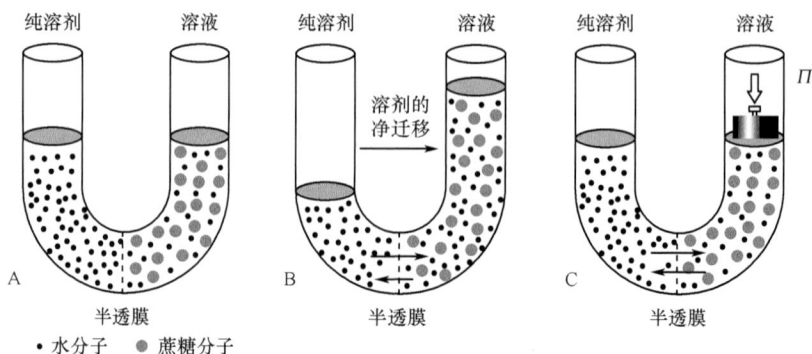

图 2-12 渗透现象和渗透压力

纯溶剂 溶液　纯溶剂 溶液　纯溶剂 溶液
溶剂的净迁移
A　B　C
半透膜　半透膜　半透膜
• 水分子　● 蔗糖分子

半透膜的种类繁多,其通透性能也不相同。理想的半透膜是一种水分子能自由通过,而其他所有的溶质分子或离子都不能透过的薄膜,这样的半透膜实际上是不存在的。人工制备的火棉胶膜、玻璃纸等,不仅溶剂水分子可以透过,而且溶质小分子、小离子也可以缓慢透过,但大分子化合物不能透过。在生物化学实验中用到的**透析袋**(dialysis tubing)和**超滤膜**(ultrafiltration membrane)也是用半透膜制成的,它们有不同的规格(即不同的微孔大小),可以阻止大于某个相对分子质量的溶质分子透过。至于生物膜(如萝卜皮、肠衣、细胞膜、毛细血管壁等),其通透性能更为特殊和复杂。

在图 2-12 中,随着蔗糖溶液的液面上升,水柱的静水压增大,使水分子从溶液进入纯水中的速率增加。当静水压增大到一定的值,将达到渗透平衡,即单位时间内溶剂分子进出半透膜数目相等的状态,此时两侧液面高度不再发生改变。**渗透压力**(osmotic pressure)常简称为渗透压,其定义是:将纯溶剂与溶液以半透膜隔开时,为维持渗透平衡所需要加给溶液的额外压力(如图 2-12 C 所示)。符号用 $\Pi$ 表示,常用单位是 Pa 或 kPa。

若将不同浓度的两溶液用半透膜隔开,也有渗透现象发生。需要注意的是,浓度不同的溶液用半透膜隔开,为保持渗透平衡所需在浓溶液液面上增加的压力是两溶液渗透压力之差。此外,渗透方向总是溶剂分子从纯溶剂一方向溶液一方,或是从稀溶液一方向浓溶液一方进行,其结果是缩小溶液之间或溶液与溶剂之间的浓度差。

此外应当指出的是,若以半透膜将溶液和纯溶剂隔开,并在溶液一侧施加一个大于其渗透压力的外力时,溶剂的流动方向将与正常的渗透方向相反,开始从溶液向纯溶剂一侧流动,这一过程称为**反向渗透**(reverse osmosis)。同样,用半透膜将稀溶液和浓溶液隔开,并在浓溶液一侧施加大于两种溶液渗透压力差的外力时,也会发生反向渗透。根据反向渗透的原理,在压力驱动下借助于半透膜的选择截留作用可实现溶液中溶质与溶剂的分离,广泛用于各种溶液的提纯与溶缩,在食品、医药、电子、化工等诸多行业中都发挥着重要作用,其中最普遍的应用实例是在水处理工艺中,用反向渗透技术可将水中的离子、细菌、病毒、有机物及胶体等杂质去除,以获得高质量的纯净水,是目前制取医药用纯水的主要方法之一。

**案例 2-4 分析**

渗透泵片是利用渗透压力原理制成的口服控释制剂,其在体内释药的最大特点是,释药速率不受胃肠道可变因素,如蠕动速率、pH 高低、胃排空时间等的影响,是口服控释制剂中十分理想的一种。单室渗透泵控释片主要由三部分组成:含有渗透压力活性物质的药物片芯;具有一定机械强度和韧性的半透膜;半透膜上大小合适的释药小孔。当药物被服用进入人体后,胃液中的水分子将透过药片外层的半透膜慢慢进入片芯,被片芯中渗透压力活性物质吸收后产生很大渗透压力差。这里所使用的半透膜,只允许水分子透过而不允许药物分子透过。在渗透压力的作用下,药物即经半透膜上的小孔缓慢释放进入人体。对于某些难溶药物,可以做成双层渗透泵,以产生足够的渗透压力。双层片渗透泵主要由渗透压力活性物质组成的推动层与具有释药小孔的药物层构成。

渗透泵控释片生产工艺主要包括:配方、压片、半透膜包衣、激光打孔、保护膜包衣五个部分,其中处方技术与激光打孔技术构成生产工艺的关键要素。渗透泵片的制造综合了物理、化学、激光、电子、制剂等多门学科,其复杂的生产工艺过程的工业化在近年来取得了很大突破,发展前景十分广阔。

## (二) 溶液的渗透压力与浓度及温度的关系

1886 年,荷兰物理化学家 van't Hoff(范特霍夫)在大量实验研究的基础上,得出了稀薄溶液的渗透压力、溶液浓度和温度的关系:

$$\Pi V = n_B RT \tag{2-16}$$

$$\Pi = c_B RT \tag{2-17}$$

式中:$\Pi$ 为溶液的渗透压力;$V$ 为溶液的体积;$n_B$ 为溶液中所含溶质的物质的量;$R$ 为气体常数;

$T$ 为绝对温度;$c_B$ 为溶液的物质的量浓度。

van't Hoff 公式表明,在一定温度下,稀薄溶液的渗透压力与溶液的浓度成正比,也就是说,渗透压力与单位体积溶液中溶质质点的数目成正比,而与溶质的本性无关。因此,稀薄溶液的渗透压力也具有依数性规律,且溶液的浓度越小,由实验测得的数值越接近于理论计算值。

对于非电解质稀薄溶液,当溶剂为水时,其物质的量浓度的值近似地与质量摩尔浓度的值相等,即 $c_B(\text{mol} \cdot \text{L}^{-1}) \approx b_B(\text{mol} \cdot \text{kg}^{-1})$,故可用质量摩尔浓度的数值代替物质的量浓度的值进行近似计算:

$$\Pi = b_B RT \tag{2-18}$$

**例 2-7** 将 4.00 g 蔗糖($C_{12}H_{22}O_{11}$)溶于水,配成 100.0 ml 溶液,求该溶液在 25 ℃时的渗透压力。

**解:** $C_{12}H_{22}O_{11}$ 的摩尔质量为 342 g·mol$^{-1}$,则

$$c(C_{12}H_{22}O_{11}) = \frac{n}{V} = \frac{4.00 \text{ g}}{342 \text{ g} \cdot \text{mol}^{-1} \times 0.1000 \text{ L}} = 0.117 \text{ mol} \cdot \text{L}^{-1}$$

根据式(2.17):$\Pi = c_B RT$,其中气体常数 $R$ 的单位

$$[R] = J \cdot K^{-1} \cdot \text{mol}^{-1} = Pa \cdot m^3 \cdot K^{-1} \cdot \text{mol}^{-1} = 10^3 Pa \cdot L \cdot K^{-1} \cdot \text{mol}^{-1} = kPa \cdot L \cdot K^{-1} \cdot \text{mol}^{-1}$$

所以 $\Pi = 0.117 \text{ mol} \cdot \text{L}^{-1} \times 8.314 \text{ kPa} \cdot L \cdot K^{-1} \cdot \text{mol}^{-1} \times (273+25) \text{ K} = 290 \text{ kPa}$

从上例可以看出,0.117 mol·L$^{-1}$ 的蔗糖溶液在 25℃时可产生 290 kPa 的渗透压力,相当于 29.6 m 高的水柱所产生的压力,这表明渗透压力是一种强大的推动力,因此要用普通半透膜精确测定渗透压力是较困难的,除非这种膜有很高的机械强度,否则将难以承受。

由 van't Hoff 公式也可以看出,测量稀薄溶液的渗透压力可以计算出溶质的物质的量浓度,进而求出溶质的摩尔质量。由于小分子溶质也常能透过半透膜,用测定渗透压力的方法来测定小分子溶质的摩尔质量实际上相当困难,多用凝固点降低法测定。而测定蛋白质等高分子化合物的摩尔质量时,用渗透压力法要比凝固点降低法灵敏得多。

**例 2-8** 将 2.00 g 白蛋白溶于适量纯水中,配制成 100 ml 溶液,在 25 ℃时测得该溶液的渗透压力为 0.717 kPa,求白蛋白的摩尔质量。

**解:** 根据 van't Hoff 公式:

$$\Pi V = n_B RT = \frac{m_B}{M_B} RT$$

$$M_B = \frac{m_B RT}{\Pi V}$$

代入相应数值,得:

$$M(白蛋白) = \frac{2.00 \text{ g} \times 8.314 \text{ kPa} \cdot L \cdot K^{-1} \cdot \text{mol}^{-1} \times 298 \text{ K}}{0.717 \text{ kPa} \times 0.100 \text{ L}} = 6.91 \times 10^4 \text{ g} \cdot \text{mol}^{-1}$$

此白蛋白溶液的浓度为 $2.89 \times 10^{-5}$ mol·L$^{-1}$,凝固点下降仅为 $5.38 \times 10^{-5}$℃,很难测定,但其渗透压力相当于 73.2 mm 高的水柱产生的压力,采用该方法完全可以准确测定。

# 五、电解质稀薄溶液的依数性

与非电解质稀薄溶液一样,电解质溶液也具有蒸气压下降、沸点升高、凝固点降低及渗透压力等性质。但是,电解质溶液的依数性性质,理论计算值和实验测定值常有较大偏差。表 2-6 给出了 $KNO_3$、$NaCl$、$MgSO_4$ 等溶液凝固点降低相关数据。

表2-6  一些电解质水溶液的凝固点降低值

| $b_B/(mol \cdot kg^{-1})$ | $\Delta T_f$(实验值)/K | | | $\Delta T_f$(计算值)/K |
|---|---|---|---|---|
| | KNO$_3$ | NaCl | MgSO$_4$ | |
| 0.01 | 0.03587 | 0.03603 | 0.0300 | 0.01858 |
| 0.05 | 0.1718 | 0.1758 | 0.1294 | 0.09290 |
| 0.10 | 0.3331 | 0.3470 | 0.2420 | 0.1858 |
| 0.50 | 1.414 | 1.692 | 1.018 | 0.9290 |

由表中数据可见,三种溶液的 $\Delta T_f$ 的实验值都比计算值大,如 0.10 mol·kg$^{-1}$ 的 NaCl 溶液,按 $\Delta T_f = K_f b_B$ 计算,$\Delta T_f$ 应为 0.1858 K,但实验测定值却是 0.3470 K,实验值几乎是计算值的 2 倍。因此,计算电解质稀薄溶液的依数性时必须引入校正因子 $i$,$i$ 又称为 van't Hoff 系数。例如,在极稀薄溶液中,AB 型电解质(如 KCl、KNO$_3$、CaSO$_4$ 等)的 $i$ 值趋近于 2;AB$_2$ 或 A$_2$B 型电解质(如 MgCl$_2$、CaCl$_2$、Na$_2$SO$_4$ 等)的 $i$ 值趋近于 3。因此,对于电解质稀薄溶液:

$$\Delta T_b = iK_b b_B \tag{2-19}$$

$$\Delta T_f = iK_f b_B \tag{2-20}$$

同样,在计算电解质稀薄溶液的渗透压力时:

$$\Pi = ic_B RT \tag{2-21}$$

**例 2-9**  临床上常用的生理盐水溶液是 9.0 g·L$^{-1}$ 的 NaCl 溶液,求其在 37 ℃ 时的渗透压力。

**解**:NaCl 在稀薄溶液中完全解离,$i \approx 2$,NaCl 的摩尔质量为 58.5 g·mol$^{-1}$

根据 $\Pi = ic_B RT$ 可得:

$$\Pi = \frac{2 \times 9.0 \text{ g} \cdot \text{L}^{-1} \times 8.314 \text{ kPa} \cdot \text{L} \cdot \text{K}^{-1} \cdot \text{mol}^{-1} \times 310 \text{ K}}{58.5 \text{ g} \cdot \text{mol}^{-1}} = 7.9 \times 10^2 \text{ kPa}$$

# 六、渗透压力在医药领域的应用

**案例 2-5**

渗透性利尿药(osmotic diuretics)又称脱水药,是指能使组织中水分进入血液,具有脱水利尿作用的一类药物,多为低分子化合物,包括甘露醇、山梨醇等。此类药物的药理作用主要取决于药物分子本身在溶液中对渗透压力的调节。甘露醇(分子式 C$_6$H$_{14}$O$_6$,相对分子质量 182.17)口服不吸收,该药静脉注射后不易从毛细血管渗入组织,可迅速降低颅内压及眼内压,是临床抢救特别是用于脑部疾患抢救的一种常用药物。

**问题:**

1. 甘露醇静脉给药后为什么能降低颅内压和眼内压?

2. 甘露醇不良反应以水和电解质代谢紊乱最为常见,试分析其原因。

3. 计算临床常用的甘露醇注射液(质量浓度为 20% 的水溶液)在 37℃ 时的渗透压力。

## (一) 渗透浓度

由于稀薄溶液的渗透压力是稀薄溶液的依数性之一,其数值大小只与溶液中溶质粒子的浓度有关,而与粒子的本性无关,所以我们将溶液中能产生渗透效应的溶质粒子(分子、离子等)统称为**渗透活性物质**(osmosis activated matter)。根据 van't Hoff 定律,在一定温度下,稀薄溶液的渗透压力应与渗透活性物质的物质的量浓度成正比,所以也可以用渗透活性物质的物质的量浓度来表示稀薄溶液渗透压力的大小。医药学上常用**渗透浓度**(osmolarity)来比较溶液渗透压力的大小,定义为渗透活性物质的物质的量除以溶液的体积,符号为 $c_{os}$,单位为 mol·L$^{-1}$或 mmol·L$^{-1}$。

**例 2-10** 计算临床常用的 50.0 g·L$^{-1}$葡萄糖溶液和 9.00 g·L$^{-1}$NaCl 溶液(生理盐水溶液)的渗透浓度。

**解:**葡萄糖($C_6H_{12}O_6$)的摩尔质量为 180 g·mol$^{-1}$,50.0 g·L$^{-1}C_6H_{12}O_6$ 溶液的渗透浓度为

$$c_{os}(C_6H_{12}O_6) = \frac{50.0 \text{ g·L}^{-1}}{180 \text{ g·mol}^{-1}} \times \frac{1000 \text{ mmol}}{1 \text{ mol}} = 278 \text{ mmol·L}^{-1}$$

NaCl 的摩尔质量为 58.5 g·mol$^{-1}$,NaCl 溶液中渗透活性物质为 Na$^+$ 和 Cl$^-$,因此,9.00 g·L$^{-1}$NaCl 溶液的渗透浓度为:

$$c_{os}(NaCl) = \frac{9.00 \text{ g·L}^{-1}}{58.5 \text{ g·mol}^{-1}} \times \frac{1000 \text{ mmol}}{1 \text{ mol}} \times 2 = 308 \text{ mmol·L}^{-1}$$

表 2-7 列出了正常人血浆、组织间液和细胞内液中各种渗透活性物质的渗透浓度。

**表 2-7  正常人血浆、组织间液和细胞内液中各种渗透活性物质的渗透浓度**(mmol·L$^{-1}$)

| 渗透活性物质 | 血浆中浓度 | 组织间液中浓度 | 细胞内液中浓度 |
|---|---|---|---|
| Na$^+$ | 144 | 37 | 10 |
| K$^+$ | 5 | 4.7 | 141 |
| Ca$^{2+}$ | 2.5 | 2.4 | |
| Mg$^{2+}$ | 1.5 | 1.4 | 31 |
| Cl$^-$ | 107 | 112.7 | 4 |
| HCO$_3^-$ | 27 | 28.3 | 10 |
| HPO$_4^{2-}$、H$_2$PO$_4^-$ | 2 | 2 | 11 |
| SO$_4^{2-}$ | 0.5 | 0.5 | 1 |
| 磷酸肌酸 | | | 45 |
| 肌肽 | | | 14 |
| 氨基酸 | 2 | 2 | 8 |
| 肌酸 | 0.2 | 0.2 | 9 |
| 乳酸盐 | 1.2 | 1.2 | 1.5 |
| 三磷酸腺苷 | | | 5 |
| 一磷酸己糖 | | | 3.7 |
| 葡萄糖 | 5.6 | 5.6 | |
| 蛋白质 | 1.2 | 0.2 | 4 |
| 尿素 | 4 | 4 | 4 |
| 总计 | 303.7 | 302.2 | 302.2 |

## (二) 等渗、低渗和高渗溶液

稀薄溶液的渗透压力的高低是相对的。渗透压力(或渗透浓度)相等的溶液互称为**等渗溶液**(isotonic solution)。渗透压力不同的溶液,其中渗透压力相对较高的溶液被称为**高渗溶液**(hypertonic solution);渗透压力相对较低的溶液被称为**低渗溶液**(hypotonic solution)。

医学上溶液的等渗、低渗或高渗是以血浆的总渗透压力为标准的。从表 2-7 可知,正常人血浆的渗透浓度为 303.7 mmol·L$^{-1}$。实验求得血浆的凝固点下降值为 0.553 ℃,据此求得血浆的

渗透浓度为 297 mmol·L$^{-1}$。所以,临床上规定渗透浓度在 280~320 mmol·L$^{-1}$ 的溶液为等渗溶液;渗透浓度小于 280 mmol·L$^{-1}$ 的溶液为低渗溶液;渗透浓度大于 320 mmol·L$^{-1}$ 的溶液为高渗溶液。$c(NaCl)$ 为 0.15 mol·L$^{-1}$ 的氯化钠溶液和 $c(C_6H_{12}O_6)$ 为 0.28 mol·L$^{-1}$ 的葡萄糖溶液,对应于血浆渗透压力而言都是等渗溶液,在大量补液过程中,细胞不致破坏而仍可保持正常生理功能。在临床治疗中,当需要为患者大剂量输液时,需特别注意补液的渗透浓度(或渗透压力),否则可能导致机体内水分调节失常及细胞的变形或破坏,从而造成不良后果,严重时甚至危及患者生命。现以红细胞在不同浓度 NaCl 溶液中的形态变化来说明。

如图 2-13A 所示,若将红细胞置于较高浓度的 NaCl 溶液中,如 $c(NaCl)$ = 3.0 mol·L$^{-1}$,此时由于红细胞内液的渗透压力低于细胞外液,红细胞内的水将向外渗透,红细胞会逐渐皱缩,皱缩的红细胞互相聚结成团。若此现象发生于血管内,将可能造成血管栓塞。反之,如图 2-13B 所示,当将红细胞置于纯水或稀薄 NaCl 溶液,如 $c(NaCl)$= 5×10$^{-2}$mol·L$^{-1}$,此时由于细胞内液的渗透压力高于细胞外液,细胞外液的水将向细胞内渗透。在显微镜下可以观察到红细胞逐渐胀大,最后破裂,释放出红细胞内的血红蛋白使溶液染成红色,这一过程称为**溶血**(hemolysis)。若将红细胞置于生理盐水溶液中,$c(NaCl)$ = 0.15 mol·L$^{-1}$,如图 2-13C,因为生理盐水溶液与红细胞内液的渗透压力相等,细胞内外液处于渗透平衡状态,红细胞既不膨胀也不皱缩,其形态可维持正常。

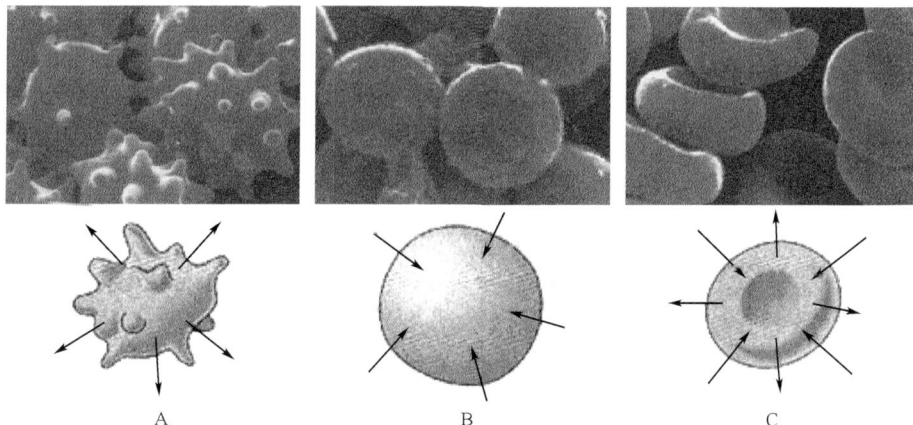

图 2-13 红细胞在不同浓度的 NaCl 溶液中的形态变化

## (三)晶体渗透压力和胶体渗透压力

人体血浆等生物体液所含成分十分复杂(表 2-7),其中包括小分子物质和电解质,也包括大分子物质。在医学上,通常将电解质和小分子物质统称为晶体物质,其产生的渗透压力称为**晶体渗透压力**(crystalloid osmotic pressure);而将大分子物质称为胶体物质,其产生的渗透压力称为**胶体渗透压力**(colloidal osmotic pressure)。

在人体血浆中,胶体物质的质量浓度约为 70 g·L$^{-1}$,而晶体物质的质量浓度约为 7.5 g·L$^{-1}$。尽管后者的含量较低,但因为它们的相对分子质量较小,有的还可以解离为离子,所以在单位体积的血浆中的质点数目多,产生的渗透压力也大。在 37℃时,正常人体血浆的渗透压力约为 773 kPa,其中胶体渗透压力为 2.9~4.0 kPa,其余的为晶体渗透压力。由此可见,人体血浆的渗透压力主要来自晶体渗透压力(约占 99.5%),胶体渗透压力仅占极小一部分。

由于人体内的半透膜(如细胞膜和毛细血管壁等)的通透性不同,晶体渗透压力与胶体渗透压力在维持体内水盐平衡中的功能也不同,即表现出不同的生理作用,现简要说明如下。

细胞膜是一种生物半透膜,将细胞内液与细胞外液分隔开,细胞与其外环境的物质交换必须通过细胞膜。细胞膜可以允许水分子自由透过,但对离子(Na$^+$、K$^+$、Ca$^{2+}$ 等)和胶体物质的透过具有选择性。因为晶体渗透压力远大于胶体渗透压力,所以水分子的渗透方向主要取决于晶体渗透压力，即晶体渗透压力是决定细胞内液和细胞外液之间水分转移的主要因素。如果人体由于某种原因而缺水时，细胞外液中盐的浓度将相对升高，晶体渗透压力增大，于是迫使细胞内液中的水分子通过细胞膜向细胞外液渗透，造成细胞失水，进而使人感到口渴。如果大量饮水或输入过多的葡萄糖溶液（葡萄糖在血液中被氧化逐渐失去渗透活性），则将会使细胞外液的电解质浓度降低，而渗透压力减小，细胞外液中的水分子就会透过细胞膜而进入细胞中，严重时可能产生水中毒。

　　毛细血管壁也是一种生物半透膜，将血浆和组织间液分隔开，只允许小分子晶体物质和水分子透过，而不允许蛋白质等大分子物质透过。血浆的胶体渗透压力在调节血容量及维持血浆和组织间液之间的水平衡方面起着重要的作用。当血液流经毛细血管时，血浆中的水、晶体等小分子物质可自由透过毛细血管壁，晶体小分子物质在血浆和组织间液中的浓度基本相同，所以血浆的晶体渗透压力虽然很大，但对水进出毛细血管并不起调节作用。另一方面，血浆中的蛋白质浓度比组织间液中的蛋白质浓度高，所以蛋白质等大分子物质所产生的胶体渗透压力直接影响血浆与组织间液的水分交换，是组织间液回流进入毛细血管的驱动力。如果某种原因造成血浆中的蛋白质减少，血浆的胶体渗透压力将随之降低，血浆中的水就会过多地透过毛细血管壁进入组织间液，造成组织间液增多，这是形成水肿的原因之一。临床上对大面积烧伤或失血过多而造成血容量降低的患者进行输液时，除输入生理盐水溶液外，有时还需要输入血浆或代血浆（如右旋糖酐等），以恢复血浆的胶体渗透压力并增加血容量。

**案例 2-5 分析**

　　静脉注射后，由于不易从毛细血管渗入组织，停留在血液循环中的甘露醇能迅速提高血浆渗透压力，使组织间液水分向血浆转移而产生组织脱水作用。因为甘露醇难以进入脑组织或眼前房等有屏障的特殊组织，静脉滴入甘露醇的高渗溶液使这些组织特别容易脱水。因此，甘露醇是临床用于治疗和抢救多种原因引起脑水肿的首选药，也可降低青光眼患者的房水量及眼内压，短期用于急性青光眼，或术前使用以降低眼内压。甘露醇降低颅内压和眼内压的作用于静脉注射后 15 min 内出现，达峰时间 30~60 min，可维持 3~8 h。

　　甘露醇的另一个重要药理作用是利尿。甘露醇注射后迅速经肾脏排泄，一般情况下经肝脏代谢的量很少。由于自肾小球滤过后极少被肾小管重吸收（<10%），故可提高肾小管内液渗透浓度，减少肾小管对水及 $Na^+$、$Cl^-$、$K^+$、$Ca^{2+}$、$Mg^{2+}$ 等离子的重吸收，而产生利尿作用。利尿作用于静注后 0.5~1 h 出现，维持 3 h 左右。但是，不适当的过度利尿可导致水和电解质代谢紊乱。

　　50% 的高渗葡萄糖也有脱水及渗透性利尿作用，但因葡萄糖在体内易被代谢，并能部分地从血管弥散到组织中，故高渗作用维持不久。临床上常与甘露醇合用以治疗脑水肿。此外，山梨醇是甘露醇的同分异构体，作用与临床应用同甘露醇，但其水溶性较高，一般制成 25% 的高渗溶液使用，因其进入体内后可在肝内被部分转化，故作用较弱。

# 第 4 节　强电解质溶液

　　**电解质**（electrolyte）是指在水溶液中或在熔融状态下能够导电的化合物，其水溶液称为**电解质溶液**（electrolytic solution）。电解质的种类较多，性质各异，按照溶解性可分为难溶性电解质和可溶性电解质。一般对可溶于水的电解质，按解离程度可分为**强电解质**（strong electrolyte）和**弱电解质**（weak electrolyte）。强电解质在水溶液中完全解离，其溶液导电能力强；弱电解质在水溶液中仅少部分解离，且解离过程是可逆的，存在**解离平衡**（dissociation equilibrium），其水溶液导电能力相对较弱。

　　人体体液中含有许多电解质离子，如 $Na^+$、$K^+$、$Ca^{2+}$、$Mg^{2+}$、$Cl^-$、$HCO_3^-$、$CO_3^{2-}$、$HPO_4^{2-}$、$H_2PO_4^-$ 等，

这些电解质离子在体液中的存在状态及含量,关系到体液渗透平衡和体液的酸碱度,并对神经、肌肉等组织的生理、生化功能起着重要的作用。因此,掌握电解质溶液的基本理论、基本特性和变化规律等知识,对医学和药学的学习十分重要。

# 一、强电解质和解离度

从结构上看,强电解质包括离子型化合物(如 KCl、NaOH,它们的晶体是由离子组成的,因而在熔融状态下也能导电)和强极性分子(如 HCl、$HNO_3$ 等)。强电解质在水溶液中能完全解离成离子,不存在解离平衡。如:

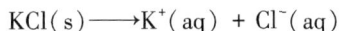

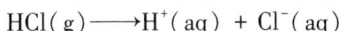

$$KCl(s) \longrightarrow K^+(aq) + Cl^-(aq)$$
$$HCl(g) \longrightarrow H^+(aq) + Cl^-(aq)$$

与强电解质不同,弱电解质在水溶液中大部分是以分子的形式存在,只有部分解离成离子,且存在解离平衡,如 HAc、$NH_3$ 等。

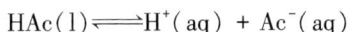

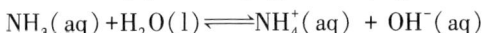

$$HAc(l) \Longrightarrow H^+(aq) + Ac^-(aq)$$
$$NH_3(aq) + H_2O(l) \Longrightarrow NH_4^+(aq) + OH^-(aq)$$

电解质的解离程度可以定量地用解离度来表示。**解离度**(degree of dissociation)是指电解质达到解离平衡时,已解离的分子数和原有的分子总数之比,其符号用 $\alpha$ 表示,即:

$$\alpha = \frac{已解离的分子数}{原有分子总数} \tag{2-22}$$

解离度的单位为1,也常以百分数表示。解离度可通过测定电解质溶液的依数性(如 $T_f$、$T_b$ 或 $\Pi$ 等)求得。

**例 2-11** 某电解质 HB 的水溶液,其质量摩尔浓度为 0.20 $mol \cdot kg^{-1}$,测得此溶液的 $\Delta T_f$ 为 0.39 K,求该电解质的解离度。

**解**:HB 在水溶液中存在解离平衡:

$$HB(aq) \Longrightarrow H^+(aq) + B^-(aq)$$

初始时的 $b/mol \cdot kg^{-1}$      0.20      0      0

平衡时的 $b/mol \cdot kg^{-1}$      $0.20 - 0.20\alpha$      $0.20\alpha$      $0.20\alpha$

达到解离平衡时,溶液中所含 HB 的未解离部分和已解离成离子部分的总浓度为:

$$[(0.20 - 0.20\alpha) + 0.20\alpha + 0.20\alpha] mol \cdot kg^{-1} = 0.20(1+\alpha) \, mol \cdot kg^{-1}$$

由 $\Delta T_f = K_f b_B$ 可得

$$0.39 \text{ K} = 1.86 \text{ K} \cdot kg \cdot mol^{-1} \times 0.20(1+\alpha) \, mol \cdot kg^{-1}$$
$$\alpha = 0.048 = 4.8\%$$

在相同浓度下,不同电解质的解离度大小反映了电解质的相对强弱。电解质越弱,其解离度就越小;反之亦然。电解质解离度的大小除取决于电解质的本性外,还与溶剂、温度、溶液的浓度等因素有关。

在实际应用中,通常把在质量摩尔浓度为 0.1 $mol \cdot kg^{-1}$ 的电解质溶液中,解离度大于30%的称为强电解质,小于5%的称为弱电解质,而介于5%~30%的称为中强电解质。

# 二、强电解质溶液理论简介

从 X 射线实验可知,大多数盐在固态时就是离子晶体,本来就不存在分子,其在水溶液中都是完全以离子的形式存在,因此,理论上它们的解离度应为100%。但是根据溶液的导电性实验和依数性实验测得的结果表明,强电解质在水溶液中的解离度均小于100%。是什么原因造成了强电解质在溶液中不完全解离的现象呢? 1923 年,Debye 和 Hückel 提出了电解质**离子相互作**

用理论(ion interaction theory),较为满意地解释了上述实验现象。该理论的要点是:①强电解质在水溶液中是全部解离的。②离子间通过静电力相互作用,每一个离子都被周围电荷相反的离子包围着,形成所谓**离子氛**(ion atmosphere)。在强电解质溶液中,由于电解质全部解离,离子浓度一般较大。离子间的静电力使异性离子相互吸引,同性离子相互排斥,因此每个离子在溶液中所处的状态,是这两种作用的结果。如图 2-14 所示,在溶液中每一个离子都被多个带相反电

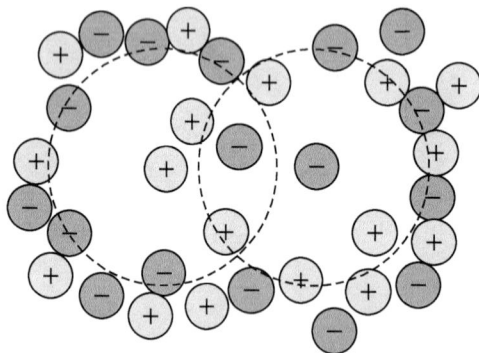

图 2-14　离子氛示意图

荷且分布不均匀的离子所包围,即每一个阳离子的周围形成了带负电荷的离子氛,而每一个阴离子的周围形成了带正电荷的离子氛,每一个中心离子同时又是组成另一个异性离子的离子氛的一员。因为溶液中的离子始终在不断地运动、变化着,所以离子氛的形象是一个统计性质的平均结果。由于离子氛的存在,离子间相互作用而互相牵制,强电解质溶液中的离子并不是独立的自由离子,不能完全自由运动,因而不能百分之百地发挥其应有的效能。例如,当给溶液以外加电场时,决定导电性的离子运动速率相应地减小,即由导电性实验测得的电解质在溶液中的解离度也相应地减小。

离子相互作用理论应用在 1-1 价型强电解质(如 NaCl)的稀薄溶液时比较成功,但用于其他价型的强电解质溶液时,其结果还有不小的偏差。现在已知,在强电解质溶液中,特别是在浓度较高时,还存在着离子缔合的现象。溶液中的阳离子和阴离子会部分缔合成**离子对**(ion pair)作为独立单位运动。强电解质溶液中的离子只有在无限稀释的条件下才能完全独立、自由地运动。因此,由于离子氛和离子对的存在,通过导电性实验和依数性实验所得到的强电解质的解离度均会小于 100%。

需要注意的是,强电解质的解离度的意义与弱电解质的解离度的意义完全不同:弱电解质的解离度表示解离了的分子所占的百分率;而强电解质的解离度只是反映离子间相互牵制作用的强弱程度,故强电解质的解离度被称为**表观解离度**(apparent degree of dissociation)。表 2-8 给出了几种强电解质的表观解离度。

**表 2-8　几种强电解质的表观解离度**($0.1 \text{ mol} \cdot \text{L}^{-1}$,298 K)

| 电解质 | KCl | $ZnSO_4$ | HCl | $HNO_3$ | $H_2SO_4$ | NaOH | $Ba(OH)_2$ |
|---|---|---|---|---|---|---|---|
| 表观解离度/% | 86 | 40 | 92 | 92 | 61 | 91 | 81 |

# 三、离子的活度和活度因子

在电解质溶液中,因为离子氛和离子对的存在,表观解离度总是小于理论解离度,所以离子的有效浓度(即表观浓度)总是比理论浓度小。离子的有效浓度是指电解质溶液中实际发挥作用的离子浓度,称为**活度**(activity),活度用 $a_B$ 表示。$a_B$ 与质量摩尔浓度 $b_B$ 的关系为:

$$a_B = \gamma_B \cdot b_B / b^{\ominus} \tag{2-23}$$

式中:$\gamma_B$ 为溶质 B 的**活度因子**(activity factor),也称**活度系数**(activity coefficient);$b^{\ominus}$ 为标准质量摩尔浓度,即 $1 \text{ mol} \cdot \text{kg}^{-1}$。$a$ 和 $\gamma$ 均为量纲为一的量。

一般说来,因为 $a_B < b_B$,故 $\gamma_B < 1$。溶液越稀,离子间距离越大,离子间的牵制作用就越弱,离子氛和离子对出现的机会越少,活度与浓度的差别就越小。因此,在下述情况中可将 $\gamma_B$ 近似地

视为1,即可用$b_B$代替$a_B$使用。

(1) 当强电解质溶液中的离子浓度很小,且离子所带的电荷数也少时,活度接近浓度,$\gamma_B \approx 1$。

(2) 对于液态或固态的纯物质以及稀薄溶液中的溶剂(如水),其$\gamma_B$均被视为1。

(3) 溶液中的中性分子也有活度和浓度的区别,只不过不像离子的区别那么大,所以通常把中性分子的$\gamma_B$视为1。

(4) 对于弱电解质溶液,因其离子浓度很小,一般可以把弱电解质的$\gamma_B$也视为1。

在电解质溶液中,因为正、负离子同时存在,至今还未能设计出一种实验方法来测定单种离子的活度因子,但可通过实验求得电解质溶液离子的平均活度因子$\gamma_\pm$。对1-1价型的电解质,其离子的平均活度因子定义为阳离子和阴离子的活度因子的几何平均值,即$\gamma_\pm = \sqrt{\gamma_+ \cdot \gamma_-}$,式中$\gamma_+$和$\gamma_-$分别是正、负离子的活度因子。而离子的平均活度等于阳离子和阴离子活度的几何平均值,即$a_\pm = \sqrt{a_+ \cdot a_-}$。表2-9列出了一些强电解质的离子平均活度因子。

表2-9 一些强电解质离子的平均活度因子(298 K)

| $b/(\text{mol} \cdot \text{kg}^{-1})$ | 0.001 | 0.005 | 0.01 | 0.05 | 0.1 | 0.5 | 1.0 |
|---|---|---|---|---|---|---|---|
| HCl | 0.966 | 0.928 | 0.904 | 0.803 | 0.796 | 0.753 | 0.809 |
| KOH | 0.96 | 0.93 | 0.90 | 0.82 | 0.80 | 0.73 | 0.76 |
| KCl | 0.965 | 0.927 | 0.901 | 0.815 | 0.769 | 0.651 | 0.606 |
| $H_2SO_4$ | 0.830 | 0.637 | 0.544 | 0.340 | 0.265 | 0.154 | 0.130 |
| $Ca(NO_3)_2$ | 0.88 | 0.77 | 0.71 | 0.54 | 0.48 | 0.38 | 0.35 |
| $CuSO_4$ | 0.74 | 0.53 | 0.41 | 0.21 | 0.16 | 0.068 | 0.047 |

离子的活度因子是溶液中离子间作用力强弱的反映,不仅受自身浓度和电荷的影响,也受溶液中其他离子的浓度及电荷的影响。为了定量地衡量这些影响的大小,人们引入了**离子强度**(ionic strength)的概念,其定义为:

$$I = \frac{1}{2} \sum_i b_i Z_i^2 \tag{2-24}$$

式中:$b_i$和$z_i$分别为溶液中第$i$种离子的质量摩尔浓度和该离子的电荷数。$I$的单位为$\text{mol} \cdot \text{kg}^{-1}$。在当溶液浓度不大时,近似计算中也可以用$c_i$代替$b_i$。

离子强度$I$是溶液中存在的离子所产生电场强度的量度,只与溶液中各离子的浓度和电荷数有关,而与离子的本性无关。离子的浓度越大,电荷数越多,则溶液的离子强度越大;反之亦然。

离子强度$I$反映了溶液中离子间作用力的强弱,$I$值越大,离子间的作用力越大,活度因子$\gamma_B$就越小;反之,$I$值越小,离子间的作用力越小,活度因子$\gamma_B$就越大。

1923年,Debye和Hückel从电学和分子运动论出发,从理论上导出了某离子的活度因子与溶液的离子强度的近似关系式:

$$\lg \gamma_i = -A z_N^2 \sqrt{I} \tag{2-25}$$

式中:$z_i$为离子$i$的电荷数;$I$为以$\text{mol} \cdot \text{kg}^{-1}$为单位时的离子强度;$A$为常数,在298.15 K的水溶液中$A$值为0.509 $\text{kg}^{1/2} \cdot \text{mol}^{-1/2}$。

当求算电解质离子的平均活度因子时,上式可改为下列形式:

$$\lg \gamma_\pm = -A \mid z_+ \cdot z_- \mid \sqrt{I} \tag{2-26}$$

式中:$z_+$和$z_-$分别为正、负离子所带的电荷数。上式只适用于离子强度小于0.01 $\text{mol} \cdot \text{kg}^{-1}$的极稀薄溶液。

对于离子强度较高的溶液,需要对式(2-25)和式(2-26)进行修正:

$$\lg\gamma_i = \frac{-Az_N^2\sqrt{I}}{1+\sqrt{I}} \tag{2-27}$$

$$\lg\gamma_\pm = \frac{-A\mid z_+ \cdot z_-\mid\sqrt{I}}{1+\sqrt{I}} \tag{2-28}$$

式(2-27)和式(2-28)对于离子强度高达 0.1~0.2 mol·kg$^{-1}$ 的 1-1 价型电解质,仍可取得较好的结果。

本书除特别指明之处,对稀薄溶液一般不考虑活度因子的校正。但在生物体中,电解质离子以一定的浓度和一定的比例存在于体液中,离子强度对酶、激素和维生素等的功能影响不能忽视。

**例 2-12**　计算 0.0050 mol·kg$^{-1}$ NaCl 溶液的离子强度、活度因子、活度和 25 ℃ 时的渗透压力。

**解**: $I = \dfrac{1}{2}\sum_i b_i Z_i^2$

$\quad = \dfrac{1}{2}\left[\,0.0050\ \text{mol}\cdot\text{kg}^{-1}\times(+1)^2 + 0.0050\ \text{mol}\cdot\text{kg}^{-1}\times(-1)^2\,\right] = 0.0050\ \text{mol}\cdot\text{kg}^{-1}$

$\lg\gamma_\pm = -A\mid z_+ \cdot z_-\mid\sqrt{I} = -0.509\ \text{kg}^{1/2}\cdot\text{mol}^{1/2}\times\mid(+1)\times(-1)\mid\times\sqrt{0.0050\ \text{mol}\cdot\text{kg}^{-1}} = -0.036$

$$\gamma_\pm = 0.92$$

$$a_\pm = \gamma_\pm\cdot b_B/b^\theta = 0.92\times0.0050\ \text{mol}\cdot\text{kg}^{-1}/(1\ \text{mol}\cdot\text{kg}^{-1}) = 0.0046$$

$$c(\text{NaCl}) \approx 0.0046\ \text{mol}\cdot\text{L}^{-1}$$

由 $\Pi = ic_B RT, i = 2$ 可得:

$$\Pi = 2\times0.0046\ \text{mol}\cdot\text{L}^{-1}\times8.314\ \text{J}\cdot\text{mol}^{-1}\cdot\text{K}^{-1}\times298.15\ \text{K}\times\frac{1\text{kPa}\cdot\text{L}}{1\ \text{J}} = 23\ \text{kPa}$$

实验测得 $\Pi$ 值为 22.4 kPa,与上述用离子活度计算的 $\Pi$ 值比较接近,而当不考虑活度时的计算值为 24.8 kPa,相差较大。

## Summary

In chemistry, a solution is a homogeneous mixture composed of two or more substances. In such a mixture, a solute is dissolved in another substance, known as a solvent. The chemical as well as physical state of solutes may be altered by interaction with the solvent. Since the human body consists of various humors, for students in school of medicine or pharmaceutical sciences, attention should be paid to those properties of solution which can affect the physiological as well as pathological process.

Solubility is a physical property of a liquid multicomponent system describing its ability to dissolve a substance, the solute, at a specific temperature and pressure. Solubility is measured as the solute concentration in the the liquid (or solvent) when equilibrium is reached between the liquid and a second phase that consists mainly of the solute. The resulting solution is called a saturated solution. The similarity of chemical structure and polarity of solutes and solvents can affect the solubility. Generally, polar compounds tend to dissolve in polar compounds and nonpolar tend to dissolve in nonpolar, which is usually presented as the comment "like dissolves like".

There are several ways to quantify the amount of one compound dissolved in the other compounds collectively called composition scale of mixture. Examples include mass fraction, mole fraction, molari-volume fraction, mass concentration, amount-of-substance concentration, ratio concentration, etc. ...ersation can be made between these composition scales.

...veral important properties of solutions depend on the number of solute particles in solution and ...e nature or mass of the solute particles, including vapor pressure lowering, boiling point elevation, freezing point depression and osmotic pressure. These properties are called colligative properties because they are bound together through their common origin, which is the number of solute particles present. Measurements of these properties for a dilute aqueous solution can lead to accurate determinations of relative molecular masses. Moreover, the colligative properties have many practical applications, among which the significance of osmotic pressure in clinic should be stressed.

Certain assumptions are made when obtaining the formulas for colligative properties. The main one here is that the interaction between the solute and solvent particles can be neglected. This assumption works well for many dilute solutions, especially solutions of non-electrolyte compounds. In electrolyte solutions, the interaction between ions results in deviations from colligative properties. In this case, the vant's Hoff factor may be introduced to correct the calculation.

An electrolyte is any substance containing free ions that behaves as an electrically conductive medium, and those that do not are called nonelectrolytes. Because they generally consist of cations and anions in solution, electrolytes are also known as ionic solutions, but molten electrolytes and solid electrolytes are also possible. The strong electrolytes completely dissociate in aqueous solution, but the apparent dissociation degree is not 100%. This ambivalence can be well interpreted by ion interaction theory brought by Debye and Hückel, which indicates that the interionic attractions in an aqueous solution prevent the ions from behaving as totally independent particles.

# 习　　题

1. 在医学及药学中常用溶液的组成标度包括哪些? 这些组成标度的定义各是什么?

2. 在溶液中, KI 和 $KMnO_4$ 可发生如下反应:

$$10KI + 2KMnO_4 + 16H^+ = 12K^+ + 2Mn^{2+} + 5I_2 + 8H_2O$$

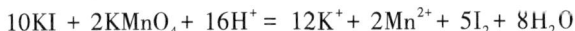

若反应后有 0.476 g $I_2$ 生成,则以 $\left(KI + \frac{1}{5}KMnO_4\right)$ 为基本单元时,所消耗的反应物的物质的量是多少?

$$(3.75 \times 10^{-3} \text{ mol})$$

3. 现有一患者需输液补充 $Na^+$ 3.0 g,如用生理盐水溶液($9.0$ g · $L^{-1}$ NaCl 溶液),需要多少体积?

$$(0.85 \text{ L})$$

4. 经检测某成年人每 100 ml 血浆中含 $K^+$ 20 mg、$Cl^-$ 366 mg,试计算它们各自的物质的量浓度(单位用 mmol · $L^{-1}$ 表示)。

$$(5.1 \text{ mmol} \cdot L^{-1}; 103 \text{ mmol} \cdot L^{-1})$$

5. 在室温下,物质 B($M_B$ = 100.00 g · $mol^{-1}$)的饱和溶液 9.00 ml 的质量为 10.00 g,将该溶液蒸干后得到溶质 2.00 g,试计算此溶液的:①质量分数 $\omega_B$;②质量浓度 $\rho_B$;③质量摩尔浓度 $b_B$;④物质的量浓度 $c_B$。

$$(0.200; 222 \text{ g} \cdot L^{-1}; 2.00 \text{ mol} \cdot kg^{-1}; 2.00 \text{ mol} \cdot L^{-1})$$

6. 试简要回答以下问题:

(1) 为什么在冰上撒食盐,会使冰融化,且体系的温度会下降?

(2) 在临床治疗中,当需要为患者大剂量输液时,为什么一般要输等渗溶液?

7. 溶液 A 由 1.59 g 蔗糖($M_r$ = 342)溶于 20.0 g 水组成,溶液 B 由 1.45 g 尿素($M_r$ = 60)溶于 20.0 g 水组成。

(1) 在相同温度下,哪个溶液的蒸气压高?

(2) 若将两者同时放入同一恒温密闭的容器内,经过足够长时间后,其各自的浓度是否会发生改变？为什么？

（3）当上述系统的蒸气压达到平衡时,转移的水的质量是多少？

（溶液 A；会发生改变；13.5 g）

8. 比较下列溶液凝固点的高低：

（1）0.2 mol·kg$^{-1}$葡萄糖的水溶液。

（2）0.2 mol·kg$^{-1}$乙二醇的水溶液。

（3）0.2 mol·kg$^{-1}$乙二醇的苯溶液。

（4）0.2 mol·kg$^{-1}$氯化钾的水溶液。

已知苯的凝固点为 5.5 ℃,苯的 $K_f$= 5.10 K·kg·mol$^{-1}$,水的 $K_f$= 1.86 K·kg·mol$^{-1}$。

（3）>（1）=（2）>（4）

9. 在相同温度下,下列溶液的渗透压力由大到小的顺序是什么？

（1）$c(NaOH) = 0.1$ mol·L$^{-1}$。

（2）$c\left(\frac{1}{3}K_3PO_4\right) = 0.1$ mol·L$^{-1}$。

（3）$c\left(\frac{1}{2}Na_2CO_3\right) = 0.1$ mol·L$^{-1}$。

（4）$c(C_6H_{12}O_6) = 0.1$ mol·L$^{-1}$。

（1）>（3）>（2）>（4）

10. 尼古丁是烟草的主要有害成分之一,其实验式是 $C_5H_7N$。若将 0.634 g 尼古丁溶于 10.0 g 水中,所测得的沸点在 101.3 kPa 下为 100.200 ℃。试写出尼古丁的分子式。

（$C_{10}H_{14}N_2$）

11. $NH_4Cl$ 针剂在临床可用于治疗碱中毒,其每支的规格为 20.00 ml,含 0.1600 g $NH_4Cl$。试计算该针剂的物质的量浓度和渗透浓度。在 37 ℃时,该针剂的渗透压力是多少？若将红细胞置于其中,则形态能否维持正常？

（0.1496 mol·L$^{-1}$；299.2 mmol·L$^{-1}$；771.1 kPa；能维持正常）

12. 将 2.00 g 白蛋白溶于 100 ml 水中,在室温 25 ℃时测定此溶液的渗透压力为 0.717 kPa。计算该白蛋白的相对分子质量。此溶液的凝固点是多少？

（$6.92×10^4$；$-5.38×10^{-4}$℃）

13. 什么是晶体渗透压力和胶体渗透压力？

14. 经测定某患者的血浆在 -0.560 ℃凝固,则 37 ℃时血浆的渗透浓度及渗透压力各为多少？

（301 mmol·L$^{-1}$；776 kPa）

15. 某电解质 HA 溶液,其质量摩尔浓度 $b(HA)$ 为 0.10 mol·kg$^{-1}$,测得该溶液的 $\Delta T_b$ 为 0.052 ℃,求该物质的解离度。

（1.6%）

16. 试述离子相互作用理论的要点和离子氛的概念,并用该理论解释为何强电解质在水溶液中的表观解离度小于 100%。

17. 求 25 ℃时 0.01 mol·L$^{-1}$ HCl 溶液的离子强度、活度因子、活度。

（0.010 mol·kg$^{-1}$；0.89；0.0089）

18. 分别用浓度和活度计算 0.0050 mol·L$^{-1}$ $KNO_3$ 溶液在 25 ℃的渗透压力,设 $\gamma_±$= 0.92。

（25 kPa；23 kPa）

（叶建涛）

# 第 3 章  弱电解质与酸碱平衡

**学习目标**

　　熟悉弱酸和弱碱解离平衡的概念、酸碱的强弱;掌握同离子效应及盐效应的概念及原理;掌握酸碱质子理论的要点和酸碱反应的实质及正确判断酸碱反应进行的方向;熟悉水的质子自递平衡常数 $K_w$ 的意义、共轭酸碱对 $K_a$ 和 $K_b$ 的关系、溶剂的拉平效应与区分效应的概念和酸碱电子理论;掌握一元弱酸、一元弱碱水溶液 pH 的计算;熟悉多元弱酸、多元弱碱和两性物质溶液 pH 的计算;了解人体各种体液及一些常见药物的 pH。

**案例 3-1**

　　某医生在治疗发热患者时发现,口服弱酸性药物阿司匹林片时,起效迅速,解热镇痛效果良好;而将阿司匹林与碱性药物 $NaHCO_3$ 同时服用后,解热镇痛效果明显降低甚至没有作用。

**问题:**

　　1. 阿司匹林单独使用或与碱性药物 $NaHCO_3$ 同时服用,两种给药方案产生药效为何不同?

　　2. 酸碱性药物的解离程度主要与哪些因素有关?

　　人体的许多生理和病理现象与酸碱平衡有关。人体体液酸碱平衡是人体的三大基础平衡之一。占人体体重 70% 的体液有一定的酸碱度,并在较窄的范围内保持稳定,这种酸碱平衡是维持人体生命活动的重要基础。如果这一平衡被破坏,就会影响人体的正常生理活动,并导致各种疾病。药物的制备、分析和药理作用研究也常常涉及酸碱反应。许多药物本身就是弱酸或弱碱。药物制剂具有其稳定的酸碱条件。

# 第 1 节　弱电解质溶液的解离平衡

## 一、弱酸、弱碱的解离平衡

　　弱酸、弱碱在水溶液中只有极少部分分子**解离**(dissociation)成离子,部分离子互相吸引又重新结合成分子,已解离的离子和未解离的分子之间存在着解离平衡。例如,HAc 是典型的**一元弱酸**(monoprotic acid),在水溶液中存在如下平衡:

$$HAc(aq)+H_2O(l) \Longrightarrow H_3O^+(aq)+Ac^-(aq)$$

　　根据化学平衡原理,在一定温度下,HAc 与 $H_2O$ 之间建立解离平衡,各离子平衡浓度幂的乘积与未解离分子的平衡浓度的比值是一个常数:

$$K_a = \frac{[H_3O^+][Ac^-]}{[HAc]} \tag{3-1}$$

　　根据热力学规定,纯液体 $H_2O$ 不写入平衡常数的表达式中。$K_a$ 称为弱酸解离平衡常数,简称**弱酸解离常数**(acid dissociation constant)或**酸度常数**(acidity constant)。平衡常数可以由热力学定义,称为标准平衡常数,用 $K^\theta$ 表示,量纲为一;也可以通过实验直接测定,称为实验平衡常数,以 $K$ 表示。但一般情况下的实验平衡常数的量纲不为一。根据目前大多数的化学物理手册和习惯用法,若不加以说明,本书采用实验平衡常数 $K$,并且以[B]表示物质 B 的平衡浓度。通常实验平衡常数 $K$(如 $K_a$,$K_b$,$K_{sp}$,$K_s$ 等)具有浓度的量纲,但本书不予表示。同理,NH$_3\cdot$H$_2$O 为**一元弱碱**(monoprotic base),在水溶液中存在如下平衡:

$$NH_3(aq)+H_2O(l)\Longleftrightarrow NH_4^+(aq)+OH^-(aq)$$

$$K_b=\frac{[NH_4^+][OH^-]}{[NH_3]} \tag{3-2}$$

$K_b$ 称为弱碱解离平衡常数,简称**弱碱解离常数**(base dissociation constant)或**碱度常数**(basidity constant)。

与所有平衡常数一样,解离常数与温度有关而与浓度无关。表 3-1 列出了不同温度下 HAc 的 $K_a$。

表 3-1　不同温度下 HAc 的 $K_a$

| 温度/K | 283 | 293 | 303 | 313 | 323 | 333 |
|--------|-----|-----|-----|-----|-----|-----|
| $K_a$ | $1.73\times10^{-5}$ | $1.75\times10^{-5}$ | $1.75\times10^{-5}$ | $1.70\times10^{-5}$ | $1.63\times10^{-5}$ | $1.54\times10^{-5}$ |

温度对解离常数虽然有影响,但由于弱电解质解离的热效应不大,故温度的改变对解离常数影响不大,一般不影响其数量级,故在室温范围内,可以忽略温度对 $K_a$ 的影响。

同一温度下,解离常数是弱电解质的一个特性常数,因而可用来衡量某一弱电解质的解离程度的大小。对于弱酸,$K_a$ 越大,表明该弱酸解离出的 H$^+$ 离子越多,酸性相对较强;$K_a$ 越小,表明该弱酸解离出的 H$^+$ 离子越少,酸性相对较弱。例如在 298 K 时,HF、HAc、HCN 的 $K_a$ 分别为 $6.3\times10^{-4}$、$1.75\times10^{-5}$、$6.2\times10^{-10}$,故这三种酸的强弱顺序为 HF>HAc>HCN。

弱酸、弱碱解离常数一般既有小数又有负指数,因此为方便使用,常用其负对数来表示:

$$pK_a=-\lg K_a \Longleftrightarrow pK_b=-\lg K_b$$

$pK_a$ 越小,表明酸的酸性越强;$pK_a$ 越大,酸的酸性越弱。同理,$pK_b$ 越小,说明碱的碱性越强;反之亦然。表 3-2 列出了一些常用弱酸的 $K_a$ 和 $pK_a$。

表 3-2　在水溶液中的共轭酸碱对和 $pK_a$(298 K)

| | 共轭酸 HA | $K_a$ | $pK_a$ | 共轭碱 A$^-$ | |
|---|---|---|---|---|---|
| | H$_2$C$_2$O$_4$ | $5.6\times10^{-2}$ | 1.25 | HC$_2$O$_4^-$ | |
| | H$_2$SO$_3$ | $1.4\times10^{-2}$ | 1.85 | HSO$_3^-$ | |
| | HSO$_4^-$ | $1.0\times10^{-2}$ | 1.99 | SO$_4^{2-}$ | |
| | H$_3$PO$_4$ | $6.9\times10^{-3}$ | 2.16 | H$_2$PO$_4^-$ | |
| | HF | $6.3\times10^{-4}$ | 3.20 | F$^-$ | |
| | HNO$_2$ | $5.6\times10^{-4}$ | 3.25 | NO$_2^-$ | |
| | HC$_2$O$_4^-$ | $1.5\times10^{-4}$ | 3.81 | C$_2$O$_4^{2-}$ | |
| 酸性增强 | HAc | $1.75\times10^{-5}$ | 4.756 | Ac$^-$ | 碱性增强 |
| | H$_2$CO$_3$ | $4.5\times10^{-7}$ | 6.35 | HCO$_3^-$ | |
| | H$_2$S | $8.9\times10^{-8}$ | 7.05 | HS$^-$ | |
| | HSO$_3^-$ | $6\times10^{-7}$ | 7.2 | SO$_3^{2-}$ | |
| | H$_2$PO$_4^-$ | $6.1\times10^{-8}$ | 7.21 | HPO$_4^{2-}$ | |
| | HClO | $3.9\times10^{-8}$ | 7.40 | ClO$^-$ | |
| | HCN | $6.2\times10^{-10}$ | 9.21 | CN$^-$ | |
| | HCO$_3^-$ | $4.7\times10^{-11}$ | 10.33 | CO$_3^{2-}$ | |
| | HPO$_4^{2-}$ | $4.8\times10^{-13}$ | 12.32 | PO$_4^{3-}$ | |
| | HS$^-$ | $1.2\times10^{-13}$ | 12.90 | S$^{2-}$ | |
| | H$_2$O | $1.0\times10^{-14}$ | 14.00 | OH$^-$ | |

通常把 $K_a$ 在 $10^{-3} \sim 10^{-2}$ 的电解质称为中强电解质;$K_a < 10^{-4}$ 为弱电解质;$K_a < 10^{-7}$ 为极弱电解质。对于弱电解质,还可以用**解离度** $\alpha$(degree of dissociation)表示其解离的程度。

解离度 $\alpha$ 和弱酸(碱)解离常数 $K_a(K_b)$ 都可以用来表示弱电解质的相对强弱。在温度、浓度相同的条件下,$\alpha$ 的大小表示该弱电解质的相对强弱程度。值得注意的是,$\alpha$ 和 $K$ 既有联系又有区别。$K_a(K_b)$ 是弱电解质的特性常数,是化学平衡常数的一种形式,与浓度无关。而 $\alpha$ 则是转化率的一种形式,随浓度的变化而变化。一个很弱的电解质在很稀的溶液中,解离度可能会很高;一个较强的电解质在浓溶液中解离度可能也会很低。$\alpha$ 越大表明弱电解质相对较强,反之亦然。$K_a$ 和 $K_b$ 比 $\alpha$ 更能深刻表明弱酸、弱碱的本质和强度。

解离度、解离常数和浓度之间有一定的关系。以一元弱酸 HA 解离平衡为例,设弱酸的初浓度为 $c$ mol·L$^{-1}$:

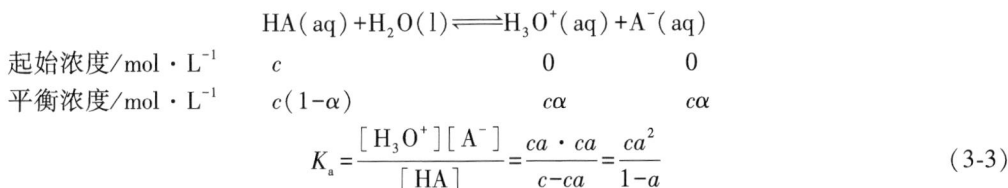

$$HA(aq) + H_2O(l) \Longrightarrow H_3O^+(aq) + A^-(aq)$$

起始浓度/mol·L$^{-1}$　　　　$c$　　　　　　　0　　　　　0

平衡浓度/mol·L$^{-1}$　　　$c(1-\alpha)$　　　　　$c\alpha$　　　　$c\alpha$

$$K_a = \frac{[H_3O^+][A^-]}{[HA]} = \frac{c\alpha \cdot c\alpha}{c - c\alpha} = \frac{c\alpha^2}{1-a} \tag{3-3}$$

当 $K_a$ 很小,而酸浓度又不太小时,$\alpha < 5\%$,则 $1-\alpha \approx 1$,式(3-3)简化为:

$$K_a = c\alpha^2$$

故:

$$\alpha = \sqrt{\frac{K_a}{c}} \tag{3-4}$$

对于一元弱碱:

$$\alpha = \sqrt{\frac{K_b}{c}} \tag{3-5}$$

式(3-4)和式(3-5)称为**稀释定律**(diluting law),表示解离度、酸或碱的浓度与解离常数三者之间的关系。对同一弱电解质,如果酸或碱浓度越大,则其解离度越小,反之则越大。但要注意的是,弱电解质的解离度增大,不等于溶液的酸度增加,因为 $[H_3O^+] = c\alpha$。对于不同的酸,当它们的浓度相同时,$K_a$ 越大的酸,其解离度越大。

不同的弱电解质,在相同浓度下,它们的解离度不同,这表明解离度的大小除由物质本性决定外,还与溶剂的性质、浓度和温度等因素有关。表 3-3 列出了几种弱电解质的解离常数和解离度。

表 3-3　几种弱电解质溶液在常温下的解离度(0.10 mol·L$^{-1}$)

| 弱酸 | 化学式 | $K_a$ | $\alpha\%$ | 弱碱 | 化学式 | $K_b$ | $\alpha\%$ |
|---|---|---|---|---|---|---|---|
| 草酸 | $H_2C_2O_4$ | $5.6 \times 10^{-2}$ | 75 | 二甲胺 | $(CH_3)_2NH$ | $5.3 \times 10^{-4}$ | 7.3 |
| 亚硫酸 | $H_2SO_3$ | $1.4 \times 10^{-2}$ | 37 | 乙胺 | $CH_3CH_2NH_2$ | $4.5 \times 10^{-4}$ | 6.7 |
| 磷酸 | $H_3PO_4$ | $6.9 \times 10^{-3}$ | 26 | 甲胺 | $CH_3NH_2$ | $4.5 \times 10^{-4}$ | 6.7 |
| 氢氟酸 | HF | $6.3 \times 10^{-4}$ | 7.9 | 胸腺嘧啶 | $C_5H_6N_2O_2$ | $9.1 \times 10^{-5}$ | 3.0 |
| 醋酸 | HAc | $1.75 \times 10^{-5}$ | 1.3 | 鸟嘌呤 | $C_5H_5N_5O$ | $8.3 \times 10^{-5}$ | 2.9 |
| 碳酸 | $H_2CO_3$ | $4.5 \times 10^{-7}$ | 0.21 | 氨水 | $NH_3H_2O$ | $1.8 \times 10^{-5}$ | 1.3 |
| 氢硫酸 | $H_2S$ | $8.9 \times 10^{-8}$ | 0.094 | 吗啡 | $C_4H_9NO$ | $3.2 \times 10^{-9}$ | 0.18 |
| 次溴酸 | HBrO | $2.0 \times 10^{-9}$ | 0.014 | 羟胺 | $NH_2OH$ | $1.07 \times 10^{-8}$ | 0.30 |
| 氢氰酸 | HCN | $6.2 \times 10^{-10}$ | 0.0079 | 腺嘌呤 | $C_5H_5N_5$ | $2.0 \times 10^{-10}$ | 0.0045 |

同一弱电解质溶液,适当稀释,溶液浓度降低,解离度增大。当溶液极稀时,各离子之间的平均距离变大了,碰撞机会减小,分子化速率显著减小,解离平衡向生成离子的方向移动,结果任何电解质都趋于完全解离。

> **案例 3-1 分析**
>
> 　　药物经胃肠道黏膜吸收,都必须经过细胞膜。由于细胞膜由磷脂双分子层构成,药物的脂溶性越大则越易经膜吸收。药物的非解离部分脂溶性较高,解离部分脂溶性低,前者容易通过膜扩散,后者的扩散能力差。体液 pH 对药物的解离程度有重要影响。酸性药物在酸性环境中以及碱性药物在碱性环境中的解离程度低,药物的非解离部分(中性分子)占多数,因而脂溶性较高,较易扩散通过膜吸收。反之,酸性药物在碱性环境中或碱性药物在酸性环境中的解离程度高,因而脂溶性较低,吸收减少。案例中阿司匹林为弱酸性药物($pK_a$ = 3.5),其在胃液(pH 为 0.9～1.5)及小肠上段(pH 为 3.6～4.3)吸收好,因为该药在强酸性环境中解离程度很小,绝大部分以未解离的分子形式存在,脂溶性较好,吸收快,因此解热镇痛效果良好;但若与碱性药物 NaHCO 同时服用时,胃及小肠上部 pH 增大,阿司匹林的解离程度增大使其脂溶性降低,导致阿司匹林解离而不易通过膜,而以被动扩散的方式吸收,吸收减少,所以阿司匹林的解热镇痛效果较低甚至没有。

# 二、酸碱平衡的移动

　　弱电解质的解离平衡与其他化学平衡一样,是一种动态平衡。外界因素如浓度、同离子效应和盐效应等都会对平衡产生影响。

## (一) 浓度对酸碱平衡的影响

　　例如 HAc 溶于水,存在如下平衡:

$$HAc(aq) + H_2O(l) \rightleftharpoons H_3O^+(aq) + Ac^-(aq)$$

　　一定温度下达到平衡时,溶液中 HAc、$H_3O^+$、$Ac^-$ 的浓度都不随时间的变化而变化,是一个定值,如果改变其中任意物质的浓度,将使解离平衡发生移动。当加入 HCl,平衡向左移动,酸中的 $H^+$ 结合 $Ac^-$ 生成 HAc,HAc 浓度增大;当加入 NaOH,平衡向右移动,酸中的 $H^+$ 结合 $OH^-$ 生成 $H_2O$,$Ac^-$ 浓度增大;向稀 HAc 溶液中加入浓 HAc 溶液或减小平衡体系的 $Ac^-$ 浓度时,使 HAc 的解离平衡向右移动;向稀 HAc 溶液中加入 $Ac^-$ 或减小平衡体系中 HAc 的浓度时,使 HAc 的解离平衡向左移动。这种由于浓度改变,使弱电解质由原来的解离平衡达到新的解离平衡的过程,称为**解离平衡的移动**(shift of dissociation equilibrium)。导致平衡移动的主要因素是分子和离子浓度的变化。

## (二) 同离子效应对酸碱平衡的影响

　　弱电解质溶液的解离度与解离常数和溶液浓度有关外,还受溶液中存在的其他电解质的影响。在弱电解质溶液中,加入一种与弱电解质含有相同离子的强电解质时,将对弱电解质的解离产生显著的影响。

　　例如,在 HAc 溶液中加入甲基橙指示剂,溶液显红色,再加入强电解质 NaAc 固体少许后,溶液由红色变黄色,这是因为 NaAc 为强电解质在水溶液中完全解离,溶液中 $Ac^-$ 浓度增加,使 HAc 的解离平衡向左移动,从而降低了 HAc 的解离度,溶液中的 $H_3O^+$ 浓度下降,结果使溶液的酸性减弱,pH 增大。反应如下:

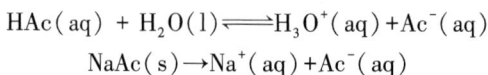

$$HAc(aq) + H_2O(l) \rightleftharpoons H_3O^+(aq) + Ac^-(aq)$$
$$NaAc(s) \rightarrow Na^+(aq) + Ac^-(aq)$$

同理,在 $NH_3 \cdot H_2O$ 溶液中加入指示剂酚酞,溶液显粉红色,再加入少许强电解质 $NH_4Cl$ 固体后,粉红色变浅或褪色,这是因为 $NH_4Cl$ 是强电解质完全解离,溶液中 $NH_4^+$ 浓度增加,使解离平衡向左移动,降低了 $NH_3 \cdot H_2O$ 的解离,$OH^-$ 浓度下降,结果使溶液的碱性减弱,pH 降低。反应如下:

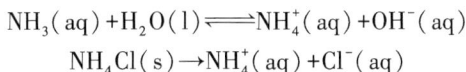

$$NH_3(aq) + H_2O(l) \Longrightarrow NH_4^+(aq) + OH^-(aq)$$
$$NH_4Cl(s) \rightarrow NH_4^+(aq) + Cl^-(aq)$$

在 HAc 溶液中加 HCl 或在 $NH_3 \cdot H_2O$ 溶液中加 NaOH,也能使 HAc 或 $NH_3$ 的解离平衡向左移动,使其解离度降低,这是因为 HAc 溶液中增加了 $Ac^-$ 或 $H^+$ 浓度;在 $NH_3$ 水溶液中增加了 $NH_4^+$ 或 $OH^-$ 浓度,它们是 HAc 或 $NH_3 \cdot H_2O$ 解离产生的离子的共同离子。这种在弱电解质溶液中,加入一种与该弱电解质含有相同离子的易溶强电解质而使弱电解质解离度降低的现象,称为**同离子效应**(common ion effect)。下面通过计算说明同离子效应对弱电解质解离度的影响程度。

**例 3-1**　在 298 K,HAc 的 $K_a = 1.75 \times 10^{-5}$,试计算

(1) $0.10\ mol \cdot L^{-1}$ HAc 水溶液中 $[H_3O^+]$ 及 $\alpha$。

(2) 在 1 L $0.10\ mol \cdot L^{-1}$ HAc 水溶液中加入 0.10 mol NaAc(忽略引起的体积变化)后溶液中的 $[H_3O^+]$ 和 $\alpha$,并比较计算结果。

**解:** (1) 达解离平衡时,设溶液中 $[H_3O^+] = [Ac^-] = x\ mol \cdot L^{-1}$,则 $[HAc] = (0.10-x)\ mol \cdot L^{-1}$

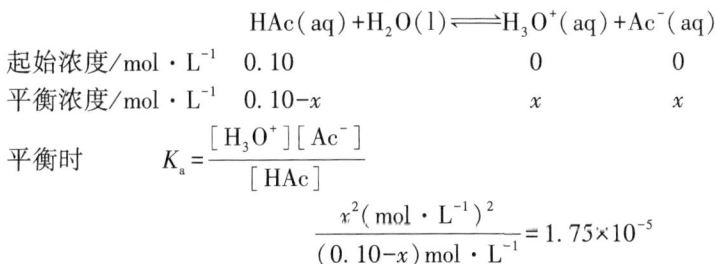

$$HAc(aq) + H_2O(l) \Longrightarrow H_3O^+(aq) + Ac^-(aq)$$

起始浓度/$mol \cdot L^{-1}$　　0.10　　　　　　　0　　　　　0

平衡浓度/$mol \cdot L^{-1}$　　$0.10-x$　　　　　$x$　　　　$x$

平衡时　　　$K_a = \dfrac{[H_3O^+][Ac^-]}{[HAc]}$

$$\dfrac{x^2(mol \cdot L^{-1})^2}{(0.10-x)mol \cdot L^{-1}} = 1.75 \times 10^{-5}$$

解一元二次方程得

$$[H_3O^+] = x = 1.3 \times 10^{-3}\ mol \cdot L^{-1}$$

$$\alpha = \dfrac{[H_3O^+]}{c} \times 100\% = \dfrac{1.3 \times 10^{-3}\ mol \cdot L^{-1}}{0.10\ mol \cdot L^{-1}} \times 100\% = 1.3\%$$

(2) 因为加入 NaAc 产生同离子效应,抑制了 HAc 的解离,使溶液中 $[H_3O^+] \neq [Ac^-]$,设溶液中 $[H_3O^+] = x\ mol \cdot L^{-1}$,则 $[Ac^-] \approx [NaAc]$,故由 HAc 的解离平衡常数关系式推导出 $[H_3O^+]$ 的计算式。

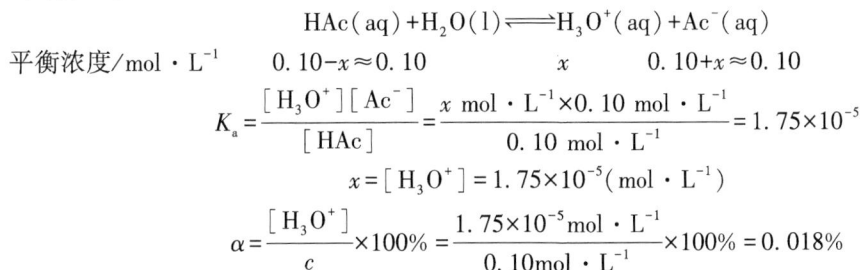

$$HAc(aq) + H_2O(l) \Longrightarrow H_3O^+(aq) + Ac^-(aq)$$

平衡浓度/$mol \cdot L^{-1}$　　　$0.10-x \approx 0.10$　　　　$x$　　　　$0.10+x \approx 0.10$

$$K_a = \dfrac{[H_3O^+][Ac^-]}{[HAc]} = \dfrac{x\ mol \cdot L^{-1} \times 0.10\ mol \cdot L^{-1}}{0.10\ mol \cdot L^{-1}} = 1.75 \times 10^{-5}$$

$$x = [H_3O^+] = 1.75 \times 10^{-5}(mol \cdot L^{-1})$$

$$\alpha = \dfrac{[H_3O^+]}{c} \times 100\% = \dfrac{1.75 \times 10^{-5}\ mol \cdot L^{-1}}{0.10\ mol \cdot L^{-1}} \times 100\% = 0.018\%$$

以上计算说明,由于同离子效应的存在,$[H_3O^+]$ 由 $1.3 \times 10^{-3}\ mol \cdot L^{-1}$ 下降到 $1.8 \times 10^{-5}\ mol \cdot L^{-1}$,解离度也由 1.3 % 下降到 0.018 %,两者下降的幅度都相当大,故同离子效应对弱酸(或弱碱)解离程度的影响极为显著。

利用同离子效应可控制溶液中某种离子的浓度,也可用于缓冲溶液的配制。在分析化学和药物检验中,常用可溶性硫化物作为沉淀剂来分离金属离子,由于不同的金属离子生成硫化物沉淀所需的 $[S^{2-}]$ 不同,利用同离子效应调节溶液酸碱性来控制 $[S^{2-}]$,达到分离或沉淀某种金属

离子的目的。

## (三) 盐效应对酸碱平衡的影响

如果在 1 L 0.10 mol·L⁻¹HAc 溶液中加入 0.10 mol·L⁻¹NaCl 溶液,HAc 的解离度没有减小,而略有增大,近似计算结果表明:HAc 溶液的[$H_3O^+$]由 $1.3 \times 10^{-3}$ mol·L⁻¹增大到 $1.8 \times 10^{-3}$ mol·L⁻¹,HAc 的 $\alpha$ 由 1.3% 增至 1.8%。如果在某弱电解质溶液中加入与该弱电解质不含相同离子的强电解质时,由于强电解质解离出大量的正、负离子,聚集在弱电解质解离出的正、负离子周围,形成离子氛,降低了弱电解质离子重新结合成弱电解质分子的概率。因此,随着强电解质浓度的增大,溶液的离子强度也增大,解离度也将相应增大。这种在弱电解质溶液中加入与弱电解质不含相同离子的易溶强电解质,使该弱电解质的解离度略有增加的现象称为**盐效应**(salt effect)。

实际上,在发生同离子效应的同时,必然伴随着盐效应的产生,但盐效应对解离平衡产生的影响一般不大。因此,在一般精确度要求不高的计算中可忽略盐效应,只考虑同离子效应。

# 第2节 酸碱理论

## 一、酸碱质子理论

1887 年,瑞典化学家 SA Arrhenius(阿仑尼乌斯)根据电解质在水中的解离情况提出了酸碱电离理论。该理论认为:凡是在水溶液中能够解离产生 $H^+$ 的化合物叫**酸**(acid),如 HCl、$H_2SO_4$、$H_3PO_4$、$H_2CO_3$ 等属于酸;凡是在水溶液中解离产生 $OH^-$ 的化合物叫**碱**(base),如 NaOH、Ba(OH)₂等属于碱。$H^+$是酸的特征,$OH^-$是碱的特征。酸碱反应的实质就是 $H^+$ 和 $OH^-$作用生成 $H_2O$ 的反应。Arrhenius 的酸碱电离理论成功地揭示了一部分含 $H^+$ 和 $OH^-$ 的物质在水溶液中的酸碱性,但它把酸和碱只限制在能解离出 $H^+$ 和 $OH^-$ 的物质上。其实并不是分子式中含有 $H^+$ 的物质才具有酸性,$NH_4Cl$ 分子式中看不到 $H^+$,而其水溶液显酸性;也不是只含有 $OH^-$ 的物质才具有碱性,$NH_3 \cdot H_2O$、$Na_2CO_3$、$Na_3PO_4$ 分子式中看不到 $OH^-$,其水溶液也显示碱性。而且该理论把酸碱反应仅局限于水溶液中,对非水体系和无溶剂体系物质的酸碱性均无法解释。1923 年,丹麦化学家 JN Brönsted(布朗斯台德)和英国的化学家 TM Lowry(洛里)分别提出酸碱质子理论。这一理论不仅适用于水溶液,而且适用于非水体系和无溶剂体系。同年,美国物理学家 GN Lewis(路易斯)根据分子的电子结构提出了酸碱电子理论。这些理论克服了酸碱电离理论的局限性,将酸碱的概念和范围更加扩大。

**酸碱质子理论**(Brönsted - Lowry theory)认为:凡是能给出质子的分子或离子都是酸;凡是能接受质子的分子或离子都是碱,酸是质子的**给予体**(proton donor);碱是质子的**接受体**(proton acceptor)。例如 HCl、HAc、$NH_4^+$、$H_2SO_3$、$H_2CO_3$、[$Zn(H_2O)_4$]²⁺、$H_3O^+$、$H_2O$ 等都能给出质子,它们是质子酸;而 $OH^-$、$Ac^-$、$NH_3$、$HCO_3^-$、$CO_3^{2-}$、$H_2O$、[$Zn(OH)$]($H_2O)_3^+$、$OH^-$都能接受质子,它们是质子碱,酸和碱的关系为:

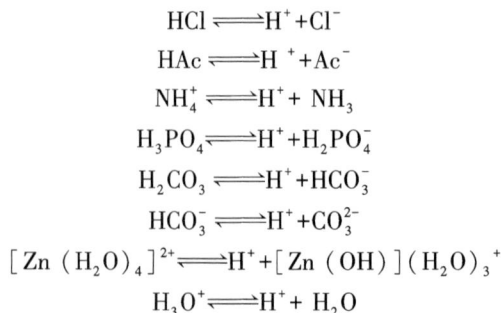

$$HCl \Longrightarrow H^+ + Cl^-$$
$$HAc \Longrightarrow H^+ + Ac^-$$
$$NH_4^+ \Longrightarrow H^+ + NH_3$$
$$H_3PO_4 \Longrightarrow H^+ + H_2PO_4^-$$
$$H_2CO_3 \Longrightarrow H^+ + HCO_3^-$$
$$HCO_3^- \Longrightarrow H^+ + CO_3^{2-}$$
$$[Zn(H_2O)_4]^{2+} \Longrightarrow H^+ + [Zn(OH)](H_2O)_3^+$$
$$H_3O^+ \Longrightarrow H^+ + H_2O$$

$$H_2O \Longrightarrow H^+ + OH^-$$

根据酸碱质子理论,酸和碱不是孤立的,酸给出质子后就变成碱,碱接受质子后就变成酸,这种关系称为共轭关系。酸和碱的质子传递过程称为**酸碱半反应**(half reaction of acid-base),可用下面通式表示:

$$酸 \Longrightarrow H^+ + 碱$$

通式中左边的酸是右边碱的**共轭酸**(conjugate acid),而右边的碱则是左边酸的**共轭碱**(conjugate base)。如 HAc 是 $Ac^-$ 的共轭酸,$Ac^-$ 是 HAc 的共轭碱,HAc 和 $Ac^-$ 互为一对共轭酸碱对。通过一个质子相互转化的酸和碱称为**共轭酸碱对**(conjugate pair of acid- base),共轭酸碱对之间仅仅相差一个质子。按照酸碱质子理论,酸和碱可以是分子、阳离子和阴离子,如 $H_2O$、$NH_3$、$NH_4^+$、$Ac^-$。有些物质如 $H_2O$、$HCO_3^-$、$HS^-$、$H_2PO_4^-$ 和氨基酸既可以给出质子又可以接受质子,这类分子或离子称为**两性物质**(amphiprotic species),如:$HS^-$ 给出质子变成 $S^{2-}$,$HS^-$ 是质子酸;而 $HS^-$ 接受质子变成 $H_2S$,$HS^-$ 是质子碱:

$$HS^- + H_2O \Longrightarrow H_3O^+ + S^{2-}$$

$$HS^- + H_2O \Longrightarrow OH^- + H_2S$$

$HS^-$ 既是酸又是碱,其水溶液显酸性还是碱性,取决于以上两个反应向右进行程度大小。

需要注意的是,质子理论中并无盐的概念,如 $Na_2CO_3$ 在 Arrhenius 酸碱电离理论中称为盐,而在酸碱质子理论中,$CO_3^{2-}$ 是质子碱。强酸较容易失去质子,其对应的共轭碱则不容易结合质子,因而表现较弱的碱性。同理,弱酸较难失去质子,其对应的共轭碱则较易接受质子,因而表现出较强的碱性。总之,在一对共轭酸碱对中,共轭酸的酸性越强,其共轭碱的碱性就越弱;反之亦然。

# 二、酸碱反应的实质

按照酸碱质子理论,酸碱的半反应不能单独存在,因为酸不能自动给出质子,碱也不能自动接受质子,质子也不能独立存在,它们必须同时共存,故酸碱反应的实质是两个共轭酸碱对之间质子的传递,其反应可用一个通式表示:

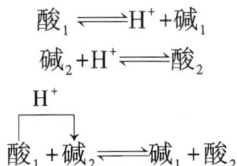

$$酸_1 \Longrightarrow H^+ + 碱_1$$
$$碱_2 + H^+ \Longrightarrow 酸_2$$

$$酸_1 + 碱_2 \Longrightarrow 碱_1 + 酸_2$$

两个酸碱半反应相互作用,结果酸$_1$ 把质子传递给了碱$_2$,本身变为碱$_1$,碱$_2$ 接受酸$_1$ 的质子后变为酸$_2$,酸$_1$ 是碱$_1$ 的共轭酸,碱$_2$ 是酸$_2$ 的共轭碱,这种质子传递反应在非水溶剂、无溶剂体系和水溶液及气相中均能进行。

例如在液化的氨中,氨基钠($NaNH_2$)显碱性,氯化铵显酸性,而二者之间的反应完全类似于水溶液中酸(HCl)和碱(NaOH)的中和反应:

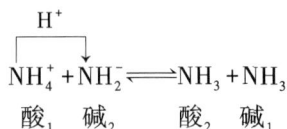

$$NH_4^+ + NH_2^- \Longrightarrow NH_3 + NH_3$$

酸$_1$  碱$_2$      酸$_2$  碱$_1$

又如 HCl 与 $NH_3$ 在气相中的酸碱反应:

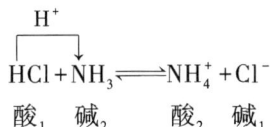

$$HCl + NH_3 \Longrightarrow NH_4^+ + Cl^-$$

酸$_1$  碱$_2$      酸$_2$  碱$_1$

酸碱中和反应:

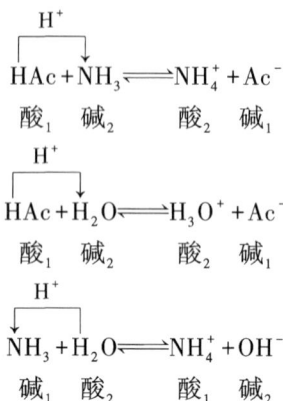

$$HAc + NH_3 \rightleftharpoons NH_4^+ + Ac^-$$
酸$_1$    碱$_2$        酸$_2$    碱$_1$

$$HAc + H_2O \rightleftharpoons H_3O^+ + Ac^-$$
酸$_1$    碱$_2$        酸$_2$    碱$_1$

$$NH_3 + H_2O \rightleftharpoons NH_4^+ + OH^-$$
碱$_1$    酸$_2$        酸$_1$    碱$_2$

水的自身解离反应:

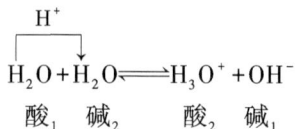

$$H_2O + H_2O \rightleftharpoons H_3O^+ + OH^-$$
酸$_1$    碱$_2$        酸$_2$    碱$_1$

弱酸弱碱盐 $NH_4Ac$ 的水解:

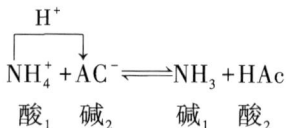

$$NH_4^+ + AC^- \rightleftharpoons NH_3 + HAc$$
酸$_1$    碱$_2$        碱$_1$    酸$_2$

这时阴离子($Ac^-$)和阳离子($NH_4^+$)都发生了水解反应,$NH_4Ac$ 发生水解时溶液中同时存在水的、弱酸的和弱碱的解离平衡。

总之,上述列举的反应都是酸和碱之间的质子传递反应。酸碱质子理论大大扩大了酸碱反应的范围,把解离反应、中和反应和水解反应等都看做是酸碱质子传递反应。酸碱反应的方向总是由较强的酸和较强的碱反应向生成较弱的酸和较弱的碱方向进行。即:强酸$_1$+强碱$_2 \rightleftharpoons$弱碱$_1$+弱酸$_2$。

# 三、水的质子自递平衡

## (一) 水的质子自递平衡和水的离子积

根据酸碱质子理论,水是两性物质,既能给出质子,又能接受质子。实验证明:纯水有微弱的导电性,这是由于水分子与水分子之间发生了质子传递,该反应称为水的**质子自递平衡**(autoprotolysis equilibrium)。

$$H_2O(l) + H_2O(l) \rightleftharpoons H_3O^+(aq) + OH^-(aq)$$

水的质子自递平衡常数为:

$$K = \frac{[H_3O^+][OH^-]}{[H_2O][H_2O]}$$

水是很弱的电解质,在反应中 $H_2O$ 的浓度几乎不变,可看成是一个常数,将它合并到解离常数 $K$ 里得 $K_w$:

$$[H_3O^+][OH^-] = K[H_2O]^2 = K_w \qquad (3\text{-}6)$$

上述反应的平衡常数称做水的**质子自递平衡常数**(autoprotolysis equilibrium constant)或称水的**离子积**(ionic product),用 $K_w$ 表示。因为水的质子自递反应是吸热反应,所以温度升高,$K_w$ 略增大。通常,室温范围内采用 298 K 的数值即 $K_w = 1.0 \times 10^{-14}$。表 3-4 列出不同温度下水的离子积 $K_w$。

表 3-4 不同温度下水的离子积 $K_w$

| $T/K$ | 273 | 283 | 293 | 298 | 313 | 323 | 363 | 373 |
|---|---|---|---|---|---|---|---|---|
| $K_w$ | $1.15 \times 10^{-15}$ | $2.96 \times 10^{-15}$ | $6.87 \times 10^{-15}$ | $1.01 \times 10^{-14}$ | $2.87 \times 10^{-14}$ | $5.31 \times 10^{-14}$ | $3.73 \times 10^{-13}$ | $5.43 \times 10^{-13}$ |

水的离子积是平衡常数的一种,不仅适用于纯水,也适用于所有稀水溶液,水溶液中的 $H_3O^+$ 和 $OH^-$ 浓度的关系可根据 $K_w = [H_3O^+][OH^-] = 1.0 \times 10^{-14}$ 进行有关计算。在液氨和冰醋酸中,也存在类似的质子自递平衡:

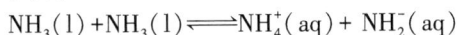

$$NH_3(l) + NH_3(l) \rightleftharpoons NH_4^+(aq) + NH_2^-(aq)$$
$$HAc(l) + HAc(l) \rightleftharpoons H_2Ac^+(aq) + Ac^-(aq)$$

**案例 3-2**

维生素 C 注射液($5~mg \cdot ml^{-1}$)直接用于局部注射会产生疼痛感,因此,在制备维生素 C 注射液时需要加入适量的 $NaHCO_3$,将 pH 调节在 5.5~6.0 之间,以减轻维生素 C 注射液注射时引起的疼痛。

**问题:**

加入适量 $NaHCO_3$ 为什么能减轻维生素 C 注射液注射时引起的疼痛?

**案例 3-2 分析**

人体血液的 pH 为 7.4 左右,人的血液中含有 $H_2CO_3 - NaHCO_3$,$NaH_2PO_4 - Na_2HPO_4$ 等缓冲体系(详细内容将在第 5 章缓冲溶液中学习),适量的酸性或碱性物质缓缓注入血液时,血液能自行调节 pH,但其缓冲能力是有限的,所以注射剂应有适宜的 pH,保证注射时对机体无刺激,通常注射剂 pH 调节在 4~9 之间,若 pH 在 9 以上注射时易发生组织坏死;pH 在 3 以下,常会引起剧烈疼痛与静脉炎,大量静脉注射甚至会引起酸碱中毒的危险。

维生素 C($5~mg \cdot ml^{-1}$)的 pH 为 3.0,若直接注射会产生剧烈的疼痛感,因此,常用 $NaHCO_3$ 调节其 pH 在 5.5~6.0 之间,接近血液的 pH,以减轻注射时疼痛,又能增加其稳定性。

## (二) 水溶液的 pH

在水溶液中同时存在 $H_3O^+$ 和 $OH^-$,它们的含量不同,溶液的酸碱性不同。溶液的酸碱性对物质的性质,如药物的稳定性和生理作用都有很大影响,药物的合成、含量测定、临床检验和临床用药等工作都需要控制溶液的 pH 在一定范围内。常温下,由于 $[H_3O^+]$ 和 $[OH^-]$ 的乘积在水溶液中是一个常数 $K_w$,故已知溶液的 $H_3O^+$ 浓度,就可以计算出溶液 $OH^-$ 的浓度,反之亦然。所以溶液的酸碱性就可用 $[H_3O^+]$ 和 $[OH^-]$ 来表示,但习惯上常用 $[H_3O^+]$ 来表示。

在生产和科学研究中,许多化学反应和生理现象都发生在 $[H_3O^+]$ 很小($10^{-2} \sim 10^{-8}~mol \cdot L^{-1}$)的溶液中,如血液的 $[H_3O^+] = 4.0 \times 10^{-8}$。为了使用和书写方便,通常用 $[H_3O^+]$ 的负对数表示溶液的酸碱性,以符号 pH 表示:

$$pH = -lg[H_3O^+] \tag{3-7}$$

溶液的酸碱性也可用 pOH 表示,它是 $[OH^-]$ 的负对数,$K_w$ 也可用 $pK_w$ 来表示:

$$pOH = -lg[OH^-] \tag{3-8}$$

$$pK_w = -lgK_w \tag{3-9}$$

若式(3-6)两边各取负对数,则有:

$$\text{pH}+\text{pOH}=\text{p}K_\text{w}=14 \tag{3-10}$$

水的离子积 $K_\text{w}$ 的重要意义在于,它表明水溶液中 $[\text{H}_3\text{O}^+]$ 和 $[\text{OH}^-]$ 的乘积在一定温度下恒等于一个常数。不论是酸性溶液还是碱性溶液, $[\text{H}_3\text{O}^+]$ 和 $[\text{OH}^-]$ 都共存于其中。增大 $[\text{H}_3\text{O}^+]$ ,则 $[\text{OH}^-]$ 减小;减小 $[\text{H}_3\text{O}^+]$ ,则 $[\text{OH}^-]$ 增大。根据水的离子积能简便地计算溶液中的**酸度**(acidity)或**碱度**(basidity),即溶液中的 $[\text{H}_3\text{O}^+]$ 和 $[\text{OH}^-]$ 。需要注意的是,酸(碱)的分析浓度(即总浓度)等于未解离酸(碱)和已解离酸(碱)浓度之和,应注意与酸度或碱度的概念有区别。常温时,溶液的酸碱性 $[\text{H}_3\text{O}^+]$ 、 $[\text{OH}^-]$ 和 pH 的关系可表示为:

$[\text{H}_3\text{O}^+]=[\text{OH}^-]=1.0\times10^{-7}\text{mol}\cdot\text{L}^{-1}$ ,溶液表现为中性;

$[\text{H}_3\text{O}^+]>[\text{OH}^-]$ , $[\text{H}_3\text{O}^+]>1.0\times10^{-7}\text{mol}\cdot\text{L}^{-1}$ ,溶液表现为酸性,而且 $[\text{H}_3\text{O}^+]$ 越大,溶液酸性越强;

$[\text{H}_3\text{O}^+]<[\text{OH}^-]$ , $[\text{H}_3\text{O}^+]<1.0\times10^{-7}\text{mol}\cdot\text{L}^{-1}$ ,溶液表现为碱性,而且 $[\text{H}_3\text{O}^+]$ 越小,溶液碱性越强。

pH 和 pOH 的使用范围一般在 1～14 之间,在这个范围以外,用浓度 $c(\text{mol}\cdot\text{L}^{-1})$ 表示酸度和碱度更方便,而且 pH 的使用较 pOH 普遍。pH 在医学上具有特别重要的作用,人体内的各种生物化学变化和酶的活性等,是在一定的 pH 范围内才能正常进行和保持活性,人体的各种体液都有一定的 pH 范围。表 3-5 列出人体几种体液的正常 pH。

**表 3-5　人体几种体液的正常 pH**

| 体液 | pH | 体液 | pH |
|---|---|---|---|
| 血液 | 7.35～7.45 | 脑脊液 | 7.35～7.5 |
| 成人胃液 | 0.9～1.5 | 胰液 | 7.5～8.0 |
| 婴儿胃液 | 5.0 | 大肠液 | 8.3～8.4 |
| 尿液 | 4.8～8.4 | 小肠液 | ～7.6 |
| 唾液 | 6.5～7.5 | 粪便 | 4.6～8.4 |
| 乳汁 | 6.6～7.6 | 胆汁 | 6.8～7.0 |
| 泪水 | ～7.4 | 十二指肠液 | 4.8～8.2 |

# 四、共轭酸碱解离常数的关系

根据酸碱质子理论,共轭酸碱对中 $K_\text{a}$ 和 $K_\text{b}$ 之间存在定量关系,现以共轭酸碱对 HAc 和 Ac$^-$ 为例进行推导。共轭酸碱对 HAc-Ac$^-$ 溶液中存在如下质子传递反应:

$$\text{HAc}(\text{aq})+\text{H}_2\text{O}(\text{l})\rightleftharpoons\text{H}_3\text{O}^+(\text{aq})+\text{Ac}^-(\text{aq})$$

$$K_\text{a}=\frac{[\text{H}_3\text{O}^+][\text{Ac}^-]}{[\text{HAc}]} \tag{1}$$

$$\text{Ac}^-(\text{aq})+\text{H}_2\text{O}(\text{l})\rightleftharpoons\text{HAc}(\text{aq})+\text{OH}^-(\text{aq})$$

$$K_\text{b}=\frac{[\text{OH}^-][\text{HAc}]}{[\text{Ac}^-]} \tag{2}$$

以式(1)和式(2)相乘得:

$$K_\text{a}\times K_\text{b}=\frac{[\text{H}_3\text{O}^+][\text{Ac}^-]}{[\text{HAc}]}\cdot\frac{[\text{HAc}][\text{OH}^-]}{[\text{Ac}^-]}=[\text{H}_3\text{O}^+][\text{OH}^-]=K_\text{w}$$

$$K_\text{a}\cdot K_\text{b}=K_\text{w} \tag{3-11}$$

式(3-11)表示了共轭酸碱解离平衡常数之间的关系,已知酸的解离常数 $K_a$,就可以求出其共轭碱的解离常数 $K_b$ 值,反之亦然。

式(3-11)两边同时取负对数得:

$$pK_a + pK_b = pK_w = 14 \qquad (3-12)$$

**例 3-2**　已知 298 K 时,$K_a(HAc) = 1.75 \times 10^{-5}$,计算 0.10 mol·L$^{-1}$HAc 水溶液中的 $K_b(Ac^-)$?

**解:**Ac$^-$-HAc 是一对共轭酸碱对

$$K_b = \frac{K_w}{K_a} = \frac{1.0 \times 10^{-14}}{1.75 \times 10^{-5}} = 5.71 \times 10^{-10}$$

**例 3-3**　已知 298 K 时,H$_2$S 在水溶液的 $K_{a1}(H_2S) = 8.9 \times 10^{-8}$,$K_{a2}(H_2S) = 1.2 \times 10^{-12}$,计算 S$^{2-}$ 的 $K_{b1}$ 和 $K_{b2}$?

**解:**
$$H_2S(g) + H_2O(l) \Longrightarrow H_3O^+(aq) + HS^-(aq)$$
$$HS^-(aq) + H_2O(l) \Longrightarrow H_3O^+(aq) + S^{2-}(aq)$$

S$^{2-}$ 为二元弱碱,而且 S$^{2-}$-HS$^-$ 是一对共轭酸碱对,则:

$$K_{b1} \cdot K_{a2} = K_w$$
$$K_{b1}(S^{2-}) = \frac{K_w}{K_{a2}(HS^-)} = \frac{1.0 \times 10^{-14}}{1.2 \times 10^{-12}} = 8.3 \times 10^{-3}$$

H$_2$S-HS$^-$ 是一对共轭酸碱对,则:

$$K_{b2} \cdot K_{a1} = K_w$$
$$K_{b2}(HS^-) = \frac{K_w}{K_{a1}(H_2S)} = \frac{1.0 \times 10^{-14}}{8.9 \times 10^{-8}} = 1.2 \times 10^{-7}$$

## 五、溶剂的拉平效应与区分效应

### (一) 拉平效应

酸碱的强弱与溶剂的性质有关,例如,在溶剂水中,HCl 是强酸,HAc 是弱酸;而在液氨(NH$_3$)中均表现为强酸,这是因为液氨接受质子的能力(碱性)比水接受质子的能力(碱性)强,促进了 HAc 的解离。故同一酸(碱)在不同溶剂中的相对强弱则由溶剂的性质决定。例如,下面的反应向右进行得较完全:

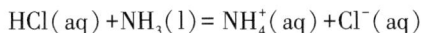

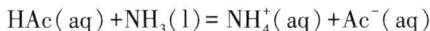

$$HCl(aq) + NH_3(l) = NH_4^+(aq) + Cl^-(aq)$$
$$HAc(aq) + NH_3(l) = NH_4^+(aq) + Ac^-(aq)$$

HCl 和 HAc 中的质子都传递给了 NH$_4^+$,液氨(NH$_3$)将它们的酸性均拉到 NH$_4^+$ 的水平,HCl 和 HAc 在液氨中不存在强度上的差别。这种能将各种不同强度的酸(或碱)在某种溶剂的作用下,拉平到同一水平上的效应称为**拉平效应**(leveling effect),具有拉平效应的溶剂称为**拉平溶剂**(leveling solvent)。例如,四种无机酸 HNO$_3$、HCl、H$_2$SO$_4$、HClO$_4$,当它们的浓度不是太高时,在水中都是强酸,它们都能将质子完全传递给水生成 H$_3$O$^+$,在水中能够存在的最强酸是 H$_3$O$^+$,结果这些不同强度的酸都被溶剂水拉平到 H$_3$O$^+$ 的强度水平,这些酸的强度都相等。对这些酸而言,水是它们的拉平溶剂。反应式如下:

$$HNO_3(aq) + H_2O(l) \Longrightarrow H_3O^+(aq) + NO_3^-(aq)$$
$$HCl(aq) + H_2O(l) \Longrightarrow H_3O^+(aq) + Cl^-(aq)$$
$$H_2SO_4(aq) + H_2O(l) \Longrightarrow H_3O^+(aq) + HSO_4^-(aq)$$
$$HClO_4(aq) + H_2O(l) \Longrightarrow H_3O^+(aq) + ClO_4^-(aq)$$

又如:对于 O$^{2-}$、NH$_2^-$ 和 C$_2$H$_5$O$^-$ 等强碱,与水反应后生成的碱为 OH$^-$,即:

$$O^{2-}(aq)+H_2O(l)\Longleftrightarrow HO^-(aq)+OH^-(aq)$$
$$NH_2^-(aq)+H_2O(l)\Longleftrightarrow NH_3(aq)+OH^-(aq)$$
$$C_2H_5O^-(aq)+H_2O(l)\Longleftrightarrow C_2H_5OH(aq)+OH^-(aq)$$

　　结果溶剂水将上述碱性不同的溶质拉平到了 $OH^-$ 的水平,即这些碱的强度都相等。对这些碱而言,溶剂水是它们的拉平溶剂。

　　由此可见,酸碱的相对强弱与溶剂的酸碱性(即质子给出和接受能力大小)有密切关系。物质的酸碱性在不同溶剂作用的影响下,强可变弱,弱可变强;酸可变碱,碱可变酸。这也是酸碱质子理论与酸碱电离理论的重要区别。

## (二) 区分效应

　　例如,$H_2O$ 可以区分 HAc,HCN 酸性的强弱,但是 $HNO_3$、HCl、$H_2SO_4$、$HClO_4$ 在水中均为强酸,其酸强度相差很小。但以冰醋酸 HAc 为溶剂时,在碱性比 $H_2O$ 弱的 HAc 中,HAc 接受质子的能力较弱,这四种酸的强度差异明显,酸碱平衡反应为:

$$HClO_4(aq)+HAc(l)\Longleftrightarrow H_2Ac^+(aq)+ClO_4^-(aq) \qquad K_a=2\times10^7$$
$$H_2SO_4(aq)+HAc(l)\Longleftrightarrow H_2Ac^+(aq)+HSO_4^-(aq) \qquad K_a=1.3\times10^6$$
$$HCl(aq)+HAc(l)\Longleftrightarrow H_2Ac^+(aq)+Cl^-(aq) \qquad K_a=1.0\times10^3$$
$$HNO_3(aq)+HAc(l)\Longleftrightarrow H_2Ac^+(aq)+NO^-(aq) \qquad K_a=22$$

　　从 $K_a$ 的数值看,这四种酸的强度为:$HClO_4>H_2SO_4>HCl>HNO_3$。这种能用一种溶剂把强度接近的酸(或碱)的相对强弱区分开来的效应称为**区分效应**(differentiating effect),具有区分效应的溶剂称为**区分溶剂**(differentiating solvent)。冰醋酸(HAc)就是上述四种酸的区分溶剂。

　　同一溶剂既可以是拉平溶剂,也可以是区分溶剂。溶剂的拉平效应和区分效应与溶质和溶剂的酸碱相对强度有关。例如,酸性较强的溶剂是强酸的区分溶剂,却是碱的拉平溶剂;酸性较弱的溶剂,对弱碱具有区分效应,但对强酸具有拉平效应。

# 六、酸碱电子理论

　　Brönsted 和 Lowry 的酸碱质子理论发展了 Arrhenius 的酸碱电离理论。它包括了所有显示碱性的物质,但是对于酸仍然限制在含氢的物质上,故酸碱反应也就只能局限于质子传递反应。美国物理学家 Lewis(路易斯)提出**酸碱电子理论**(electron theory of acid and base),该理论认为:凡是能够接受电子对的分子、离子或原子团都称做酸;凡是能够给出电子对的分子、离子或原子团都称做碱,碱是电子对的给予体,酸为电子对的接受体。它们分别被称为 Lewis 酸和 Lewis 碱。酸碱反应的实质不再是质子传递反应,而是提供电子对的物质(碱)与接受电子对的物质(酸)生成配位共价键的反应。

　　Lewis 碱的概念与酸碱质子理论中质子碱的概念没有区别。质子理论中的碱要接受一个质子,而 Lewis 碱必定有未共享的电子对。例如 $H_2O$、$NH_3$ 和 $F^-$ 都能提供一对电子给外来质子,分别生成 $H_3O^+$、$NH_4^+$ 和 HF。它们都是质子理论中的碱,也是 Lewis 碱。

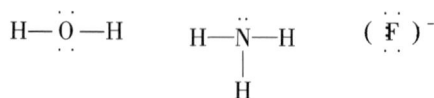

　　Lewis 酸比质子酸具有更大的范围。质子可以接受电子对,一些金属离子或缺电子的分子也都可以接受电子对。例如:

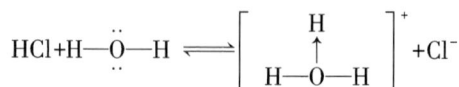

$$HCl + H\overset{\cdot\cdot}{N}H \Longrightarrow \left[ H-\overset{\overset{H}{|}}{\underset{\underset{H}{|}}{N}}-H \right]^{+} + Cl^{-}$$

$$Cu^{2+} + 4(:NH_3) \Longrightarrow \left[ H_3N\rightarrow\overset{\overset{NH_3}{\downarrow}}{\underset{\underset{NH_3}{\uparrow}}{Cu}}\leftarrow NH_3 \right]^{2+}$$

$$F\overset{\overset{F}{|}}{\underset{\underset{F}{|}}{B}} + (:\overset{\cdot\cdot}{F}:)^{-} \Longrightarrow \left[ F-\overset{\overset{F}{|}}{\underset{\underset{F}{|}}{B}}\leftarrow F \right]^{-}$$

$$F\overset{\overset{F}{|}}{\underset{\underset{F}{|}}{B}} + :N\overset{\overset{H}{|}}{\underset{\underset{H}{|}}{}}-H \Longrightarrow F-\overset{\overset{F}{|}}{\underset{\underset{F}{|}}{B}}\leftarrow N\overset{\overset{H}{|}}{\underset{\underset{H}{|}}{}}-H$$

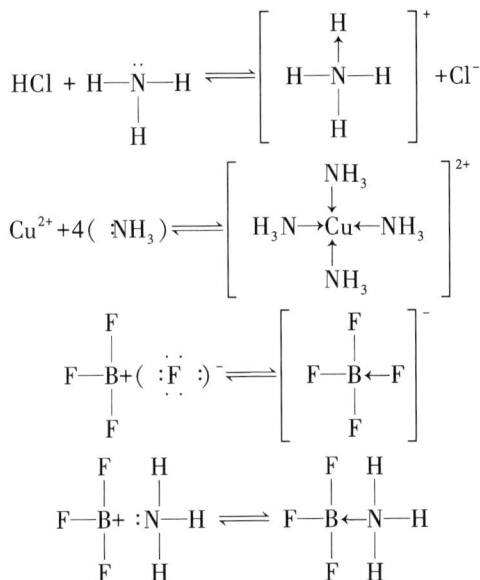

　　酸碱电子理论对酸碱的定义以电子对的接受和给出说明酸碱的属性和酸碱反应的本质。它摆脱了酸必须含有 $H^+$ 的限制,也不受溶剂的束缚,相对于 Arrhenius 的酸碱电离理论和 Brönsted 和 Lowry 的酸碱质子理论,酸碱电子理论扩大了酸碱的范围,Lewis 酸碱电子理论用于许多有机反应和无溶剂系统,这是它的优点。而带来的缺点是酸碱概念过于笼统,同时,对酸碱的强弱也不能给出定量的标度。在酸碱电子理论的基础上,1963 年,美国化学家 R. G Pearon(皮尔逊)提出了软硬酸碱的概念和规律,可用以解释配合物的稳定性。该内容将在第 11 章配位化合物章节中学习和讨论。

# 第 3 节　酸碱溶液 pH 的计算

## 案例 3-3

　　纯净的胃液是一种无色透明的酸性液体,pH 约为 0.9 ~ 1.5。正常成人每日胃液分泌量约 1.5 ~ 2.5 L。由胃腺壁细胞分泌的盐酸又称胃酸。胃酸存在着两种形式:一种为游离酸;另一种为结合酸,即与蛋白质结合的称盐酸蛋白质。二者的浓度合称为总酸度,其中游离酸占绝大部分。胃液中盐酸的作用:①激活胃蛋白酶原,并提供胃蛋白酶发挥作用所需的酸性环境(最适 pH 为 2.0,随着 pH 的增高,其活性降低)。②可抑制和杀死随食物进入胃内的细菌。③盐酸进入小肠后能促进胰液、胆汁和小肠液的分泌。④盐酸所造成的酸性环境,有助于小肠对铁和钙的吸收。若盐酸分泌过少,会引起消化不良;若分泌过多,对胃和十二指肠黏膜有损害,这可能是引起溃疡的原因之一。

**问题:**

1. 胃酸就是盐酸吗? 它的存在形式有几种?
2. 胃液中含有的氢离子总浓度为多少?
3. 为什么氢氧化铝类制剂或"小苏打"可以作为治疗胃酸过多的药物?

# 一、一元强酸或强碱溶液 pH 的计算

## 一元强酸或强碱溶液的 pH 计算

一元强酸在水溶液中完全解离,不存在可逆反应,而水是弱电解质,有自身的解离平衡关系式存在,故 $H_3O^+$ 有两个来源:一个是来自于水的解离,另一个来自于强酸的解离,溶液中 $[H_3O^+]_总=[H_3O^+]_酸+[H_3O^+]_水$,因为是一元强酸溶液,$[H_3O^+]_酸>[H_3O^+]_水$,当强酸的浓度 $c\geq20[OH^-]$ 时,常忽略来自于水解离出的 $[H_3O^+]$。溶液中 $H_3O^+$ 浓度可以近似地认为是一元强酸的初浓度。按式(3-7) $pH=-lg[H_3O^+]$ 直接计算溶液中的 pH。对于一元强碱溶液,$OH^-$ 有两个来源:一个是来自于水的解离,另一个来自于强碱的解离,溶液中 $[OH^-]_总=[OH^-]_碱+[OH^-]_水$,因为是一元强碱溶液,$[OH^-]_碱>[H_3O^+]_水$,当强碱的浓度 $c\geq20[H_3O^+]$,常忽略来自于水解离出的 $[OH^-]$。因此,溶液中 $[OH^-]$ 浓度可以近似地认为是一元强碱的初始浓度。

# 二、一元弱酸或多元弱酸溶液 pH 的计算

## (一) 一元弱酸溶液 pH 的精确计算

在水溶液中,一元弱酸 HA 的初始浓度为 $c$,存在着 HA 和 $H_2O$ 的质子传递平衡:

$$HA(aq) + H_2O(l) \Longleftrightarrow H_3O^+(aq)+A^-(aq)$$

根据平衡原理:

$$K_a=\frac{[H_3O^+][A^-]}{[HA]} \tag{3-13}$$

同时,溶液中还存在着水的质子自递平衡:

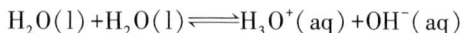

$$H_2O(l)+H_2O(l) \Longleftrightarrow H_3O^+(aq)+OH^-(aq)$$

平衡常数表达式为:

$$K_w=[H_3O^+][OH^-] \tag{3-14}$$

溶液中的 $H_3O^+$ 来自 HA 和 $H_2O$ 两方面,而且 $[H_3O^+]$、$[HA]$、$[OH^-]$、$[A^-]$ 四种物种的浓度都是未知的,这四种物种的浓度相互之间有联系,求解每一个未知物种的浓度,需要建立四个独立的方程式。在一元弱酸的水溶液中,除了式(3-13)和式(3-14)两个解离平衡常数关系式以外,还存在两个关系式,一个是电荷平衡,另一个是物料平衡。

**电荷平衡**(charge balance):指溶液中总的正电荷量和负电荷量相等,整个溶液是电中性的,即:

$$[H_3O^+]=[A^-]+[OH^-] \tag{3-15}$$

**质量平衡**(mass balance):指在溶液中存在的各物种的浓度之和等于溶液中 HA 的总浓度,即:

$$c=[HA]+[A^-] \tag{3-16}$$

由上述四个方程式构成的方程组合并整理可以得到只含一个 $[H_3O^+]$ 的方程:

$$[H_3O^+]^3+K_a[H_3O^+]^2-[K_w+cK_a][H_3O^+]-K_wK_a=0 \tag{3-17}$$

解一元三次方程,即得一元弱酸溶液中 $[H_3O^+]$ 的**精确计算式**。由于数学处理十分麻烦,在实际工作中没有必要精确求解。计算 $[H_3O^+]$ 通常允许有 5% 的误差,在误差允许范围内,要根据不同情况选择近似的处理。如果解离度很大,平衡时弱酸浓度与它的原始浓度相差较大,此时就必须精确计算。反之,当解离度很小,弱酸的平衡浓度与原始浓度相差极小,在 $[HA]=c+$

$[H_3O^+] \approx c$ 这种情况下可以采用近似公式进行计算。将式(3-13)、(3-14)和(3-15)整理合并，可得下式：

$$[H_3O^+] = \sqrt{K_a[HA] + K_w} \qquad (3\text{-}18)$$

（1）当 $c \cdot K_a < 20\,K_w$，且 $c/K_a > 500$，即弱酸的解离可忽略，可认为 $K_a[HA] \approx K_a \cdot c$，而水的解离不能忽略，即不忽略 $K_w$ 时，得：

$$[H_3O^+] = \sqrt{K_a c + K_w} \qquad (3\text{-}19)$$

式(3-19)为一元弱酸溶液中 $[H_3O^+]$ 的**近似计算式**。

**例 3-4**　计算在 298 K 时，$1.0 \times 10^{-4}\,mol \cdot L^{-1}$ HCN 溶液的 $[H_3O^+]$、pH 及 $\alpha$。已知 $K_a(HCN) = 6.2 \times 10^{-10}$。

**解**：$c \cdot K_a < 20\,K_w$，且 $c/K_a = 1.0 \times 10^{-4}/6.2 \times 10^{-10} > 500$，故可用式(3-19)式计算：

$$[H_3O^+] = \sqrt{K_a c + K_w} = \sqrt{6.2 \times 10^{-10} \times 1.0 \times 10^{-4} + 1.0 \times 10^{-14}}\,mol \cdot L^{-1} = 2.7 \times 10^{-7}\,mol \cdot L^{-1}$$

$$pH = -\lg[H_3O^+] = -\lg 2.7 \times 10^{-7} = 6.57$$

$$\alpha = \frac{[H_3O^+]}{c} \times 100\% = \frac{2.7 \times 10^{-7}\,mol \cdot L^{-1}}{1.0 \times 10^{-4}\,mol \cdot L^{-1}} \times 100\% = 0.27\%$$

（2）当 $K_a[HA] \geqslant 20\,K_w$ 时，忽略 $K_w$，只考虑 HA 的解离平衡，式(3-18)得：

$$[H_3O^+] = \sqrt{K_a(HA)} \qquad (3\text{-}20)$$

根据解离平衡原理：$[HA] = c - [H_3O^+]$，将其代入式(3-20)，得：

$$[H_3O^+] = \sqrt{K_a(c - [H_3O^+])}$$

整理　　　　　　$[H_3O^+]^2 + [H_3O^+]K_a - cK_a = 0$，得：

$$[H_3O^+] = -\frac{K_a}{2} + \sqrt{\frac{K_a^2}{4} + K_a \cdot c} \qquad (3\text{-}21)$$

式(3-21)为一元弱酸溶液中 $[H_3O^+]$ 的**近似计算式**。

**例 3-5**　计算在 298 K 时，$0.10\,mol \cdot L^{-1}$ HF 水溶液中的 pH 和 $\alpha$。已知 $K_a(HF) = 6.3 \times 10^{-4}$。

**解**：$c/K_a = 0.10/6.3 \times 10^{-4} < 500$，故用式(3-21)计算 $[H_3O^+]$。

$$[H_3O^+] = \frac{-6.3 \times 10^{-4}}{2} + \sqrt{\frac{(6.3 \times 10^{-4})^2}{4} + 6.3 \times 10^{-4} \times 0.10}\,mol \cdot L^{-1} = 7.6 \times 10^{-3}\,mol \cdot L^{-1}$$

$$pH = -\lg[H_3O^+] = -\lg 7.6 \times 10^{-3} = 2.12$$

$$\alpha = \frac{[H_3O^+]}{c} = \frac{7.6 \times 10^{-3}}{0.10} \times 100\% = 7.6\%$$

（3）当 $K_a[HA] \geqslant 20\,K_w$，且 $c/K_a \geqslant 500$ 时，$[HA] = c - [H_3O^+] \approx c$，由式(3-20)得：

$$[H_3O^+] = \sqrt{K_a \cdot c} \qquad (3\text{-}22)$$

式(3-22)为一元弱酸溶液中 $[H_3O^+]$ 的**最简计算式**。

**例 3-6**　计算在 298 K 时，$0.10\,mol \cdot L^{-1}$ HAc 水溶液的 $[H_3O^+]$、pH 及 $\alpha$。已知 $K_a(HAc) = 1.75 \times 10^{-5}$。

**解**：$c/K_a = 0.10\,mol \cdot L^{-1}/1.75 \times 10^{-5} > 500$，故可用最简式计算：

$$[H_3O^+] = \sqrt{K_a \cdot c} = \sqrt{1.75 \times 10^{-5} \times 0.10}\,mol \cdot L^{-1} = 1.3 \times 10^{-3}\,mol \cdot L^{-1}$$

$$pH = -\lg[H_3O^+] = -\lg 1.3 \times 10^{-3} = 2.87$$

$$\alpha = \frac{[H_3O^+]}{c} \times 100\% = \frac{1.3 \times 10^{-3}\,mol \cdot L^{-1}}{0.10\,mol \cdot L^{-1}} \times 100\% = 1.3\%$$

**例 3-7** 计算在 298 K 时, 0.10 mol·L$^{-1}$ NH$_4$Cl 水溶液的 pH。已知 $K_a(NH_4^+)=5.56\times10^{-10}$。

**解:**$c/K_a=0.10/5.56\times10^{-10}>500$

$$[H_3O^+]=\sqrt{K_a\cdot c}=\sqrt{5.56\times10^{-10}\times0.10}\ mol\cdot L^{-1}=7.4\times10^{-6}\ mol\cdot L^{-1}$$

$$pH=-lg[H_3O^+]=-lg\ 7.6\times10^{-6}=5.13$$

## (二) 多元弱酸溶液 pH 的计算

凡是能够释放出两个或更多质子的酸称为**多元弱酸**(polyprotic acid), 如 H$_2$SO$_4$、H$_2$CO$_3$、H$_2$C$_2$O$_4$、H$_3$PO$_4$ 和 H$_2$S 等。多元弱酸在水中是分步解离的, 每一步解离都有其解离常数。

例如:三元弱酸 H$_3$PO$_4$ 分三步解离

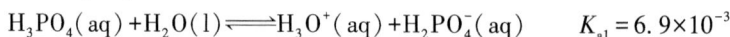
$$H_3PO_4(aq)+H_2O(l)\Longleftrightarrow H_3O^+(aq)+H_2PO_4^-(aq)\qquad K_{a1}=6.9\times10^{-3}$$
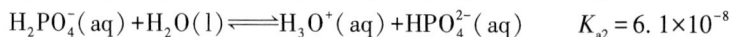
$$H_2PO_4^-(aq)+H_2O(l)\Longleftrightarrow H_3O^+(aq)+HPO_4^{2-}(aq)\qquad K_{a2}=6.1\times10^{-8}$$
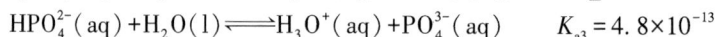
$$HPO_4^{2-}(aq)+H_2O(l)\Longleftrightarrow H_3O^+(aq)+PO_4^{3-}(aq)\qquad K_{a3}=4.8\times10^{-13}$$

H$_3$PO$_4$ 解离常数的大小为 $K_{a1}\gg K_{a2}\gg K_{a3}$, 可见, 解离过程不是同时进行, 而是分步解离的。显然, 多元弱酸的分步解离依次变难。多元弱酸的酸性, 主要由第一步解离所决定, 这是因为第二步要从已经带有一个负电荷的离子 H$_2$PO$_4^-$ 中再解离出一个 H$^+$, 当然比从中性分子 H$_3$PO$_4$ 解离出一个 H$^+$ 要困难得多。同理, 第三步解离就更困难。从浓度对于解离平衡的影响来看, 第一步解离产生的 H$_3$O$^+$ 能抑制第二、第三步解离。因此, 从数量上看, 第二、第三步对 H$_3$O$^+$ 浓度的贡献与第一步相比是微不足道了。如果只是计算这些多元弱酸溶液的 H$^+$ 浓度, 只考虑第一步解离就行, 若需计算第二步、第三步解离的其他物种的浓度时, 则需考虑第二或者第三步解离平衡。若对多元弱酸的相对强弱进行比较时, 只需比较它们的第一级解离常数即可。

根据以上讨论, 对于多元弱酸可以归纳如下:

(1) 当 $K_{a1}/K_{a2}>10^2$, 且 $K_{a1}c\geqslant20K_w$ 时, 忽略 $K_w$, 只考虑弱酸提供的 $[H_3O^+]$, 故按一元弱酸近似公式计算溶液中的 $[H_3O^+]$:

$$[H_3O^+]=-\frac{K_{a1}}{2}+\sqrt{\frac{K_{a1}^2}{4}+K_{a1}\cdot c}\qquad(3-23)$$

(2) 当 $K_{a1}\cdot c\geqslant20K_w$, 且 $c/K_a\geqslant500$ 时, 按一元弱酸最简公式计算溶液中的 $[H_3O^+]$:

$$[H_3O^+]=\sqrt{K_{a1}\cdot c}\qquad(3-24)$$

**例 3-8** 计算在 298 K 时, 0.040 mol·L$^{-1}$H$_2$CO$_3$ 溶液中的 $[H_3O^+]$、$[HCO_3^-]$、$[CO_3^{2-}]$ 各为多少? pH 和 $\alpha$ 各为多少? 已知 $K_{a1}(H_2CO_3)=4.5\times10^{-7}$, $K_{a2}(H_2CO_3)=4.7\times10^{-11}$。

**解:**(1) 因为 $K_{a1}\gg K_{a2}$, 可忽略第二步解离, 计算溶液中 $[H_3O^+]$ 只考虑第一步解离:

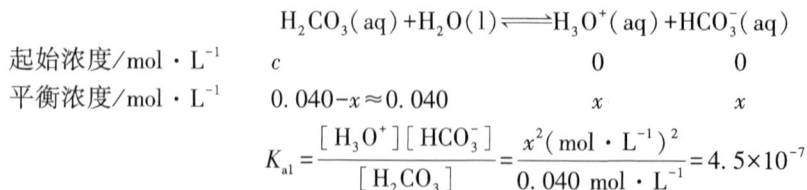

$$H_2CO_3(aq)+H_2O(l)\Longleftrightarrow H_3O^+(aq)+HCO_3^-(aq)$$

| 起始浓度/mol·L$^{-1}$ | $c$ | 0 | 0 |
|---|---|---|---|
| 平衡浓度/mol·L$^{-1}$ | $0.040-x\approx0.040$ | $x$ | $x$ |

$$K_{a1}=\frac{[H_3O^+][HCO_3^-]}{[H_2CO_3]}=\frac{x^2(mol\cdot L^{-1})^2}{0.040\ mol\cdot L^{-1}}=4.5\times10^{-7}$$

整理得:

$$x=[H_3O^+]=[HCO_3^-]=1.3\times10^{-4}\ mol\cdot L^{-1}$$

或者, 由于 $c/K_{a1}=0.040/4.5\times10^{-7}>500$, 直接采用式(3-24)计算:

$$[H_3O^+]=\sqrt{K_{a1}\cdot c}=\sqrt{4.5\times10^{-7}\times0.040}\ mol\cdot L^{-1}=1.3\times10^{-4}\ mol\cdot L^{-1}$$

$$[H_3O^+]=[HCO_3^-]=1.3\times10^{-4}\ mol\cdot L^{-1}$$

(2) 计算 $[CO_3^{2-}]$, 设 $[CO_3^{2-}]=x$

$$HCO_3^-(aq)+H_2O(l)\Longleftrightarrow H_3O^+(aq)+CO_3^{2-}(aq)$$

平衡浓度/mol·L⁻¹　　1.3×10⁻⁴　　　　　　　1.3×10⁻⁴　　　x

$$K_{a2}=\frac{[CO_3^{2-}][H_3O^+]}{[HCO_3^-]}=\frac{x\times1.3\times10^{-4}}{1.3\times10^{-4}}=4.7\times10^{-11}$$

整理得：$x=[CO_3^{2-}]\approx K_{a2}=4.7\times10^{-11}(mol\cdot L^{-1})$

$$pH=-\lg[H_3O^+]=-\lg1.3\times10^{-4}=3.89$$

$$\alpha=\frac{[H_3O^+]}{c}\times100\%=\frac{1.3\times10^{-4}mol\cdot L^{-1}}{0.04mol\cdot L^{-1}}\times100\%=0.33\%$$

可见，在 0.040 mol·L⁻¹H₂CO₃ 溶液中，H₂CO₃ 的解离度为 0.33%，溶液中绝大部分是未解离的 H₂CO₃ 分子。通过上面的例子可看出，在二元弱酸 H₂A 溶液中，$[A^{2-}]\approx K_{a2}$，酸根的浓度与该酸的起始浓度无关。

# 三、一元弱碱、多元弱碱溶液 pH 的计算

同理，按一元弱酸和多元弱酸的推导结果以及应用条件，得出相应的一元弱碱和多元弱碱溶液中[OH⁻]的近似式和最简式。

## (一) 一元弱碱溶液 pH 的计算

(1) 当 $c\cdot K_b<20K_w$，$c/K_b>500$ 时，碱的解离可忽略，而水的解离不能忽略，得：

$$[OH^-]=\sqrt{K_b c+K_w} \tag{3-25}$$

式(3-25)是一元弱碱溶液中[OH⁻]的**近似计算式**。

(2) 当 $K_b\cdot c\geq20K_w$，忽略 H₂O 对 OH⁻的贡献，只考虑弱碱提供的 OH⁻的浓度，溶液的[OH⁻]按一元弱碱近似公式计算：

$$[OH^-]=-\frac{K_b}{2}+\sqrt{\frac{K_b^2}{4}+K_b\cdot c} \tag{3-26}$$

式(3-26)是一元弱碱溶液[OH⁻]的**近似计算式**。

**例 3-9**　平喘药左旋麻黄碱($L$-C₁₀H₁₅ON)为一元碱，在 283 K 时，它的 $K_b=9.08\times10^{-5}$，计算质量浓度为 1.00 g·L⁻¹的麻黄碱溶液的 pH。

**解**：麻黄碱摩尔质量 M＝165 g·mol⁻¹，麻黄碱的浓度：

$$c=1.00\ g\cdot L^{-1}/165\ g\cdot mol^{-1}=6.06\times10^{-3}mol\cdot L^{-1}$$

由于 $c/K_b=6.06\times10^{-3}mol\cdot L^{-1}/9.08\times10^{-5}<500$，故要用(3-26)计算：

$$[OH^-]=-\frac{9.08\times10^{-5}}{2}+\sqrt{\frac{(9.08\times10^{-5})^2}{4}+9.08\times10^{-5}\times6.06\times10^{-3}}\ mol\cdot L^{-1}=6.98\times10^{-4}mol\cdot L^{-1}$$

$$pOH=-\lg[OH^-]=-\lg6.96\times10^{-4}=3.16$$

$$pH=10.84$$

(3) 当 $K_b\cdot c\geq20K_w$，且 $c/K_b\geq500$ 时，可看成 $c-[OH^-]\approx c$，得：

$$[OH^-]=\sqrt{K_b\cdot c} \tag{3-27}$$

式(3-27)是一元弱碱溶液中[OH⁻]的**最简计算式**。

**例 3-10**　计算在 0.10 mol·L⁻¹NaAc 溶液中的[OH⁻]、pH 及 α。已知 $K_a(HAc)=1.75\times10^{-5}$。

**解**：Ac⁻-HAc 是一对共轭酸碱对，$K_a(HAc)=1.75\times10^{-5}$

$$K_b=\frac{K_w}{K_a}=\frac{1.0\times10^{-14}}{1.75\times10^{-5}}=5.7\times10^{-10}$$

$$[OH^-] = \sqrt{K_b \cdot c} = \sqrt{5.7 \times 10^{-10} \times 0.10}\,mol \cdot L^{-1} = 7.5 \times 10^{-6}\,mol \cdot L^{-1}$$

$$pOH = -lg[OH^-] = -lg\,7.5 \times 10^{-6} = 5.12$$

$$pH = 8.88$$

$$\alpha = \frac{[OH^-]}{c} \times 100\% = \frac{7.5 \times 10^{-6}}{0.10} \times 100\% = 0.0075\%$$

### （二）多元弱碱溶液 pH 的计算

凡是能接受两个或更多质子的弱碱称为**多元弱碱**(polyprotic base)。如 $S^{2-}$、$CO_3^{2-}$、$PO_4^{3-}$ 等均为多元弱碱,多元弱碱在水中也是分步接受质子的,溶液中碱度计算原则与多元弱酸相似。比较多元弱碱的相对强弱时,只需比较它们的第一级解离常数 $K_{b1}$ 即可。一般规律是:$K_{b1} \gg K_{b2}$,故多元弱碱只有第一步解离平衡是主要的。与多元弱酸相似,计算弱碱溶液中的$[OH^-]$近似公式和最简公式如下:

（1）当 $K_{b1}/K_{b2} > 10^2$,且 $K_{b1} \cdot c \geqslant 20\,K_w$ 时,忽略 $K_w$,只考虑弱碱提供的$[OH^-]$:

$$[OH^-] = -\frac{K_{b1}}{2} + \sqrt{\frac{K_{b1}^2}{4} + K_{b1} \cdot c} \qquad (3\text{-}28)$$

（2）当 $K_{b1} \cdot c \geqslant 20\,K_w$,且 $c/K_{b1} \geqslant 500$ 时,溶液的$[OH^-]$按一元弱碱最简式计算:

$$[OH^-] = \sqrt{K_{b1} \cdot c} \qquad (3\text{-}29)$$

例如:二元弱碱 $C_2O_4^{2-}$ 在水溶液中分步接受质子,其 $K_a$ 与 $K_b$ 之间的关系为:

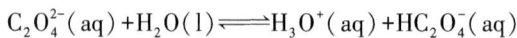

$$C_2O_4^{2-}(aq) + H_2O(l) \rightleftharpoons H_3O^+(aq) + HC_2O_4^-(aq)$$

$$K_{b1}(HC_2O_4^-) = 1.0 \times 10^{-14}/1.5 \times 10^{-4} = 6.7 \times 10^{-11}$$

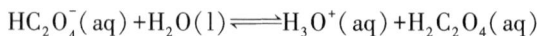

$$HC_2O_4^-(aq) + H_2O(l) \rightleftharpoons H_3O^+(aq) + H_2C_2O_4(aq)$$

$$K_{b2}(HC_2O_4^-) = 1.0 \times 10^{-14}/5.6 \times 10^{-2} = 1.8 \times 10^{-13}$$

$$K_{a1} \cdot K_{b2} = K_{a2} \cdot K_{b1} = K_W$$

**例 3-11**　计算 0.10 $mol \cdot L^{-1} Na_2C_2O_4$ 水溶液的 pH。

**解**:已知 $K_{b1}(C_2O_4^{2-}) = 6.7 \times 10^{-11}$,$K_{b2}(HC_2O_4^-) = 1.8 \times 10^{-13}$,显然,$K_{b1} \gg K_{b2}$,且 $c/K_{b1} = 0.10/6.7 \times 10^{-11} > 500$,故直接用式(3-29)计算:

$$[OH^-] = \sqrt{K_{b1} \cdot c} = \sqrt{6.7 \times 10^{-11} \times 0.10}\,mol \cdot L^{-1} = 2.6 \times 10^{-6}\,mol \cdot L^{-1}$$

$$pOH = -lg[OH^-] = -lg\,2.6 \times 10^{-6}\,mol \cdot L^{-1} = 5.58$$

$$pH = 8.42$$

应当注意,pH 及 $pK_a$ 等对数值,其有效数字的位数仅决定于小数点后面数字的位数,而其整数部分的数字只代表原值的幂次。因此,关于 pH 及 $pK_a$ 的计算,通常应保留到小数点以后第 2 位。

## 四、两性物质溶液 pH 的计算

按照酸碱质子理论,既能给出质子又能接受质子的物质是两性物质。如酸式盐 $NaHCO_3$、$NaH_2PO_4$、$Na_2HPO_4$ 等,弱酸弱碱盐如 $NH_4Ac$、$NH_4CN$ 以及氨基酸都是两性物质。其质子传递平衡比较复杂,在计算两性物质溶液中$[H_3O^+]$或$[OH^-]$时,可以根据具体情况,抓住溶液中主要平衡,进行近似处理。下面以 $NaH_2PO_4$ 为例讨论两性物质溶液 pH 的计算。

假设 $NaH_2PO_4$ 溶液的浓度为 $c$,在 $NaH_2PO_4$ 溶液中存在下列平衡:

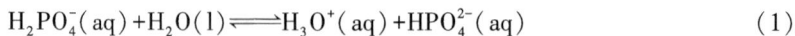

$$H_2PO_4^-(aq) + H_2O(l) \rightleftharpoons H_3O^+(aq) + HPO_4^{2-}(aq) \qquad (1)$$

$$K_a = \frac{[H_3O^+][HPO_4^{2-}]}{[H_2PO_4^-]}$$

$$H_2PO_4^-(aq)+H_2O(l) \Longrightarrow OH^-(aq)+H_3PO_4(aq) \tag{2}$$

$$K_b = \frac{[OH^-][H_3PO_4]}{[H_2PO_4^-]}$$

$$H_2O(l)+H_2O(l) \Longrightarrow H_3O^+(aq)+OH^-(aq) \tag{3}$$

$$K_w = [H_3O^+][OH^-]$$

从上述反应中可知,第一个平衡中 $H_2PO_4^-$ 给出质子,第二个平衡中 $H_2PO_4^-$ 接受质子。溶液中的 $H_3O^+$ 来源于反应(1)和反应(3)的解离,而溶液中的 $OH^-$ 来源于反应(2)和反应(3)的解离,即 $[H_3O^+]=[H_3O^+]_1+[H_3O^+]_3$,$[OH^-]=[OH^-]_2+[OH^-]_3$,根据平衡原理,$[H_3O^+]_1=[HPO_4^{2-}]$,$[H_3O^+]_3=[OH^-]_3$,$[OH^-]_2=[H_3PO_4]$,而 $[OH^-]_3=[OH^-]-[OH^-]_2$,故:

$$[H_3O^+]=[HPO_4^{2-}]+[OH^-]-[H_3PO_4]$$

根据 $H_2PO_4^-$ 和 $H_2O$ 的解离平衡关系,得到:

$$[H_3O^+]=\frac{K_a[H_2PO_4^-]}{[H_3O^+]}+\frac{K_w}{[H_3O^+]}-\frac{K_b[H_2PO_4^-]}{[OH^-]}$$

令 $K_a'=K_w/K_b$,上式转换成:

$$[H_3O^+]=\frac{K_a[H_2PO_4^-]}{[H_3O^+]}+\frac{K_w}{[H_3O^+]}-\frac{[H_3O^+][H_2PO_4^-]}{[K_a']}$$

整理得:

$$[H_3O^+]=\sqrt{\frac{K_a'(K_a \cdot [H_2PO_4^{2-}]+K_w)}{K_a'+[H_2PO_4^{2-}]}} \tag{3-30}$$

式(3-30)是计算两性物质溶液中 $[H_3O^+]$ 的**精确计算式**。

在大多数情况下,$H_2PO_4^-$ 结合质子和给出质子的倾向均很小。因此,溶液中消耗掉 $H_2PO_4^-$ 很少,其 $H_2PO_4^-$ 浓度变化不大,即 $[H_2PO_4^-]\approx c$,代入式(3-30)得:

$$[H_3O^+]=\sqrt{\frac{K_a'(K_a \cdot c+K_w)}{K_a'+c}} \tag{3-31}$$

当 $K_a \cdot c \geqslant 20 K_w$ 时,$K_w$ 可忽略,对式(3-31)可做进一步的近似处理,得:

$$[H_3O^+]=\sqrt{\frac{K_a'K_a \cdot c}{K_a'+c}} \tag{3-32}$$

当 $c \geqslant 20 K_a'$,$K_a'+c \approx c$,且 $K_a \cdot c \geqslant 20 K_w$ 时,式(3-32)可简化得:

$$[H_3O^+]=\sqrt{K_a'K_a}, \text{或} \quad pH=\frac{1}{2}(pK_a'+pK_a) \tag{3-33}$$

式(3-33)是两性物质中 $H_3O^+$ 浓度的**最简计算式**。

上式中的 $K_a$ 为该酸式盐作为酸时的解离常数,而 $K_a'$ 则为该酸式盐作为碱时其对应的共轭酸的解离常数,$c$ 为酸式盐的起始浓度。

**例 3-12** 定性说明 $NaH_2PO_4$ 溶液的酸碱性。

**解**:在 $NaH_2PO_4$ 溶液中主要存在如下平衡:

$$H_2PO_4^-(aq)+H_2O(l)\Longrightarrow H_3O^+(aq)+HPO_4^{2-}(aq) \quad K_{a2}=6.1\times10^{-8}$$

$$H_2PO_4^-(aq)+H_2O(l)\Longrightarrow OH^-(aq)+H_3PO_4(aq) \quad K_{b3}=1.0\times10^{-14}/6.9\times10^{-3}=1.45\times10^{-12}$$

第一个平衡中 $H_2PO_4^-$ 给出质子作酸,第二个平衡中 $H_2PO_4^-$ 接受质子作碱。因此,$K_{a2}$、$K_{b3}$ 分别是 $NaH_2PO_4$ 的酸度常数和碱度常数,因为 $K_{a2}>K_{b3}$,所以 $H_2PO_4^-$ 给出质子的能力大于接受质子的能力,溶液显酸性。

**例 3-13** 计算 $0.010$ mol·$L^{-1}$ $Na_2HPO_4$ 水溶液的 pH。已知 $H_3PO_4$ 的 $K_{a1}=6.9\times10^{-3}$,$K_{a2}=6.1\times10^{-8}$,$K_{a3}=4.8\times10^{-13}$。

**解**：分析题意，$HPO_4^-$ 作为酸时的解离常数为 $K_{a3} = 4.8 \times 10^{-13} \approx K_w$，即 $K_w$ 不能忽略。但是 $K_a' + c \approx 6.1 \times 10^{-8} + 0.010 \approx c$，所以可用式(3-31)计算：

$$[H_3O^+] = \sqrt{\frac{K_a'(K_a \cdot c + K_w)}{K_a' + c}}$$

$$= \sqrt{\frac{6.1 \times 10^{-8}(4.8 \times 10^{-13} \times 0.010 + 1.0 \times 10^{-14})}{6.1 \times 10^{-8} + 0.010}} \, mol \cdot L^{-1} = 3.0 \times 10^{-10} \, mol \cdot L^{-1}$$

$$pH = -lg[H_3O^+] = -lg3.0 \times 10^{-10} = 9.52$$

如果忽略水的解离，用式(3-33)计算得：

$$[H_3O^+] = \sqrt{K_a'K_a} = \sqrt{6.1 \times 10^{-8} \times 4.8 \times 10^{-13}} \, mol \cdot L^{-1} = 1.7 \times 10^{-10} \, mol \cdot L^{-1}$$

$$pH = -lg[H_3O^+] = -lg1.7 \times 10^{-10} = 9.77$$

在没有忽略水的解离时，计算 $Na_2HPO_4$ 溶液中 $[H_3O^+]$ 为 $3.0 \times 10^{-10} \, mol \cdot L^{-1}$，$pH = 9.52$；在忽略水的解离时，$[H_3O^+]$ 为 $1.7 \times 10^{-10} \, mol \cdot L^{-1}$，$pH = 9.77$，$[H_3O^+]$ 的相对误差达 43.3%。

**例 3-14**　计算 $0.10 \, mol \cdot L^{-1} NaHCO_3$ 溶液的 pH。

**解**：已知 $c = 0.10 \, mol \cdot L^{-1}$，$K_a'(H_2CO_3) = 4.5 \times 10^{-7}$，$K_a(HCO_3^-) = 4.7 \times 10^{-11}$，因为 $K_{a1}c \geq 20 K_w$，$c \geq 20 K_a'$，故可采用最简公式(3-33)计算得：

$$[H_3O^+] = \sqrt{K_a'K_a} = \sqrt{4.5 \times 10^{-7} \times 4.7 \times 10^{-11}} \, mol \cdot L^{-1} = 4.6 \times 10^{-9} \, mol \cdot L^{-1}$$

$$pH = -lg[H_3O^+] = -lg4.6 \times 10^{-9} = 8.34$$

**例 3-15**　计算 $0.10 \, mol \cdot L^{-1} NH_4Ac$ 溶液的 pH，已知 $K_b(NH_3) = 1.8 \times 10^{-5}$。

**解**：$K_a'(NH_4^+) = \dfrac{K_w}{K_b(NH_3)} = \dfrac{1.0 \times 10^{-14}}{1.8 \times 10^{-5}} = 5.6 \times 10^{-10}$，$K_a = K_a(HAc) = 1.75 \times 10^{-5}$

由于 $K_ac \geq 20 K_w$，又 $c \geq 20 K_a'$，故能用最简公式(3-32)计算：

$$[H_3O^+] = \sqrt{K_a'K_a} = \sqrt{1.75 \times 10^{-5} \times 5.6 \times 10^{-10}} = 9.9 \times 10^{-8} (mol \cdot L^{-1})$$

$$pH = -lg[H_3O^+] = -lg9.9 \times 10^{-8} = 7.01$$

pH 的概念在化学和医学上应用非常广泛，粗略测定水溶液的 pH 或 pH 范围可用广泛或精密 pH 试纸和酸碱指示剂，准确测定水溶液的 pH 可用不同型号的酸度计(即 pH 计)。

人体血液的酸碱性可以直接影响全身各细胞功能的正常作用，正常人体血液 pH 总是维持在 7.34 ~ 7.45 之间，pH 偏离正常范围 0.4 个单位以上，就会有生命危险。临床上治疗胃酸过多或酸中毒时，常使用乳酸钠、碳酸氢钠、氢氧化铝，因为乳酸钠或碳酸氢钠溶于水后，其水溶液显示碱性可以中和多余的酸。临床上治疗碱中毒时，使用氯化铵，其水溶液显示酸性可以中和多余的碱。某些药物与潮湿的空气接触，可以因水解而变质，对于易水解的药物在制剂时通常制成片剂或胶囊等，如需制成注射液，则考虑制成粉针剂，如青霉素类，在近中性(pH = 6 ~ 7)溶液中较为稳定，酸性或碱性溶液均使之分解加速，在临用前最好用注射用水溶解或用等渗氯化钠注射液溶解青霉素类使用，平常将易水解的、不稳定的药物密闭保存在干燥、低温及暗处。

# Summary

Section 1 the dissociation equilibrium of weak electrolyte solution

1. The dissociation equilibrium of weak acid and weak base　At a certain temperature, the dissociation of weak electrolyte becomes a homeostasis when the dissociation speed of molecule is equal to the combination speed of ions. The process can be described by the principle of general chemistry equilibrium. The value of $K_i$ can be used to express the dissociation degree of weak electrolyte in water. The acidity of weak electrolyte becomes stronger when the $K_a$ is a bigger value. The alkalinity of weak electrolyte becomes stronger when the $K_b$ is a bigger value. The value of $K_i$ merely lies on the temperature

and is independent of the concentration of weak electrolyte.

Dissociation degree, $\alpha$, can be used to express the degree of dissociation of weak electrolyte. The value of $\alpha$ relates to the temperature of solution and concentration of weak electrolyte.

The relationship between $K_i (K_a$ or $K_b )$ and $\alpha$ can be expressed as following:

$$\alpha = \sqrt{\frac{K_i}{c}} \quad or \quad \alpha = \frac{[H_3O^+]}{c} \times 100\%$$

2. The shift of ionization equilibrium of acid-base

(1) The influence of concentration on the shift: The addition of excess reactant or removal of resultant shifts the equilibrium to right, and the removal of reactant or addition of excess resultant shifts the equilibrium to left.

(2) The influence of common ion effect on the shift: When a strong electrolyte, having the same ions as weak electrolyte, is added to the solution of weak electrolyte, the dissociation degree of weak electrolyte becomes smaller. this is called common ion effect.

(3) The influence of salt effect on the shift: When a strong electrolyte, has different ions as weak electrolyte, is added to the solution of weak electrolyte, the dissociation degree of weak electrolyte becomes bigger. This is called as salt effect.

(4) The proton theory of acids and bases: The theory defines an acid as a proton donor and a base as a proton acceptor. The essentialness of acid-base reaction is the delivery of proton between the acid and base. The reaction of a stronger acid with a stronger base always spontaneously produces a weaker acid and base.

Section 2 the theory of acids and bases

1. Autoprotolysis equilibrium of water　Water is a kind of weak electrolyte. The ionic product of water $K_w^\theta$ can be expressed as following: $K_w' = [H_3O^+][OH^-] = 1.0 \times 10^{-14}$

At a certain temperature the product of $[H_3O^+]$ and $[OH^-]$ in water solution is a constant. $H^+$ and $OH^-$ coexist in acid or base solution, and the concentration of $H^+$ or $OH^-$ is not equal to zero.

2. pH of water　The alkalinity and acidity of solution can be expressed by pH value.

Neutral solution's pH equal to 7, acid solution's pH is less than 7, base solution's pH exceeds 7. The acidity of solution becomes stronger when pH is a smaller value . The alkalinity of solution becomes stronger when pH is a bigger value.

$$pH = -lg[H_3O^+], pOH = -lg[OH^-], pH + pOH = pK_w = 14$$

3. The relation of conjugate acid-base pair constant　The relation of $K_a$ and $K_b$ of conjugate acid-base pair is expressed as

$$K_a \cdot K_b = K_W$$

4. The leveling effect and differentiating effect of solution　Different strength acids or bases have same strength in some special solvents. So the solvents have a leveling effect on the acids or bases and we call them as solvent leveling solvent.

Some solvent can differentiate the relative strength between a pair of close strength acids or bases. So the solvents have a differentiating effect on the acids or bases and we call them as solvent differentiating solvent.

5. Electron theory of Lewis acid and base　The Lewis theory defines a Lewis base as electron pair donor and a Lewis acid as electron pair acceptor.

Section 3 The calculation of pH of acid-base solution

Monobasic strong acid (base), monobasic weak acid (base), polybasic acid (base)'s calcutation of pH.

| The type of solution | $[H_3O^+]$ or $[OH^-]$ s calculation equation | Note |
|---|---|---|
| Strong acids | $c(\text{acid}) = c(H_3O^+)$ | $c(\text{acid}) > 10^{-6}\,mol \cdot L$ |
| Strong base | $c(\text{base}) = c(OH^-)$ | $c(\text{base}) > 10^{-6}\,mol \cdot L$ |
| Monobasic weak acids | $[H_3O^+] = \sqrt{K_a \cdot c}$ | $c/K_a > 500$ |
| Monobasic weak bases | $[OH^-] = \sqrt{K_b \cdot c}$ | $c/K_b \geqslant 500$ |
| Polybasic acids | $[H_3O^+] = \sqrt{K_{a1} \cdot c}$ | $K_{a1} \gg K_{a2}$ |
| Polybasic bases | $[OH^-] = \sqrt{K_{b1} \cdot c}$ | $K_{b1} \gg K_{b2}$ |
| Ampholyte | $[H_3O^+] = \sqrt{K_a' K_a}$ | |

# 习　题

1. 用酸碱质子理论判断下列分子或离子在水溶液中哪些是质子酸? 哪些是质子碱? 哪些是两性物质?

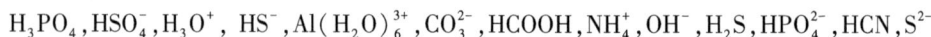

$H_3PO_4$, $HSO_4^-$, $H_3O^+$, $HS^-$, $Al(H_2O)_6^{3+}$, $CO_3^{2-}$, $HCOOH$, $NH_4^+$, $OH^-$, $H_2S$, $HPO_4^{2-}$, $HCN$, $S^{2-}$

2. 指出下列酸碱的各自相应的共轭碱或共轭酸。

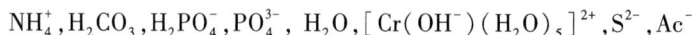

$NH_4^+$, $H_2CO_3$, $H_2PO_4^-$, $PO_4^{3-}$, $H_2O$, $[Cr(OH^-)(H_2O)_5]^{2+}$, $S^{2-}$, $Ac^-$

3. 根据酸碱质子论写出下列质子酸在水溶剂中的解离平衡反应式及酸度平衡常数 $K_a$ 表达式。①HCN;②$NH_4^+$

4. 弱电解质溶液稀释时,为什么解离度会增大? 而溶液中水合氢离子浓度反而减小呢?

5. 什么叫弱电解质溶液中的同离子效应? 盐效应? 在同离子效应存在的同时,是否存在盐效应? 以哪个效应为主?

6. 计算 $0.10\,mol \cdot L^{-1}$ $H_2S$ 水溶液中同时含有 $0.10\,mol \cdot L^{-1}$ HCl 时的 $S^{2-}$ 浓度。已知 $K_{a1} = 8.9 \times 10^{-8}$, $K_{a2} = 1.2 \times 10^{-13}$。

$(1.1 \times 10^{-19}\,mol \cdot L^{-1})$

7. 计算 $0.10\,mol \cdot L^{-1}$ NaCN 溶液中的 $[OH^-]$、$[H_3O^+]$ 和 pH。已知 $K_b(CN^-) = 1.6 \times 10^{-5}$。

$(1.3 \times 10^{-3}\,mol \cdot L^{-1}, 7.7 \times 10^{-12}\,mol \cdot L^{-1}, 11.11)$

8. 计算 $0.10\,mol \cdot L^{-1}$ $H_2S$ 水溶液的 $[H_3O^+]$、pH、$[S^{2-}]$ 和 $H_2S$ 的 $\alpha$。已知 $K_{a1} = 8.9 \times 10^{-8}$, $K_{a2} = 1.2 \times 10^{-13}$。

$(9.4 \times 10^{-5}\,mol \cdot L^{-1}, 4.03, 1.2 \times 10^{-13}\,mol \cdot L^{-1}, 0.094\%)$

9. 乳酸 $HC_3H_5O_3$ 是糖酵解的最终产物,在体内积蓄会引起机体疲劳和酸中毒,已知乳酸的 $K_a = 1.4 \times 10^{-4}$。试计算浓度为 $1.0 \times 10^{-3}\,mol \cdot L^{-1}$ 溶液的 pH。

$(3.43)$

10. 麻黄碱($C_{10}H_{15}ON$)又名麻黄素,为一元弱碱,常用于预防及治疗支气管哮喘及鼻黏膜肿胀、低血压等。实验测得其水溶液的 pH 为 10.26,已知麻黄碱的 $K_b = 2.33 \times 10^{-5}$,求麻黄碱的浓度。

$(1.4 \times 10^{-3}\,mol \cdot L^{-1})$

11. 氢氟酸的 $K_a = 6.3 \times 10^{-4}$,问氢氟酸的浓度需要多少才能使溶液中 $[H_3O^+]$ 为 $0.018\,mol \cdot L^{-1}$?

$(0.51\,mol \cdot L^{-1})$

12. 在温度为 298 K,$NH_3$ 的 $K_b = 1.8 \times 10^{-5}$,计算

(1) $0.10\,mol \cdot L^{-1}$ $NH_3$ 水溶液中 $[OH^-]$ 及 $\alpha$。

(2) 在 1 L $0.10\,mol \cdot L^{-1}$ $NH_3$ 水溶液中加入 $0.20\,mol$ $NH_4Cl$(忽略引起的体积变化)后溶液中的 $[OH^-]$ 和解离度 $\alpha$。并比较计算结果。

$(1.3×10^{-3}\ mol \cdot L^{-1}, 1.3\%, 3.6×10^{-5}\ mol \cdot L^{-1}, 0.036\%)$

13. 计算在 298 K 时，$0.01\ mol \cdot L^{-1}$ 一氯乙酸（$CH_2ClCOOH$）溶液的 pH 和 $\alpha$？已知一氯乙酸的 $K_a = 1.3×10^{-3}$。

$(2.00, 1.3\%)$

14. 计算在 298 K 时，$1.0×10^{-4}\ mol \cdot L^{-1}$ 乙胺溶液的 pH。已知乙胺的 $K_b$ 为 $4.5×10^{-4}$。

$(9.92)$

15. 计算在 298 K 时，$0.10\ mol \cdot L^{-1}$ 甘氨酸（氨基乙酸）溶液的 pH。已知甘氨酸的 $K_{a1} = 4.5×10^{-3}$，$K_{a2} = 1.6×10^{-10}$。

$(6.07)$

16. 计算在 298 K 时，$0.10\ mol \cdot L^{-1}\ NH_4CN$ 溶液的 pH。已知 $K_a(NH_4^+) = 5.6×10^{-10}$，$K_a(HCN) = 6.2×10^{-10}$。

$(9.23)$

17. 计算 $0.10\ mol \cdot L^{-1}\ Na_2CO_3$ 水溶液的 pH 及 $\alpha$。已知 $K_{b1}(CO_3^{2-}) = 2.1×10^{-4}$，$K_{b2}(HCO_3^-) = 2.2×10^{-8}$。

$(2.35, 4.5\%)$

（海力茜·陶尔大洪）

# 第 **4** 章  难溶电解质的沉淀溶解平衡

**学习目标**

　　掌握溶度积和溶解度之间的关系;难溶强电解质沉淀溶解平衡的基本原理——溶度积规则及其应用;沉淀的生成和溶解的相关计算。熟悉沉淀溶解平衡的同离子效应、盐效应;分步沉淀和沉淀转化的条件。了解沉淀溶解平衡的酸效应和配位效应;沉淀溶解平衡在药学中的应用。

**案例 4-1**

　　由于 X 射线不能透过钡原子,因此,临床上可用钡盐作为 X 射线造影剂,诊断胃肠道疾病。然而 $Ba^{2+}$ 对人体有毒害,所以可溶性钡盐不能用作造影剂。在难溶钡盐中能够作为诊断胃肠道疾病的理想 X 射线造影剂就只有硫酸钡。临床上使用的钡餐就是硫酸钡造影剂,它是由硫酸钡加适当的分散剂及矫味剂制成干的混悬剂。使用时,临时加水调制成适当浓度的混悬剂口服或灌肠(见中华人民共和国药典,2005 年版二部)。

**问题:**

　　1. 难溶钡盐碳酸钡为什么不能用作造影剂?

　　2. 在胃的酸性环境下,硫酸钡溶解度改变大吗?

　　3. 如何制备药用硫酸钡?

　　电解质根据其在水溶液中解离程度的不同可分为强电解质和弱电解质两类。在强电解质中,有一类物质,例如 $AgCl$、$CaCO_3$、$BaSO_4$ 等,尽管它们在水中的溶解度很小,但是溶解于水中的部分是全部解离的,这类电解质称为**难溶强电解质**(indissolvable strong electrolyte)。在难溶强电解质的水溶液中,存在两相化学平衡,即**沉淀溶解平衡**(precipitation dissolution equilibrium)。例如,在 $NaCl$ 溶液中加入 $AgNO_3$ 溶液,会生成白色的 $AgCl$ 沉淀,在 $BaCl_2$ 溶液中加入 $H_2SO_4$ 溶液,会析出白色的 $BaSO_4$ 沉淀,这种通过溶液中离子间相互作用析出难溶性固态物质的反应称为**沉淀反应**(precipitation reaction)。如果在含有 $CaCO_3$ 的溶液中加入过量的盐酸,则可使沉淀溶解,该反应称为**溶解反应**(dissolution reaction)。这种沉淀与溶解反应的特征是在反应过程中伴有新物相的生成或消失,存在着固态难溶电解质与由它解离产生的离子之间的平衡,这种平衡称为沉淀溶解平衡。

　　在药物研究的实际工作中,药物的制备、分离、纯化、定性鉴别和定量测定中经常利用沉淀溶解平衡原理。在医学中也有不少的应用实例,如人体内尿结石的形成,骨骼的形成及龋齿的产生等,都涉及一些与沉淀溶解平衡有关的知识。本章主要根据化学平衡移动的原理来讨论沉淀溶解平衡的规律及其应用。

## 第 1 节　难溶强电解质的沉淀溶解平衡

　　物质在水中的溶解度受到晶格能、离子水合能、温度和酸度等因素的影响,有的物质溶解度大,有的小,但是绝对不溶解的物质是不存在的。下面主要介绍难溶强电解质的沉淀溶解平衡特性。

# 一、溶度积常数

难溶强电解质的溶解过程是一个可逆过程。在一定温度下,将难溶强电解质 AgCl 晶体放入纯水中,虽然 AgCl 在水中的溶解度很小,但已溶解的 AgCl 受水分子的溶剂化作用,在水中完全解离成 $Ag^+$ 离子和 $Cl^-$ 离子,这一过程称为难溶电解质的**溶解**(dissolution)。同时,已溶解的部分 $Ag^+$ 离子和 $Cl^-$ 离子在无序的运动中,可能碰到 AgCl 固体表面而析出,这个过程称为**沉淀**(precipitation)。在一定的温度下,当溶解与沉淀的速率相等时,溶解与沉淀达到动态的两相平衡称为沉淀溶解平衡,其平衡式可写成:

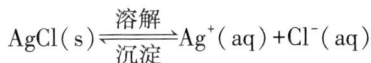

$$AgCl(s) \underset{沉淀}{\overset{溶解}{\rightleftharpoons}} Ag^+(aq) + Cl^-(aq)$$

上述反应的平衡常数可表示为:

$$K = \frac{a(Ag^+) \cdot a(Cl^-)}{a(AgCl)}$$

由于 AgCl 是未溶解的固体,其活度 $a(AgCl) = 1$,并且 AgCl 溶解度很小,溶液中的 $Ag^+$ 离子和 $Cl^-$ 离子浓度很小,$\gamma(Ag^+) = \gamma(Cl^-) \approx 1$,因此,上式可以简化表示为:

$$K = K_{sp} = [Ag^+][Cl^-]$$

$K$ 称为难溶电解质的**溶度积常数**,简称**溶度积**(solubility product),表示为 $K_{sp}$。对于不同类型的难溶电解质,溶度积的表达式不同。例如:

(1) AB 型:如 $BaSO_4$ 　　　　$BaSO_4(s) \rightleftharpoons Ba^{2+}(aq) + SO_4^{2-}(aq)$

$$K_{sp} = [Ba^{2+}][SO_4^{2-}]$$

(2) $AB_2$ 型:如 $PbI_2$ 　　　　$PbI_2(s) \rightleftharpoons Pb^{2+}(aq) + 2I^-(aq)$
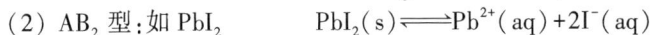
$$K_{sp} = [Pb^{2+}][I^-]^2$$

(3) $A_2B$ 型:如 $Ag_2CrO_4$ 　　　$Ag_2CrO_4(s) \rightleftharpoons 2Ag^+(aq) + CrO_4^{2-}(aq)$
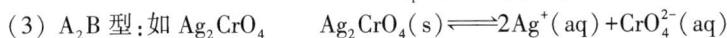
$$K_{sp} = [Ag^+]^2[CrO_4^{2-}]$$

对于难溶强电解质 $A_mB_n$ 来讲,其沉淀溶解平衡的通式和平衡常数可表示为:

$$A_mB_n(s) \rightleftharpoons mA^{n+}(aq) + nB^{m-}(aq)$$
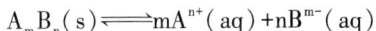
$$K_{sp} = [A^{n+}]^m[B^{m-}]^n \tag{4-1}$$

式(4-1)表明,在标准态和一定温度下,难溶强电解质的饱和溶液中各离子浓度幂的乘积为一常数。$K_{sp}$ 是表征难溶强电解质溶解能力的特性常数,它本质上仍然是平衡常数,与其他平衡常数一样,其大小受温度的影响,一般随温度的升高而增大,但是升高的幅度受电解质本性影响。一些常见难溶电解质在常温下的 $K_{sp}$ 见附录四,粗略计算时可直接引用。一般来说,温度变化不大时,$K_{sp}$ 值变化也不大,所以实际工作中常采用室温时的溶度积常数。

应该注意,上述 $K_{sp}$ 表达式虽然是根据难溶强电解质的多相离子平衡推导出来的,但其结论同样适用于难溶弱电解质的沉淀溶解平衡。所不同的是难溶强电解质的溶解和解离为同一过程,而难溶弱电解质的溶解和解离是两个过程。

# 二、溶度积与溶解度的关系

溶解度和溶度积都反映了难溶电解质的溶解能力,它们之间存在着直接的联系,根据溶度积常数的表达式,难溶强电解质的溶度积和溶解度之间可以相互换算。通常溶解度是指在一定温度下,100 g 水(溶剂)在形成饱和溶液时可以溶解的物质克数。因此,在与溶度积换算时应注意将溶解度的单位换算成 $mol \cdot L^{-1}$。

## (一) AB 型难溶强电解质

对 AB 型难溶强电解质,如 $AgCl$、$BaSO_4$,在达到沉淀溶解平衡时,溶液中解离出等量(mol)的阳离子和阴离子。设其溶解度为 $s$ $mol \cdot L^{-1}$,则在水溶液中的沉淀溶解平衡为:

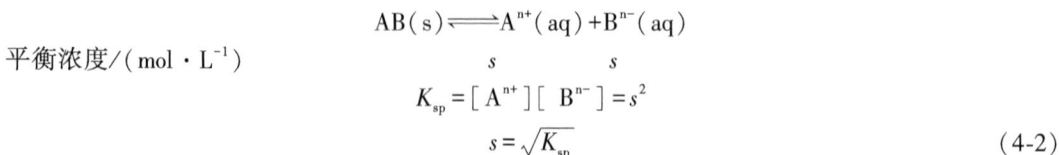

$$AB(s) \rightleftharpoons A^{n+}(aq) + B^{n-}(aq)$$

平衡浓度/(mol · L⁻¹)                     $s$          $s$

$$K_{sp} = [A^{n+}][B^{n-}] = s^2$$

$$s = \sqrt{K_{sp}} \tag{4-2}$$

**例 4-1** 已知 298K 时,$AgCl$ 的 $K_{sp}$ 为 $1.77 \times 10^{-10}$,计算它的溶解度。

**解:** 在 $AgCl$ 的饱和溶液中存在如下沉淀溶解平衡:

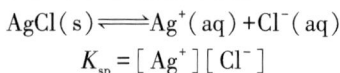

$$AgCl(s) \rightleftharpoons Ag^+(aq) + Cl^-(aq)$$

$$K_{sp} = [Ag^+][Cl^-]$$

设其溶解度为 $s$ $mol \cdot L^{-1}$,

$$K_{sp} = s^2 = 1.77 \times 10^{-10}$$

$$s = \sqrt{1.77 \times 10^{-10}} \ mol \cdot L^{-1} = 1.33 \times 10^{-5} \ mol \cdot L^{-1}$$

在 298K 时,$AgCl$ 的溶解度为 $1.33 \times 10^{-5}$ $mol \cdot L^{-1}$。

## (二) A₂B(或 AB₂)型难溶强电解质

对 $A_2B$(或 $AB_2$)型难溶强电解质,如 $Ag_2CrO_4$、$Mg(OH)_2$,在达到沉淀溶解平衡时,设其溶解度为 $s$ $mol \cdot L^{-1}$,则在水溶液中的沉淀溶解平衡为:

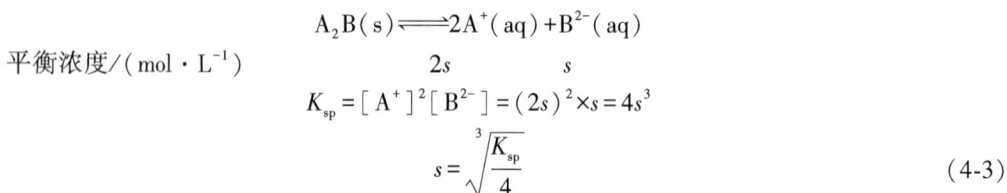

$$A_2B(s) \rightleftharpoons 2A^+(aq) + B^{2-}(aq)$$

平衡浓度/(mol · L⁻¹)                     $2s$          $s$

$$K_{sp} = [A^+]^2[B^{2-}] = (2s)^2 \times s = 4s^3$$

$$s = \sqrt[3]{\frac{K_{sp}}{4}} \tag{4-3}$$

**例 4-2** 已知 298K 时,$Ag_2CrO_4$ 的溶解度为 2.17 mg/100 g $H_2O$,求该温度下 $Ag_2CrO_4$ 的 $K_{sp}$。

**解:** 首先将 $Ag_2CrO_4$ 的溶解度换算成 $mol \cdot L^{-1}$。由于 $Ag_2CrO_4$ 的饱和溶液很稀,其密度可以认为与纯水近似相等,为 1 $g \cdot ml^{-1}$。已知 $Ag_2CrO_4$ 的相对分子质量为 331.8,所以 $Ag_2CrO_4$ 的溶解度 $s$ 可计算如下:

$$s = \frac{2.17 \times 10^{-3} \ g \times 1000 \ ml \cdot L^{-1}}{331.8 \ g \cdot mol^{-1} \times 100 \ ml} = 6.54 \times 10^{-5} \ mol \cdot L^{-1}$$

在饱和 $Ag_2CrO_4$ 溶液中存在如下沉淀溶解平衡:

$$Ag_2CrO_4(s) \rightleftharpoons 2Ag^+(aq) + CrO_4^{2-}(aq)$$

$$K_{sp} = [Ag^+]^2[CrO_4^{2-}]$$

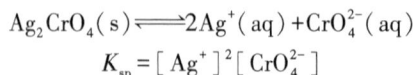

$$K_{sp} = 4s^3 = 4 \times (6.54 \times 10^{-5})^3 = 1.12 \times 10^{-12}$$

在 298K 时,$Ag_2CrO_4$ 的 $K_{sp}$ 为 $1.12 \times 10^{-12}$。

上述计算结果表明,虽然 $K_{sp}(Ag_2CrO_4)$ 小于 $K_{sp}(AgCl)$,但是 $Ag_2CrO_4$ 的溶解度却比 $AgCl$ 的溶解度大。显然,不同类型难溶强电解质的溶度积与溶解度之间的关系不同,因此,对相同类型难溶电解质,可以直接比较其溶度积的大小来判断它们的溶解能力强弱,如 $AgCl$、$AgBr$ 和 $AgI$ 的溶度积常数分别为 $K_{sp}(AgCl) = 1.77 \times 10^{-10}$、$K_{sp}(AgBr) = 5.35 \times 10^{-13}$、$K_{sp}(AgI) = 8.52 \times 10^{-17}$,其溶解度大小顺序与溶度积大小顺序一致,依次为 $AgCl > AgBr > AgI$。而不同类型的难溶电解质的溶解度大小,不能单从溶度积大小直接判断,只有通过计算才能比较。不同类型物质溶解度和溶度积的换算小结于表 4-1。

表 4-1　难溶电解质溶解度和溶度积的换算（298K）

| 难溶电解质类型 | AB 型 | | $A_2B$ 或 $AB_2$ 型 | | $A_mB_n$ 型 |
|---|---|---|---|---|---|
| 难溶电解质 | AgCl | $BaSO_4$ | $Ag_2CrO_4$ | $Mg(OH)_2$ | |
| 溶解度 $s/(mol \cdot L^{-1})$ | $1.33 \times 10^{-5}$ | $1.04 \times 10^{-5}$ | $6.54 \times 10^{-5}$ | $1.12 \times 10^{-4}$ | |
| 溶度积 $K_{sp}$ | $1.77 \times 10^{-10}$ | $1.08 \times 10^{-10}$ | $1.12 \times 10^{-12}$ | $5.61 \times 10^{-12}$ | |
| 换算公式 | $s = \sqrt{K_{sp}}$ | | $s = \sqrt[3]{\dfrac{K_{sp}}{4}}$ | | $s = \sqrt[m+n]{\dfrac{K_{sp}}{m^m \cdot n^n}}$ |

　　需要强调的是,在使用上面的公式进行换算时,必须满足以下条件:

　　(1) 必须是难溶强电解质才可以用此方法进行简单换算,即难溶电解质溶于水的部分必须是完全解离的,如果是难溶弱电解质,溶液中还存在着溶解的分子与离子之间的解离平衡,此时用溶度积来计算溶解度就会产生较大的误差。如 $Al(OH)_3$ 溶于水时发生分步解离,其 $Al^{3+}$ 与 $OH^-$ 之间的浓度比并不等于 1∶3;又如共价性较强的 $HgCl_2$、$HgI_2$ 等,其溶解的部分中还有相当一部分以分子状态或复杂离子状态存在,因此,其溶解度与溶度积之间就不能利用上述公式进行简单换算。以 $HgI_2$ 为例,在室温时其 $K_{sp} = 2.9 \times 10^{-29}$,由 $s = \sqrt[3]{\dfrac{K_{sp}}{4}}$ 可计算得到 $HgI_2$ 的溶解度为 $1.9 \times 10^{-10}$ mol $\cdot$ $L^{-1}$,而实际上查得,在室温时 $HgI_2$ 的溶解度为 0.06 g $\cdot$ $L^{-1}$,即 $1.3 \times 10^{-4}$ mol $\cdot$ $L^{-1}$,可见该类难溶电解质的溶解度已经不能通过 $K_{sp}$ 简单的换算获得,计算结果误差很大。

　　(2) 难溶强电解质的溶解度必须很小。因为只有其溶解度很小,饱和溶液中离子强度才会很小,由浓度代替活度进行计算的误差才会较小。如 $CaSO_4$、$CaCrO_4$ 等,由于溶解度较大,其饱和溶液中离子强度较大,活度系数会远小于 1,所以用浓度代替活度计算,将会产生较大的误差。

　　(3) 难溶强电解质在水溶液中解离出来的阴、阳离子不能有任何副反应或副反应程度很小。如难溶硫化物、碳酸盐、磷酸盐以及高价阳离子等,由于 $S^{2-}$、$CO_3^{2-}$、$PO_4^{3-}$、$Fe^{3+}$ 等易发生水解,因此,其溶解度与溶度积之间就不能按上述方法进行计算。实际上,能完全解离的难溶强电解质并不多,所以由测得的溶解度来计算 $K_{sp}$,或由测得的 $K_{sp}$ 来计算溶解度都可能包含误差。和其他平衡常数一样,难溶电解质的溶度积 $K_{sp}$ 可由实验测定,也可以通过热力学数据计算得到,相关内容在第 6 章化学热力学或后续课程中学习。

---

**案例 4-2**

　　龋齿是人类口腔最常见的疾病。龋齿俗称虫牙、蛀牙,是在口腔内细菌的作用下牙齿硬组织脱钙和有机质分解,在牙齿上形成龋洞的一种疾病。龋齿的患病率在儿童中可高达 90% 以上,是继心血管疾病和癌症之后,被世界卫生组织列为重点防治的第三大疾病。龋齿的发生、发展与沉淀溶解平衡密切相关。因为在牙齿的表面有一层釉质,其主要成分是羟基磷灰石{$Ca_5(PO_4)_3OH$},由于该物质坚硬难溶($K_{sp} = 6.8 \times 10^{-37}$),在一般情况下对牙齿起着重要的保护作用。但是在酸性条件下(如进餐后口腔中产生有机酸),羟基磷灰石会被缓慢溶解,这样牙齿的保护层被破坏,就给龋齿的产生提供了有利条件。使用氟化物因羟基磷灰石转化为更难溶而抗酸的氟磷灰石{$Ca_5(PO_4)_3F$}($K_{sp} = 1.0 \times 10^{-60}$)对龋齿具有防治作用。

**问题:**

　　1. 如何用沉淀溶解平衡知识理解龋齿的发生?

　　2. 为什么防止龋齿的最好办法是吃低糖食物和餐后立即刷牙?

　　3. 为什么使用含氟牙膏可以有效防止龋齿?

# 第2节　沉淀溶解平衡的移动

沉淀溶解平衡与其他化学平衡一样是一个动态平衡,当条件变化便可能会导致平衡的移动。沉淀溶解平衡移动的基本规律即是溶度积规则,本节还将从同离子效应、盐效应、酸效应和配位效应等方面讨论沉淀溶解平衡的移动。

## 一、溶度积规则

如在难溶强电解质 $BaSO_4$ 溶液中,存在如下平衡:

$$BaSO_4(s) \rightleftharpoons Ba^{2+}(aq) + SO_4^{2-}(aq)$$

在一定温度下达到动态平衡即沉淀溶解平衡时,$Ba^{2+}$ 离子和 $SO_4^{2-}$ 离子的平衡浓度乘积为一个常数即溶度积 $K_{sp}$,$K_{sp} = [Ba^{2+}][SO_4^{2-}]$。而在任意含有 $Ba^{2+}$ 离子和 $SO_4^{2-}$ 离子的溶液中,$Ba^{2+}$ 离子和 $SO_4^{2-}$ 离子的浓度乘积不是常数,称为**离子积 $Q$**(ion product),$Q = c(Ba^{2+}) \cdot c(SO_4^{2-})$。必须注意的是,$Q$ 与 $K_{sp}$ 具有相似的表达式,但是意义不同,$K_{sp}$ 是饱和溶液这一特定条件下的 $Q$。根据 $Q$ 与 $K_{sp}$ 的关系,即可得如下判据:

(1) 当 $Q > K_{sp}$ 时,反应逆向进行,将有沉淀生成。

(2) 当 $Q = K_{sp}$ 时,反应处于沉淀溶解平衡状态。

(3) 当 $Q < K_{sp}$ 时,反应正向进行,沉淀将溶解。

以上规律称为**溶度积规则**(solubility product principle),它是难溶电解质沉淀溶解平衡移动规律的概括。在一定条件下某溶液中是否有沉淀生成或溶解,可以通过溶度积规则来判断。

## 二、影响沉淀溶解平衡的几种效应

### (一) 同离子效应

在难溶电解质饱和溶液中,加入含有与体系相同离子的易溶强电解质,则使沉淀溶解平衡向着生成沉淀的方向移动,最终导致难溶电解质的溶解度降低,这种现象称为沉淀溶解平衡中的**同离子效应**(common ion effect),如在 $BaSO_4$ 饱和溶液中存在着下列平衡:

$$BaSO_4(s) \rightleftharpoons Ba^{2+}(aq) + SO_4^{2-}(aq)$$

若向该体系中加入少量易溶强电解质 $Na_2SO_4$,由于溶液中 $SO_4^{2-}$ 离子浓度增大,使 $Q > K_{sp}$,平衡向左移动,结果从溶液中析出更多的 $BaSO_4$ 沉淀,表明此时 $BaSO_4$ 的溶解度减小了。

**例 4-3**　分别计算室温下 $BaSO_4$:①在纯水中的溶解度;②在 $0.0100$ mol·$L^{-1}$ $Na_2SO_4$ 溶液中的溶解度。已知:$BaSO_4$ 的 $K_{sp} = 1.08 \times 10^{-10}$。

**解:**(1) $BaSO_4$ 在纯水中的溶解度可用其溶度积直接计算得到:

$$s = \sqrt{K_{sp}(BaSO_4)} = \sqrt{1.08 \times 10^{-10}} \text{ mol} \cdot L^{-1} = 1.04 \times 10^{-5} \text{ mol} \cdot L^{-1}$$

(2) 设 $BaSO_4$ 在 $0.010$ mol·$L^{-1}$ $Na_2SO_4$ 溶液中的溶解度为 $x$ mol·$L^{-1}$,则有如下的平衡关系:

$$BaSO_4(s) \rightleftharpoons Ba^{2+}(aq) + SO_4^{2-}(aq)$$

平衡浓度/(mol·$L^{-1}$)　　　　　　　　　　$x$　　　　　$x+0.0100$

因为 $K_{sp}(BaSO_4) = 1.08 \times 10^{-10}$ 很小,所以 $x$ 很小,则 $x + 0.0100 \approx 0.0100$ 由溶度积定义:

$$K_{sp}(BaSO_4) = [Ba^{2+}][SO_4^{2-}] = x \times (x + 0.0100) = 1.08 \times 10^{-10}$$

$$x = \frac{K_{sp}(BaSO_4)}{0.0100} \text{ mol} \cdot L^{-1} = 1.08 \times 10^{-8} \text{ mol} \cdot L^{-1}$$

以上计算结果说明,在 $BaSO_4$ 的沉淀溶解平衡体系中增加 $SO_4^{2-}$ 浓度后,$BaSO_4$ 的溶解度从纯水中的 $1.04 \times 10^{-5}$ mol·$L^{-1}$ 减小到 $1.08 \times 10^{-8}$ mol·$L^{-1}$。

因此在实际工作中,根据同离子效应降低难溶电解质溶解度的原理,在沉淀反应中加入适当过量的沉淀剂,沉淀反应更趋完全。

## (二) 盐效应

若在沉淀溶解平衡体系中加入一种与难溶电解质不含有相同离子的其他易溶电解质时,例如在 $BaSO_4$ 饱和溶液中加入 $KNO_3$,会产生怎样的现象呢? 实验结果表明,平衡体系中加入 $KNO_3$ 后会使 $BaSO_4$ 的溶解度有所增大,并且加入的 $KNO_3$ 越多,$BaSO_4$ 的溶解度增加得越多。与强电解质对弱酸、弱碱解离平衡的影响类似,在难溶强电解质体系中( 如 $BaSO_4 + H_2O$ )加入易溶强电解质( 如 $KNO_3$ ),溶液中的离子强度增大,$Ba^{2+}$ 离子与 $SO_4^{2-}$ 离子的有效浓度即活度降低,它们发生碰撞重新结合形成 $BaSO_4$ 分子的机会减小,因此其溶解度增大。组成难溶强电解质的离子所带电荷数越高,受易溶强电解质的影响越明显,这种因加入不含相同离子的电解质,溶液中的离子强度有所增大,离子活度降低,使沉淀的溶解度有所增加的现象称为**盐效应**( salt effect)。例如,$AgCl$ 和 $BaSO_4$ 的溶解度都随溶液中 $KNO_3$ 浓度的增加而增大,如图 4-1 所示。

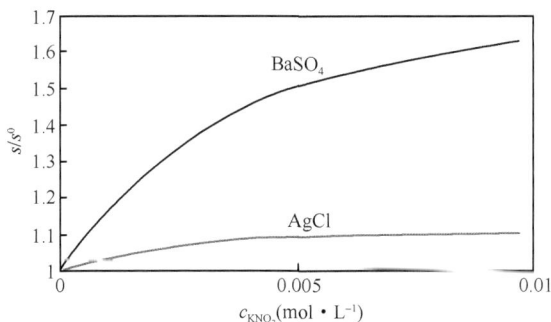

图 4-1　$AgCl$ 和 $BaSO_4$ 在不同浓度 $KNO_3$ 溶液中的溶解度

图中纵坐标为不同 $KNO_3$ 浓度时的溶解度 $s$ 与纯水中溶解度 $s^0$ 的比值。由于高价离子的活度系数受离子强度的影响较大,盐效应对 $BaSO_4$ 比对 $AgCl$ 的影响大。

需要注意的是,在难溶电解质的饱和溶液中加入含有相同离子的强电解质时,会同时出现同离子效应和盐效应。例如,在一定温度下,向 $PbSO_4$ 饱和溶液中加入 $Na_2SO_4$ 时,$PbSO_4$ 溶解度的变化情况列在表 4-2 中。

表 4-2　$Na_2SO_4$ 对 $PbSO_4$ 溶解度的影响

| $Na_2SO_4$ 浓度/( mol·$L^{-1}$) | 0 | 0.001 | 0.01 | 0.02 | 0.04 | 0.10 | 0.20 |
|---|---|---|---|---|---|---|---|
| $PbSO_4$ 溶解度/( mmol·$L^{-1}$) | 0.148 | 0.0257 | 0.0162 | 0.0138 | 0.0129 | 0.0162 | 0.0231 |

从表 4-2 中可见,当溶液中有适当过量的沉淀剂 $Na_2SO_4$ 存在时,由于同离子效应的影响占主导,使 $PbSO_4$ 的溶解度大大降低,而当沉淀剂 $Na_2SO_4$ 的浓度过量较多时,由于盐效应的影响占主导,又使 $PbSO_4$ 的溶解度增加。显然,例 4-3( 2 )中的计算并未考虑盐效应的影响。但是同离子效应属于化学作用,而盐效应是溶液中离子间物理静电吸引作用,因此盐效应的作用不如同离子效应作用大,故在有同离子效应存在的计算中可以进行近似处理,忽略盐效应的影响。

然而,在进行沉淀的实际操作中,不仅要考虑同离子效应能使沉淀溶解度降低,使沉淀更完全,还应考虑盐效应会使沉淀溶解度增大的影响。为使沉淀更完全,需要加入适当过量的沉淀剂。通常,如果沉淀剂容易挥发除去,一般过量 20%~50% 是合适的,反之,如果沉淀剂不易挥发除去,则以过量 20%~30% 为宜。

## (三) 酸效应

在难溶电解质中,像硫化物、碳酸盐、草酸盐、铬酸盐、磷酸盐等弱酸盐难溶化合物,它们的溶解度除了受同离子效应和盐效应的影响外,溶液酸度的影响也较大。溶液酸度对难溶电解质溶解度的影响称为**酸效应**(acidic effect)。当溶液的酸度较高,即 pH 较小时,弱酸根离子有结合 $H_3O^+$ 离子生成其共轭酸的倾向,从而使沉淀溶解平衡向生成弱酸的方向移动,沉淀的溶解度增大。例如,难溶电解质 MB(s) 在一定 pH 的溶液中的沉淀溶解平衡关系如下:

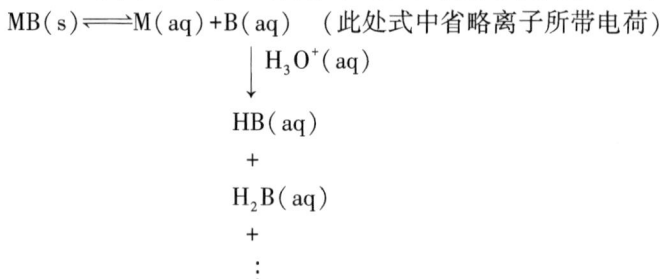

$$MB(s) \Longrightarrow M(aq) + B(aq) \quad (此处式中省略离子所带电荷)$$

$$\downarrow H_3O^+(aq)$$

$$HB(aq)$$
$$+$$
$$H_2B(aq)$$
$$+$$
$$\vdots$$

酸效应总是使难溶电解质 MB(s) 的溶解度有所增加。如 $CaC_2O_4$ 在纯水中的溶解度约为 $4.82 \times 10^{-5}$ mol·$L^{-1}$;当溶液的 pH = 5.00 时,其溶解度略有增加为 $4.98 \times 10^{-5}$ mol·$L^{-1}$;当溶液的 pH = 2.00 时,其溶解度进一步增大为 $4.30 \times 10^{-4}$ mol·$L^{-1}$。

## (四) 配位效应

在沉淀溶解平衡体系中加入适当的配位剂,会使难溶电解质的溶解度增大,这种现象称为**配位效应**(coordination effect)。配位效应对难溶电解质溶解度的影响,与配位剂的浓度及配合物的稳定性有关。配位剂的浓度越大,生成的配合物越稳定,则难溶电解质的溶解度就越大。详细内容将在第 12 章配位化合物中讨论。例如,AgCl 的沉淀溶解平衡为:

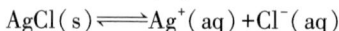

$$AgCl(s) \Longrightarrow Ag^+(aq) + Cl^-(aq)$$

若在此平衡体系中加入氨水,将会发生如下配位反应:

$$Ag^+(aq) + 2NH_3(aq) \Longrightarrow [Ag(NH_3)_2]^+(aq)$$

体系中 $Ag^+$ 离子浓度降低使平衡向沉淀溶解的方向移动,故 AgCl 在氨水中的溶解度就比在纯水中的溶解度大。

在沉淀反应中,一部分沉淀剂本身就可以作为配位剂,此时体系中同时存在同离子效应和配位效应,如果沉淀剂适当过量,同离子效应起主导作用,沉淀的溶解度降低;如果沉淀剂过量较多,则配位效应起主导作用,沉淀的溶解度反而增大。例如,室温时 AgCl 沉淀在不同浓度的 NaCl 溶液中的溶解度见表 4-3。

表 4-3  AgCl 在不同浓度 NaCl 溶液中的溶解度

| NaCl 浓度/( mol·$L^{-1}$) | 0 | 0.0039 | 0.0092 | 0.036 | 0.082 | 0.35 | 0.5 |
|---|---|---|---|---|---|---|---|
| AgCl 溶解度/(mmol·$L^{-1}$) | 0.014 | 0.00070 | 0.00091 | 0.0019 | 0.0036 | 0.017 | 0.028 |

表 4-3 表明:当 $Cl^-$ 浓度在 0.036 mol·$L^{-1}$ 以下时,AgCl 的溶解度随加入的 NaCl 浓度增加而减小;但是当 NaCl 浓度增加到 0.036 mol·$L^{-1}$ 以上时,AgCl 的溶解度反而增大,其原因是形成 $AgCl_2^-$,$AgCl_3^{2-}$ 等配离子,使平衡向沉淀溶解的方向移动。

案例 4-3

尿路结石是最常见的泌尿外科疾病之一。其发生发展与沉淀溶解平衡之间有着密切联系。上尿路(肾及输尿管)结石较下尿路(膀胱)结石多见;上尿路结石多为草酸钙($CaC_2O_4$)

结石,下尿路结石则以磷酸镁铵($MgNH_4PO_4$)结石多见。虽然部分肾结石有明确的原因,但大多数结石的形成机制尚未完全阐明。成核作用、结石基质和晶体抑制物质学说是结石形成的三种最基本学说。

　　进入肾脏的血液经肾小球滤过后就形成原始的尿,蛋白质等大分子结晶抑制剂被滤掉,形成草酸钙的过饱和溶液,在进入肾小管前或在肾小管内往往形成晶核,正常状况下,尿液在肾小管中的停留时间较短,草酸钙晶体还来不及成长到结石大小就被排出体外。但是当尿液流速过慢停留时间过长,或尿液中其他晶体抑制物质浓度太低,或肾小管内表面因炎症出现缺陷,其他疾病导致滤液中钙浓度增高时就更容易引起结石。

**问题:**

　　1. 肾小管尿液中草酸钙的离子积 $Q$ 与溶度积 $K_{sp}$,哪个大?

　　2. 为什么在血液中过饱和的草酸钙并不形成结石?

　　3. 医学上常用加快排尿速度、加大尿量来防治结石,你如何理解?

# 三、溶度积规则的应用

**1. 判断沉淀的生成**　一个难溶电解质溶液体系中能否生成沉淀可以依据溶度积规则来判断,如果 $Q>K_{sp}$ 时,溶液中将有沉淀生成。

　　**例4-4**　如果将 20 ml $1.0×10^{-4}$ mol·$L^{-1}$ $CaCl_2$ 溶液与 30 ml $5.0×10^{-4}$ mol·$L^{-1}$ $Na_2CO_3$ 溶液混合,然后稀释至 500 ml,问有无 $CaCO_3$ 沉淀产生? 已知:$K_{sp}(CaCO_3)=3.36×10^{-9}$。

　　**解:**两种溶液混合后,总体积为 500 ml,溶液中 $Ca^{2+}$ 离子和 $CO_3^{2-}$ 离子浓度分别为:

$$c(Ca^{2+})=\frac{20\ ml×1.0×10^{-4}\ mol·L^{-1}}{500\ ml}=4.0×10^{-6}\ mol·L^{-1}$$

$$c(CO_3^{2-})=\frac{30\ ml×5.0×10^{-4}\ mol·L^{-1}}{500\ ml}=3.0×10^{-5}\ mol·L^{-1}$$

离子积:

$$Q=c(Ca^{2+})·c(CO_3^{2-})=4.0×10^{-6}×3.0×10^{-5}=1.2×10^{-10}$$

因为 $Q<K_{sp}$,所以混合后溶液中将没有 $CaCO_3$ 沉淀生成。

　　**例4-5**　25℃时,向含有 0.010 mol·$L^{-1}$ $Cu^{2+}$ 的水溶液中通入 $H_2S$ 气体达饱和,是否会有 $CuS$ 沉淀生成? 已知:$H_2S$ 的 $K_{a_1}=8.9×10^{-8}$,$K_{a_2}=1.2×10^{-13}$,$H_2S$ 的饱和浓度为 0.10 mol·$L^{-1}$,$K_{sp}(CuS)=6.3×10^{-36}$。

　　**解:**溶液中 $Cu^{2+}$ 的浓度为 0.010 mol·$L^{-1}$,$S^{2-}$ 的浓度需要计算后才能获得。

　　在 0.10 mol·$L^{-1}$ 的 $H_2S$ 饱和溶液中,发生如下解离平衡:

$$H_2S(aq)+H_2O(l)\rightleftharpoons H_3O^+(aq)+HS^-(aq)\qquad K_{a_1}=8.9×10^{-8}$$

$$HS^-(aq)+H_2O(l)\rightleftharpoons H_3O^+(aq)+S^{2-}(aq)\qquad K_{a_2}=1.2×10^{-13}$$

因为 $K_{a_1}\gg K_{a_2}$,故该溶液的 $[H^+]$ 大小主要决定于 $H_2S$ 的第一步解离。

　　由于 $cK_{a_1}>20K_w$,$c/K_{a_1}\geqslant500$,故:

$$[H_3O^+]=\sqrt{K_{a_1}×c}=\sqrt{8.9×10^{-8}×0.10}\ mol·L^{-1}=9.4×10^{-5}\ mol·L^{-1}$$

　　因为 $\dfrac{[H_3O^+]^2[S^{2-}]}{[H_2S]}=K_{a_1}·K_{a_2}$,故可求出溶液中 $S^{2-}$ 的浓度为:

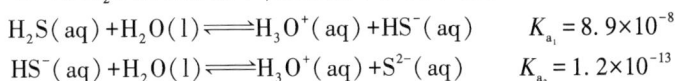

$$[S^{2-}]=\frac{K_{a_1}K_{a_2}[H_2S]}{[H_3O^+]^2}=\frac{8.9×10^{-8}×1.2×10^{-13}×0.10}{(9.4×10^{-5})^2}\ mol·L^{-1}=1.2×10^{-13}\ mol·L^{-1}$$

$$Q=c(Cu^{2+})·c(S^{2-})=0.010×1.2×10^{-13}=1.2×10^{-15}>K_{sp}=6.3×10^{-36}$$

故溶液中将会生成 CuS 沉淀。

---

**案例 4-3 分析**

　　沉淀的形成一般需要经过从过饱和溶液到成核(细小的结晶)、成长(结晶变大)及陈化(进一步成长形成稳定结晶)的过程,这个过程受到晶体的结晶习惯和溶液特征的影响。溶液特征包括溶液的黏度、溶液的组成中有无抑制成核或成长的物质存在、溶液是否流动或搅拌以及盛装溶液容器壁有无缺陷等。进入肾小管的尿液是肾脏血液经肾小球滤过除去蛋白质等大分子后形成的,对草酸钙而言是过饱和溶液,因此其离子积 $Q$ 一定大于溶度积 $K_{sp}$。但是,在血液中同样过饱和的草酸钙却并不能沉淀,因为在血液中存在着大量的蛋白质等大分子,这些大分子物质起着结晶抑制剂的作用,并且血液黏度比较大,草酸钙的晶核难于形成,因此血液中不会形成草酸钙结石。医学上常用加快排尿速度、加大尿量来防治结石的方法就是利用沉淀溶解平衡的原理,降低溶液的过饱和度,缩短沉淀陈化的时间,使结石还来不及长大就被排出体外。

---

**2. 判断是否沉淀完全**　因为绝对不溶于水的物质是不存在的,即使是极难溶解的物质,其溶度积也不可能等于零,所以沉淀作用不可能绝对完全,即被沉淀的离子总是或多或少地残留于溶液中。一般认为,溶液中被沉淀离子的浓度小于 $1×10^{-5}$ mol·L$^{-1}$(定性分析)或 $1×10^{-6}$ mol·L$^{-1}$(定量分析)时,可认为该离子已被沉淀完全。

　　**例 4-6**　在 0.0100 mol·L$^{-1}$ 的 $MgCl_2$ 溶液中,欲产生 $Mg(OH)_2$ 沉淀,溶液的 pH 最小为多少? 若使 $Mg(OH)_2$ 沉淀完全,溶液的 pH 至少为多少? 已知:$K_{sp}\{Mg(OH)_2\}=5.61×10^{-12}$。

　　**解**:$Mg(OH)_2$ 沉淀在溶液中存在下列平衡:

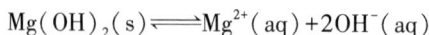

$$Mg(OH)_2(s) \rightleftharpoons Mg^{2+}(aq)+2OH^-(aq)$$

根据溶度积规则,欲产生 $Mg(OH)_2$ 沉淀,至少应满足:

$$Q=c(Mg^{2+})·c(OH^-)^2 \geqslant K_{sp}$$

$$c(OH^-) \geqslant \sqrt{\frac{K_{sp}}{c(Mg^{2+})}} = \sqrt{\frac{5.61×10^{-12}}{0.0100}} \text{ mol·L}^{-1} = 2.37×10^{-5} \text{ mol·L}^{-1}$$

$$pOH=-lg[OH^-]=4.63$$

则:pH = 14 - 4.63 = 9.37

　　即 pH 不得低于 9.37,否则不会出现 $Mg(OH)_2$ 沉淀。

欲使 $Mg(OH)_2$ 沉淀完全,则沉淀后溶液中 $[Mg^{2+}] \leqslant 1×10^{-5}$ mol·L$^{-1}$,此时:

$$c(OH^-) \geqslant \sqrt{\frac{K_{sp}}{c(Mg^{2+})}} = \sqrt{\frac{5.61×10^{-12}}{1.0×10^{-5}}} \text{ mol·L}^{-1} = 7.49×10^{-4} \text{ mol·L}^{-1}$$

$$pOH=-lg[OH^-]=3.13$$

则:　　　　　　　　pH = 14 - 3.13 = 10.87

　　即 $Mg(OH)_2$ 沉淀完全时,pH 不能小于 10.87,说明 pH 为 9.37 时开始沉淀,pH 达到 10.87 时沉淀完全。

　　计算结果表明,难溶金属氢氧化物,从开始产生沉淀到沉淀完全有一个 pH 范围,因此控制酸度对沉淀的生成和沉淀完全起着重要作用。

　　**3. 判断沉淀的溶解**　根据溶度积规则,难溶电解质沉淀溶解的必要条件是 $Q<K_{sp}$。因此,只要能有效地降低沉淀平衡体系中有关离子浓度,使其 $Q<K_{sp}$,沉淀溶解平衡将会向沉淀溶解的方向移动。常用的沉淀溶解方法一般有以下几种:

　　(1)生成弱电解质法:许多难溶的弱酸盐如硫化物、碳酸盐、草酸盐、铬酸盐、磷酸盐等,由于它们能与酸发生反应,生成难解离的弱酸,使沉淀平衡向溶解的方向移动,使沉淀溶解。例如,为了溶解 $CaCO_3$ 沉淀,可向沉淀平衡体系中加入盐酸,即发生如下的反应:

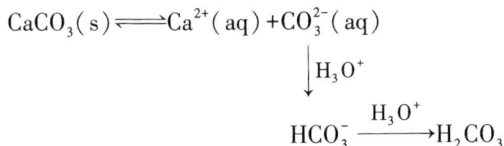

$$CaCO_3(s) \rightleftharpoons Ca^{2+}(aq) + CO_3^{2-}(aq)$$

$$HCO_3^- \xrightarrow{H_3O^+} H_2CO_3$$

　　盐酸的加入降低了 $CO_3^{2-}$ 的浓度,从而使 $Q<K_{sp}$,促使 $CaCO_3$ 沉淀溶解。上述反应也可通过平衡常数计算得以说明。

$$CaCO_3(s) + 2H_3O^+(aq) \rightleftharpoons Ca^{2+}(aq) + H_2CO_3(aq) + 2H_2O(l)$$

$$K = \frac{[Ca^{2+}][H_2CO_3]}{[H_3O^+]^2} = \frac{[Ca^{2+}][CO_3^{2-}][H_2CO_3]}{[H_3O^+]^2[CO_3^{2-}]}$$

$$= \frac{K_{sp}(CaCO_3)}{K_{a1}(H_2CO_3) \cdot K_{a2}(H_2CO_3)} = \frac{3.36 \times 10^{-9}}{4.5 \times 10^{-7} \times 4.7 \times 10^{-11}}$$

$$= 1.6 \times 10^8$$

　　计算结果表明,该反应的平衡常数$>10^6$,说明反应正向进行的程度很大,$CaCO_3$ 沉淀可在盐酸溶液中溶解。

　　又如,难溶的金属硫化物和氢氧化物,加入酸时前者生成硫化氢气体,后者生成水,也可以使沉淀溶解。

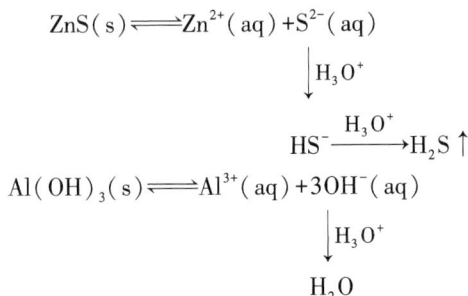

$$ZnS(s) \rightleftharpoons Zn^{2+}(aq) + S^{2-}(aq)$$

$$HS^- \xrightarrow{H_3O^+} H_2S \uparrow$$

$$Al(OH)_3(s) \rightleftharpoons Al^{3+}(aq) + 3OH^-(aq)$$

$$H_2O$$

　　某些溶度积较大的氢氧化物如 $Mg(OH)_2$ 可溶于铵盐中,也是由于铵盐溶于水解离出的 $NH_4^+$ 与难溶电解质溶液中的 $OH^-$ 发生反应生成弱碱 $NH_3 \cdot H_2O$,降低了 $OH^-$ 的浓度,从而使$Q<K_{sp}$,促使 $Mg(OH)_2$ 沉淀溶解。

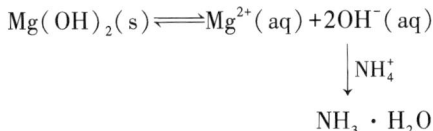

$$Mg(OH)_2(s) \rightleftharpoons Mg^{2+}(aq) + 2OH^-(aq)$$

$$NH_3 \cdot H_2O$$

　　$PbSO_4$ 可溶解在 $NaAc$、$NH_4Ac$ 等醋酸盐中。

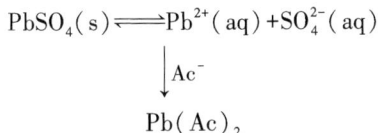

$$PbSO_4(s) \rightleftharpoons Pb^{2+}(aq) + SO_4^{2-}(aq)$$

$$Pb(Ac)_2$$

　　由于 $Ac^-$ 离子与饱和溶液中的 $Pb^{2+}$ 离子生成了难解离的 $Pb(Ac)_2$,降低了 $Pb^{2+}$ 离子浓度,使$Q<K_{sp}$,平衡向右移动,所以 $PbSO_4$ 能溶解在 $NaAc$、$NH_4Ac$ 等醋酸盐溶液中。

　　两性金属氢氧化物沉淀还可溶于碱溶液中,如 $Zn(OH)_2$ 沉淀在碱中的溶解反应为:

$$Zn(OH)_2(s) + 2OH^-(aq) \longrightarrow ZnO_2^{2-}(aq) + 2H_2O(l)$$

　　综上所述,在难溶电解质饱和溶液中加入某种试剂,若有弱酸、弱碱、水及难解离的可溶性盐等弱电解质生成,都将使难溶电解质溶液中离子浓度降低,使沉淀溶解平衡向着溶解的方向移动,即沉淀溶解。

　　必须注意,并不是所有的难溶性弱酸盐都可溶于强酸。当难溶性弱酸盐的 $K_{sp}$ 很小时,外加的酸不足以引起沉淀溶解平衡的明显移动,具体参见例 4-7。

**例 4-7** 25℃时,欲使 0.10 mol 的硫化锰(MnS)和 0.10 mol 的硫化银($Ag_2S$)分别溶于 1 L 的盐酸溶液中,各需盐酸的最低浓度分别是多少?已知:$H_2S$ 的 $K_{a1} = 8.9 \times 10^{-8}$,$K_{a2} = 1.2 \times 10^{-13}$;$K_{sp}(MnS) = 2.5 \times 10^{-13}$,$K_{sp}(Ag_2S) = 6.3 \times 10^{-50}$。

**解:**利用下列溶解反应进行计算

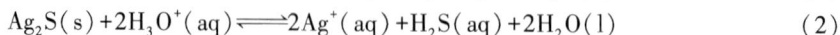

$$MnS(s) + 2H_3O^+(aq) \Longrightarrow Mn^{2+}(aq) + H_2S(aq) + 2H_2O(l) \qquad (1)$$

$$Ag_2S(s) + 2H_3O^+(aq) \Longrightarrow 2Ag^+(aq) + H_2S(aq) + 2H_2O(l) \qquad (2)$$

对于反应(1),其反应的平衡常数为:

$$K = \frac{[Mn^{2+}][H_2S]}{[H_3O^+]^2} = \frac{[Mn^{2+}][S^{2-}][H_2S]}{[H_3O^+]^2[S^{2-}]}$$

$$= \frac{K_{sp}(MnS)}{K_{a1}(H_2S) \cdot K_{a2}(H_2S)} = \frac{2.5 \times 10^{-13}}{8.9 \times 10^{-8} \times 1.2 \times 10^{-13}}$$

$$= 2.3 \times 10^7$$

$$\frac{[Mn^{2+}][H_2S]}{[H_3O^+]^2} = 2.3 \times 10^7$$

$$[H_3O^+] = \sqrt{\frac{0.10 \times 0.10}{2.3 \times 10^7}} \ mol \cdot L^{-1} = 2.1 \times 10^{-5} \ mol \cdot L^{-1}$$

所以,溶解 0.10 mol 的 MnS 所需盐酸的最低浓度 $c_1(HCl)$ 为:

$$c_1(HCl) = 0.10 \ mol \cdot L^{-1} \times 2 + 2.1 \times 10^{-5} \ mol \cdot L^{-1} \approx 0.20 \ mol \cdot L^{-1}$$

同理,可以推导出溶解硫化银所需盐酸的最低浓度:

$$K = \frac{[Ag^+]^2[H_2S]}{[H_3O^+]^2} = \frac{K_{sp}}{K_{a1} \cdot K_{a2}}$$

$$[H_3O^+] = \sqrt{\frac{[Ag^+]^2[H_2S] \cdot K_{a1} \cdot K_{a2}}{K_{sp}}}$$

$$= \sqrt{\frac{0.10^2 \times 0.10 \times 8.9 \times 10^{-8} \times 1.2 \times 10^{-13}}{6.3 \times 10^{-50}}} \ mol \cdot L^{-1}$$

$$= 1.3 \times 10^{13} \ mol \cdot L^{-1}$$

所以溶解 0.10 mol 的 $Ag_2S$ 所需盐酸的最低浓度 $c_2(HCl)$ 为:

$$c_2(HCl) = 0.10 \ mol \cdot L^{-1} \times 2 + 1.3 \times 10^{13} \ mol \cdot L^{-1} \approx 1.3 \times 10^{13} \ mol \cdot L^{-1}$$

由此可见,$K_{sp}$ 较大的 $MnS(K_{sp} = 2.5 \times 10^{-13})$ 可溶于稀盐酸中,但 $K_{sp}$ 很小的 $Ag_2S$,即使用浓盐酸(12 $mol \cdot L^{-1}$)也不能溶解它。

(2)氧化还原法:对于不能溶解于酸的一些难溶电解质,可以借助氧化还原的方法来溶解。其原理是:通过氧化剂和难溶电解质中的离子发生氧化还原反应,使其在溶液中的离子浓度降低,使 $Q < K_{sp}$,则沉淀溶解平衡向溶解的方向移动,即沉淀溶解。如 CuS、PbS 等溶度积常数很小的金属硫化物,即使加入高浓度的 HCl 或 $H_2SO_4$,都不能有效地降低 $S^{2-}$ 离子的浓度,使沉淀溶解。此时利用具有氧化性的酸如 $HNO_3$ 或"王水"等,通过氧化还原反应,将 $S^{2-}$ 离子氧化成单质硫,便可显著降低 $S^{2-}$ 离子的浓度,使沉淀溶解。

$$3CuS(s) + 8H^+(aq) + 2NO_3^-(aq) = 3Cu^{2+}(aq) + 3S(s) + 2NO(g) + 4H_2O(l)$$

(3)配位溶解法:对于一些难溶电解质,可以利用配位反应,使难溶电解质的组分离子形成可溶性的配离子,从而降低组分离子的浓度,使 $Q < K_{sp}$ 达到沉淀溶解的目的。如 AgCl 能溶解在氨水中,AgBr 能溶解在 $Na_2S_2O_3$ 溶液中,AgI 能溶解在 KCN 溶液中。

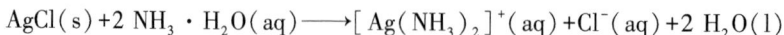

$$AgCl(s) + 2NH_3 \cdot H_2O(aq) \longrightarrow [Ag(NH_3)_2]^+(aq) + Cl^-(aq) + 2H_2O(l)$$

$$AgBr(s) + 2\ S_2O_3^{2-}(aq) \longrightarrow [Ag(S_2O_3)_2]^{3-}(aq) + Br^-(aq)$$

$$AgI(s) + 2\ CN^-(aq) \longrightarrow [Ag(CN)_2]^-(aq) + I^-(aq)$$

对于非常难溶的电解质,经常既采用氧化法,又采用配位的方法。例如,$HgS(K_{sp} = 4.0 \times 10^{-53})$,其 $K_{sp}$ 太小,要使 $Q < K_{sp}$ 而致沉淀溶解,须同时降低体系中的阴、阳离子浓度。因此,王水可以使它溶解,原因是 $HNO_3$ 将 $S^{2-}$ 离子氧化成单质硫而降低 $S^{2-}$ 离子浓度,同时 $HCl$ 使 $Hg^{2+}$ 离子生成 $[HgCl_4]^{2-}$ 配离子而降低了 $Hg^{2+}$ 离子的浓度,最终使 $Q < K_{sp}$,导致 $HgS$ 沉淀溶解。

$$3\ HgS(s) + 12\ HCl + 2\ HNO_3 = 3\ H_2[HgCl_4] + 3\ S\downarrow + 2\ NO\uparrow + 4\ H_2O$$

**案例 4-4**

锅炉在长期使用过程中会产生水垢。水垢的形成是一个复杂的物理化学过程。一是水中有钙、镁离子及其他重金属离子存在,是水垢形成的根本原因也叫内因;二是固态物质从过饱和的炉水中沉淀析出并黏附在金属受热面上,是水垢形成的外因。水垢的组成或成分是比较复杂的,通常都不是一种单一化合物,而是以一种化学成分为主,并同时含有其他化学成分。其化学成分不同,处理方式就不同。对于锅炉内壁附着的既难溶于水又难溶于酸的 $CaSO_4$ 水垢,可以用 $Na_2CO_3$ 处理,将 $CaSO_4$ 转化为可溶于酸的 $CaCO_3$,再用酸处理就可以除去水垢了。

**问题:**

1. 比较 $CaSO_4$ 和 $CaCO_3$ 在水中的溶解度。

2. 为什么用盐酸无法除去 $CaSO_4$ 水垢?

3. 通过计算说明,由 $CaSO_4$ 转化为 $CaCO_3$ 的反应进行程度如何?

**4. 沉淀的转化** 在难溶电解质溶液体系中,加入另一种试剂,使沉淀从一种形式转化为另一种形式,这一过程称为**沉淀的转化**(transformation of precipitate)。在实际应用中,如锅炉内壁 $CaSO_4$ 水垢的处理,就是利用沉淀转化的原理,用 $Na_2CO_3$ 将 $CaSO_4$ 转化为 $CaCO_3$,再用酸处理以除去水垢。

$$CaSO_4(s) \Longrightarrow Ca^{2+}(aq) + SO_4^{2-}(aq)$$
$$\Updownarrow CO_3^{2-}(aq)$$
$$CaCO_3(s)$$

沉淀能否转化及转化的完全程度,取决于两种沉淀溶解度(对同类型的难溶电解质也可用溶度积 $K_{sp}$ 比较)的相对大小。一般溶解度($K_{sp}$)大的沉淀容易转化成溶解度($K_{sp}$)小的沉淀,而且两者溶解度 $K_{sp}$ 相差越大,转化越完全。上述锅垢组成的转化反应可表示为:

$$CaSO_4(s) + CO_3^{2-}(aq) \Longrightarrow CaCO_3(s) + SO_4^{2-}(aq)$$

转化反应的平衡常数为:

$$K = \frac{[SO_4^{2-}]}{[CO_3^{2-}]} = \frac{[Ca^{2+}][SO_4^{2-}]}{[Ca^{2+}][CO_3^{2-}]} = \frac{K_{sp,CaSO_4}}{K_{sp,CaCO_3}} = \frac{4.93 \times 10^{-5}}{3.36 \times 10^{-9}} = 1.47 \times 10^4$$

可见,该沉淀转化反应的平衡常数很大,反应能进行得很完全。

**5. 分步沉淀** 在实际工作中,体系中常同时含有多种离子,这些离子均可能与加入的同一沉淀剂发生沉淀反应,生成难溶电解质。随着沉淀剂的不断加入,由于各种难溶电解质的溶度积不同,析出沉淀的先后顺序也不同,一般来说,离子积($Q$)首先达到溶度积($K_{sp}$)的难溶电解质将会先析出;继续加入沉淀剂,又会有第二个离子的沉淀析出,这种现象称为**分步沉淀**(fractional precipitation)。例如:在浓度均为 $0.0100\ mol \cdot L^{-1}$ 的 $Cl^-$ 离子和 $I^-$ 离子的混合溶液中,逐滴加入 $AgNO_3$ 溶液时,将会发现先有黄色的 $AgI$ 沉淀产生,然后才生成白色的 $AgCl$ 沉淀。其原因是:根据溶度积规则,$AgCl$ 和 $AgI$ 开始沉淀时所需要的 $Ag^+$ 浓度分别为:

$$AgCl\ 开始沉淀时\quad [Ag^+] = \frac{K_{sp}(AgCl)}{[Cl^-]} = \frac{1.77 \times 10^{-10}}{0.0100}\ mol \cdot L^{-1} = 1.77 \times 10^{-8}\ mol \cdot L^{-1}$$

AgI 开始沉淀时　$[Ag^+] = \dfrac{K_{sp}(AgI)}{[I^-]} = \dfrac{8.52 \times 10^{-17}}{0.0100}$ mol·L$^{-1}$ = 8.52×10$^{-15}$ mol·L$^{-1}$

计算结果说明，I$^-$离子开始沉淀所需要的 AgNO$_3$ 溶液浓度远小于沉淀 Cl$^-$离子所需要的浓度。因此，首先析出黄色的 AgI 沉淀，当继续加入 AgNO$_3$ 溶液时，I$^-$离子浓度将逐渐减小，Ag$^+$离子浓度逐渐增大，当达到 AgCl 开始沉淀所需的 Ag$^+$离子浓度时，便析出白色的 AgCl 沉淀。由此还可进一步计算，当 AgCl 沉淀开始析出的瞬间，溶液中 I$^-$离子浓度。假设忽略加入沉淀剂引起的溶液体积变化，则溶液中 I$^-$离子浓度可计算为：

$$[I^-]_{剩余} = \frac{K_{sp}(AgI)}{[Ag^+]} = \frac{8.52 \times 10^{-17}}{K_{sp}(AgCl)/[Cl^-]} \text{ mol·L}^{-1}$$

$$= \frac{8.52 \times 10^{-17}}{1.77 \times 10^{-10}/0.010} \text{ mol·L}^{-1} = 4.8 \times 10^{-9} \text{ mol·L}^{-1}$$

计算结果表明，当 Cl$^-$离子开始沉淀时，剩余的 I$^-$离子浓度约为 4.8×10$^{-9}$ mol·L$^{-1}$，已经沉淀完全了。

利用分步沉淀可以进行混合离子的分离。对于等浓度的同类型难溶强电解质，总是溶度积小的先沉淀，并且溶度积差别越大，分离的效果也越好。但对于不同类型的沉淀，则必须通过计算来判断沉淀的先后次序和分离效果，而不能直接根据溶度积来判断。

**例 4-8**　若溶液中含有 0.010 mol·L$^{-1}$ 的 Fe$^{3+}$离子和 0.010 mol·L$^{-1}$ 的 Mn$^{2+}$离子，计算用形成氢氧化物的方法分离两种离子的 pH 范围。已知：$K_{sp}\{Fe(OH)_3\} = 2.79 \times 10^{-39}$，$K_{sp}\{Mn(OH)_2\} = 1.9 \times 10^{-13}$。

**解**：在 Fe$^{3+}$离子开始生成 Fe(OH)$_3$ 沉淀时，溶液的 pH 可计算如下：

$$[OH^-] = \sqrt[3]{\frac{K_{sp}\{Fe(OH)_3\}}{[Fe^{3+}]}} = \sqrt[3]{\frac{2.79 \times 10^{-39}}{0.010}} \text{ mol·L}^{-1} = 6.5 \times 10^{-13} \text{ mol·L}^{-1}$$

$$pOH = 12.18, pH = 1.82$$

当 Fe$^{3+}$离子沉淀完全时，溶液中的 $[Fe^{3+}] = 1.0 \times 10^{-5}$ mol·L$^{-1}$，则有：

$$[OH^-] = \sqrt[3]{\frac{K_{sp}\{Fe(OH)_3\}}{[Fe^{3+}]}} = \sqrt[3]{\frac{2.79 \times 10^{-39}}{1.0 \times 10^{-5}}} \text{ mol·L}^{-1} = 6.5 \times 10^{-12} \text{ mol·L}^{-1}$$

$$pOH = 11.19, pH = 2.81$$

欲使 Mn$^{2+}$离子不产生 Mn(OH)$_2$ 沉淀，则须：

$$[Mn^{2+}][OH^-]^2 < K_{sp}\{Mn(OH)_2\}$$

$$[OH^-] < \sqrt{\frac{K_{sp}\{Mn(OH)_2\}}{[Mn^{2+}]}} = \sqrt{\frac{1.9 \times 10^{-13}}{0.010}} \text{ mol·L}^{-1} = 4.36 \times 10^{-6} \text{ mol·L}^{-1}$$

所以 pOH>5.36，pH<8.64

通过以上计算结果说明，为了分离 Fe$^{3+}$离子和 Mn$^{2+}$离子，必须控制溶液的 pH 在 2.81~8.64 之间，使 Fe$^{3+}$离子沉淀完全，而 Mn$^{2+}$离子不能沉淀。

# 第 3 节　沉淀溶解平衡在药学中的应用

在药物的制备、生产和临床应用过程中，在药品的质量控制方面，沉淀溶解平衡都获得较广泛的应用。本章仅进行简要介绍。

## 一、沉淀溶解平衡在药物制备和使用中的应用

难溶药物的制备以及易溶药物中某些杂质成分的分离除去往往就是利用沉淀反应和溶解

反应来完成。如制备难溶无机药物时,通过两种易溶电解质溶液混合发生沉淀反应,控制适当的反应条件如反应物的物质的量、反应温度、反应 pH、溶液混合方式等,经分离、纯化、杂质检查、含量测定等步骤,最终获得符合质量要求的药品满足临床应用。

氢氧化铝作为一常用抗酸药,可用于胃酸过多、胃溃疡、十二指肠溃疡等疾病的治疗。

目前,已有各种氢氧化铝制剂用于临床,如复方氢氧化铝(胃舒平)、维 U 颠茄铝胶囊等。将矾土溶于硫酸生成的硫酸铝与碳酸钠反应便可制备氢氧化铝。

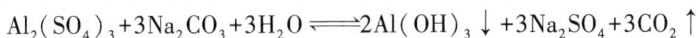

$$Al_2(SO_4)_3 + 3Na_2CO_3 + 3H_2O \rightleftharpoons 2Al(OH)_3\downarrow + 3Na_2SO_4 + 3CO_2\uparrow$$

由于氢氧化铝为胶状沉淀,因此要求反应在较高浓度和较高温度下快速进行。生成的氢氧化铝沉淀经过滤、洗涤、干燥、杂质检查、含量测定,符合药典质量标准方可供药用。

硫酸钡作为 X 射线检查胃肠道的诊断用药,其制备方法为:以氯化钡和硫酸钠为原料,或将硫酸加入可溶性钡盐溶液中,发生如下反应:

$$BaCl_2 + Na_2SO_4 \rightleftharpoons BaSO_4\downarrow + 2NaCl$$

由于硫酸钡沉淀颗粒很细不便于分离,因此要求反应是在加热条件下,向 $BaCl_2$ 稀溶液中边搅拌边缓慢加入沉淀剂硫酸或硫酸钠,反应完成后再放置一段时间(此为沉淀的陈化过程,可使细小晶体溶解,粗大晶体更加长大),然后经过滤、洗涤、干燥、杂质检查、含量测定,符合药典质量标准方可供药用。

临床上常用的老年消化性溃疡药物"得乐"是枸橼酸铋($BiC_6H_5O_7$)胶体溶液,能够在胃里 pH 3~4 的酸性条件下变成难溶的碱式枸橼酸铋$\{(BiO)_3C_6H_5O_7\}$和氯化氧铋($BiOCl$),沉积在胃黏膜上保护胃黏膜并且抑制幽门螺杆菌。

高磷酸血症常出现在长期进行透析的慢性肾功能衰竭患者中,磷酸含量的增高将导致骨丢失和心血管病。碳酸镧$\{La_2(CO_3)_3 \cdot xH_2O\}$用于治疗高磷酸血症的原理就是利用它与食物中的磷酸盐生成难溶的磷酸镧($LaPO_4$),通过消化道排出体外,从而降低磷酸盐的吸收。

## 二、沉淀溶解平衡在药物质量监控中的应用

药物质量的好坏关系到用药的安全性和有效性,因此药物质量控制具有特别重要的意义。为了确保药物质量,保证人民用药安全、合理、有效,必须根据国家规定的药品质量标准进行药品的分析检验工作。在药物质量监控中,沉淀溶解平衡发挥着重要的作用,它既能用于药物或杂质的定性鉴别,又能用于药物或杂质的定量测定。如中国药典中一般杂质氯化物的检查就是利用 $Cl^-$ 离子在硝酸酸性溶液中与硝酸银试液作用生成氯化银的白色浑浊液,与一定量标准氯化钠溶液在相同条件下生成的氯化银浑浊液相比较,从而判断氯化物是否超过限量。

中国药典中记载,一般杂质硫酸盐的检查方法为:除另有规定外,取各药品项下规定量的供试品,加水溶解使成约 40 ml(溶液如显碱性,可滴加盐酸使成中性);溶液如不澄清,应滤过;置 50 ml 纳氏比色管中,加稀盐酸 2 ml,摇匀,即得供试品溶液。另取各药品项下规定量的标准硫酸钾溶液,置 50 ml 纳氏比色管中,加水使成约 40 ml,加稀盐酸 2 ml,摇匀,即得对照溶液。于供试溶液与对照溶液中,分别加入 25% 氯化钡溶液 5 ml,用水稀释至 50 ml,充分摇匀,放置 10 min,同置黑色背景上,从比色管上方向下观察,比较,即得。

另外,药品杂质检查项目中还有一项重金属的检查也是利用沉淀反应来进行的。重金属包括银、铅、汞、铜、镉等,在药品生产中遇到铅的机会较多,并且铅在体内易积蓄中毒,因此进行重金属检查时以铅作为代表。其检查原理是用硫代乙酰胺在弱酸性(pH = 3.5 的醋酸盐缓冲液)条件下水解产生硫化氢,与微量重金属离子生成黄色到棕黑色的硫化物均匀混悬液,与一定量的标准铅溶液按同法处理后得到的浑浊液进行比较,以判断供试品中重金属杂质是否超过限量。

# Summary

Precipitation dissolution equilibrium is one kind of chemical equilibrium which exists in the indissolvable strong electrolyte solution. The velocity of precipitation reaction is equal to that of dissolution reaction at equilibrium state and such solution is called saturated solution. The solubility product, $K_{sp}$, is the equilibrium constant of an ionic compound dissolved in water to make a saturated solution that can be indicated according to the formulation of the compound. Take an indissolvable strong electrolyte $A_mB_n$ as an example, its $K_{sp}$ may be expressed as follow,

$$A_mB_n(s) \rightleftharpoons mA^{n+}(aq) + nB^{m-}(aq)$$

$$K_{sp} = [A^{n+}]^m [B^{m-}]^n$$

The solubility of an indissolvable strong electrolyte and $K_{sp}$ are related with each other. The solubility of an ionic compound is affected by common ion effect, salt effect, acidic effect, and coordination effect.

The solubility product principle summarized the rules of the equilibrium movement. The ionic product, $Q$, is defined in the same way as $K_{sp}$, except that the concentration in the expression for $Q$ are not necessarily equilibrium concentrations. (1) When $Q>K_{sp}$, the precipitate will be observed in the solution. (2) When $Q<K_{sp}$, no precipitate will appear in the solution. (3) When $Q=K_{sp}$, it is just at the equilibrium state. The equilibrium can be controlled according to this principle to accomplish precipitate reaction, dissolution reaction, transformation of precipitate and fractional precipitation.

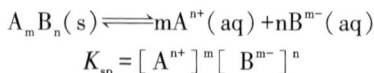

# 习    题

1. 溶度积与离子积有何区别?

2. 已知下列银盐的溶度积分别为:

$K_{sp}(Ag_2SO_4) = 1.2 \times 10^{-5}$, $K_{sp}(Ag_2CO_3) = 8.46 \times 10^{-12}$, $K_{sp}(AgCl) = 1.77 \times 10^{-10}$, $K_{sp}(AgI) = 8.52 \times 10^{-17}$, $K_{sp}(Ag_2CrO_4) = 1.12 \times 10^{-12}$, $K_{sp}(Ag_2S) = 6.3 \times 10^{-50}$。请按它们在水中的溶解度由小到大进行排序。

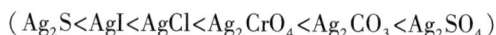

$$(Ag_2S < AgI < AgCl < Ag_2CrO_4 < Ag_2CO_3 < Ag_2SO_4)$$

3. 解释下列现象:

(1) AgBr 在纯水中的溶解度比在硝酸银溶液中的溶解度大。

(2) $BaSO_4$ 在硝酸钾溶液中的溶解度比在纯水中的溶解度大。

(3) ZnS 在盐酸中的溶解度比在纯水中的溶解度大。

(4) CuS 易溶于硝酸但难溶于硫酸。

(5) HgS 难溶于硝酸但易溶于"王水"。

4. 根据下列难溶化合物在水中的溶解度,计算 $K_{sp}$。①AgI 的溶解度为 1.08 μg/500 ml;②Mg(OH)$_2$溶解度为 6.53 mg/1000 ml。

$$(K_{sp}(AgI) = 8.46 \times 10^{-17}, K_{sp}[Mg(OH)_2] = 5.62 \times 10^{-12})$$

5. 计算下列各难溶化合物的溶解度(不考虑其他副反应)。

(1) $BaF_2$ 在 $0.10$ mol·L$^{-1}$BaCl$_2$ 溶液中。

(2) $Ag_2CrO_4$ 在 $0.010$ mol·L$^{-1}$AgNO$_3$ 溶液中。

(3) Mg(OH)$_2$ 在 $0.10$ mol·L$^{-1}$MgCl$_2$ 溶液和 $0.10$ mol·L$^{-1}$ NaOH 溶液中。

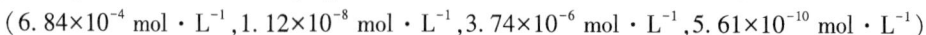

$$(6.84 \times 10^{-4} \text{ mol·L}^{-1}, 1.12 \times 10^{-8} \text{ mol·L}^{-1}, 3.74 \times 10^{-6} \text{ mol·L}^{-1}, 5.61 \times 10^{-10} \text{ mol·L}^{-1})$$

6. 溶液中同时含有氯离子和铬酸根离子,其浓度分别为 $[Cl^-] = 0.010$ mol·L$^{-1}$,$[CrO_4^{2-}] = 0.10$ mol·L$^{-1}$,当逐滴加入硝酸银溶液时,首先生成的沉淀是什么?当第二种离子开始生成沉淀时,第一种离子在溶液中的浓度是多少?

(AgCl 沉淀,$5.28 \times 10^{-5}$ mol·L$^{-1}$)

7. 何谓沉淀转化? 举例说明沉淀转化的条件。

8. 已知 BaSO$_4$ 的 $K_{sp} = 1.08 \times 10^{-10}$。计算 BaSO$_4$ 在 0.01 mol·L$^{-1}$ NaNO$_3$ 溶液中的溶解度(当离子强度 $I = 0.01$ 时,活度系数 $\gamma(Ba^{2+}) = \gamma(SO_4^{2-}) = 0.67$)。

($1.55 \times 10^{-5}$ mol·L$^{-1}$)

9. 在 10.0 ml 0.0015 mol·L$^{-1}$ MgCl$_2$ 溶液中,先加入 0.45 g 固体 NH$_4$Cl(忽略体积变化);然后加入 5.0 ml 0.15 mol·L$^{-1}$ 氨水。通过计算说明是否有 Mg(OH)$_2$ 沉淀生成?

($Q = 2.49 \times 10^{-15} < K_{sp} = 5.61 \times 10^{-12}$,无 Mg(OH)$_2$ 沉淀生成)

10. 将 300.0 ml 0.20 mol·L$^{-1}$ 的氨水与 500.0 ml 0.20 mol·L$^{-1}$ 的 MgSO$_4$ 溶液混合,溶液中是否有 Mg(OH)$_2$ 沉淀生成? 若在上述混合溶液中同时加入 50.00 g (NH$_4$)$_2$SO$_4$ 固体(忽略溶液的体积变化),是否有 Mg(OH)$_2$ 沉淀生成?

($Q = 1.68 \times 10^{-7} > K_{sp} = 5.61 \times 10^{-12}$,混合后溶液中有 Mg(OH)$_2$ 沉淀生成。加入 (NH$_4$)$_2$SO$_4$ 固体后,$Q = 9.94 \times 10^{-13} < K_{sp} = 5.61 \times 10^{-12}$,无 Mg(OH)$_2$ 沉淀生成)

11. 向一定酸度 0.1 mol·L$^{-1}$ NiCl$_2$ 溶液中通 H$_2$S 气体至饱和([H$_2$S] = 0.1 mol·L$^{-1}$),溶液中刚有沉淀产生。计算该溶液的 pH。若欲将 NiS 沉淀完全,应如何控制溶液的酸度?

(刚有沉淀产生该溶液的 pH 为 1.74,要使 NiS 沉淀完全,pH 应大于 3.74)

12. 用 0.20 mol·L$^{-1}$ Na$_2$CO$_3$ 溶液 500 ml 处理 BaSO$_4$ 沉淀,可使多少克 BaSO$_4$ 转化为 BaCO$_3$?

(0.94 g)

13. 如果要使 100 ml Na$_2$S 溶液中的 0.020 mol AgBr 完全转化为 Ag$_2$S,Na$_2$S 溶液的初始浓度应该是多少?

(Na$_2$S 溶液的初始浓度应该是 0.10 mol·L$^{-1}$)

14. 一种混合离子溶液中含有 0.020 mol·L$^{-1}$ Pb$^{2+}$ 和 0.010 mol·L$^{-1}$ Fe$^{3+}$,若向溶液中逐滴加入 NaOH 溶液(忽略加入 NaOH 后溶液体积的变化),问:①哪种离子先沉淀? ②欲使两种离子完全分离,应将溶液的 pH 控制在什么范围?

(Fe$^{3+}$ 先沉淀。溶液的 pH 控制在 1.81~2.81 之间可使 Fe$^{3+}$ 沉淀完全与 Pb$^{2+}$ 分离)

15. 在含有 0.010 mol·L$^{-1}$ Ca$^{2+}$ 和 0.10 mol·L$^{-1}$ Ba$^{2+}$ 的混合液中,滴加 Na$_2$SO$_4$ 溶液。通过计算说明有无可能将 Ca$^{2+}$ 和 Ba$^{2+}$ 分离完全。

(可以分离完全)

(陈志琼)

# 第 5 章 缓冲溶液

📖 学习目标

掌握缓冲溶液的基本概念和组成特点;掌握缓冲溶液 pH 的计算公式及影响 pH 的因素;理解缓冲作用原理;熟悉缓冲容量的基本概念,掌握影响缓冲容量的因素;熟悉缓冲溶液的配制原则和方法;了解缓冲溶液在医药上的意义。

## 第1节 缓冲溶液的基本概念

案例 5-1

人体血液的 pH 严格地保持在 7.35~7.45 之间,如果血液的 ΔpH>0.1,就会出现酸中毒或碱中毒,严重时会危及生命。那么 pH 改变 0.1 个单位是怎样一个概念呢? 用一个实验来说明这个问题:

(1) 在 10 ml 蒸馏水和氯化钠溶液中分别加入 1 滴 1 mol·$L^{-1}$ HCl 或 NaOH 溶液,结果显示 pH 明显减小或增大,至少相差了 2~3 个单位。

(2) 人在某些时候,也会摄入一定量的酸性或碱性物质,体内物质代谢时也会产生一些酸性或碱性物质,如乳酸、丙酮酸、氨基酸等,但是血液不同于氯化钠溶液和蒸馏水,它的 pH 基本不变。

问题:

1. 蒸馏水和氯化钠溶液与血液在组成上有什么差异?

2. 为什么外来少量强酸或强碱侵入时,蒸馏水和氯化钠溶液的 pH 改变很大而血液的 pH 基本不变?

## 一、缓冲溶液的概念

我们已经熟悉,纯水是中性的,在 25℃ 时其 pH 为 7.00,若在纯水中加入少量的强酸或强碱,则它的 pH 会发生显著的变化。例如:在 1 L 纯水中,吸收了 0.01 mol HCl 气体,则水的 pH 会由 7.00 变为 2.00,骤然降低 5 个 pH 单位;若改加 0.01 mol 的固体 NaOH,则水的 pH 又由 7.00 变为 12.00,骤然上升 5 个 pH 单位。可见,纯水的 pH 在少量的强酸或强碱侵入时,受到了明显的影响。

稀的盐酸或稀的强碱溶液也会发生类似的情形。这类溶液没有抗酸、抗碱而维持其 pH 不变的能力。但是有一些溶液,当加入少量强酸、强碱或由化学反应从溶液内部产生少量强酸、强碱时,其 pH 的变化几乎难以觉察。例如:在 1 L 含有 0.1 mol·$L^{-1}$ 的 HAc 和 0.1 mol·$L^{-1}$ 的 NaAc 的混合溶液中,通入 0.01 mol 的 HCl 气体时,混合溶液的 pH 由 4.75 变为 4.66,仅降低 0.09 个 pH 单位;若加入 0.01 mol 固体 NaOH 时,混合溶液的 pH 由 4.75 变为 4.84,仅升高 0.09 个 pH 单位。同样,人体内各种体液的 pH,既不会因新陈代谢产生的 $CO_2$ 和其他酸性物质而下降,也不会因新陈代谢产生的碱性物质而升高。这种能够抵抗少量强酸或强碱的影响,保持其 pH 基本稳定的作用称为**缓冲作用**(buffer action),具有缓冲作用的溶液称为**缓冲溶液**(buffer solution)。

刚才提到的纯水、稀盐酸溶液就不是缓冲溶液,而体液、HAc 和 NaAc 的混合溶液就是缓冲溶液。为什么缓冲溶液具有缓冲作用而其他溶液没有缓冲作用呢? 这和缓冲溶液的组成特点密切相关。

# 二、缓冲溶液的组成特点

现有三种缓冲溶液:$HAc\text{-}Ac^-$、$NH_4^+\text{-}NH_3$、$H_2PO_4^-\text{-}HPO_4^{2-}$,以酸碱质子理论的观点看,三种缓冲溶液均由共轭酸和共轭碱两种物质组成。这对共轭酸碱对称**缓冲系**(buffer system)或**缓冲对**(buffer pair)。这就是缓冲溶液的第一个组成特点,即:大多数缓冲溶液至少有一对共轭酸碱对。

少数缓冲溶液不是由共轭酸和共轭碱组成,如:由高浓度的强酸或强碱组成的缓冲溶液。有些缓冲溶液不是由一对共轭酸碱对组成,而是由几对组成。如:人体血浆中主要有三对缓冲系:$NaHCO_3/CO_2$(溶解)、Na-蛋白质/H-蛋白质和 $Na_2HPO_4/NaH_2PO_4$。

以上仅是从溶液所含的成分分析了缓冲溶液的组成特点,即从质方面考虑。是不是有共轭酸和共轭碱就一定能组成缓冲溶液呢? 有了缓冲系并不一定具有缓冲作用,也就是说还要从量方面进行分析。

组成缓冲溶液的共轭酸和共轭碱均要有足够大的浓度,这是缓冲溶液的第二个组成特点。一般浓度不小于 $0.01\ mol \cdot L^{-1}$ 就可视为具有足够大的浓度,但浓度也不宜过大,浓度在 $0.05 \sim 0.5\ mol \cdot L^{-1}$ 之间为宜。

# 三、缓冲溶液的类型

根据缓冲对组成的不同,可将缓冲溶液分为两种类型:

**1. 弱酸及其共轭碱**

| 弱酸 | 共轭碱 |
|------|--------|
| HAc | NaAc |
| $H_2CO_3$ | $NaHCO_3$ |
| $NaHCO_3$ | $Na_2CO_3$ |

**2. 弱碱及其共轭酸**

| 弱碱 | 共轭酸 |
|------|--------|
| $NH_3 \cdot H_2O$ | $NH_4Cl$ |
| $C_6H_5NH_2$ | $C_6H_5NH_2 \cdot HCl$ |

**案例 5-1 分析**

能抵抗外来的少量酸或少量碱,或稀释后使溶液的 pH 几乎不变的溶液叫缓冲溶液。血液是缓冲溶液,而氯化钠溶液和蒸馏水不是缓冲溶液,因此当少量外来强酸或强碱侵入时血液的 pH 基本不变,而氯化钠溶液和蒸馏水的 pH 改变较大。主要原因是由于它们的组成不同,人体血液中含有三对缓冲系,$NaHCO_3/CO_2$(溶解)、Na-蛋白质/H-蛋白质和 $Na_2HPO_4/NaH_2PO_4$,其中每对缓冲系中均含有足够大浓度的抗酸成分和抗碱成分,而氯化钠溶液和蒸馏水中没有足够大浓度的抗酸成分和抗碱成分。

# 第2节　缓冲溶液的 pH

**案例 5-2**

　　临床上主要通过血气分析检验诊断单纯性的酸碱平衡失调,以下是血气分析检验测得的三位患者血浆中的 $HCO_3^-$ 和溶解的 $CO_2$ 的浓度(已知:$H_2CO_3$ 的 $pK_{a1}=6.10$):

　　甲患者:$[HCO_3^-]=56.0$ mmol·$L^{-1}$,$[CO_2(溶解)]=1.40$ mmol·$L^{-1}$

　　乙患者:$[HCO_3^-]=24.0$ mmol·$L^{-1}$,$[CO_2(溶解)]=1.20$ mmol·$L^{-1}$

　　丙患者:$[HCO_3^-]=21.6$ mmol·$L^{-1}$,$[CO_2(溶解)]=1.35$ mmol·$L^{-1}$

**问题:**

　　1. 根据上述血气分析检验结果,诊断三位患者是否正常?

　　2. 诊断依据是什么?

## 一、缓冲溶液 pH 的计算

　　缓冲溶液是一个共轭酸碱体系,根据缓冲溶液的组成特点和缓冲对间的质子转移平衡,可以推出缓冲溶液 pH 的计算公式。现以 HAc-NaAc 缓冲溶液为例来推导 pH 的计算公式。在 HAc-NaAc 缓冲溶液中存在着醋酸的解离平衡和强电解质 NaAc 的全部解离,即:

$$HAc(aq)+H_2O(l) \rightleftharpoons H_3O^+(aq)+Ac^-(aq)$$

$$NaAc(s) \longrightarrow Na^+(aq)+Ac^-(aq)$$

　　由于溶液中有强电解质的存在,所以需考虑离子间的相互影响,以活度代替浓度,即:

$$K_a = \frac{a(H_3O^+) \cdot a(Ac^-)}{a(HAc)}$$

$$a(H_3O^+) = K_a \cdot \frac{a(HAc)}{a(Ac^-)}$$

　　而 $a=\gamma \cdot c$ 将上式中的活度用活度系数和浓度的乘积表示,则有:

$$a(H_3O^+) = K_a \cdot \frac{[HAc]}{[Ac^-]} \cdot \frac{\gamma(HAc)}{\gamma(Ac^-)}$$

　　等式两边同时取负对数,则得:

$$-\lg a(H_3O^+) = -\lg K_a - \lg \frac{[HAc]}{[Ac^-]} - \lg \frac{\gamma(HAc)}{\gamma(Ac^-)}$$

　　即:

$$pH = pK_a + \lg \frac{[Ac^-]}{[HAc]} + \lg \frac{\gamma(Ac^-)}{\gamma(HAc)}$$

　　上式就是 HAc-NaAc 缓冲溶液 pH 的精确计算公式。

　　若以共轭酸和共轭碱分别表示上式则得:

$$pH = pK_a + \lg \frac{[共轭碱]}{[共轭酸]} + \lg \frac{\gamma(共轭碱)}{\gamma(共轭酸)} \tag{5-1}$$

　　上式就是一般缓冲溶液 pH 的精确计算公式。

　　式中:$pK_a$ 为共轭酸的解离常数的负对数;[共轭酸]、[共轭碱]分别为缓冲溶液中共轭酸和共轭碱的平衡浓度;$\gamma(共轭酸)$ 和 $\gamma(共轭碱)$ 分别为共轭酸和共轭碱的活度系数。$\lg \frac{\gamma(共轭碱)}{\gamma(共轭酸)}$ 为校正因数,它与缓冲溶液的离子强度 $I$ 及缓冲系中共轭酸的电荷数 $Z$ 有关。表 5-1 列出不同 $I$ 和 $Z$ 条件下缓冲溶液的校正因数(20℃)。0~30℃的校正因数与它基本相同。

**表5-1 不同 $I$ 和 $Z$ 条件下缓冲溶液的校正因数（20℃）**

| $I$ | $Z = +1$ | $Z = 0$ | $Z = -1$ | $Z = -2$ |
|---|---|---|---|---|
| 0.01 | +0.04 | -0.04 | -0.13 | -0.22 |
| 0.05 | +0.08 | -0.08 | -0.25 | -0.42 |
| 0.10 | +0.11 | -0.11 | -0.32 | -0.53 |

若忽略离子间的影响，则式(5-1)变为：

$$pH = pK_a + \lg \frac{[共轭碱]}{[共轭酸]} \tag{5-2}$$

式(5-2)称为 Henderson-Hasselbalch Equation（亨德森-哈塞尔巴赫方程式），简称 Henderson Equation。应用式(5-2)可计算缓冲溶液的近似 pH。

当缓冲溶液的体积一定时，如以 $n$（共轭碱）和 $n$（共轭酸）分别表示共轭碱和共轭酸的物质的量，则式(5-2)又可表示为：

$$pH = pK_a + \lg \frac{n(共轭碱)}{n(共轭酸)} \tag{5-3}$$

式(5-3)是 Henderson Equation 的另一种表示形式。

使用 Henderson Equation 时，注意以下几点：

(1) 式(5-1)中的 $pK_a$ 指的是共轭酸的解离常数的负对数。因此，首先应分清缓冲溶液中的共轭酸，然后再确定 $pK_a$ 值。如 $KH_2PO_4$-$Na_2HPO_4$ 缓冲溶液中的共轭酸是 $H_2PO_4^-$，$HPO_4^{2-}$ 为共轭碱。磷酸为三级解离，有三个解离平衡常数，即：

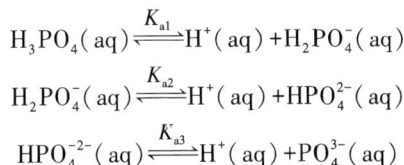

$$H_3PO_4(aq) \xrightleftharpoons{K_{a1}} H^+(aq) + H_2PO_4^-(aq)$$
$$H_2PO_4^-(aq) \xrightleftharpoons{K_{a2}} H^+(aq) + HPO_4^{2-}(aq)$$
$$HPO_4^{-2-}(aq) \xrightleftharpoons{K_{a3}'} H^+(aq) + PO_4^{3-}(aq)$$

而 $H_2PO_4^-$ 的解离为二级解离，因此 $pK_a = pK_{a2}$。

(2) 若缓冲溶液是由弱碱及其共轭酸组成，$pK_a$ 则由 $pK_a + pK_b = pK_w$ 求得。

如 $NH_4Cl$-$NH_3$ 缓冲溶液中 $NH_4^+$ 为共轭酸，$NH_3$ 为共轭碱，$pK_b = 4.75$，$pK_a = 14 - pK_b = 9.25$。

(3) Henderson Equation 仅适用于缓冲溶液，其他溶液不能用。

**例5-1** 将 100 ml 0.1 mol·L$^{-1}$ 盐酸溶液加入 400 ml 0.1 mol·L$^{-1}$ 氨水中，求混合后溶液的 pH。已知：$NH_3 \cdot H_2O$ 的 $K_b = 1.76 \times 10^{-5}$。

**解：**(1) HCl 和 $NH_3 \cdot H_2O$ 混合后发生如下反应：

$$NH_3 \cdot H_2O + HCl = NH_4Cl + H_2O$$

溶液中剩余的 $NH_3 \cdot H_2O$ 和反应生成的 $NH_4Cl$ 可组成缓冲系，当然 $NH_3 \cdot H_2O$ 浓度必须足够大，否则和 HCl 反应后，没有剩余足够的 $NH_3 \cdot H_2O$，则不会形成缓冲溶液。

(2) 计算 $[NH_3 \cdot H_2O]$ 和 $[NH_4^+]$：若不考虑混合对溶液体积的影响，混合后溶液体积为 500 ml 是一定的。

$$\therefore \frac{[NH_3]}{[NH_4^+]} = \frac{n(NH_3)}{n(NH_4^+)} = \frac{0.1\ mmol \cdot L^{-1} \times 400\ ml - 0.1\ mmol \cdot L^{-1} \times 100\ ml}{0.1\ mmol \cdot L^{-1} \times 100\ ml} = \frac{30}{10} = \frac{3}{1}$$

$$\therefore K_a = \frac{K_w}{K_b}$$

$$\therefore pK_a = pK_w - pK_b = 14 - pK_b = 9.25$$

$$pH = pK_a + \lg \frac{n(NH_3)}{n(NH_4^+)} = 9.25 + 0.48 = 9.73$$

**例5-2** 0.025 mol $KH_2PO_4$ 和 0.025 mol $Na_2HPO_4$ 组成的 1 L 缓冲液，使用酸度计测定其 pH

为6.86,试通过计算求它的近似 pH 和精确 pH。

**解**:(1) 此缓冲液的缓冲系为 $H_2PO_4^- $-$HPO_4^{2-}$,查表知:$pK_{a2}=7.21$

$$[H_2PO_4^-]=0.025\ mol\cdot L^{-1}\qquad [HPO_4^{2-}]=0.025\ mol\cdot L^{-1}$$

代入式(5-3),得:

$$pH=pK_{a2}+\lg\frac{0.025\ mmol\cdot L^{-1}}{0.025\ mmol\cdot L^{-1}}=7.21$$

即缓冲溶液的近似 pH 为7.21。

(2) $KH_2PO_4$ 和 $Na_2HPO_4$ 均为强电解质,在溶液中可以解离产生大量的 $K^+$、$Na^+$、$H_2PO_4^-$ 和 $HPO_4^{2-}$。

$$\therefore I=\frac{1}{2}\sum_i c_i\cdot Z_i^2=\frac{1}{2}[c(K^+)\times1^2+c(Na^+)\times1^2+c(H_2PO_4^-)\times1^2+c(HPO_4^{2})\times2^2]$$

$$=(0.025+2\times0.025+0.025+0.025\times4)$$

$$=0.10$$

此缓冲溶液的离子强度 $I=0.10$,共轭酸 $H_2PO_4^-$ 的 $Z=-1$,查表5-1得校正因数:

$$\lg\frac{[HPO_4^{2-}]}{[H_2PO_4^-]}=-0.32$$

$$\therefore pH=7.21-0.32=6.89$$

即缓冲溶液的精确 pH 为6.89。

由计算结果可知,准确计算值与实际测定值6.86非常接近。因此,当缓冲溶液的离子强度较大时,应该对其 pH 进行校正。下面我们将根据式(5-1)讨论影响缓冲溶液 pH 的因素。

# 二、影响缓冲溶液 pH 的因素

由 Henderson Equation 可知,影响缓冲溶液 pH 的因素有 $K_a$、$\frac{[共轭碱]}{[共轭酸]}$、$\frac{\gamma(共轭碱)}{\gamma(共轭酸)}$。

(1) 缓冲溶液的 pH 主要取决于共轭酸的 $K_a$ 值,即取决于共轭酸的性质,与缓冲系的种类和温度有关。如 $NH_3$-$NH_4Cl$ 缓冲系和 HAc-NaAc 缓冲系的 $K_a$ 值不同。温度不同,其 $K_a$ 值也不同。

(2) 与缓冲系中共轭碱和共轭酸浓度的比值有关。$\frac{[共轭碱]}{[共轭酸]}$ 这个比值称为**缓冲比**(buffer-component ratio)。

对于某一确定的缓冲溶液,由于 $pK_a$ 或 $pK_b$ 是一个常数,pH 随着缓冲比的变化而改变,将缓冲溶液稀释或浓缩时,因稀释或浓缩前后缓冲比不变,所以 pH 基本不变。因此,缓冲溶液不仅能抵抗酸、碱,而且在一定范围内能抗稀释或抗浓缩。

(3) 与共轭酸和共轭碱的活度系数有关,即与缓冲溶液中的离子强度有关。若缓冲溶液很稀,则可不考虑离子间的相互影响,$\gamma=1$。缓冲溶液进行少量稀释时,离子强度基本不变,$\gamma$ 也基本不变,故缓冲溶液能抗少量稀释。但过分稀释或浓缩均会影响共轭酸的解离度和缓冲溶液的离子强度,从而影响活度系数的大小,缓冲溶液因此丧失缓冲能力。

**案例5-2分析**

诊断甲、乙、丙三位患者是否正常的依据是他们血浆的 pH,首先应根据血气分析检验结果计算出三位患者的 pH。根据 Henderson Equation:

$$pH_甲=pK'_{a1}+\lg\frac{[HCO_3^-]_1}{[H_2CO_3]_1}=6.10+\lg\frac{56.0\ mmol\cdot L^{-1}}{1.40\ mmol\cdot L^{-1}}=7.70$$

$$pH_{乙} = pK'_{a1} + lg\frac{[HCO_3^-]_2}{[H_2CO_3]_2} = 6.10 + lg\frac{24.0\ mmol \cdot L^{-1}}{1.20\ mmol \cdot L^{-1}} = 7.40$$

$$pH_{丙} = pK'_{a1} + lg\frac{[HCO_3^-]_3}{[H_2CO_3]_3} = 6.10 + lg\frac{21.6\ mmol \cdot L^{-1}}{1.35\ mmol \cdot L^{-1}} = 7.30$$

根据 pH 计算结果判断,由于 $pH_{甲} > 7.45$,所以甲患者不正常,为碱中毒;$7.35 < pH_{乙} < 7.45$,所以乙患者正常;$pH_{丙} < 7.35$,所以丙患者不正常,为酸中毒。

# 第3节 缓冲作用原理

**案例 5-3**

大多数细胞适于在 pH7.2~7.4 条件下生长,pH 低于 6.8 或高于 7.6 可能对细胞有害,甚至退变或死亡。体外培养细胞采用开瓶培养时,为了使培养环境的 pH 保持恒定,多采用在培养液中加入碳酸盐($NaHCO_3$)和保持气体环境为 95% 空气加 5% $CO_2$ 气体。

**问题:**

1. 为什么气体环境为 95% 空气加 5% $CO_2$ 气体?
2. 碳酸盐缓冲溶液如何发挥缓冲作用?
3. 该缓冲系的缓冲范围为多少?

缓冲溶液能够抵抗外加少量酸、碱或稀释,而本身 pH 不发生明显改变,为什么缓冲溶液具有缓冲作用且能保持其 pH 相对稳定呢? 这就是我们这节要探讨的**缓冲作用原理**(the principle of buffer action)。

## 一、通过缓冲溶液的组成特点和 pH 计算公式阐明缓冲作用原理

以 $0.10\ mol \cdot L^{-1}$ 的醋酸和 $0.10\ mol \cdot L^{-1}$ 的醋酸钠组成的 1 L 缓冲溶液为例,从而了解缓冲溶液的一般规律。在 HAc-NaAc 缓冲溶液中,存在醋酸的解离平衡和醋酸钠的解离:

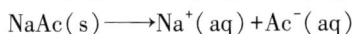

$$HAc(aq) \rightleftharpoons H^+(aq) + Ac^-(aq)$$
$$NaAc(s) \longrightarrow Na^+(aq) + Ac^-(aq)$$

(1)在此缓冲溶液中加入少量强酸,如 0.0001 mol 的 HCl。此时 HCl 解离出的 $H^+$,几乎全部与溶液中相对较多的 $Ac^-$ 离子结合生成难解离的 HAc 分子,促使 HAc 的解离平衡向左移动,从而导致 [HAc] 的增加和 [$Ac^-$] 的减少,即 [$Ac^-$]/[HAc] 减小,故溶液的 pH 会减小。当建立新平衡时存在下列关系式:

$[HAc] = 0.10\ mol \cdot L^{-1} + 0.0001\ mol \cdot L^{-1} \approx 0.10\ mol \cdot L^{-1}$   略有增大

$[Ac^-] = 0.10\ mol \cdot L^{-1} - 0.0001\ mol \cdot L^{-1} \approx 0.10\ mol \cdot L^{-1}$   略有减小

$$pH = pK_a + lg\frac{0.10 - 0.0001}{0.10 + 0.0001} + lg\frac{\gamma_{Ac^-}}{\gamma_{HAc}}$$   略有减小

由上式知,$pK_a$ 不会因加入少量强酸而改变,[HAc] 和 [$Ac^-$] 基本不变。活度系数随 [HAc] 和 [$Ac^-$] 的改变而改变,而二者的浓度均无明显变化,所以 $\dfrac{\gamma_{Ac^-}}{\gamma_{HAc}}$ 基本不变。因此,当缓冲溶液中加入少量强酸时 pH 略有减小,但基本不变,这就是缓冲溶液能抗酸的原因。归结缓冲溶液抗酸的

原因主要有两点：

1）溶液中有足够大浓度共轭碱的存在，使加入的 $H^+$ 被共轭碱所消耗。

2）足够大浓度的共轭酸和共轭碱共同维持了溶液的缓冲比。

这里共轭碱 NaAc 起了抗酸的作用，是主要抗酸成分。但必须清楚地认识到，维持溶液 pH 基本不变的原因不仅有共轭碱的作用，也有共轭酸的作用，是二者共同作用的结果，缺一不可，否则溶液缓冲比会发生改变。

（2）在此缓冲溶液中加入少量强碱，如 0.0001 mol 的 NaOH，此时由 NaOH 解离出的 $OH^-$ 离子会与溶液中大量的 HAc 分子结合生成 $Ac^-$ 离子和难解离的水：

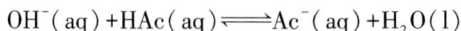

$$OH^-(aq)+HAc(aq)\rightleftharpoons Ac^-(aq)+H_2O(l)$$

从而使 HAc 的解离平衡向右移动，[HAc]减少和[NaAc]增加，即[NaAc]/[HAc]增大，故溶液的 pH 增大。但由于原溶液中[HAc]和[NaAc]是大量的，因此，当建立新平衡时存在下列关系式：

$[HAc]=0.10\ mol\cdot L^{-1}-0.0001\ mol\cdot L^{-1}\approx0.10\ mol\cdot L^{-1}$　略有减小

$[Ac^-]=0.10\ mol\cdot L^{-1}+0.0001\ mol\cdot L^{-1}\approx0.10\ mol\cdot L^{-1}$　略有增大

$$pH=pK_a+\lg\frac{0.10+0.0001}{0.10-0.0001}+\lg\frac{\gamma_{Ac^-}}{\gamma_{HAc}}$$　略有增大

由上式可知，$pK_a$ 不会因加入少量强碱而改变，[HAc]和[$Ac^-$]基本不变。活度系数随[HAc]和[$Ac^-$]的改变而改变，而二者的浓度均无明显变化，所以 $\frac{\gamma_{Ac^-}}{\gamma_{HAc}}$ 基本不变。因此，当缓冲溶液中加入少量强碱时 pH 略有增大，但基本不变，这就是缓冲溶液能抗碱的原因。这里 HAc 起了抗碱作用，是主要抗碱成分。归结缓冲溶液抗碱的原因主要有两点：

1）加碱后共轭酸的解离平衡受到破坏，不断解离出 $H^+$ 以补充和 $OH^-$ 作用消耗掉的 $H^+$。

2）足够大浓度的共轭酸和共轭碱共同维持了溶液的缓冲比。

（3）在此缓冲溶液中加入少量水，如加入 5 ml 水。由于加入的水量非常少，所以 $H^+$ 离子浓度基本不发生改变，缓冲比也不会改变，因为稀释对共轭碱和共轭酸是同时的。但加入水后，会对活度系数产生影响，因为溶液越稀，离子间的相互影响则越小，溶液的离子强度越小，活度系数就越大。但这里加入的是少量水，因此对活度系数的影响不大，溶液的 pH 没有明显改变。

缓冲溶液之所以能抗稀释，主要是因为加入少量水不会改变 $K_a$ 值和缓冲比，而对活度系数影响又很小，因此 pH 没有明显改变。

## 二、用酸碱质子理论阐明缓冲溶液的缓冲作用原理

仍以 HAc-NaAc 缓冲溶液为例来说明。

在 HAc 和 NaAc 混合溶液中，共轭酸是弱酸 HAc，共轭碱是 $Ac^-$（主要由 NaAc 解离产生），且两者浓度都比较大，在溶液中存在着如下的质子平衡：

$$HAc(aq)+H_2O(l)\rightleftharpoons H_3O^+(aq)+Ac^-(aq)$$

因为 HAc 的酸性较弱，所以它给出质子的倾向比 $H_3O^+$ 小。

（1）在 HAc-NaAc 缓冲溶液中加入少量强酸，如 HCl。此时溶液中 $H_3O^+$ 浓度增加，共轭碱 $Ac^-$ 接受质子生成 HAc，促使上述平衡向左移动，消耗了外来的 $H_3O^+$。由于溶液中有足够浓度的 $Ac^-$，加入的强酸的量又相对较少，达到新平衡时，HAc 的浓度略有增大，$Ac^-$ 的浓度略有减少，$H_3O^+$ 浓度无明显升高，pH 无明显降低，共轭碱 $Ac^-$ 起了抗酸作用，是缓冲溶液的抗酸成分。

（2）在 HAc-NaAc 缓冲溶液中加入少量强碱，如 NaOH。此时溶液中的 $H_3O^+$ 给出质子与 $OH^-$ 结合成 $H_2O$，引起 $H_3O^+$ 浓度降低，使平衡向右移动，共轭酸 HAc 将质子转移给 $H_2O$ 生成

$H_3O^+$,补充消耗的 $H_3O^+$。由于溶液中有足量的 HAc,达到新平衡时,$Ac^-$ 的浓度略有增大,HAc 的浓度略有减小,而 $H_3O^+$ 的浓度无明显降低,pH 无明显升高,共轭酸 HAc 起了抗碱作用,是缓冲溶液的抗碱成分。

可见缓冲作用是在足量的共轭酸和共轭碱存在下,通过共轭酸碱对之间质子转移平衡的移动来实现的。

# 第 4 节　缓冲容量和缓冲范围

## 一、缓冲容量

任何缓冲溶液的缓冲能力都有一定限度。若外加强酸或强碱的量较多,接近缓冲溶液中共轭碱或共轭酸的量时,缓冲溶液的 pH 会发生显著改变,从而失去缓冲作用。加入的强酸或强碱的量是多少就会引起缓冲溶液的 pH 改变呢? 这就提出了一个缓冲溶液的缓冲能力的大小问题。

1922 年,Van Slyke(范斯莱克)提出以**缓冲容量**(buffer capacity)来衡量溶液缓冲能力的大小,用 $\beta$ 表示。缓冲容量定义为:使单位体积缓冲溶液的 pH 改变一个单位所需加入一元强酸或一元强碱的物质的量。其数学表达式为:

$$\beta \overset{def}{=} \frac{dn_{a(b)}}{V \cdot |dpH|} \tag{5-4}$$

式中:$V$ 为缓冲溶液的体积(L);$dn_{a(b)}$ 为缓冲溶液中加入的一元强酸或一元强碱微小的物质的量(mol);$|dpH|$ 为缓冲溶液 pH 的微小改变量。

使用公式(5-4)需注意以下几点:

(1) $dn_{a(b)}$ 是强酸或强碱的微小加入量。因为加入的量越小,$|dpH|$ 就越小,$\beta$ 值就愈大。若加入的量较大,会使缓冲溶液中的组成浓度上有变化,从而丧失缓冲作用,$\beta$ 接近于 0。

(2) $\beta$ 永远是正值。

(3) $\beta$ 的单位为 $mol \cdot L^{-1} \cdot pH^{-1}$。

## 二、影响缓冲容量的因素

对于由弱酸(HB)及其共轭碱($B^-$)组成的缓冲溶液,由式(5-4)可以推导出缓冲容量的计算公式为:

$$\beta = 2.303 \times \frac{K_a c [H^+]}{(K_a + [H^+])^2} \tag{5-5}$$

将 $\dfrac{[H^+] \cdot [B^-]}{[HB]} = K_a$ 代入式(5-5)整理得:

$$\beta = 2.303 \times \frac{[HB][B^-]}{[HB] + [B^-]} \tag{5-6}$$

以共轭酸和共轭碱表示上式则有:

$$\beta = 2.303 \times \frac{[共轭酸][共轭碱]}{[共轭酸] + [共轭碱]} \tag{5-7}$$

式中[共轭酸]+[共轭碱]$=c(总)$(缓冲溶液的总浓度)

分子、分母同乘以 $c(总)$ 得:

$$\beta = 2.303 \times c(总) \times \frac{[共轭酸][共轭碱]}{([共轭酸] + [共轭碱])^2} \tag{5-8}$$

上式分子、分母同除以[共轭酸]$^2$,则:

$$\beta = 2.303 \times c(总) \times \frac{\dfrac{[共轭碱]}{[共轭酸]}}{\left(1+\dfrac{[共轭碱]}{[共轭酸]}\right)^2} = 2.303 \times c(总) \times \frac{缓冲比}{(1+缓冲比)^2} \qquad (5\text{-}9)$$

由式(5-9)知:缓冲容量的大小决定于缓冲溶液的总浓度和缓冲比。

**1. 缓冲溶液总浓度对缓冲容量的影响**　对于同一缓冲系的各缓冲溶液,缓冲比一定时,缓冲容量与总浓度成正比。缓冲溶液的总浓度越大,溶液中所含的抗酸抗碱成分越多,缓冲能力越强。具体见表5-2。

表5-2　缓冲容量与总浓度的关系

| 缓冲溶液 | $[Ac^-]/(mol\cdot L^{-1})$ | $[HAc]/(mol\cdot L^{-1})$ | 缓冲比 | $c(总浓度)/(mol\cdot L^{-1})$ | $\beta/(mol\cdot L^{-1}\cdot pH^{-1})$ |
|---|---|---|---|---|---|
| 1 | 0.025 | 0.025 | 1 | 0.05 | 0.029 |
| 2 | 0.05 | 0.05 | 1 | 0.10 | 0.058 |
| 3 | 0.10 | 0.10 | 1 | 0.20 | 0.115 |

**2. 缓冲比对缓冲容量的影响**　对于同一缓冲系的各缓冲溶液,当缓冲溶液的总浓度一定时,缓冲容量随缓冲比的改变而改变。具体见表5-3。

表5-3　缓冲容量与缓冲比的关系

| 缓冲溶液 | $[Ac^-]/(mol\cdot L^{-1})$ | $[HAc]/(mol\cdot L^{-1})$ | 缓冲比 | $c(总浓度)/(mol\cdot L^{-1})$ | $\beta/(mol\cdot L^{-1}\cdot pH^{-1})$ |
|---|---|---|---|---|---|
| 1 | 0.01 | 0.09 | 1∶9 | 0.10 | 0.021 |
| 2 | 0.02 | 0.08 | 2∶8 | 0.10 | 0.037 |
| 3 | 0.03 | 0.07 | 3∶7 | 0.10 | 0.048 |
| 4 | 0.05 | 0.05 | 1∶1 | 0.10 | 0.058 |
| 5 | 0.07 | 0.03 | 7∶3 | 0.10 | 0.048 |
| 6 | 0.08 | 0.02 | 8∶2 | 0.10 | 0.037 |
| 7 | 0.09 | 0.01 | 9∶1 | 0.10 | 0.021 |

表5-3数据表明,同一缓冲系的各缓冲溶液,总浓度相同时,缓冲比越远离1,$\beta$越小;缓冲比越接近1,$\beta$越大;缓冲比=1时,缓冲容量最大,$\beta=0.5758c$。

# 三、缓冲范围

当缓冲溶液的总浓度一定时,共轭酸和共轭碱的浓度相差越大,缓冲比离1越远,缓冲容量就越小,甚至丧失其缓冲作用。实验和计算表明,二者的浓度相差10倍以上,即缓冲比$<\dfrac{1}{10}$或缓冲比$>10$时,缓冲溶液的缓冲容量很小($\beta<0.01$),一般认为已没有缓冲作用。当缓冲比在$\dfrac{1}{10}\sim$10之间时,缓冲溶液才能发挥其缓冲作用。化学上把缓冲溶液能发挥其缓冲作用的pH范围称为**缓冲范围**(buffer range)。利用式(5-2),可推导出缓冲溶液的缓冲范围为:

$$pH = pK_a \pm 1 \qquad (5\text{-}10)$$

不同的缓冲系中其共轭酸的$pK_a$值不同,因此它们的缓冲范围也各不相同。如HAc的$pK_a$=4.76,据式(5-10)可算出HAc-NaAc缓冲溶液的缓冲范围为3.76~5.76。$H_2CO_3$的$pK_{a2}$=10.33,NaHCO$_3$-Na$_2$CO$_3$缓冲溶液的缓冲范围为9.33~11.33。

在实际工作中,通常选用缓冲溶液的总浓度在0.05~0.2 mol·L$^{-1}$之间,缓冲比在$\dfrac{1}{10}\sim$10之间,由此可知缓冲溶液所保持的pH大致在最佳值(pH=$pK_a$)的上下一个pH范围内(pH=$pK_a\pm1$)。

**案例 5-3 分析**

　　大多数细胞需要在有 $O_2$ 条件下才能生长,氧张力通常维持在略低于大气状态,若 $O_2$ 分压超过大气中氧的含量,对细胞有害。$CO_2$ 为细胞生长所需要,同时又是细胞代谢的产物,并与维持培养液的 pH 有关。$CO_2$ 的逸出可以增加培养液的碱性。因此,在开瓶培养时,需要供应 5% $CO_2$ 和 95% 空气,以平衡培养液中的 $CO_2$。

　　细胞培养液中碳酸盐缓冲溶液的共轭酸为 $H_2CO_3$,共轭碱为 $NaHCO_3$,具体如何起缓冲作用详见第 3 节。但是碳酸盐缓冲液除了直接的缓冲作用外,还有间接作用,碳酸生成挥发性 $CO_2$ 后很快逸出。细胞呼吸产生的 $CO_2$ 与水形成碳酸,在培养液中的任何碱都被中和,生成相应碳酸氢盐。

　　该缓冲系的 $pK'_a = 6.35$,因此缓冲范围为 5.35~7.35。

# 第 5 节　缓冲溶液的配制

**案例 5-4**

　　中国药典规定,滴眼剂应符合 pH 5.0~9.0,pH 不当可引起刺激性,增加泪液的分泌,导致药物流失,甚至损伤角膜。为避免过强的刺激性和使药物稳定,在滴眼剂的处方设计中常用缓冲溶液来稳定药液的 pH。现欲配制 pH 为 5.0~9.0 的滴眼剂,有下列缓冲系供选择:

　　A 磷酸盐缓冲液($pK_{a1} = 2.16$,$pK_{a2} = 7.21$,$pK_{a3} = 12.32$)

　　B 乳酸盐缓冲液($pK_a - 3.86$)

　　C 硼酸盐缓冲液($pK_{a1} = 9.27$)

　　D 枸橼酸盐缓冲液($pK_{a1} = 3.13$,$pK_{a2} = 4.76$,$pK_{a3} = 6.40$)

　　E 碳酸盐缓冲液($pK_{a1} = 6.35$,$pK_{a2} = 10.33$)

　　F $NH_3$-$NH_4Cl$ 缓冲液($pK_a = 9.25$)

**问题:**

　　1. 可以选择哪些缓冲体系?

　　2. 所选缓冲系的缓冲能力最强时的 pH 是多少?

## 一、缓冲溶液的配制方法

　　在实际工作中,常需要配制一定 pH 的缓冲溶液,为使所配缓冲溶液的缓冲能力较强,需遵循以下原则和步骤:

　　(1) 根据所配缓冲溶液的 pH,选择合适的缓冲系。缓冲系中共轭酸的 $pK_a$ 值越接近 pH,缓冲容量越大。pH = $pK_a$ 时缓冲容量最大。但是在通常情况下很难选出一种共轭酸的 $pK_a$ 恰好等于 pH。而 pH 的有效缓冲范围为 $pK_a \pm 1$,因此凡在此范围内的缓冲系都可以选用。但如果同时有几对缓冲系中的共轭酸的 $pK_a$ 均在此范围内,则优选 $pK_a$ 最接近 pH 的那对缓冲系。

　　如欲配制 pH 为 10 的缓冲溶液,可选择 $NH_3$-$NH_4Cl$($pK_a = 9.25$)和 $NaHCO_3$-$Na_2CO_3$($pK_a = 10.25$)缓冲系,但后者更好。

　　(2) 所选择缓冲系中的物质不能参与溶液中的其他反应,药用缓冲液还应无毒并具有一定的稳定性。如硼酸-硼酸盐缓冲系有毒,故不能用作注射液和口服液的缓冲系;$H_2CO_3$-$NaHCO_3$

缓冲系因碳酸受热易分解,一般也不采用。

(3) 缓冲系的总浓度要适宜。总浓度过低,缓冲作用很弱;总浓度过高,既会造成试剂浪费,又会对反应体系产生副作用。因此,在实际工作中,一般控制总浓度在 $0.05 \sim 0.2$ mol·$L^{-1}$ 之间。

(4) 确定缓冲系后,根据缓冲溶液 pH 的计算公式,计算需要缓冲系的量。为配制方便,常使用相同浓度的共轭酸和共轭碱。

(5) 使用 pH 酸度计校准所配制的缓冲溶液。由于 Henderson 方程式忽略了缓冲溶液中各离子、分子间的相互影响,与实验测定的 pH 稍有差异,所以有必要对所配制缓冲溶液的 pH 做精确校准。下面就缓冲溶液的配制举例说明。

**例 5-3**　如何配制 pH=7.40 的缓冲溶液 1000 ml?

**解:**(1) 选择缓冲系:查表知,25℃ 时,$H_2PO_4^-$ 的 $pK_a=7.21$,三羟甲基甲胺盐酸盐(Tris·HCl)的 $pK_a=7.85$ 都接近于所配制的缓冲溶液的 pH。因此可以选择 $NaH_2PO_4$-$Na_2HPO_4$ 和 Tris-Tris·HCl 缓冲系。

(2) 确定缓冲系的总浓度(以 $NaH_2PO_4$-$Na_2HPO_4$ 为例):为使缓冲系具有较强的缓冲能力和配制方便,选用 0.10 mol·$L^{-1}$ 的 $NaH_2PO_4$ 和 0.10 mol·$L^{-1}$ 的 $Na_2HPO_4$ 溶液。应用式(5-2)得:

$$7.40 = 7.21 + \lg \frac{V(HPO_4^{2-})}{V(H_2PO_4^-)}$$

$$\frac{V(HPO_4^{2-})}{V(H_2PO_4^-)} = 1.55$$

解得:$V(HPO_4^{2-}) = 608$ ml,$V(H_2PO_4^-) = 392$ ml

将 608 ml 0.10 mol·$L^{-1}$ $Na_2HPO_4$ 溶液与 392 ml 0.10 mol·$L^{-1}$ $NaH_2PO_4$ 溶液混合,就可配制 1000 ml pH=7.40 的缓冲溶液,然后使用酸度计进行校正。

医学和药用缓冲溶液的配制还需维持一定的离子强度和渗透浓度,可以采用添加适量的 NaCl 来调整。如:细胞培养中常用的一种平衡盐溶液 0.01 mol·$L^{-1}$ 磷酸盐缓冲溶液(PBS),pH=7.2,具体配方如下:

8.0 g NaCl+0.20 g KCl+1.56 g $Na_2HPO_4$·$H_2O$+0.20 g $KH_2PO_4$

缓冲溶液中的 $Na_2HPO_4$·$H_2O$ 和 $KH_2PO_4$ 的加入量是为了保证溶液的 pH 为 7.2,而 NaCl 和 KCl 是为了调节体系的离子强度为 0.16 mol·$kg^{-1}$,并使其溶液与生理盐水溶液等渗。

**例 5-4**　枸橼酸为三元弱酸(简写为 $H_3A$),其 $pK_{a1}=3.13$;$pK_{a2}=4.76$;$pK_{a3}=6.40$。欲配制 pH 为 5.00 的枸橼酸缓冲溶液,现有 0.20 mol·$L^{-1}$ 枸橼酸 500 ml,需加入多少毫升 0.40 mol·$L^{-1}$ 的 NaOH 溶液?

**解:**(1) 应选择 $NaH_2A$-$Na_2HA$ 作缓冲系。

(2) 质子转移反应分两步进行:

第一步　将 $H_3A$ 完全中和生成 $NaH_2A$。

即 $H_3A+NaOH=NaH_2A+H_2O$

假设 $H_3A$ 全部转化为 $NaH_2A$ 需 NaOH 溶液 $V_1$ ml

则有:0.20 mol·$L^{-1}$×500 ml = 0.40 mol·$L^{-1}$×$V_1$ ml

$$V_1 = 250 \text{ ml}$$

第二步　$NaH_2A$ 部分与 NaOH 反应生成 $Na_2HA$,即:

$$NaH_2A+NaOH=Na_2HA+H_2O$$

假设 $NaH_2A$ 部分转化为 $Na_2HA$ 需 NaOH 溶液 $V_2$ ml

$$n(Na_2HA) = 0.40 V_2 \text{ mmol}$$

$$n(NaH_2A) = (100-0.40 V_2) \text{ mmol}$$

根据公式(5-3)有:

$$pH = pK_a + \lg \frac{n(Na_2HA)}{n(NaH_2A)}$$

$$5.00 = 4.76 + \lg \frac{0.40V_2}{100 - 0.40V_2}$$

解得: $\qquad V_2 = 157 \text{ ml}$

所以,共需加入 NaOH 溶液的体积为:$V_1 + V_2 = 250 \text{ ml} + 157 \text{ ml} = 407 \text{ ml}$。

# 二、标准缓冲溶液

**标准缓冲溶液**(standard buffer solution)是用相应的化学试剂和纯水按照要求配制而成,它具有相对稳定的 pH,用于酸度计校准和对照。具有以下特点:

(1) pH 准确可靠,性能稳定。

(2) 有较高的缓冲容量和抗稀释能力。

(3) 溶液的配制简便易行。

一些常用标准缓冲溶液的 pH 及温度系数列于表 5-4。

**表 5-4 标准缓冲溶液的 pH**

| 温度(℃) | 草酸盐标准缓冲溶液 | 酒石酸盐标准缓冲溶液 | 邻苯二甲酸盐标准缓冲溶液 | 磷酸盐标准缓冲溶液 | 硼酸盐标准缓冲溶液 | 氢氧化钙标准缓冲溶液 |
|---|---|---|---|---|---|---|
| 0 | 1.67 | — | 4.00 | 6.98 | 9.46 | 13.42 |
| 5 | 1.67 | — | 4.00 | 6.95 | 9.40 | 13.21 |
| 10 | 1.67 | — | 4.00 | 6.92 | 9.33 | 13.00 |
| 15 | 1.67 | — | 4.00 | 6.90 | 9.27 | 12.81 |
| 20 | 1.68 | — | 4.00 | 6.88 | 9.22 | 12.63 |
| 25 | 1.69 | 3.56 | 4.01 | 6.86 | 9.18 | 12.45 |
| 30 | 1.69 | 3.55 | 4.01 | 6.85 | 9.14 | 12.30 |
| 35 | 1.69 | 3.55 | 4.02 | 6.84 | 9.10 | 12.14 |
| 40 | 1.69 | 3.55 | 4.04 | 6.84 | 9.06 | 11.98 |

本表数据主要录自中华人民共和国国家标准化学试剂 pH 测定通则 GB 9724-88

由表 5-4 可以看出,标准缓冲溶液通常是用规定浓度且逐级解离常数比较接近的单一两性物质或规定浓度的不同共轭酸、碱所配制。它们起缓冲作用的情况各不相同。主要分为三种情况:

(1) 化合物(酒石酸氢钾、邻苯二甲酸氢钾、四草酸钾)溶于水解离产生大量的两性离子 $HA^-$,它可以接受质子生成 $H_2A$,也可以给出质子生成 $A^{2-}$,从而形成 $H_2A$-$HA^-$ 和 $HA$-$A^{2-}$ 两个缓冲系。两个缓冲系中逐级解离常数比较接近($\Delta pK_a < 2.5$),从而使它们的缓冲范围重叠,增强了缓冲能力。

(2) 硼砂溶于水后,被水解为等量的硼酸与硼酸二氢钠,从而起缓冲溶液作用。

(3) 饱和 $Ca(OH)_2$ 溶液含有较高浓度的 $Ca(OH)_2$,当加入少量强酸、强碱或进行少量稀释时,其 pH 基本保持不变。

配制标准缓冲溶液的水应是新沸过的重蒸馏水或纯化水,其 pH 应为 5.5~7.0。每种标准缓冲溶液的配制方法具体如下:

**1. 草酸盐标准缓冲溶液** 称取 12.71 g 四草酸钾 $[KH_3(C_2O_4)_2 \cdot 2H_2O]$,溶于无二氧化碳的水,稀释至 1000 ml。此溶液的浓度 $c\{KH_3(C_2O_4)_2 \cdot 2H_2O\}$ 为 0.05 $mol \cdot L^{-1}$。

**2. 酒石酸盐标准缓冲溶液** 在 25℃ 时,用无二氧化碳的水溶解外消旋的酒石酸氢钾 $(KHC_4H_4O_6)$,并剧烈振摇至成饱和溶液。

**3. 邻苯二甲酸盐标准缓冲溶液**　称取 10.21 g 于 110℃ 干燥 1 h 的邻苯二甲酸氢钾（$C_6H_4CO_2HCO_2K$），溶于无二氧化碳的水，稀释至 1000 ml。此溶液的浓度 $c(C_6H_4CO_2HCO_2K)$ 为 0.05 mol·$L^{-1}$。

**4. 磷酸盐标准缓冲溶液**　称取 3.40 g 磷酸二氢钾（$KH_2PO_4$）和 3.55 g 磷酸氢二钠（$Na_2HPO_4$），溶于无二氧化碳的水，稀释至 1000 ml。磷酸二氢钾和磷酸氢二钠需预先在 120±10℃ 干燥 2 h。此溶液的浓度 $c(KH_2PO_4)$ 为 0.025 mol·$L^{-1}$，$c(Na_2HPO_4)$ 为 0.025 mol·$L^{-1}$。

**5. 硼酸盐标准缓冲溶液**　称取 3.81 g 四硼酸钠（$Na_2B_4O_7·10H_2O$），溶于无二氧化碳的水，稀释至 1000 ml。存放时应防止空气中二氧化硫进入。此溶液的浓度 $c(Na_2B_4O_7·10H_2O)$ 为 0.01 mol·$L^{-1}$。

**6. 氢氧化钙标准缓冲溶液**　25℃ 条件下，用无二氧化碳的水制备氢氧化钙的饱和溶液。氢氧化钙溶液的浓度 $c\{1/2Ca(OH)_2\}$ 应在 0.0400~0.0412 mol·$L^{-1}$。存放时应防止空气中二氧化硫进入。一旦出现混浊时，应弃去重配。氢氧化钙溶液的浓度可以酚红为指示剂，用盐酸标准溶液 $\{c(HCl)=0.1000$ mol·$L^{-1}\}$ 滴定测出。

> **案例 5-4 分析**
> 　　选择缓冲系时，首先应使所配制的缓冲溶液 pH 处于缓冲系的有效缓冲范围 $pK_a±1$ 以内，最好使缓冲系中共轭酸的 $pK_a$ 值等于或尽量接近于所配制的 pH，因此理论上可选择 A、C、D、E 和 F 缓冲体系。但本案例中配制的是滴眼剂，$H_2CO_3$-$NaHCO_3$（E）缓冲系不能选用，因为滴眼剂需要高温灭菌消毒后才能使用，而碳酸受热易分解。F 缓冲系也不能选用，因为此缓冲系中含有有害物质 $NH_4^+$。
> 　　所选缓冲系中缓冲比=1 时，缓冲能力最强，pH 分别为 7.21、9.27 和 6.40。

# 第6节　缓冲溶液在医药上的应用

在生物体内的许多化学反应中，pH 的影响是如此之大，以致即使 pH 稍有改变，也会显著地改变反应的速率，甚至使反应完全停止。如在生理过程中，起重要作用的酶，就需要在特定的 pH 条件下，才能发挥有效的作用。如果 pH 稍稍偏离，酶的活性就大为降低，甚至丧失。在人体内，各种体液都能保持其 pH 基本不变。配制药理、生理、生化实验用的药物制剂时，其 pH 也要保持恒定。因此，缓冲溶液在医药中具有非常重要的意义。

## 一、人体血液中的缓冲体系

血液的 pH 之所以能恒定在 7.35~7.45 之间，是由于血液是一个缓冲能力很强的缓冲溶液，包含有多对缓冲系，其中主要的缓冲对有：

$H_2CO_3$-$HCO_3^-$、$H_2PO_4^-$-$HPO_4^{2-}$、$H_nP$（血浆蛋白）-$H_{n-1}P^-$、$HHb$（血红蛋白）-$Hb^-$、$HHbO_2$（氧合血红蛋白）-$HbO_2^-$。

全血中各缓冲系的含量与分布见表 5-5。

表 5-5　全血中各缓冲系的含量与分布

| 缓冲系 | 占全血缓冲系的比例/(%) |
| --- | --- |
| 血浆　$H_2CO_3$-$HCO_3^-$ | 35 |
| 红细胞　$H_2CO_3$-$HCO_3^-$ | 18 |
| $HHbO_2$-$HbO_2^-$ | 35 |
| $HHb$-$Hb^-$ | |

续表

| 缓冲系 | 占全血缓冲系的比例/(%) |
| --- | --- |
| $H_nP\text{-}H_{n-1}P^-$ | 7 |
| $H_2PO_4^-\text{-}HPO_4^{2-}$ | 5 |

由表 5-5 可知各缓冲系中，碳酸缓冲系在血液中含量最高（53%），缓冲能力最强，维持血液正常 pH 也最重要。碳酸在溶液中主要以溶解状态的 $CO_2$ 形式存在，因而存在下列平衡：

$$CO_2(溶解)+H_2O(aq) \rightleftharpoons H_2CO_3(aq) \rightleftharpoons H^+(aq)+HCO_3^-(aq)$$

正常人血浆中 $[HCO_3^-]=0.024\ mol\cdot L^{-1}$，$CO_2$ 在血浆中溶解的最大浓度 $[H_2CO_3]=0.0012\ mol\cdot L^{-1}$，$[HCO_3^-]/[H_2CO_3]=20/1$。25℃ 时 $H_2CO_3$ 的 $pK_a=6.35$，由于在血浆中受到其他离子或分子的影响及人体正常体温为 37℃，故对其 $pK_a$ 进行校正，校正后的 $pK_a=6.10$，通过计算得到血浆的 pH=7.40。

人体各组织、细胞代谢产生的 $CO_2$，主要通过血红蛋白和氧合血红蛋白缓冲系的运输作用，被迅速运到肺部呼出，故几乎不影响血浆的 pH。当人体内各组织和细胞在代谢过程中产生比碳酸强的酸性物质（如乳酸、磷酸等）进入血浆或摄入酸性物质时，血液中存在的大量的 $HCO_3^-$ 就会与 $H^+$ 结合，使上述平衡向左移动，此时 $[H_2CO_3]>0.0012\ mol\cdot L^{-1}$，$[HCO_3^-]<0.024\ mol\cdot L^{-1}$，使 $[HCO_3^-]/[H_2CO_3]<20/1$。过量的 $H_2CO_3$ 将随着血液流经肺分解为水和 $CO_2$，通过肺加快呼吸速率以 $CO_2$ 形式呼出；缓冲酸消耗的 $HCO_3^-$，则由肾减少对 $HCO_3^-$ 的排泄而得以补偿，从而使血浆中 $[HCO_3^-]/[H_2CO_3]$ 的比值恢复到 20/1，以此恒定血浆 pH。但如果发生严重腹泻、脱水，会使 $[HCO_3^-]$ 减少，或肾功能衰竭导致 $H^+$ 排泄的减少，均会使血液 pH 下降，引起酸中毒。

当人体代谢产生的和摄入的碱性物质进入血浆时，$H_2CO_3$ 起抗碱作用，使上述平衡向右移动，此时 $[H_2CO_3]<0.0012\ mol\cdot L^{-1}$，$[HCO_3^-]>0.024\ mol\cdot L^{-1}$，使 $[HCO_3^-]/[H_2CO_3]>20/1$。过量的 $HCO_3^-$ 将随着血液流经肾，通过肾加速对 $HCO_3^-$ 的排泄来调节；缓冲碱消耗的 $H_2CO_3$，则由肺控制对 $CO_2$ 的呼出量来补偿，从而使血浆中 $[HCO_3^-]/[H_2CO_3]$ 的比值恢复到 20/1，以此恒定血浆 pH。但如果发生严重的呕吐或服用解酸药过量，均会使血液的 pH 升高，引起碱中毒。正常人体血浆中 $H_2CO_3\text{-}HCO_3^-$ 缓冲系的缓冲比为 20/1，已远超出体外缓冲溶液中有效缓冲比 $\frac{1}{10}\sim$ 10 的范围，但仍具有很强的缓冲能力。因为体内的缓冲系是一个"开放体系"，当 $H_2CO_3\text{-}HCO_3^-$ 缓冲系发挥缓冲作用后，$HCO_3^-$ 和 $H_2CO_3$ 浓度的改变可以通过肺的呼吸作用和肾脏的排泄功能进行调节，使 $HCO_3^-$ 和 $H_2CO_3$ 的浓度及其比值保持恒定；而体外的缓冲系是一个"封闭体系"，当 $H_2CO_3\text{-}HCO_3^-$ 缓冲系发挥缓冲作用后，$HCO_3^-$ 和 $H_2CO_3$ 浓度的改变得不到补充和调节，会逐渐被耗尽，最终丧失缓冲能力。

总之，血浆 pH 的相对恒定依赖于血液内多种缓冲系的缓冲作用以及肺、肾的调节功能。

# 二、缓冲溶液在制药中的应用

缓冲溶液对药剂生产、保存等具有重要作用。药剂生产需要在一定 pH 条件下进行。因此，常根据人体的生理条件、药物稳定性和溶解性等因素，选择合适的缓冲物质稳定其 pH。

如葡萄糖和安乃近等注射液，其 pH 在灭菌后会发生改变，影响这些药物的稳定性和药效。通常采用盐酸、酒石酸、$NaH_2PO_4\text{-}Na_2HPO_4$、枸橼酸-枸橼酸钠等物质的稀溶液进行调节，从而使这些注射液的 pH 在加热灭菌过程中保持相对稳定。又如维生素 C 注射液（5 $mg\cdot ml^{-1}$）的 pH 为 3.0，它在酸性条件下比较稳定，为了减轻局部注射产生的疼痛和增加其稳定性，在生产过程中常加入 $NaHCO_3$，调节其 pH 在 5.5~6.0 范围内。

抗生素注射液在 pH>8 或 pH<4 条件下稳定性较差，在不同 pH 时分解速度也不同。所以在

配制其注射液时,常加入适量的缓冲物质。人体血液中含有三对缓冲系,具有较强的缓冲作用。当血液中注入一定量的酸性或碱性药物注射液(pH 在 4~9 之间)时,它能自行调节其 pH。人的泪液也具有一定的缓冲作用,其 pH 在 7.3~7.5 之间,但滴眼剂 pH 如果不合适,会对眼黏膜产生刺激,眼睛会感到不适,甚至导致炎症。因此,在配制滴眼剂时,要根据滴眼剂的性质,适当加入一定的缓冲物质(如用磷酸盐缓冲溶液)调节其 pH。

## Summary

A buffer solution is one that resists a change in pH upon addition of small amounts of acid or base, or upon dilution. It contains relatively large concentrations of the buffering components. The pH of a buffer solution chiefly depends on the dissociation equilibrium constant of the weak acid and the buffer component ratio. They are related by the Henderson-Hasselbalch equation:

$$pH = pK_a + lg\frac{[A^-]}{[HA]} = pK_a + lg\frac{n(A^-)}{n(HA)}$$

The buffer capacity is defined in terms of the amount of protons or hydroxide ions it can absorb without a significant change in pH. It is determined by concentrations of the components and buffer component ratio. The more concentrations the buffer-components have, the greater buffer capacity a buffer has. A buffer has maximum capacity when the pH is equal to the $pK_a$ value. It has an effective range of $pK_a \pm 1$.

When preparing a buffer solution, you should first choose a suitable conjugate acid-base pair whose acid having $pK_a$ as close as possible to the target pH. Then the concentrations must be calculated, using pH and total concentration. Finally, you must determine the amounts of starting materials and adjust the final buffer to the desired pH.

The most important practical application of a buffer solution is human blood, which can absorb the acids and bases produced by biological reactions without changing its pH. Human blood contains a variety of acids and bases that maintain the pH very close to 7.4 at all times. The most important buffer in the blood is the carbonic-acid-bicarbonate buffer. The kidneys and the lungs work together to help maintain a blood pH of 7.4 by affecting the components of the buffers in the blood.

# 习    题

1. 什么叫缓冲溶液?氨水中同时含有 $NH_4^+$ 和 $NH_3$,它为何不是缓冲溶液?

2. 药典规定配制 pH 为 7.4 的磷酸缓冲液的方法是:取磷酸二氢钾 1.36 g,加 0.1 mol·L$^{-1}$ NaOH 溶液 79 ml,用水稀释至 200 ml。试计算此缓冲溶液的精确和近似 pH。

(7.47, 7.79)

3. 人体血浆和尿液中均含有 $H_2PO_4^-$-$HPO_4^{2-}$ 缓冲系,正常人体血浆和尿液中 $\frac{[HPO_4^{2-}]}{[H_2PO_4^-]}$ 分别为 $\frac{4}{1}$ 和 $\frac{1}{9}$。已知校正后的 $pK_a(H_2PO_4^-)=6.80$,试计算血浆和尿液 pH。

(7.40;5.85)

4. 什么是缓冲容量?哪些因素影响缓冲容量的大小?如何影响?在什么条件下,缓冲溶液具有最强的缓冲能力?

5. 何谓缓冲范围?试确定下列缓冲溶液的缓冲范围:

(1) $NH_3$-$NH_4Cl$ 溶液。

(2) $NaH_2PO_4$-$Na_2HPO_4$ 溶液。

((1) 9.25±1;(2) 7.21±1)

6. 实验室现有 $0.1$ $mol \cdot L^{-1}$ 的 HCl、HAc、NaOH 和 NaAc 溶液,欲配制 pH 为 4.5 的缓冲溶液,可以有几种配法？每种配法所需溶液及体积比分别为多少？

（可以有三种配法:①直接用 HAc+NaAc, $\dfrac{V(NaAc)}{V(HAc)} = \dfrac{0.56}{1}$;②HCl+NaAc(过量), $\dfrac{V(NaAc)}{V(HCl)} =$ $\dfrac{1.56}{1}$;③HAc+NaOH(过量), $\dfrac{V(NaOH)}{V(HAc)} = \dfrac{0.56}{1.56}$）

7. 将 $20.0$ ml $0.10$ $mol \cdot L^{-1}$ 的某一元弱酸(HA)与 $10.0$ ml $0.10$ $mol \cdot L^{-1}$ NaOH 溶液混合,混合溶液的 pH 为 $5.00$,求一元弱酸的 $K_a$ 值是多少？

（$1.0 \times 10^{-5}$）

8. 在磷酸氢二钾溶液中分别加入 KOH 溶液或 HCl 溶液,写出可能的缓冲溶液的抗酸成分、抗碱成分、缓冲系及各缓冲系的缓冲范围。若以上三种溶液的物质的量浓度相同,它们以怎样的体积比混合,才能使所配制的缓冲溶液具有最强的缓冲能力？已知:$H_3PO_4$ 的 $pK_{a1} = 2.16$, $pK_{a2} = 7.21$,$pK_{a3} = 12.32$。

| 配法 | 缓冲系 | 抗酸成分 | 抗碱成分 | 缓冲范围 | 体积比 |
|---|---|---|---|---|---|
| $K_2HPO_4$+HCl | $H_2PO_4^-$-$HPO_4^{2-}$ | $HPO_4^{2-}$ | $H_2PO_4^-$ | $6.21 \sim 8.21$ | $2:1$ |
| $K_2HPO_4$+HCl | $H_3PO_4$-$H_2PO_4^-$ | $H_2PO_4^-$ | $H_3PO_4$ | $1.16 \sim 3.16$ | $2:3$ |
| $K_2HPO_4$+KOH | $HPO_4^{2-}$-$PO_4^{3-}$ | $PO_4^{3-}$ | $HPO_4^{2-}$ | $11.32 \sim 13.32$ | $2:1$ |

9. 某一元弱酸(HA)与其共轭碱 KA 组成的缓冲溶液中,$c(HA) = 0.25$ $mol \cdot L^{-1}$,若在此 100 ml 缓冲溶液中加入 $0.005$ mol KOH 固体,溶液的 pH 变为 $5.60$。试计算加入 KOH 固体前缓冲溶液的 pH 及缓冲溶液的缓冲容量。已知:$K_a = 5.0 \times 10^{-6}$。

（$5.45$,$0.333$ $mol \cdot L^{-1} \cdot pH^{-1}$）

10. 比较下列各缓冲溶液的缓冲容量的大小。

(1) $0.02$ $mol \cdot L^{-1}$ HAc-$0.08$ $mol \cdot L^{-1}$ NaAc 溶液。

(2) $0.04$ $mol \cdot L^{-1}$ HAc-$0.06$ $mol \cdot L^{-1}$ NaAc 溶液。

(3) $0.05$ $mol \cdot L^{-1}$ HAc-$0.05$ $mol \cdot L^{-1}$ NaAc 溶液。

(4) $0.01$ $mol \cdot L^{-1}$ HAc-$0.09$ $mol \cdot L^{-1}$ NaAc 溶液。

(5) $0.03$ $mol \cdot L^{-1}$ HAc-$0.07$ $mol \cdot L^{-1}$ NaAc 溶液。

（缓冲容量的大小为:$\beta_4 < \beta_1 < \beta_5 < \beta_2 < \beta_3$）

11. 今有四种缓冲系:$NH_3^+OH$-$NH_2OH$($pK_b = 7.97$)、$NH_4^+$-$NH_3$($pK_b = 4.75$)、HAc-NaAc($pK_a = 4.76$)、HCOOH-$HCOO^-$($pK_a = 3.74$),试问:①配制 pH = $9.00$ 的缓冲溶液选用哪种缓冲系最好？②若选用的缓冲系的总浓度为 $0.2$ $mol \cdot L^{-1}$,需要共轭碱和共轭酸的物质的量为多少才能配成 1 L 的缓冲溶液？

（①选用 $NH_4^+$-$NH_3$ 缓冲系最好;②$n$(共轭碱) = $0.128$ mol,$n$(共轭酸) = $0.072$ mol）

12. 人体正常血浆的 pH 为 $7.40$,考虑血浆温度及其他因素的影响,校正后的 $pK_{a1}(H_2CO_3)$ = $6.10$ 和 $pK_a(H_2PO_4^-) = 6.80$,试计算:①37℃时血浆中 $\dfrac{[HCO_3^-]}{[H_2CO_3]}$ 和 $\dfrac{[HPO_4^{2-}]}{[H_2PO_4^-]}$ 分别为多少？②已知血浆中 $H_2CO_3$ 和 $HCO_3^-$ 的总浓度为 $0.0252$ $mol \cdot L^{-1}$,计算 $[H_2CO_3]$ 和 $[HCO_3^-]$。

（①37℃时血浆中 $\dfrac{[HCO_3^-]}{[H_2CO_3]} = \dfrac{20}{1}$,$\dfrac{[HPO_4^{2-}]}{[H_2PO_4^-]} = \dfrac{4}{1}$;②$[H_2CO_3] = 0.024$ $mol \cdot L^{-1}$,$[HCO_3^-] = 0.0012$ $mol \cdot L^{-1}$）

（张爱平）

# 第 6 章 化学热力学基础

**学习目标**

掌握 Hess 定律、化学反应热的几种计算方法和化学反应 Gibbs 自由能变的计算,能正确运用 Gibbs 自由能变判断化学反应的方向和限度;理解热力学能、焓、熵、自由能等状态函数及改变量的物理意义,自发过程的基本特点;了解反应进度的概念,可逆过程及其基本特点,化学反应的等温方程式。

**案例 6-1**

在自然界中可以观察到许多能够自动发生的变化,如水从高处自动地流向低处,直到水位差等于零;气体自动地从压力大的一方向压力小的一方扩散,直到无压力差为止;热自动地从高温物体传递到低温物体,直到没有温差为止。对于一个化学反应,如:

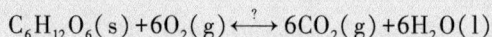

$$C_6H_{12}O_6(s)+6O_2(g) \xrightleftharpoons{?} 6CO_2(g)+6H_2O(l)$$

该反应会自动地向哪一个方向进行呢?反应过程中的能量又是如何变化呢?

**问题:**

1. 在一定条件下,如何判断一个化学反应能否自发发生?
2. 若能发生,它进行到什么程度?其能量如何变化?
3. 改变温度、压力等外界条件,对反应将产生什么影响?

**热力学**(thermodynamics)是研究宏观过程中能量及其转化规律的科学。19 世纪建立的热力学第一定律和热力学第二定律奠定了热力学的基础,20 世纪初建立的热力学第三定律使热力学趋于完善。应用热力学原理和方法研究化学反应过程中物质变化和能量变化规律的学科叫做**化学热力学**(chemical thermodynamics),它主要研究和解决化学反应中的能量转化规律、化学反应的方向和限度。

热力学只讨论系统物质的宏观性质和规律,处理原子和分子的大量集合的统计行为和性质。根据它的基本定律所推导的结果,都能严格地与事实相符,具有高度的可靠性和普遍性。但它不考虑物质的微观结构和反应进行的机制。因此,对于涉及微观结构的性质,如反应速率和反应历程,则不能做出本质的具体解答。

化学热力学对药物的研究、生产和使用等各环节具有重要的指导作用。在设计和选择药物合成的路线、中药制药、制剂生产、剂型配制、中药成分的提取和分离等,都需要化学热力学的基本理论和方法。本章学习化学热力学的初步知识,并说明如何应用这些知识判断化学反应自发进行的方向和限度。

## 第 1 节 热力学的一些基本概念

### 一、系统与环境

用热力学方法研究问题,首先要确定研究的对象及其范围。为此,通常把一部分物体和周围其他物体划分开来,作为研究的对象。被划作研究对象的这一研究范围称为**系统**(system);而系统以外,与其密切相关的部分称为**环境**(surrounding)。例如,如果研究硝酸银和氯化钠在水溶液中的反应,那么这个溶液就是要研究的系统,而盛溶液的烧杯、溶液上方的空气等就是环境。根据系统与环境之间物质和能量的交换情况不同,可以将系统分为以下三种类型:

**1. 敞开系统**(open system)　系统与环境之间既有物质交换,又有能量交换,敞开系统又称为开放系统。

**2. 封闭系统**(closed system)　系统与环境之间只有能量交换,没有物质交换。

**3. 孤立系统**(isolated system)　系统与环境之间既无物质交换,又无能量交换,孤立系统又称为隔离系统。

这种分类是人为的,并不是系统本身有什么本质上的不同。例如,把没有盖子的一杯热水作为研究对象,则该系统为敞开系统,因为杯中的水分子可以逸散到空气中,而空气中的物质也可以溶于水中,同时能量也可以传递到环境中去。如果把杯子盖紧,不让水分子逸出去,这时杯子内外就只有能量交换而无物质交换,因此该系统为封闭系统。假如把热水装在塞紧的热水瓶里,则可近似地把系统看做是与环境既无物质交换、又无能量交换的一个孤立系统。孤立系统与理想气体的概念一样,也是一个科学的抽象,自然界中绝对的孤立系统是不存在的。即使热水瓶的绝热效果再好,也不可能把能量传递绝对地排除掉,但当这种影响小到可以忽略不计的程度时,就可以认为它是孤立系统。

在化学热力学中,主要研究封闭系统。

# 二、状态和状态函数

一个系统的**状态**(state)是系统所有的物理性质和化学性质的综合表现,这些性质都是宏观的物理量,又称为系统的宏观性质。例如,用来表明气体状态的物理量有压力、体积、温度和组分的物质的量等。当这些物理量都有确定值时,我们就说该系统处于一定的状态,如果系统的任何一种性质发生了变化,系统就从一种状态过渡到另一种状态。我们把这些决定系统状态的物理量称为**状态函数**(state function)。例如,理想气体的基本性质就由压力($p$)、体积($V$)、温度($T$)、物质的量($n$)等四个物理量所决定,这四个物理量都是系统的状态函数。

状态函数的特征是:系统状态一定,状态函数就有一定的值;系统发生变化时,状态函数的改变只取决于系统变化前的**始态**(initial state)和变化后的**终态**(final state),而与系统所经历的变化途径无关;系统一旦恢复到原来的状态,状态函数也恢复到原来的数值。

状态函数可分为两类:一类为具有**广度性质**(extensive property)的物理量,如体积 $V$,物质的量 $n$、质量 $m$ 及后面将介绍的热力学能、焓、熵、自由能等,这类性质具有加合性。例如,50 ml 水与 50 ml 水相混合其总体积为 100 ml。另一类为具有**强度性质**(intensive property)的物理量,如温度、压力、密度等,这些性质没有加合性。例如,50℃的水与 50℃的水相混合,水的温度仍为 50℃。

应该指出,描述一个系统所处的状态不必要把所有的状态函数都一一列出,因为这些状态函数间往往有一定的联系。例如,要描述一理想气体所处的状态,只要知道温度 $T$,压力 $p$,体积 $V$,就可根据理想气体的状态方程 $pV=nRT$,确定此理想气体的物质的量 $n$ 了。通常选择所研究的系统中易于测定的几个相互独立的状态函数来描述系统的状态。

# 三、过程和途径

当系统的状态发生变化时,我们把这种变化称为**过程**(process)。完成这个过程的具体步骤则称为**途径**(path)。热力学中常见的变化过程有:

**1. 等温过程**(isothermal process)　在环境温度恒定下,系统始态、终态温度相同且等于环境温度的过程。

**2. 等压过程**(isobaric process)　在环境压力恒定下,系统始态、终态压力相同且等于环境压力的过程。

**3. 绝热过程**(adiabatic process)　在整个变化过程中,系统与环境之间没有热传递的过程。

**4. 等容过程**(isometric process)　在整个变化过程中,系统的体积始终保持不变的过程。

**5. 循环过程**(cyclic process)　系统由某一状态出发,经过一系列的变化,又回到原来状态的过程。

系统由始态变到终态,可以经由不同的方式,即经由不同的途径。尽管所经历的途径不同,但状态函数总的变化值却是相同的。当系统从某一状态转变到另一状态时,状态函数的改变只与最初和最终的状态有关,而与转变的途径无关。

# 四、热　和　功

## (一) 热和功

系统在变化过程中,各系统之间或系统与环境之间交换能量的方式有两种,一种是**热**(heat),一种是**功**(work)。

在热力学中,热是由于温度不同而在系统和环境之间传递的能量,常用符号 $Q$ 表示,单位为 J 或 kJ。热力学规定:系统从环境吸收热量,$Q$ 为正值,即 $Q>0$;系统向环境释放热量时,$Q$ 为负值,即 $Q<0$。除热以外,系统和环境之间的其他能量传递形式称为功,常用符号 $W$ 表示。功可分为体积功($W_e$)和非体积功($W'$)两种,电功、机械功、表面功等属于非体积功。功的单位为 J 或 kJ。系统对环境做功,$W$ 为负值,即 $W<0$;环境对系统做功,$W$ 为正值,$W>0$。

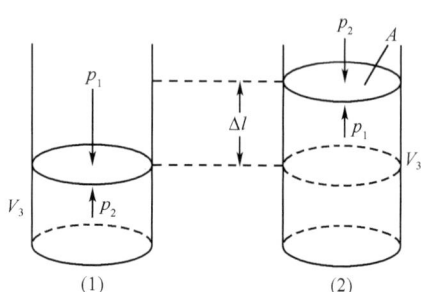

图 6-1　体系膨胀示意图

体积功等于压力与体积变化的乘积。体积功在化学热力学中具有特殊意义,因为化学热力学讨论的是化学变化及相变化,而参加化学变化及相变化的系统经常是只受外压作用的系统,它们与环境之间交换能量的方式,除热量的传递以外,其做功的方式一般只能是体积功。图 6-1 是系统做体积功的示意图,图中所示活塞面积为 $A$,(1)中内压较大,即 $p_1>p_2$,活塞移动做体积功。(2)中当内压由 $p_1$ 降至 $p_2$ 时,内压与外压相等,活塞移动距离 $\Delta l$ 后停止。系统所做的体积功为:

$$W=p_2 A\Delta l=p_2\Delta V$$

式中:$\Delta V$ 为体积变化,$\Delta V=V_2-V_1$,$p_2$ 是恒外压。

热和功都不是状态函数。因为热和功都不是系统固有的性质,它们都是能量传递的形式,只有在系统发生变化时才涉及热和功,热和功的数值与所经历的途径有关。不能说系统含有多少热或含有多少功,而只能说系统发生变化时吸收(或放出)了多少热,得到(或给出)了多少功。

## (二) 可逆过程与最大功

如果某一过程发生以后,可以使系统和环境都恢复原状,称为热力学**可逆过程**(reversible process)。以 1 mol 理想气体在真空环境中膨胀($p_外=0$)为例,假设有 1 mol 的理想气体,从初始态(100 kPa,1.0 L)出发,恒外压为相当于 10 个 10.0 kPa 的砝码所施加的压力,共 100 kPa,膨胀到终态(100 kPa,10.0 L),采取不同的膨胀途径,分别计算出体积功的数值。

（1）一步恒外压膨胀，即一次拿去9个砝码。由于 $p_1V_1=p_2V_2$，$V_2=10.0$ L，则体积功为：

$$W=p\Delta V=10.0\ kPa\times(10.0\ L-1.0\ L)=90.0\ J$$

（2）两步恒外压膨胀，即第一步拿去5个砝码，外压变为50 kPa，第二步再拿去4个砝码外压变为10 kPa。由于 $p_1V_1=p_3V_3=p_4V_4$，$V_3=2.0L$，$V_4=10.0$ L，则体积功为：

$$W=W_1+W_2=50.0\ kPa\times(2.0\ L-1.0\ L)+10\ kPa\times(10.0\ L-2.0\ L)=130.0\ J$$

可以发现两步恒外压膨胀的体积功要大于一步恒外压膨胀，由此可以认为恒外压膨胀步骤越多，体积功越大。

（3）无穷多步恒外压膨胀。设想用相当于100 kPa砝码的极细砂粒一粒粒地减少，每减少一粒细砂，外压减少一无穷小量，即 $p_外=p_系+dp$ 状态。此时的体积功为：

$$W=\int p_外\ dV=\int(p_系+dp)dV=\int p_系\ dV+\int dpdV$$

忽略二阶无穷小量 $dpdV$，得到：

$$W=\int_{V_1}^{V_2}p_外\ dV=\int_{V_1}^{V_2}\frac{nRT}{V}dV=nRT\ln\frac{V_2}{V_1}=p_0V_0\ln\frac{V_2}{V_1}$$

$$=100.0\ kPa\times1.0\ L\times2.303\times lg10=230.3\ J$$

上述过程可以近似看做可逆过程，可逆过程的特征是：

1）可逆过程是经过无限多次的微小变化步骤和无限长的时间完成的。在每一微小变化步骤中，系统与环境基本上处于平衡状态，因而可以认为可逆过程是在无限接近于平衡的状态下完成的，因而过程可以逆行，并且使系统和环境都能恢复原状。

2）在恒温可逆过程中，系统对环境做最大功，环境对系统做最小功，二者绝对值相同，符号相反。

可逆过程是一种理想的极限过程，是一种科学的抽象，实际上并不存在真正的可逆过程，而是只能无限地趋近于它，正像理想气体的意义一样。这个概念具有极为重要的理论意义。

# 五、热 力 学 能

**热力学能**（thermodynamic energy）是系统内物质所有能量的总和，也称**内能**（internal energy），用符号 $U$ 表示。它包括系统内分子或原子的位能、分子间的势能、平动能、转动能、振动能、电子运动能、化学键能、分子间作用能、原子核能等。随着人们对物质结构层次认识的不断深入，还将包括其他形式的能量。由于微观粒子运动的复杂性，热力学能的绝对值尚无法求得，但可以肯定的是，处于一定状态的系统必定有一个确定的热力学能值。

热力学能是状态函数，其值只取决于系统的状态。当系统处于确定的状态，其热力学能就具有确定的数值，它的改变只与系统的始态和终态有关，而与变化的途径无关。如果 $U_始$ 为系统始态的热力学能，$U_终$ 为系统终态的热力学能，则系统由始态变化到终态时，其热力学能的改变可表示为：

$$\Delta U=U_终-U_始 \tag{6-1}$$

若系统经一循环过程，则热力学能的变化值为零。

**案例 6-2**

生物体最基本的特征之一是物质代谢，伴随着物质代谢所发生的一系列能量转变即能量代谢，它是生物体基本特征的另一方面。生物系统不断地从周围环境中摄取物质，经一系列生化（合成）反应，转变成自己所需的组分，又将原有的组分通过一系列生化（分解）反应变为废料，排泄出去，并伴有能量变化和传递。如人食入淀粉后，在体内水解为葡萄糖，最后氧化为 $CO_2$ 和 $H_2O$。葡萄糖在体内氧化放能是人体能量的主要来源之一，其放出的热量可以通过体外反应近似计算。葡萄糖在体外完全氧化反应为：

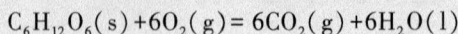

$$C_6H_{12}O_6(s)+6O_2(g)=6CO_2(g)+6H_2O(l)$$

问题：

1. 葡萄糖完全氧化为 $CO_2$ 和 $H_2O$ 的能量变化如何计算？

2. 1 mol 葡萄糖完全氧化为 $CO_2$ 和 $H_2O$ 能放出多少热？

# 第2节　热力学第一定律和化学反应热效应

## 一、热力学第一定律

### (一) 热力学第一定律

热力学第一定律就是能量守恒定律,可具体表述为：能量只能从一种形式转化为另一种形式,从一个物体传递给另一个物体,但在转化和传递过程中,能量的总值不变。热力学第一定律的数学表达式为：

$$\Delta U = Q+W \tag{6-2}$$

式中：$\Delta U$ 为系统终态和始态间的热力学能差。

式(6-2)说明,系统热力学能的变化等于系统从环境吸收的热与环境对系统所做的功之和。

### (二) 热力学能的变化与等容反应热效应

热力学第一定律的数学表达式中的 $W$ 包括体积功($W_e$)和非体积功($W'$)两项,即：

$$W = W_e+W'$$

对于化学反应,在变化过程中一般只做体积功,即 $W'=0$,由于 $W_e=p\Delta V$,所以热力学第一定律的数学式可写为：

$$\Delta U = Q+p\Delta V \tag{6-3}$$

如果化学反应是在体积不变(等容)的条件下进行,即 $\Delta V=0$,则：

$$\Delta U = Q_v \tag{6-4}$$

图 6-2　弹式量热计

1. 搅拌器；2. 电线；3. 温度计；4. 绝热外容器；5. 钢容器；6. 水；7. 钢弹；8. 引燃铁丝；9. 试样皿

式(6-4)中 $Q_v$ 表示体积不变的等容热效应,其实质是表示热力学能的改变。从式(6-4)可以看出,在不涉及膨胀功的等容过程中,热量 $Q_v$ 与热力学能的变化一样,只决定于系统的始态和终态,而与变化的途径无关。

由 $\Delta U=Q_v$ 可知,在等容过程中,系统不做功,所吸收的热量全部用来增加系统的热力学能,即在等容条件下,$\Delta U$ 等于系统吸收或放出的全部热量。

化学反应热效应的实验测定大多是在弹式量热计中进行的。弹式量热计为一恒容的封闭容器,装置如图 6-2 所示,常用来测定一些有机物燃烧反应的等容热效应。把有机物置于充满高压氧气的钢弹瓶中,用电火花引燃。由于反应是在等容的钢弹瓶中进行的,产生的热使水和整个装置温度升高,温度的升高值可由精密的温度计测出,搅拌器可使测得的温度值更加可靠。水的温度升高 1K 所吸收的热称做水的**热容**(heat capacity)。整个装置温度升高 1K 时所吸收的热称做装置的热容,其

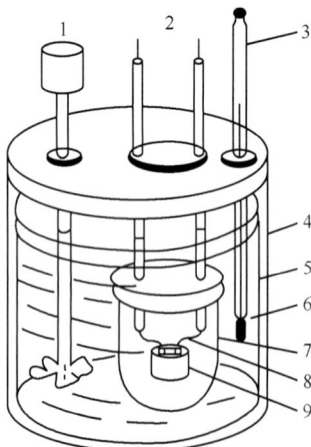

数值可用实验方法确定。于是,等容热效应 $Q_v$ 可测得:

$$Q_v = \Delta T(C_1 + C_2) \tag{6-5}$$

式中:$\Delta T$ 为温度升高值,$C_1$ 和 $C_2$ 分别为水的热容和装置的热容。

# 二、系统的焓变和等压反应热效应

## (一) 系统的焓

在实验室或生物体内进行的化学反应,一般不在等容下进行,而常在等压下进行,即在普通大气压下实现化学反应。这种情况下,系统的体积与热量同时发生变化。就吸热反应系统来说,系统吸收了总热量 $Q_p$($Q_p$ 表示压力不变的等压热效应),一部分要用于对外做体积功($p\Delta V$),而另一部分要用于增加系统的热力学能($\Delta U$),即:

$$\Delta U = Q_p - p\Delta V \tag{6-6}$$

$$U_2 - U_1 = Q_p - p(V_2 - V_1)$$

$$Q_p = (U_2 + pV_2) - (U_1 + pV_1) \tag{6-7}$$

在热力学中将($U+pV$)的组合定义为**焓**(enthalpy),用符号 $H$ 表示,即:

$$H \stackrel{\mathrm{def}}{=\!=\!=} U + pV \tag{6-8}$$

因为 $U$、$p$ 和 $V$ 都是状态函数,所以 $H$ 也是一个状态函数。$H$ 具有能量的单位,但它没有实际的物理意义,引入这个新的状态函数仅仅是为了热力学计算方便。

## (二) 等压反应热效应

把式(6-8)中的 $H$ 代入式(6-7),则

$$Q_p = H_2 - H_1 = \Delta H \tag{6-9}$$

式中:$\Delta H$ 称为焓变;$Q_p$ 表示等压过程中系统吸收的热量。式(6-9)说明,等压热效应等于系统的焓变。

大多数化学反应都是在等压、不做非体积功的条件下进行的,其化学反应的热效应 $Q_p = \Delta H$,因此,在化学热力学中,常用 $\Delta H$ 来表示等压反应热。热量 $Q$ 虽然不是状态函数,但在只涉及体积功和等压的特定条件下,$Q_p$ 与 $\Delta H$ 一样,只决定于系统的始态和终态,而与变化的途径无关。

## (三) $Q_p$ 与 $Q_v$ 的关系

因为测定热效应的化学反应大多是在量热计($\Delta V = 0$)中进行的,所以,实验直接测得的数据是等容热效应。等容热效应与等压热效应有着怎样的关系呢?同一反应的等压热效应 $Q_p$ 和等容热效应 $Q_v$ 是不同的,但二者之间存在着一定的关系。由式(6-6)及(6-9)可得等容热效应与等压热效应的关系:

$$\Delta H = \Delta U + p\Delta V$$

据式(6-4)及式(6-9),上式写成:

$$Q_p = Q_v + p\Delta V$$

若相同温度下,将系统的气体看成是理想气体,并忽略液体和固体的微小体积变化,则可得:

$$Q_p = Q_v + \Delta nRT$$

即:

$$\Delta H = \Delta U + \Delta nRT \tag{6-10}$$

式中:$\Delta n$ 是气体生成物的物质的量与气体反应物的物质的量之差。

# 三、反应进度、热化学方程式与标准态

## (一) 反应进度

对于同一个化学反应,它进行的程度不同,产生的反应热也不相同。在讨论化学反应的热效应时,化学热力学中规定了一个物理量—**反应进度**(extent of reaction),用符号"$\xi$"表示。

对任一化学反应:

$$aA + dD = gG + hH \tag{6-11}$$

将式(6-11)看成方程式,移项后有:

$$gG + hH - aA - dD = 0$$

或简写为:

$$\sum_B v_B B = 0$$

式中:B 表示参与反应的任一组分,$v_B$ 表示 B 组分的化学计量数。规定对反应物 $v_B$ 取负值,对产物 $v_B$ 取正值。在上式中 $v_B$ 分别代表 $-a$、$-d$、$g$、$h$。$v_B$ 是量纲为一的量。反应进度定义为:

$$\xi = \frac{n_B(t) - n_B(0)}{v_B} \tag{6-12}$$

式中:$n_B(0)$ 和 $n_B(t)$ 分别为物质 B 在反应未开始时和反应进行到时间 $t$ 时刻的物质的量。

由式(6-12)可知,反应进度 $\xi$ 的 SI 单位为 mol。$\xi$ 可以是正整数、正分数,也可以是零,$\xi = 0$ mol 表示反应开始时刻的反应进度。可以这样理解 $\xi$ 的意义:当 $\xi = 1$ mol 时,意味着有 $a$ mol 的 A、$d$ mol 的 D 反应生成 $g$ mol 的 G 和 $h$ mol 的 H,或者说当化学反应按照计量系数比进行了一个单位的反应时,此时反应进度 $\xi = 1$ mol。用反应进度表示反应进行的程度时,无论用反应系统中哪一种物质表示进行的程度,在同一时刻所得的 $\xi$ 值完全一致,这给研究化学反应带来了极大的方便。

**例 6-1** 10 mol $N_2$ 和 20 mol $H_2$ 在合成塔混合反应,时间为 $t$ 时生成了 4 mol $NH_3$。试分别以如下两个合成氨的化学计量方程式,求时间为 $t$ 时的反应进度。

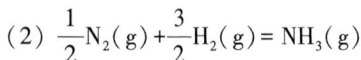

(1) $N_2(g) + 3H_2(g) = 2NH_3(g)$

(2) $\frac{1}{2}N_2(g) + \frac{3}{2}H_2(g) = NH_3(g)$

**解:**各物质的物质的量变化为:

$$\Delta n(N_2) = (10-2) \text{ mol} - 10 \text{ mol} = -2 \text{ mol}$$
$$\Delta n(H_2) = (20-6) \text{ mol} - 20 \text{ mol} = -6 \text{ mol}$$
$$\Delta n(NH_3) = 4 \text{mol} - 0 \text{ mol} = 4 \text{ mol}$$

对反应(1),由反应进度的定义可得:

$$\xi = \frac{-2 \text{ mol}}{-1} = \frac{-6 \text{ mol}}{-3} = \frac{4 \text{ mol}}{2} = 2 \text{ mol}$$

同理,对反应(2)得:

$$\xi = \frac{-2 \text{ mol}}{-1/2} = \frac{-6 \text{ mol}}{-3/2} = \frac{4 \text{ mol}}{1} = 4 \text{ mol}$$

由此可见,对于同一个化学反应方程式,无论选用哪一种反应物或生成物来计算反应进度,所得 $\xi$ 值都相同。然而,对同一个化学反应,如果化学反应方程式的写法不同,它们的反应进度是不同的,即 $\xi$ 值与化学反应方程式的写法有关,不能离开具体的反应方程式去谈反应进度。

## (二) 热化学方程式与标准态

化学反应总是伴随着热量的放出或吸收。有热量放出的反应称为**放热反应**(exothermal reaction),吸收热量的反应称为**吸热反应**(endothermal reaction)。研究化学反应热效应的学科称为**热化学**(thermochemistry)。

在化学反应中,如系统的始态(反应物)和终态(生成物)具有相同的温度,并且除体积功外不做其他功,这时系统吸收或放出的热量称为化学反应的**热效应**(heat effect),简称**反应热**(heat of reaction)。

**热化学方程式**(thermochemical equation)是表示化学反应及其热效应关系的化学反应方程式,如:

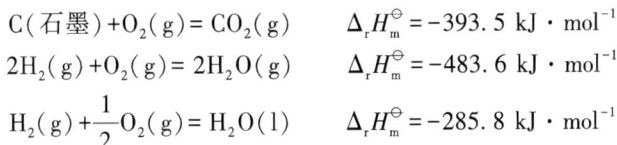

$$C(石墨)+O_2(g) = CO_2(g) \qquad \Delta_r H_m^{\ominus} = -393.5 \text{ kJ} \cdot \text{mol}^{-1}$$

$$2H_2(g)+O_2(g) = 2H_2O(g) \qquad \Delta_r H_m^{\ominus} = -483.6 \text{ kJ} \cdot \text{mol}^{-1}$$

$$H_2(g)+\frac{1}{2}O_2(g) = H_2O(l) \qquad \Delta_r H_m^{\ominus} = -285.8 \text{ kJ} \cdot \text{mol}^{-1}$$

在热化学方程式中热效应符号 $\Delta_r H_m^{\ominus}$ 为反应的标准摩尔焓变,其中 r 表示反应(reaction),m 表示 mol,$\ominus$表示标准状态。

**热力学标准状态**(standard state)是指物质在某温度和 100 kPa 压力下的状态。标准状态不仅用于气体,也用于液体、固体或溶液。同一物质,所处的状态不同,标准状态的含义也不同。根据国家标准,热力学标准状态分别是:

**1. 气体**　压力为 100 kPa,即标准压力下的纯理想气体。若为混合气体则是指各气体的分压为标准压力且均具有理想气体的性质。

**2. 纯液体**(或纯固体)　标准压力下的纯液体(或纯固体)。

**3. 溶液中的溶质**　溶质的标准态是指标准压力下,溶质浓度(严格应为活度)为 1 mol·L$^{-1}$或 1 mol·kg$^{-1}$,且符合理想溶液定律的溶质。

**4. 溶剂**　标准压力下的纯溶剂。

应当注意的是,标准状态没有指定温度,但 IUPAC 推荐 298.15K 为参考温度。从手册中查到的热力学常数一般是 298.15K 条件下的数据。因为化学反应的热效应与反应条件(温度、压力等)有关,也与反应物和生成物的状态和数量有关,所以在书写热化学方程式时要注意以下几点:

(1) 注明化学反应的热效应:放热反应系统能量减少,$\Delta_r H$ 取负号;吸热反应系统能量增加,$\Delta_r H$ 取正号。

(2) 注明反应物和生成物的状态:在反应式中,各物质化学式的右侧括号内注明物质的状态,一般用小写英文字母 s、l、g、aq 分别表示固态、液态、气态、水溶液。固体物质的晶型也应注明。

(3) 注明反应的温度和压力:通常 298.15K 时可以省略,若为其他温度则要注明。

(4) 在热化学方程式中,允许化学计量数是分数,化学计量数不同,其反应热也不同。

# 四、Hess 定律和反应热的计算

## (一) Hess 定律

1840 年,G. H. Hess(盖斯)通过大量实验,总结出一条规律,即一个化学反应不管是一步完成还是分几步完成,其反应的热效应总是相同的,这条规律称为 Hess 定律。Hess 定律实质上是热力学第一定律在热化学中应用的必然结果。因为焓(或热力学能)是状态函数,只要化学反应的始态和终态一定,则 $\Delta H$(或 $\Delta U$)便是定值,与反应的途径无关。实验表明,Hess 定律只是对非体积功为零的条件下的等容反应或等压反应才严格成立。

## (二) 由热化学方程式计算反应热

Hess 定律是热化学的基本定律。根据 Hess 定律可以使热化学方程式像普通代数方程式那样进行运算,利用已知的化学反应的热效应来间接求得那些难于测准确或无法直接测定的化学反应的热效应。例如,碳与氧化合生成一氧化碳的反应热是很难准确测定的,因为在反应中,不可避免地有少量二氧化碳生成。但是,碳与氧化合生成二氧化碳,一氧化碳与氧化合生成二氧化碳这两个反应的热效应却是很容易测定的,因而可借 Hess 定律把碳与氧化合生成一氧化碳的反应热间接地计算出来。实验测得下述反应的热效应:

$$C(石墨)+O_2(g)=CO_2(g) \qquad \Delta_r H_m^\ominus=-393.5 \ kJ \cdot mol^{-1}$$

$$CO(g)+\frac{1}{2}O_2(g)=CO_2(g) \qquad \Delta_r H_m^\ominus=-283.0 \ kJ \cdot mol^{-1}$$

由 $C(石墨)$ 和 $O_2(g)$ 生成 $CO_2(g)$,可通过两种途径完成,如图6-3。

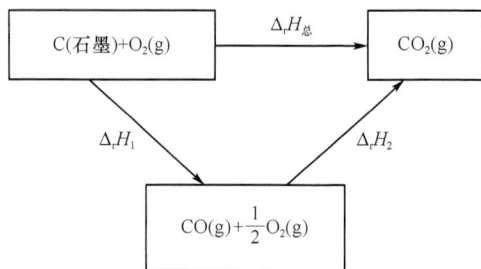

图6-3  $C(石墨)$ 和 $O_2(g)$ 生成 $CO_2(g)$ 反应热效应图解

根据 Hess 定律,这三个热效应的关系是:
$$\Delta_r H_总=\Delta_r H_1+\Delta_r H_2$$
$$\Delta_r H_1=\Delta_r H_总-\Delta_r H_2$$
$$=-393.5 \ kJ-(-283.0 \ kJ)=-110.5 \ kJ$$

**例6-2** 已知 298.15K 时,下列反应的标准反应热:

(1) $C(石墨)+O_2(g)=CO_2(g) \qquad \Delta_r H_m^\ominus=-393.5 \ kJ \cdot mol^{-1}$

(2) $H_2(g)+\frac{1}{2}O_2(g)=H_2O(l) \qquad \Delta_r H_m^\ominus=-285.8 \ kJ \cdot mol^{-1}$

(3) $C_3H_8(g)+5O_2(g)=3CO_2(g)+4H_2O(l) \qquad \Delta_r H_m^\ominus=-2220.05 kJ \cdot mol^{-1}$

试计算反应:$3C(石墨)+4H_2(g)=C_3H_8(g)$ 的 $\Delta_r H_m^\ominus$。

**解**:由 $3\times(1)+4\times(2)-(3)$,可得所求的反应,则:
$$\Delta_r H_m^\ominus=3\times\Delta_r H_m^\ominus(1)+4\times\Delta_r H_m^\ominus(2)-\Delta_r H_m^\ominus(3)$$
$$=3\times(-393.5 \ kJ \cdot mol^{-1})+4\times(-285.8 \ kJ \cdot mol^{-1})-(-2220.0 \ kJ \cdot mol^{-1})$$
$$=-103.7 \ kJ \cdot mol^{-1}$$

## (三) 由标准摩尔生成焓计算反应热

根据热力学第一定律得:

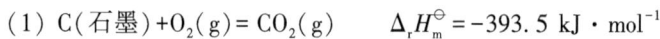
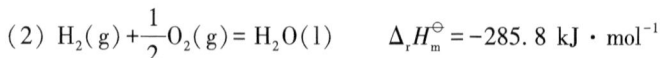

$$Q_p=\Delta H=H_2-H_1=\sum H(生成物)-\sum H(反应物) \qquad (6-13)$$

如果知道生成物与反应物的焓值,就可以计算反应热。但是,人们不能测出物质焓的绝对值,而我们需要知道的只是焓的改变值 $\Delta H$,因而可以确定一个相对标准,用各物质的相对焓值来进行计算。其方法是:规定在 100 kPa 压力和反应进行的温度下,最稳定的单质的熵值为零。有了这个标准,就可以利用单质生成化合物的生成反应的熵变和由化合物被氧完全氧化的燃烧反应的熵变,计算其反应的总熵变。所谓最稳定状态单质是指在该条件下元素最稳定的状态,例如碳的最稳定单质为石墨而不是金刚石,溴的最稳定单质是液态溴而不是气态溴。

化学热力学规定,某温度下,由最稳定的单质生成 1 mol 化合物或其他形式单质时的熵变,称为该温度下这种纯物质的**摩尔生成熵**(molar enthalpy of formation),以符号 $\Delta_f H_m$ 表示(右下标 f 表示 formation),单位为 kJ·mol$^{-1}$。标准状态下的摩尔生成熵称为**标准摩尔生成熵**(standard molar enthalpy of formation),用符号 $\Delta_f H_m^{\ominus}$ 表示。

根据 Hess 定律和标准生成熵的定义,可导出从生成熵计算反应热效应的公式。设想,如果一个化学反应以单质为始态经途径 I 生成生成物(终态),或从单质首先生成反应物再生成生成物(途径 II、III),这两个途径所产生的反应热效应相等(图 6-4)。

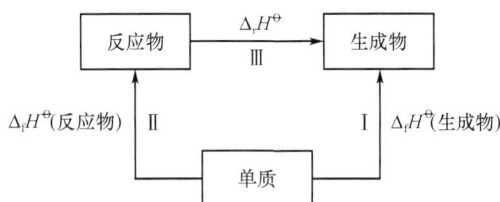

图 6-4　由标准生成熵计算反应热效应图解

由 Hess 定律和标准生成熵的定义推得从生成熵计算反应热效应的公式:

$$\Delta_r H^{\ominus} = \sum \Delta_f H^{\ominus}(生成物) - \sum \Delta_f H^{\ominus}(反应物) \tag{6-14}$$

这个公式的意义是:化学反应的标准反应熵变等于生成物的标准生成熵之和减去反应物的标准生成熵之和。利用本书附录或物理化学手册中的各物质的 $\Delta_f H_m^{\ominus}$ 数据,根据式(6-14)可求得在标准状态下各种化学反应的等压反应热。在计算中还要注意 $\Delta_f H_m^{\ominus}$ 乘以反应式中相应物质的化学计量系数。

标准状态下,由最稳定单质生成 1 mol 某水合离子时的热效应,称为该水合离子的标准摩尔生成熵。规定在无限稀释的水溶液中,水合氢离子的标准摩尔生成熵为零,即:

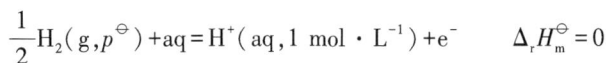

$$\frac{1}{2}H_2(g,p^{\ominus}) + aq = H^+(aq,1\ mol·L^{-1}) + e^- \qquad \Delta_r H_m^{\ominus} = 0$$

由此可求得其他离子的标准摩尔生成熵。

**例 6-3**　葡萄糖 $C_6H_{12}O_6(s)$ 的氧化是人体获得能量的重要反应,试计算 298.15K 时下列反应的 $\Delta_r H_m^{\ominus}$。

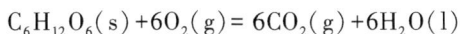

$$C_6H_{12}O_6(s) + 6O_2(g) = 6CO_2(g) + 6H_2O(l)$$

**解**:查得各物质的 $\Delta_f G_m^{\ominus}$,代入式(6-13)可得:

$$\Delta_r H_m^{\ominus} = [6\Delta_f H_m^{\ominus}(CO_2,g) + 6\Delta_f H_m^{\ominus}(H_2O,l)] - [\Delta_f H_m^{\ominus}(C_6H_{12}O_6,s) + 6\Delta_f H_m^{\ominus}(O_2,g)]$$
$$= [6×(-393.5\ kJ·mol^{-1}) + 6×(-285.8\ kJ·mol^{-1})] - [-1273.3\ kJ·mol^{-1} + 6×0]$$
$$= -2802.5\ kJ·mol^{-1}$$

## (四) 由标准摩尔燃烧熵计算反应热

大多数有机物很难、甚至不能从单质直接合成。因而有机化合物的生成熵,常是间接求出来的。几乎所有的有机化合物都容易燃烧生成 $CO_2$ 和 $H_2O$,其燃烧热很容易由实验测定,因此,利用物质的燃烧热可以方便地求出反应的热效应。

1 mol 物质完全燃烧时所产生的热效应,称为该物质的**摩尔燃烧熵**(enthalpy of combustion),用符号 $\Delta_c H_m$(右下标 c 表示 combustion)表示。标准状态下的摩尔燃烧熵,称为**标准摩尔燃烧熵**

(standard molar enthalpy of combustion),用 $\Delta_c H_m^\ominus$ 表示,单位为 $kJ \cdot mol^{-1}$。完全燃烧是指物质氧化后生成最稳定的化合物或单质,如物质中的 C 变成 $CO_2(g)$,H 变成 $H_2O(l)$,S 变成 $SO_2(g)$,N 变成 $N_2(g)$,O 变成 $O_2(g)$ 等,规定这些生成物的标准燃烧焓为零,即 $\Delta_c H_m^\ominus = 0$。298.15K 时一些物质的标准摩尔燃烧焓列于附录中。例如,1 mol 葡萄糖在足量的氧气中完全燃烧,反应式为:

$$C_6H_{12}O_6(s) + 6O_2(g) \longrightarrow 6CO_2(g) + 6H_2O(t)$$

放出 2802.5 kJ 的热,即 $\Delta_c H_m^\ominus = -2802.5 \ kJ \cdot mol^{-1}$。

如反应物直接燃烧变成燃烧产物(途径Ⅰ),或由反应物先变成生成物再转变成为燃烧产物(途径Ⅲ、Ⅱ),途径虽不同,但燃烧产物是完全相同的,如图 6-5。

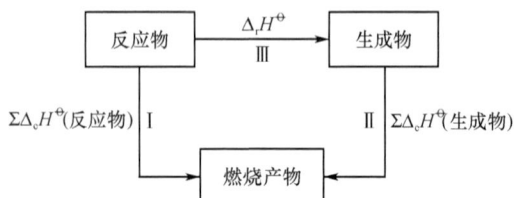

图 6-5　由标准燃烧焓计算反应热效应

由 Hess 定律和标准燃烧焓的定义推得从燃烧焓计算反应热效应的公式

$$\Delta_r H^\ominus = \sum \Delta_c H^\ominus (\text{反应物}) - \sum \Delta_c H^\ominus (\text{生成物}) \tag{6-15}$$

由此可知,计算反应热效应只要用反应物的标准燃烧焓总和减去生成物标准燃烧焓的总和就可以了,注意式(6-15)中减数与被减数的关系正好与式(6-14)相反。

**例 6-4**　求反应 $CH_3COOH(l) + C_2H_5OH(l) = CH_3COOC_2H_5(l) + H_2O(l)$ 的反应热效应 $\Delta_r H_m^\ominus$。

**解**:$\Delta_r H_m^\ominus = \Delta_c H_m^\ominus(CH_3COOH,l) + \Delta_c H_m^\ominus(C_2H_5OH,l) - \Delta_c H_m^\ominus(CH_3COOC_2H_5,l)$

查出各物质的 $\Delta_c H_m^\ominus$ 值,代入上式得:

$$\Delta_r H_m^\ominus = (-874.2 \ kJ \cdot mol^{-1}) + (-1366.8 \ kJ \cdot mol^{-1}) - (-2238.1 \ kJ \cdot mol^{-1})$$
$$= 2.9 \ kJ \cdot mol^{-1}$$

**例 6-5**　已知甲烷的 $\Delta_c H_m^\ominus = -890.8 \ kJ \cdot mol^{-1}$,求甲烷的标准摩尔生成焓。

**解**:甲烷的燃烧反应为

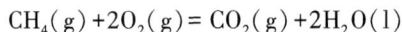

$$CH_4(g) + 2O_2(g) = CO_2(g) + 2H_2O(l)$$

查得:$\Delta_f H_m^\ominus(CO_2,g) = -393.5 \ kJ \cdot mol^{-1}$,$\Delta_f H_m^\ominus(H_2O,l) = -285.8 \ kJ \cdot mol^{-1}$

$\Delta_r H_m^\ominus = [\Delta_f H_m^\ominus(CO_2,g) + 2\Delta_f H_m^\ominus(H_2O,l)] - [\Delta_f H_m^\ominus(CH_4,g) + 2\Delta_f H_m^\ominus(O_2,g)]$

$\because \Delta_r H_m^\ominus = \Delta_c H_m^\ominus(CH_4,g)$

$\therefore \Delta_f H_m^\ominus(CH_4,g) = [\Delta_f H_m^\ominus(CO_2,g) + 2\Delta_f H_m^\ominus(H_2O,l)] - \Delta_c H_m^\ominus(CH_4,g)$

$$= -393.5 \ kJ \cdot mol^{-1} + 2 \times (-285.8 \ kJ \cdot mol^{-1}) - (-890.8 \ kJ \cdot mol^{-1})$$
$$= -74.3 kJ \cdot mol^{-1}$$

绝大多数化学反应并非在 298.15K 下进行,而一般从手册上查得的数据通常是 298.15K 下的。在温度变化范围不大且要求不太精确时,可以认为反应热是一常数,即:

$$\Delta_r H_m^\ominus \approx \Delta_r H_{m,298.15K}^\ominus$$

**案例 6-3**

热力学第一定律的实质是能量守恒,自然界的一切过程均服从热力学第一定律,任何违背这一定律的过程肯定不能发生。但是,遵守热力学第一定律的过程在自然条件下并非都能发生。例如在 298.15K 和标准状态下,下列反应可以自发进行:

$$Zn(s)+CuSO_4(aq)=ZnSO_4(aq)+Cu(s) \qquad \Delta_r H_m^{\ominus}=-216.8 \text{ kJ} \cdot \text{mol}^{-1}$$

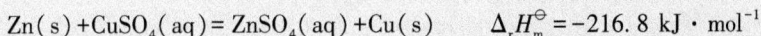

而在相同条件下,由环境提供 $216.8 \text{ kJ} \cdot \text{mol}^{-1}$ 的热能,其逆反应却不能进行,尽管此逆反应并不违背热力学第一定律。可见,对于化学反应进行的方向问题,热力学第一定律并不能回答。

**问题:**

1. 究竟有哪些因素决定一个化学反应自发进行的方向?
2. 在一定条件下,如何判断一个化学反应能否自发进行?若能进行,它进行到什么程度?

# 第3节 化学反应的方向性

热力学第一定律是能量转化及能量守恒定律,通过热力学第一定律只是说明能量的各种形式在相互换转时其总量保持不变,而不能预言某种转换能否发生以及进行的限度。也就是说,任何违背热力学第一定律的过程肯定不能发生,然而,不违背热力学第一定律的过程也并不一定都能进行。可见,利用热力学第一定律不能判断化学反应进行的方向。有关化学反应方向的问题,必须用热力学第二定律来解决。

## 一、自发过程及其特征

### (一) 自发过程的特征

**自发过程**(spontaneous process)是在一定条件下不加任何外力就可以自动进行的过程,自然界存在许多自发过程,例如:

(1) 有温差的物体接触时,热自动地从高温物体传递到低温物体,直到没有温差(即热平衡)为止。

(2) 有水位差的水,在没有外力的作用下,水会自动地由高处流向低处,直到无水位差(即势能平衡)为止。

(3) 有浓度差的溶液相接触时,溶质自动地从浓度大的一方往浓度小的一方扩散,直到体系内各部分组成相同(即物质平衡)为止。

(4) 盐酸与氢氧化钠放在一起,可以自动地进行反应,生成氯化钠和水。

自发过程是**不可逆过程**(irreversible process),即自发过程的逆向过程是不能自动进行的,例如热不能自动地从低温物体传递到高温物体等。因此,在没有外界影响(即与环境隔绝)的条件下,任何系统总是单向地趋向平衡状态,却不可能自动地逆向。但是,这里说的自发过程的逆向过程不能自动进行,并不是说不能进行,应注意的是"自动"二字,如果在外力的帮助下,是可能进行的。例如,利用抽水机可以将低处的水抽到高处,实现水从低处转移到高处的过程,但这不是自动进行的,而是在外力帮助下实现的,即环境消耗了能量。

自发过程具有以下几个共同的特征:

**1. 单向性** 自发过程都有单向自发进行的倾向,即具有明显的方向性,而且都不能自动地逆转进行。自发过程一旦发生,就不能再使系统和环境都恢复到原来的状态,这叫做自发过程的不可逆性,它是自发过程最根本的特征。

**2. 具有做功的能力** 如果对自发过程能够加以控制,就能利用它来做功。例如,高处流下的水可以推动水轮机做机械功。自发过程一旦发生后,体系做功能力逐渐减小。

**3. 具有一定的限度** 自发过程总是单向地趋向于达到平衡状态,达平衡状态时做功的本领等于零。以后只要不改变条件,则不能利用再来做功。

前面提到,在热传导中用温度来判断过程的方向和限度,其变化方向总是从高温物体传递到低温物体,温度差为零时就是过程的限度,即热传导不再进行。利用水位可以判断过程的方向和限度。利用压力、电势、浓度等可分别对气体膨胀、电流和物质扩散等过程的方向和限度做出判断。也就是说,这些物理量可作为判断自发过程进行的方向和限度的依据。

化学反应在一定条件下也是自发地朝着某一方向进行,那么也一定存在一个类似的判据来判断化学反应进行的方向和限度。

## (二) 化学反应进行的推动力

判断一个化学反应能否自发进行以及在什么条件下自发进行,意义重大。因为,若能预测一个反应根本不可能发生,就不必再去研究。那么,推动化学反应自发进行的因素有哪些呢?

19 世纪 70 年代,法国化学家 P E M Berthelot(贝特罗)和丹麦化学家 J Thomson(汤姆逊)提出,反应热是判断化学反应方向的判据,并认为一切化学反应都朝着放出能量的方向进行,即放热反应能自发进行,而吸热反应不能自发进行。许多放热反应在常温常压下能自发进行。例如,下列反应在室温下即自发进行:

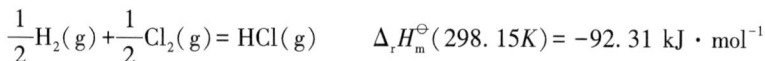

$$2Fe(s) + \frac{3}{2}O_2(g) = Fe_2O_3(s) \qquad \Delta_r H_m^{\ominus}(298.15K) = -824.2 \ kJ \cdot mol^{-1}$$

$$\frac{1}{2}H_2(g) + \frac{1}{2}Cl_2(g) = HCl(g) \qquad \Delta_r H_m^{\ominus}(298.15K) = -92.31 \ kJ \cdot mol^{-1}$$

### 案例 6-4

实验已经证明,许多放热反应在常温常压下能自发进行。但是,少数吸热反应在室温下也能自发进行。例如:

$$N_2O_4(g) = 2NO_2(g) \qquad \Delta_r H_m^{\ominus}(298.15K) = 55.3 \ kJ \cdot mol^{-1}$$

$$KNO_3(s) = K^+(aq) + NO_3^-(aq) \qquad \Delta_r H_m^{\ominus}(298.15K) = 35.0 \ kJ \cdot mol^{-1}$$

**问题:**

除了能量因素外,还有哪些因素影响化学反应自发进行的方向?

### 案例 6-4 分析

由上述吸热反应在室温下也能自发进行可见,虽然反应热是影响化学反应方向的重要因素,但不是决定反应方向的唯一因素。分析 $KNO_3$ 固体溶解到水中这样一个过程,固体 $KNO_3$ 中的 $K^+$ 和 $NO_3^-$ 的排列是相对有序的,溶于水形成 $KNO_3$ 溶液后,每个 $K^+$ 和 $NO_3^-$ 都被周围的水分子包围着。溶液与固体 $KNO_3$ 和溶剂水比较,溶液中的粒子种类增多,且 $KNO_3$ 和溶剂水的排列没有以前有序,比以前混乱了,也就是系统的混乱度增加了。又如,$N_2O_4$ 的分解反应,生成物气体分子数比反应物气体分子数大一倍,也使混乱度增加。考察上述自发进行而又吸热的反应可以发现,这些反应都有一个共同的特点,即反应后系统的混乱度增大。因此,除反应热外,系统的混乱度也是影响化学反应方向的一个重要因素。

# 二、熵与热力学第二定律

## (一) 熵和熵变

冰中的 $H_2O$ 分子受到晶格刚性结构的限制,只在 1 个位置附近振动。而处于液态的水不仅可以呈现出宏观流动性,而且 $H_2O$ 分子的热运动一刻也没有停止过。显然,$H_2O$ 分子在液态水中的运动范围比在冰中大得多,可以表现出多种微观状态。因此,冰融化成水是一个混乱度增大的过程,也是一个微观状态数增多的过程。

系统的状态总是与确定的微观状态数对应。如果用系统的状态函数来描述系统的混乱度,那么这种状态函数和微观状态数之间必然存在某种定量关系。在热力学中把描述系统混乱度的状态函数称为熵(entropy),用符号 $S$ 表示。系统的微观状态数越多,系统的混乱度就越大,则熵值越大;反之,系统的混乱度越小,则熵值越小。影响系统熵值的主要因素有:

**1. 物质的聚集状态**　同一种物质的气、液、固态相比较,气相的混乱度最大,而固相的混乱度最小。因此,同一种物质的气、液、固相熵的相对大小为 $S_m(g) > S_m(l) > S_m(s)$。例如,$S_m(H_2O,g) > S_m(H_2O,l) > S_m(H_2O,s)$。

**2. 分子的组成**　对于聚集状态相同的物质,分子中原子的数目越多,其混乱度就越大,其熵值也就越大。例如,$S_m(C_3H_8,g) > S_m(C_2H_6,g) > S_m(C_2H_2,g)$。若分子中原子的数目相同,相对分子质量越大,混乱度就越大,其熵值也就越大。例如,$S_m(SO_2,g) > S_m(NO_2,g) > S_m(CO_2,g)$。

**3. 温度**　温度升高,物质的混乱度增大,因此熵值也增大。例如,$S_m(CO_2,400K,g) > S_m(CO_2,300K,g)$。

**4. 压力**　压力增大时,将使物质限制在较小的体积之中,混乱度减小,因此其熵值也减小。压力对固体和液体的熵值影响很小,对气体的熵值影响较大。

热力学已经证明,熵像热力学能和焓一样,也是状态函数。当系统的状态一定时,就有确定的熵值;当系统的状态发生变化时,熵变 $\Delta S$ 只取决于系统的始态和终态,与实现变化的途径无关。热力学推导得出,等温过程熵变的数学表达式为:

$$\frac{Q_{ir}}{T} < \frac{Q_r}{T} = \Delta S \tag{6-16}$$

这里 $Q_r$ 为可逆过程系统吸收的热,$Q_{ir}$ 为不可逆过程系统吸收的热,$T$ 为系统温度。可以认为这是热力学第二定律的一种表述。在孤立系统或绝热系统内,$Q = 0$,则式(6-16)可写成:

$$\Delta S_孤 \geq 0 \tag{6-17}$$

或

$$\Delta S_孤 \begin{cases} >0 & 自发过程 \\ =0 & 可逆过程 \\ <0 & 非自发过程 \end{cases} \tag{6-18}$$

由此可以得出这样的结论:在任何孤立系统内,如果是可逆过程,则熵值不变,$\Delta S = 0$;若是不可逆过程,则熵值必定增加,$\Delta S > 0$,称为**熵增加原理**(principle of entropy increase)。熵增加原理是热力学第二定律的另一种表达方法。由于自发过程都是不可逆过程,又可得出下列结论:在孤立系统内发生的任何反应都是向熵值增加的方向进行,直到熵值达到极大值,即达到平衡为止。这样可以把熵值增加作为判断变化方向的依据,简称为**熵判据**(entropy criterion)。注意,上述公式只能应用于孤立系统。

真正的孤立系统是不存在的,因为系统和环境之间总会存在或多或少的能量交换。如果把与系统有物质或能量交换的那一部分环境也包括进去,从而构成一个新的系统,这个新系统可以看成孤立系统,其熵变为 $\Delta S_总$。则式(6-17)可改写为:

$$\Delta S_总 = \Delta S_{系统} + \Delta S_{环境} \geq 0 \tag{6-19}$$

## (二) 热力学第二定律

**热力学第二定律**(the second law of thermodynamics)建立于热机效率的研究之中。1824 年,NLS Carnot(卡诺)设计了一部理想热机。L Kelvin(开尔文)和 R Clausius(克劳修斯)分别研究了热机的工作,发现其中包含了热力学第二定律这个极为重要的自然规律。

热力学第二定律有多种表述方式,其中最经典的是 Kelvin 说法和 Clausius 说法。Kelvin 说法:不可能从单一热源吸热使之完全转变为功而不发生其他变化。Clausius 说法:不可能将热从低温物体传递到高温物体而不引起其他变化。尽管热力学第二定律有不同的表述,但都指明了自然界宏观过程的单向性——不可逆性,并且各种不同表述在本质上是等价的。我们可以假设,若可以将热由低温物体传递到高温物体而不引起其他变化,则人们可以造出一种能从高温物体吸热并对低温物体放而同时做功的机器,低温物体所得到的热又能够传递到高温物体而不引起其他变化。这相当于是一个从单一热源吸热使之完全转化为功而不发生其他变化的过程。显然当 Clausius 说法不成立时 Kelvin 说法亦不成立,即两种说法是等价的。

如热力学第一定律用状态函数 $U$ 和 $H$ 的变化量来判断过程能量变化那样,热力学第二定律用状态函数熵的变化量来判断过程变化的方向和限度。前面讲到公式(6-16)可以认为是热力学第二定律的一种表述。熵增加原理是热力学第二定律的又一种表述,即在孤立系统内发生的任何反应都是向熵值增加的方向进行。

同热力学第一定律一样,热力学第二定律也是无数客观事实的总结。它不能从其他定律推导获得,也不能由其他定律证明。到目前为止,还没有发现违背热力学第二定律的事例。

## (三) 熵变与化学反应的方向

如果知道各种物质的熵值,就能方便地计算出化学反应的**熵变**。但实际上熵的绝对值是不知道的,只能人为地规定一些参考点作为零点求其相对值。热力学规定:热力学温度 0K 时,任何纯物质的完整晶体的熵值为零,这就是**热力学第三定律**(the third law of thermodynamics)。也就是说,在 0K 时,任何完整晶体的原子或分子只有一种排列方式,即只有一种微观状态数。由热力学第三定律,完整晶体在 $T=0K$ 时,$S(0)=0$,由此,就可以确定其他温度下的熵值。相对于 0K 而言的熵值,通常称为**规定熵**(conventional entropy),即:

$$S(T)-S(0)=S(T)$$

在标准状态下,1 mol 纯物质的规定熵称为**标准摩尔熵**(standard molar entropy),用 $S_m^\ominus$ 表示,单位是 $J \cdot K^{-1} \cdot mol^{-1}$。

在标准状态下,1 mol 理想溶液中某水合离子的标准熵,就是该水合离子的标准摩尔熵。通常规定水合氢离子在 298.15K 的标准熵为零。

通常计算化学反应的标准熵变 $\Delta_r S_m^\ominus$ 可以用生成物的标准摩尔熵的总和减去反应物的标准摩尔熵的总和求得:

$$\Delta_r S_m^\ominus = \sum S_m^\ominus (生成物) - \sum S_m^\ominus (反应物) \tag{6-20}$$

**例 6-6**　利用 298.15K 时的标准摩尔熵,计算反应

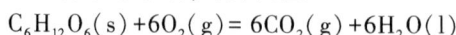

$$C_6H_{12}O_6(s)+6O_2(g)=6CO_2(g)+6H_2O(l)$$

在 298.15K 时的标准摩尔熵变。

**解**:由附录查得 298.15K 时

$$S_m^\ominus(C_6H_{12}O_6,s)=212.1 \ J \cdot K^{-1} \cdot mol^{-1} \qquad S_m^\ominus(O_2,g)=205.2 \ J \cdot K^{-1}mol^{-1}$$
$$S_m^\ominus(CO_2,g)=213.8 \ J \cdot K^{-1} \cdot mol^{-1} \qquad S_m^\ominus(H_2O,l)=70.0 \ J \cdot K^{-1} \cdot mol^{-1}$$

根据式(6-20),反应的标准摩尔熵变为:

$$\Delta_r S_m^\ominus = 6S_m^\ominus(CO_2,g)+6S_m^\ominus(H_2O,l)-S_m^\ominus(C_6H_{12}O_6,s)-6S_m^\ominus(O_2,g)$$
$$= (6\times213.8+6\times70.0-212.1-6\times205.2) \ J \cdot K^{-1} \cdot mol^{-1}$$
$$= 259.5 \ J \cdot K^{-1} \cdot mol^{-1}$$

**案例 6-5**

阿司匹林(aspirin)化学名为乙酰水杨酸。它具有较强的解热镇痛作用和抗炎、抗风湿作用。临床上用于感冒发热、头痛、牙痛、神经痛、肌肉痛等,是风湿热及活动型风湿性关节

炎的首选药物。阿司匹林还具有抗血小板聚集的作用,可用于活血化淤,治疗心脏病。其制备是以水杨酸为原料,在硫酸催化下经乙酸酐乙酰化而得:

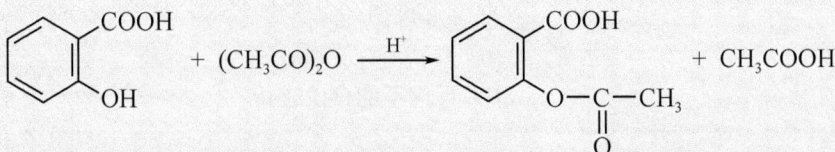

$$\text{COOH} \quad + (CH_3CO)_2O \xrightarrow{H^+} \quad \text{COOH} \quad + CH_3COOH$$

类似的药物合成反应,若反应的标准摩尔熵变大于零,再求出环境的熵变,则可根据熵变判断该药物合成反应能否自发进行。化学反应一般是在等温、等压与周围环境有能量交换的情况下进行的,如果用 $\Delta_r S$ 来判断反应的方向和限度,即要考虑系统的熵变,又要考虑环境的熵变,应用起来很不方便。

**问题:**

是否有更方便的判据呢? 也就是说,有没有一个只需考虑系统本身情况,就可以解决化学反应自发进行方向的判据呢?

# 三、Gibbs 自由能与化学反应的方向

1876 年,美国科学家 JW Gibbs(吉布斯)在前人研究的基础上引入了新的热力学函数,以作为在一般条件下,过程或反应自发方向的判断依据。这个综合了系统焓变、熵变和温度三者关系的状态函数就是 Gibbs 自由能(Gibbs free energy)。

## (一) Gibbs 自由能

判断化学反应进行的方向,要综合考虑反应热、熵变和温度的影响。热力学推导出系统等温过程的熵变为:

$$\frac{Q_r}{T} = \Delta S \tag{6-21}$$

对于在等温、等压下进行的化学反应有 $Q_{r,环境} = -\Delta H_{系统}$,因此:

$$\Delta S_{环境} = \frac{Q_{r,环境}}{T} = -\frac{\Delta H_{系统}}{T} \tag{6-22}$$

$$\Delta S_{系统} + \Delta S_{环境} = \Delta S_{系统} - \frac{\Delta H_{系统}}{T} \geq 0$$

由于是讨论等温下系统的变化,可将上式变为:

$$\Delta H_{系统} - T\Delta S_{系统} \leq 0$$

省去下标"系统"并改写为:

$$\Delta H - T\Delta S \leq 0$$

$$\Delta(H - TS) \leq 0$$

令

$$G \xlongequal{\text{def}} H - TS \tag{6-23}$$

$G$ 称为 **Gibbs 自由能**,简称**自由能**(free energy)。因为 $H$、$T$、$S$ 都是状态函数,所以由它们组合成的新物理量($H-TS$),即 Gibbs 自由能也是状态函数。像焓 $H$ 一样,$G$ 没有直观的物理意义,它的绝对值也无法测得,但自由能的改变量 $\Delta G$(自由能变)只与系统的始态和终态有关而与过程无关,是可以测得的。

$$\Delta G \leqslant 0 \qquad (6\text{-}24)$$

式(6-24)是在等温、等压及不做非体积功条件下化学反应自发进行的判据。对于等温、等压、不做非体积功的化学反应来说：

$$\Delta_r G_{T,P} \begin{cases} <0 & \text{反应自发进行} \\ =0 & \text{反应处于平衡状态} \\ >0 & \text{反应不能自发进行} \end{cases}$$

---

**知识视窗**

### 药物分子设计与自由能

药物分子设计开始于20世纪60年代,应用于创新药物先导结构的发现和优化并取得突破性进展始于80年代中期,到90年代,药物分子设计已作为一种实用化的工具介入到了药物研究的各个环节,并已成为创新药物研究的核心技术之一。

直接药物设计是从生物靶标大分子结构出发,寻找、设计能够与它发生相互作用并调节其功能的小分子,分为分子对接和全新药物设计两种方法。分子对接法是通过将化合物三维结构数据库中的分子逐一与靶标分子进行"对接",通过不断优化小分子化合物的位置、方向以及构象,寻找小分子与靶标生物分子作用的最佳构象,计算其与生物大分子的相互作用能。利用分子对接对化合物数据库中所有的分子排序,即可从中找出可能与靶标分子结合的分子。

分子对接的核心问题之一就是受体和配体之间结合自由能的评价,精确的自由能预测方法能够大大提高药物设计的效率。在过去的二十年中,随着受体和配体相互作用的理论研究以及计算机辅助药物设计方法的快速发展,自由能预测方法的研究受到了越来越多的关注。例如,苯酰氨类抑制剂是最典型的胰蛋白酶抑制剂之一。用基于线性响应近似的自由能预测方法计算胰蛋白酶和苯酰氨类抑制剂的结合自由能,双参数模型预测得到的预测自由能和实际自由能之间平均绝对误差仅为 $1.15\ kJ\cdot mol^{-1}$,自由能计算模型及分子动力学轨迹能很好地解释抑制剂结构和活性的关系,为药物设计提供了重要的结构信息。

---

## (二) Gibbs 自由能变化与非体积功

在等温等压不做非体积功的情况下,可以用 $\Delta G$ 作判据来判断过程是否自发进行。自发过程都具有做功的本领,所做的功除了体积功外,可能还有非体积功。根据前面的讨论已知,与各种不可逆过程相比,系统经历可逆过程所做的功是最大的,亦即最大非体积功。热力学可以证明,在等温、等压的可逆过程中系统对外做的最大非体积功($W'_{max}$)等于系统 Gibbs 自由能的减少($\Delta_r G_{T,P} < 0$),即:

$$W'_{max} = \Delta_r G_{T,P} \qquad (6\text{-}25)$$

## (三) 用 Gibbs 自由能变化判断化学反应的方向

**1. 用 Gibbs 自由能变化判断化学反应的方向**    根据自由能的定义 $G = H - TS$,在等温、等压下进行的化学反应自由能变化可写成:

$$\Delta_r G = \Delta_r H - T\Delta_r S \qquad (6\text{-}26)$$

式(6-26)表明,等温、等压下自发进行的化学反应方向和限度的判据 $\Delta_r G$ 是由焓变 $\Delta_r H$ 和 $T\Delta_r S$ 两项决定的。$\Delta_r G$ 体现了 $\Delta_r H$ 和 $\Delta_r S$ 两种效应的综合效果。$\Delta_r H$ 和 $\Delta_r S$ 这两个因素对自发变化的影响如下:

(1) 如果 $\Delta_r H < 0$(放热反应),$\Delta_r S > 0$(熵增),则 $\Delta_r G < 0$,两因素都对自发过程有利,不管在什么温度下,反应总是正向自发进行的。

(2) 如果 $\Delta_r H > 0$(吸热反应),$\Delta_r S < 0$(熵减),则 $\Delta_r G > 0$,两因素都对自发过程不利,不管在什

么温度下,反应都是不可能正向自发进行的。

(3)如果$\Delta_r H<0,\Delta_r S<0$或$\Delta_r H>0,\Delta_r S>0$,这时温度$T$对反应自发进行的方向起决定作用。以表6-1说明。

表6-1 影响反应自发过程的因素

| $\Delta_r H$ | $\Delta_r S$ | $\Delta_r G=\Delta_r H-T\Delta_r S$ | 反应情况 | 实例 |
|---|---|---|---|---|
| – | – | 温度低时为 – | 正向进行 | $HCl(g)+NH_3(g)=NH_4Cl(s)$ |
|   |   | 温度高时为 + | 逆向进行 |  |
| + | + | 温度低时为 + | 逆向进行 | $CaCO_3(s)=CaO(s)+CO_2(g)$ |
|   |   | 温度高时为 – | 正向进行 |  |

放热反应也不一定都能自发正向进行,吸热反应也可以自发正向进行。

(4)如果两因素影响的结果使其$\Delta_r G=0$,即焓效应与熵效应互相抵消,系统就处在平衡状态。

(5)如果$\Delta_r S$很小,则$\Delta_r G\approx\Delta_r H$。这就是说,如果熵变很小(除了有相变的反应外,许多反应都是如此),就可以用$\Delta_r H$代替$\Delta_r G$来判断反应的方向。这就是许多反应可以由焓变来判断其自发进行方向的原因。

反应系统各物质都处于标准状态时的自由能变化称为**标准自由能变化**,用$\Delta_r G^\ominus$表示,上式可写成:

$$\Delta_r G^\ominus=\Delta_r H^\ominus-T\Delta_r S^\ominus \tag{6-27}$$

式(6-26)和式(6-27)都称为 **Gibbs-Helmholtz(吉布斯-亥姆霍兹)公式**,式(6-27)适用于标准状态。

热力学中没有指定标准态的温度数值,而温度变化对$\Delta_r H^\ominus$和$\Delta_r S^\ominus$的影响又较小,因此在求算$\Delta_r G^\ominus(T)$的近似值时,可采用298.15K时$\Delta_r H^\ominus(298.15K)$和$\Delta_r S^\ominus(298.15K)$数值代替其他温度的焓变和熵变数值,即:

$$\Delta_r G^\ominus(T)=\Delta_r H^\ominus(298.15K)-T\Delta_r S^\ominus(298.15K) \tag{6-28}$$

**例6-7** 反应$CaCO_3(s)=CaO(s)+CO_2(g)$的$\Delta_r H_m^\ominus(298.15K)=179.2\ kJ\cdot mol^{-1}$,$\Delta_r S_m^\ominus(298K)=160.2\ J\cdot mol^{-1}\cdot K^{-1}$,求反应在1200K时的$\Delta_r G_m^\ominus$及反应自发进行的最低温度是多少?

**解**:根据式(6-28)得

$$\Delta_r G_m^\ominus(1200K)=\Delta_r H_m^\ominus(298.15K)-1200\Delta_r S_m^\ominus(298.15K)$$

$$=179.2\ kJ\cdot mol^{-1}-\frac{1200K\times160.2\ J\cdot mol^{-1}\cdot K^{-1}}{1000}$$

$$=-13.0\ kJ\cdot mol^{-1}$$

若使反应自发进行,必有$\Delta_r G_m^\ominus(T)<0$,因$\Delta_r H_m^\ominus(298K)$和$\Delta_r S_m^\ominus(298K)$均大于0,故反应温度为:

$$T>\frac{\Delta_r H_m^\ominus(298K)}{\Delta_r S_m^\ominus(298K)}>\frac{178.3\ J\cdot mol^{-1}\times1000}{160.4\ J\cdot K^{-1}\cdot mol^{-1}}>1112K$$

计算结果表明,在标准态时,$CaCO_3$的最低分解温度为1112K(839℃)。同时也说明温度变化对$\Delta_r G_m^\ominus$的影响相当显著。

**2. 标准状态下 Gibbs 自由能变的计算** 物质自由能的绝对值与热力学能和焓的绝对值一样无法求得。但是,$\Delta_r G$本身就是相对值,因而可以参照各物质的标准摩尔生成焓来计算反应的热效应的方法,也可根据各物质的标准摩尔生成自由能来计算反应的自由能变化。

化学热力学规定:在标准状态下,由最稳定单质生成1 mol化合物的自由能变化为**标准摩尔生成自由能**(standard free energy of formation),用$\Delta_f G_m^\ominus$表示,单位是$kJ\cdot mol^{-1}$。和标准摩尔生成焓一样,这里没有指定温度,通常采用298.15K的数据。按照标准摩尔生成自由能$\Delta_f G_m^\ominus$的定义,热力学规定最稳定单质标准摩尔生成自由能为零。附录中列出一些化合物的$\Delta_f G_m^\ominus$值。有了标准摩尔生成自由能的数据,就可方便地由下式计算任何反应的标准摩尔自由能变化 $\Delta_r G_m^{\ominus}$。

$$\Delta_r G_m^{\ominus} = \sum \Delta_f G_m^{\ominus}(生成物) - \sum \Delta_f G_m^{\ominus}(反应物) \tag{6-29}$$

**例 6-8** 葡萄糖 $C_6H_{12}O_6(s)$ 的氧化是人体获得能量的重要反应,试计算 298.15K 时下列反应的 $\Delta_r G_m^{\ominus}$ 并判断反应能否自发进行。

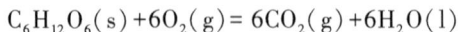

$$C_6H_{12}O_6(s) + 6O_2(g) = 6CO_2(g) + 6H_2O(l)$$

**解**:查得各物质的 $\Delta_f G_m^{\ominus}$,代入式(6-29)可得:

$$\Delta_r G_m^{\ominus} = [6\Delta_f G_m^{\ominus}(CO_2, g) + 6\Delta_f G_m^{\ominus}(H_2O, l)] - [\Delta_f G_m^{\ominus}(C_6H_{12}O_6, s) + 6\Delta_f G_m^{\ominus}(O_2, g)]$$
$$= [6 \times (-394.4 \text{ kJ} \cdot \text{mol}^{-1}) + 6 \times (-237.1 \text{ kJ} \cdot \text{mol}^{-1})] - (-910.6 \text{ kJ} \cdot \text{mol}^{-1} + 6 \times 0)$$
$$= -2878.4 \text{ kJ} \cdot \text{mol}^{-1}$$

$\Delta_r G_m^{\ominus} < 0$,表明该反应在标准状态下能自发进行,1 mol $C_6H_{12}O_6(s)$ 参加反应可得到的最大非体积功为 2878.4 kJ。

**例 6-9** 计算下列反应在 298.15K 时的标准摩尔焓变、标准摩尔熵变和标准摩尔自由能变,并利用这些数据讨论利用该反应净化汽车尾气中 NO 和 CO 的可能性。

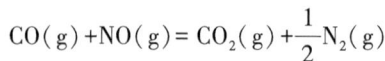

$$CO(g) + NO(g) = CO_2(g) + \frac{1}{2}N_2(g)$$

**解**:查表得相关热力学数据,298.15K 时反应的标准摩尔焓变、标准摩尔熵变和标准摩尔自由能变分别为:

$$\Delta_r H_m^{\ominus} = \Delta_f H_m^{\ominus}(CO_2, g) + \frac{1}{2}\Delta_f H_m^{\ominus}(N_2, g) - \Delta_f H_m^{\ominus}(CO, g) - \Delta_f H_m^{\ominus}(NO, g)$$
$$= -393.5 \text{ kJ} \cdot \text{mol}^{-1} + \frac{1}{2} \times 0 - 110.5 \text{ kJ} \cdot \text{mol}^{-1} - 91.3 \text{ kJ} \cdot \text{mol}^{-1}$$
$$= -595.3 \text{ kJ} \cdot \text{mol}^{-1}$$

$$\Delta_r S_m^{\ominus} = S_m^{\ominus}(CO_2, g) + \frac{1}{2}S_m^{\ominus}(N_2, g) - S_m^{\ominus}(CO, g) - S_m^{\ominus}(NO, g)$$
$$= 213.8 \text{ J} \cdot \text{K}^{-1} \cdot \text{mol}^{-1} + \frac{1}{2} \times 191.6 \text{ J} \cdot \text{K}^{-1} \cdot \text{mol}^{-1} - 197.7 \text{ J} \cdot \text{K}^{-1} \cdot \text{mol}^{-1} - 210.8 \text{ J} \cdot \text{K}^{-1} \cdot \text{mol}^{-1}$$
$$= -98.9 \text{ J} \cdot \text{K}^{-1} \cdot \text{mol}^{-1}$$

$$\Delta_r G_m^{\ominus} = \Delta_f G_m^{\ominus}(CO_2, g) + \frac{1}{2}\Delta_f G_m^{\ominus}(N_2, g) - \Delta_f G_m^{\ominus}(CO, g) - \Delta_f G_m^{\ominus}(NO, g)$$
$$= -394.4 \text{ kJ} \cdot \text{mol}^{-1} + \frac{1}{2} \times 0 - (-137.2 \text{ kJ} \cdot \text{mol}^{-1}) - 87.6 \text{ kJ} \cdot \text{mol}^{-1}$$
$$= -344.8 \text{ kJ} \cdot \text{mol}^{-1}$$

由计算知,298.15K 时 $\Delta_r G_m^{\ominus} < 0$,反应正向能自发进行。从热力学的角度看,可以利用该反应净化汽车尾气中的 NO 和 CO。

如果反应中有离子参与反应,还需要知道离子的标准摩尔生成 Gibbs 自由能。在热力学中,水合离子的标准摩尔生成 Gibbs 自由能是指在标准状态下,最稳定单质生成 1mol 溶于足够大量水中的离子的 Gibbs 自由能变。规定 $H^+(\infty \text{ aq})$ 的标准摩尔生成 Gibbs 自由能为零,$\infty$ aq 表示无限稀溶液。在此基础上,可以求得其他离子的标准摩尔生成 Gibbs 自由能。

**3. 非标准状态下 Gibbs 自由能变的计算** 利用化学反应的标准摩尔自由能变化 $\Delta_r G_m^{\ominus}$ 能判断化学反应在标准状态下进行的方向。实际上,许多化学反应都是在非标准状态下进行的,在等温、等压、非标准状态下,必须用 $\Delta_r G_m$ 判断反应方向。那么,如何求算非标准状态下化学反应的摩尔 Gibbs 自由能变呢?

对于任意一反应:

$$a\text{A} + b\text{B} \rightleftharpoons d\text{D} + e\text{E}$$

热力学已推导出非标准态下化学反应的摩尔自由能变的计算公式：

$$\Delta_r G_m = \Delta_r G_m^{\ominus} + RT\ln Q \tag{6-30}$$

式中：$\Delta_r G_m$ 是反应的任意状态摩尔自由能变；$\Delta_r G_m^{\ominus}$ 是此反应的标准态摩尔自由能变；$R$ 是气体常数；$T$ 是热力学温度。

式(6-30)称为化学反应**等温方程式**(isothermal equation)。$Q$ 的表达式对溶液反应与气体反应有所不同。

对溶液反应：

$$Q = \frac{c_r^d(D) \cdot c_r^e(E)}{c_r^a(A) \cdot c_r^b(B)} \tag{6-31}$$

$Q$ 为**反应商**(reaction quotient)。式(6-31)中 $c_r(A)$、$c_r(B)$ 和 $c_r(D)$、$c_r(E)$ 分别表示反应物和生成物的相对浓度。$Q$ 量纲为 1。注意，纯液体或纯固体不写进 $Q$ 的表达式中。

对气体反应：

$$Q = \frac{(p_D/p^{\ominus})^d (p_E/p^{\ominus})^e}{(p_A/p^{\ominus})^a (p_B/p^{\ominus})^b} \tag{6-32}$$

式(6-32)中，$p_A$、$p_B$ 和 $p_D$、$p_E$ 分别表示反应物和生成物的分压，单位为 kPa。$p^{\ominus} = 100$ kPa，表示标准压力。除以 $p^{\ominus}$ 是为了使 $Q$ 单位为 1。

---

**知识视窗**

### 非平衡体系热力学与生命

19 世纪中叶,关于演化论的理论给自然界指出两个截然相反的演化方向。R Clausius 将热力学第二定律推广到整个宇宙,得出自然界将变成越来越无序的高度混乱的状态。而 CR Darwin(达尔文)根据自然选择的学说得出自然界将变成越来越有序的组织化程度更高的状态。自然界的演化到底是越来越有序,还是越来越混乱,两者的矛盾最终在 L Prigogine (普利高津)的**耗散结构**(dissipation structure)理论中得到了统一。

Prigogine 把一切远离平衡条件下,因系统与环境间不断地进行物质和能量交换而形成、维持的有序结构称为耗散结构。耗散结构理论认为,一切孤立系统的自发变化总是朝着最混乱无序的方向进行,直至达平衡。但是,在远离平衡态的开放系统,它与外界环境不断地进行物质和能量的交换时,就有可能维持自身的有序组织结构,还可能产生自组织过程,向更加有序的组织结构方向进化。

从宏观来看,生命过程是一个熵增的过程,始态是生命的产生,终态是生命的结束,这个过程是一个自发的、单向的不可逆过程。衰老是生命系统熵的一种长期缓慢的增加,这是一个不可抗拒的自然规律。但是,一个无序的世界是不可能产生生命的,有生命的世界必然是有序的。生物进化是由单细胞向多细胞、从简单到复杂、从低级向高级进化,也就是说向着更为有序、更为精确的方向进化,这是一个熵减的方向,与孤立系统向熵增大的方向恰好相反。其实二者并不矛盾,因为生命系统是远离平衡态的开放系统,是"耗散结构"。生命体靠从外界吸入低熵物质,排出高熵物质的新陈代谢过程来维持的。生命体的生长、发育、进化都是建立在摄入负熵流的基础上,通过不断与外界交换物质、能量、信息和负熵,可使生命系统的总熵值减小,在一定条件下,可能从原来的无序状态转变为一种在时间、空间或功能上有序的状态,生命体才得以动态地发展。当 $dS > 0$,体系熵增加时,生物体就衰老,当熵趋于最大值时,机体处于极大的混乱状态,那就是生命的终结。

---

## Summary

Thermodynamics studies of the flow of energy between a system and it's surrounding. The first law of thermodynamics is a principle of constancy(the energy of the universe is always conserved). Whereas the second law of thermodynamics provides a criterion for the direction of change (the entropy of the universe always increases).

The thermodynamic energy $(U)$, enthalpy $(H)$, entropy $(S)$ and Gibbs free energy $(G)$ of a system are all state functions, but $Q$ and $W$ are not. The values of $Q$ and $W$ depend on how the change occurs.

The first law of thermodynamics states that the change in the thermodynamic energy of a system, $\Delta U$, equals the sum of the heat absorbed by the system, $Q$, and the work done on the system, $W$, i. e.

$$\Delta U = Q + W$$

If the heat of reaction at constant volume, $Q_v = \Delta U$, whereas the heat of reaction at constant pressure, $\Delta H = Q_p$.

Enthalpy, $H$, is defined as the relationship $H = U + pV$. The enthalpy change, $\Delta H$, for finite changes at constant pressure is given by the expression $\Delta H = \Delta U + p\Delta V$.

Entropy is a thermodynamic property of a system, denoted as S. It is defined in terms of entropy changes rather than its absolute value.

The Gibbs free energy, $G$, is defined as $G = H - TS$. At constant pressure and temperature, finite changes in $G$ may be expressed as $\Delta G = \Delta H - T\Delta S$.

The Hess law states that the enthalpy change for any chemical or physical process is independent of the pathway or number of steps required to complete the process, that is:.

$$\Delta_r H_m = \Delta_r H_{m,1} + \Delta_r H_{m,2} + \cdots = \sum \Delta_r H_{m,i}$$

Under the standard state, $\Delta_r H_m^\ominus$, $\Delta_r S_m^\ominus$ and $\Delta_r G_m^\ominus$ of a chemical reaction can been calculated

$$\Delta_r H_m^\ominus = \sum \Delta_f H_m^\ominus (\text{products}) - \sum \Delta_f H_m^\ominus (\text{reactants})$$

$$\Delta_r H_m^\ominus = \sum \Delta_c H_m^\ominus (\text{reactants}) - \sum \Delta_c H_m^\ominus (\text{products})$$

$$\Delta_r S_m^\ominus = \sum S_m^\ominus (\text{products}) - \sum S_m^\ominus (\text{reactants})$$

$$\Delta_r G_m^\ominus = \sum \Delta_f G_m^\ominus (\text{products}) - \sum \Delta_f G_m^\ominus (\text{reactants})$$

For a process occuring at constant temperature and pressure and the only work is pressure-volume type, the direction of chemical reaction can be determined by the molar Gibbs free energy.

$$\Delta_r G_m < 0, \text{ spontaneous}$$

$$\Delta_r G_m > 0, \text{ impossible}$$

$$\Delta_r G_m = 0, \text{ equilibrium}$$

At constant temperature and pressure when a system only carries out pressure-volume work

$$\Delta_r G_m = \Delta_r H_m - T\Delta_r S_m$$

Under the standard state

$$\Delta_r G_m^\ominus = \Delta_r H_m^\ominus - T\Delta_r S_m^\ominus$$

For temperature other than 298. 15K, it can be considered that

$$\Delta_r G_{m,T}^\ominus \approx \Delta_r H_{m,298.15K}^\ominus - T\Delta_r S_{m,298.15K}^\ominus$$

## 习　　题

1. 试述热力学第一定律并写出其数学表达式。

2. 什么是 Hess 定律? Hess 定律的理论基础是什么?

3. 在常压下,0℃以下的水会自发地结成冰,显然这是一个熵降低的过程,为什么该过程能自发进行?

4. 试判断下列反应在 101.3 kPa 下能否自发进行？为什么？

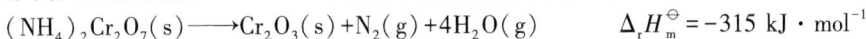

$$(NH_4)_2Cr_2O_7(s) \longrightarrow Cr_2O_3(s)+N_2(g)+4H_2O(g) \qquad \Delta_r H_m^\ominus = -315 \text{ kJ} \cdot \text{mol}^{-1}$$

5. 夏天为了降温，采取将室内电冰箱门打开，接通电源并紧闭门窗（设墙壁门窗均不传热）。该方法能否使室内温度下降？为什么？

6. 如果在孤立系统中发生一个变化过程，$\Delta U$ 及 $\Delta H$ 是否一定为零？

7. 标准状态下苯的沸点是 353K，其摩尔气化热 $Q_p$ 是 30.75 kJ·mol$^{-1}$。若标准态下 1 mol 液态苯向真空等温蒸发成苯蒸气，并假设该蒸气为理想气体，求此过程的 $Q$、$W$、$\Delta U$、$\Delta H$、$\Delta S$ 和 $\Delta G$。

8. 合成氨反应的化学计量方程式可写成：

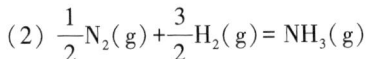

（1）$N_2(g)+3H_2(g)=2NH_3(g)$

（2）$\frac{1}{2}N_2(g)+\frac{3}{2}H_2(g)=NH_3(g)$

若反应起始时，$N_2$、$H_2$、$NH_3$ 的物质的量分别为 10、30 和 0 mol，反应进行到 $t$ 时，$N_2$、$H_2$、$NH_3$ 的物质的量分别为 7、21 和 6 mol，求时间为 $t$ 时反应（1）和反应（2）的反应进度。

9. 人体肌肉活动中的一个重要反应是乳酸氧化成丙酮酸，计算 25℃ 条件下该反应的 $\Delta_r H_m^\ominus$。已知：乳酸和丙酮酸的燃烧热分别为 -1364 kJ·mol$^{-1}$ 和 -1168 kJ·mol$^{-1}$。

10. 计算下列反应在 298.15K 标准态下的 $\Delta_r G_m^\ominus$，并判断自发进行的方向。

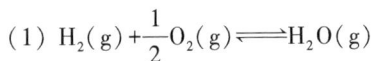

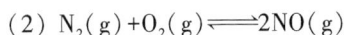

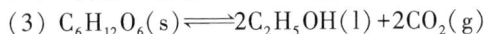

（1）$H_2(g)+\frac{1}{2}O_2(g) \Longleftrightarrow H_2O(g)$

（2）$N_2(g)+O_2(g) \Longleftrightarrow 2NO(g)$

（3）$C_6H_{12}O_6(s) \Longleftrightarrow 2C_2H_5OH(l)+2CO_2(g)$

11. 已知下列反应：

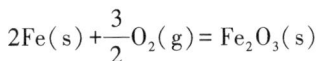

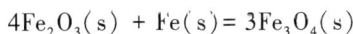

$$2Fe(s)+\frac{3}{2}O_2(g)=Fe_2O_3(s)$$

$$4Fe_2O_3(s)+Fe(s)=3Fe_3O_4(s)$$

在 298.15K、100 kPa 下，$\Delta_r G_m^\ominus$ 分别为 -742.2 kJ·mol$^{-1}$ 与 -79 kJ·mol$^{-1}$。计算 $Fe_3O_4$ 的 $\Delta_f G_m^\ominus$。

12. 糖代谢的总反应为：

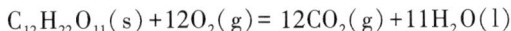

$$C_{12}H_{22}O_{11}(s)+12O_2(g)=12CO_2(g)+11H_2O(l)$$

（1）从附表的热力学数据求 298.15K，标准态下的 $\Delta_r G_m^\ominus$、$\Delta_r H_m^\ominus$ 和 $\Delta_r S_m^\ominus$。

（2）如果在体内只有 30% 的自由能变转化为非体积功，求在 37℃ 下，1 mol $C_{12}H_{22}O_{11}(s)$ 进行代谢时可以得到多少非体积功。

13. 已知反应 $\frac{1}{2}I_2(g)+\frac{1}{2}H_2(g)=HI(g)$ 在 298K 时的 $\Delta_f H_m^\ominus(I_2)=62.4$ kJ·mol$^{-1}$，$\Delta_f H_m^\ominus(HI)=26.5$ kJ·mol$^{-1}$，$\Delta_f G_m^\ominus(I_2)=19.3$ kJ·mol$^{-1}$，$\Delta_f G_m^\ominus(HI)=1.7$ kJ·mol$^{-1}$，求该反应在 373K 时的 $\Delta_r G_m^\ominus$。

14. 已知 298K 时 $CuO(s)$ 的 $\Delta_f H_m^\ominus=-157.3$ kJ·mol$^{-1}$，$\Delta_f G_m^\ominus=-129.7$ kJ·mol$^{-1}$，若此时氧气的分压为 21.3 kPa，试计算铜被氧化成氧化铜所需的最低温度。

15. 关于生命的起源问题，有人主张最初植物或动物复杂分子是由简单分子自发形成的。对此进行过较多研究，例如尿素的形成，其反应和有关热力学数据如下：

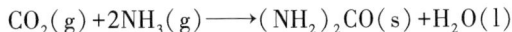

$$CO_2(g)+2NH_3(g) \longrightarrow (NH_2)_2CO(s)+H_2O(l)$$

| | $CO_2(g)$ | $2NH_3(g)$ | $(NH_2)_2CO(s)$ | $H_2O(l)$ |
|---|---|---|---|---|
| $S_m^\ominus(\text{J}\cdot\text{K}^{-1}\cdot\text{mol}^{-1})$ | 213.8 | 192.8 | 104.6 | 70.0 |
| $\Delta_f H_m^\ominus(\text{kJ}\cdot\text{mol}^{-1})$ | -393.5 | -45.9 | -333.2 | -285.8 |

（1）计算 25℃ 时反应的 $\Delta_r H_m^\ominus$、$\Delta_r S_m^\ominus$、$\Delta_r G_m^\ominus$。

（2）若在 25℃，反应自发进行，最高温度达多少时，反应就不再进行了。

# 第 7 章 化学平衡

**学习目标**

掌握标准平衡常数和实验平衡常数的表达式及其应用;学会用标准平衡常数判断自发反应的方向;熟悉有关平衡常数的计算;掌握影响平衡移动的因素;了解可逆反应和化学平衡的概念及特点,多重平衡规则。

**案例 7-1**

地球表面被大气层覆盖,距地面 12km 以上的高空有一层臭氧层,它是地球生命的保护屏障。我们知道,太阳辐射对生命危害极大的是紫外线。当太阳辐射通过臭氧层时,约90% 的紫外线被吸收,或者说把这些紫外辐射的能量转变为热量,使地面生命免受伤害。这其中的奥妙就在于臭氧层里存在以下动态平衡:

$$O_2(g) + O \rightleftharpoons O_3(g)$$

**问题:**

1. 臭氧层是怎样使紫外辐射的能量转变为热量,使地面生命免受伤害的?
2. 上述反应达到平衡之后,反应是否处于静止状态?

根据自由能判据,当 $\Delta_r G_m = 0$ 时,反应达最大限度,处于平衡状态。化学平衡的建立是以可逆反应为前提的。在同一条件下,既可向正反应方向进行又可以向逆反应方向进行的反应称为**可逆反应**(reversible reaction)。虽然多数反应都是可逆反应,不过可逆的程度不同,通常把可逆程度极微小的反应称为**不可逆反应**(irreversible reaction)。在可逆反应中,习惯上把从左向右进行的反应称为正向反应,从右向左进行的反应称为逆向反应。

从动力学角度看,反应开始时,反应物浓度较大,产物浓度较小,所以正反应速率大于逆反应速率。随着反应的进行,反应物浓度不断减小,产物浓度不断增大,所以正反应速率不断减小,逆反应速率不断增大。当正、逆反应速率相等时,系统中各物质的浓度不再发生变化,反应达到了平衡。化学平衡是动态平衡,从表面上看,反应似乎处于静止状态,实际上,正、逆反应仍在进行,只不过是正、逆反应速率相等而已。

**案例 7-1 分析**

现在来分析臭氧层中这一平衡是怎样建立的。首先,太阳辐射把高空的氧分子分裂为2 个氧原子,性质异常活泼的氧原子跟氧分子结合成为臭氧:

$$O_2(g) \rightleftharpoons O + O$$
$$O_2(g) + O \rightleftharpoons O_3(g)$$

然后,在紫外线作用下,臭氧转化为氧气,并放出热量:

$$2O_3(g) \rightleftharpoons 3O_2(g) + Q$$

这一反应被看做臭氧能吸收紫外线,即从能量角度看,相当于把紫外辐射能转变为热能。臭氧分解生成的氧气,又会被太阳辐射作用生成氧原子,氧原子又会和氧分子结合成为臭氧,臭氧又吸收紫外线分解成为氧气…… 所以在臭氧层中,$O_3$、$O_2$ 和 $O$ 处于动态平衡,构成了地球生命免受紫外线杀伤的天然屏障。

# 第1节 化 学 平 衡

## 一、化学反应的限度与标准平衡常数

第6章已经提到,在一定温度下,任一化学反应摩尔自由能变 $\Delta_r G_m(T)$ 可以用化学反应等温方程式计算:

$$\Delta_r G_m(T) = \Delta_r G_m^{\ominus}(T) + RT\ln Q \tag{7-1}$$

式中 $Q$ 为反应商,与不同阶段时反应中各物质的浓度或分压有关。当 $\Delta_r G_m(T) = 0$,即反应达最大限度,系统处于平衡态,此时反应商 $Q$ 则用符号 $K^{\ominus}$ 表示,$K^{\ominus}$ 即为**标准平衡常数**(standard equilibrium constant)。等温方程式则写成:

$$\Delta_r G_m(T) = \Delta_r G_m^{\ominus}(T) + RT\ln K^{\ominus} = 0$$

即:

$$\Delta_r G_m^{\ominus} = -RT\ln K^{\ominus} \tag{7-2}$$

$K^{\ominus}$ 的写法与反应商 $Q$ 的写法相似,不过表达式中相应各项要用平衡时的相对浓度和相对分压。对于任一可逆反应:

$$aA + bB \rightleftharpoons dD + eE$$

如果是溶液中的反应,$K^{\ominus}$ 的表达式为:

$$K^{\ominus} = \frac{([D]/c^{\ominus})^d([E]/c^{\ominus})^e}{([A]/c^{\ominus})^a([B]/c^{\ominus})^b} \tag{7-3}$$

式中:[A]、[B]和[D]、[E]分别表示反应物和生成物的平衡浓度,$c^{\ominus}$ 为标准浓度,$c^{\ominus} = 1\ mol \cdot L^{-1}$。

如果是气体反应,$K^{\ominus}$ 的表达式为:

$$K^{\ominus} = \frac{(p_D/p^{\ominus})^d(p_E/p^{\ominus})^e}{(p_A/p^{\ominus})^a(p_B/p^{\ominus})^b} \tag{7-4}$$

式中:$p_A$、$p_B$ 和 $p_D$、$p_E$ 分别表示反应物和生成物的平衡分压,$p^{\ominus}$ 为标准压力,$p^{\ominus} = 100\ kPa$。

若溶液反应系统中有气体物质 E 生成,则:

$$K^{\ominus} = \frac{([D]/c^{\ominus})^d(p_E/p^{\ominus})^e}{([A]/c^{\ominus})^a([B]/c^{\ominus})^b} \tag{7-5}$$

式(7-3)、式(7-4)和式(7-5)均为标准平衡常数表达式,标准平衡常数 $K^{\ominus}$ 的单位是 1,$K^{\ominus}(T)$ 是化学反应的特性常数,它不随反应物、生成物浓度的变化而变化,当温度一定时,$K^{\ominus}(T)$ 是一定值,反映反应的固有本性。对同类型的化学反应,$K^{\ominus}(T)$ 越大,化学反应进行的程度越大,它是在一定温度下,化学反应最大限度的量度。但 $K^{\ominus}(T)$ 大的反应,其反应速率不一定快。

书写标准平衡常数表达式时应该注意以下几点:

(1) 如果反应物或生成物中有纯固体或纯液体,均不写入表达式中,如:

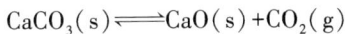

$$CaCO_3(s) \rightleftharpoons CaO(s) + CO_2(g)$$

$$K^{\ominus} = \frac{p(CO_2)}{p^{\ominus}}$$

(2) 在稀溶液中进行的反应,若溶剂参与反应,由于溶剂的量很大,浓度基本不变,可以看成一个常数,也不写入表达式中,如:

$$NH_3(aq) + H_2O(l) \rightleftharpoons OH^-(aq) + NH_4^+(aq)$$

$$K^{\ominus} = \frac{([OH^-]/c^{\ominus})([NH_4^+]/c^{\ominus})}{([NH_3]/c^{\ominus})}$$

(3) $K^{\ominus}$ 表达式与化学反应方程式相对应,同一反应用不同反应方程式表示时,其 $K^{\ominus}$ 数值及表达式不同,例如:

$$2NO_2(g) \Longrightarrow N_2O_4(g) \qquad K_1^{\ominus} = \frac{p(N_2O_4)/p^{\ominus}}{\{p(NO_2)/p^{\ominus}\}^2}$$

$$NO_2(g) \Longrightarrow \frac{1}{2}N_2O_4(g) \qquad K_2^{\ominus} = \frac{\{p(N_2O_4)/p^{\ominus}\}^{1/2}}{p(NO_2)/p^{\ominus}}$$

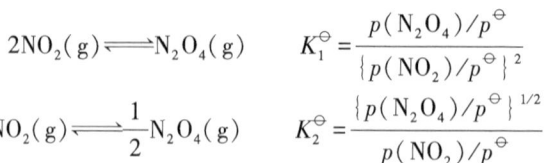

显然，$K_1^{\ominus} = (K_2^{\ominus})^2$。

（4）正、逆反应的平衡常数互为倒数，即 $K_{正}^{\ominus} = \frac{1}{K_{逆}^{\ominus}}$。

通过热力学数据可以计算标准平衡常数，或者通过反应物和产物的平衡浓度和平衡分压计算标准平衡常数。

**例 7-1**  查化学热力学数据表，计算 298K 时 AgCl 的 $K_{sp}$。

**解：**
$$AgCl(s) \Longrightarrow Ag^+(aq) + Cl^-(aq)$$

$$\begin{aligned}
\Delta_r G_m^{\ominus} &= \Delta_f G_m^{\ominus}(Ag^+, aq) + \Delta_f G_m^{\ominus}(Cl^-, aq) - \Delta_f G_m^{\ominus}(AgCl, s) \\
&= 77.1 \text{ kJ} \cdot \text{mol}^{-1} + (-131.2) \text{kJ} \cdot \text{mol}^{-1} - (-109.8) \text{kJ} \cdot \text{mol}^{-1} \\
&= 55.7 \text{ kJ} \cdot \text{mol}^{-1}
\end{aligned}$$

由公式：
$$\Delta_r G_m^{\ominus} = -RT\ln K^{\ominus} = -2.303RT\lg K^{\ominus}$$

$$\lg K^{\ominus} = \frac{-\Delta_r G_m^{\ominus}}{2.303RT} = \frac{-55.7 \text{ kJ} \cdot \text{mol}^{-1}}{2.303 \times 8.314 \times 10^{-3} \text{ kJ} \cdot \text{mol}^{-1} \cdot \text{K}^{-1} \times 298\text{K}}$$

得出 $K^{\ominus} = 1.73 \times 10^{-10}$，$K_{sp} = K^{\ominus} = 1.73 \times 10^{-10}$

实验值为 $1.77 \times 10^{-10}$，从热力学数据求得 $1.73 \times 10^{-10}$ 与实验值接近。

# 二、标准平衡常数与化学反应方向

将式(7-2)代入式(7-1)得：

$$\Delta_r G_m = -RT\ln K^{\ominus} + RT\ln Q = RT\ln\left(\frac{Q}{K^{\ominus}}\right) \tag{7-6}$$

式(7-6)也叫做化学反应的等温方程式，从式(7-6)可以看出，化学平衡移动的方向，可以根据反应商 $Q$ 和标准平衡常数 $K^{\ominus}$ 的相对大小判断。

如果 $Q < K^{\ominus}$，则 $\Delta_r G_m < 0$，正向反应自发进行。

如果 $Q > K^{\ominus}$，则 $\Delta_r G_m > 0$，逆向反应自发进行。

如果 $Q = K^{\ominus}$，则 $\Delta_r G_m = 0$，化学反应达到平衡。

因此，标准平衡常数 $K^{\ominus}$ 也是一化学反应自发进行方向的判断标准。如果反应商 $Q$ 不等于 $K^{\ominus}$ 就表明反应系统处于非平衡态，对于化学反应，就有自发进行反应的趋势。$Q$ 与 $K^{\ominus}$ 的值相差越大，正向或逆向自发进行反应的趋势就越大。

在有些情况下，也可用 $\Delta_r G_m^{\ominus}(T)$ 粗略判断反应的自发方向，因为 $\Delta_r G_m(T)$ 值受 $Q$ 的影响较小，主要由 $\Delta_r G_m^{\ominus}(T)$ 决定。对等温定压下的任意反应，一般认为：

当 $\Delta_r G_m^{\ominus}(T) < -40$ kJ $\cdot$ mol$^{-1}$ 时，反应能自发进行。

当 $\Delta_r G_m^{\ominus}(T) > 40$ kJ $\cdot$ mol$^{-1}$ 时，反应不能自发进行。

当 $-40$ kJ $\cdot$ mol$^{-1} < \Delta_r G_m^{\ominus}(T) < 40$ kJ $\cdot$ mol$^{-1}$ 时，需根据反应条件进行具体分析判断。

**例 7-2**  已知反应 C(石墨) + CO$_2$(g) $\Longrightarrow$ 2CO(g) 的 $\Delta_r G_m^{\ominus}(298\text{K}) = 120$ kJ $\cdot$ mol$^{-1}$，$\Delta_r G_m^{\ominus}$ (1000K) $= -3.4$ kJ $\cdot$ mol$^{-1}$，计算：

（1）温度分别为 298K 和 1000K 时的标准平衡常数。

（2）当温度为 1000K 时，$p(CO) = 200$ kPa，$p(CO_2) = 800$ kPa 时，判断该反应方向。

**解:**(1)根据式(7-2)$\lg K^{\ominus} = \dfrac{-\Delta_r G_m^{\ominus}}{2.303RT}$,在浓度(或分压)不变时,

$$\lg K_{298}^{\ominus} = \dfrac{-120 \times 10^3 \text{ J} \cdot \text{mol}^{-1}}{2.303 \times 8.314 \text{ J} \cdot \text{mol}^{-1} \cdot \text{K}^{-1} \times 298\text{K}} = -21.0$$

$$K_{298}^{\ominus} = 1.0 \times 10^{-21}$$

$$\lg K_{1000}^{\ominus} = \dfrac{-(-3.4 \times 10^3 \text{ J} \cdot \text{mol}^{-1})}{2.303 \times 8.314 \text{ J} \cdot \text{mol}^{-1} \cdot \text{K}^{-1} \times 1000\text{K}} = 0.18$$

$$K_{1000}^{\ominus} = 1.5$$

(2)$\Delta_r G_m(1000\text{K}) = \Delta_r G_m^{\ominus}(1000\text{K}) + 2.303RT\lg Q(T)$

$= -3.4 \text{ kJ} \cdot \text{mol}^{-1} + 2.303 \times 8.314 \times 10^{-3} \text{ kJ} \cdot \text{mol}^{-1} \cdot \text{K}^{-1}$

$\times 1000\text{K}\lg\dfrac{(200 \text{ kPa}/100 \text{ kPa})^2}{800 \text{ kPa}/100 \text{ kPa}}$

$= -9.2 \text{ kJ} \cdot \text{mol}^{-1}$

$\Delta_r G_m(1000\text{K}) < 0$ 该反应自发进行。

# 三、实验平衡常数

对于任意一可逆反应:

$$a\text{A} + b\text{B} \rightleftharpoons d\text{D} + e\text{E}$$

(1)若 A,B,D,E 都是在溶液中反应,则有:

$$K_c = \dfrac{[\text{D}]^d[\text{E}]^e}{[\text{A}]^a[\text{B}]^b} \tag{7-7}$$

$K_c$ 称为浓度平衡常数,对比 $K^{\ominus}$ 与 $K_c$ 的表达式可知,$K^{\ominus}$ 与 $K_c$ 数值相等,但 $K^{\ominus}$ 是单位为 1 的量,而 $K_c$ 则不一定没有单位。若 $a+b=d+e$,则 $K_c$ 无单位,若 $a+b \neq d+e$,则 $K_c$ 有单位。

(2)如反应物和产物都是气体,平衡时各气体的分压分别为 $p_A, p_B, p_D, p_E$,则有:

$$K_p = \dfrac{p_D^d p_E^e}{p_A^a p_B^b} \tag{7-8}$$

$K_p$ 称为压力平衡常数。对比标准平衡常数 $K^{\ominus}$ 可知:

$$K^{\ominus} = \dfrac{(p_D/p^{\ominus})^d(p_E/p^{\ominus})^e}{(p_A/p^{\ominus})^a(p_B/p^{\ominus})^b} = \dfrac{p_D^d p_E^e}{p_A^a p_B^b}(p^{\ominus})^{(a+b)-(d+e)} = K_p(p^{\ominus})^{(a+b)-(d+e)}$$

当 $a+b=d+e$ 时,$K^{\ominus}$ 与 $K_p$ 在数值上相同,并且都没有单位。当 $a+b \neq d+e$ 时,$K_p$ 有单位,$K_p$ 在数值上不等于 $K^{\ominus}$。

由于 $K_c$ 或 $K_p$ 可以由实验直接测定平衡状态时各组分浓度或分压而计算得到,因此,$K_c$ 和 $K_p$ 称为**实验平衡常数**(experimental equilibrium constant)。实验平衡常数数值越大,化学反应向右进行越彻底,这一点与 $K^{\ominus}$ 是相同的。从平衡常数表达式可以看出,$K_c$ 和 $K_p$ 一般是有单位的,但常不写出。只有当反应物的化学计量数之和与产物的化学计量数之和相等时才没有单位。在现行教科书和文献中,实验平衡常数在化学平衡的计算中仍在广泛应用。

# 四、多重平衡

在一个复杂体系中,如果有几个反应,当它们在同一体系中又都处于平衡状态时,体系中各物质的分压和浓度必定同时满足这几个平衡,这种现象称为**多重平衡**(multiple equilibrium)。例如,在某一体系中同时存在下列三个平衡:

(1) $C(石墨)+O_2(g) \Longrightarrow CO_2(g)$     $\Delta_r G_{m,1}^{\ominus} = -RT\ln K_1^{\ominus}$

(2) $C(石墨)+O_2(g) \Longrightarrow CO(g)+\dfrac{1}{2}O_2(g)$     $\Delta_r G_{m,2}^{\ominus} = -RT\ln K_2^{\ominus}$

(3) $CO(g)+\dfrac{1}{2}O_2(g) \Longrightarrow CO_2(g)$     $\Delta_r G_{m,3}^{\ominus} = -RT\ln K_3^{\ominus}$

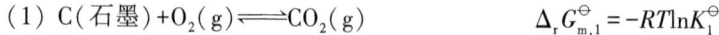

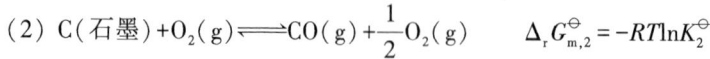

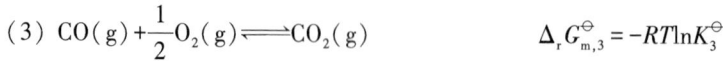

在这个体系中,$O_2$ 同时满足三个平衡;$CO_2$ 既满足平衡(1)又满足平衡(3);$CO$ 既满足平衡(2)又满足平衡(3)。在整个体系中,每种物质只有一种浓度(或分压)。从上述反应可以看出:

反应(1)= 反应(2)+反应(3)

由于化学反应的自由能变 $\Delta G$ 具有加合性。所以,

$$\Delta_r G_{m,1}^{\ominus} = \Delta_r G_{m,2}^{\ominus} + \Delta_r G_{m,3}^{\ominus}$$
$$-RT\ln K_1^{\ominus} = -RT\ln K_2^{\ominus} - RT\ln K_3^{\ominus}$$
$$\ln K_1^{\ominus} = \ln K_2^{\ominus} + \ln K_3^{\ominus}$$
$$K_1^{\ominus} = K_2^{\ominus} \cdot K_3^{\ominus}$$

在这种多重平衡的体系中,若某反应是由多个反应相加而成,则该反应的平衡常数等于各分反应的平衡常数之积;若相减而成,则该反应的平衡常数等于各分反应的平衡常数相除,这种关系称为**多重平衡规则**(multiple equilibrium rule)。对于如下一般反应:

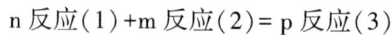

$$n \text{ 反应}(1) + m \text{ 反应}(2) = p \text{ 反应}(3)$$
$$n\Delta_r G_{m,1}^{\ominus} + m\Delta_r G_{m,2}^{\ominus} = p\Delta_r G_{m,3}^{\ominus}$$
$$-nRT\ln K_1^{\ominus} - mRT\ln K_2^{\ominus} = -pRT\ln K_3^{\ominus}$$
$$n\ln K_1^{\ominus} + m\ln K_2^{\ominus} = p\ln K_3^{\ominus}$$
$$(K_1^{\ominus})^n \cdot (K_2^{\ominus})^m = (K_3^{\ominus})^p \tag{7-9}$$

同理,如果:$n \text{ 反应}(1) - m \text{ 反应}(2) \Longrightarrow p \text{ 反应}(3)$

则:
$$(K_1^{\ominus})^n / (K_2^{\ominus})^m = (K_3^{\ominus})^p \tag{7-10}$$

应用多重平衡规则时要注意所有平衡反应必须在同一温度下,因为平衡常数与温度有关,温度一定时,某一具体反应的平衡常数为定值。

**例 7-3**  已知下列反应在 1123K 时的标准平衡常数:

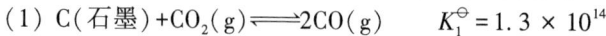

(1) $C(石墨)+CO_2(g) \Longrightarrow 2CO(g)$     $K_1^{\ominus} = 1.3 \times 10^{14}$

(2) $CO(g)+Cl_2(g) \Longrightarrow COCl_2(g)$     $K_2^{\ominus} = 6.0 \times 10^{-3}$

计算反应(3)$C(石墨)+CO_2(g)+2Cl_2(g) \Longrightarrow 2\,COCl_2(g)$ 在 1123K 时的 $K_3^{\ominus}$。

**解**:反应式(3)= 反应式(1)+2 × 反应式(2)

即,     $K_3^{\ominus} = K_1^{\ominus} \times (K_2^{\ominus})^2 = 1.3 \times 10^{14} \times (6.0 \times 10^{-3})^2 = 4.7 \times 10^9$

# 第 2 节  化学平衡的移动

**案例 7-2**

痛风是由于嘌呤代谢紊乱造成血尿酸水平过高,或尿酸排泄减少而导致尿酸盐沉积的疾病。尿酸是人类嘌呤代谢的终产物,高尿酸血症是痛风的重要生化基础。急性痛风性关节炎的诊断多根据关节滑液或痛风结石中是否有尿酸盐结晶。近年来,无论是欧美还是东方民族的人群中,痛风的患病率均有逐年递增的趋势,目前痛风尚无根治办法,现行治疗主要是及时控制痛风关节炎急性发作并降低血尿酸水平,预防尿酸盐沉积、关节破坏及肾脏损害。尿酸和尿酸盐的平衡关系式如下:

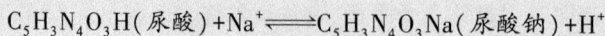

$$C_5H_3N_4O_3H(尿酸)+Na^+ \Longrightarrow C_5H_3N_4O_3Na(尿酸钠)+H^+$$

　　边吃海鲜边喝啤酒可能是很多人的习惯吃法,不过有营养专家指出,海鲜是高蛋白、低脂肪食物,含有嘌呤和苷酸两种成分,啤酒则含有维生素$B_1$,是嘌呤和苷酸分解代谢的催化剂。嘌呤、苷酸与维生素$B_1$混合在一起,会发生化学作用,导致人体血液中的尿酸含量迅速增加,破坏原来的平衡。若尿酸不能及时排出体外,则以钠盐的形式沉淀下来,形成结石或痛风。

**问题:**

　　1. 痛风患者在饮食方面应注意哪些问题?

　　2. 为什么边吃海鲜边喝啤酒不科学?

　　3. 造成关节炎病的原因是在关节滑液中形成尿酸钠晶体,并且环境温度越低,越易诱发关节疼痛,说明在低温下尿酸钠能稳定存在,由此判断上述反应的正向反应是放热反应还是吸热反应?

**案例7-3**

　　在公路上,常能见到交警拦下可疑车辆检查,请司机向一仪器中吹一口气,如果测定仪中橙红色的物质变为绿色,司机就要受到处罚,因为他饮酒后驾车,违反道路交通管理条例。酒精仪中的橙红色物质是重铬酸钾,人饮酒后,血液中乙醇含量增多,人呼出的气体中有乙醇的蒸气,遇到测定仪中的重铬酸钾,便发生如下的反应:

$$Cr_2O_7^{2-} + 3C_2H_5OH + 8H^+ \rightleftharpoons 2Cr^{3+} + 3CH_3CHO + 7H_2O$$

　　橙红色的$Cr_2O_7^{2-}$转化为绿色的$Cr^{3+}$,便能测出人呼出的气体中有乙醇成分。酒精测定仪中还要加入硫酸,一方面上述反应要在酸性溶液中进行,同时要防止$Cr_2O_7^{2-}$转化为$CrO_4^{2-}$。

**问题:**

　　1. 饮酒的司机向酒精测定仪中吹一口气之后,测定仪中的物质会变成什么颜色?

　　2. 乙醇浓度越高,测定仪中物质的颜色会如何变化?

　　化学平衡是相对的,有条件的。当条件改变时,化学平衡就会被破坏,各种物质的浓度(或分压)就会改变,反应继续进行,直到建立新的平衡。这种由于条件变化使可逆反应从一种平衡状态向另一种平衡状态转变的过程称为**化学平衡的移动**(shift of chemical equilibrium)。下面讨论浓度、压力和温度变化对化学平衡的影响。

# 一、浓度的影响

　　根据式(7-6),对于任意一化学反应,在等温下其自由能变$\Delta_r G_m$为:

$$\Delta_r G_m = RT\ln(Q/K^{\ominus})$$

　　如果反应商$Q = K^{\ominus}$,则$\Delta_r G_m = 0$,化学反应达到平衡。如果增加反应物的浓度或减少生成物的浓度,将使$Q < K^{\ominus}$,则$\Delta_r G_m < 0$,即原有平衡将被破坏,反应将自发正向进行,直到使$Q = K^{\ominus}$,反应建立了新的平衡为止。反之,如果增加生成物的浓度或减小反应物的浓度,将导致$Q > K^{\ominus}$,$\Delta_r G_m > 0$,反应将逆向自发进行,直至建立新的平衡为止。

# 二、压力的影响

　　**1. 改变分压**　压力的变化对液相和固相反应的平衡几乎没有影响,但对于气体参与的任一反应:

$$aA+bB \rightleftharpoons dD+eE$$

增加反应物的分压或减小产物的分压,都将使 $Q<K^{\ominus}$, $\Delta_r G_m<0$,平衡向右移动。反之,增加产物的分压或减小反应物的分压,将导致 $Q>K^{\ominus}$, $\Delta_r G_m>0$,平衡向左移动,这与浓度对化学平衡的影响规律完全相同。

**2. 改变总压**　如果对于一个已达平衡的气体化学反应,增加系统的总压或减少总压,对化学平衡的影响将分两种情况:

(1) 当 $a+b=d+e$,即反应物气体分子总数与生成物的气体分子总数相等时,增加总压与降低总压都不会改变 $Q$ 值,仍然有 $Q=K^{\ominus}$,平衡不发生移动。

(2) 当 $a+b\neq d+e$,即反应物气体分子总数与生成物的气体分子总数不等时,改变总压会改变 $Q$ 值,平衡将发生移动。增加总压力,平衡将向气体分子总数减少的方向移动。减小总压力,平衡将向气体分子总数增加的方向移动。

压力对平衡的影响在化工生产及化学实验中得到广泛应用,如合成氨的反应:

$$3H_2(g)+N_2(g) \rightleftharpoons 2NH_3(g)$$

正反应是气体分子数减小的反应,为提高 $NH_3$ 的产率,工业生产中采取高压的反应条件。

**例 7-4**　合成氨的原料中,氮气和氢气的物质的量之比为 1∶3。在 400℃ 和 1 kPa 下达到平衡时,可产生体积百分数为 3.85% 的 $NH_3$。求:

(1) 反应: $N_2(g)+3H_2(g) \rightleftharpoons 2NH_3(g)$ 的 $K_p$ 是多少?

(2) 如果要得到 5% 的 $NH_3$,总压需要多大?

**解:**(1) 由于等温、等压变化,因此 $H_2$ 和 $N_2$ 的体积之比与物质的量之比相等,平衡时,比值不因生成氨而改变。除氨外,剩余体积百分数为:

$$1-3.85\%=96.15\%,其中 H_2 占 3/4, N_2 占 1/4$$

$$p(NH_3)=1000\ Pa\times3.85\%=38.5\ Pa$$

$$p(N_2)=\frac{1}{4}\times1000\ Pa\times96.15\%=240\ Pa$$

$$p(H_2)=\frac{3}{4}\times1000\ Pa\times96.15\%=721\ Pa$$

$$K_p=\frac{p^2(NH_3)}{p(N_2)\cdot p^3(H_2)}=\frac{(38.5)^2}{240\times721^3}=1.65\times10^{-8}$$

(2) 若要得到 5% $NH_3$,设需要总压为 $p$

则有 $p(NH_3)=0.05p$, $p(N_2)=\frac{1}{4}\times0.95p$, $p(H_2)=\frac{3}{4}\times0.95p$

$$K_p=\frac{(0.05)^2p^2}{\frac{1}{4}\times0.95p\times\left(\frac{3}{4}\times0.95p\right)^3}=1.65\times10^{-8}$$

解得: $p=1328\ Pa$

# 三、温度的影响

浓度、压力对化学平衡移动的影响是通过改变系统组分的浓度或分压,使反应商 $Q$ 不等于 $K^{\ominus}$ 而引起平衡移动。在一定温度下,浓度或压力的改变不会引起 $K^{\ominus}$ 值的改变。然而,温度对化学平衡移动的影响则不然。温度的改变会引起标准平衡常数的改变,从而使化学平衡发生移动。这是因为:

$$\Delta_r G_m^{\ominus}=-RT\ln K^{\ominus}$$

$$\Delta_r G_m^{\ominus}=\Delta_r H_m^{\ominus}-T\Delta_r S_m^{\ominus}$$

两式合并得:

$$\ln K^{\ominus} = -\frac{\Delta_r H_m^{\ominus}}{RT} + \frac{\Delta_r S_m^{\ominus}}{R} \qquad (7\text{-}11)$$

设在温度为 $T_1$ 和 $T_2$ 时反应的标准平衡常数分别为 $K_1^{\ominus}$ 和 $K_2^{\ominus}$，并假定温度对 $\Delta_r H_m^{\ominus}$ 和 $\Delta_r S_m^{\ominus}$ 的影响可以忽略，则：

（1）$\ln K_1^{\ominus} = -\dfrac{\Delta_r H_m^{\ominus}}{RT_1} + \dfrac{\Delta_r S_m^{\ominus}}{R}$

（2）$\ln K_2^{\ominus} = -\dfrac{\Delta_r H_m^{\ominus}}{RT_2} + \dfrac{\Delta_r S_m^{\ominus}}{R}$

（2）-（1）得：

$$\ln \frac{K_2^{\ominus}}{K_1^{\ominus}} = \frac{\Delta_r H_m^{\ominus}}{R}\left(\frac{T_2 - T_1}{T_1 T_2}\right) \qquad (7\text{-}12)$$

式（7-11）和式（7-12）都表示了标准平衡常数 $K^{\ominus}$ 与温度的关系。通过测定不同温度 $T$ 的 $K^{\ominus}$ 值，用 $\ln K^{\ominus}$ 对 $\dfrac{1}{T}$ 做图，可以求得化学反应的 $\Delta_r H_m^{\ominus}$ 和 $\Delta_r S_m^{\ominus}$ 这两个重要的热力学参数。

从式（7-12）我们可以看出温度对化学平衡的影响：对于正向吸热反应，$\Delta_r H_m^{\ominus} > 0$，升高温度，即 $T_2 > T_1$，则 $K_2^{\ominus} > K_1^{\ominus}$，平衡将向吸热反应方向移动；对于正向放热反应，$\Delta_r H_m^{\ominus} < 0$，升高温度，即 $T_2 > T_1$ 时，则 $K_2^{\ominus} < K_1^{\ominus}$，平衡向逆反应方向移动（逆反应为吸热反应）。从式（7-12）还可以看出，$\Delta_r H_m^{\ominus}$ 绝对值越大，温度改变对平衡的影响越大。

若已知化学反应的标准摩尔焓变 $\Delta_r H_m^{\ominus}$，又知温度为 $T_1$ 时的标准平衡常数 $K_1^{\ominus}$，利用式（7-12）可以很容易求出 $T_2$ 时 $K_2^{\ominus}$。

**例 7-5** 已知反应：$CaCO_3(s) \rightleftharpoons CaO(s) + CO_2(g)$，在 973K 时 $K^{\ominus} = 5.43 \times 10^{-2}$；在 1173K 时 $K^{\ominus} = 2.33$。问：

（1）正向反应是吸热反应或是放热反应？

（2）正向反应的焓变是多少？

（3）确定 1273K 时的 $K^{\ominus}$ 值。

**解：**（1）由题中所给条件：$T_1 = 973K$ 时，$K_1^{\ominus} = 5.43 \times 10^{-2}$，$T_2 = 1173K$ 时，$K_2^{\ominus} = 2.33$，温度升高，$K^{\ominus}$ 值增大，由式（7-12）可知，$\Delta_r H_m^{\ominus} > 0$，即正向反应为吸热反应。

（2）正反应的焓变可由式（7-12）计算求得：

$$\ln \frac{2.33}{5.43 \times 10^{-2}} = \frac{\Delta_r H_m^{\ominus} \times 1000\ J \cdot mol^{-1}}{8.314\ J \cdot mol^{-1} \cdot K^{-1}}\left(\frac{1173K - 973K}{973K \times 1173K}\right) = 3.76$$

解之，得 $\Delta_r H_m^{\ominus} = 178\ kJ \cdot mol^{-1}$

（3）根据式（7-12）也可求得 1273K 时的 $K^{\ominus}$。

$$\ln \frac{K_{1273}^{\ominus}}{2.33} = \frac{178 \times 1000\ J \cdot mol^{-1}}{8.314\ J \cdot mol^{-1} \cdot K^{-1}}\left(\frac{1273K - 1173K}{1273K \times 1173K}\right)$$

解之得：$K_{1273}^{\ominus} = 9.77$

# 四、Le Chatelier 原理

通过讨论浓度、压力和温度对化学平衡移动的影响，可以总结出平衡移动的总规律为：如果改变平衡系统的条件之一（如浓度，压力或温度），平衡就向减弱这种改变的方向移动，这一规律称为 Le Chatelier（理查特列）原理，又称为平衡移动原理。Le Chatelier 原理不仅适用于化学平衡，也适用于物理平衡。但它只适用于已经达到平衡的系统。对于非平衡系统，其变化方向只有一个，那就是自发地向着平衡方向移动。

## Summary

The standard equilibrium constant $K^\ominus$ is used to measure the extent at a reversible reaction. For a chemical reaction

$$aA(g) + bB(aq) \rightleftharpoons dD(g) + eE(aq)$$

The standard equilibrium constant expression is,

$$K^\ominus = \frac{(p_D/p^\ominus)^d([E]/c^\ominus)^e}{(p_A/p^\ominus)^a([B]/c^\ominus)^b}$$

The relationship among the molar free energy change and standard equilibrium constant, reaction quotient may be written as

$$\Delta_r G_m = -RT\ln K^\ominus + RT\ln Q = RT\ln\left(\frac{Q}{K^\ominus}\right)$$

The factors affecting chemical equilibrium can be discussed below by the above equation:

If $Q < K^\ominus$, $\Delta_r G_m < 0$, the equilibrium will shift to the forward direction.

If $Q > K^\ominus$, $\Delta_r G_m > 0$, the equilibrium will shift to the reverse direction.

If $Q = K^\ominus$, $\Delta_r G_m = 0$, the system is in the equilibrium.

Le chatelier's principle can be stated as follows: If a system at equilibrium is disturbed by a change in temperature, pressure, or the concentration of one of the components, the system will shift its equilibrium position so as to counteract the effect of the disturbance.

We can discuss quantitatively the effects of the changes of concentration, pressure of gas and temperature on the equilibrium according to following equations:

$$\Delta_r G_m = RT\ln\frac{Q}{K^\ominus}$$

$$\ln\frac{K_2^\ominus}{K_1^\ominus} = \frac{\Delta_r H_m^\ominus}{R}\left(\frac{T_2 - T_1}{T_1 T_2}\right)$$

## 习　　题

1. 什么是可逆反应? 什么是化学平衡? 什么是多重平衡规则?

2. 说明实验平衡常数与标准平衡常数的关系。

3. 温度如何影响平衡常数?

4. 写出下列各反应的标准平衡常数表达式和实验平衡常数表达式:

(1) $2SO_2(g) + O_2(g) \rightleftharpoons 2SO_3(g)$

(2) $AgO(s) \rightleftharpoons 2Ag(s) + \frac{1}{2}O_2(g)$

(3) $Cl_2(g) + H_2O(l) \rightleftharpoons H^+(aq) + Cl^-(aq) + HClO(aq)$

(4) $Fe^{2+}(aq) + \frac{1}{2}O_2(g) + 2H^+(aq) \rightleftharpoons Fe^{3+}(aq) + H_2O(l)$

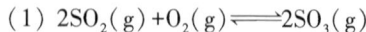

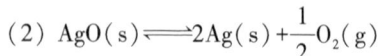

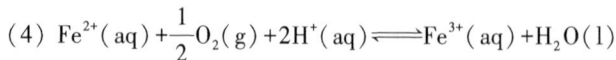

5. 计算下列反应在 298.15K 标准态下的 $\Delta_r G_m^\ominus$，判断自发进行的方向,求出标准平衡常数 $K^\ominus$:

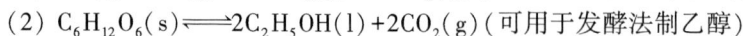

(1) $CO(g) + NO(g) \rightleftharpoons CO_2(g) + 1/2N_2(g)$ (可用于汽车尾气的无害化)

(2) $C_6H_{12}O_6(s) \rightleftharpoons 2C_2H_5OH(l) + 2CO_2(g)$ (可用于发酵法制乙醇)

((1) $-344.8$ kJ·mol$^{-1}$, $2.7 \times 10^{60}$; (2) $-227.8$ kJ·mol$^{-1}$, $8.4 \times 10^{39}$)

6. 已知反应 $ICl(g) = \frac{1}{2}I_2(g) + \frac{1}{2}Cl_2(g)$ 在 25℃ 时的平衡常数为 $K^{\ominus} = 2.2 \times 10^{-3}$，试计算下列反应的标准平衡常数：

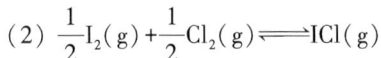

（1）$2ICl(g) \rightleftharpoons I_2(g) + Cl_2(g)$

（2）$\frac{1}{2}I_2(g) + \frac{1}{2}Cl_2(g) \rightleftharpoons ICl(g)$

$$（（1）4.8 \times 10^{-6}；（2）4.5 \times 10^2）$$

7. 已知下列反应：

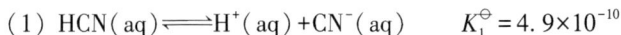

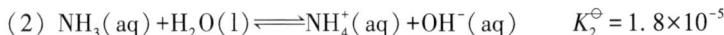

（1）$HCN(aq) \rightleftharpoons H^+(aq) + CN^-(aq)$　　　$K_1^{\ominus} = 4.9 \times 10^{-10}$

（2）$NH_3(aq) + H_2O(l) \rightleftharpoons NH_4^+(aq) + OH^-(aq)$　　　$K_2^{\ominus} = 1.8 \times 10^{-5}$

（3）$H_2O(l) \rightleftharpoons H^+(aq) + OH^-(aq)$　　　$K_3^{\ominus} = 1.0 \times 10^{-14}$

求反应（4）$NH_3(aq) + HCN(aq) \rightleftharpoons NH_4^+(aq) + CN^-(aq)$ 的平衡常数 $K^{\ominus}$ 是多少？

$$（0.88）$$

8. 超音速飞机在平流层飞行放出的燃烧尾气中的 NO 会通过下列反应破坏臭氧：

$$NO(g) + O_3(g) \rightleftharpoons NO_2(g) + O_2(g)$$

如果已知 298K 和 100 kPa 下 NO、$NO_2$ 和 $O_3$ 的摩尔生成自由能分别为 87.6 kJ·$mol^{-1}$、51.3 kJ·$mol^{-1}$、163.2 kJ·$mol^{-1}$，求上面反应的 $K_p$ 和 $K_c$。

$$（8.97 \times 10^{34}；8.97 \times 10^{34}）$$

9. 在 693K 和 723K 下氧化汞分解为汞蒸气和氧的平衡总压分别为 $5.16 \times 10^4$ Pa 和 $1.08 \times 10^5$ Pa，求在该温度区域内分解反应的标准摩尔焓变和标准摩尔熵变。

$$（-156.17 \text{ kJ·} mol^{-1}；209.33 \text{ J·} mol^{-1} \cdot K^{-1}）$$

10. 可逆反应 $PCl_3(g) + Cl_2(g) \rightleftharpoons PCl_5(g)$，$\Delta_r H_{m,298.15}^{\ominus} = -22.2$ kJ·$mol^{-1}$。已知 298K 时反应的标准平衡常数为 0.562，试计算 473K 时反应的标准平衡常数。

$$（2.04 \times 10^{-2}）$$

（任群翔）

# 第 8 章　化学反应速率

## 学习目标

掌握化学反应速率的表示方法;熟悉用活化能、活化分子的概念解释温度、浓度、催化剂等因素对反应速率的影响;掌握质量作用定律和 Arrhenius 公式的应用;掌握一级反应速率方程及药物有效期计算;了解酶催化的特征。

**案例 8-1**

　　小王使用了过期的氯霉素眼药水,造成眼睛红肿,经医生诊治告诫小王:药品有效期的长短跟其成分的稳定性有关,药物的有效期普遍在两至三年,少数容易挥发、降解的药品一般有效期在半年到一年半。过了有效期的药品,有效成分可能会分解为别的产物,而这些分解的产物有可能对身体产生副作用。如果吃了变质的内服药,不仅没有治疗效果,还会有细菌感染的危险。氯霉素、利福平等消炎眼药水过期再使用,轻则造成眼睛干痒等局部不适,重则有可能引起角膜炎、结膜炎等眼部疾病。在流通的过程中,患者拿到药品的有效期相对还会更短一些,就会更容易过期。药物出厂装瓶都是密封的,瓶中空气量和水分很少,未开封状态下可达到说明书上标注的有效期,但开封后的药物与外界接触,空气和水分侵入会影响药效,甚至产生有毒物质。

**问题:**

1. 如何测定药物的有效期?
2. 哪些因素影响化学反应的快慢?
3. 这些因素如何影响化学反应速率?

　　化学反应可以瞬间完成,例如爆炸;也可能一年甚至几年完成,例如铁生锈,同时还会受到反应条件的影响。在大多数情况下,人们希望化学反应进行得快一些,有时也希望化学反应进行得慢一些,如,金属腐蚀,塑料老化。化学反应的快慢即反应速率受多种因素的影响,本章主要介绍化学反应速率的基本理论和影响反应速率的主要因素。

# 第 1 节　化学反应速率及其表示方法

## 一、化学反应速率

　　化学反应一旦发生,伴随着反应的进行,系统内各物质的浓度不断地发生着变化,反应物的浓度不断地减少,生成物的浓度不断增加。一定时间内生成的产物多,其反应速率就快,生成的产物少,其反应速率就慢。

　　**化学反应速率**(rate of chemical reaction)是衡量化学反应过程进行的快慢,即反应系统中各物质的量随时间的变化率,通常用单位时间内反应物浓度的减少和生成物浓度的增加表示。常用物质的量浓度,单位是 $mol \cdot L^{-1}$。时间单位则根据反应的快慢用秒(s)、分(min)、小时(h)、天(d)等。

　　绝大多数化学反应速率随时间而变化,因而反应速率有平均速率和瞬时速率两种表示方式。

# 二、平均速率和瞬时速率

　　观察 $H_2O_2$ 水溶液在少量 $I^-$ 催化下的分解反应进程,可了解浓度随时间变化的情况。

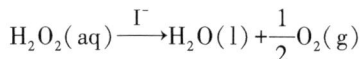

$$H_2O_2(aq) \xrightarrow{I^-} H_2O(l) + \frac{1}{2}O_2(g)$$

　　在 298K 时进行反应, $H_2O_2$ 的初始浓度是 $0.8\ mol \cdot L^{-1}$。每隔 20 min 通过实验测定 $O_2$ 的量,计算 $H_2O_2$ 浓度的变化, $H_2O_2$ 分解的速率如表 8-1 所示。

表 8-1　$H_2O_2$ 溶液的分解速率(298K)

| $t$/min | $c(H_2O_2)/(mol \cdot L^{-1})$ | $-\dfrac{\Delta c(H_2O_2)}{\Delta t}/(mol \cdot L^{-1} \cdot min^{-1})$ |
|---|---|---|
| 0 | 0.80 | — |
| 20 | 0.40 | $2.0 \times 10^{-2}$ |
| 40 | 0.20 | $1.0 \times 10^{-2}$ |
| 60 | 0.10 | $5.0 \times 10^{-3}$ |
| 80 | 0.05 | $2.5 \times 10^{-3}$ |

　　由表 8-1 可知,在反应刚开始时反应物浓度降低较快,以后逐渐减少,我们用 20min 内单位时间反应物浓度的减少值来表示 20 min 间隔内的**平均速率**(average rate):

$$\bar{v}(H_2O_2) = -\frac{c_2(H_2O_2) - c_1(H_2O_2)}{t_2 - t_1} = -\frac{\Delta c(H_2O_2)}{\Delta t}$$

　　从 $t_1$ 到 $t_2$ 的时间间隔 $\Delta t$ 内反应物浓度的减少量为 $\Delta c$,公式中负号是为了使反应速率为正值。如果用单位时间内产物 $O_2$ 的浓度增加量表示,则可以略去负号。

$$\bar{v}(O_2) = \frac{\Delta c(O_2)}{\Delta t}$$

　　将浓度对时间绘图,得图 8-1,所得 $c$-$t$ 曲线称为动力学曲线。

　　动力学曲线形象地显示出反应进行得快慢与反应物浓度之间的关系。由于 $H_2O_2$ 分解的速率是随 $H_2O_2$ 的浓度变化而变化的,浓度又随时间的变化而改变,为确切地表示化学反应在某一时刻的速率,通常用**瞬时速率**(instantaneous rate)来表示。瞬时速率即令 $\Delta t$ 趋近于零时的速率。

$$v = \lim_{\Delta t \to 0} \frac{-\Delta c(H_2O_2)}{\Delta t} = -\frac{dc(H_2O_2)}{dt}$$

　　瞬时速率可以从动力学曲线上各相应时间点的斜率取绝对值求得,如在 20 min 时曲线的斜率为:

图 8-1　$H_2O_2$ 分解时浓度-时间曲线

$$\frac{0.40\ mol \cdot L^{-1} - 0.68\ mol \cdot L^{-1}}{20\ min} = -1.4 \times 10^{-2}(mol \cdot L^{-1} \cdot min^{-1})$$

　　表示在第 20 min 当 $H_2O_2$ 的浓度为 $0.4\ mol \cdot L^{-1}$ 时的瞬时速率为 $-1.4 \times 10^{-2}\ mol \cdot L^{-1} \cdot min^{-1}$。瞬时速率可确切表示化学反应在某一时刻的速率,通常所说的反应速率就是瞬时速率。

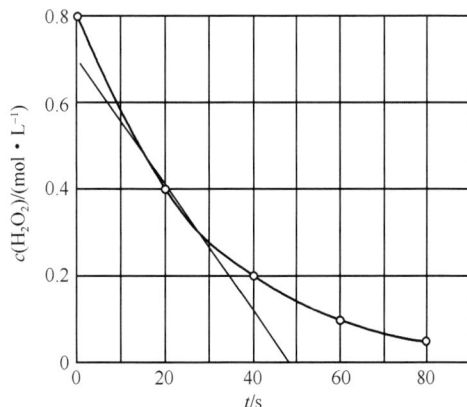

在同一时间间隔,用不同的物质浓度变化来表示化学反应速率时,数值不同,但它们都表示同一化学反应进行的快慢,因此数值之间有一定的内在联系。对于一般的化学反应:

$$aA+bB \longrightarrow gG+hH$$

有:

$$-\frac{1}{a}v_A = -\frac{1}{b}v_B = \frac{1}{g}v_G = \frac{1}{h}v_H \qquad (8\text{-}1)$$

在一个化学反应中,如果知道用某一物质的浓度变化所表示的化学反应速率,即可通过反应式中各化学式前的计量系数,求出用其他物质浓度变化所表示的反应速率。

# 第2节　反应机制和反应级数

一个反应的化学方程式描述了反应物和最终产物之间的计量关系,仅从方程式看不出反应物是怎样变成产物的。实际上反应的过程很复杂,许多反应要经过多步才能变成最终产物。一个化学反应所经历的途径或具体步骤称为**反应机制**或**反应机理**(reaction mechanism)。

## 一、元反应、简单反应与复合反应

由反应物一步直接转变为生成物的反应称为简单反应,例如:

$$NO_2(g)+CO(g)=\!\!=\!\!=NO(g)+CO_2(g)$$

一步能完成的化学反应又称为**元反应**(elementary reaction),元反应是通过原子、分子或离子间的直接碰撞一步形成产物,因此,没有比元反应更简单的反应了。元反应中直接参加反应的微粒(原子、分子、离子)数称为**反应分子数**(molecularity of reaction),根据反应分子数的不同可将元反应分为单分子反应、双分子反应和三分子反应。例如:

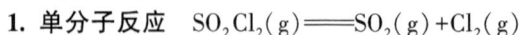

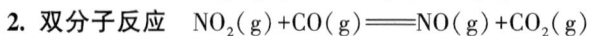

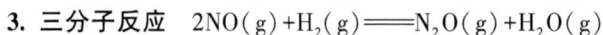

**1. 单分子反应**　$SO_2Cl_2(g)=\!\!=\!\!=SO_2(g)+Cl_2(g)$

**2. 双分子反应**　$NO_2(g)+CO(g)=\!\!=\!\!=NO(g)+CO_2(g)$

**3. 三分子反应**　$2NO(g)+H_2(g)=\!\!=\!\!=N_2O(g)+H_2O(g)$

因为三个分子同时碰撞在一起而且能够发生反应的机会很少,所以,三分子反应极少见。

反应分子数是为了说明反应机制而提出的概念,仅适用于元反应,它是通过实验来确定的,而不是按化学方程式中的计量系数来确定的。化学反应不是按计量方程式一步完成,而是经历了一系列单一的步骤,这类反应称为复合反应。例如,氢气和碘蒸气生成碘化氢的反应:

$$H_2(g)+I_2(g)=\!\!=\!\!=2HI(g)$$

它的反应机制为:

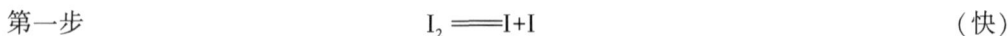

第一步　　　　　　　　　　$I_2=\!\!=\!\!=I+I$　　　　　　　　　　(快)

第二步　　　　　　　　　　$H_2+2I=\!\!=\!\!=2HI$　　　　　　　　　(慢)

第二步反应速率慢,它能控制总反应的速率,所以最慢的一步反应就叫做速率控制步骤,简称**速控步骤**(rate controlling step)。

## 二、质量作用定律与速率方程式

### (一) 质量作用定律

影响反应速率的因素很多,反应物浓度就是其中之一。大量实验证明,当温度一定时,元反应的反应速率与各反应物浓度幂(以化学反应计量方程式中相应的系数为指数)的乘积成正比,这就是**质量作用定律**（law of mass action）。如元反应：

$$NO_2(g)+CO(g)\Longrightarrow NO(g)+CO_2(g)$$

根据质量作用定律，反应速率与反应物浓度的关系为：

$$v=kc(NO_2)c(CO) \tag{8-2}$$

质量作用定律反映了反应速率与反应物浓度间的关系，它只适用于元反应。

## （二）速率方程式

表示反应速率与反应物浓度之间定量关系的数学式称为反应速率方程式。根据质量作用定量可写出元反应的速率方程，如式(8-2)，如不清楚反应是否为元反应，则必须根据实验来确定速率方程式。大量事实说明，在一定温度下，化学反应的速率与各反应物浓度的幂的乘积成正比：

任一化学反应：

$$aA+bB\longrightarrow gG+hH$$

其速率方程为：

$$v=kc_A^m c_B^n \tag{8-3}$$

$k$ 为**速率常数**（rate constant），不随反应物浓度的变化而改变，只随温度、催化剂、溶剂等的不同而改变。$m$ 和 $n$ 不是反应物的化学计量数，只能通过实验来确定。

**例 8-1** 氢气和一氧化氮的反应为：

$$2H_2(g)+2NO(g)\Longrightarrow 2H_2O(g)+N_2(g)$$

在 1073K，不同浓度下，测得生成氮气的反应速率如表 8-2。写出该反应的速率方程式并求出速率常数。

表 8-2 $H_2$ 和 NO 的反应速率（1073K）

| 实验序号 | $c(NO)/(mol\cdot L^{-1})$ | $c(H_2)/(mol\cdot L^{-1})$ | $v(N_2)/(mol\cdot L^{-1}\cdot s^{-1})$ |
|---|---|---|---|
| 1 | $6.00\times10^{-3}$ | $1.00\times10^{-3}$ | $3.19\times10^{-3}$ |
| 2 | $6.00\times10^{-3}$ | $2.00\times10^{-3}$ | $6.36\times10^{-3}$ |
| 3 | $6.00\times10^{-3}$ | $3.00\times10^{-3}$ | $9.56\times10^{-3}$ |
| 4 | $1.00\times10^{-3}$ | $6.00\times10^{-3}$ | $0.48\times10^{-3}$ |
| 5 | $2.00\times10^{-3}$ | $6.00\times10^{-3}$ | $1.92\times10^{-3}$ |
| 6 | $3.00\times10^{-3}$ | $6.00\times10^{-3}$ | $4.30\times10^{-3}$ |

**解：**根据实验 1、2、3 的数据，在 NO 浓度不变时，$H_2$ 的浓度增大 2 倍和 3 倍时，反应速率也增大 2 倍和 3 倍，因此反应速率与氢气的浓度成正比，即 $v\propto c(H_2)$。

由实验 4、5、6 数据可知，在 $H_2$ 浓度不变的情况下，NO 浓度增大 2 倍和 3 倍时，则反应速率增大到 4 倍和 9 倍，即 $2^2$ 和 $3^2$ 倍，这表明反应速率和 NO 浓度的平方成正比，即 $v\propto c^2(NO)$。

综合 NO 和 $H_2$ 对化学反应反应速率的影响可得：

$$v\propto c(H_2)c^2(NO)$$

则速率方程为：$v=kc(H_2)c^2(NO)$

将实验 1 中的数据代入速率方程，可求出速率常数：

$$k=\frac{v}{c(H_2)c^2(NO)}=\frac{3.19\times10^{-3}\,mol\cdot L^{-1}\cdot s^{-1}}{1.00\times10^{-3}\,mol\cdot L^{-1}\times(6.00\times10^{-3}\,mol\cdot L^{-1})^2}$$
$$=8.86\times10^4(L^2\cdot mol^{-2}\cdot s^{-1})$$

# 三、反 应 级 数

当一反应速率与反应物浓度的关系具有浓度幂乘积的形式时,化学反应也可以用**反应级数**(reaction order)来进行分类。对于速率方程为式(8-3)的反应,反应级数为 $m+n$,$m$ 和 $n$ 分别是该反应对 A 和 B 物质的反应级数,总反应级数为 $m+n$,称该反应为 $m+n$ 级反应,反应级数由实验确定,其值可以是零和正整数,也可以是分数或负数,负数表示该物质对反应起阻滞作用。下面我们研究反应级数为 1、2、0 的最简单级数的反应特点。

## (一) 一级反应

**一级反应**(reaction of the first order)是反应速率与反应物浓度的一次方成正比的反应,即:

$$v = -\frac{dc}{dt} = kc \tag{8-4}$$

将式(8-4)定积分:

$$-\int_{c_0}^{c} \frac{dc}{c} = \int_0^t k\,dt$$

得:

$$\ln c = \ln c_0 - kt \tag{8-5}$$

或:

$$\ln \frac{c_0}{c} = kt \tag{8-5a}$$

$$c = c_0 \cdot e^{-kt} \tag{8-6}$$

$$\lg \frac{c_0}{c} = \frac{kt}{2.303} \tag{8-7}$$

上述三个方程均为一级反应的反应物浓度与时间关系的方程式。$c_0$ 为反应物的初始浓度,$c$ 为反应开始 $t$ 时间后的反应物浓度。若以 $\ln c$ 对 $t$ 作图,则可得一条直线,直线的斜率为 $-k$,截距为 $\ln c_0$。

反应物浓度消耗一半所需要的时间,称为这个反应的**半衰期**(half-life),用 $t_{1/2}$ 表示。由式(8-5)可求得一级反应的半衰期为:

$$t_{1/2} = \frac{\ln 2}{k} = \frac{0.693}{k} \tag{8-8}$$

大多数药物在体内代谢反应、热分解反应及放射性元素蜕变等都属于一级反应。

**例 8-2**　放射性 $^{60}$Co 所产生的 $\gamma$ 射线广泛用于癌症治疗,放射性物质的强度以 ci(居里)表示,某医院购买一台 20ci 的钴源,在作用 10 年后,$^{60}$Co 还剩多少?已知 $^{60}$Co 衰变的 $t_{1/2} = 5.26a$。

**解:**

$$t_{1/2} = \frac{0.693}{k}$$

$$k = \frac{0.693}{t_{1/2}} = \frac{0.693}{5.26a} = 0.132a^{-1}$$

把 Co 的初始浓度为 20ci,$k = 0.132a^{-1}$ 代入公式(8-7):

$$\lg \frac{20ci}{c} = \frac{0.132a^{-1} \times 10a}{2.303}$$

$$c = 5.3ci$$

作用 10 年后,放射性钴源的强度为 5.3ci。

## (二) 二级反应

**二级反应**(reaction of second order)是反应速率与反应物浓度的二次方成正比的反应。二级反应的速率方程式可表示为：

$$v = -\frac{dc}{dt} = kc^2 \tag{8-9}$$

积分可得：

$$\frac{1}{c} - \frac{1}{c_0} = kt \tag{8-10}$$

以 $1/c$ 对 $t$ 作图得一直线，斜率为 $k$。

由半衰期的定义可得：

$$t_{1/2} = 1/(kc_0) \tag{8-11}$$

在溶液中许多有机反应属于二级反应，如一些加成反应、分解反应、取代反应等。

**例 8-3**　乙酸乙酯在 298K 时的皂化反应为二级反应。

$$CH_3COOC_2H_5 + NaOH \longrightarrow CH_3COONa + C_2H_5OH$$

若乙酸乙酯与氢氧化钠的初始浓度均为 $0.0100\ mol \cdot L^{-1}$，反应 20 min 后，碱的浓度减少了 $0.0056\ mol \cdot L^{-1}$，试求反应的速率常数和半衰期。

**解：**

$$k = \frac{1}{t}\left(\frac{1}{c} - \frac{1}{c_0}\right)$$

$$= \frac{1}{20\ min}\left(\frac{1}{0.0100\ mol \cdot L^{-1} - 0.0056\ mol \cdot L^{-1}} - \frac{1}{0.0100\ mol \cdot L^{-1}}\right)$$

$$= 6.36\ mol \cdot L^{-1} \cdot min^{-1}$$

$$t_{1/2} = \frac{1}{kc_0}$$

$$= \frac{1}{0.0100\ mol \cdot L^{-1} \times 6.36\ mol \cdot L^{-1} \cdot min^{-1}}$$

$$= 15.7\ min$$

## (三) 零级反应

**零级反应**(reaction of the zero order)是反应速率与反应物浓度无关的反应。在温度一定时反应速率为一常数，即：

$$v = -\frac{dc}{dt} = kc^0 = k \tag{8-12}$$

积分得：

$$c_0 - c = kt \tag{8-13}$$

以 $c$ 对 $t$ 作图得一直线，斜率为 $-k$，半衰期为：

$$t_{1/2} = \frac{c_0}{2k} \tag{8-14}$$

反应的总级数为零的反应并不多，最常见的零级反应是在一些表面上发生的反应，如：氨在金属催化剂钨表面上的分解反应、苯酚的光催化降解为典型的零级反应。

现将一级、二级和零级反应的基本特征小结如表 8-3。

表8-3　一、二、零级反应的特征

| 反应级数 | 一级反应 | 二级反应 | 零级反应 |
|---|---|---|---|
| 速率方程式 | $v = kc$ | $v = kc^2$ | $v = kc^0 = k$ |
| 基本方程式 | $\ln c_0 - \ln c = kt$ | $\dfrac{1}{c} - \dfrac{1}{c_0} = kt$ | $c_0 - c = kt$ |
| 直线关系 | $\ln c$ 对 $t$ | $1/c$ 对 $t$ | $c$ 对 $t$ |
| 斜率 | $-k$ | $k$ | $-k$ |
| 半衰期($t_{1/2}$) | $0.693/k$ | $1/(kc_0)$ | $c_0/(2k)$ |
| $k$ 的量纲 | [时间]$^{-1}$ | [浓度]$^{-1}\cdot$[时间]$^{-1}$ | [浓度]$\cdot$[时间]$^{-1}$ |

# 第3节　化学反应速率理论简介

从19世纪末开始,人们就试图从分子微观运动、分子运动论的角度研究速率方程,后来发展为较成熟的两种理论:碰撞理论和过渡态理论。作为分子动力学理论模型,它们只讨论基元反应,简述如下:

## 一、碰　撞　理　论

气体反应的碰撞理论是英国的 WC McC Lewis(路易斯)在1918年提出的,其基础是分子运动论。碰撞理论主要适用于气体双分子反应,该理论认为,反应物分子间的相互碰撞是反应进行的先决条件。反应物分子碰撞的频率越高,反应速率越大。

### (一) 有效碰撞和弹性碰撞

反应物之间要发生反应,首先它们的分子或离子要克服外层电子之间的斥力而充分接近,相互碰撞,才能促使外层的电子重排,即旧键的削弱、断裂和新键的生成,使反应物转化为产物。但反应物分子或离子之间的碰撞并非每一次都能发生反应,对一般反应而言,大部分的碰撞都不能发生反应,只有很少数的碰撞才能发生反应,我们把能发生反应的碰撞叫**有效碰撞**(effective collision),而大部分不发生反应的碰撞叫做**弹性碰撞**(elastic collision)。要发生有效碰撞,反应物的分子或离子必须具备两个条件:一要有足够的能量,如动能,这样才能克服外层电子之间的斥力而充分接近并发生化学反应;二是要在碰撞时有合适的方向,正好碰在能起反应的部位,如果碰撞的部位不合适,即使反应分子具有足够的能量,也不会起反应,如图8-2。

$$2NO_2(g) = N_2O_4(g)$$

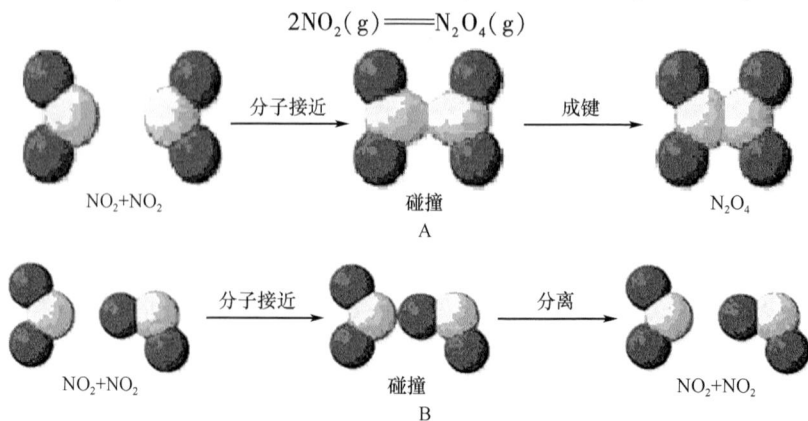

图 8-2

A. 有效碰撞;B. 弹性碰撞

## (二) 活化分子与活化能

　　具有较大的动能并能够发生有效碰撞的分子称为活化分子,通常它只占分子总数中的小部分。活化分子具有的最低能量与反应物分子的平均能量之差,称为**活化能**(activation energy),用符号 $E_a$ 表示,单位为 $kJ \cdot mol^{-1}$。活化能与活化分子的概念可以从气体分子的能量分布规律加以说明。

　　在一定温度下,分子具有一定的平均动能,但并非每个分子的动能都一样,由于碰撞等原因分子间不断进行着能量的重新分配,每个分子具有的能量并不固定在一个值。但从统计结果看,具有一定能量的分子数目是不随时间改变的。将分子的动能为横坐标,将具有一定动能的分子数为纵坐标作图,得图 8-3,即为 $T_1$ 和 $T_2(T_2 > T_1)$ 两个不同温度下气态分子能量分布曲线。

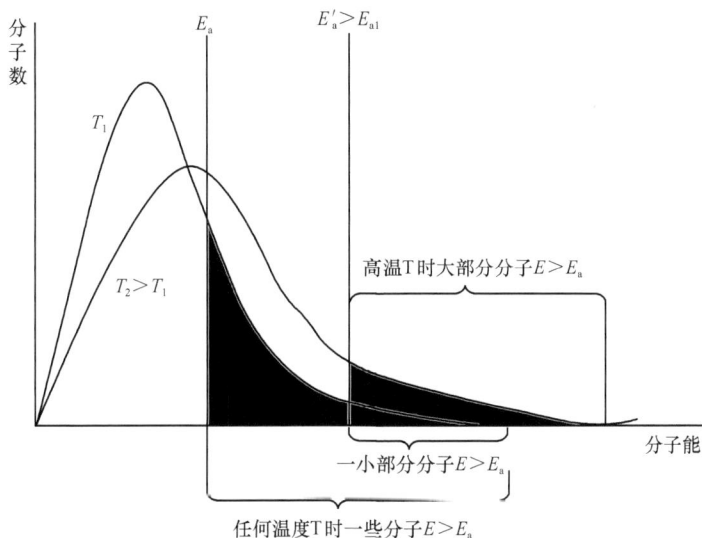

图 8-3　分子能量分布曲线

　　气态分子能量分布曲线表明,只有部分分子可以达到反应所需要的活化能,分子数的多少取决于活化能的大小和温度的高低。在一定温度下,活化能越小,活化分子数越多,说明单位体积内有效碰撞的次数越多,反应速率越快;反之活化能越大,活化分子数越少,说明单位体积内有效碰撞的次数越少,反应速率越慢。对任何一个反应来说,高温下活化分子数较多。

　　不同的反应具有不同的活化能,因此,不同的化学反应有不同的反应速率,活化能不同是化学反应速率不同的根本原因。活化能一般为正值,许多化学反应的活化能与破坏一般化学键所需要的能量相近,为 $40 \sim 400 \ kJ \cdot mol^{-1}$,多数在 $60 \sim 250 \ kJ \cdot mol^{-1}$ 之间。活化能小于 $40 \ kJ \cdot mol^{-1}$ 的化学反应,其反应速率极快,活化能大于 $400 \ kJ \cdot mol^{-1}$ 的化学反应,其反应速率极慢。

# 二、过渡态理论

　　碰撞理论比较直观,容易理解,但仅限于处理气体双分子反应,把分子当成刚性球体,而忽略了其内部结构。20 世纪 30 年代,Eyring(艾林)和 Pelzer(佩尔采)在碰撞理论的基础上,应用量子力学和统计力学的观点,提出了反应的过渡态理论。

## (一) 活化络合物

　　过渡态理论认为,化学反应并不是通过反应物分子的简单碰撞就能完成的,而是在反应物到生成物的过程中经过一个高能量的过渡态,处于过渡态的分子叫做**活化络合物**(activated complex)。活化络合物是一种高能量的不稳定的反应物原子组合体,它能较快地分解成原来的反应物,也能进一步转化为新的能量较低、较稳定的生成物,但转化成生成物的速率通常较慢。例如,对于反应 $NO_2+CO=NO+CO_2$ 来说,当具有较高能量的 $NO_2$ 和 CO 分子彼此以适当的取向相互靠近到一定程度时,它们的电子云便发生重叠,形成活化络合物 $[O—N\cdots O\cdots C—O]$,在活化络合物中,原有的 N—O 键部分地断裂,新的 C—O 键部分地形成。

## (二) 活化能与反应热

能形成活化络合物的反应物分子,应具有比一般分子更高的能量。过渡态理论认为,活化能是反应物分子平均能量与处在过渡态的活化络合物分子平均能量之差,因此,不管是放热反应还是吸热反应,反应物经过过渡态变成生成物,都必须越过一个高能量的过渡态,如从一个谷地到另一个谷地必须爬山一样。以反应 $NO_2+CO=NO+CO_2$ 为例,放热反应的能量变化如图 8-4,a 表示反应物 $NO_2+CO$ 的平均能量,b 表示过渡态 $[O—N\cdots O\cdots C—O]$ 的平均能量,c 表示生成物 $NO+CO_2$ 的平均能量,反应物首先吸收 134 kJ·$mol^{-1}$ 活化能($E_a$)变成活化分子(过渡态的活化络合物),然后转化成生成物放出 368 kJ·$mol^{-1}$ 能量($E'_a$),因此 $\Delta H=E_a-E'_a$。

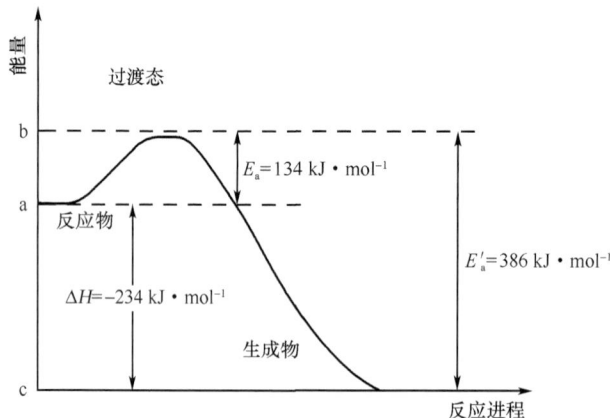

图 8-4 放热反应的能量变化

反应热 $\Delta H$ 等于正反应活化能($E_a$)与逆反应活化能($E'_a$)之差,当 $E_a<E'_a$ 时,$\Delta H<0$,是放热反应;当 $E_a>E'_a$ 时,$\Delta H>0$,是吸热反应。这样,动力学参数活化能与热力学参数反应焓就联系起来了。

# 第4节 温度对化学反应速率的影响

若保持反应物浓度不变,只在适当范围内改变反应温度,则通常每升高 10K,反应速率就增加到原来的 2~4 倍。

## 一、温度与速率常数的关系

对大多数反应来说,速率常数随着温度的升高而增加,因而,温度升高使反应速率加快。如在常温下,氢气与氧气生成水的反应极慢,当温度为 400℃时,约需 80 d 才能完全化合,在 600℃时反应瞬间完成。

1889 年,瑞典化学家 Arrhenius(阿仑尼乌斯)总结了大量实验事实,指出反应速率常数与温度之间的定量关系为:

$$k = A \cdot \mathrm{e}^{-\frac{E_\mathrm{a}}{RT}} \qquad (8\text{-}15)$$

或：

$$\ln k = -\frac{E_\mathrm{a}}{RT} + \ln A \qquad (8\text{-}16)$$

式(8-15)和式(8-16)称为 Arrhenius 方程,式中 $A$ 为常数,称为指数前因子,它与单位时间内反应物的碰撞总数有关,也与碰撞时分子取向的可能性有关,$R$ 为摩尔气体常数,数值为 8.314 $\mathrm{J \cdot mol^{-1} \cdot K^{-1}}$,$E_\mathrm{a}$ 为活化能,$T$ 为热力学温度。

## 二、温度对化学反应速率的影响

用 Arrhenius 方程讨论反应速率与温度的关系时,可以近似地认为在一般的温度范围内活化能 $E_\mathrm{a}$ 和指数前因子 $A$ 都是常数,不随温度的变化而改变。从 Arrhenius 方程可得到如下结论: ①对于某一反应,活化能 $E_\mathrm{a}$ 是常数,则 $\mathrm{e}^{-\frac{E_\mathrm{a}}{RT}}$ 随 $T$ 升高而增大,表明温度升高,$k$ 值变大,反应加快; ②当温度一定时,如反应的 $A$ 值相近,活化能 $E_\mathrm{a}$ 越大则 $k$ 值越小,即活化能越大,反应越慢; ③对不同的反应,温度对反应速率影响的程度不同。由于 $\ln k$ 与 $1/T$ 呈直线关系,而直线的斜率为负值($-E_\mathrm{a}/R$),故 $E_\mathrm{a}$ 越大的反应,直线斜率越小,即当温度变化相同时,$E_\mathrm{a}$ 越大的反应,$k$ 值变化越大。对于可逆反应,因吸热反应的活化能大于放热反应的活化能(见图 8-4),温度升高时,吸热反应速率增大较多,温度升高平衡向吸热方向移动。

利用 Arrhenius 方程进行有关计算时,常需消去未知常数 $A$。设某反应在温度 $T_1$ 时反应速率常数为 $k_1$,而在温度 $T_2$ 时反应速率常数为 $k_2$,又知 $E_\mathrm{a}$ 及 $A$ 不随温度而变,则:

$$\ln k_2 = -\frac{E_\mathrm{a}}{RT_2} + \ln A$$

$$\ln k_1 = -\frac{E_\mathrm{a}}{RT_1} + \ln A$$

两式相减得:

$$\ln \frac{k_2}{k_1} = \frac{E_\mathrm{a}}{R}\left(\frac{T_2 - T_1}{T_2 T_1}\right) \qquad (8\text{-}17)$$

利用这一关系式可以确定反应的活化能或温度对反应速率常数的影响,也可以在已知 $T_1$、$k_1$、$T_2$、$k_2$ 的情况下,计算温度 $T_3$ 时的反应速率常数 $k_3$。

**例 8-4**　$CO(CH_2COOH)_2$ 在水溶液中分解反应,10℃ 时 $k_{10} = 1.08 \times 10^{-4}\ \mathrm{s^{-1}}$,60℃ 时 $k_{60} = 5.48 \times 10^{-2}\ \mathrm{s^{-1}}$,试求反应的活化能及 30℃ 的化学反应速率常数 $k_{30}$。

**解:** 由题知 $T_1 = 283\mathrm{K}$,$k_1 = 1.08 \times 10^{-4}\ \mathrm{s^{-1}}$,$T_2 = 333\mathrm{K}$,$k_2 = 5.48 \times 10^{-2}\ \mathrm{s^{-1}}$,

代入式(8-17)得:

$$\ln \frac{5.48 \times 10^{-2}}{1.08 \times 10^{-4}} = \frac{E_\mathrm{a}}{8.314\ \mathrm{J \cdot mol^{-1} \cdot K^{-1}}}\left(\frac{333\mathrm{K} - 283\mathrm{K}}{283\mathrm{K} \times 333\mathrm{K}}\right)$$

$$E_\mathrm{a} = 97.6\ \mathrm{kJ \cdot mol^{-1}}$$

将 $E_\mathrm{a}$ 值代入式(8-17),由 $k_{10}$ 或 $k_{60}$ 求 $k_{30}$

$$\ln \frac{K_{30}}{1.08 \times 10^{-4}} = \frac{97.6\ \mathrm{kJ \cdot mol^{-1}}}{8.314\ \mathrm{J \cdot mol^{-1} \cdot K^{-1}}}\left(\frac{303\mathrm{K} - 283\mathrm{K}}{283\mathrm{K} \times 303\mathrm{K}}\right)$$

$$K_{30} = 1.67 \times 10^{-3}\ \mathrm{s^{-1}}$$

**例 8-5**　在生物化学中常用温度因子 $Q_{10}$,即 310K 时速率常数与 300K 时速率常数的比值来说明温度对酶催化反应的影响。已知某种酶催化反应的 $Q_{10}$ 为 2.50,求该反应的活化能。

**解：**根据式(8-17)可得

$$E_a = R\frac{T_1 T_2}{T_2 - T_1}\ln\frac{k_{310}}{k_{300}}$$

$$= 8.314\times 10^{-3}\ \text{J}\cdot\text{K}^{-1}\cdot\text{mol}^{-1}\times\left(\frac{310\text{K}\times 300\text{K}}{310\text{K}-300\text{K}}\right)\times\ln 2.50$$

$$= 70.8(\text{kJ}\cdot\text{mol}^{-1})$$

从式(8-17)还可以看到，在活化能 $E_a$ 不变的前提下，不仅温度差 $T_2-T_1$ 影响反应速率，而且在由 $T_2, T_1$ 体现的不同温度区段，同样的温度差所引起的速率变化的倍数也不相同。表8-4列出 $S_2O_8^{2-}+3I^- = 2SO_4^{2-}+I_3^-$ 反应在不同温度区段的化学反应速率变化情况。

**表8-4    温度区段对于反应速率变化的影响（$E_a = 53.4\ \text{kJ}\cdot\text{mol}^{-1}$）**

| 温度区段(K) | $T_1$ | $T_2$ | $k_2/k_1$ |
|---|---|---|---|
| 273~283 | 273 | 283 | 2.44 |
| 303~313 | 303 | 313 | 1.97 |

从表8-4可看出，对于同一反应，在较低温度区段升高10K时，速率常数 $k$ 增大的倍数较大；而在较高温度区段升高10K时，速率常数 $k$ 增大的倍数较小。

对于活化能不同的反应，如 $E_{a1} = 20.00\ \text{kJ}\cdot\text{mol}^{-1}$，$E_{a2} = 251\ \text{kJ}\cdot\text{mol}^{-1}$ 在相同温度区段（$T_1 = 500\text{K}$，$T_2 = 520\text{K}$）速率常数的改变不同。活化能为 $20.00\ \text{kJ}\cdot\text{mol}^{-1}$ 的反应，$k_2/k_1$ 为1.20；而活化能为 $251\ \text{kJ}\cdot\text{mol}^{-1}$ 的反应，$k_2/k_1$ 为10.2。因此，在同一区段升高相同的温度，活化能较大的反应，其速率常数增大的倍数较大；活化能较小的反应，其速率常数增大的倍数较小。

# 第5节    催化剂和酶

**案例8-2**

云南普洱茶的汤色深红若红玛瑙，汤味醇和甘甜，深得人们喜欢。普洱茶是一种后发酵茶，在茶马古道上驮运的普洱茶是将鲜叶经杀青、手揉、晒干三道工序后放入蒸甑，水蒸气蒸近半个小时后即装入布袋，压入马筐篓中，运往西藏等地。茶叶在漫漫运输途中受微生物、水分、氧气的作用，进行着一个相当复杂的化学过程，形成普洱茶独特的化学品质。随着普洱茶的供不应求，人们开始对普洱茶的后发酵研制。主要工艺是对选料后的新茶叶进行杀青，日光干燥，然后进行湿水堆渥发酵。茶叶在环境和空气中的微生物作用下，多酚类物质缓慢氧化，进行着极复杂的酶催化反应过程。茶叶中的400多种有机物先后发生了一系列的相关反应，发酵后的"熟茶"外观褐红色，儿茶素转变为茶黄素，茶黄素进一步转变为茶红素。儿茶素中多酚类有机物占60%~80%，在发酵中一部分氧化为多醌类，再聚合为茶红素、茶褐素。其中的多氮化合物，如吗啡碱、茶碱、氨基酸等成分和含量也发生了变化。在普洱茶后发酵中的酶催化反应的酶主要是黑曲霉、棒曲霉、根酶等，大多数反应为酶催化的有机氧化反应，其中多酚类大分子、醛类、类脂、维生素C都进行了不同程度的氧化过程。

**问题：**

1. 什么是催化剂？
2. 催化剂有什么特点？
3. 酶催化具有什么特点？

# 一、催化剂及催化作用

## （一）催化剂

根据 IUPAC 的建议,**催化剂**(catalyst)的定义是:存在较少量就能显著地加速反应而本身最后无损耗的物质。催化剂的这种作用称为**催化作用**(catalysis)。

如常温常压下,氢气和氧气并不发生反应,但加入少量铂粉它们就会立即反应生成水,而铂的化学成分及本身的质量并没有改变,铂粉就是一种催化剂。

能使反应速率减慢的物质曾称为负催化剂,现多采用如阻化剂、抑制剂等名称。

有些反应的产物可作为其反应的催化剂,从而使反应速率加快,这一现象称为自动催化。例如,高锰酸钾在酸性溶液中与草酸的反应,开始时反应较慢,一旦反应生成了 $Mn^{2+}$ 后,反应就自动加速。反应式为:

$$2KMnO_4+3H_2SO_4+5H_2C_2O_4 = 2MnSO_4+K_2SO_4+8H_2O+10CO_2$$

## （二）催化剂的特点

催化作用是一种极为普遍的现象,催化剂具有以下的基本特点:

（1）催化剂的作用是化学作用。由于催化剂参与反应,并在生成产物的同时,催化剂得到再生,因此在化学反应前后的质量和化学组成不变,而其物理性质可能变化,如 $MnO_2$ 在催化 $KClO_3$ 分解放出氧反应后虽仍然为 $MnO_2$,但其晶体变成细粉。

（2）由于短时间内催化剂能多次反复再生,所以少量催化剂就能起显著作用。如在每升 $H_2O_2$ 中加入 $3\mu g$ 的胶态铂,即可显著促进 $H_2O_2$ 分解成 $H_2O$ 和 $O_2$。

（3）在可逆反应中能催化正向反应的催化剂也同样能催化逆向反应。催化剂能加快化学平衡的到达,但不能使化学平衡发生移动,也不能改变平衡常数的值。因为催化剂不改变反应的始态和终态,即不能改变反应的 $\Delta_r G_m$ 或 $\Delta_r G_m^{\ominus}$,因此催化剂不能使非自发反应变成自发反应。

（4）催化剂具有特殊的选择性。一种催化剂通常只能加速一种或少数几种反应,同样的反应物应用不同的催化剂可得到不同的产物。

例如:乙醇在 200~250℃,铜作催化剂时,产物为乙醛和氢气;在 250~300℃,三氧化二铝作催化剂时,产物为乙烯和水。

# 二、催化作用理论简介

催化剂能够加快反应速率的根本原因,是由于改变了反应途径,降低了反应的活化能。对于不同的催化反应,降低活化能的机制是不同的。

## （一）均相催化理论

催化剂处在溶液中或气相中,与反应物形成均相系统而发挥催化作用称**均相催化**(homogeneous catalysis)。如液态酸碱催化剂,可溶性过渡金属化合物催化剂均是均相催化剂,催化剂和反应物处于同一个液相中。酸和碱对大量无机和有机反应有催化作用,例如蔗糖的水解、淀粉的水解等。$H^+$ 可以作为催化剂,同样 $OH^-$ 也可以作为催化剂,例如在 $H_2O_2$ 溶液中加入碱,可以使 $H_2O_2$ 分解成 $H_2O$ 和 $O_2$ 的反应速度加快,而有些反应既能被酸催化也能被碱催化,因此许多药物的稳定性与溶液的酸碱性有关。

酸碱催化的特点在于催化过程中发生质子的转移。因为质子只有一个正电荷,半径又很小,故电场强度大,易接近其他分子的负电一端形成新的化学键,又不受对方电子云的排斥,因而仅需要较小的活化能。

例如,乙醛的气态热分解反应,是催化剂和反应物同处在气相中的均相催化反应,在791K时,若不加催化剂,反应按下式进行:

$$CH_3CHO \longrightarrow CH_4+CO$$

其活化能为190 kJ·mol$^{-1}$。加入少量碘时,由于碘蒸气的存在,反应分两步进行:

(1) $CH_3CHO+I_2 \longrightarrow CH_3I+HI+CO$

(2) $CH_3I+HI \longrightarrow CH_4+I_2$

第一步是慢反应,活化能较高,为136 kJ·mol$^{-1}$,但比不加催化剂时活化能要低。由于碘的加入,改变了反应历程,降低了反应的活化能,从而使反应速率加快。

均相催化剂的活性中心比较均一,选择性较高,副反应较少,易于用光谱、波谱、同位素示踪等方法来研究催化剂的作用,反应动力学一般不复杂,但均相催化剂有难以分离、回收和再生的缺点。

## (二) 多相催化理论

催化剂自成一相(常为固相)与反应物构成非均相系统而发生的催化作用,称为**多相催化**(heterogeneous catalysis)。通常催化剂为多孔固体,反应物为液体或气体。多相催化反应通常可按下述七步进行:①反应物的外扩散——反应物向催化剂外表面扩散;②反应物的内扩散——在催化剂外表面的反应物向催化剂孔内扩散;③反应物的化学吸附;④表面化学反应;⑤产物脱附;⑥产物内扩散;⑦产物外扩散。这一系列步骤中反应最慢的一步称为速率控制步骤。化学吸附是最重要的步骤,化学吸附使反应物分子得到活化,降低了化学反应的活化能。因此,若要催化反应进行,必须至少有一种反应物分子在催化剂表面上发生化学吸附。固体催化剂表面是不均匀的,表面上只有一部分点对反应物分子起活化作用,这些点被称为活性中心。

# 三、生物催化剂——酶

生物体在其特定的条件下(如一定的 pH 和温度等),进行着许多复杂的反应,几乎所有的化学反应都是由特定的**酶**(enzyme)作催化剂的。生物体内酶的种类繁多,被酶所催化的物质称为**底物**(substrate),由生物催化剂——酶参加的反应称**酶催化反应**(enzymic catalytic reaction)。酶的本质为蛋白质。如果生物体内缺少某些酶,则影响有该酶所参加的反应。酶催化反应的原因仍是改变反应途径,降低活化能。酶除了具有一般催化剂的特点外,还具有下列特征:

**1. 酶具有高度特异性**  一种酶只对某一种或某一类的反应起催化作用。如 α-淀粉酶作用于淀粉分子的主链,使其水解成糊精;而 β-淀粉酶只水解淀粉分子的支链,生成麦芽糖。即使底物分子为异构体时,酶一般也能识别,并选择其中之一进行反应。延胡索酸酶只催化延胡索酸(反丁烯二酸)加水生成苹果酸,对马来酸(顺丁烯二酸)则无作用。

**2. 酶有高度的催化活性**  对于同一反应而言,酶的催化能力常比非酶催化高 $10^6 \sim 10^{10}$ 倍。如蛋白质的消化(即水解),在体外需用浓的强酸或强碱,并煮沸相当长的时间才能完成。但食物中蛋白质的酸碱性都不强,温度仅为37℃的人体消化道中,却能迅速消化,就是因为消化液中有蛋白酶等催化的结果。

**3. 特定的 pH 范围**  酶通常在一定 pH 范围及一定温度范围内才能有效地发挥作用。酶的本质是蛋白质,本身具有许多可解离的基团,溶液 pH 改变,酶的荷电状态改变从而影响酶的活性。人体大多数酶最适温度在 310K(37℃)左右,最适 pH 与酶所处的具体部位有关,如:正常人血液的 pH 为 7.35~7.45,而胃液的 pH 为 0.9~1.5。

## Summary

Chemical reaction rate is in general defined as change of reaction extend occurred with time in unit volume.

There are two ways to express the rate of a chemical reaction, either in average or instantaneous rate.

The reaction mechanism is detailed the description of all intermediate steps involved in the reaction. Each elementary reaction in a mechanism proceeds at its own unique rate. Consequently, every mechanism has one step that proceeds more slowly than any of the other steps. This slowest elementary step in a mechanism is called the rate-determining step.

For an elementary reaction, the rate reaction can be obtained from the stoichiometry. However, the rate reaction of complex reaction can not be obtained from the stoichiometry.

Two theories are applied for an elementary reaction, collision theory and transient state theory.

Common experience tells us that chemical reactions proceed faster at higher temperature. At the macroscopic level, higher temperature means faster reactions, but how does temperature affect the rate of a reaction? Arrhenius equation answered this question.

A biochemical catalyst is called an enzyme. Enzymes are specialized proteins with the complicated molecule that catalyze specific biochemical reactions. Enzymes are complicated molecules. Some molecular structures of some enzymes have been determined by Biochemists, but many molecule structures of enzymes are not yet known.

# 习 题

1. 判断下列说法是否正确并说明理由。

(1) 对于基元反应,单分子反应是一级反应,双分子反应是二级反应。

(2) 温度升高使反应速率加快的主要原因是:温度升高使碰撞次数增多,从而使反应速率加快。

(3) 有了化学反应方程式,我们就能够根据质量作用定律写出它的速率方程。

(4) 任何反应的反应速率都是随时间而变化的。

(5) 对于同一个反应,加入的催化剂虽然不同,但活化能的降低是相同的。

2. 名词解释:

(1) 化学反应速率。

(2) 速率控制步骤。

(3) 反应级数。

(4) 催化剂。

(5) 酶。

3. 现有化学反应 $S_2O_8^{2-}+3I^-=2SO_4^{2-}+I_3^-$,当反应速率 $-\dfrac{dc(S_2O_8^{2-})}{dt}=2.0\times10^{-3}$ mol·L$^{-1}$·s$^{-1}$时,求

$\dfrac{-dc(I^-)}{dt}$和$\dfrac{dc(SO_4^{2-})}{dt}$各为多少?

$(6.0\times10^{-3}$ mol·L$^{-1}$·s$^{-1}$;$4.0\times10^{-3}$ mol·L$^{-1}$·s$^{-1})$

4. 已知一化学反应:A+2B=2C,在 250K 时反应速率和浓度间的关系如下:

| 实验序号 | c | | $-v(A)$ |
|---|---|---|---|
| | A(mol·L$^{-1}$) | B(mol·L$^{-1}$) | (mol·L$^{-1}$·s$^{-1}$) |
| 1 | 0.10 | 0.010 | $1.2\times10^{-3}$ |
| 2 | 0.10 | 0.040 | $4.8\times10^{-3}$ |
| 3 | 0.20 | 0.010 | $2.4\times10^{-3}$ |

(1) 写出该反应的速率方程,并指出反应级数。

(2) 求该反应的速率常数。

(3) 求出当 $c(A) = 0.010$ mol $\cdot$ L$^{-1}$,$c(B) = 0.020$ mol $\cdot$ L$^{-1}$时的反应速率。

$$(2;1.2 \text{ mol} \cdot \text{L}^{-1} \cdot \text{s}^{-1};2.4 \times 10^{-4} \text{ mol} \cdot \text{L}^{-1} \cdot \text{s}^{-1})$$

5. 反应 $H_2(g) + I_2(g) = 2HI(g)$ 为二级反应,若 $H_2$ 和 $I_2$ 的浓度均为 2.0 mol $\cdot$ L$^{-1}$时,该条件下的反应速率为 0.10 mol $\cdot$ L$^{-1}$ $\cdot$ s$^{-1}$。

(1) 求 $c(H_2) = 0.10$ mol $\cdot$ L$^{-1}$,$c(I_2) = 0.50$ mol $\cdot$ L$^{-1}$时的反应速率。

(2) 若该反应进行一段时间后,系统内 $c(H_2) = 0.60$ mol $\cdot$ L$^{-1}$,$c(I_2) = 0.10$ mol $\cdot$ L$^{-1}$,$c(HI) = 0.20$ mol $\cdot$ L$^{-1}$,求开始时的反应速率。

$$(1.2 \times 10^{-3} \text{ mol} \cdot \text{L}^{-1} \cdot \text{s}^{-1};3.5 \times 10^{-3} \text{ mol} \cdot \text{L}^{-1} \cdot \text{s}^{-1})$$

6. 测定化合物 S 的一种酶催化反应速率的实验结果为:

| $t$/min | 0 | 20 | 60 | 100 | 160 |
|---|---|---|---|---|---|
| $c$/(mol $\cdot$ L$^{-1}$) | 1.00 | 0.90 | 0.70 | 0.50 | 0.20 |

试判定在上述浓度范围内的反应级数和速率常数。

$$(0;-5.0 \times 10^{-3} \text{ mol} \cdot \text{L}^{-1} \cdot \text{min}^{-1})$$

7. 青霉素 G 的分解为一级反应,实验数据如下:

| $T$/K | 310 | 60 | 100 |
|---|---|---|---|
| $c$/(mol $\cdot$ L$^{-1}$) | $2.16 \times 10^{-2}$ | $4.05 \times 10^{-2}$ | 0.119 |

求反应的活化能和指前因子 A。

$$(84.6 \text{ kJ} \cdot \text{mol}^{-1};3.82 \times 10^{12} \text{ h}^{-1})$$

8. 在 300K 时,$H_2O_2$ 分解成 $H_2O$ 和 $O_2$ 的活化能为 75.3 kJ $\cdot$ mol$^{-1}$。如果在酶催化下,反应的活化能为 25.1 kJ $\cdot$ mol$^{-1}$。设指前因子不变,求在该温度下有酶催化与无酶催化时反应速率的倍数。

$$(5.51 \times 10^8)$$

9. 元素放射性蜕变是一级反应。$^{14}$C 的半衰期为 5730a。今在一古墓的木质样品中测得 $^{14}$C 含量只有原来的 68.5%。此古墓距今多少年?

$$(3130)$$

10. 阿司匹林的水解为一级反应。已知 373K 时速率常数为 7.92 d$^{-1}$,活化能为 56.464 kJ $\cdot$ mol$^{-1}$,求 300K 时阿司匹林水解 20% 所需的时间。

$$(2.37 \text{ d})$$

(程向晖)

# 第 9 章 氧化还原与电极电位

**学习目标**

熟悉氧化值、氧化还原的基本概念,掌握元素氧化值的确定,氧化还原反应方程式的配平;熟悉原电池的组成,电极反应及电池反应;了解电极电位的概念和常用电极的种类;掌握标准电极电位的意义及应用,熟悉影响电极电位的因素;掌握 Nernst 方程及有关计算;掌握氧化还原反应平衡常数的计算。

在化学反应过程中有电子转移的反应称为**氧化还原反应**( oxidation-reduction reaction ),氧化还原反应是一类重要的化学反应,它与生命活动紧密相关,如肌肉收缩、神经传导、营养物质在人体内的代谢和人体体液中各种成分的测定等都离不开氧化还原反应。又如,人和动物通过呼吸、消化,把葡萄糖氧化为二氧化碳和水,将贮藏在食物分子内的能量转变为存在于三磷酸腺苷( ATP )高能磷酸键的化学能,这种化学能再供给人和动物进行机械运动、维持体温等。植物的光合作用将二氧化碳还原成五碳糖,供植物的生长;动物吃植物将其成分氧化成各种营养;动物死后尸体又被微生物氧化分解回到大气中再度被植物还原等,可以说氧化还原在自然界中无处不在,这是物质循环的基础。本章以电极电位为核心介绍氧化还原反应的基本原理及其应用。

## 第 1 节　氧化还原反应的基本概念

### 一、氧　化　值

随着对化学反应的进一步研究,人们认识到氧化还原反应的实质是反应物之间发生了电子的转移或偏移。物质失去(或偏离)电子的过程称为**氧化**( oxidation );物质得到(或偏近)电子的过程称为**还原**( reduction )。例如:

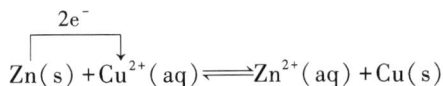

$$\overset{\underset{\displaystyle 2e^-}{\,\downarrow\,}}{Zn(s)+Cu^{2+}(aq)} \Longrightarrow Zn^{2+}(aq)+Cu(s)$$

其中,Zn 失去电子被氧化,$Cu^{2+}$ 得到电子被还原。

但在反应物、产物均为共价分子的氧化还原反应中,电子的转移不明显,电子只是在元素的原子之间进行重排,使某些原子的核外电子排布状态发生改变。为了描述原子的带电状态,即描述原子得失电子(或电子偏移)的程度,人们提出了**氧化值**( oxidation number )的概念。

1970 年,国际纯粹与应用化学联合会( IUPAC )把氧化值定义为:元素的氧化值是该元素一个原子的**表观荷电数**( apparent charge number ),这种荷电数是将成键电子指定给电负性较大的元素而求得的。元素的电负性是原子在分子中吸引成键电子能力的量度。按照氧化值的定义,我们可以得出确定元素氧化值的几条规则:

(1) 在单质中,元素的氧化值为零。如 $P_4$、$Cl_2$、$N_2$ 等。

(2) 在离子化合物中,对单原子离子,元素的氧化值等于离子的电荷数;多原子离子,各元素氧化值的代数和等于离子的电荷数。

（3）在共价化合物中,把共用电子对指定给两原子中电负性更大的原子以后,在两个原子上形成的电荷数就是它们的氧化值。例如,在 HCl 分子中,Cl 的电负性较大,因此,Cl 的氧化值为-1,H 的氧化值为+1,即共价化合物中的氧化值是原子在化合状态时的一种形式电荷数。

（4）在化合物分子中,所有元素的氧化值的代数和等于零。

（5）氢在化合物中的氧化值一般为+1,而活泼金属氢化物(如 NaH、CaH$_2$ 等)中氢的氧化值为-1。氧在化合物中的氧化值一般为-2;在过氧化物(如 H$_2$O$_2$)中氧的氧化值为-1;在超氧化物(如 KO$_2$)中为$-\frac{1}{2}$;在 OF$_2$ 中为+2。

根据以上规则,只要知道化学式我们就可以计算出任何分子及离子中各元素的氧化值。

例如:四氧化三铁(Fe$_3$O$_4$)中,铁的氧化值为$+2\frac{2}{3}$。

连四硫酸钠(Na$_2$S$_4$O$_6$)中,硫的氧化值为$+2\frac{1}{2}$。

在这里,铁的氧化值实际是 2 个 Fe$^{3+}$ 离子和 1 个 Fe$^{2+}$ 离子的平均氧化值;而 S$_4$O$_6^{2-}$ 中则是两个 S 原子的氧化值为+5,另外两个 S 原子的氧化值为 0。

从氧化值定义及计算结果可以看出,氧化值可以是整数,也可以是分数。氧化值不同于化合价。化合价是相结合的原子之间的个数比,原子是基本单元,所以,化合价只能是整数,不可能为分数。氧化值与化合价在数值上不完全一致,有时相同,有时不同。确定化合价需要知道分子的结构,而确定氧化值只需要化学式就够了。

根据氧化值概念,元素氧化值升高的过程称为**氧化**,而氧化值升高的物质称为**还原剂**(reducing agent);元素氧化值降低的过程称为**还原**,而氧化值降低的物质称为**氧化剂**(oxidizing agent)。反应前后元素氧化值发生变化的反应称为氧化还原反应,例如:

$$2S_2O_3^{2-}(aq)+I_2(s)\Longrightarrow S_4O_6^{2-}(aq)+I^-(aq)$$

氧化值升高

还原剂$_1$　氧化剂$_2$　　氧化剂$_1$　还原剂$_2$

氧化值降低

在此氧化还原反应中,还原剂 S$_2$O$_3^{2-}$ 中的 S 的氧化值从+2 升到$+2\frac{1}{2}$,发生氧化过程,氧化产物为 S$_4$O$_6^{2-}$;氧化剂 I$_2$ 中 I 的氧化值从 0 降到-1,发生还原过程,还原产物为 I$^-$。可见,氧化过程和还原过程相互联系,同时进行,氧化剂得到电子后变成其低氧化值产物,而还原剂失去电子后变成其高氧化值产物,两者结合成一个完整的氧化还原反应。

# 二、氧化还原反应方程式的配平

氧化还原反应通常比较复杂,反应中涉及的物质比较多,除了氧化剂与还原剂外,常还有介质参加,因此难以用一般的观察法配平反应方程式。下面介绍两种配平方法:

## (一) 氧化值法

氧化值法是根据氧化剂的氧化值降低总数必定与还原剂的氧化值升高总数相等的原则来配平反应方程式的。现以硝酸与磷的反应说明配平步骤如下:

（1）根据实验事实写出基本反应式：

$$HNO_3(aq)+P(s)\longrightarrow H_3PO_4(aq)+NO(g)$$

（2）标明有氧化值变化的元素：

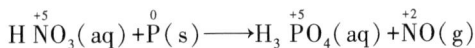

$$H\overset{+5}{N}O_3(aq)+\overset{0}{P}(s)\longrightarrow H_3\overset{+5}{P}O_4(aq)+\overset{+2}{N}O(g)$$

（3）计算氧化值的升降总数，并按照最小公倍数的原则确定氧化剂和还原剂的系数：

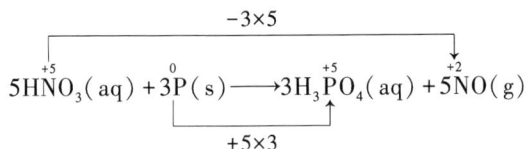

$$5H\overset{+5}{N}O_3(aq)+3\overset{0}{P}(s)\longrightarrow 3H_3\overset{+5}{P}O_4(aq)+5\overset{+2}{N}O(g)$$

$\overset{-3\times5}{\phantom{xxx}}$ $\underset{+5\times3}{\phantom{xxx}}$

（4）根据反应式两边同种原子的总数相等的原则，逐一调整系数。一般先配平其他原子，最后配平 H、O 原子：

$$5HNO_3(aq)+3P(s)+2H_2O(l)=3H_3PO_4(aq)+5NO(g)$$

## （二）离子-电子法

离子-电子法配平氧化还原反应式的原则是：在氧化还原反应中，氧化剂得到的电子数必须等于还原剂失去的电子数。这种配平方法仅适用于在水溶液中进行的氧化还原反应。现以配平高锰酸钾与亚硫酸钾在酸性介质中的反应为例，说明用离子-电子法配平氧化还原反应式的步骤。

（1）先确定氧化剂、还原剂，并以离子反应式形式列出：

$$MnO_4^-(aq)+SO_3^{2-}(aq)\longrightarrow Mn^{2+}(aq)+SO_4^{2-}(aq)$$

（2）分别写出氧化剂被还原和还原剂被氧化的两个半反应式：

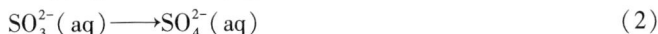

$$MnO_4^-(aq)\longrightarrow Mn^{2+}(aq) \tag{1}$$

$$SO_3^{2-}(aq)\longrightarrow SO_4^{2-}(aq) \tag{2}$$

（3）配平两个半反应式，配平方法是配平半反应两边的原子数和电荷数。

由于反应是在酸性介质中进行，（1）式中 $MnO_4^-$ 比 $Mn^{2+}$ 多 4 个氧原子，反应需要消耗氧原子，因此在酸性溶液中加 8 个 $H^+$ 与氧结合，生成 4 个 $H_2O$ 分子；同时，反应物（$MnO_4^-$ 和 8 个 $H^+$）的总电荷数为 +7，产物 $Mn^{2+}$ 的总电荷数为 +2，因此，在反应的一方应加 5 个电子，使半反应两边电荷数相等：

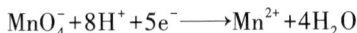

$$MnO_4^-+8H^++5e^-\longrightarrow Mn^{2+}+4H_2O$$

（2）式中的 $SO_3^{2-}$ 需结合氧原子，因此应加水；同时，反应物一方有 2 个负电荷，产物一方的总电荷为零，故在产物一方应加 2 个电子：

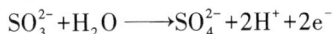

$$SO_3^{2-}+H_2O\longrightarrow SO_4^{2-}+2H^++2e^-$$

（4）根据氧化剂和还原剂得失电子数相等的原则，两式分别乘以一定系数，然后两式相加，即得配平的离子方程式：

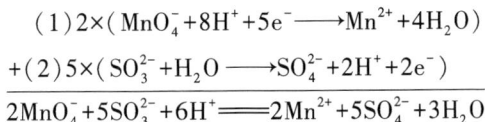

$$(1)\ 2\times(MnO_4^-+8H^++5e^-\longrightarrow Mn^{2+}+4H_2O)$$
$$+(2)\ 5\times(SO_3^{2-}+H_2O\longrightarrow SO_4^{2-}+2H^++2e^-)$$
$$\overline{2MnO_4^-+5SO_3^{2-}+6H^+=\!=\!=2Mn^{2+}+5SO_4^{2-}+3H_2O}$$

（5）补上不参加氧化还原反应的离子，写成配平的分子反应式：

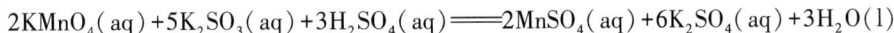

$$2KMnO_4(aq)+5K_2SO_3(aq)+3H_2SO_4(aq)=\!=\!=2MnSO_4(aq)+6K_2SO_4(aq)+3H_2O(l)$$

离子-电子法基于分别配平氧化与还原两个半反应，故又称半反应法。

在配平过程中，如果半反应式两边的氧原子数不等可根据反应的介质条件（酸碱性），添加 $H^+$ 离子、$OH^-$ 离子或 $H_2O$，以配平半反应式。具体方法见表 9-1：

表 9-1　半反应式中氧原子配平法

| 介质 | 反应式左边比右边少一个氧原子 | 反应式左边比右边多一个氧原子 |
|---|---|---|
| 酸性 | 加 1 分子 $H_2O$ ——→生成 2 个 $H^+$ 离子 | 加 2 个 $H^+$ 离子 ——→生成 1 分子 $H_2O$ |
| 碱性 | 加 2 个 $OH^-$ 离子 ——→生成 1 分子 $H_2O$ | 加 1 分子 $H_2O$ ——→生成 2 个 $OH^-$ 离子 |
| 中性 | 加 1 分子 $H_2O$ ——→生成 2 个 $H^+$ 离子 | 加 1 分子 $H_2O$ ——→生成 2 个 $OH^-$ 离子 |

以上介绍的氧化值法是适用范围较广的配平方法,对于电子得失不明显的反应同样适用。同时,它可以不局限于水溶液中进行的反应,即使对高温反应甚至熔融状态下物质之间的反应同样适用。而离子-电子法仅适用于配平水溶液中离子的反应。但是,该方法在给定条件下,配平复杂反应较为方便,而且在配平过程中更能揭示电解质溶液发生氧化还原反应的实质。学习离子-电子法有助于掌握书写半反应式的方法,而半反应式正是电极反应的基本反应式。

# 第2节　原电池与电极电位

在 19 世纪末之前,人类对电的研究仅限于静电及瞬息的静电放电(包括闪电)。最早产生稳定电流的装置叫"伏特电堆",始于 18 世纪与 19 世纪之交。电池的发现为意大利生理学家 L Galvani(珈伐尼,1737~1798 年)偶然发现带电的解剖刀可以使青蛙肌肉抽搐。这是人类首次在实验中观察到的,不同于静电放电现象的电流。随后,意大利物理学家 A C Volta(伏特,1745~1827 年)于 1800 年发现,将锌片和银片用纸片隔开浸泡在盐溶液中,就可以产生电流,可使青蛙腿部肌肉抽搐。不久,伏特发现,用任何两种金属代替锌和银都可以产生电流,这种能够产生稳定电流的装置便是伏特电堆。1836 年,英国人 J F Daniel(丹尼尔)将铜片和锌片分别浸入硫酸铜溶液和硫酸锌溶液,用多孔陶瓷将两种溶液隔离,得到稳定的电流和电压,此即为铜锌原电池,又称 Daniel 电池。

## 一、原电池

### (一) 原电池的工作原理

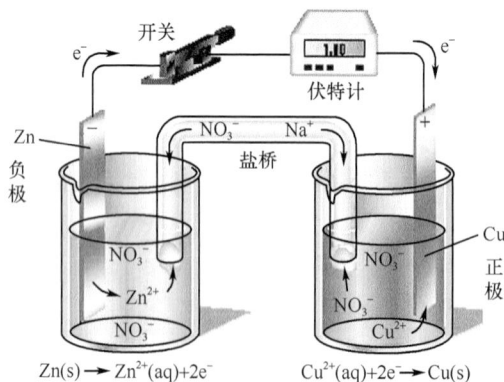

图 9-1　铜锌原电池

在一般化学反应中,氧化剂和还原剂热运动相遇时,发生有效碰撞和电子转移。由于分子热运动没有一定的方向,所以不会形成电子的定向运动而产生电流。若设计一定的装置,让氧化还原反应中电子的转移变成电子的定向移动,则可将化学能转化为电能。原电池(primary cell)就是实现这一目的的装置,如图 9-1。

将锌片和铜片分别插在 $Zn(NO_3)_2$ 溶液和 $Cu(NO_3)_2$ 溶液中,用导线连接铜片和锌片,其间连接一个伏特计,再用一个装满饱和 $NaNO_3$ 琼脂凝胶的 U 形管把两溶液联系起来,这个倒置的 U 形管称为盐桥(salt bridge)。此时可以观察到锌片逐渐溶解,铜片上有沉积的 Cu,伏特计指示一定电压,表示有电流从铜片流向锌片。由于电子带负电荷,即电子由锌片流向铜片,锌片上 Zn 失去电子,发生氧化反应,形成 $Zn^{2+}$ 进入溶液:

$$Zn(s) \longrightarrow Zn^{2+}(aq) + 2e^-$$

锌片上多余的电子由连接锌片和铜片的导线转移到铜片,溶液中 $Cu^{2+}$ 从铜片上得到电子,发生还原反应,生成金属 Cu 在铜片上析出:

$$Cu^{2+}(aq)+2e^- \longrightarrow Cu(s)$$

与此同时,盐桥的饱和 $NaNO_3$ 溶液中 $NO_3^-$ 和 $Na^+$ 分别迁移到 $Zn(NO_3)_2$ 溶液和 $Cu(NO_3)_2$ 溶液,以平衡两溶液中过剩的离子电荷,维持两溶液的电中性,从而使 Zn 的氧化反应和 $Cu^{2+}$ 的还原反应可以继续进行,电流得以不断地产生。上述装置中发生的总的化学反应是:

$$Zn(s)+Cu^{2+}(aq) \Longleftrightarrow Zn^{2+}(aq)+Cu(s)$$

如果把锌片直接插入硝酸铜溶液,将发生相同的氧化还原反应,但由于还原剂 Zn 和 $Cu(NO_3)_2$ 溶液直接接触,反应在 Zn 和 $Cu(NO_3)_2$ 溶液的界面上进行,电子直接由 Zn 传递给 $Cu^{2+}$,电子没有能够沿着一定的线路发生移动,因此无法形成电流。该反应过程中系统的 Gibbs 自由能降低,但没有做电功,反应的化学能是以热能的形式输出的。而在上述装置里,由于 Zn 发生的氧化反应和 $Cu^{2+}$ 离子发生的还原反应被分隔在两处进行,同时又通过导线、盐桥保持着联系,因此,电子经导线连成的外电路、离子经溶液构成的内电路均可以保证电子作有序的定向转移,形成电流。

## (二) 原电池的组成及其表示

原电池的概念导致了化学电源的发展。任何一个自发的氧化还原反应,虽然不是都可以用来组建具有实用价值的化学电源,但原则上都可以组成原电池。关键在于把其中氧化半反应和还原半反应分隔在两处进行,组成两个**电极**(electrode)[①],或称**半电池**(half cell)。铜锌原电池中,铜片与硝酸铜溶液组成铜电极,其中 $Cu^{2+}$ 发生还原半反应,从外电路获得电子,称为正极;锌片与硝酸锌溶液组成锌电极,其中 Zn 发生氧化半反应,向外电路供给电子,称为负极。

铜电极(正极)反应:$Cu^{2+}(aq)+2e^- \longrightarrow Cu(s)$ (还原半反应)

锌电极(负极)反应:$Zn(s) \longrightarrow Zn^{2+}(aq)+2e^-$ (氧化半反应)

一般而言,原电池中总是由氧化剂在正极发生还原半反应;还原剂在负极发生氧化半反应。在电极中发生的半反应,通常称为**电极反应**(electrode reaction)。正、负极发生的两个电极反应相加合,即得到发生在电池里的完整的氧化还原反应,称为**电池反应**(cell reaction)。

$$Zn(s)+Cu^{2+}(aq) \Longleftrightarrow Zn^{2+}(aq)+Cu(s)$$

为了研究方便起见,人们对电池的组成规定了统一的表示方法。以铜锌原电池为例:锌电极的组成式可写成 $Zn^{2+}(c_1)|Zn$,铜电极的组成式可写成 $Cu^{2+}(c_2)|Cu$,其中,竖线"|"表示相界面,$c$ 表示溶液中金属离子浓度。铜锌原电池的组成式可用电池符号表示为:

$$(-)Zn|Zn^{2+}(c_1) \parallel Cu^{2+}(c_2)|Cu(+)$$

其中,双竖线"$\parallel$"表示盐桥,$(-)$、$(+)$ 分别表示电池的负极和正极。习惯上把负极写在盐桥左边,正极写在右边。需要注明各物质的浓度、分压或物态,未注明的认为是处于各自的标准状态。

任一电极从其化学组成看,都涉及同一元素两种不同氧化值的物质形式,其中高氧化值的称为**氧化型**(oxidation form)物质,低氧化值的称为**还原型**(redution form)物质。氧化型和还原型两者相互依存,并通过电子得失相互转化:

$$a \text{ 氧化型} + ne^- \Longleftrightarrow b \text{ 还原型}$$

$a$、$b$ 是化学计量数。

氧化型和还原型之间这种相互依存和转化的关系,与共轭酸碱对间的共轭关系十分相似,差别只是前者通过电子得失,后者通过质子传递来实现相互转化。同一元素的氧化型和还原

---

[①] 这里所称的电极,是指电子导体及其相互接触的电解质溶液共同构成的电极区域。

型,组成一个**氧化还原电对**(redox couple),简称电对。电对符号写做:"氧化型/还原型"。在同一电对中,氧化型物质的氧化性越强(越易结合电子),其共轭的还原型物质的还原性就越弱(越不易失去电子);反之亦然。

氧化型和还原型的区分是相对的。如果物质是含有具有中间氧化值的元素,在不同的电对里就可能或作氧化型,或作还原型。例如 $H_2O_2$(其中 O 的氧化值为-1),在电对 $O_2/H_2O_2$ 里是还原型,而在电对 $H_2O_2/H_2O$ 里则是氧化型。

不同的电对组成不同的电极。例如,$Zn^{2+}/Zn$ 电对和 $Cu^{2+}/Cu$ 电对,可以分别组成锌电极和铜电极。电极反应正是电对中氧化型和还原型之间相互转化的过程。作正极的电对,从氧化型转化为还原型,发生还原半反应;作负极的电对,从还原型转化成氧化型,发生氧化半反应。电池反应则是发生在两个氧化还原电对(两个电极)之间的电子转移过程,写成通式:

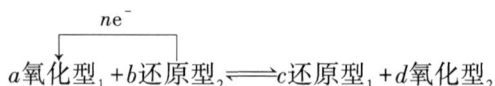

$$a氧化型_1+b还原型_2 \Longleftrightarrow c还原型_1+d氧化型_2$$

(式中上方标注 $ne^-$)

## (三) 常用电极类型

**1. 金属-金属离子电极**　如银电极,电极组成式为: $Ag^+|Ag$
电极反应为: $Ag^+(aq)+e^- \Longleftrightarrow Ag(s)$

**2. 气体-离子电极**　如氢电极,电极组成式为: $H^+|H_2(g),Pt$
电极反应为: $2H^+(aq)+2e^- \Longleftrightarrow H_2(g)$

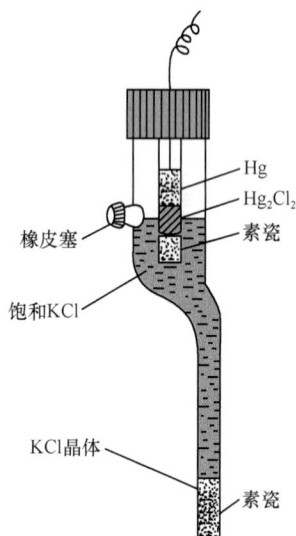

图 9-2　饱和甘汞电极

(图中标注: Hg, $Hg_2Cl_2$, 素瓷, 橡皮塞, 饱和KCl, KCl晶体, 素瓷)

**3. 金属-金属难溶盐**(或氧化物)**-阴离子电极**　常见的有甘汞电极和氯化银电极,甘汞电极的构造见图 9-2 所示。饱和甘汞电极是由两个玻璃套管组成,内管是一层纯汞,表面覆盖一层氯化亚汞糊状物(由甘汞粉末、少许纯汞和 KCl 溶液研磨而成),倒置于外管的溶液(含 KCl 0.1mol·$L^{-1}$、1mol·$L^{-1}$或饱和溶液)中,内、外管下口用石棉丝(或多孔的素瓷)塞住,以免溶液流出,但又能使管内外离子自由出入,内管汞层上有铂丝导出。因此,甘汞电极是由汞、难溶的甘汞($Hg_2Cl_2$)以及氯化钾溶液组成。饱和甘汞电极是应用最广泛的参比电极。

电极组成式为: $Pt,Hg_2Cl_2(s),Hg(l)|Cl^-$
电极反应为: $Hg_2Cl_2(s)+2e^- \Longleftrightarrow 2Hg(l)+2Cl^-(aq)$

氯化银电极与甘汞电极相似,具有同样的优点。它是由覆盖着一薄层难溶的 AgCl 的银丝插于 KCl 或盐酸溶液中所组成。它常用于某些电极(如玻璃电极)的内参比电极。

电极组成式为: $AgCl,Ag|Cl^-$
电极反应为: $AgCl(s)+e^- \Longleftrightarrow Ag(s)+Cl^-(aq)$

**4. 氧化还原电极**　这类电极的组成是将不参与电极反应的惰性导电材料(铂或石墨)放在含有同一元素的两种不同氧化态的离子作为电对的溶液中,如 Pt 插入含有 $Fe^{3+}$ 和 $Fe^{2+}$ 的溶液中:

电极组成式为: $Pt|Fe^{3+},Fe^{2+}$
电极反应为: $Fe^{3+}(aq)+e^- \Longleftrightarrow Fe^{2+}(aq)$

**5. 离子选择性电极**　又称膜电极(membrane electrode)。离子选择电极膜电位的建立,是基于膜与溶液之间离子交换等过程,与前述由氧化还原电对组成的各种电极其电极电位的产生机制有所区别。测定溶液 pH 的玻璃电极是最早制成的一种离子选择性电极。随着单晶技术及有机合成的迅速发展,为制备各种离子选择性电极的敏感膜的活性材料开辟了新的途径,迄今已有 $K^+$、$Na^+$、$NH_4^+$、$Ag^+$、$Ca^{2+}$、$Cd^{2+}$、$Cu^{2+}$、$X^-$(卤素离子)等几十种商品化的离子选择性电极可供实际应用。

从理论上讲,任何可以得失电子的系统都可以构成电极,每两个电极便可以组成电池。实际上,制备供电用的化学电源必须符合一定的要求:即具有较高的电压、较大的电容量、制作容易也便于携带。常用的有干电池、蓄电池、燃料电池等。

# 二、电极电位

## (一) 电极电位的产生

原电池装置的外电路中有电流通过,说明两个电极的电位是不相等的,即正、负极之间有电位差存在,这个电位差就是**原电池的电动势**。就像水面有落差能形成水流一样,两电极间有电位差就形成电流,如图 9-3。在铜锌原电池中,产生的电流由 Cu 极向 Zn 极流动,即电子从 Zn 极向 Cu 极移动,说明 Zn 极的电位比 Cu 极电位低。那么,电极电位是如何产生的呢? 这与金属在溶液中的情况有关。

图 9-3　电位差示意图

把金属棒放入含该金属离子的盐溶液中时,有两种倾向存在,一方面金属 M 表面上构成晶格的金属原子或离子,由于本身的热运动和受极性水分子的吸引,有一种把电子留在金属棒上而自身以溶剂化正离子 $M^{n+}$ 的形式进入溶液的倾向。金属越活泼,溶液越稀,这种倾向越大。另一方面,盐溶液中的溶剂化正离子 $M^{n+}$ 也会受到金属上自由电子的吸引,有重新在金属 M 上结合成中性原子而沉积在金属表面上的倾向。金属越不活泼,溶液越浓,这种倾向越大。以上两种倾向在一定条件下可以达到以下平衡:

$$M(s) \underset{沉积}{\overset{溶解}{\rightleftharpoons}} M^{n+}(aq) + ne^-$$

在某一给定浓度溶液中,若 M 失去电子的倾向大于 $M^{n+}$ 获得电子的倾向达平衡时,金属离子 $M^{n+}$ 将进入溶液,使金属棒上留有过剩电子而带负电,靠近金属棒附近的溶液层带正电。见图 9-4 所示。

金属表面和紧靠着它的盐溶液层之间形成相反电荷的**双电层**(electric double layer),产生了电位差。这种产生在金属和它的盐溶液之间的电位,称为金属的电极电位。各种金属电极电位的高低是不同的,它除与金属本性即金属的活泼性大小及溶液浓度有关外,还与溶液的温度有关。

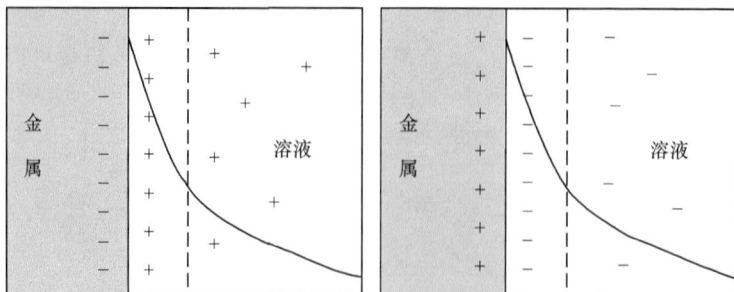

图 9-4    双电层结构

总之,金属愈活泼,温度愈高,溶液浓度愈稀,则它溶解成离子的倾向愈大,而金属离子在金属棒上沉积的倾向就愈小,平衡时电极电位就愈低。反之,金属愈不活泼,溶液浓度愈浓,则它溶解的倾向愈小,而金属离子在金属棒上沉积的倾向就愈大,电极电位就愈高。上述原电池中由于 Zn 比 Cu 活泼,电子由 Zn 极流向 Cu 极,说明 $Zn^{2+}/Zn$ 电对的电极电位比 $Cu^{2+}/Cu$ 电对的电极电位低。由于两个半电池的电位高低不同,就促使电子从低电位电极流向高电位电极。

**电极电位**(electrode potential)用符号 $\varphi$ 表示,单位为 V(伏),它可用来衡量金属失去电子能力的大小。具体表示如下:

氧化还原电对:    氧化型 $+ne^- \rightleftharpoons$ 还原型    $\varphi$(氧化型/还原型)

将两电极相连,用盐桥消除液接电位,并在电池的电流趋近于零的情况下,两个电极的电极电位之差称为该原电池的**电池电动势**(electromotive force),常用符号 $E$ 表示:

$$E = \varphi_{(+)} - \varphi_{(-)} \tag{9-1}$$

式(9-1)中的 $\varphi_{(+)}$ 和 $\varphi_{(-)}$ 分别表示正极和负极的电位。电池电动势的数据是衡量氧化还原反应进行程度大小的依据;电池电动势还可用于电池反应自发倾向的判据;也有助于确定电极电位的相对值。

## (二) 标准电极电位

当离子浓度、温度等因素一定时,金属电极电位的大小反映了金属在水溶液中得失电子能力的大小。可迄今人们尚无法测定电极电位的绝对值,但可以通过比较的方法来确定电极电位的相对值,即选定一个标准电极将其电极电位定义为零,然后与其他电极组成电池,测定该电池的电动势,便可确定其他电极的电位相对值。按照 IUPAC 的规定,选择**标准氢电极**(standard hydrogen electrode,SHE)作为标准电极,测定各种电极的电极电位,这样得到的显然是电极电位相对于标准氢电极的相对值。

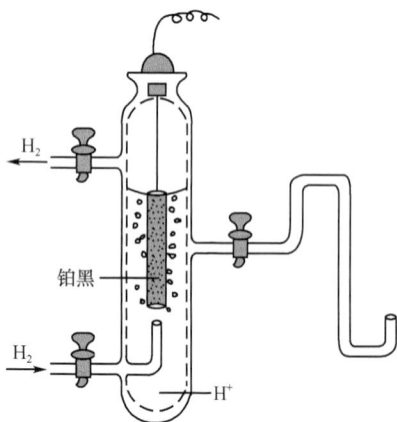

图 9-5    标准氢电极

**1. 标准氢电极**(SHE)    标准氢电极的装置见图9-5所示。将铂片表面镀上一层多孔铂黑,放入氢离子活度为 1 的酸溶液中,在 298K 时,不断通入分压为 100kPa 的高纯氢气,使铂黑吸附氢气达饱和,形成一个氢电极,这时溶液中的 $H^+$ 和 $H_2$ 之间达到以下平衡:

$$2H^+(aq) + 2e^- \rightleftharpoons H_2(g)$$

IUPAC 规定,此种状态下所产生的电位差称为**标准氢电极电位**,并指定其值为零,作为与其他电极电位相比较的相对标准,表示为 $\varphi^{\ominus}(H^+/H_2) = 0V$。

**2. 标准电极电位**    热力学上规定,凡是组成电极的各物质,处于溶液中其浓度为 $1mol \cdot L^{-1}$(严格地说,活度 $a = 1$),气体分压为 100kPa,液体或固体为各自的纯净状态时,电极就处于标准状态。在标准状态下,某电极与标准氢电极之间的电位差称为该电极的**标准电极电位**(standard electrode potential),用符号 $\varphi^{\ominus}$ 表示,通常测定温度为298K。

测定任意其他电极的标准电极电位时,规定标准氢电极为负极,待测电极为正极,组成如下电池:

标准氢电极(SHE) ‖ 待测电极

测出电池的标准电动势 $E^{\ominus}$ 为:

$$E^{\ominus} = \varphi^{\ominus}_{右} - \varphi^{\ominus}_{左} = \varphi^{\ominus}(待测) - \varphi^{\ominus}(H^+/H_2)$$

因为 $\varphi^{\ominus}(H^+/H_2) = 0V$,所以,$\varphi^{\ominus}(待测)$ 就等于所测出的该电池的标准电动势。

例如电池:$SHE \parallel Zn^{2+}(1mol \cdot L^{-1}) \mid Zn$,测定装置见图9-6。298K时,测得电动势 $E^{\ominus} = -0.7618V$,$E^{\ominus}$ 值为负,说明右侧实际为负极,即锌电极的标准电极电位 $\varphi^{\ominus}(Zn^{2+}/Zn) = -0.7618V$。

又如电池:$SHE \parallel Cu^{2+}(1mol \cdot L^{-1}) \mid Cu$,298K时,测得该电池的标准电动势 $E^{\ominus} = +0.3419V$,即铜电极的标准电位 $\varphi^{\ominus}(Cu^{2+}/Cu) = +0.3419V$。

用类似方法,可以测得各种电极标准电极电位。对于不能直接测定的某些物质的电极电位可通过热力学数据用间接的方法算出。

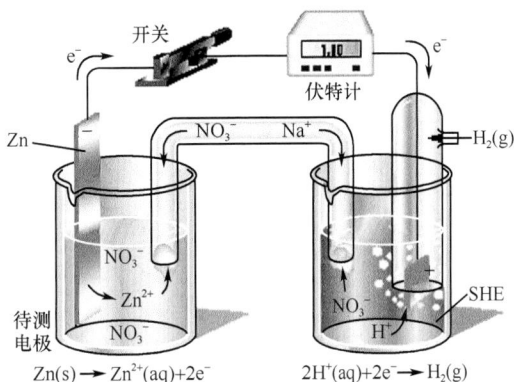

图9-6 标准电极电位的测定

**3. 标准电极电位表** 把各种电极的标准电极电位,按照由低到高的顺序排列,就得到标准电极电位表。标准电极电位表分为酸表(见表9-2)和碱表(见表9-3)两种。$H^+$无论在反应物或产物中出现皆查酸表;在电极反应中,$OH^-$无论在反应物或产物中出现皆查碱表。介质没有参与电极反应的电位也列在酸表中,如:

$$Cl_2(g) + 2e^- \Longrightarrow 2Cl^-(aq)$$

**表9-2 标准电极电位 $\varphi^{\ominus}_A/(V)$(298K,在酸性溶液中为酸表)**

| 电极反应 | | | | | $\varphi^{\ominus}_A/(V)$ |
|---|---|---|---|---|---|
| | 氧化型 | 电子数 | | 还原型 | |
| 最弱的氧化剂 | $K^+$ | $+e^-$ | $\Longrightarrow$ | $K$ | 最强的还原剂 | $-2.931$ |
| | $Ca^{2+}$ | $+2e^-$ | $\Longrightarrow$ | $Ca$ | | $-2.868$ |
| | $Al^{3+}$ | $+3e^-$ | $\Longrightarrow$ | $Al$ | | $-1.662$ |
| | $Zn^{2+}$ | $+2e^-$ | $\Longrightarrow$ | $Zn$ | | $-0.7618$ |
| | $Fe^{2+}$ | $+2e^-$ | $\Longrightarrow$ | $Fe$ | | $-0.447$ |
| | $Sn^{2+}$ | $+2e^-$ | $\Longrightarrow$ | $Sn$ | | $-0.1375$ |
| | $Pb^{2+}$ | $+2e^-$ | $\Longrightarrow$ | $Pb$ | | $-0.1262$ |
| | $2H^+$ | $+2e^-$ | $\Longrightarrow$ | $H_2$ | | $0.0000$ |
| | $Cu^{2+}$ | $+2e^-$ | $\Longrightarrow$ | $Cu$ | | $+0.3419$ |
| | $I_2$ | $+2e^-$ | $\Longrightarrow$ | $2I^-$ | | $+0.5355$ |
| | $O_2+2H^+$ | $+2e^-$ | $\Longrightarrow$ | $H_2O_2$ | | $+0.695$ |
| | $Fe^{3+}$ | $+e^-$ | $\Longrightarrow$ | $Fe^{2+}$ | | $+0.771$ |
| | $Ag^+$ | $+e^-$ | $\Longrightarrow$ | $Ag$ | | $+0.7996$ |
| | $Br_2$ | $+2e^-$ | $\Longrightarrow$ | $2Br^-$ | | $+1.066$ |
| | $Cl_2$ | $+2e^-$ | $\Longrightarrow$ | $2Cl^-$ | | $+1.3583$ |

（得到电子或氧化能力依次增强 / 失去电子或还原能力依次增强）

续表

| 电极反应 | | | | | | $\varphi_A^{\ominus}/(V)$ |
|---|---|---|---|---|---|---|
| | $Cr_2O_7^{2-}+14H^+$ | $+6e^-$ | $\rightleftharpoons$ | $2Cr^{3+}+7H_2O$ | | +1.36 |
| | $MnO_4^-+8H^+$ | $+5e^-$ | $\rightleftharpoons$ | $Mn^{2+}+4H_2O$ | | +1.507 |
| | $H_2O_2+2H^+$ | $+2e^-$ | $\rightleftharpoons$ | $2H_2O$ | | +1.776 |
| 最强的氧化剂 | $F_2$ | $+2e^-$ | $\rightleftharpoons$ | $2F^-$ | 最弱的还原剂 | +2.866 |

**表 9-3 标准电极电位 $\varphi_B^{\ominus}/(V)$**（298K，在碱性溶液中为碱表）

| 电极反应 | | | | | | $\varphi_B^{\ominus}/(V)$ |
|---|---|---|---|---|---|---|
| 得到电子或氧化能力依次增强↓ | 氧化型 | 电子数 | | 还原型 | 失去电子或还原能力依次增强↑ | |
| | $ZnO_2^{2-}$ | $+2e^-+2H_2O$ | $\rightleftharpoons$ | $Zn+4OH^-$ | | −1.216 |
| | $CrO_2^-$ | $+3e^-+2H_2O$ | $\rightleftharpoons$ | $Cr+4OH^-$ | | −1.2 |
| | $2H_2O$ | $+2e^-$ | $\rightleftharpoons$ | $H_2+2OH^-$ | | −0.8277 |
| | $Fe(OH)_3$ | $+2e^-$ | $\rightleftharpoons$ | $Fe(OH)_2+OH^-$ | | −0.56 |
| | S | $+2e^-$ | $\rightleftharpoons$ | $S^{2-}$ | | −0.48 |
| | $Cu(OH)_2$ | $+2e^-$ | $\rightleftharpoons$ | $Cu+2OH^-$ | | −0.222 |
| | $CrO_4^{2-}$ | $+4H_2O+3e^-$ | $\rightleftharpoons$ | $Cr(OH)_3+5OH^-$ | | −0.13 |
| | $Ag_2O+H_2O$ | $+2e^-$ | $\rightleftharpoons$ | $2Ag+2OH^-$ | | +0.342 |
| | $O_2+2H_2O$ | $+4e^-$ | $\rightleftharpoons$ | $4OH^-$ | | +0.401 |
| | $ClO^-+H_2O$ | $+2e^-$ | $\rightleftharpoons$ | $Cl^-+2OH^-$ | | +0.841 |

标准电极电位表是电化学最重要的数据表之一，下面对其使用给予几点说明：

（1）标准电极电位是指在热力学标准态下的电极电位，应在满足标准态的条件下使用。由于该表中的数据是在水溶液中测得的，因此不能用于非水溶液或高温下的固相反应。而机体内的氧化还原反应需要应用生物化学标准状态下（pH＝7.0）的电极电位来讨论，这些数据可以从有关手册中查到。

（2）标准电极电位的数值反映了氧化还原电对得失电子的趋势，它是一个强度性质，与物质的量无关，例如：

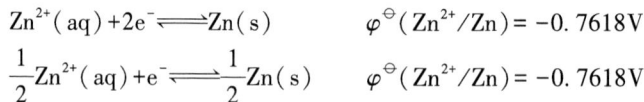

$$Zn^{2+}(aq)+2e^- \rightleftharpoons Zn(s) \qquad \varphi^{\ominus}(Zn^{2+}/Zn)=-0.7618V$$

$$\frac{1}{2}Zn^{2+}(aq)+e^- \rightleftharpoons \frac{1}{2}Zn(s) \qquad \varphi^{\ominus}(Zn^{2+}/Zn)=-0.7618V$$

另外，因为电极反应是可逆的，$\varphi^{\ominus}$值的正负号不因电极反应的写法而改变，例如：

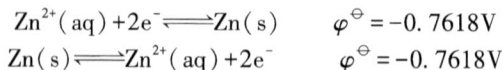

$$Zn^{2+}(aq)+2e^- \rightleftharpoons Zn(s) \qquad \varphi^{\ominus}=-0.7618V$$

$$Zn(s) \rightleftharpoons Zn^{2+}(aq)+2e^- \qquad \varphi^{\ominus}=-0.7618V$$

（3）标准电极电位是热力学数据，与反应速率无关，不能保证动力学性质与热力学性质不发生矛盾，例如，钙的电极电位比钠更小，但是钠与水反应却比钙与水反应激烈，后者是动力学的反应活性，不是热力学性质，与电极电位大小是无关的。

## （三）电极电位与化学反应 Gibbs 自由能变的关系

若一原电池的电动势为 $E$，一定量的电子由原电池的负极移到正极时，原电池所做最大电功（$W'$）就等于电池电动势（$E$）与所通过的电量（$Q$）的乘积，并按化学热力学规定，系统对外做功为负值，即：

$$W'=-E\cdot Q \tag{9-2}$$

当有 $n$ 摩尔电子通过外电路时，则：

$$Q=nF \tag{9-3}$$

代入式(9-2)得:

$$W' = -nF \cdot E \tag{9-4}$$

式中:$F$ 为 Faraday(法拉第)常数,其值约为 96485C $\cdot$ mol$^{-1}$(1C = 1J $\cdot$ V$^{-1}$),$n$ 为电池反应中电子转移的物质的量。

当原电池产生电流后,系统的 Gibbs 自由能就要降低。在等温等压条件下,Gibbs 自由能的降低值等于原电池可能做的最大功,即:

$$\Delta_r G_m = -nFE = -nF(\varphi_+ - \varphi_-) \tag{9-5}$$

若为标准状态时,则有:

$$\Delta_r G_m^\ominus = -nFE^\ominus = -nF(\varphi_+^\ominus - \varphi_-^\ominus) \tag{9-6}$$

当由某标准电极与标准氢电极$\{\varphi^\ominus(H^+/H_2) = 0V\}$组成原电池时,$E^\ominus$ 就等于该电极的标准电极电位 $\varphi^\ominus$。所以有:

$$\Delta_r G_m^\ominus = -nF\varphi^\ominus \tag{9-7}$$

**例 9-1**  试由下列热力学数据,求 298K 时的 $\varphi^\ominus(MnO_4^-/Mn^{2+})$。

$$MnO_4^-(aq) + 8H^+(aq) + 5e^- = Mn^{2+}(aq) + 4H_2O(l)$$

$\Delta_f G_m^\ominus(kJ \cdot mol^{-1})$ $\quad$ -449.4 $\quad$ 0 $\quad$ -228 $\quad$ -237.1

**解:**$\Delta_r G_m^\ominus = [\Delta_f G_m^\ominus(Mn^{2+}) + 4 \times \Delta_f G_m^\ominus(H_2O)] - [\Delta_f G_m^\ominus(MnO_4^-) + 8 \times \Delta_f G_m^\ominus(H^+)]$

$\qquad = [1 \times (-228kJ \cdot mol^{-1}) + 4 \times (-237.1kJ \cdot mol^{-1})] - [(-449.4kJ \cdot mol^{-1}) + 8 \times 0]$

$\qquad = -727$ kJ $\cdot$ mol$^{-1}$

$$\varphi^\ominus = \frac{-\Delta_r G_m^\ominus}{nF} = \frac{-(-727kJ \cdot mol^{-1})}{5 \times 96485(J \cdot V^{-1} \cdot mol^{-1})} \times 10^3 = 1.51V$$

由此可见,$\varphi^\ominus$ 值除了从实验测得外,还可从已知热力学数据计算得到,这也是用电化学方法求热力学数据的途径。

## 第3节  影响电极电位的因素

标准电极电位是在标准状态下测定的,如果条件改变,则电对的电极电位也随之改变。影响电极电位的因素主要有三个:①电极本性;②氧化型和还原型物质的浓度或气体分压;③温度。由于反应通常是在室温下进行的,因此,以下着重讨论 298K 时,浓度对电极电位的影响。

### 一、Nernst 方程式

如果在电池中发生以下氧化还原反应:

$$aA + bB \longrightarrow cC + dD$$

氧化剂$_1$ $\quad$ 还原剂$_2$ $\quad$ 还原剂$_1$ $\quad$ 氧化剂$_2$

则根据化学反应等温方程式,反应的 Gibbs 自由能变与浓度之间有下列的关系:

$$\Delta_r G_m = \Delta_r G_m^\ominus + RT\ln\frac{[C]^c[D]^d}{[A]^a[B]^b} \tag{9-8}$$

将式(9-5)和式(9-6)代入上式,得:

$$-nFE = -nFE^\ominus + RT\ln\frac{[C]^c[D]^d}{[A]^a[B]^b} \tag{9-9}$$

$$E = E^\ominus - \frac{RT}{nF}\ln\frac{[C]^c[D]^d}{[A]^a[B]^b}$$

或

$$E = E^\ominus - \frac{2.303RT}{nF}\lg\frac{[C]^c[D]^d}{[A]^a[B]^b} \tag{9-10}$$

这一方程式称为电池电动势的 Nernst(能斯特)方程式。它指出了电池的电动势与电池本性和物质浓度之间的定量关系。$n$ 为电池反应中电子得失的物质的量。

当指定温度为 298K 时，$2.303RT/F$ 为一常数，即：

$$2.303RT/F = \frac{2.303 \times 8.314 \mathrm{J \cdot mol^{-1} \cdot K^{-1}} \times 298K}{96485 \mathrm{J \cdot V^{-1} \cdot mol^{-1}}} = 0.0592V$$

电池电动势的 Nernst 方程也可写成：

$$E = E^{\ominus} + \frac{0.0592}{n} \lg \frac{[A]^a [B]^b}{[C]^c [D]^d} \tag{9-11}$$

Cu-Zn 原电池的反应为：

$$Zn(s) + Cu^{2+}(aq) \Longrightarrow Zn^{2+}(aq) + Cu(s)$$

当温度为 298K 时，其 Nernst 方程为：

$$E = E^{\ominus} + \frac{0.0592}{2} \lg \frac{[Cu^{2+}]}{[Zn^{2+}]}$$

将此式展开：

$$E = \varphi_{(+)} - \varphi_{(-)} = [\varphi_{(+)}^{\ominus} - \varphi_{(-)}^{\ominus}] + \frac{0.0592}{2} \lg \frac{[Cu^{2+}]}{[Zn^{2+}]}$$

$$= \{\varphi_{(+)}^{\ominus} + \frac{0.0592}{2} \lg [Cu^{2+}]\} - \{\varphi_{(-)}^{\ominus} + \frac{0.0592}{2} \lg [Zn^{2+}]\}$$

故有：

$$\varphi_{(+)} = \varphi_{(+)}^{\ominus} + \frac{0.0592}{2} \lg [Cu^{2+}]$$

$$\varphi_{(-)} = \varphi_{(-)}^{\ominus} + \frac{0.0592}{2} \lg [Zn^{2+}]$$

因此对于任一电极反应：

$$a \text{ 氧化型} + ne^{-} \Longrightarrow b \text{ 还原型}$$

可归纳出一般通式为：

$$\varphi = \varphi^{\ominus} + \frac{0.0592}{n} \lg \frac{[\text{氧化型}]^a}{[\text{还原型}]^b} \tag{9-12}$$

式中：$\varphi$ 为指定浓度下的电极电位，$\varphi^{\ominus}$ 为标准电极电位，$n$ 为已配平的电极反应中电子转移的物质的量。

式 (9-12) 是电极的 Nernst 方程，此公式的使用说明如下：

(1) $[\text{氧化型}]^a / [\text{还原型}]^b$ 表示参与电极反应所有氧化型物质浓度幂的乘积与所有还原型物质浓度幂的乘积之比。浓度的方次 $a$、$b$ 分别代表一个已配平的电极反应中氧化型和还原型各物化学计量数。

(2) 电极反应中有 $H^+$ 或 $OH^-$ 参加时，这些介质的浓度也应写入 Nernst 方程式中。介质若处于反应式氧化型一侧，就做氧化型处理；若处于反应式还原型一侧，就做还原型处理。

(3) 纯固体或纯液体以及稀溶液中 $H_2O$ 的浓度为常数 1；离子浓度（严格讲要用活度）单位用 $mol \cdot L^{-1}$，若有气体物质，可在公式中代入其分压，气体的分压用相对分压*表示。

Nernst 方程式定量地表明温度和浓度对电极电位以及电池电动势的影响，借助该方程式可以确定非标准状态时的电极电位 $\varphi$ 和电池电动势 $E$ 的值。

# 二、影响电极电位的因素及有关计算

## (一) 物质浓度对电极电位的影响

**例 9-2**  试计算 298K 时，$Zn^{2+}(0.0100 mol \cdot L^{-1})/Zn$ 的电极电位。

---

\* 即用 $p/p^{\ominus}$ 表示，$p^{\ominus} = 100kPa$。

**解**：查表得 $Zn^{2+}(aq) + 2e^- \rightleftharpoons Zn(s)$ $\varphi^{\ominus} = -0.7618V$

$$\therefore \varphi = \varphi^{\ominus} + \frac{0.0592}{2}\lg[Zn^{2+}]$$

$$= (-0.7618 + \frac{0.0592}{2}\lg 0.0100)V = -0.822V$$

结果说明：由于$[Zn^{2+}] < 1mol \cdot L^{-1}$，氧化型浓度减小，所以$\varphi < \varphi^{\ominus}$，表明氧化型物质浓度越稀时，还原剂失电子的能力越强。

**例 9-3** 求$[Fe^{3+}] = 1.00mol \cdot L^{-1}$、$[Fe^{2+}] = 1.00 \times 10^{-4}mol \cdot L^{-1}$时，$\varphi(Fe^{3+}/Fe^{2+})$值。

已知： $Fe^{3+}(aq) + e^- \rightleftharpoons Fe^{2+}(aq)$ $\varphi^{\ominus} = 0.771(V)$

**解**： $\phi = \phi^{\ominus} + \frac{0.0592}{n}\lg\frac{[Fe^{3+}]}{[Fe^{2+}]} = (0.771 + \frac{0.0592}{1}\lg\frac{1.00}{1.00 \times 10^{-4}})V$

$$= (0.771 + 0.0592 \times 4)V = 1.009V$$

结果表明，随着还原型$Fe^{2+}$离子浓度从$1.00 \ mol \cdot L^{-1}$，降低为$1.00 \times 10^{-4} \ mol \cdot L^{-1}$，电极电位升高$0.238V$（$\varphi > \varphi^{\ominus}$），表明还原型浓度越稀时，氧化剂得电子能力越强。

## (二) 酸度对电极电位的影响

如果电极反应中包含$H^+$或$OH^-$，则酸度将会对电极电位产生影响。

例如，$KMnO_4$是一种常见的氧化剂，它在酸性溶液中本身被还原为$Mn^{2+}$，其电极反应为：

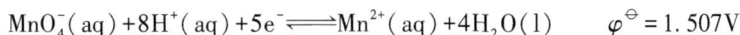

$$MnO_4^-(aq) + 8H^+(aq) + 5e^- \rightleftharpoons Mn^{2+}(aq) + 4H_2O(l) \qquad \varphi^{\ominus} = 1.507V$$

若使溶液酸度增大，如在用$KMnO_4$和浓$HCl$制备$Cl_2$的反应中，$[H^+]$为$12mol \cdot L^{-1}$。假定$[Mn^{2+}]$和$[MnO_4^-]$仍为$1mol \cdot L^{-1}$，则$\varphi(MnO_4^-/Mn^{2+})$的值可按下式计算：

$$\varphi = \varphi^{\ominus} + \frac{0.0592}{5}\lg\frac{[MnO_4^-][H^+]^8}{[Mn^{2+}]}$$

$$= [1.507 + \frac{0.0592}{5}\lg(12)^8]V = 1.61V$$

由计算结果可以看出，使$[H^+]$由$1mol \cdot L^{-1}$增至$12mol \cdot L^{-1}$，即增大溶液酸度后，电极电位值增加，表明$[MnO_4^-]$的氧化能力随溶液酸度增大而增强。

一般来说，氧化剂的氧化能力在酸性介质中比在碱性介质中强；而还原剂的还原能力却相反。

## (三) 沉淀的生成对电极电位的影响

某些沉淀剂或配位剂的加入也会对某些物质的氧化还原能力发生影响，使电极电位发生改变。

例如：电对 $Ag^+(aq) + e^- \rightleftharpoons Ag(s)$ $\varphi^{\ominus} = 0.7996V$

如果在溶液中加入$NaCl$溶液，便产生$AgCl$沉淀：

$$Ag^+(aq) + Cl^-(aq) = AgCl(s)$$

已知$K_{sp}(AgCl) = 1.77 \times 10^{-10}$，当反应达平衡时，若维持$[Cl^-] = 1mol \cdot L^{-1}$，则：

$$[Ag^+] = \frac{K_{sp}(AgCl)}{[Cl^-]} = (\frac{1.77 \times 10^{-10}}{1})mol \cdot L^{-1} = 1.77 \times 10^{-10}mol \cdot L^{-1}$$

此时因$NaCl$的加入而产生$AgCl$沉淀，形成新的$AgCl/Ag$电极。该电极反应为：

$$AgCl(s) + e^- \rightleftharpoons Ag(s) + Cl^-(aq)$$

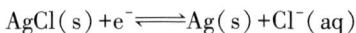

其电极电位$\varphi^{\ominus}(AgCl/Ag)$可用 Nernst 方程式计算：

$$\varphi^{\ominus}(AgCl/Ag) = \varphi(Ag^+/Ag)$$

$$= \varphi^{\ominus}(Ag^+/Ag) + \frac{0.0592}{1}\lg[Ag^+]$$

$$= [0.7996+0.0592\lg(1.77\times10^{-10})]\,V$$
$$= 0.222V$$

上述计算说明由于沉淀的生成，降低了$[Ag^+]$，使电对$Ag^+/Ag$的电极电位下降了0.578V。用同样的方法可以计算出$\varphi^{\ominus}(AgBr/Ag)$和$\varphi^{\ominus}(AgI/Ag)$的数值，结果如下：

| 电极反应 | $K_{sp}$ | $\varphi^{\ominus}/(V)$ |
|---|---|---|
| $AgCl(s)+e^- \rightleftharpoons Ag(s)+Cl^-(aq)$ | $1.77\times10^{-10}$ | 0.222 |
| $AgBr(s)+e^- \rightleftharpoons Ag(s)+Br^-(aq)$ | $5.35\times10^{-13}$ | 0.0713 |
| $AgI(s)+e^- \rightleftharpoons Ag(s)+I^-(aq)$ | $8.52\times10^{-17}$ | -0.152 |

可见沉淀的溶度积常数愈小，则溶液中$Ag^+$平衡浓度愈小，$\varphi^{\ominus}(AgX/Ag)$也愈小，$Ag^+$的氧化能力就愈弱。将上述结果推广到：

$$MX_n(s)+ne^- \rightleftharpoons M(s)+nX^-(aq)体系，则有$$

$$\varphi^{\ominus}(MX_n/M)=\varphi^{\ominus}(M^{n+}/M)+\frac{0.0592}{n}\lg K_{sp}$$

因此，可利用生成难溶化合物后，浓度变化使电极电位发生改变将其设计成原电池，通过测定该原电池的电动势，计算难溶化合物的$K_{sp}$。

# 第4节　电极电位和电池电动势的应用

## 一、判断氧化剂、还原剂的相对强弱

电极电位的大小反映了电对中氧化型和还原型物质的氧化还原能力的强弱。电对的电极电位值越小，表明电对中的还原型物质的还原能力愈强，是较强的还原剂，而其共轭的氧化型物质的氧化能力就愈弱。电极电位值愈大，表明电对中的氧化型物质的氧化能力愈强，是较强的氧化剂，而其共轭的还原型物质的还原能力就愈弱。例如，标准状态下：

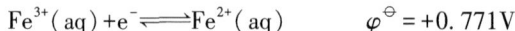

$$I_2(s)+2e^- \rightleftharpoons 2I^-(aq) \qquad \varphi^{\ominus}=+0.535V$$
$$Fe^{3+}(aq)+e^- \rightleftharpoons Fe^{2+}(aq) \qquad \varphi^{\ominus}=+0.771V$$

由于$\varphi^{\ominus}(I_2/I^-)<\varphi^{\ominus}(Fe^{3+}/Fe^{2+})$，因此还原型物质$I^-$比$Fe^{2+}$的还原能力强，$I^-$是比$Fe^{2+}$强的还原剂。而氧化型物质$Fe^{3+}$比$I_2$的氧化能力强，$Fe^{3+}$是比$I_2$强的氧化剂。这样，根据标准电极电位值就可以比较判断，在标准状态下氧化剂和还原剂的相对强弱。在表9-2中，最强的氧化剂是$F_2$，最强的还原剂是$K$。

非标准状态下可通过Nernst方程的计算来确定氧化剂和还原剂的相对强弱。

## 二、判断氧化还原反应进行的方向

### (一) 根据电极电位判断氧化还原反应的方向

氧化还原反应就是两个半电池（两个电对）间的反应，其反应方向为：较强的氧化剂和较强的还原剂相互作用，向生成它们较弱的还原剂和较弱的氧化剂的方向进行，可表示如下：

$$强氧化剂_1+强还原剂_2 \longrightarrow 弱还原剂_1+弱氧化剂_2$$

标准电极电位表是按照电极电位由低到高的顺序排列的，因此，在标准电极电位表中，氧化还原反应进行的方向，总是左下方的氧化型物质与右上方的还原型物质间的反应可自发进行，这就是通常所说的"对角线方向相互反应"规则。

**例9-4**　试判断标准状态下，下列氧化还原反应进行的方向：

$$2Fe^{3+}(aq)+Sn^{2+}(aq)\Longrightarrow 2Fe^{2+}(aq)+Sn^{4+}(aq)$$

**解:** 按照标准电极电位表中 $\varphi^{\ominus}$ 值的高低顺序,写出 $Fe^{3+}/Fe^{2+}$ 和 $Sn^{4+}/Sn^{2+}$ 电对的电极反应式,并查出它们的标准电极电位:

$$Sn^{4+}(aq)+2e^{-}\Longrightarrow Sn^{2+}(aq) \qquad \varphi^{\ominus}=+0.151V$$

$$Fe^{3+}(aq)+e^{-}\Longrightarrow Fe^{2+}(aq) \qquad \varphi^{\ominus}=+0.771V$$

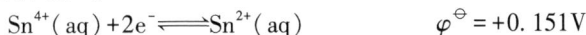

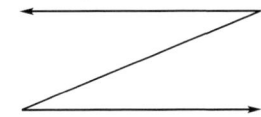

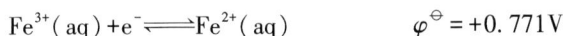

从标准电极电位可以看出,反应体系中较强的氧化剂是电极电位高的电对中的氧化型 $Fe^{3+}$,而较强的还原剂是电极电位低的电对中的还原型 $Sn^{2+}$,因此,反应将向右自发进行,即:

$$2Fe^{3+}(aq)+Sn^{2+}(aq)\longrightarrow 2Fe^{2+}(aq)+Sn^{4+}(aq)$$

---

**案例 9-1**

在我们的生活中,手机、电磁波、电脑屏幕的辐射、紫外线、空气污染、油炸食物及精神压力等均能产生活性氧中间体和自由基,从而加速肌肤细胞的氧化;体力活动尤其是急性大强度运动时,体内自由基产生也会增加,使活性氧和自由基的形成和消除之间出现平衡丧失,体内过量的自由基会引起脂质过氧化,损伤生物膜,影响细胞功能,导致代谢紊乱,加速衰老。由于氧化失衡引起的疾病已超过 100 种,常见的有糖尿病,高血压,动脉粥样硬化,老年痴呆症,肾炎,白内障等。

**问题:**

1. 体内自由基增加导致加速衰老的原因是什么?
2. 如何维持体内氧化-抗氧化反应平衡,从而达到治疗疾病、预防衰老的目的?

---

**案例 9-1 分析**

生物机体在代谢过程中,会产生一些具有强氧化性的中间体(如 $O_2^-$、$H_2O_2$ 等),称为活性氧中间体(简称活性氧)。虽然它们是生物反应的中间体,在机体内存在的浓度极低,寿命很短,但是它与人类健康却密切相关。体内有各种消除活性氧和自由基的防御体系,维持氧化-抗氧化平衡,保障正常生命活动。

在正常情况下,活性氧的产生、利用、清除三者之间处于平衡状态,以保持生命活动所需要的低浓度水平。在此状态下,活性氧不仅不会损伤机体,反而会直接或间接地发挥对机体有益的生物效应,如解毒功能、吞噬细胞、杀菌作用等。但是,在某些病理条件下,若造成活性氧产生作用增强或者消除作用减弱,就会导致不利生物效应情况的发生,并造成对机体的强氧化性损伤,从而诱发各种组织损伤和疾病,加快其衰老和死亡。

---

超氧离子($O_2^-$)是生物体内最重要的活性氧,它是氧分子在生物体内获得一个电子的产物。因它含有未成对电子,故又称为氧自由基。$O_2^-$ 也是生物体内其他活性氧(如 $HO_2\cdot$,$H_2O_2$,$\cdot OH$ 等)产生的基础物质。在正常的生理条件下,超氧离子的产生和被体内抗氧化剂的清除处于平衡状态,其生理浓度约为 $10^{-12}mol\cdot L^{-1}$。

当病症造成其浓度升高时,可通过抗氧化剂来消除。超氧化物歧化酶(SOD)是机体内一种能催化 $O_2^-$ 发生歧化反应的重要抗氧化剂。含有 $Cu^{2+}$ 和 $Zn^{2+}$ 的 SOD 是最重要的超氧化物歧化酶。研究发现,其中 $Cu^{2+}$ 是 SOD 具有催化活性的关键。从下列有关电极电位和对角线关系:

$$O_2 + e^- \Longleftrightarrow O_2^- \qquad\qquad -0.36V$$

$$SOD\text{-}Cu^{2+} + e^- \Longleftrightarrow SOD\text{-}Cu^+ \qquad 0.42V$$

$$O_2^- + 2H^+ + e^- \Longleftrightarrow H_2O_2 \qquad\qquad 0.90V$$

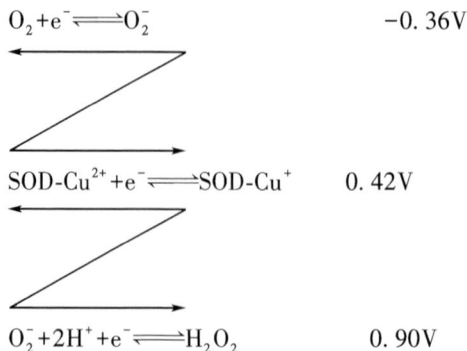

可以看出其催化机制可能是：

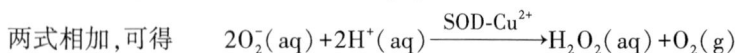

$$SOD\text{-}Cu^{2+} + O_2^- \longrightarrow SOD\text{-}Cu^+ + O_2$$

$$SOD\text{-}Cu^+ + O_2^- + 2H^+ \longrightarrow SOD\text{-}Cu^{2+} + H_2O_2$$

两式相加，可得 $\qquad 2O_2^-(aq) + 2H^+(aq) \xrightarrow{SOD\text{-}Cu^{2+}} H_2O_2(aq) + O_2(g)$

　　除 SOD 外，还有一些酶也有抗氧化作用。此外，具有还原性的维生素类（如维生素 C、维生素 E 等）也有抗氧化能力，一些天然小分子药物，如黄酮类物质、茶多酚、茶碱和咖啡因等也具有抗氧化能力。因此，常食用有上述物质的新鲜水果、蔬菜等天然食品和经常饮茶，都可以增强机体的抗氧化和抗衰老能力。

## （二）根据电池电动势判断氧化还原反应的方向

　　从热力学的讨论中已经知道，Gibbs 自由能的变化（$\Delta_r G_m$）是等温等压下的化学反应（当然也包括氧化还原反应）能否自发进行的一般性判据。而等温等压下，系统自由能的减少等于系统做的最大有用功。在电池反应过程中，最大有用功是电功 $W_e$：

$$\Delta_r G_m = -W_e = -nFE \tag{9-13}$$

在标准态下：

$$\Delta_r G_m^{\ominus} = -nFE^{\ominus} \tag{9-14}$$

　　上面两式已把 $\Delta_r G_m$、$\Delta_r G_m^{\ominus}$ 与电池电动势 $E$ 及 $E^{\ominus}$ 联系起来。由于 Faraday 常数及电池反应中转移电子的物质的量 $n$ 都是与反应方向无关的量，因此，对于氧化还原反应，既可以用 $\Delta_r G_m$，也可以用 $E$ 来判断其自发进行的方向。

$$\Delta_r G_m < 0, \qquad E > 0，反应正向自发进行$$
$$\Delta_r G_m > 0, \qquad E < 0，反应逆向自发进行$$
$$\Delta_r G_m = 0, \qquad E = 0，反应达到平衡状态$$

　　我们知道，一个氧化还原反应可以分解为两个电极反应，那么利用两个电极的电极电位值，通过运算就可判断某一氧化还原反应进行的方向。

---

**案例 9-2**
　　将焦亚硫酸钠 0.1g 溶于注射用水中，在通氮气条件下，（按处方量）将复方氨基酸 2.92g 和低分子右旋糖酐 6.0g 加入溶解，以 10% KOH 溶液调节 pH 至 6.0，将注射用水加至 100ml。加 0.2% 活性炭，50℃保温 30min，过滤脱炭，再以垂熔玻璃漏斗、微孔滤膜过滤，在充氮条件下，分装于 250ml 输液瓶中，盖隔离膜，加塞、铝盖轧口，121℃、20min 灭菌。
**问题：**
　　1. 在制备复方氨基酸低分子右旋糖酐注射液时，为什么加入焦亚硫酸钠和通 $N_2$ 气？
　　2. 为何用 10% KOH 溶液调节 pH 至 6.0？

**案例 9-2 分析**

因为复方低分子右旋糖酐氨基酸溶液中的色氨酸、苯丙氨酸、异亮氨酸易氧化变色,而空气中的氧气、溶液 pH 和原料的纯度等因素对其稳定性影响较大。所以加入抗氧剂焦亚硫酸钠($Na_2S_2O_5$),反应式为:

$$Na_2S_2O_5 + O_2 + H_2O \Longrightarrow 2NaHSO_4$$

可防止氨基酸氧化。用 10% KOH 溶液调节 pH = 6.0 为适宜的弱酸性条件,并且工艺中采用充入 $N_2$ 气保护等措施,提高复方低分子右旋糖酐氨基酸注射液的稳定性。

**例 9-5** 判断反应 $2Fe^{3+}(aq) + 2I^-(aq) \Longrightarrow 2Fe^{2+}(aq) + I_2(s)$ 在标准状态下和 $[Fe^{3+}] = 0.001 mol \cdot L^{-1}$,$[I^-] = 0.001 mol \cdot L^{-1}$,$[Fe^{2+}] = 1 mol \cdot L^{-1}$ 时反应进行的方向。

**解:**(1) 在标准状态时:

$$I_2(s) + 2e^- \Longrightarrow 2I^-(aq) \qquad \varphi^{\ominus}(I_2/I^-) = 0.535V$$

$$Fe^{3+}(aq) + e^- \Longrightarrow Fe^{2+}(aq) \qquad \varphi^{\ominus}(Fe^{3+}/Fe^{2+}) = 0.771V$$

$$E^{\ominus} = \varphi^{\ominus}_{(+)} - \varphi^{\ominus}_{(-)} = \varphi^{\ominus}(Fe^{3+}/Fe^{2+}) - \varphi^{\ominus}(I_2/I^-)$$
$$= 0.771V - 0.535V = 0.236V > 0$$

反应正向进行:

$$2Fe^{3+}(aq) + 2I^-(aq) = 2Fe^{2+}(aq) + I_2(s)$$

(2) 在非标准状态时:

$$\varphi(Fe^{3+}/Fe^{2+}) = \varphi^{\ominus}(Fe^{3+}/Fe^{2+}) + \frac{0.0592}{n}\lg\frac{[Fe^{3+}]}{[Fe^{2+}]}$$

$$= (0.771 + 0.0592\lg\frac{0.001}{1})V$$

$$= 0.593V$$

$$\varphi(I_2/I^-) = \varphi^{\ominus}(I_2/I^-) + \frac{0.0592}{2}\lg\frac{[I_2]}{[I^-]^2}$$

$$= (0.535 + \frac{0.0592}{2}\lg\frac{1}{0.001^2})V$$

$$= 0.713V$$

$$E = \varphi_{(+)} - \varphi_{(-)} = 0.593V - 0.713V = -0.120V < 0$$

所以反应逆向进行:

$$2Fe^{2+}(aq) + I_2(s) = 2Fe^{3+}(aq) + 2I^-(aq)$$

**例 9-6** 试判断标准状态下及在中性溶液($[H^+] = 10^{-7} mol \cdot L^{-1}$),其他物质浓度均为 $1 mol \cdot L^{-1}$ 时,下列反应进行的方向。

$$H_3AsO_4(aq) + 2I^-(aq) + 2H^+(aq) \Longrightarrow H_3AsO_3(aq) + I_2(s) + H_2O(l)$$

**解:**(1) 标准态时,查表得:$I_2(s) + 2e^- \Longrightarrow 2I^-(aq)$ $\qquad \varphi^{\ominus} = 0.535V$

$$H_3AsO_4(aq) + 2H^+(aq) + 2e^- \Longrightarrow H_3AsO_3(aq) + H_2O(l) \qquad \varphi^{\ominus} = 0.560V$$

$$E = \varphi^{\ominus}_{(+)} - \varphi^{\ominus}_{(-)} = 0.560V - 0.535V = 0.025V > 0$$

所以在标准状态下反应正向进行。

(2) $[H^+] = 10^{-7} mol \cdot L^{-1}$ 的非标准状态根据 Nernst 方程计算。

电极反应:$H_3AsO_4(aq) + 2H^+(aq) + 2e^- \Longrightarrow H_3AsO_3(aq) + H_2O(l)$

$$\varphi_{(+)} = \varphi^{\ominus}_{(+)} + \frac{0.0592}{2}\lg\frac{[H_3AsO_4][H^+]^2}{[H_3AsO_3]}$$

$$= \left[ 0.560 + \frac{0.0592}{2} \lg(1.00 \times 10^{-7})^2 \right] V$$

$$= +0.145V$$

电极反应：$I_2(s) + 2e^- \Longleftrightarrow 2I^-(aq)$ 不受 $[H^+]$ 影响

$$\varphi_{(-)} = \varphi_{(-)}^{\ominus} = +0.535V$$

$$E = \varphi_{(+)} - \varphi_{(-)} = +0.145V - 0.535V = -0.390V < 0$$

故中性溶液中，反应逆向进行。

总之，非标准态下的氧化还原反应进行的方向，要根据由此反应组成的原电池的电动势 $E$ 来判断。但由于 $E^{\ominus}$ 是决定 $E$ 的主要因素，所以有时也可用 $E^{\ominus}$ 对非标准态下的氧化还原反应方向做粗略的判断。通常，若 $E^{\ominus} > 0.3V$，反应在非标准态下也可正向进行；若 $E^{\ominus} < -0.3V$，反应一般总是逆向进行。

# 三、判断氧化还原反应进行的程度

## (一) 电池标准电动势和平衡常数的关系

根据：
$$\Delta_r G_m^{\ominus} = -nFE^{\ominus}$$
而
$$\Delta_r G_m^{\ominus} = -RT\ln K^{\ominus} = -2.303RT\lg K^{\ominus}$$
$$-nFE^{\ominus} = -2.303RT\lg K^{\ominus}$$
$$\therefore \lg K^{\ominus} = \frac{nFE^{\ominus}}{2.303RT}$$

298K 时：
$$\lg K^{\ominus} = \frac{nE^{\ominus}}{0.0592} = \frac{n\{\varphi_{(+)}^{\ominus} - \varphi_{(-)}^{\ominus}\}}{0.0592} \tag{9-15}$$

由上式可知，平衡常数 $K$ 随温度 $T$、反应中得失电子的物质的量 $n$ 和 $E^{\ominus}$ 的变化而改变，但与物质浓度无关。

## (二) 判断氧化还原反应进行的程度

氧化还原反应进行的程度，可用平衡常数 $K$（严格地讲是标准平衡常数 $K^{\ominus}$）的大小来衡量。

**例 9-7**　判断反应 $Cl_2(g) + 2Br^-(aq) \Longleftrightarrow 2Cl^-(aq) + Br_2(aq)$ 进行的程度。

**解**：查表得 $\varphi^{\ominus}(Br_2/Br^-) = +1.087V$，　$\varphi^{\ominus}(Cl_2/Cl^-) = +1.36V$

$$E^{\ominus} = \varphi_{(+)}^{\ominus} - \varphi_{(-)}^{\ominus} = \varphi^{\ominus}(Cl_2/Cl^-) - \varphi^{\ominus}(Br_2/Br^-)$$
$$= 1.36V - 1.087V = 0.27V$$
$$n = 2$$

代入：$\lg K = \frac{nE^{\ominus}}{0.0592} = \frac{2 \times 0.27}{0.0592} = 9.12$

$$K = \frac{[Br_2][Cl^-]^2}{p_{Cl_2}[Br^-]^2} = 1.32 \times 10^9$$

$K$ 值很大，反应自发进行的程度就大，表明该化学反应进行得很完全。一般 $K > 10^6$，表明反应已进行完全。

**例 9-8**　求下列氧化还原反应 $Ag^+(aq) + Fe^{2+}(aq) \Longleftrightarrow Ag(s) + Fe^{3+}(aq)$，在 298K 时的平衡常数。若反应开始时，$c(Ag^+) = 1.0 mol \cdot L^{-1}$，$c(Fe^{2+}) = 0.10 mol \cdot L^{-1}$，求平衡时 $[Fe^{3+}] = ?$

**解**：查表得，
$$\varphi^{\ominus}(Fe^{3+}/Fe^{2+}) = 0.771V, \varphi^{\ominus}(Ag^+/Ag) = 0.799V$$

则：$E^{\ominus} = \varphi^{\ominus}(Ag^+/Ag) - \varphi^{\ominus}(Fe^{3+}/Fe^{2+})$

$$= 0.799V - 0.771V = 0.028V$$

$$n = 1$$

代入：$\lg K = \dfrac{nE^{\ominus}}{0.0592} = \dfrac{1 \times 0.028}{0.0592} = 0.472$

$$K = \frac{[Fe^{3+}]}{[Ag^+][Fe^{2+}]} = 2.97$$

设达平衡时：$[Fe^{3+}] = x$，则 $[Fe^{2+}] = 0.10 - x$，$[Ag^+] = 1.0 - x$，代入上式：

$$K = \frac{x}{(1.0 - x)(0.10 - x)}$$

$$2.97 = \frac{x}{(1.0 - x)(0.10 - x)}$$

$$x = 0.073$$

$$[Fe^{3+}] = x = 0.073 \text{mol} \cdot L^{-1}$$

# 四、电位法测定溶液的 pH

Nernst 方程式表明，电极电位与溶液中离子的浓度有关。一定温度下，知道了电极反应的离子浓度，就可以求算出该电极的电位；反之，如果测出了电极的电位，也可求算该电极中离子的浓度。所以可通过测定电极电位，定量分析溶液中的离子浓度，这种分析方法为**电位法**(potentiometry)，又称电位测定法。

电位法测定溶液 pH 时所用的**玻璃电极**(glass electrode)是膜电极的一种。玻璃电极的构造见图 9-7。电极下端为极薄的玻璃膜小球，膜内盛有一种已知 pH 的溶液（一般为 $0.1 \text{mol} \cdot L^{-1}$ HCl 溶液），并在其中插入一支氯化银电极作为内参比电极。因 $Cl^-$ 的浓度一定，故氯化银电极的电极电位是一定的。当把玻璃电极插入水或水溶液中时，由于膜内外两侧吸水膨润以至分别形成两个极薄的水化层。当膜两侧 $H^+$ 离子浓度不同时，由于离子交换速度和扩散速度不同而产生了电位差，这种电位差称膜电位。

由于膜内 $[H^+]$ 一定，氯化银电极的电极电位也一定，则玻璃电极的电极电位只随膜外溶液的 $[H^+]$ 的改变而改变，即取决于被测溶液的 pH。因此，玻璃电极可以用来指示溶液的 pH，故称为 pH 指示电极。玻璃电极的电位可用下式表示：

$$\varphi_{玻} = \varphi_{玻}^{\ominus} + \frac{2.303RT}{F} \lg[H^+]$$

298K 时：

$$\varphi_{玻} = \varphi_{玻}^{\ominus} - 0.0592 \text{pH} \qquad (9\text{-}16)$$

电位法测定溶液 pH，是将玻璃电极（指示电极）和饱和甘汞电极（参比电极）一同插入溶液中，组成一电池：

$$(-) 玻璃电极 | 待测 pH 溶液 \parallel SCE(+)$$

298K 时，电池电动势为：

$$E = \varphi_{SCE} - \varphi_{玻} = 0.2415 - (\varphi_{玻}^{\ominus} - 0.0592 \text{pH})$$

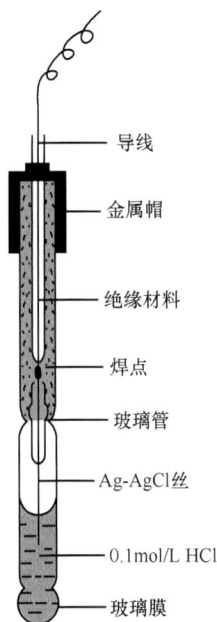

图 9-7 玻璃电极

（导线、金属帽、绝缘材料、焊点、玻璃管、Ag-AgCl丝、0.1mol/L HCl、玻璃膜）

其中 $\varphi_{玻}^{\ominus}$ 其数值与内参比电极的内充液及膜材料有关。在实际工作中，并不需要知道 $\varphi_{玻}^{\ominus}$ 的值，而是先用已知 pH 的缓冲溶液来校正，即通过两次测量法将 $\varphi_{玻}^{\ominus}$ 项消去。首先把玻璃电极和饱和甘汞电极一同放入已知 pH 的缓冲溶液中，组成一电池，则该电池电动势 $E_s$ 为：

$$E_s = 0.2415 - (\varphi_{玻}^{\ominus} - 0.0592 \text{pH}_s) \qquad (9\text{-}17)$$

然后再将两电极放入待测 pH 的溶液中，测出该电池电动势 $E_{测}$ 为：

$$E_{测} = 0.2415 - (\varphi_{玻}^{\ominus} - 0.0592 \text{pH}_{测}) \tag{9-18}$$

将 (9-17) 和 (9-18) 两式相减,得到:

$$E_{测} - E_s = 0.0592 \text{pH}_{测} - 0.0592 \text{pH}_s$$

$$\text{pH}_{测} = \text{pH}_s + \frac{E_{测} - E_s}{0.0592} \tag{9-19}$$

式中 $\text{pH}_s$ 为已知值,$E_{测}$、$E_s$ 为先后两次测定之值。从上式可知,在 298K 时,该电池的电动势每相差 0.0592V 就相当于溶液中发生 1 个 pH 单位的酸度变化。通常实验室中用以测定溶液酸度的酸度计,便是利用 0.0592V 相当于 1 个 pH 单位进行标度的。

电位法除了用于测量溶液中的氢离子浓度外,还可以用于测量溶液中其他各种金属或非金属离子的浓度。人们已研制出各种类型的离子选择性电极,它们的膜电位与特定离子浓度的对数成线性关系,且遵循或近似遵循 Nernst 方程,因而可以指示溶液中特定离子的浓度。

# 第 5 节　元素电位图

## 一、元素的电位图

如果一个元素具有多种氧化值,我们可以从高氧化值到低氧化值,把它们的标准电极电位值以图解方式表示出来,这种表示同一元素处于不同氧化值时的标准电极电位之间的关系图,称为**元素电位图**(potential diagram of elements)。例如,铁元素的电位图可表示如下:

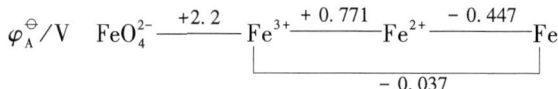

$$\varphi_A^{\ominus}/V \quad FeO_4^{2-} \xrightarrow{+2.2} Fe^{3+} \xrightarrow{+0.771} Fe^{2+} \xrightarrow{-0.447} Fe$$
$$\underset{-0.037}{\underline{\phantom{Fe^{3+}\quad\quad Fe^{2+}}}}$$

连线上的数字为其左右两种物质组成的电对的标准电极电位。应用元素电位图时,应注意下列各点:①电位的高低顺序有两种书写方式,一种是从左向右,氧化值由高到低;另一种是从左向右,氧化值由低到高,二者顺序相反,使用时应加注意。②根据溶液的 pH 不同,可分为两大类:$\varphi_A^{\ominus}$(酸性溶液)表示溶液的 pH = 0;$\varphi_B^{\ominus}$(碱性溶液)表示溶液的 pH = 14。③书写某一元素电位图时,既可以将全部氧化值物种列出,也可根据需要只列出其中一部分,例如:

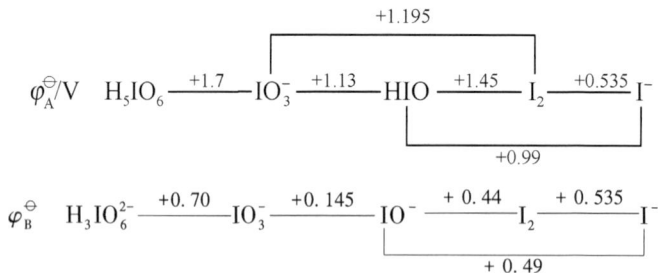

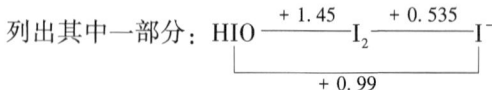

$$\varphi_A^{\ominus}/V \quad H_5IO_6 \xrightarrow{+1.7} IO_3^- \xrightarrow{+1.13} HIO \xrightarrow{+1.45} I_2 \xrightarrow{+0.535} I^-$$

（图示：IO₃⁻ 到 I₂ 上方 +1.195，HIO 到 I⁻ 下方 +0.99）

$$\varphi_B^{\ominus} \quad H_3IO_6^{2-} \xrightarrow{+0.70} IO_3^- \xrightarrow{+0.145} IO^- \xrightarrow{+0.44} I_2 \xrightarrow{+0.535} I^-$$

（图示：IO⁻ 到 I⁻ 下方 +0.49）

列出其中一部分:

$$HIO \xrightarrow{+1.45} I_2 \xrightarrow{+0.535} I^-$$

（图示：HIO 到 I⁻ 下方 +0.99）

## 二、元素电位图的应用

由于把涉及其元素的电极电位集中在一起,对于讨论该元素及其化合物的氧化还原性质极为方便。现就元素电位图的一些应用举例如下:

### (一) 判断歧化反应能否发生

如果某元素具有各种高低不同氧化值,则处于中间氧化值的物质就可能在适当条件下(加热或加酸或碱)发生一部分转化为较低氧化值,而另一部分转化为较高氧化值的反应,这种反应称之为自身氧化还原反应。它是一种**歧化反应**(disproportionative reaction)。

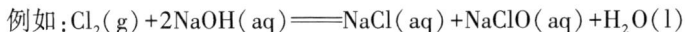

例如:$Cl_2(g) + 2NaOH(aq) = NaCl(aq) + NaClO(aq) + H_2O(l)$

$3MnO_4^{2-}(aq) + 4H^+(aq) = 2MnO_4^-(aq) + MnO_2(s) + 2H_2O(l)$

**例 9-9**　从铜的元素电位图判断 $2Cu^+(aq) = Cu(s) + Cu^{2+}(aq)$ 的歧化反应能否发生?

**解:**写出铜的元素电位图,

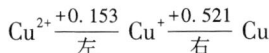

$$Cu^{2+} \xrightarrow[左]{+0.153} Cu^+ \xrightarrow[右]{+0.521} Cu$$

先从标准电极电位表的对角线关系看:

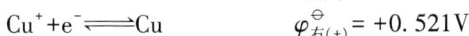

$$Cu^{2+} + e^- = Cu^+ \qquad \varphi^{\ominus}_{左(-)} = +0.153V$$

$$Cu^+ + e^- = Cu \qquad \varphi^{\ominus}_{右(+)} = +0.521V$$

$$E^{\ominus} = \varphi^{\ominus}_{(+)} - \varphi^{\ominus}_{(-)} = 0.521V - 0.153V = 0.368V > 0$$

$E^{\ominus} > 0$ 即 $\varphi^{\ominus}_右 > \varphi^{\ominus}_左$,故歧化反应可以自发进行,所以酸性溶液中 $Cu^+$ 离子不稳定。

总之,对于任何一个元素,如按其氧化值由高到低排列的电位图具有以下的形式:

$$A \xrightarrow{\varphi^{\ominus}_左} B \xrightarrow{\varphi^{\ominus}_右} C$$

只要满足 $\varphi^{\ominus}_右 > \varphi^{\ominus}_左$ 的条件,即 $E^{\ominus} = \varphi^{\ominus}_右 - \varphi^{\ominus}_左 > 0$ 时,B 就可歧化为氧化值较高的 A 和氧化值较低的 C。反之,若 $\varphi^{\ominus}_右 < \varphi^{\ominus}_左$,即 $E^{\ominus} = \varphi^{\ominus}_右 - \varphi^{\ominus}_左 < 0$ 时,溶液中有 A 与 C 同时存在时,将自发发生歧化反应的逆反应,产物为 B。

---

**案例 9-3**

　　$FeSO_4 \cdot 7H_2O$ 为绿色晶体,俗称绿矾。它是一种重要的亚铁盐,医药上作内服药剂,治疗缺铁性贫血;在农业上用作杀菌剂,可防治小麦等农作物的病害;工业上用于制造蓝色墨水以及防腐剂和媒染剂。人们常发现久置的亚铁盐溶液中会有棕色的碱式盐沉淀生成,通常使用时需新鲜配制;配制时需加适量的酸以及少量单质铁或其他抗氧化剂。

**问题:**

　　1. 使用一定浓度的亚铁盐溶液为什么需要新鲜配制?

　　2. 配制亚铁盐溶液时,为什么需加适量的酸以及少量单质铁或其他还原剂? 它们起什么作用? 可否用硝酸来配制亚铁盐溶液?

　　3. 绿矾以及其他的亚铁盐固体应当如何保存?

---

**案例 9-3 分析**

　　因为 $\varphi^{\ominus}(O_2/H_2O) > \varphi^{\ominus}(Fe^{3+}/Fe^{2+})$,$Fe^{2+}$ 很容易被空气中的 $O_2$ 氧化为 $Fe^{3+}$,所以亚铁盐溶液不稳定,必须在使用前新鲜配置。由于 $Fe^{2+}$ 易被氧化且溶于水发生水解析出 $Fe(OH)_2$,溶液显酸性,所以配置亚铁盐溶液时,需加适量的酸抑制水解,加少量单质铁或其他还原剂防止氧化。因为 $\varphi^{\ominus}(NO_3^-/NO_2^-) > \varphi^{\ominus}(Fe^{3+}/Fe^{2+})$,即硝酸可以氧化 $Fe^{2+}$,所以不能用硝酸配制亚铁盐溶液。绿矾以及其他的亚铁盐固体应当密闭保存,以防止氧化。

---

**例 9-10**　判断 $3Fe^{2+}(aq) = 2Fe^{3+}(aq) + Fe(s)$ 的反应方向

**解:**写出铁元素的电位图,

$$Fe^{3+} \xrightarrow{+0.771V} Fe^{2+} \xrightarrow{-0.447V} Fe$$

$$\therefore \varphi^{\ominus}_右 < \varphi^{\ominus}_左, 则 E^{\ominus} < 0$$

所以,$Fe^{2+}$ 离子不能发生歧化反应生成 $Fe^{3+}$ 离子和 Fe,但歧化反应的逆反应可以进行,即反应方向为:

$$2Fe^{3+}(aq) + Fe(s) = 3Fe^{2+}(aq)$$

## (二) 由某元素的已知标准电极电位求未知标准电极电位

设某一元素的电位图为：

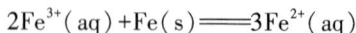

如果已知 $\varphi_1^\ominus, \varphi_2^\ominus, \varphi_3^\ominus$，要求 $\varphi^\ominus$ 时，则可按照标准 Gibbs 自由能变化和电对 $\varphi^\ominus$ 的关系，得到：

$$\Delta_r G_{m1}^\ominus = -n_1 F \varphi_1^\ominus$$

$$\Delta_r G_{m2}^\ominus = -n_2 F \varphi_2^\ominus$$

$$\Delta_r G_{m3}^\ominus = -n_3 F \varphi_3^\ominus$$

$$\Delta_r G_m^\ominus = -n F \varphi_n^\ominus \qquad n = n_1 + n_2 + n_3$$

$n_1$、$n_2$、$n_3$ 分别代表图中依次相邻电对间发生氧化还原反应时所转移（或得失）的电子数的物质的量。$n_1 + n_2 + n_3$ 代表图中两端不相邻电对间反应的转移（或得失）电子总的物质的量。$\varphi_n^\ominus$ 代表新电对的标准电极电位。据 Hess 定律，能量具有加合性，故有：

$$\Delta_r G_m^\ominus = \Delta_r G_{m1}^\ominus + \Delta_r G_{m2}^\ominus + \Delta_r G_{m3}^\ominus$$

$$-n F \varphi_n^\ominus = -n_1 F \varphi_1^\ominus - n_2 F \varphi_2^\ominus - n_3 F \varphi_3^\ominus$$

$$\varphi_n^\ominus = \frac{n_1 \varphi_1^\ominus + n_2 \varphi_2^\ominus + n_3 \varphi_3^\ominus}{n_1 + n_2 + n_3}$$

若共有 $i$ 个相邻电对，则：

$$\varphi_n^\ominus = \frac{n_1 \varphi_1^\ominus + n_2 \varphi_2^\ominus + n_3 \varphi_3^\ominus + \cdots + n_i \varphi_i^\ominus}{n_1 + n_2 + n_3 + \cdots + n_i} \tag{9-20}$$

**例 9-11**  试从下列元素电位图求 $\varphi^\ominus(IO^-/I_2)$ 值。

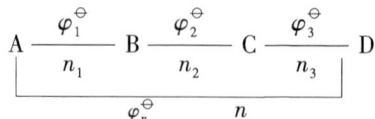

**解**：据公式，

$$n \varphi^\ominus = n_1 \varphi_1^\ominus + n_2 \varphi_2^\ominus$$

$$\varphi_1^\ominus = \frac{n \varphi^\ominus - n_2 \varphi_2^\ominus}{n_1}$$

$$\varphi_1^\ominus(IO^-/I_2) = \frac{2 \times 0.49V - 1 \times 0.535V}{1} = +0.445V$$

**例 9-12**  在碱性溶液中，有关溴元素的电位图如下，求 $\varphi^\ominus(BrO^-/Br^-)$。

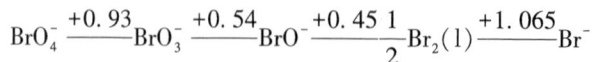

**解**：电极反应，

$$BrO^-(aq) + H_2O(l) + e^- \rightleftharpoons \frac{1}{2}Br_2(l) + 2OH^-(aq) \qquad \varphi_1^\ominus = +0.45V$$

$$\frac{1}{2}Br_2(l) + e^- \rightleftharpoons Br^-(aq) \qquad \varphi_2^\ominus = +1.065V$$

$$\varphi^\ominus(BrO^-/Br^-) = \frac{1 \times 0.45V + 1 \times 1.065V}{2} = +0.76V$$

**视窗:生物传感器**

**视窗:生物传感器**

　　**生物传感器**:离子选择性电极是常见的一类化学传感器。所谓化学传感器,是指能够感受某种化学量并按照相应关系将其转换为一定电信号而输出的装置。随着科技发展对检测技术的要求不断提高,急待开发能测定各种有机化合物特别是生物分子的化学传感器,并识别化合物复杂结构上的细微差别。为了解决这一类问题,一种把生物活性物质与电化学换能器结合而成的**生物传感器**(biosensor)应运而生。生物活性物质可以是酶、抗原(或抗体)、活细胞、组织膜或其他化学受体,它们与被测的各种有机物特别是生物分子(包括各种代谢物、激素、药物、蛋白质、核酸等)发生特定的生物化学反应,产生特异的分子识别作用,经电化学换能器转化为电信号输出。

　　按照所有的生物活性物质的种类,可以把生物传感器区分为酶传感器、微生物传感器、细胞传感器、组织传感器和免疫传感器等。尽管形式多样,但都是利用固定化技术,将识别被测物质的生物活性材料固定化,制成电化学敏感膜作为传感器的关键部件。按照检测信号的产生方式,又可以把生物传感器区分为生物催化型和生物亲和型两大类。由于生物传感器的换能器类型的扩展,除了电化学类型外,还出现了发光或光导纤维类型、压电晶体等类型的生物传感器。

# Summary

An oxidation-reduction reaction is one in which one or more atoms change oxidation numbers, implying the transfer of electrons. Oxidation occurs when there is an increase in oxidation number, whereas reduction occurs when there is a reduction in oxidation number.

An electrochemical cell is the experimental apparatus for generating electricity through the use of a spontaneous redox reaction. It is applied to any apparatus using an electron-transfer reaction to obtain a flow of electrons in an external circuit.

The conventions regarding the use of standard electrode potentials are summarized as follows:

1. The standard electrode potential refers to the half-reaction written as a reduction, that is, Oxidized form$+ne^- =$ Reduced form.

2. The half-cell potential of the standard hydrogen electrode is by convention zero, and the half-cell potentials of other electrodes are measures relative to this standard.

3. The sign of the half-cell potential is reversed when the half-reaction is written in the opposite direction.

4. The potential of the half-reaction is not dependent on the number of electrons involved, and therefore multiplying a half-reaction by a positive number does not alter the potential.

5. As a cell reaction is the sum of two half-reactions, the cell potential is the sum of the two half-cell potentials.

However, if one of them is not $1.0 \text{mol} \cdot \text{L}^{-1}$, this dependence of voltage on concentration may be expressed for the general reaction

$$a\text{A}+b\text{B} \Longrightarrow c\text{C}+d\text{D}$$

Under nonstandard conditions, the cell potential $(E_{\text{cell}})$ can be calculated using the Nernst equation.

at 298K, $\qquad E_{\text{cell}} = E^{\ominus} + \dfrac{0.0592}{n} \log \dfrac{[\text{A}]^a [\text{B}]^b}{[\text{C}]^c [\text{D}]^d}$ (The Nernst Equation)

In the equation $E_{\text{cell}}$ is the cell voltage under nonstandard conditions, $E^{\ominus}$ is the standard potential of the cell in volts, $n$ is the number of electrons transferred in the cell reaction.

The relationships among $E_{\text{cell}}^{\ominus}$, $K$ and $\Delta_r G^{\ominus}$ are

$$\Delta_r G_m^{\ominus}, = -RT \ln K; \quad \Delta_r G_m^{\ominus}, = -nFE_{cell}^{\ominus}; \qquad E_{cell}^{\ominus} = \frac{RT}{nF} \ln K.$$

# 习　题

1. 用离子-电子法配平下列氧化还原反应式。

（1）$Cr_2O_7^{2-} + Fe^{2+} \longrightarrow Cr^{3+} + Fe^{3+} + H_2O$（酸性介质）

（2）$Mn^{2+} + BiO_3^- + H^+ \longrightarrow MnO_4^- + Bi^{3+} + H_2O$

2. 碱性银锌可充电干电池的氧化剂为 $Ag_2O$，电解质为 KOH 水溶液；正在研制中的高铁可充电电池，其负极材料是 Zn，氧化产物是 $Zn(OH)_2$，正极材料是 $K_2FeO_4$，还原产物是 $Fe(OH)_3$，电解质是 KOH 水溶液，试分别写出它们的电极反应、电池反应、电池符号和电池电动势的表示式。

3. 根据标准电极电位表，将下列氧化剂、还原剂按照由强到弱分别排列成序：

$$Hg^{2+} \qquad Cr_2O_7^{2-} \qquad H_2O_2 \qquad Sn \qquad Zn \qquad Br^-$$

4. 查出下列电对的 $\varphi^{\ominus}$ 值，判断哪一种物质是最强的氧化剂？哪一种物质是最强的还原剂？

（1）$MnO_4^-/Mn^{2+}$ 　　　　$MnO_4^-/MnO_2$ 　　　　$MnO_4^-/MnO_4^{2-}$

（2）$Cr^{3+}/Cr$ 　　　$CrO_2^-/Cr$ 　　　$Cr_2O_7^{2-}/Cr^{3+}$ 　　　$CrO_4^{2-}/Cr(OH)_3$

5. 宇宙飞船上使用的氢-氧燃料电池，其电池反应为：$2H_2(g) + O_2(g) = 2H_2O(l)$，计算 298.15 K 时反应的标准摩尔 Gibbs 自由能变和电池的标准电动势。$[-474.2kJ \cdot mol^{-1}; 1.23V]$

6. 求出下列原电池的电动势，写出电池反应式，并指出正负极。

（1）$Pt|Fe^{2+}(1mol \cdot L^{-1}), Fe^{3+}(0.0001mol \cdot L^{-1})||I^-(0.0001mol \cdot L^{-1}), I_2(s)|Pt$

（2）$Pt|Fe^{3+}(0.5mol \cdot L^{-1}), Fe^{2+}(0.05mol \cdot L^{-1})||Mn^{2+}(0.01mol \cdot L^{-1}), H^+(0.1mol \cdot L^{-1}), MnO_2$（固）$|Pt$

7. 在 pH = 3 和 pH = 6 时，$KMnO_4$ 是否能氧化 $I^-$ 离子和 $Br^-$ 离子？

8. 今有一种含有 $Cl^-, Br^-, I^-$ 三种离子的混合溶液，欲使 $I^-$ 离子氧化成 $I_2$，而又不使 $Br^-$ 和 $Cl^-$ 离子氧化，在常用的氧化剂 $Fe_2(SO_4)_3$ 和 $KMnO_4$ 中选择哪一种才能符合要求？

9. 已知 $\varphi^{\ominus}(H_3AsO_4/H_3AsO_3) = 0.559V$，$\varphi^{\ominus}(I_2/I^-) = 0.535V$，试计算下列反应：

$$H_3AsO_3 + I_2 + H_2O \rightleftharpoons H_3AsO_4 + 2I^- + 2H^+$$

在 298K 时的平衡常数。如果 pH = 7，反应朝什么方向进行？$[K = 0.155]$

10. 已知：$Fe^{2+} + 2e^- \rightleftharpoons Fe$ 　　　$\varphi^{\ominus} = -0.447V$

$\quad\quad\quad\quad Fe^{3+} + e^- \rightleftharpoons Fe^{2+}$ 　　　$\varphi^{\ominus} = +0.771V$

该电池反应式为：$3Fe^{2+} = Fe + 2Fe^{3+}$

计算该电池的 $E^{\ominus}$ 值及电池反应的 $\Delta_r G_m^{\ominus}$，并判断反应能否正向自发进行。$[-1.218V; 235.0kJ]$

11. 已知 $[Sn^{2+}] = 0.1000mol \cdot L^{-1}$，$[Pb^{2+}] = 0.100mol \cdot L^{-1}$

（1）判断下列反应进行的方向 $Sn + Pb^{2+} \rightleftharpoons Sn^{2+} + Pb$

（2）计算上述反应的平衡常数 $K$。$[0.012V; 2.54]$

12.

$$MnO_4^- \xrightarrow{0} MnO_4^{2-} \xrightarrow{2.26} MnO_2 \xrightarrow{0.95} Mn^{3+} \xrightarrow{1.51} Mn^{2+} \xrightarrow{-1.185} Mn$$

（1）求 $\varphi^{\ominus}(MnO_4^-/Mn^{2+})$；

（2）确定 $MnO_2$ 可否发生歧化反应？

（3）指出哪些物质会发生歧化反应并写出反应方程式。

13. 在 298K 时，测定下列电池的 E = +0.48V，试求溶液的 pH。

$$(-)Pt, H_2(100kPa)|H^+(x \; mol \cdot L^{-1}) \| Cu^{2+}(1 \; mol \cdot L^{-1})|Cu(+) \quad [2.33]$$

（于　丽　赵　晶）

# 第 10 章　原子结构和元素周期律

## 学习目标

　　了解原子结构的有核模型和 Bohr 模型的贡献及不足之处;氢原子光谱产生的原因和能级的概念;电子的波粒二象性、不确定原理的意义。熟悉原子轨道、概率、概率密度和电子云的概念;掌握 $n$、$l$、$m$ 和 $m_s$ 4 个量子数的意义、取值规律及其与电子运动状态的关系;熟悉 s、p、d 原子轨道的角度分布图、径向分布图及径向分布函数图的意义和特征;了解径向分布图的意义和特征。通过径向分布函数图了解电子运动存在的钻穿作用和屏蔽作用。熟悉屏蔽效应和钻穿效应的概念及意义;掌握 Pauling 多电子原子轨道近似能级图和核外电子排布的规律(Pauli 不相容原理、能量最低原理及 Hund 规则);掌握周期表中元素的分区、结构特征;能熟练写出周期表中元素原子的核外电子排布和价层电子组态,并能确定它们在周期表中的位置。熟悉电子组态与元素性质周期性变化的关系;熟悉有效核电荷、原子半径、元素的电离能、元素的电子亲合能及元素电负性的变化规律。

## 案例 10-1

　　事件 1:2008 年 8 月 8 日是中国人民和世界人民的难忘之日——第 29 届奥林匹克运动会开幕。体现中华民族上下五千年浓厚文化底蕴的开幕式上,那鬼斧神工、气势恢弘、五彩缤纷的烟花作品让我们欢呼雀跃、为之震叹。与此同时,向着我们微笑、闪烁着各色光芒的霓虹灯盛装于大街小巷和高楼建筑上,给这盛大节日锦上添花,让我们如临仙境一般。

　　事件 2:雨过天晴,每每看到横跨苍穹的巨大彩虹,都会为这大自然造物主带给我们的神奇作品所惊叹(图 10-1)。

图 10-1　烟花、霓虹灯与彩虹

问题:

　　1. 为何烟花、霓虹灯会显现出缤纷耀眼的美丽颜色? 霓虹灯是由什么制作出来的? 为何不同的霓虹灯会发出不同颜色的光芒?

　　2. 烟花和霓虹灯的发光过程一样吗? 什么理论可以给予最合理的解释?

　　3. 彩虹与霓虹灯的色谱产生原理一样吗? 有何本质的不一样?

到目前为止,人们已经发现了118种元素,正是这些元素的原子以不同的种类、数目和键合方式形成了种类繁多、性质各异的物质世界。而物质的性质又决定于组成物质的元素的原子结构,因此,原子结构知识是人们认识物质的结构和性质的基础。原子是由原子核和核外电子组成的。在化学变化过程中,一般只涉及原子核外电子运动状态的改变,所以研究原子结构时,主要是研究原子核外电子的运动状态。现代量子理论揭示了原子核外电子运动的规律,是研究原子、分子以及生物分子的结构和性质的重要工具。本章运用量子理论的观点讨论原子结构的特点,通过揭示核外电子排布的规律,阐明元素性质周期变化的结构本质。

# 第1节　氢原子的 Bohr 模型

氢原子是自然界中最简单的原子,近代关于原子核外电子运动状态的研究就是从氢光谱的实验工作开始的。

## 一、氢光谱和能量量子化

### (一) 氢原子光谱

1909 年,英国物理学家 E Rutherford(卢瑟福)用放射性元素放射出来的、具有极大能量的一束高速运动的带正电的 α 粒子($He^{2+}$)流轰击金属箔时,发现绝大多数 α 粒子都能穿过金属箔,但也有少数的 α 粒子(约八千分之一)离开预想的线路而发生偏转,甚至反射,它们就像是碰到某种东西被弹回来似的。由于偏转较大的 α 粒子数目比较少,且 α 粒子是带正电的 $He^{2+}$ 粒子,金属箔又是质地紧密的固体。可以推知,金属箔中绝大部分是"空旷"的地区,而且这种"空旷"地区绝不是存在于金属原子间,而是存在于金属原子内部。Rutherford 设想这种使 α 粒子弹回来的东西必然是原子内部一种非常小的带正电荷的微粒,并称其为原子核。从这一设想出发,Rutherford 于 1911 年提出了原子的**核式模型**(nuclear model):原子(直径约 100 pm)的中央有一个体积非常小的、带正电荷的原子核(直径约 $10^{-3}$ pm),在原子核周围很大的空间里存在着围绕原子核运动的电子,电子的质量非常小,只有氢原子质量的 1/1837,因此,原子的质量几乎集中在原子核上。

根据 Rutherford 原子核模型,曾设想电子在原子核外是以极大的速度围绕着原子核旋转。但是,根据经典力学电磁理论,电子围绕着原子核运动必然要发射电磁波,随着电磁波的不断辐射,电子的能量会不断减少,电子轨道离核愈来愈近,最终电子会在 $10^{-10}$ s 内堕入原子核,从而引起原子的湮灭。由此得出结论,原子是不可能稳定存在的。显然这个结论是十分荒谬的,Rutherford 原子核模型无法解释原子的稳定性。

此外,利用 Rutherford 原子核模型,也无法解释原子的线状光谱产生的原因。我们都知道,当一束白光通过石英棱镜时,不同波长的光由于折射率的不同而发生散射,在可见光区(400～760 nm)我们可观察到红、橙、黄、绿、青、蓝、紫等没有分界线的彩色带状光谱,这种带状光谱称为**连续光谱**(continuous spectrum)。但是原子受激发(受热或放电)所产生的光经棱镜分光,却得到不连续的一条条彩色谱线,称为**线状光谱**(line spectrum),也称为**原子光谱**。就像人的指纹一样,不同的原子都有自己特征性的线状光谱,它的线状光谱是固定不变的。例如,氢原子光谱在可见光区有 4 条谱线,氦原子的光谱在可见光区有 8 条谱线,如图10-2所示。早在 1885 年,瑞士数学兼物理学家 Johann Jakob Balmer(巴耳末,1825～1898 年)就发现可见光区氢原子的这些谱

线的波长有着简单的关系,在紫外光区和红外光区也有类似关系,关系式表达为:

$$\frac{1}{\lambda} = \frac{R_H}{hc}\left(\frac{1}{n_1^2} - \frac{1}{n_2^2}\right) \tag{10-1}$$

式中:$\lambda$ 是波长;$\frac{R_H}{hc} = 1.097 \times 10^7 \text{J}$;$n$ 为正整数且 $n_2$ 大于 $n_1$。

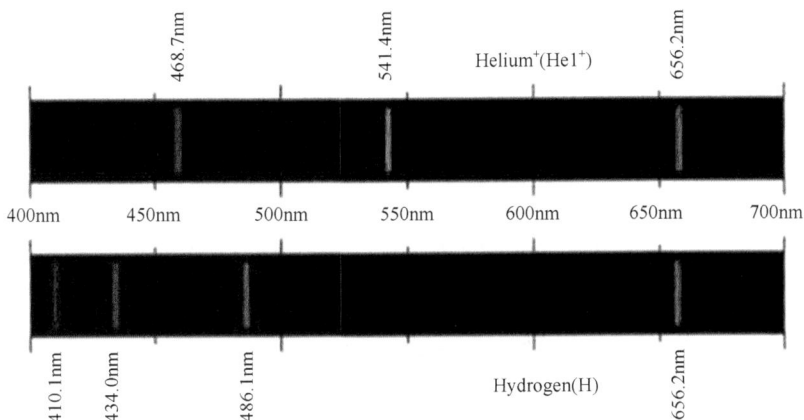

图 10-2　氢原子和氦原子的线状光谱

## (二) 能量量子化

当固体被加热,它们会发生辐射,如正在工作的电炉可发出灼红的光,钨灯通电后会发出白色亮光。这些物体所辐射的光的波长大小取决于灼热物体的温度,如红热物体要比白炽热的物体温度低。19 世纪晚期,许多物理学家对这一现象进行了大量的研究,以期了解温度与辐射光波及强度的关系,但当时提出的各种主流定律都未能给出合理的解释。到了 20 世纪,德国物理学家 M Planck(普朗克,1858~1947 年)在 1900 年提出了能量量子化这一大胆假说,对这一现象给予了合理的解释。这一假设认为:一个原子不能连续地吸收或发射辐射能,但却必须以不连续的量吸收或发射能量,这种不连续的能量只能按一个能量的最小化单元或最小化单元的整数倍进行吸收或发射能量,这种情况称为**能量的量子化**(the quantization of energy),而这个最小化单元的能量叫**量子**(quantum)。实验证明,量子的能量与光的频率 $\nu$ 成正比,即:

$$E = h\nu$$

式中:$E$ 为量子的能量;$h$ 为 Planck **常量**(Planck's constant),其值等于 $6.626 \times 10^{-34}$ J·s 或 $6.626 \times 10^{-34}$ kg·m²·s⁻¹;$\nu$ 为光的频率。由于能量量子化理论在物理学方面的巨大贡献,Planck 于 1918 年荣获了诺贝尔奖。

1905 年,A Einstein(爱因斯坦,1879~1955 年)在 Planck 的能量量子化假设的基础上,提出了光子学说,他认为:一束光是由**光子**(photon)组成的,光的能量是不连续的,光能的最小单位是光子的能量,光子的能量 $E$ 为:

$$E = h\nu$$

式中:$\nu$ 为光子的频率;$h$ 为 Planck 常量。光的频率不同时,光子的能量不同,但光的能量只能是光子能量的整数倍,因此光能是不连续的,也是量子化的。

# 二、Bohr 模型

如何解释氢原子光谱是线状光谱而非连续光谱这一实验事实? 1913 年,丹麦物理学家

N Bohr(玻尔,1885~1962 年)借助 Planck 关于热辐射的量子理论和 Einstein 的光子学说,在 Rutherford 原子核模型的基础上建立了氢原子的结构模型,并提出了相应的氢原子结构模型理论,也称为 Bohr 理论。Bohr 理论要点包含如下基本假设:

**1. 行星模式**　电子不能像经典力学认为的那样,可以在无数的、一切可能的轨道上运转,原子中的电子只能在特定的轨道上绕核运动,如同行星绕太阳旋转。

**2. 定态假说**　电子运行的特定轨道须符合量子论推导出来的条件。电子在这些轨道上运动时,不吸收也不辐射能量,称为**定态**(stationary state)。每一轨道上的电子有特定的能量值,称为**能级**(energy level)。下式为氢原子核外电子能量计算公式:

$$E = -\frac{R_H}{n^2}, \quad n = 1,2,3,4,\cdots \tag{10-2}$$

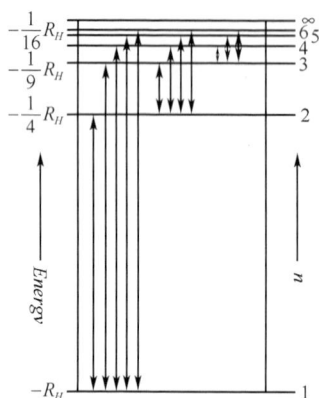

图 10-3　氢原子能级图

式中:$R_H$ 称为**里德伯**(Rydberg)**常量**,值为 $2.18 \times 10^{-18}$ J;$n$ 称为**量子数**(quantum number),取整数值,对应轨道大小及能量,所以每一轨道对应一不同的 $n$ 值,随着 $n$ 值的增大,轨道半径不断增大,能量也随之增大,但这些轨道间的能量均是不连续的。当 $n=1$ 时能量最低,称为原子的**基态**(ground state),其他能量较高的状态都称为**激发态**(excited state)。图 10-3 给出了氢原子的部分能级。

**3. 频率假设**　通常情况下,原子中的电子是处于能量最低的基态。当电子受到激发时,就可以从能量最低的基态跳到能量较高的激发态。但激发态的电子并不稳定,它会发生电磁辐射放出特定频率的光子,直接或逐个能级地跳回能量最低的基态。当电子由一个能级改变到另一个能级时,称为**跃迁**(transition)。电子跃迁所吸收或辐射的光子能量等于电子跃迁后的能级($E_2$)与跃迁前的能级($E_1$)的差值,该能级差与频率相关。因此,电子跃迁时只吸收或辐射特定的频率 $\nu$:

$$E = h\nu = E_2 - E_1 \tag{10-3}$$

式中:$\nu$ 是光子的频率。

**4. 量子化条件假设**　氢原子核外电子的轨道不是连续的,而是分立的,在轨道上运行的电子具有一定的角动量 $L(L = mvr)$,必需等于 $h/2\pi$ 的整数倍:

$$mvr = n\frac{h}{2\pi}, \quad n = 1,2,3 \tag{10-4}$$

式中:$m$ 为电子的质量;$v$ 为电子的运动速度;$r$ 是电子运动的半径;$h$ 是 Planck 常量;$n$ 为量子数。

Bohr 所做的量子化的革命性假设,成功地解释了氢原子的稳定性和氢原子光谱产生的机制。我们可以理解为,氢原子在正常状态下,核外电子运动处于能量最低的基态,此时电子既不吸收能量也不释放能量,电子的能量维持不变,因而不会落到原子核上,而导致原子湮灭,所以原子可以稳定存在。当氢原子受到激发,发生跃迁时,由于电子跃迁所吸收或辐射光子的能量等于电子跃迁前后两轨道的能级差。而轨道的能量是不连续的,且每一能级差与一特定的频率相对应,所以发射出来的光的频率也是不连续且特定的,因此所得到的氢光谱是线状光谱。

Bohr 理论非常重要,因为它在解释原子结构时引入了电子能量量子化的观点,如原子轨道、定态、基态、激发态、电子能级跃迁和量子数等,具有重要的历史意义。但是它不能很好地说明除氢原子外的多电子原子线状光谱的规律性,即使是只有两个电子的氦原子光谱频率及能级,也不能给出合理的解释。另外,当用更精密的分光仪来研究氢原子的线状光谱时,发现原来的每条谱线却是由几条更细的谱线组成,这就意味着这些细谱线实际上是具有相近频率的几种单色光组成。但是 Bohr 理论无法说明氢原子光谱细微构造形成的原因,这是由于 Bohr 理论是建立在"量子化假设加经典物理学"基础上,将电子看成经典力学中的粒子,认为电子是在一些固定的轨道上运动,因而没能脱离经典宏观物体运动的规律,也就未能反映微观粒子的全部特性和微观粒子运动的基本规律。实际上电子等微观粒子的运动不遵守经典物理学规律,必须用量子力学方法来描述。

---

**案例 10-2**

　　当光照射在物体上时,光的能量只有部分以热的形式被物体所吸收,而另一部分则转换为物体中某些电子的能量,使这些电子逸出物体表面,这种现象称为**光电效应**(photoelectric effect)。

**问题:**

　　1. 如何用能量量子化原理解释光电效应?

　　2. 光电效应体现了电子的什么特性?

---

# 第 2 节　氢原子的量子力学模型

## 一、电子的波粒二象性与不确定原理

19 世纪人们已经认识到,光具有**波粒二象性**(wave-particle duality),既有波动性又有粒子性。光作为电磁波时,有波长 $\lambda$ 或频率 $\nu$,能量 $E = nh\nu$,可体现在衍射、干涉等实验现象上;而光的粒子性,表现在光具有量子化的能量和动量($p = mc$)上,如光电效应。根据 Einstein 的相对论的质能方程式 $E = mc^2$($c$ 为光速)及光子学说 $E = h\nu$,得 $mc^2 = h\nu$,带入光子的动量公式中可得:

$$p = mc = \frac{h\nu}{c} = \frac{h}{\lambda} \tag{10-5}$$

式(10-5)为联系光的波动性和粒子性的关系式,从等式一侧中的物理量 $p$ 和 $mc$ 可明显看出光具有粒子性,等式的另一侧的物理量 $\nu$ 和 $\lambda$ 显示光具有的波动性,整个式子通过 Planck 常量把光的波粒二象性定量地联系了起来,从而揭示了光的本质:光具有波粒二象性。

### (一) 电子的波粒二象性

1924 年,法国物理学家 L de Broglie (德布罗意,1892~1987 年)在光的波粒二象性的启发下提出**物质波**(matter waves)假设:一切运动着的微观粒子,如电子、原子等,都具有波粒二象性,对于质量为 $m$,运动速率为 $\nu$ 的微观粒子都具有相应的波长,且推导出了类似于光的微观粒子的波粒二象性关系式:

$$\lambda = \frac{h}{p} = \frac{h}{m\nu} \tag{10-6}$$

式(10-6)称为 de Broglie **关系式**,式中 $\lambda$ 为粒子的波长,表明它的波动性特征;式中的 $p$ 为粒子的**动量**(momentum),$m$ 为质量,$\nu$ 为速度,表明它的粒子性,两者通过 Planck 常量 $h$ 联系在一起。

从式 $\lambda = h/m\nu$ 可知,对微观粒子而言,粒子速度、质量及微观粒子的直径愈大,则波长愈小。当 de Broglie 波长远小于粒子直径时,波动性就不显著或基本没有,仅表现粒子性,因而可用经典力学来处理。而当微观粒子质量和直径均很小时,其 de Broglie 波就不可能忽略。

1927 年,美国物理学家 C J Davisson(戴维森,1881~1958 年)与 L H Germer(革末,1896~

1971 年)用电子束代替 X 射线,用镍晶体薄层作为光栅进行衍射实验,得到与 X 射线衍射图(图 10-4A)类似的图像,使 de Broglie 关系式得到了实验上的证实,见图 10-4 中电子衍射图 10-4B。同年,英国物理学家 G Thomson(汤姆逊,1892~1975 年)用金箔作光栅也得到电子衍射图。

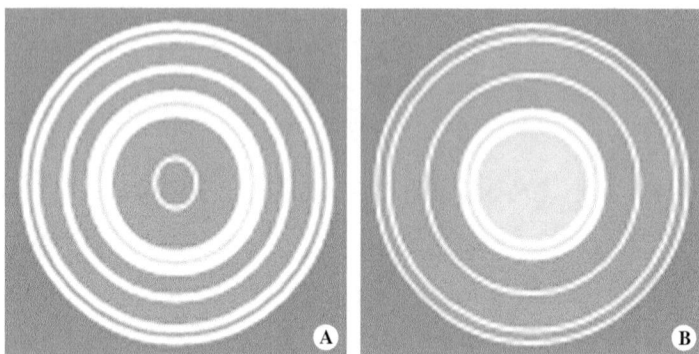

图 10-4　X 射线衍射图 A 和电子衍射图 B

电子衍射现象证实了 de Broglie 的假设,即电子波的存在。那么,我们如何来理解电子波呢？电子的波动性不能用经典物理学解释,只能用可描述微观粒子运动的量子力学加以解释。量子力学告诉我们,微观粒子的物质波是具有统计性的**概率波**(probability wave)。以电子衍射为例,让一束强的电子流穿越晶体投射到照相底片上,可以得到电子的衍射图像,如果电子流很微弱,相当于电子一个一个地射出,开始时衍射底板看不到电子落入的规律性,只能看到一些毫无规律的斑点,但随着时间的推移,发射电子的增多,可看到在底片形成的有规律的衍射图像,如图 10-4B 所示。换言之,一个电子每次到达底片上的位置是随机的,不能预测,但多次重复以后,电子到达底片上某个位置的概率就显现出来。这就像我们扔硬币一样,硬币出现的正、反面的机会在开始扔时毫无规律可寻,但当我们经过无数次同样的操作后,就会发现硬币正、反面出现的机会是一样的,概率各占 50%。在电子衍射图像上,亮斑强度大的地方,电子出现的概率大；反之,电子出现少的地方,亮斑强度就弱。电子的衍射图像反映了电子在核外空间区域出现的概率特性,即,物质波是大量粒子在统计行为下的概率波。另外,从电子衍射实验过程还可推知,我们无法确定每一电子在任一瞬间的具体位置,说明电子的运动具有不确定性,即电子的运动无固定轨道,这也是微观粒子运动的特殊性。

## (二) 不确定原理

从电子衍射实验可知,电子的运动有其特殊性,即无固定轨道。1927 年,德国科学家 W Heisenberg(海森伯,1901~1976 年)提出了著名的 **Heisenberg 不确定原理**(Heisenberg's uncertainty principle)：

$$\Delta x \cdot \Delta p_x \geqslant h/4\pi \tag{10-7}$$

式中：$\Delta x$ 为粒子在坐标 $x$ 方向的位置误差；$\Delta p_x$ 为动量在 $x$ 方向的误差。由于 Planck 常量 $h$ 是一个极小的量,从式(10-7)可推知,$\Delta x$ 越小,则 $\Delta p_x$ 越大,反之亦然。换句话说,我们无法同时确定微观粒子的位置和动量,它的位置越准确,动量(或速度)就越不准确。反之,它的动量越准确,位置就越不准确。

微观粒子的运动无确定的运动轨迹,实际上是由于其特有的波粒二象性决定的,是其固有的属性,这也否定了 Bohr 理论中核外电子运动具有固定轨道的原子结构模型的说法。实际上,宏观物体也遵守不确定原理,不过其质量和体积都非常大,位置和动量的误差完全可以忽略。例如,质量 $m=1.0\times10^{-2}$kg 的宏观物体——子弹的运动,若它的速度能准确测定到 $\Delta v$ 为 $1\times10^{-6}$ m·s$^{-1}$,则其位

置测不准的情况为:

$$\Delta x=\frac{h/4\pi}{m\cdot\Delta v}=\frac{6.6\times10^{-34}\text{kg}\cdot\text{m}^2\cdot\text{s}^{-1}}{1.0\times10^{-2}\text{kg}\times10^{-6}\text{m}\cdot\text{s}^{-1}\times4\pi}=5.25\times10^{-27}\text{m}$$

如此小的位置测不准量说明,当速度确定时,我们还是能非常准确地测出宏观物体的位置。

对于原子体系内的电子而言,电子质量 $m=9.1\times10^{-31}$ kg,且原子半径的数量级达 $10^{-10}$ m,若其速度为 $6\times10^6$ m·s$^{-1}$,其速度误差为 1% 即 $\Delta v=6\times10^4$ m·s$^{-1}$,则

$$\Delta x=\frac{h/4\pi}{m\cdot\Delta v}=\frac{6.6\times10^{-34}\text{kg}\cdot\text{m}^2\cdot\text{s}^{-1}}{9.1\times10^{-31}\text{kg}\times6\times10^4\text{m}\cdot\text{s}^{-1}\times4\pi}=9.6\times10^{-10}\text{m}$$

电子位置测不准量非常之大,达到了原子半径的范围,表明电子的速度确定时,不可能准确地测定其方位。

# 二、波函数与量子数

## (一) 氢原子的 Schrödinger 方程及其解

微观粒子具有波动性,根据不确定原理,我们要描述微观粒子的运动状态,不可能用坐标和动量来进行描述,其运动规律必须用量子力学来描述。1926 年,奥地利物理学家 E Schrödinger (薛定谔,1887~1961 年),推导出了描述微观粒子运动的量子力学波动方程,称为 **Schrödinger 方程**(Schrödinger's equation)。Schrödinger 方程是个二阶偏微分方程:

$$\frac{\partial^2\psi}{\partial x^2}+\frac{\partial^2\psi}{\partial y^2}+\frac{\partial^2\psi}{\partial z^2}+\frac{8\pi^2 m}{h^2}(E-V)\psi=0 \tag{10-8}$$

式中:$\psi$ 称为**波函数**(wave function);$E$ 是体系中电子的总能量,等于势能与动能之和;$V$ 是体系的总势能,表示原子核对电子的吸引能;$m$ 是电子的质量。根据 Schrödinger 方程,我们可以得到以下几点重要结论:

(1) Schrödinger 方程中的质量、动量和波函数体现了电子波粒二象性。

(2) Schrödinger 方程的解 $\psi$ 是一个函数,称为波函数。量子力学用波函数 $\psi$ 来描述电子的运动状态,因此,常把波函数 $\psi$ 称为**原子轨道**(atomic orbital)。但需要注意的是,此处所说的原子轨道与经典力学中的动量完全确定的轨道(orbit)在概念上有本质的区别。

(3) 波函数可以用于描述原子核外电子的运动状态,但其本身的物理意义并不明确,可是波函数绝对值的平方 $|\psi|^2$ 却有明确的物理意义,它表示电子在原子核外空间某点 $(r,\theta,\varphi)$ 附近微单位体积中出现的概率,称为**概率密度**(probability density)。

(4) Schrödinger 方程的解为系列解,每个解都对应于一种微观粒子轨道运动状态和一确定的能量值,且每个解都受到三个量子数(主量子数 $n$,角量子数 $l$ 和磁量子数 $m$)的限制。每一种运动状态所具有的特定能量,称为**定态**。电子能量最低的状态称为**基态**,否则称为**激发态**。

(5) Schrödinger 方程的解以空间直角坐标表示为 $\psi=\psi(x,y,z)$,若将直角坐标转化为球极坐标(如图 10-5):$x=r\sin\theta\cos\varphi,y=r\sin\theta\sin\varphi,z=r\cos\theta$,则波函数又可表示为包含四个变量 $\psi,r,\theta,\varphi$ 的函数 $\psi_{n,l,m}(r,\theta,\varphi)$。每个解的球坐标可写成函数 $R_{n,l}(r)$ 和 $Y_{l,m}(\theta,\varphi)$ 的积:

$$\psi_{n,l,m}(r,\theta,\varphi)=R_{n,l}(r)\cdot Y_{l,m}(\theta,\varphi) \tag{10-9}$$

式中:$R_{n,l}(r)$ 称为波函数的**径向部分**或**径向波函数** (radial wave function),它是电子与核的距离 $r$ 的函数,与 $n$ 和 $l$ 两个量子数有关;$Y_{l,m}(\theta,\varphi)$ 称为波函数的角度部

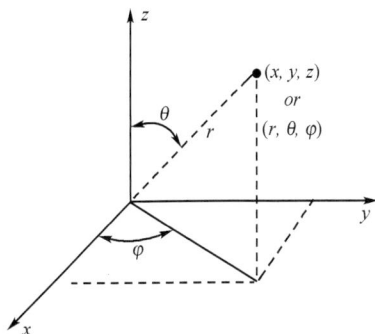

图 10-5　直角坐标转换成球极坐标

分或**角度波函数**（angular wave function），它仅只是方位角 $\theta$ 和 $\varphi$ 的函数，与 $l$ 和 $m$ 两个量子数有关，表明电子在核外空间的取向。以这两个函数分别绘图，有助于我们理解核外电子的运动状态。表 10-1 列出了 K 层和 L 层氢原子轨道的径向波函数和角度波函数。

表 10-1　氢原子的一些波函数

| 轨道 | $R_{n,l}(r)$ | $Y_{l,m}(\theta,\varphi)$ | 能量/J |
|---|---|---|---|
| 1s | $A_1 e^{-Br}$ | $\sqrt{\dfrac{1}{4\pi}}$ | $-2.18\times10^{-18}$ |
| 2s | $A_2(2-Br)e^{-Br/2}$ | $\sqrt{\dfrac{1}{4\pi}}$ | $-2.18\times10^{-18}/2^2$ |
| $2p_z$ | | $\sqrt{\dfrac{3}{4\pi}}\cos\theta$ | |
| $2p_x$ | $A_3 re^{-Br/2}$ | $\sqrt{\dfrac{3}{4\pi}}\sin\theta\cos\varphi$ | $-2.18\times10^{-18}/2^2$ |
| $2p_y$ | | $\sqrt{\dfrac{3}{4\pi}}\sin\theta\sin\varphi$ | |

$A_1$、$A_2$、$A_3$、$B$ 均为常量。

## （二）四个量子数

由于 Schrödinger 方程合理的解受到三个**量子数**（quantum number）$n$、$l$、$m$ 的限制，所以当 $n$、$l$ 和 $m$ 这三个量子数的取值一定时，就确定了一个波函数 $\psi_{n,l,m}(r,\theta,\varphi)$，即确定了一个原子轨道。这三个量子数的取值限制和它们的物理意义如下：

**1. 主量子数**（principal quantum number）　用符号 $n$ 表示。它可以取任意非零正整数值，即 $1,2,3,\cdots$。主量子数决定电子出现最大概率区域离核远近的距离。$n$ 愈大，电子离核平均距离愈远，原子轨道也愈大，轨道能量愈大。因而 $n$ 是决定原子轨道的大小和原子轨道能量的主因。$n$ 也称为**电子层**（shell），具有相同量子数 $n$ 的轨道属于同一电子层。电子层也可用下列光谱学符号表示：

| 电子层符号 | K | L | M | N… |
|---|---|---|---|---|
| $n$ | 1 | 2 | 3 | 4… |

**2. 角量子数**（angular quantum number）　用符号 $l$ 表示。它的取值受主量子数限制，只能取小于 $n$ 的正整数和零，即 $0$、$1$、$2$、$3$、$\cdots$、$(n-1)$，共可取 $n$ 个值。角量子数决定原子轨道的形状。$l$ 的每一个取值对应原子轨道的一种形状。在多电子原子中，角量子数是决定轨道能量的次要因素。当 $n$ 给定，即在同一电子层中，$l$ 愈大，原子轨道能量愈高。当 $n$，$l$ 一定，则对应一个**能级**（energy level）或**电子亚层**（subshell）。按光谱学习惯，电子亚层用下列符号表示：

| 能级符号 | s | p | d | f | g… |
|---|---|---|---|---|---|
| $l$ | 0 | 1 | 2 | 3 | 4… |

如 2p 是指 $n=2$，$l=1$ 的电子亚层或能级。

需注意的是，氢原子、氦离子核外只有一个电子，能量只由主量子数决定，即 $E=-\dfrac{R_H}{n^2}$。而多电子原子由于存在电子间的静电排斥，电子的能量在一定程度上还取决于量子数 $l$。

**3. 磁量子数**（magnetic quantum number）　用 $m$ 表示。它的取值受角量子数 $l$ 的限制，可以取 $-l$ 到 $+l$ 的 $(2l+1)$ 个值，即 $0$、$\pm1$、$\pm2$、$\cdots$、$\pm l$。磁量子数决定原子轨道的空间取向。所以，$l$ 亚层会有 $(2l+1)$ 个不同空间伸展方向的原子轨道。例如 $l=1$ 时，磁量子数可以有三个取值，即 $m=$

0、±1，说明 p 轨道有三种空间取向，或者说这个亚层有 3 个 p 轨道，即 $p_x$、$p_y$ 和 $p_z$ 轨道。因磁量子数与电子能量无关，所以这 3 个 p 轨道的能级相同。我们把能量相等的轨道，称为**简并轨道**（degenerate orbitals）或**等价轨道**（equivalent orbitals）。

从以上讨论可知，量子数 $n$、$l$、$m$ 的组合是有规律的，波函数可以用两种方式表示。表 10-2 给出了量子数的组合形式及轨道表示方式。例如 $n=1$ 时，$l$ 和 $m$ 只能等于 0，量子数组合只有一种，即（1，0，0），此时可表示为 $\psi_{1,0,0}$ 或 $\psi_{1s}$。当 $n=2$、$l=0$ 时，$m$ 只能等于 0，只有一个轨道，可表示为 $\psi_{2,0,0}$ 或 $\psi_{2s}$；而当 $n=2$、$l=1$ 时，$m$ 可以等于 0、+1 和 -1，可有三个轨道：$\psi_{2,1,0}$、$\psi_{2,1,1}$、$\psi_{2,1,-1}$ 或 $\psi_{2p_z}$、$\psi_{2p_x}$、$\psi_{2p_y}$。$\psi_{2p_z}$、$\psi_{2p_x}$ 和 $\psi_{2p_y}$ 可简写为 $2p_z$、$2p_x$ 和 $2p_y$ 轨道。L 电子层共有两个能级，4 个轨道，其中 s 能级一个，p 能级三个。由此类推，每个电子层的轨道总数应为 $n^2$。

**4. 自旋磁量子数**（spin magnetic quantum number）　用符号 $m_s$ 表示。一个原子轨道由 $n$、$l$ 和 $m$ 三个量子数决定，但要描述电子自身运动状态还需要有第四个量子数——自旋磁量子数 $m_s$。所以电子的运动状态由 $n$、$l$、$m$、$m_s$ 四个量子数确定。$m_s$ 可以取 $+\frac{1}{2}$ 和 $-\frac{1}{2}$ 两个值，分别表示电子自旋的两种相反方向。电子自旋方向也可用箭头符号 ↑ 和 ↓ 表示。两个电子的自旋方向相同称为平行自旋，方向相反称反自旋平行。由于一个原子轨道最多只能容纳自旋相反的两个电子，所以每个电子层最多容纳的电子总数应为 $2n^2$。

表 10-2　量子数组合和轨道数

| 主量子数 $n$ | 角量子数 $l$ | 磁量子数 $m$ | 波函数 $\psi$ | 同一电子层的轨道数（$n^2$） | 同一电子层容纳电子数（$2n^2$） |
|---|---|---|---|---|---|
| 1 | 0 | 0 | $\psi_{1s}$ | 1 | 2 |
| 2 | 0 | 0 | $\psi_{2s}$ | 4 | 8 |
|  | 1 | 0 | $\psi_{2p_z}$ |  |  |
|  |  | ±1 | $\psi_{2p_x}$，$\psi_{2p_y}$ |  |  |
| 3 | 0 | 0 | $\psi_{3s}$ | 9 | 18 |
|  | 1 | 0 | $\psi_{3p_z}$ |  |  |
|  |  | ±1 | $\psi_{3p_x}$，$\psi_{3sp_y}$ |  |  |
|  | 2 | 0 | $\psi_{3d_{z^2}}$ |  |  |
|  |  | ±1 | $\psi_{3d_{xz}}$，$\psi_{3d_{yz}}$ |  |  |
|  |  | ±2 | $\psi_{3d_{xy}}$，$\psi_{3d_{x^2-y^2}}$ |  |  |

三、波函数的图形表示

（一）角度分布图

波函数用于描述核外电子运动状态，由于其物理意义不够明确，因此绘制原子轨道的图形对理解波函数会有直观的效果。将原子轨道角度波函数 $Y_{l,m}(\theta,\varphi)$ 值随角度 $\theta$，$\varphi$ 改变而绘图，可得到波函数的角度分布图。同样，将概率密度的角度部分，$Y_{l,m}^2(\theta,\varphi)$，随角度 $\theta$，$\varphi$ 改变绘图，则可得到电子云的角度分布图。

**1. s 轨道角度分布图和电子云图**　由表可知，s 轨道的角度波函数是一个常量，$Y_{0,0}=1/\sqrt{4\pi}$，与角度无关，所以 s 轨道角度分布图在空间形成一个球面，球面所在的球体就是 s 轨道的图形，如图 10-6A 所示。

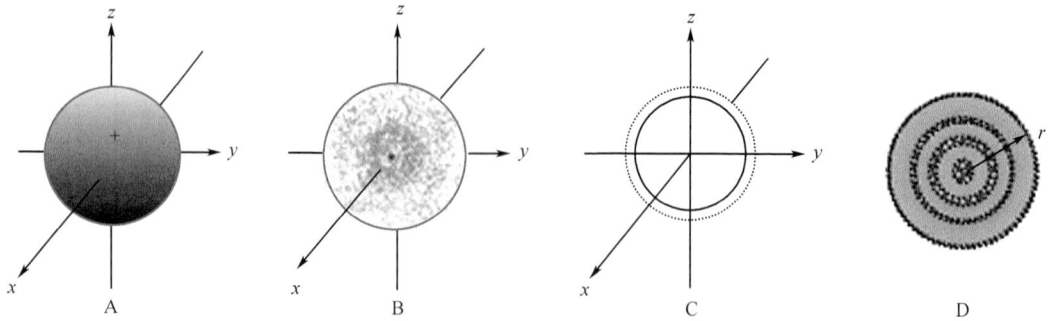

图 10-6  s 轨道的角度分布图

A. 电子云剖面图;B. 电子云界面图 C 和等概率密度图 D

电子的概率密度 $|\psi|^2$ 经常用它的几何图形来直观地表示。表示电子概率密度的几何图形俗称**电子云**(electron density)。图 10-6B 所示是基态氢原子的 $|\psi|^2$ 的 1s 电子云剖面图形。从图中可看出,1s 电子云图是球形对称的,即以原子核为中心的任何方向上电子离核一定距离的微小空间里电子云的密度是相等的,图中小黑点密集的地方表示电子的概率密度大,小黑点稀疏的地方概率密度小。若将 $|\psi|^2$ 相等的值所对应的点用曲面连接起来,所得曲面称为**等概率密度图**,如图 10-6D 所示。若以一个等概率密度面作为界面,使界面内电子出现的概率占 90%,所得的图形称为**电子云界面图**,如图 10-6C 所示。注意电子云是用统计的方法对电子出现的概率密度的形象化描述,并非众多电子弥散在核外空间,是电子行为统计结果的一种形象表示。

**2. p 轨道角度分布图和电子云图**  以 $p_z$ 轨道为例,从表 10-1 可知,p 轨道的角度波函数为:$Y_{p_z} = \sqrt{\dfrac{3}{4\pi}}\cos\theta$,由于 $Y_{p_z}$ 与 $\varphi$ 无关,将不同的 $\theta$ 值代入 $Y_{p_z}$ 的式中,求得 $Y_{p_z}$ 相对大小,相对于原点分别绘出 $Y_{p_z}$ 所对应的各点,并将这些点连接起来,然后将此图形绕 $z$ 轴旋转 180°,就可获得双波瓣的图形,如图 10-7 就是 $p_z$ 原子轨道的角度分布图。图形中的每一波瓣可形成一个球体,两波瓣沿 $z$ 轴方向伸展。在 $xy$ 平面上方和下方,两波瓣的波函数值相反,在 $xy$ 平面上波函数值为零,这个为零值的波函数称为**节点**(node)。

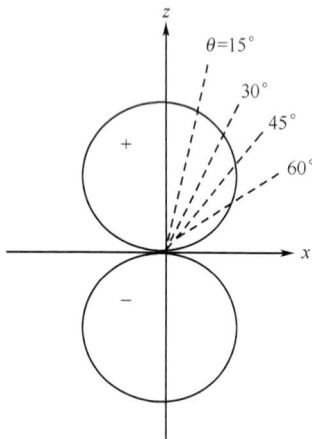

图 10-7  $p_z$ 轨道的角度分布图

用上述同样方法可以求得 $p_x$ 和 $p_y$ 原子轨道的图形,其图形和 $p_z$ 相同,但分别在 $x$ 轴和 $y$ 轴方向上伸展。图 10-8A 是三个 p 轨道的角度分布图,B 是它们电子云的角度分布图。电子云图形比相应的角度波函数图形瘦,因为函数中的正弦和余弦函数值小于 1,平方后数值会更小;而且,两个波瓣不再有正负符号的区别。

**3. d 轨道的角度分布图和电子云角度部分图**  如图 10-9A 和 B 分别为 d 轨道的角度分布图和电子云角度分布的图形。这些图形均各有两个节面,波瓣呈橄榄形。其中 $d_{z^2}$ 的图形两个橄榄形的中央——负波瓣呈环状,但和其他 4 个 d 轨道是等价的。$d_{xy}$、$d_{xz}$ 和 $d_{yz}$ 的波瓣分别沿两坐标轴间 45°处伸展,$d_{x^2-y^2}$ 和 $d_{z^2}$ 直接沿坐标轴伸展。$dx^2-y^2$ 共轴线的波瓣正负符号相同。电子云图形相应比较瘦且没有正负符号的区别。

需要说明的是,原子轨道角度分布图中,正负号代表函数值符号,反映了电子的波动性,不应理解为电荷符号。原子间成键时,成键两原子的轨道同号波瓣相互加强,异号则相互减弱或抵消,其意义将在分子结构中体现。

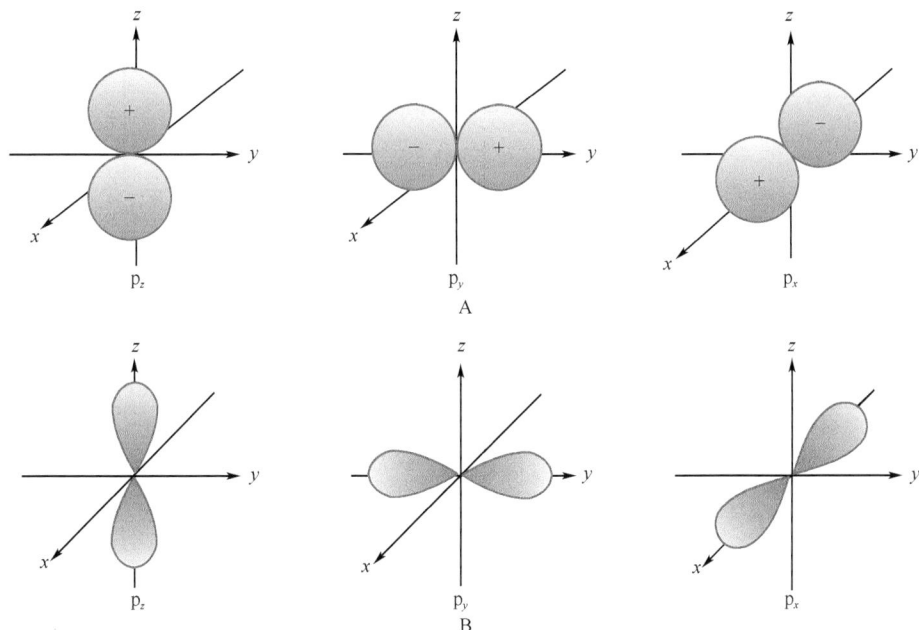

图 10-8　p 轨道的角度分布图 A 和电子云图 B

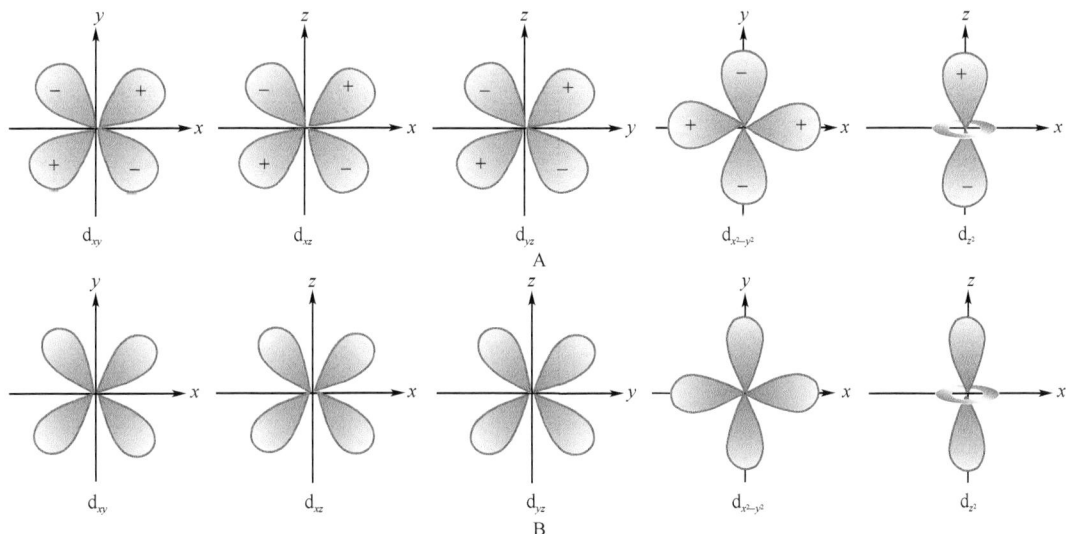

图 10-9　d 轨道角度分布 A 和电子云图 B

## (二) 原子轨道的径向分布图和径向分布函数图

**1. 径向分布图**　$\psi_{n,l,m}(r,\theta,\varphi)$ 的径向波函数 $R_{n,l}(r)$ 是表示方位角 $\theta,\varphi$ 一定时,波函数 $\psi$ 随 $r$(离核距离)变化的关系,若以 $R_{n,l}(r)$ 对 $r$ 作图,则得到原子轨道的径向分布图,表示任何角度方向上 $R(r)$ 随 $r$ 的变化情况,如图 10-10 所示。

**2. 径向分布函数图**(电子云的径向分布函数图)　以原子核为球心,根据概率=概率密度×体积这一关系,可推知,电子出现在半径为 $r$,厚度为 $dr$ 的薄球壳内(图 10-11)的概率=$R_{n,l}^2(r) \times 4\pi r^2 dr$,令 $R_{n,l}^2(r)\,4\pi r^2 = D(r)$,并把 $D(r)$ 称为**径向分布函数**(radial distribution function),它表示原子核外电子出现的概率与距离 $r$ 的关系。以 $D(r)$ 对 $r$ 作图,所得图形称为**径向分布函数图**。

图 10-12 绘制了氢原子 $n=1,2,3,4$ 层的部分原子轨道的径向分布函数图。从径向分布函数图可以看出:

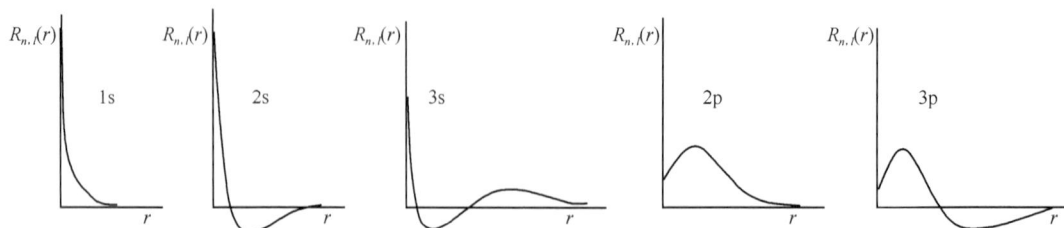

图 10-10　氢原子波函数 $R_{n,l}(r)-r$ 的径向分布图

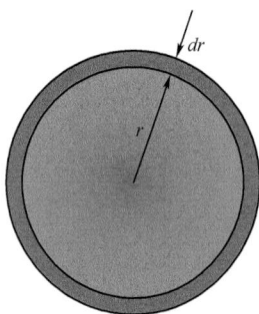

图 10-11　球形薄壳夹层

（1）在基态氢原子中，1s 电子出现概率的极大值在 $r=a_0$（$a_0=52.9\text{pm}$）处，与 Bohr 理论的计算相吻合，$a_0$ 称为 **Bohr 半径**。需注意的是，它的极大值与概率密度极大值（原子核附近，见图 10-6B 颜色较深处）不同，根据 $D(r)=R_{n,l}^2(r)\,4\pi r^2$ 可知，核附近概率密度虽大，但 $r$ 极小，$r\to0$，故薄球壳夹层体积几乎小到为零，因此概率也几乎为零。当 $r$ 增大时，薄球壳夹层体积也跟着增大，但概率密度却越来越小，这两个相反因素相互作用的结果，使 1s 轨道的径向分布函数图在 $a_0$ 处出现一个极大值，即图中 $a_0$ 处的峰。从量子力学观点看，Bohr 半径是 1s 电子出现概率最大的球壳离核的距离。

（2）径向分布函数有 $(n-l)$ 个峰。每一个峰表现电子出现在距核 $r$ 处的概率的一个极大值，主峰表现了这个概率的最大值。

（3）$n$ 一定时，$l$ 越小，径向分布函数峰越多，电子在核附近出现的概率越大。如图 10-12 所示，4s 比 4d 多一个离核较近的峰，4d 又比 4f 多一个，说明 4s 钻穿能力比 4d 强，4d 钻穿能力比 4f 强。因此，第 1 个峰与核的距离是按 $ns,np,nd,nf$ 的顺序依次增大，说明不同 $l$ 的电子"钻穿"到核附近的能力依次为 $ns>np>nd>nf$。

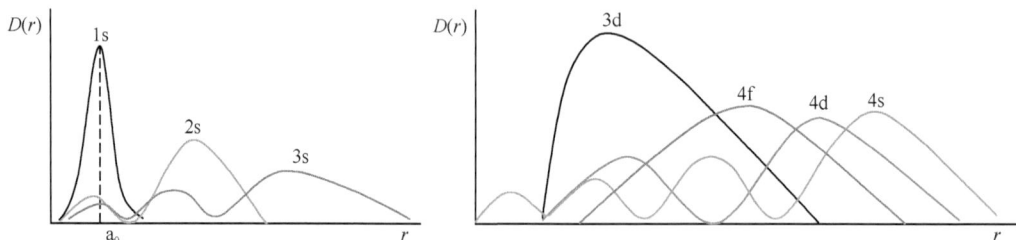

图 10-12　氢原子 $D(r)-r$ 的径向分布函数图

（4）$l$ 相同时，$n$ 越大，主峰距核越远。如图 10-12 所示，主峰离核距离：3s>2s>1s，平均概率离核也越远，原子半径也越大，类似于电子处于不同的电子层。

（5）在多电子原子中，两个原子轨道的 $n$ 和 $l$ 都不相同时，情况复杂一些，例如，4s 的第一个峰甚至钻到 3d 的主峰中，即处于离核更近的距离内了。这说明外层电子也可以在内层出现，这也反映了电子的波动性特征。

# 第3节　多电子原子的原子结构

## 一、多电子原子轨道能级

在氢原子中，核外只有一个电子，从 Schrödinger 方程可求得精确的解——波函数，用于描述该电子的运动状态。但在多电子原子中，每个电子除受到核对其吸引外，还要受到其他电子的排斥,无法精确求解 Schrödinger 方程,只能采取近似处理的原则,将氢原子结构的结论,近似地应用到多电子原子中。

## (一) 屏蔽效应和钻穿效应

**1. 屏蔽效应**　多电子原子的能级是一种近似处理的结果。因为在多电子原子中,原子中某电子 $i$ 除受到原子核的吸引,同时还受到其他电子的排斥,电子之间的排斥作用与原子核对电子的吸引作用正好相反,相当于其他电子屏蔽住了原子核,从而抵消了核的部分正电荷对电子的吸引力,这种由于其他电子对某电子 $i$ 的排斥作用,导致核电荷的作用部分被抵消,称为其他电子对电子 $i$ 的**屏蔽效应**(screening effect)。其他电子抵消核电荷越多,对电子 $i$ 的屏蔽作用就越强。抵消的核电荷数被称为**屏蔽常数 $\sigma$**(screening constant),$\sigma$ 反映了电子之间的排斥作用。余下的能吸引电子 $i$ 的核电荷称为**有效核电荷**(effective nuclear charge),以 $Z'$ 表示,则:

$$Z' = Z - \sigma$$

以 $Z'$ 代替公式(10-2)中的 $Z$,可近似地获得多电子原子中电子 $i$ 的能量:

$$E = -R \times \frac{Z'^2}{n^2} = -R \times \frac{(Z-\sigma)^2}{n^2} \tag{10-10}$$

多电子原子中电子的能量与 $n$、$Z$、$\sigma$ 有关。$n$ 越小,能量越低;$Z$ 越大,能量越低,如氟原子 1s 电子的能量比氢原子 1s 电子的能量低。反过来,$\sigma$ 越大,受到的屏蔽作用越强,能量越高。$\sigma$ 的大小可按 J C Slater(斯莱特)总结的 Slater 经验规则考虑。Slater 首先将原子中的电子按下列顺序分成若干级:(1s)(2s2p)(3s3p)(3d)(4s4p)(4d)(5s5p)(5d)……,并规定各组电子的屏蔽常数分别为:

(1) 外层电子对内层电子的屏蔽作用可以不考虑,$\sigma = 0$。如 5d 电子对 4p 电子不产生屏蔽作用。

(2) 内层电子对外层电子有屏蔽。次外层($n-1$ 层)电子对外层($n$ 层)电子屏蔽作用较强,$\sigma = 0.85$;更内层的电子几乎完全屏蔽了核对外层电子的吸引,$\sigma = 1.00$。

(3) 同组电子之间也有屏蔽作用,但比内层电子的屏蔽作用弱,$\sigma = 0.35$;1s 电子之间,$\sigma = 0.30$。例如,Br 原子中 $(1s^2)(2s^22p^6)(3s^23p^6)(3d^{10})(4s^24p^5)$ 中 4p 电子的 $\sigma$ 为:

$\sigma_{4p} = 10 \times 1.00$($n-2$ 层以下)$+18 \times 0.85$($n-1$ 层)$+6 \times 0.35$(同层另 6 个电子作用)$= 27.4$,则 Br 原子的有效核电荷:

$$Z' = Z - \sigma = 35 - 27.4 = 7.6$$

综上所述,屏蔽作用主要来自于内层电子。

当 $l$ 相同,$n$ 不同时,$n$ 越大,电子层数越多,外层电子受到内层的屏蔽作用越强,轨道能级越高:

$$E_{1s} < E_{2s} < E_{3s} < \cdots$$
$$E_{2p} < E_{3p} < E_{4p} < \cdots$$

**2. 钻穿效应**　当 $n$ 相同,$l$ 不同时,由径向分布函数图可知,$l$ 愈小,$D(r)$ 的峰越多,电子钻穿能力愈强,则电子在核附近出现的可能性越大。电子钻得越深,离核越近,受核的吸引力越强,受到其他电子的屏蔽作用就越弱,能量就越低,这种现象称为电子的**钻穿效应**(penetration effect)。因此,$n$ 相同,$l$ 不同时,根据原子轨道的径向分布函数图可得如下能级顺序:

$$E_{ns} < E_{np} < E_{nd} < E_{nf} < \cdots$$

当 $n$、$l$ 都不同时,一般 $n$ 越大,轨道能级越高。但有时会出现 $n$ 小反而能量高的反常现象,比如 3d 和 4s,因为 4s 的钻穿能力强,导致 $E_{4s} < E_{3d}$,称之为**能级交错**(energy level interlaced)。

## (二) 多电子原子的原子轨道的近似能级

美国化学家 L. Pauling(鲍林,1901~1994 年)根据光谱实验结果,总结出多电子原子的原子轨道的近似能级顺序,如图 10-13 所示:

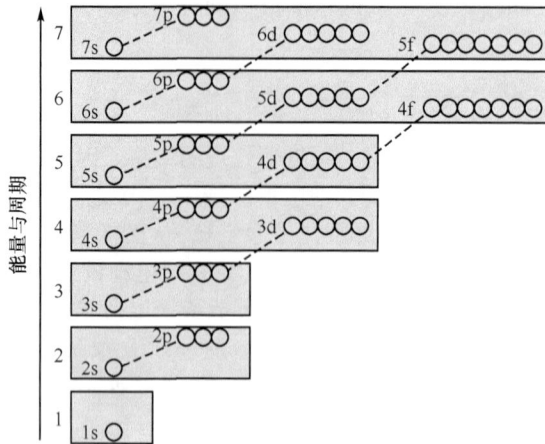

图 10-13　Pauling 原子轨道的近似能级图

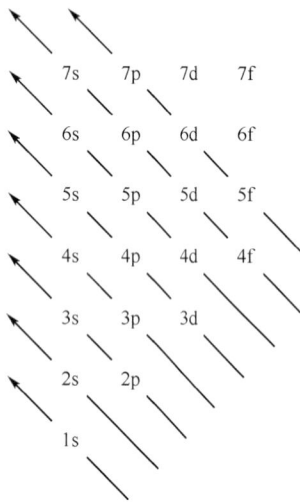

图 10-14　原子轨道近似能级顺序

图 10-13 显示了能级组的划分。图中的每个方框代表一个能级组,每个圆圈代表一个原子轨道。按能级的高低,把原子轨道划分为若干个能级组。不同能级组的原子轨道之间能量差别较大,而同一能级组内各能级之间能量差别小。1s 能级属于第 1 能级组。从 $ns$ 到 $np$ 能级构成第 $n$ 能级组,$(n-1)$d 或 $(n-2)$f 也属于第 $n$ 能级组。

原子轨道的近似能级顺序可以用图 10-14 来帮助掌握。图中按原子轨道能量高低的顺序排列,下方的轨道能量低,上方的轨道能量高。用斜线贯穿各原子轨道,由下而上就可以得到原子轨道的近似能级顺序。

1956 年,我国著名化学家徐光宪提出了多电子原子的原子轨道能级分级的定量依据,用 $(n+0.7l)$ 计算,值愈大,轨道能级愈高。并将 $(n+0.7l)$ 的整数值相同的原子轨道组合为一个能级组。表 10-3 列出了徐光宪的能级分组规则。

表 10-3　能级组

| 能级 | 1s | 2s | 2p | 3s | 3p | 4s | 3d | 4p | 5s | 4d | 5p | 6s | 4f | 5d | 6p |
|------|-----|-----|-----|-----|-----|-----|-----|-----|-----|-----|-----|-----|-----|-----|-----|
| $n+0.7l$ | 1.0 | 2.0 | 2.7 | 3.0 | 3.7 | 4.0 | 4.4 | 4.7 | 5.0 | 5.4 | 5.7 | 6.0 | 6.1 | 6.4 | 6.7 |
| 能级组 | 1 | 2 | | 3 | | 4 | | | 5 | | | 6 | | | |

根据徐光宪能级组分级规则得到的能级组划分次序,与 Pauling 近似能级顺序一致。必须说明的是,Pauling 近似能级图只是基本反映了多电子原子核外电子的能级填充次序,此能级图没有考虑不同元素原子的个性特征,并认为所有元素均能满足该原子轨道近似能级图,但后来的光谱实验和量子力学证明,这与事实不符。

# 二、原子的核外电子排布

原子核外的电子排布又称为**电子组态**(electronic configuration)。基态原子的核外电子排布遵守下面三条规则。

## (一) Pauli 不相容原理

1925 年,奥地利物理学家 W. Pauli(泡利,1900~1958 年)提出:在同一原子中不可能存在四个量子数完全相同的 2 个电子,这就是 **Pauli 不相容原理**(Pauli exclusion principle)。例如,$n$、$l$、$m$ 三个量子数决定了一个原子轨道,要保证在一个原子中不存在四个量子数完全相同的 2 个电子,在同一轨道中,自旋磁量子数 $m_s$ 必然要相反。因此我们可以推知,在一个原子轨道中不可能存在自旋相同的两个电子,最多只能容纳两个自旋方向相反的电子。例如,Ca 原子 4s 轨道上的两个电子,用 $(n,l,m,m_s)$ 一组量子数来描述其运动状态时,其中一个电子的运动状态是 $(4,0,0,+\frac{1}{2})$ 时,那么,另一个电子的运动状态必然是 $(4,0,0,-\frac{1}{2})$。一个电子层有 $n^2$ 个原子轨道,最多可以容纳 $2n^2$ 个电子。

## (二) 能量最低原理

基态原子核外电子的排布遵循**能量最低原理**,又称**构造原理**(building-up principle)。在不违背 Pauli 不相容原理的前提下,核外电子排布时,总是先占据能量最低的轨道,然后依据原子轨道近似能级顺序,依次排入高能量的轨道,但在整个排布过程中,原子中电子排布的最终结果一定是使整个原子能量达到最低,这就是能量最低原理,这也是电子排布的总原则。

## (三) Hund 规则

**洪特规则**(Hund's rule)指出:电子在能量相同的轨道(即简并轨道)上排布时,将尽可能分占不同的轨道且自旋平行。因为原子采取这样的排布方式会使原子额外获得低能状态,从而使原子的总能量最低。例如,碳基态原子的电子组态是 $1s^2 2s^2 2p^2$,2p 轨道中的 2 个电子若排布在同一轨道中,则这 2 个 2p 电子需要额外的成对能,即需要克服电子之间的排斥力才能组合在一起的能量,从而使原子的总能量升高,不符合能量最低原理。因此,碳原子 2p 轨道中的 2 个电子的运动状态应该是:

$$2,1,0,+\frac{1}{2};2,1,1,+\frac{1}{2};$$

若以方框表示原子轨道,则 C 原子的核外电子排布应表示为:

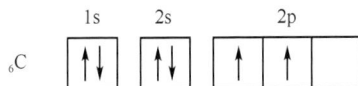

在书写 20 号元素以后基态原子的电子组态时要注意,虽然电子填充按原子轨道近似能级顺序进行,但电子组态的书写必须按电子层排列顺序进行。例如,填充电子时认为 4s 轨道比 3d 轨道能量低,但在形成离子时,首先失去的是 4s 电子,3d 仍然是内层轨道。所以 Sc 原子的电子组态书写为 $1s^2 2s^2 2p^6 3s^2 3p^6 3d^1 4s^2$,而不是 $1s^2 2s^2 2p^6 3s^2 3p^6 4s^2 3d^1$。反应成为 $Sc^+$ 离子时,Sc 失去的是 4s 轨道上的 1 个电子,而不是 3d 上的电子,所以 $Sc^+$ 的电子组态是 $1s^2 2s^2 2p^6 3s^2 3p^6 3d^1 4s^1$。

作为 Hund 规则的补充点,光谱实验结果指出,等价轨道(又称简并轨道)全充满(如 $p^6$、$d^{10}$、$f^{14}$)、半充满(如 $p^3$、$d^5$、$f^7$)或全空(如 $p^0$、$d^0$、$f^0$)状态,是原子能量较低的稳定状态。例如,铬(Cr)的原子序数为 24,按电子填充顺序是 $1s^2 2s^2 2p^6 3s^2 3p^6 3d^4 4s^2$,实际上其电子组态却是 $1s^2 2s^2 2p^6 3s^2 3p^6 3d^5 4s^1$。因为这样的排布使 Cr 元素的 3d 轨道处于半充满状态,原子可获得额外的低能量状态。又如,$_{29}Cu$ 原子的基态按 3d 轨道全充满排布电子应为:$1s^2 2s^2 2p^6 3s^2 3p^6 3d^{10} 4s^1$,而不能写成 $1s^2 2s^2 2p^6 3s^2 3p^6 3d^9 4s^2$。

为简化电子组态的书写,通常把内层已达到稀有气体电子层结构的部分,用稀有气体的元素符号加方括号表示,并称为**原子实**(atomic kernel)。例如,Ca 的基态原子的电子组态: $1s^22s^22p^63s^23p^64s^2$,也可写成$[Ar]4s^2$,Fe 的基态原子的电子组态: $1s^22s^22p^63s^23p^63d^64s^2$,可写成 $[Ar]3d^64s^2$,Ag 的基态原子的电子组态: $[Kr]4d^{10}5s^1$。原子实的书写可简单明了地表示元素的价电子层结构。化学反应中原子实部分的电子结构一般不会变化,结构发生改变的是能参与化学反应的**价电子**(valence electron),它的结构变化引起元素氧化值的改变。价电子所处的电子层称为**价电子层**或**价层**(valence shell)。例如,Fe 原子的价层电子组态是 $3d^64s^2$,Ag 原子的价层电子组态是 $4d^{10}5s^1$。

# 第4节　原子的电子组态与元素周期表

元素的性质随着核电荷的递增而呈周期性的变化,这个规律叫周期律。元素周期表又是元素周期性质的表现形式,而原子的电子组态是构成元素周期表的基础。

## 一、原子的电子组态与元素周期表

### (一) 能级组与周期

能级组的形成是元素划分为周期的本质原因。每一能级组对应一个**周期**(period)。根据多电子原子的原子轨道的光谱序或徐光宪的能级分组规则,我们可推知周期表共有七行,每一行为一个周期,共有七个周期。元素在周期表中所属周期数等于该元素原子的电子层数。如,基态氧原子的电子组态为 $1s^22s^22p^4$,有两个电子层($n=2$),则氧元素属第二周期。

周期内元素的数目与能级组最多能容纳的电子数一致,因此各周期元素的数目按 2、8、8、18、18、32、32 的顺序增加。其中第 1、2、3 周期称为**短周期**,第 4 周期以后称为**长周期**,第 7 周期为**未完成周期**。

**例 10-1**　第 6 和 7 周期完成时,每周期共有 32 个元素,为什么?请给出合理解释。

**解**:按原子轨道的光谱序及电子排布的规则,第 6 周期应从 6s 能级开始填充电子,然后依次是 4f、5d、6p,则:

第 6 周期总的原子轨道数 = $1×(6s)+7×(4f)+5×(5d)+3×(6p)=16$

第 6 周期最多能容纳的电子总数为 $2×16=32$ 个

所以第 6 周期完成时共有 32 个元素。同理,第 7 周期应从 7s 能级开始填充电子,然后依次是 5f、6d、7p,则:

第 7 周期总的原子轨道数 = $1×(7s)+7×(5f)+5×(6d)+3×(7p)=16$

第 7 周期最多能容纳的电子总数为 $2×16=32$ 个

所以第 7 周期完成时共有 32 个元素。

### (二) 价层电子组态与族

元素周期表根据原子价层电子组态,把性质相似的元素归为一族。同族元素原子价层电子组态相似,主族和副族元素的性质区别也与价层电子组态相关。

**1. 主族**　凡是包含有长周期和短周期元素的各列称为**主族**(the representative groupor maingroup),或者说,基态原子的最后一个电子填充在 s 或 p 轨道上的原子均属于主族元素。周期表中共有 8 个主族,即 ⅠA~ⅧA 族,其中ⅧA 族又称 0 族,其外层轨道上的电子的总数等于族数。主族元素的内层轨道是全充满的,很稳定,所以只是最外层的电子参加化学反应,即最外层的电子为价电子或价层电子。

**2. 副族**　仅包含有长周期元素的各列称为**副族**,或者说,基态原子的最后一个电子填充在 d 或 f 轨道上的原子均属于副族元素。副族也有 8 个族,它们是 I B ~ ⅧB 族,其中 ⅢB ~ ⅦB 族,族数等于 $(n-1)$d 及 $ns$ 轨道上的电子数的总和; I B、ⅡB 族元素,它们已经完成了 $(n-1)$d$^{10}$ 电子结构,族数等于 $ns$ 轨道上的电子数;ⅧB 族有三列元素,它们在 $(n-1)$d 及 $ns$ 原子轨道的电子数之和为 8~10 之间。在化学反应中,副族除了失去最外层电子外,还能失去一部分次外层 $(n-1)$d 上的电子,所以其价层电子包含最外层电子及次外层电子。副族元素都称为 **过渡元素**(transition element),其中镧系元素和锕系元素称为 **内过渡元素**(inner transition element)。

## (三) 元素分区

根据基态原子价层电子组态的特征,还可将周期表中的元素分为 5 个**区**(block),如图 10-15 所示。

**1. s 区元素** 基态原子最后一个电子填充在 s 能级(轨道)上的元素称为 s 区元素,价层电子组态的特征是 $ns^{1~2}$,s 区元素包括 I A 和 ⅡA 族元素。它们都是活泼金属(H 除外),在化学反应中容易失去电子形成 +1 或 +2 价的阳离子。在化合物中它们没有可变的氧化值。

**2. p 区元素** 基态原子最后一个电子填充在 p 能级(轨道)上的元素称为 p 区元素,除 He 元素外,价层电子组态的特征为 $ns^2np^{1~6}$,包含 ⅢA ~ ⅦA 族和 0 族(ⅧA)元素。它们大部分是非金属元素。p 区元素多有可变的氧化值。

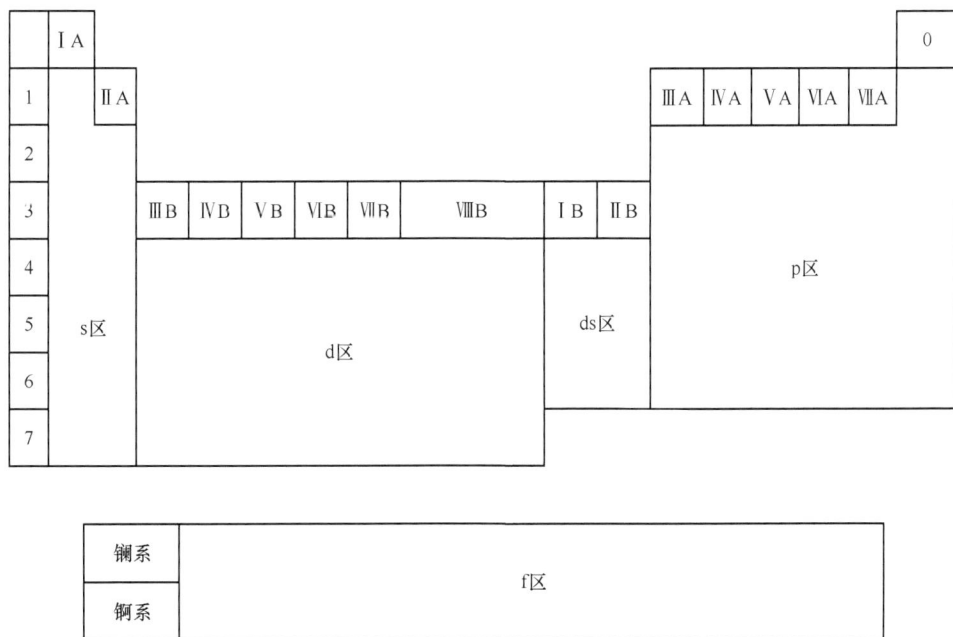

图 10-15 周期表中元素的分区

**3. d 区元素** 基态原子最后一个电子填充在 d 能级(轨道)上的元素称为 d 区元素,价层电子组态的特征一般为 $(n-1)$d$^{1~9}ns^2$,它包括 ⅢB ~ ⅧB 族元素。它们都处于副族,为金属元素,每种元素都有多种氧化值。

**4. ds 区元素** 基态原子最后一个电子填充在 d 能级上或 s 能级上的元素称为 ds 区元素,其价层电子组态的特征为 $(n-1)$d$^{10}ns^{1~2}$,属 ds 区元素有 I B 和 ⅡB 族。不同于 d 区元素,它们次外层 $(n-1)$d 轨道是充满的。它们都是金属,一般有可变氧化值。

**5. f 区元素** 基态原子最后一个电子填充在 f 能级上的元素称为 f 区元素,价层电子组态的特征一般为 $(n-2)$f$^{0~14}(n-1)$d$^{0~2}ns^2$。其中基态原子最后一个电子填充在 4f 能级上的称为 **镧系**

元素(lanthanide elements),而填充在 5f 能级上的称为**锕系元素**(actinide elements),它们统称为 **f 区元素**,f 区元素共有 14 个元素。f 区元素的最外层电子数目、次外层电子数目大都相同,只有 $(n-2)$ 层的 f 轨道上的电子数不同,因此,这些元素的化学性质极为相似,它们都是金属,也有可变氧化值。

**例 10-2** 已知某元素的原子序数为 25:

(1) 试写出该元素基态原子的电子组态,价层电子组态。

(2) 指出该元素在周期表中所属周期、族和区,含多少个能级? 共有多少个单电子? 该元素可能的氧化值?

(3) 如何用四个量子数表示该元素基态原子的最外层电子的运动状态?

**解:**(1) 该元素的基态原子应有 25 个电子。根据电子填充顺序及排布规则,该基态原子的电子组态为:$1s^2 2s^2 2p^6 3s^2 3p^6 3d^5 4s^2$ 或[Ar]$3d^5 4s^2$,价层电子组态为 $3d^5 4s^2$。

(2) 根据该元素基态原子的电子组态,可知其最外层电子的主量子数 $n=4$,所以它属第 4 周期,最外层 4s 电子和次外层 3d 电子总数为 7,所以它属ⅦB 族。电子填充时,其最后一个电子填于 3d 轨道,所以为 d 区元素。因含有 1s、2s、3p、3s、3p、3d 和 4s 共 7 个亚层,所以共有 7 个能级。3d 轨道上含有 5 个 d 电子,根据 Hund 规则,这 5 个 d 电子应处于半充满状态最稳定,即每个电子各占一个 d 轨道且自旋平行,所以共有 5 个单电子。它的可能的氧化值为:+2、+4、+6 和 +7。

(3) 最外层电子为 2 个 4s 电子,用四个量子数表示其运动状态为:4,0,0,+1/2 和 4,0,0,-1/2。

# 二、元素性质的周期性变化规律

元素性质的变化与原子结构的周期性有关,因此元素的性质,包括原子的有效核电荷、原子半径、电离能、电子亲合能和元素电负性等,都随原子中电子排布结构的变化而呈现周期性变化。

## (一) 有效核电荷

在多电子原子中,吸引最外层电子的有效核电荷,随原子序数的增加而呈现周期性的变化。同一周期中,从左到右,对主族元素而言,增加的电子均在同一电子层,屏蔽常数较小($\sigma=0.35$),因而每增加一个电子,有效核电荷就增加 0.65,随着核电荷增加,有效核电荷增加较迅速。对副族元素而言,增加的电子在次外层上,次外层电子对外层电子的屏蔽作用较大($\sigma=0.85$),因而有效核电荷增加较慢,每增加一个电子,有效核电荷仅增加 0.15。f 区元素因增加的电子都是在$(n-2)$层上,对外层电子的屏蔽作用很大,有效核电荷几乎不增加。

同一族内的主族元素和副族元素,从上至下,每增加一个周期,就增加一个电子层,一个 8 电子或 18 电子的内层,因内层电子对外层电子的屏蔽作用较大,所以有效核电荷增加缓慢,如图 10-16 所示。例如,Li 原子中 2 个 1s 电子的总屏蔽常数为 1.7,所以 2s 电子受到的有效核电荷为 $3-1.7=1.3$。虽然 Li 比 H 多出 2 个核电荷,但对外层电子的有效核电荷仅增加 0.3。

## (二) 原子半径

根据量子力学的观点,电子在核外运动没有固定轨道,其运动形式只是通过概率大小来体现,它的运动可以波及离核很远的区域,因此单个原子不存在固定半径。通常所说的**原子半径**(atomic radius)是指分子或晶体中相邻两种原子的平均核间距离的一半。

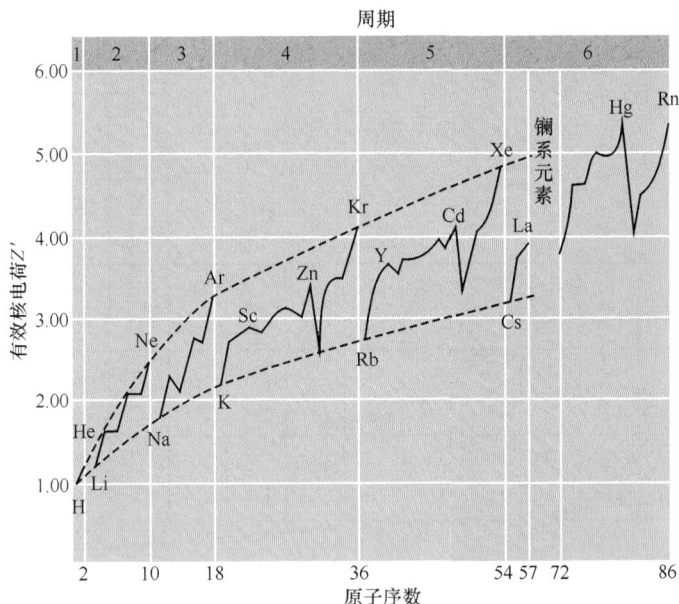

图 10-16　有效核电荷的周期性变化

　　根据相邻原子间作用力的不同,有三种原子半径,如图 10-17A、B 所示:**共价半径** $r_c$(covalent radius)、van der Waals **半径** $r_v$(van der Waals radius)和**金属半径** $r_a$(metallic radius)。共价半径 $r_c$ 是指共价分子或原子晶体中以共价单键结合的两原子核间距离的一半。通常把同种元素共价键键长的一半作为该元素的共价半径;van der Waals 半径 $r_v$ 是指单质分子晶体中相邻分子间两个非键合原子核间距离的一半;金属半径 $r_a$ 是指金属单质的晶体中相邻两个原子核间距离的一半。三种半径中,共价半径和金属半径是原子处于键合状态的半径,比 van der Waals 半径要小。例如:

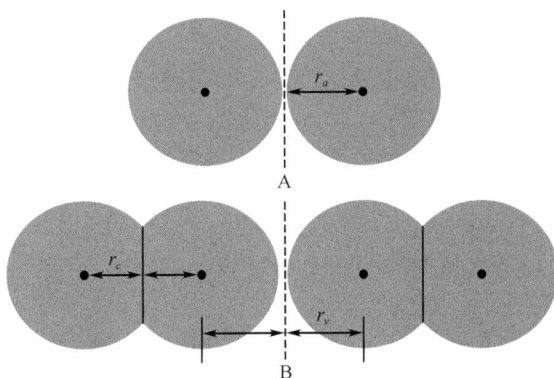

图 10-17　金属半径($r_a$)、共价半径($r_c$)和 van der Waals 半径($r_v$)示意图

| 原子 | $r_c$/pm | $r_v$/pm | $r_a$/pm |
| --- | --- | --- | --- |
| Cl | 99 | 198 | |
| Na | 157 | 231 | 186 |

　　1~6 周期元素原子的共价半径列于图 10-18。原子半径的周期性变化趋势与原子的有效核电荷和电子层数目相关。

| | | | | | | | | | | | | | | | | | |
|---|---|---|---|---|---|---|---|---|---|---|---|---|---|---|---|---|---|
| H 37 | | | | | | | | | | | | | | | | | He 32 |
| Li 157 | Be 125 | | | | | | | | | | | B 90 | C 77 | N 75 | O 73 | F 71 | Ne 69 |
| Na 191 | Mg 160 | | | | | | | | | | | Al 140 | Si 118 | P 110 | S 102 | Cl 99 | Ar 95 |
| K 235 | Ca 197 | Sc 164 | Ti 147 | V 135 | Cr 129 | Mn 137 | Fe 126 | Co 125 | Ni 125 | Cu 128 | Zn 137 | Ga 153 | Ge 122 | As 122 | Se 117 | Br 114 | Kr 110 |
| Rb 250 | Sr 215 | Y 182 | Zr 160 | Nb 147 | Mo 136 | Tc 135 | Ru 134 | Rh 134 | Pd 137 | Ag 144 | Cd 152 | In 167 | Sn 140 | Sb 143 | Te 135 | I 133 | Xe 130 |
| Cs 272 | Ba 224 | Hf 159 | Ta 143 | W 141 | Re 138 | Os 135 | Ir 136 | Pt 139 | Au 144 | Hg 155 | Tl 171 | Pb 175 | Bi 182 | Po 153 | At 145 | Rn 145 | |

| La 188 | Ce 182 | Pr 182 | Nd 181 | Pm 181 | Sm 180 | Eu 199 | Gd 179 | Tb 176 | Dy 175 | Ho 174 | Er 173 | Tm 173 | Yb 194 | Lu 172 |
|---|---|---|---|---|---|---|---|---|---|---|---|---|---|---|

图 10-18　原子半径(pm)周期性的变化

从图 10-18 中可知：

（1）同一周期的主族元素，从左到右，原子半径明显减少，这是因为电子层数不变，有效核电荷显著增加，核对外层电子的吸引力显著增大引起的。

（2）同一周期的过渡元素原子半径先是缓慢缩小，然后略有增大，这是因为电子填充时，首先增加在次外层，因而有效核电荷增加不明显，但当次外层$(n-1)$的 d 轨道全充满后形成 18 电子构型时，对外层的屏蔽作用更大，导致作用于最外层电子的有效核电荷减少，因而原子半径突然增大；内过渡元素有效核电荷变化不大，原子半径几乎不变。通常同周期中相邻两元素的原子半径减小的平均幅度是：

非过渡元素 > 过渡元素 > 内过渡元素

~10 pm　　　 ~5 pm　　　 ~1 pm

（3）同一主族元素，从上到下，原子半径递增较显著。虽然周期数增加，有效核电荷呈增加趋势，但由于内层电子的屏蔽效应，有效核电荷实际增加不多，电子层数增加的影响超过了前者的作用，所以原子半径是增大的。

（4）同一副族元素，原子半径的变化趋势与主族元素相同，但原子半径增大的幅度较小。值得注意的是，镧系元素的原子半径，因所增加的电子是进入$(n-2)$的 f 亚层，对外层的屏蔽作用更大，但毕竟未大到一个 f 电子能完全"抵消"一份核电荷，因此，镧系元素的原子半径随原子序数的增加，原子半径在总体趋势上是逐渐缩小的，这种现象称为**镧系收缩**(lanthanide contraction)。由于镧系收缩的影响使镧系后的第六周期副族元素的原子半径都变得较小，与第五周期副族中的相应元素的原子半径很相近，因而它们的化学性质也极其相似。

## （三）元素的电离能、电子亲合能和电负性

**1. 元素的电离能**　电离能(ionization energy)是指使气态原子在基态时失去电子形成气态阳离子所需要的能量。它反映的是原子失去电子的难易程度，电离能愈大，原子愈难失去电子，元素的非金属性愈强。影响电离能的因素有原子的有效核电荷、原子半径和原子的电子层结构。而以上这些影响因素在元素周期表中均呈现周期性变化，因而元素电离能在周期表中也具

有周期性变化的规律。

气态的基态原子失去第一个电子时所需的最低能量称为**第一电离能**(the first ionization energy),用 $I_1$ 来表示。失去第二个电子时所需的能量称为**第二电离能**(the second ionization energy),用 $I_2$ 来表示,依此类推。由于失去电子后形成阳离子,离子的半径变小,核对电子的吸引力增强,因而同一元素的各级电离能将依次增大。

通常用元素的第一电离能($I_1$)来比较原子失去电子的倾向。如图 10-19 为元素的第一电离能与原子序数的关系。从图中可知:

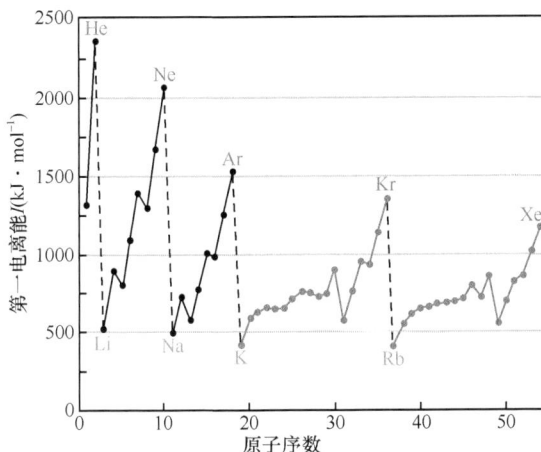

图 10-19　元素第一电离能周期性的变化

(1) 同一周期的主族元素中,从左到右,$I_1$ 逐渐增加。原因是同一周期的元素自左向右原子半径逐渐减小、有效核电荷递增,核对外层电子的吸引力逐渐增加,因而基态原子失去电子所需要的能量就愈多,即电离能呈现增大的趋势。稀有气体因具有稳定的电子层结构,在同一周期中电离能最高。

(2) 同一主族元素中,从上到下,原子半径和有效核电荷均增大,但原子半径起主要作用,半径增大,核对外层电子的吸引力减弱,最外层电子的电离趋于容易,因而电离能逐渐减少。

(3) 对于过渡元素,由于增加的电子是填入内层的 d 轨道上,因而引起的屏蔽效应较大,导致有效核电荷增加不多,原子半径减少缓慢,$I_1$ 增加不显著,无规律可循。

**2. 元素的电子亲合能**　气态的基态原子获得电子形成气态阴离子所放出的能量,称为**元素的电子亲合能**(electron affinity),用符号 $A$ 表示,它反映元素的原子结合电子能力的大小。例如,卤族元素的原子结合电子时可放出较多的能量,说明卤族原子易于结合电子,而金属元素原子结合电子时放出的能量较少甚至吸收能量,说明金属原子难以与电子结合形成负离子。

与电离能一样,影响电子亲合能的因素有原子的有效核电荷、原子半径和原子的电子组态,因此,电子亲合能也呈现出类似于电离能的周期性变化规律。通常一个元素的电离能较高则它的电子亲合能也较高。同一周期,从左往右,电子亲合能具有增大的趋势(0 族除外)。同一族,从上到下,电子亲合能逐渐变小。

**3. 元素的电负性**　从上面的讨论可知,元素的电离能和元素的电子亲合能都只是孤立地衡量基态原子得失电子的能力,没有考虑当原子形成分子时,原子在分子中吸引成键电子能力的相对大小。在分子中,为了表示原子对成键电子吸引能力的相对大小,1932 年,L Pauling 首先提出了元素**电负性**(electronegativity)概念,试图用它来衡量在化学键中原子吸引成键电子能力的相对大小,用符号 X 表示。并人为地指定元素 F 的电负性等于 3.98,从而比较得出其他元素的电负性大小。

元素的电负性较全面地反映了元素金属性和非金属的强弱。图 10-20 列出了各元素电负性，元素电负性大者，原子在分子中吸引成键电子的能力强，元素的非金属性也就越强，反之就弱。

| H 2.18 | | | | | | | | | | | | | | | | | He |
|---|---|---|---|---|---|---|---|---|---|---|---|---|---|---|---|---|---|
| Li 0.98 | Be 1.57 | | | | | | | | | | | B 2.04 | C 2.55 | N 3.04 | O 3.44 | F 3.98 | Ne |
| Na 0.93 | Mg 1.31 | | | | | | | | | | | Al 1.61 | Si 1.90 | P 2.19 | S 2.58 | Cl 3.16 | Ar |
| K 0.82 | Ca 1.00 | Sc 1.36 | Ti 1.54 | V 1.63 | Cr 1.66 | Mn 1.55 | Fe 1.80 | Co 1.88 | Ni 1.91 | Cu 1.90 | Zn 1.65 | Ga 1.81 | Ge 2.01 | As 2.18 | Se 2.55 | Br 2.96 | Kr |
| Rb 0.82 | Sr 0.95 | Y 1.22 | Zr 1.33 | Nb 1.60 | Mo 2.16 | Tc 1.90 | Ru 2.28 | Ru 2.20 | Pd 2.20 | Ag 1.93 | Cd 1.69 | In 1.73 | Sn 1.96 | Sb 2.05 | Te 2.10 | I 2.66 | Xe |
| Cs 0.79 | Ba 0.89 | La 1.10 | Hf 1.30 | Ta 1.50 | W 2.36 | Re 1.90 | Os 2.20 | Ir 2.20 | Pt 2.28 | Au 2.54 | Hg 2.00 | Tl 2.04 | Pb 2.33 | Bi 2.02 | Po 2.00 | At 2.20 | |

图 10-20　元素电负性周期性的变化

元素的电负性在周期表中呈现明显的周期性变化。从图 10-20 可看出，同一周期的主族元素，从左到右，元素电负性呈递增趋势；同一主族中，从上到下，元素电负性呈下降趋势。副族元素的电负性没有明显的变化规律。

金属元素的电负性一般小于 2，非金属元素的电负性一般大于 2，但这并不是一个严格的界限。在周期表中，Fr 的电负性最小，等于 0.79，它位于周期表的左下角，是金属性最强的元素。F 的电负性最大，等于 3.98，它位于周期表的右上角，是非金属性最强的元素。需要注意的是，元素的电负性数值不是固定不变的，它随着成键原子的氧化值的不同而略有不同，如 $Cu^+$ 1.9，$Cu^{2+}$ 2.0 等。

## Summary

M Planck proposed that the minimum amount of radiant energy that an object can gain or lose is related to the frequency of the radiation: $E = h\nu$. This smallest quantity is called a **quantum** of energy. In the quantum theory, energy is quantized. N Bohr proposed a model of the hydrogen atom. In this model the energy of the hydrogen atom depends on the value of a number $n$, called the quantum number. The value of $n$ must be a positive integer $(1, 2, 3, \cdots)$, and each value of $n$ corresponds to different specific energy, $E_n$. The energy of the atom increases as $n$ increases. The lowest energy is achieved for $n = 1$; this is called the **ground state** of the hydrogen atom. Other values of n correspond to **excited states** of the atom. The frequency of light emitted or absorbed must be such that $h\nu$ equals the difference in energy between two allowed states of the atom. L de Broglie proposed that matter, such as electrons, should exhibit wavelike properties. An object has a characteristic wavelength that depends on its **momentum**, $mv$; $\lambda = h/mv$. Heisenberg's **uncertainty principle** states that there is an inherent limit to the accuracy with which the position and momentum of a particle can be measured simultaneously. In the quantum mechanical model of the hydrogen atom, the behavior of the electron is described by mathematical functions called **wave function**, $\psi$, and **orbitals**. Each allowed wave function has a precisely known energy, but the location of the electron cannot be determined exactly; rather, the probability of its being at a particular point in space is given by the **probability density**, $\psi^2$. An orbital is described by a combination of three quantum numbers, $n$, $l$, $m$. The principal quantum number, $n$, is indicated by the integers 1, 2, 3, $\cdots$ and relates most directly to the size and energy of the orbital. The azimuthal quantum number, $l$, is indicated by the letters $s$, $p$, $d$, $f$, and so on, corresponding to the values of 0, 1, 2, 3, $\cdots$. The $l$ quantum number defines the shape of the orbital. For a given value of $n$, $l$ can have integer values ranging from 0 to $n-1$. The magnetic quantum number, $m$, relates to the orientation of the orbital in space. For a given value of $n$, $l$ can have integral values ranging from $-l$ to $l$. Cartesian labels can be used to label the orientations of the orbitals. Electrons have an intrinsic property called **electron spin**, which is quantized. The **spin magnetic quantum number**, $m_s$, can have two possible values, $+1/2$ and $-1/2$, which can be envisioned as the two directions of an electron spinning about an axis. The ground-state **electron configurations** are generally obtained by placing the electrons in the atomic orbitals of the lowest possible energy with the restriction that each orbital can hold no more than two electrons. **Hund's rule** states that the lowest energy is attained by maximizing the number of electrons with the same electron spin among degenerate orbitals. The **Pauli exclusion principle** states that no two electrons in an atom can have the same values for $n$, $l$, $m$, and $m_s$. The periodic table is partitioned into different types of elements, based on their electron configurations. Those elements in which the outermost subshell is an $s$ or $p$ subshell are called the **representative** ( or **main-group** ) **elements**. Those elements in which a $d$ subshell is being filled are called the **transition elements** ( or **transition metals**). The elements in which the $4f$ subshell is being filled are called the **lanthanide elements**. The **actinide elements** are those in which the $5f$ subshell is being filled. The **effective nuclear charge** experienced by outer electrons increases as we move left to right across a period. **Atomic radii** increase as we go down a column in the periodic table and decrease as we proceed left to right across a row. The **first ionization energies** decrease as we go down a column and increase as we proceed left to right across a row. The **electron affinity** of an element become more negative as we proceed from left to right across the periodic table. **Electronegativity** generally increases from left to right in a row of the periodic table, and decreases going down a column.

## 习　题

1. 下列用于描述电子运动状态的四个量子数 $(n,l,m,m_s)$，哪个是不正确的　　　　　（　　）

A. 3, 2, 2, 1/2　　　　　B. 3, 1, -1, 1/2　　　　　C. 1, 0, 0, -1/2

D. 2, -1, 0, 1/2　　　　　E. 4, 4, 0, 1/2

2. 在多电子原子中, 决定电子能量的量子数为　　　　　（　　）

A. $n$　　　　　B. $n$ 和 $l$　　　　　C. $n$, $l$ 和 $m$

D. $l$　　　　　E. $n$, $l$, $m$ 和 $m_s$

3. 描述基态 $_{19}$K 原子最外层电子运动状态的四个量子数应是　　　　　（　　）

A. 4, 1, 0, 1/2　　　　　B. 4, 1, 1, 1/2　　　　　C. 3, 0, 0, 1/2

D. 4, 0, 0, 1/2　　　　　E. 4, 1, -1, 1/2

4. 某元素-2 价离子的电子构型和氩（Ar）的电子构型相同, 该元素为　　　　　（　　）

A. Al　　　　　B. P　　　　　C. S

D. Cl　　　　　E. Ca

5. 已知某元素+3 价离子的电子排布式为 $1s^2 2s^2 2p^6 3s^2 3p^6 3d^5$, 该元素在周期表中属于哪一族

（　　）

A. ⅡA　　　　　B. ⅢA　　　　　C. ⅤB

D. Ⅷ　　　　　E. ⅢB

6. 下列哪组元素的电负性大小顺序是正确的　　　　　（　　）

A. O>N>P>F　　　　　B. Si>P>N>O　　　　　C. O>S>P>Si

D. N>O>P>Si　　　　　E. Na>Mg>Al>Si

7. 已知某原子中的 5 个电子的各组量子数如下：

(1) 4,2,1,-1/2;　　　(2) 4,2,0,+1/2;　　　(3) 2,1,0,1/2;

(4) 2,0,0,-1/2;　　　(5) 3,1,1,-1/2。

请写出这些电子的能量由高到低的顺序：_____

8. 写出下列各元素基态原子的电子组态，并指出它们各属于第几周期？第几族？哪一分区的元素？共有几个能级？含有多少个单电子？

| 元素 | 基态原子电子组态 | 周期 | 族 | 区 | 能级 | 单电子 |
|---|---|---|---|---|---|---|
| 33As | | | | | | |
| 26Fe | | | | | | |
| 28Ni | | | | | | |
| 30Zn | | | | | | |

9. 每天人们在工作或运动中不断地消耗能量，如果 Planck 量子理论是正确的，为何我们没能感觉出能量的释放是不连续的，即量子化的？

10. 在一个原子中，量子数 $n=3, l=2, m=0$ 的轨道允许的电子数最多是多少？

11. 试用四个量子数表示基态 Cu 原子的最外层电子的运动状态。

12. 请解释为何 $He^+$ 离子中 2s 和 2p 轨道的能量相等，而在 $Ne^+$ 离子中 2s 和 2p 轨道的能量不相等？

13. 请说明元素的原子半径在周期表中呈现什么样的周期性变化规律，为何会有这些周期性的变化规律？

(李雪华)

# 第 11 章　离子键、共价键和分子间作用力

### 学习目标

　　了解化学键的含义及其基本类型;了解离子极化的概念及其影响因素及离子极化对键型和化合物性质的影响;共价键的基本参数。熟悉离子键、共价键的形成条件、特征和共价键的类型;熟悉杂化轨道理论和分子轨道理论的要点。熟悉 van der Waals 力和氢键的概念,并说明其对物质某些性质的影响。掌握以 sp、$sp^2$ 和 $sp^3$ 杂化轨道成键分子的空间构型,应用杂化轨道理论和价层电子对互斥理论预测或解释一些 $AB_n$ 型分子或离子的空间构型;应用分子轨道理论比较第一、二周期同核双原子分子或离子的稳定性和磁性。掌握第一、二周期同核双原子分子的分子轨道能级图。

　　从原子结构观点看,除稀有气体具有稳定构型,可以以单原子分子形式存在外,其他原子由于结构不稳定,在自然界中,只能由原子按一定方式组合成分子或晶体。在分子或晶体中,相邻两原子或离子之间强烈的相互作用力称为**化学键**(chemical bond)。通常化学键的键能约为几十到几百千焦每摩尔。按化学键形成的方式与物质的性质的不同,将化学键分为离子键、共价键(包括配位键)和金属键三种基本类型。另外,在分子之间还存在一种较弱的相互作用力,称为**分子间作用力**(intermolecular force),其作用能约比化学键小 1~2 个数量级。物质的性质由分子的性质及分子间的作用力决定,而分子的性质又取决于分子的内部结构,分子的构型不同,分子的性质就有差异;如果是药物分子,其生物活性也会不同。例如,顺铂是目前临床广泛应用的抗肿瘤药物,而其异构体反铂则没有抗肿瘤活性。因此,研究分子中的化学键、分子的空间构型及分子间的作用力对于了解物质的性质和变化规律具有重要意义。

## 第 1 节　离子键和离子晶体

### 一、离　子　键

#### (一) 离子键的形成和本质

　　根据稀有气体具有稳定构型的事实,1916 年,德国化学家 W Kossel(科塞尔)提出离子键理论。Kossel 认为,活泼金属和活泼非金属相互靠近时,由于二者电负性相差较大,活泼金属失去最外层电子,而活泼非金属得到电子,二者形成具有稀有气体构型的正负离子,这些带相反电荷的离子通过静电作用形成离子化合物,这种正负离子间的静电吸引力称为**离子键**(ionic bond)。由离子键形成的化合物称为**离子化合物**(ionic compound)

　　例如 NaCl 的形成,当电负性大的氯原子(价电子组态 $3s^2 3p^5$)与电负性小的钠原子(价电子组态 $3s^1$)相互作用时,Na 失去最外层的 1 个电子成为 $Na^+$,Cl 原子得到 1 个电子,成为 $Cl^-$,二者都形成具有稀有气体构型的离子,$Na^+$ 和 $Cl^-$ 靠静电作用力形成稳定的离子键。与此同时,系统放出 450kJ·$mol^{-1}$ 的能量。NaCl 形成时势能变化如图 11-1 所示:

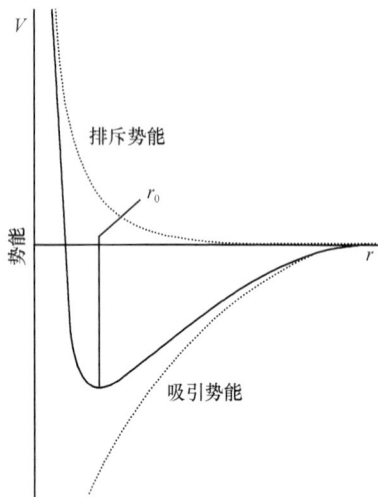

图 11-1　NaCl 形成时的势能变化

由图可以看出,当钠离子和氯离子相互靠近时,随着核间距离减小,二者之间吸引力逐渐增大,吸引势能减小,但是,与此同时,两个原子核之间、电子和电子之间还存在相互排斥,这种斥力随着核间距离的减小而增大,只有当引力和斥力达到平衡状态时,NaCl 的势能达最低点,形成稳定的 NaCl 晶体。

从离子键的形成中我们可以看出,离子键的形成条件是,成键的两原子电负性差值要足够大,才能够发生电子转移形成正负离子。一般认为,两原子电负性差大于1.7 时形成离子键。离子键的本质是正负离子间的静电引力,由库仑定律可知:静电引力 $f$ 的大小取决于离子所带的电荷 $q$ 以及离子间的距离 $r$:

$$f = \frac{q^+ \cdot q^-}{r^2} \tag{11-1}$$

由于离子的电荷分布是球形对称的,只要空间条件许可,一个离子可以同时吸引尽可能多的异号电荷离子。因此,离子键的特点是没有方向性和饱和性。

## (二) 离子键的影响因素

从上述讨论可以看出,离子键的强弱取决于离子间静电引力的大小。离子键的强度通常用**晶格能**(lattice energy)来衡量。它是指在标准状态下(298K)将 1 mol 离子晶体转化为气态离子所需要吸收的能量,以符号 $U$ 表示。晶格能不能用实验的方法直接测定,需用理论或其他实验数据来估算,例如:

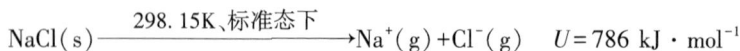

$$NaCl(s) \xrightarrow{\text{298.15K、标准态下}} Na^+(g) + Cl^-(g) \quad U = 786 \text{ kJ} \cdot \text{mol}^{-1}$$

晶格能越大,表示正负离子间吸引力越大,离子键就越稳定,断开离子键所需要的能量越大。因此,离子晶体的熔点高低取决于晶格能的大小,而晶格能又和正、负离子电荷和离子半径有关:

$$U \propto \frac{Z_+ Z_-}{r_+ + r_-} \tag{11-2}$$

式中:$Z_+$、$Z_-$ 分别为正、负离子所带电荷,$r_+$、$r_-$ 为正负离子的半径。从上式可以看出,离子半径相同时,正负离子所带的电荷数越大,晶格能越大。如 NaCl 和 BaO,离子核间距离非常接近,但晶格能却相差很大,NaCl 为 923kJ·mol$^{-1}$,BaO 为 3054 kJ·mol$^{-1}$。在常见离子中,电荷数最高的是+4,如 Th$^{4+}$、Ce$^{4+}$、Sn$^{4+}$;电荷数最低的是−3,如 N$^{3-}$、PO$_4^{3-}$、AsO$_4^{3-}$。

当电荷数相同时,晶格能一般随着**离子半径**(ionic radius)的减小而增大。和原子一样,离子也没有固定的半径,可以把离子晶体中,相互接触的正、负离子中心之间的距离[称为核间距(internuclear distance)]作为两种离子的半径之和看待。正、负离子的核间距可以通过 X 射线衍射实验测得,但两个离子间的分界线很难判断。通常是先确定某些离子的半径作为基准,然后计算出其他离子的半径;或依据正、负离子的半径比与半径和求算出离子半径。不同元素离子半径变化规律如下:

(1) 正离子半径小于其单质形式的原子半径,而负离子半径则大于其单质形式的原子半径,同一元素正离子半径随着电荷数增大而减小,负离子则相反,如 Fe>Fe$^{2+}$>Fe$^{3+}$,Cl<Cl$^-$。

(2) 正离子的半径较小,约在 10~170pm 之间;负离子的半径较大,约在 130~260pm 之间。

(3) 同一周期不同元素正离子的半径随电荷数的增加而减小,例如,Na$^+$>Mg$^{2+}$>Al$^{3+}$;负离子的半径随电荷数的增加而增大。

（4）同一主族元素,离子半径自上而下随核电荷数的增加而递增,例如,$Li^+ < Na^+ < K^+ < Rb^+ <$ $Cs^+$ 和 $F^- < Cl^- < Br^- < I^-$。

（5）对同一副族的元素而言,离子半径无规律可循。

晶格能大小主要影响物质的物理性质,表 11-1 列出部分化合物物理性质随离子半径、电荷变化的规律。

**表 11-1 一些离子晶体的物理性质与晶格能**

| NaCl 型晶体 | NaI | NaBr | NaCl | NaF | BaO | SrO | CaO | MgO |
|---|---|---|---|---|---|---|---|---|
| 离子电荷 | 1 | 1 | 1 | 1 | 2 | 2 | 2 | 2 |
| 核间距/pm | 318 | 294 | 279 | 231 | 277 | 257 | 240 | 210 |
| 晶格能/(kJ·mol⁻¹) | 704 | 747 | 785 | 923 | 3054 | 3223 | 3401 | 3791 |
| 熔点/℃ | 661 | 747 | 801 | 993 | 1918 | 2430 | 2614 | 2852 |
| 硬度(金刚石=10) | — | — | 2.5 | 2~2.5 | 3.3 | 3.5 | 4.5 | 5.5 |

从表中可以看出,晶格能随着电荷数的增大,离子的核间距离减小(离子半径减小)而增大,晶格能越大,物质熔点越高,硬度越大。

# 二、离子晶体

## （一）晶体的特征和类型

自然界的固体分为**晶体**（crystal）和**无定形物质**（amorphuos solids）两类。晶体是原子、离子或分子按照一定的周期性在空间排列形成具有一定规则的几何外形的固体。晶体通常呈现规则的几何形状,其内部原子的排列十分规整严格,如果把晶体中任意一个原子沿某一方向平移一定距离,必能找到一个同样的原子。而玻璃、珍珠、沥青、塑料是无定形物质,也可叫做**非晶体**（non crystal）,其内部原子的排列则是杂乱无章的。准晶体是最近发现的一类新物质,其内部排列既不同于晶体,也不同于非晶体。

金刚石、氯化钠、石英等属于晶体。晶体不仅有固定的几何外形,如氯化钠具有立方形,同时呈现刚性和不可压缩性;除此之外,晶体还有固定的熔点和**各向异性**（isotropy）,所谓各向异性是指晶体在不同方向上的物理性质存在差异。如石墨,当晶体受到外力作用时,很容易沿层状方向断裂;而与层平行方向上的导电性比层垂直方向上高约 1 万倍。此外,晶体的导热性、膨胀性、光学性质以及溶解性,都表现出一定的各向异性。而非晶体不存在规律的特征形状,也没有固定的熔点。

晶体的这些特性是晶体内部结构的反应。应用 X 射线研究晶体结构表明,晶体内部的质点具有周期性重复的规律。

把晶体中的粒子(原子、离子或分子)抽象地看成一个点(称为结点),把它们沿着一定方向联接起来,构成不同形状的**空间格子**（space lattice）（又称为空间点阵）,简称为**晶格**（lattice）。晶格中含有晶体结构中具有代表的最小单元称**晶胞**（unit cell）,如图 11-2（ABC）。

这些晶胞都是六面体。可用六面体的 3 边之长 $a$、$b$、$c$ 及 $cb$、$ca$、$ab$ 所形成的 3 个夹角 $\alpha$、$\beta$、$\gamma$ 来表示这些六面体,即表示晶胞的大小和形状(如图 11-2D),这 6 个参数称**晶胞参数**（laittice parameters）。根据晶胞参数的不同可将晶体分为 7 大晶系。即立方晶系、正交晶系、四方晶系、单斜晶系、三方晶系、三斜晶系和六方晶系,按照质点在平行六面体中的位置,7 个晶系又可分为 14 种晶格,如表 11-2。

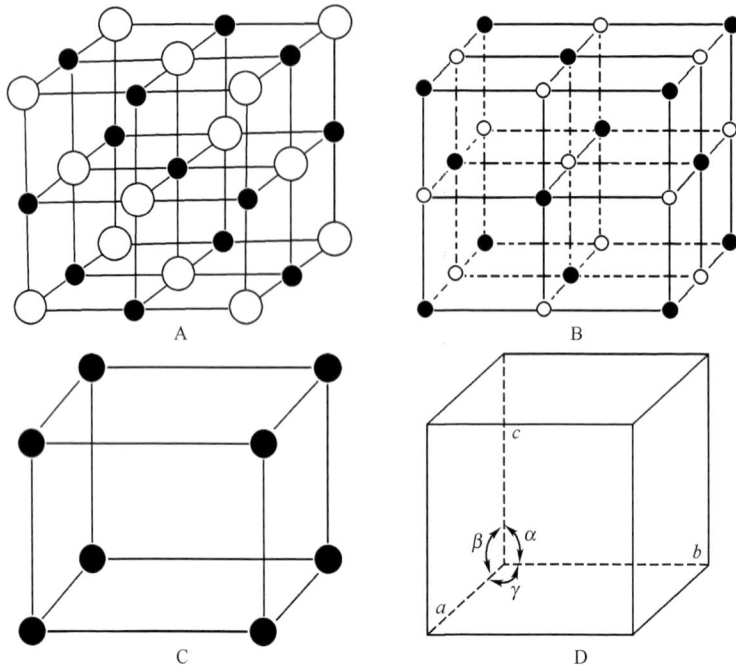

图 11-2
A. 晶体；B. 晶格；C. 晶胞；D. 晶胞参数

表 11-2    七大晶系和十四晶格

| 晶系 | 晶胞尺度 | 晶胞角度 | 晶格 |
|---|---|---|---|
| 立方 | $a=b=c$ | $\alpha=\beta=\gamma=90°$ | 简单 |
| | | | 体心 |
| | | | 面心 |
| 正交 | $a\neq b\neq c$ | $\alpha=\beta=\gamma=90°$ | 简单 |
| | | | 体心 |
| | | | 底心 |
| | | | 面心 |
| 四方 | $a=b\neq c$ | $\alpha=\beta=\gamma=90°$ | 简单 |
| | | | 体心 |
| 单斜 | $a\neq b\neq c$ | $\alpha=\gamma=90°$ | 简单 |
| | | | 底心 |
| 三方 | $a=b=c$ | $\alpha=\beta=\gamma\neq90°$ | 简单 |
| 三斜 | $a\neq b\neq c$ | $\alpha\neq\beta\neq\gamma\neq90°$ | 简单 |
| 六方 | $a=b\neq c$ | $\alpha=\gamma=90°\ \gamma=120°$ | 简单 |

如 NaCl 属于面心立方晶格。

按照组成晶体的质点不同，可将晶体分为四种类型：离子晶体，分子晶体，原子晶体和金属晶体。因为质点间结合力不同，这四种晶体的物理性质也不相同。表 11-3 列出这四种晶体的特性。

表 11-3 晶体的四种基本类型对比

| 晶体类型 | 晶格结点上的质点 | 质点间的作用力 | 晶体的一般性质 | 实例 |
|---|---|---|---|---|
| 离子晶体 | 正离子 负离子 | 离子键 | 熔点较高、硬而脆、熔融状态导电性良好。易溶于极性溶剂 | 活泼金属的氧化物和盐类等,如 NaCl,MgO |
| 原子晶体 | 原子 | 共价键 | 熔点高、硬度大、不导电,难溶解 | 金刚石、单质硅、单质硼、碳化硅(SiC)、石英($SiO_2$)、氮化硼(BN)等 |
| 分子晶体 | 分子 | 分子间力、氢键 | 熔点低、易挥发、硬度小、不导电。极性分子和非极性分子遵守相似相溶原则。 | 稀有气体、多数非金属单质、共价化合物、有机化合物等,如干冰 |
| 金属晶体 | 金属原子 金属阳离子 自由电子 | 金属键 | 导电性、导热性、延展性好,有金属光泽,熔点、硬度差别大 | 金属或合金。如 W,熔点 3410℃,汞熔点-38.87℃ |

本节重点讨论离子晶体。

## (二) 离子晶体

**离子晶体**(ionic crystals)是由阴、阳离子通过离子键结合形成的晶体。离子化合物通常是离子晶体,如 NaCl、LiF 等。典型的离子晶体中没有分子,只有离子。在离子晶体中,阴、阳离子在晶格结点上有规则地交替。如图 11-3A,B,C 氯化钠晶体,$Na^+$ 和 $Cl^-$ 按一定的规则在空间相隔排列,每一个 $Na^+$ 的周围有六个 $Cl^-$,而每一个 $Cl^-$ 的周围也有六个 $Na^+$。通常把晶体内(或分子内)某一离子周围最接近的粒子数目,称为该离子的配位数。

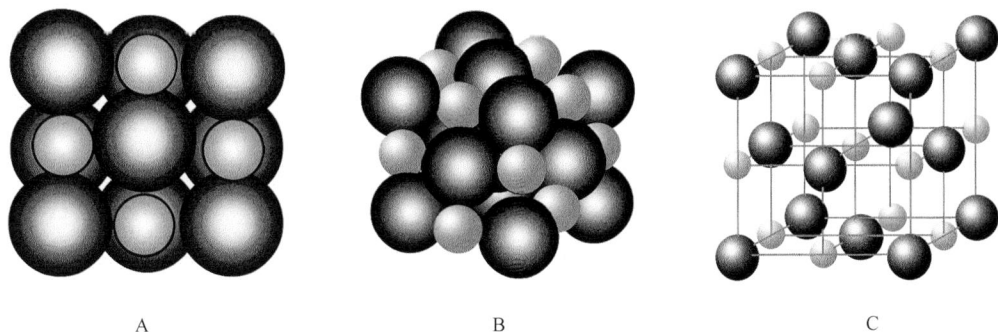

图 11-3 NaCl 型晶体结构示意图
A、B. 晶体;C. 晶格

$Na^+$ 和 $Cl^-$ 的配位数均为 6,二者数目比为 1∶1,其化学组成习惯上以"NaCl"表示。所以"NaCl"叫化学式比叫分子式更确切。

离子晶体中晶格结点上阴、阳离子靠离子键结合,离子键键能较大,所以离子晶体一般具有较高熔、沸点,且硬度较大,难于挥发。离子晶体通常易溶于水,在水溶液和熔融状态下能够导电。离子晶体中阳、阴离子在空间的排列情况是多种多样的。这里主要介绍三种典型 AB 型离子晶体结构:NaCl 型、CsCl 型和立方 ZnS 型,如图 11-4。

(1) NaCl 型:NaCl 型是最常见的典型的 AB 型离子晶体。它是面心方体晶胞,正、负离子的配位数均为 6。如 KI、LiF、NaBr、MgO、CaS 等属 NaCl 型。

(2) CsCl 型:CsCl 晶体的晶胞也是立方体,其中每个阳离子周围有 8 个阴离子,每个阴离子周围同样也有 8 个阳离子,阴、阳离子的配位数均为 8。如 TlCl、CsBr、CsI 等属 CsCl 型。

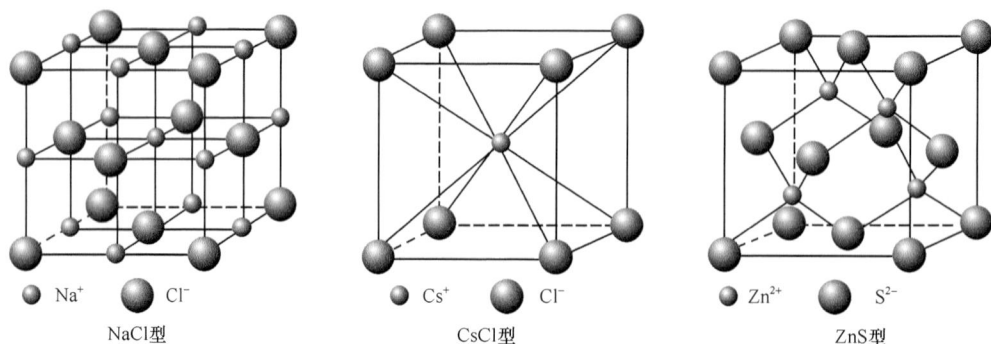

图 11-4　NaCl、CsCl 和 ZnS 型晶体结构

（3）立方 ZnS 型*:立方 ZnS 型晶体的晶胞也是正立方体,但离子排列较复杂,阴、阳离子配位数均为 4。BeO、ZnSe 等晶体均属立方 ZnS 型。

离子晶体中离子如何排布取决于正负离子的电荷数、半径,以及离子极化作用。下面简要讨论这些问题。

**1.离子电荷数**　对晶体构型相同的离子化合物,离子电荷数越多,核间距越短,晶格能就越大,熔点越高,硬度越大。利用晶格能数据可以解释和预测离子晶体物质的某些物理性质。晶格能可作为衡量某种离子晶体稳定性的标志,晶格能越大,该离子晶体越稳定。

**2.离子半径比**　离子键的特点是没有饱和性和方向性,只要空间条件许可,每个离子周围尽可能排列较多的异号离子。由于离子大小不同,离子周围空间能够容纳的异号离子个数(配位数)也不相同。一般由于负离子半径较大,正离子半径小,离子晶体可以看成是负离子按一定方式紧密堆积,正离子排入负离子紧密堆积后形成的空隙当中,离子晶体的种类与正负离子的半径之比有关。AB 型化合物的离子半径比和配位数及晶体结构关系如表 11-4 所示:

表 11-4　AB 型化合物的离子半径比和配位数及晶体结构的关系

| 半径比 $r_+/r_-$ | 配位数 | 晶体构型 | 实例 |
| --- | --- | --- | --- |
| 0.225~0.414 | 4 | ZnS 型 | ZnS,CuCl 等 |
| 0.414~0.732 | 6 | NaCl 型 | NaCl,MgO 等 |
| 0.732~1 | 8 | CsCl 型 | CsCl,TiCl 等 |

由此可见,离子半径的大小会影响到晶体类型,也会影响晶体的稳定性。上述规则并不是所有离子化合物都严格遵循的。实际上,在离子半径比接近极限时,可能存在两种构型的混合物。如二氧化锗,$r_+/r_-=0.40$,接近 0.414,二氧化锗晶体同时有 ZnS 型和 NaCl 型两种晶体存在。还需要注意,离子半径比规则只适用于离子晶体,而不适用于共价化合物。

实际上,离子晶体中,正负离子由于相互吸引,离子发生变形,使离子间除静电吸引力外,还产生附加的作用力,这不仅使离子晶体的类型发生变化,而且影响到物质的性质。如 AgI 的离子半径比计算值 $r_+/r_-=0.583$,应为 NaCl 型晶体,但实际上是 ZnS 型,而且 AgI 在水中的溶解度极小,表明 AgI 不是典型的离子键。

## (三) 离子极化

**1.离子性百分数**　活泼金属和活泼非金属之间化合形成的卤化物、氧化物、氢氧化物及含氧

---

*ZnS 本身是共价化合物,但因某些 AB 型离子晶体内离子分布与其相似,结晶化学习惯上把此类型的离子晶体称为 ZnS 型。

酸盐中均存在离子键。元素的电负性差值越大,它们之间所形成的化学键的离子性越大。但是实验证明,即使电负性最小的铯与电负性最大的氟形成的最典型的离子化合物 CsF,键的离子性也只有 92%。也就是说,$Cs^+$ 和 $F^-$ 之间并非纯粹的离子键,还有 8% 的共价性。可以用离子性百分数来表示一个化学键的离子性的相对大小。离子性百分数与电负性差值之间的关系如图 11-5 所示。

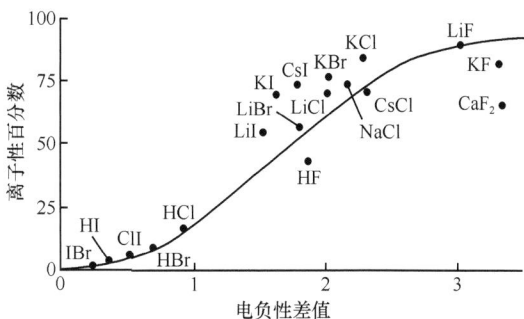

图 11-5　AB 型化合物单键的离子性百分数与电负性差值之间的关系

一般只要化合物中离子性百分数大于 50%(正负离子电负性差>1.7),我们就认为该化合物为离子化合物。离子化合物的共价性可用离子极化的观点来解释。

**2. 离子极化**　孤立离子的电荷分布是球形对称的,离子本身正、负电荷重心是重合的。将离子置于电场中,离子的电子云会受到正电场的吸引和负电场的排斥发生变形而产生极性,这个过程称为**离子的极化**(polarization)(如图 11-6 所示)。

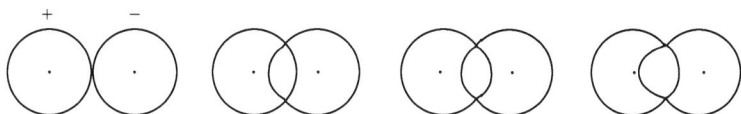

图 11-6　离子极化过程

在离子化合物中,离子本身带有电荷,会产生电场。对周围的其他离子会产生极化作用,使该离子最外层电子云发生变形。一般来说,阳离子的半径比较小,带正电荷,对相邻阴离子电子云会产生吸引而使它变形(极化作用)。阴离子一般半径较大,外围有较多负电荷,因而在电场作用下容易发生电子云变形(离子的变形性)。所以,通常情况下,主要考虑阳离子对阴离子的极化。影响离子极化主要有以下几个因素:

(1) 离子的电子层构型:离子是原子得失电子后形成的,所谓离子的电子层构型,主要是指离子的外层电子结构。按照离子的外层电子组态,可把离子分成以下几类:

1) 2 电子离子:如 $Li^+$ 和 $Be^{2+}$。

2) 8 电子离子:主族金属阳离子和所有的简单阴离子如 $Na^+$、$Cl^-$。

3) 9~17 电子(不规则构型)离子:过渡金属离子,如 $Fe^{3+}$,最外层电子组态为 $3s^23p^63d^5$,共 13 个电子。

4) 18 和 18+2 电子离子:主要是 ds 区金属离子,以及 p 区金属阳离子,如 $Pb^{2+}$,$Ag^+$。

(2) 离子的极化能力:**极化能力**(polaring power)是离子使异号离子发生极化而变形的能力。离子极化能力的大小与离子的电荷、离子的半径以及离子的电子组态等因素有关。

1) 正离子的电荷越高、半径越小,产生的电场强度越强,离子的极化能力越强。如 NaCl、$MgCl_2$、$AlCl_3$ 中,阳离子的极化能力强弱为 $Na^+<Mg^{2+}<Al^{3+}$。

2) 当离子电荷相同、半径相近时,离子的电子组态对离子极化力就起决定性的影响。离子极化作用大小的关系是:18 电子、(18+2)电子以及 2 电子组态的离子>(9~17)电子组态的离子>8 电子组态的离子。如 NaCl 和 CuCl 晶体,它们的阴、阳离子电荷都相同,$Na^+$ 的半径(95pm)与 $Cu^+$ 的半径(96pm)又极为相近,区别只是 $Na^+$ 是 8 电子离子,而 $Cu^+$ 是 18 电子离子,但这两种晶体在性质上却有明显的不同。NaCl 在水中溶解度很大,而 CuCl 却很小,说明离子电子层构型也是影响离子极化的重要因素。

(3) 离子的变形性:**离子的变形性**(polarizability)是离子被异号离子极化而发生离子电子云

变形的性能。离子变形性主要决定于离子半径的大小、离子的电荷数以及离子的电子组态。

1）离子半径越大,核对外层电子吸引力相对较弱,在外电场作用下,电子云容易发生变形,所以变形性较大。

2）电子组态相同的离子,阴离子由于电子云密度大,一般比阳离子容易变形。阳离子电荷数越高,变形性越小,阴离子相反,电荷数越高,变形性越大。

3）当离子电荷相同、离子半径相近时,不同电子组态的离子变形性不同:18 和 18+2 个电子的离子>9~17 电子离子>8 电子组态的离子。

综上所述:阳离子半径越小,电荷数越高,极化作用越强,而阴离子半径越大,电荷数越高,变形性越大。其他条件相同时,18 及(18+2)电子组态的离子极化作用和变形性最大,而 8 电子离子的极化作用和变形性最小。

（4）离子的附加极化作用:需要注意的是,在阳离子极化阴离子同时,阴离子也会对阳离子产生极化作用。如图 11-7 所示,阴离子被极化变形反过来诱导变形性大的非稀有气体型阳离子,使阳离子也发生变形,产生极化,这种效应叫做附加极化作用。

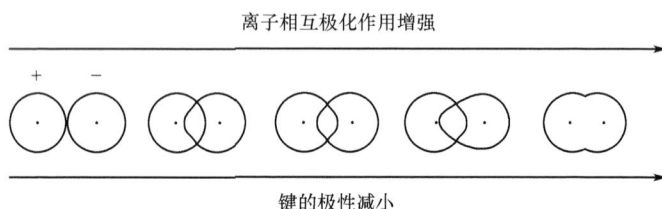

图 11-7　离子的附加极化作用

### 3. 离子极化对物质结构和性质的影响

（1）离子极化对键型的影响:离子键本身是静电吸引力,离子极化的结果,使阴、阳离子除了静电吸引力外,还发生一定程度的电子云重叠产生共价性,使离子型百分数下降。关于共价键我们将在后面的内容中系统讨论,也就是说离子极化使离子键向共价键过渡,化学键的极性减弱,离子键和共价键不再有明显界限。如卤化银,由于是 18 电子组态的离子,不仅极化能力强,变形性也较大。对 AgX 来说,随着卤素离子半径的增大,变形性增强,$Ag^+$ 和 $X^-$ 之间的相互极化作用不断增强,形成化学键的极性不断减弱,AgF 是离子化合物,而对于 AgI 来说,已经是以共价键进行结合了(表 11-5)。

表 11-5　卤化银的键型

| 卤化银 | AgF | AgCl | AgBr | AgI |
|---|---|---|---|---|
| 卤素离子半径/pm | 136 | 181 | 195 | 216 |
| 键型 | 离子键 | 过渡型键 | 过渡型键 | 共价键 |

从表 11-5 可以看出,由离子键逐步过渡到共价键,中间经过一系列同时含有部分离子性和部分共价性的过渡键型的阶段,在无机化合物中,实际上有不少化学键就是属于过渡键型的。

（2）离子极化对物质性质的影响:离子极化的结果,是化学键型发生变化,主要影响物质的物理性质,比如物质的颜色,随着离子极化作用增强而加深;极化使离子键向共价键过渡,使物质在水溶液中的溶解度减小;同时,离子极化会使晶体的类型发生变化,物质的熔点降低。如 AgX,从 F 到 I,随着极化作用增强,颜色逐渐加深,溶解度逐渐减小,同时熔点以 AgF 最大,原因是 AgF 是离子晶体,熔化需要克服离子键,而后面的化合物共价性增强,晶体由离子晶体向分子晶体过渡。

# 第 2 节　共价键理论

离子键理论解释了离子化合物的形成和特性,但不能说明相同原子组成的分子(如 $H_2$、$O_2$)为什么会形成,也不能说明电负性差小于 1.7 的 H 原子和 Cl 原子如何形成 HCl 分子。1916 年,美国化学家 G N Lewis(路易斯)为了说明这一类分子的形成,提出了经典的共价键理论。他认为,**共价键**(covalent bond)是由成键原子双方各自提供外层单电子组成共用电子对而不是电子转移形成的。形成共价键后,成键原子一般都达到稀有气体原子的外层电子组态,因而稳定。如 $Cl_2$ 分子的形成,当两个 Cl 原子形成 $Cl_2$ 分子时,Cl 原子最外层有 7 个电子,各拿出一个共用,使每个原子外围达到稀有气体的稳定结构,形成 $Cl_2$ 分子:

$$\ddot{\underset{..}{Cl}}\ \ddot{\underset{..}{Cl}}\, :\qquad\qquad \ddot{\underset{..}{Cl}}{-}\ddot{\underset{..}{Cl}}\, :$$

以上结构称为 Lewis 结构式。当两原子共用 1 对或多对电子时,可分别形成 1 个单键、双键或叁键。如 $N_2$ 形成时共用 3 对电子,可形成叁键,每个 N 原子均达到了 8 电子结构。同样 HCl 分子也是 H 和 Cl 靠共用一对电子结合而成的。

Lewis 理论虽然成功地解释了同种原子组成的分子的形成,也可以解释电负性相差不大时不同原子可形成分子的原因,并初步揭示了离子键和共价键的区别,但是经典的 Lewis 共价键理论把电子看成是静止不动的负电荷,因而无法解释为什么两个带负电荷的电子不互相排斥反而互相配对,也无法说明共价键的饱和性和方向性,以及一些共价分子的中心原子最外层电子数虽少于 8(如 $BCl_3$)或多于 8(如 $PCl_5$)但仍相当稳定等问题。

为了解决这些矛盾,1927 年德国化学家 W Heitler(海特勒)和 F London(伦敦)应用量子力学方法处理 $H_2$ 分子结构,揭示了共价键的本质。L Pauling(鲍林)等人在此基础上建立起现代价键理论、杂化轨道理论和价层电子对互斥理论,1932 年,美国化学家 RS Muiliken(密立根)和德国化学家 F Hund 提出了**分子轨道理论**。下面分别进行介绍。

## 一、现代价键理论

**现代价键理论**(valence bond theory,简称 VB 法)是将量子力学处理氢分子的形成的研究结果进行推广以后得到的。

### (一) 共价键的形成

**1. $H_2$ 分子的形成**　Heitler 和 London 用量子力学处理 $H_2$ 分子的形成,计算结果表明:当带有自旋相反的单电子的两个氢原子相互靠近时,随着核间距离的减小,两个氢原子的 1s 轨道发生叠加,两个氢原子核间电子云密度增大,体系能量下降,形成共价键。如果两原子的电子自旋方向相同,当两原子靠近时,1s 轨道重叠部分的波函数 $\psi$ 值相减,互相抵消,使核间电子的概率密度减小,从而增大了两核间的斥力,致使两个氢原子不能成键,这种状态称为**排斥态**(repellent state)。当核间距 $r$ 达到 87 pm(实测值为 74 pm)时,两个原子轨道重叠最大,系统能量最低,两个氢原子间形成了稳定的共价键,这称为氢分子的**基态**(ground state),如图 11-8 和图 11-9 所示。

从图中可以看出,当系统能量达到最低点时,两个氢原子的核间距离远小于基态氢原子的半径(52pm)之和,说明此时氢原子已经结合成稳定的氢分子。当核间距离继续减小,由于氢原子核之

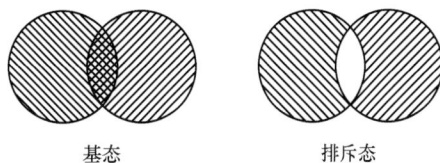

基态　　　　　　　排斥态

图 11-8　$H_2$ 分子的两种状态

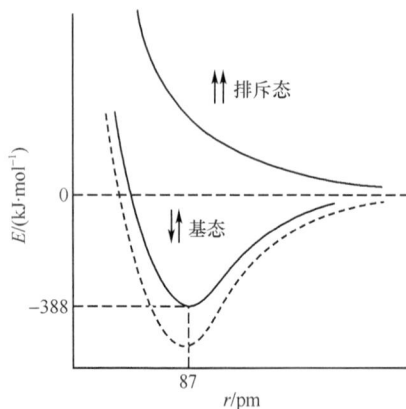

图 11-9　两个氢原子接近时的能量
变化曲线

间的斥力,系统能量迅速增大。如果氢原子电子自旋方向相同,则能量随着核间距离减少而增大,不能成键。

从上述结果可以看出,当形成氢分子时,原子轨道相互重叠,使两核间电子云密度增大,屏蔽了两个原子核之间的斥力,而两个氢原子同时对电子云密集区产生吸引,使氢原子结合成分子,说明共价键的本质是电性的,但又不完全等同于正、负离子间的静电引力,成键的电子围绕两个原子核运动,但在两核间出现的概率较大,像桥那样通过吸引而起到连接两核的作用,从而能形成稳定的分子。

从氢分子的形成可以看出,要形成共价键,前提条件是成键的两个氢原子电子自旋方向相反。将这个结果推广到所有的分子,可以得到现代价键理论。

**2.价键理论的基本要点**

(1) 形成共价键的条件:成键的两原子必须有自旋相反的单电子,才能配对形成共价键。形成共价键时,成键电子的原子轨道要满足最大重叠,重叠程度越大,两核间电子的概率密度就越大,形成的共价键越牢固。

(2) 共价键的特点:具有饱和性和方向性。原子中有几个单电子就能形成几个共价键,这称为**共价键的饱和性**。如氢原子外层只有 1 个单电子,两个氢原子以共价单键结合,即通过共用一对电子,形成双原子分子。氯化氢中氢和氯各有一个单电子,结合成 HCl 只能形成一个共价键,但氧最外层有 6 个电子,两个成单,所以能够和两个氢原子结合成水分子。

除了 s 轨道是球形对称的,其他原子轨道在空间都有一定的伸展方向,要形成稳定的共价键,必须满足原子轨道的最大重叠,而要满足最大重叠,成键的原子轨道间必须沿着一定的方向重叠,所以共价键有方向性。

例如,在形成 HCl 分子时,H 原子的 1s 轨道与 Cl 原子的 $3p_x$ 轨道只有沿着 $x$ 轴方向靠近,才能满足它们之间的最大限度重叠,形成稳定的共价键(见图 11-10)。其他方向的重叠,因原子轨道没有重叠或很少重叠,故不能成键。

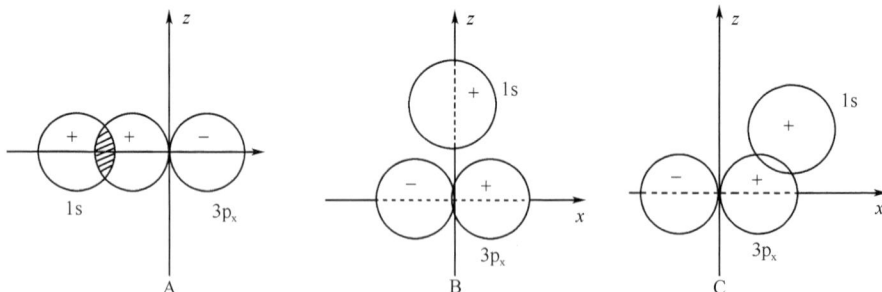

图 11-10　共价键的方向性

**3.共价键的类型**　按原子轨道重叠方式不同,共价键可分为 σ 键、π 键。

(1) σ 键:例如 HCl 的形成,为了满足原子轨道最大程度重叠,H 原子 s 轨道沿着键轴(即成键两原子核间的连线,这里设为 $x$ 轴)方向和 p 轨道以"头碰头"方式相互重叠,轨道的重叠部分沿键轴呈圆柱形对称分布,原子轨道以这种方式重叠形成的共价键称为 σ 键。如图 11-11 所示,s-s、s-$p_x$ 和 $p_x$-$p_x$ 均形成 σ 键。

(2) π 键:当 $O_2$ 形成时,根据 O 原子的电子排布式可知,O 的价层电子组态为 $2s^2 2p^4$,有两个单电子在相互垂直的 p 轨道上,将 $x$ 轴设为键轴,两个 O 原子的 $p_x$ 和 $p_x$ 轨道以"头碰头"方式重叠可形成 $\sigma$ 键,与此同时,两个 O 的 $p_z$ 轨道相互平行,且各有一个单电子,$p_z$ 轨道只能以"肩并肩"的方式相互重叠,这种重叠方式形成的共价键称为 **$\pi$ 键**,如图 11-12 所示。在 $\pi$ 键中,原子轨道的重叠部分,对键轴所在的某一特定平面具有镜面反对称(原子轨道在镜面两边波瓣的符号相反)。

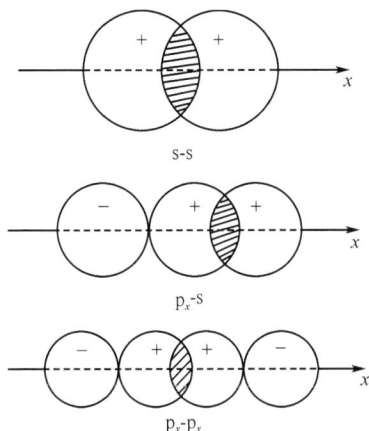

图 11-11　$\sigma$ 键　　　　图 11-12　$\pi$ 键

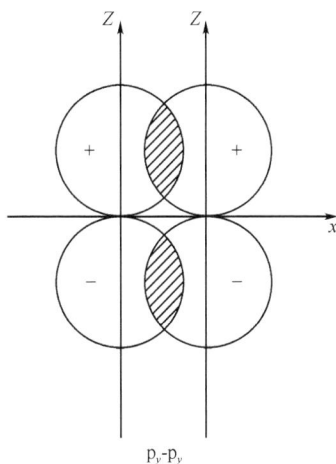

$O_2$ 形成一个 $\sigma$ 键和一个 $\pi$ 键,称为一个双键。一般在具有双键或叁键的两原子之间,只有一个 $\sigma$ 键其余都是 $\pi$ 键。例如,$N_2$ 分子内 N 原子之间就有一个 $\sigma$ 键和两个 $\pi$ 键。N 原子的价层电子组态是 $2s^2 2p^3$,形成 $N_2$ 分子时用的是 2p 轨道上的三个单电子。这三个 2p 电子分别分布在三个相互垂直的 $2p_x$,$2p_y$,$2p_z$ 轨道内。当两个 N 原子的 $p_x$ 轨道沿着 $x$ 轴方向以"头碰头"的方式重叠时,随着 $\sigma$ 键的形成,两个 N 原子将进一步靠近,这时垂直于键轴($x$ 轴)的 $2p_y$ 和 $2p_z$ 轨道只能以"肩并肩"的方式两两重叠,形成两个 $\pi$ 键。图 11-13 即为 $N_2$ 分子中化学键示意图。

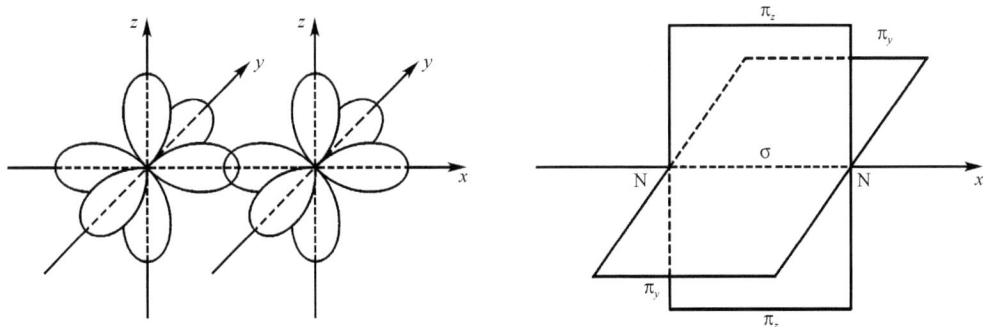

图 11-13　$N_2$ 分子形成示意图

综上所述,$\sigma$ 键的特点是:两个原子的成键轨道沿键轴方向以"头碰头"的方式相互重叠;原子轨道重叠部分沿键轴呈圆柱形对称,形成的原子轨道重叠区域大,所以 $\sigma$ 键稳定性大。$\pi$ 键的特点是:两个原子轨道以"肩并肩"的方式重叠,轨道重叠部分对通过键轴的平面呈现镜面反对称,轨道重叠程度小,稳定性低于 $\sigma$ 键。由于原子轨道都有一定的夹角,两个成键原子之间只能形成一个 $\sigma$ 键;$\pi$ 键较易断开,一般只能与 $\sigma$ 键共存于具有双键或叁键的分子中。

(3) 配位键:如果共价键的形成是由成键两原子中的一个原子单独提供电子对进入另一个

原子的空轨道共用而成键，这种共价键称为**配位共价键**（coordinate covalent bond），简称**配位键**（coordination bond）。为区别于正常共价键，配位键用"→"表示，箭头从提供电子对的原子指向接受电子对的原子。例如，在 CO 分子中，O 原子除了以 2 个单的 2p 电子与 C 原子的 2 个单的 2p 电子形成 1 个 σ 键和 1 个 π 键外，还单独提供一对孤对电子（lone pair electron）进入 C 原子的 1 个 2p 空轨道共用，形成 1 个配位键，这可表示为：

$$:C\cdot + \cdot\ddot{O}: \longrightarrow C \mathrel{\equiv\!\!\!\longleftarrow} O:$$

由此可见，要形成配位键必须同时具备两个条件：一个是成键原子的价电子层有孤对电子；另一个是成键原子的价电子层有空轨道。只要具备条件，分子内、分子间、离子间以及分子与离子间均有可能形成配位键。配位键的形成方式虽和一般共价键不同，但一旦形成，两者没有任何区别。关于配位键理论将在第 12 章配位化合物中做进一步介绍。

价键理论较好地揭示了共价键的形成和共价键的本质，并成功地解释了共价键的饱和性和方向性问题，但在解释分子的空间构型方面却遇到了困难。

---

**案例 11-1**

　　C 原子的价层电子组态为 $2s^2 2p^2$，按照现代价键理论，C 原子有两个单电子，当 C 与 H 原子成键时，只能形成两个共价键，且共价键夹角应为 90°。实验测定发现：$CH_4$ 分子的空间构型为正四面体，四个 C—H 键夹角 109°28'，且 4 个 C—H 键完全等价。

**问题：**

　　1. 在 $CH_4$ 分子中，C 原子和 H 原子是如何成键的？

　　2. 价键理论有何局限性？

---

## （二）杂化轨道理论

价键理论简单明了，能很好地解释共价化合物的形成过程以及共价键的特点，但不能解释 $CH_4$ 四面体结构式是如何形成的，也不能解释为什么没有成单电子的 Be 能够形成直线形的共价分子，为了解决这些问题，1931 年，L Pauling 等人在价键理论的基础上提出了**杂化轨道理论**（hybrid orbital theory）。

**1. 杂化轨道理论的基本要点**　杂化轨道理论认为，在同一个原子中能量相近的不同类型的原子轨道（即波函数）可以相互叠加，重新分配能量和空间取向，组成数目相等的新的原子轨道，这种轨道重新组合的过程称为**杂化**（hybridization），杂化后形成的新轨道称为**杂化轨道**（hybrid orbital）。杂化轨道无论形状和能量与原来相比均发生了变化，如 s 轨道和 p 轨道的杂化，成键原子轨道叠加后，符号相同的轨道波函数值增大，电子云密度增大，而符号相反的波函数叠加后相互抵消，杂化轨道的形状变得一头大，一头小，如图 11-14，这种形状更有利于成键时满足最大重叠，所以杂化以后的轨道比原来的轨道成键能力强，形成的化学键键能大，生成的分子更稳定。而且为了使体系能量降低，杂化轨道尽可能采用最大夹角分布，使轨道间斥力最小，形成的分子具有一定的空间构型。

**2. 杂化类型与分子空间构型**　根据参加杂化的原子轨道的种类，可以将杂化分为两类，一类是 s 轨道和 p 轨道的杂化，一类是 s 轨道、p 轨道和 d 轨道参与的杂化。

（1）s 轨道和 p 轨道的杂化：指同一原子中能量相近的 ns 轨道和 np 轨道之间的杂化，按照参加杂化的 s 轨道和 p 轨道数目的不同，又可分为 sp、$sp^2$、$sp^3$ 三种杂化。

1）sp 杂化：由 1 个 ns 轨道和 1 个 np 轨道组合成 2 个 sp 杂化轨道的过程称为 sp 杂化，所形成的轨道称为 sp 杂化轨道。每个 sp 杂化轨道均含有 1/2 的 s 轨道成分和 1/2 的 p 轨道成分。为使两个杂化轨道相互间的排斥能最小，轨道间的夹角为 180°。当 2 个 sp 杂化轨道与其他原子轨道重叠成键可形成直线形的分子。sp 杂化过程及 sp 杂化轨道的形状如图 11-14 所示。

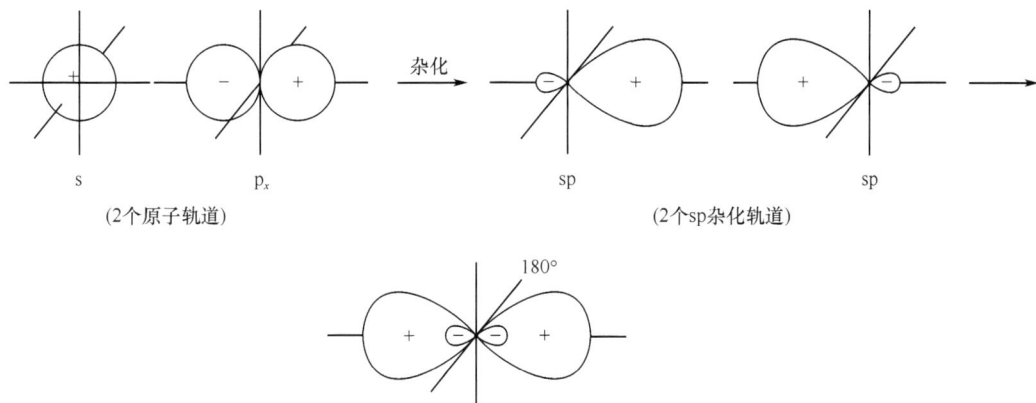

图 11-14　s 和 p 轨道组合成 sp 杂化轨道示意图

如 $BeCl_2$ 分子的形成。Be 原子的价层电子组态为 $2s^2$，按照经典价键理论，由于 Be 原子没有单电子，因此不能和其他原子结合成共价分子，但实验测定发现，Be 可以和两个 Cl 形成直线型的 $BeCl_2$ 分子。杂化轨道理论认为，当 2 个 Cl 原子接近 Be 原子时，Be 原子的 1 个 2s 电子被激发到 2p 空轨道，价层电子组态为 $2s^1 2p_x^1$，含有单电子的 2s 轨道和 $2p_x$ 轨道进行 sp 杂化，组成夹角为 $180°$ 的 2 个能量相同的 sp 杂化轨道，2 个 Cl 原子中含有单电子的 3p 轨道与 Be 的 sp 杂化轨道重叠，形成 2 个 sp-p 的 $\sigma$ 键，所以 $BeCl_2$ 分子的空间构型为直线形，如图 11-15，其形成过程可表示为：

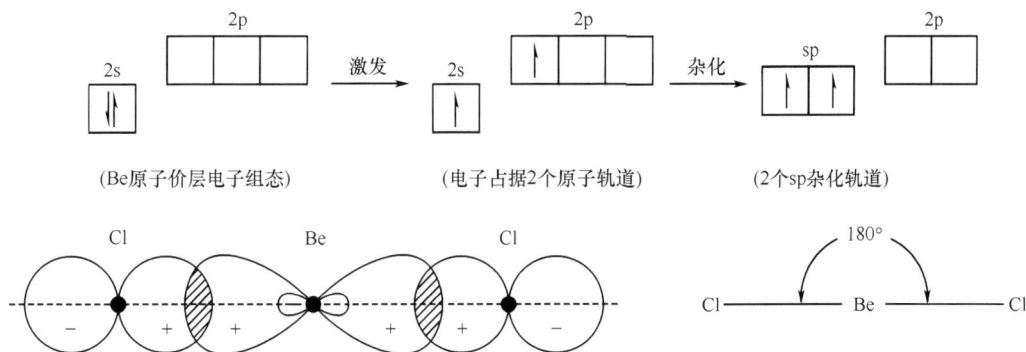

图 11-15　$BeCl_2$ 分子的形成及空间构型

2）$sp^2$ 杂化：能量相近的 1 个 $ns$ 轨道与 2 个 $np$ 轨道组合成 3 个 $sp^2$ 杂化轨道的过程称为 $sp^2$ 杂化。每个 $sp^2$ 杂化轨道含有 1/3 的 s 轨道成分和 2/3 的 p 轨道成分，为了使轨道间的排斥最小，3 个 $sp^2$ 杂化轨道呈平面三角形分布，夹角为 $120°$，如图 11-16A。当 3 个 $sp^2$ 杂化轨道分别与其他 3 个相同原子的轨道重叠成键后，就形成正三角形构型的分子。如 $BF_3$ 是平面三角形分子。

**例 11-1**　解释 $BF_3$ 分子的空间构型。

**解**：实验结果表明，$BF_3$ 分子中有 3 个完全等同的 B—F 键，键角为 $120°$，分子的空间构型为正三角形。$BF_3$ 分子的中心原子是 B，其价层电子组态为 $2s^2 2p_x^1$。当 F 原子接近 B 原子时，B 原子的 2s 轨道上的 1 个电子被激发到 2p 空轨道，价层电子组态为 $2s^1 2p_x^1 2p_y^1$，1 个 2s 轨道和 2 个 2p 轨道进行 $sp^2$ 杂化，形成夹角均为 $120°$ 的 3 个完全等同的 $sp^2$ 杂化轨道，3 个 F 原子含有单电子的 2p 轨道与含有单电子 $sp^2$ 杂化轨道重叠，形成 3 个 $sp^2$-p 的 $\sigma$ 键。故 $BF_3$ 分子的空间构型是正三角形，如图 11-16B。

(B原子价层电子组态)　　　(电子占据3个原子轨道)　　　(3个sp²杂化轨道)

(A)3个sp²杂化轨道　　　　(B)平面三角形构型的BF₃分子

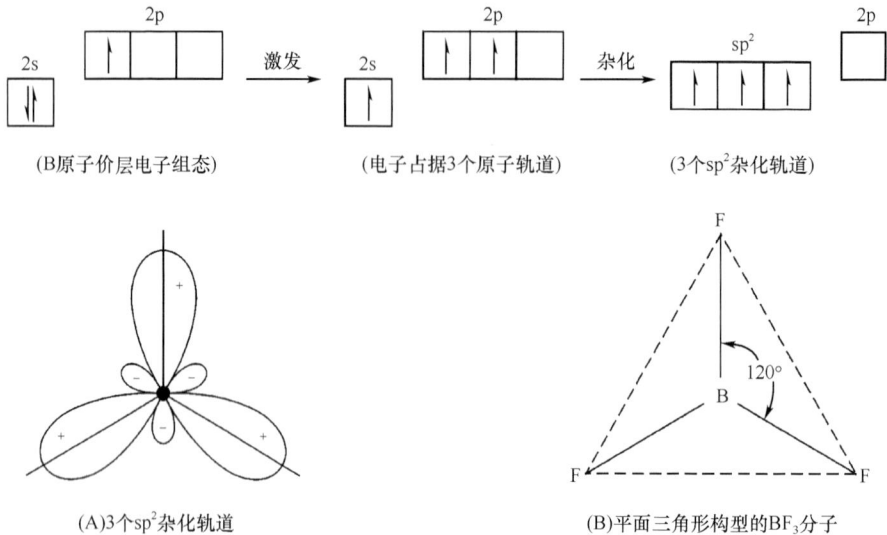

图 11-16　sp² 杂化轨道的空间取向和 BF₃ 分子形成

3) sp³ 杂化轨道:由 1 个 $ns$ 轨道和 3 个 $np$ 轨道组合成 4 个 sp³ 杂化轨道的过程称为 sp³ 杂化。每个 sp³ 杂化轨道含有 1/4 的 s 轨道成分和 3/4 的 p 轨道成分。为使轨道间的排斥能最小,4 个杂化轨道分别指向正四面体顶角,sp³ 杂化轨道间的夹角均为 109°28′,如图 11-17。当它们分别与其他 4 个相同原子的轨道重叠成键后,就形成正四面体构型的分子。

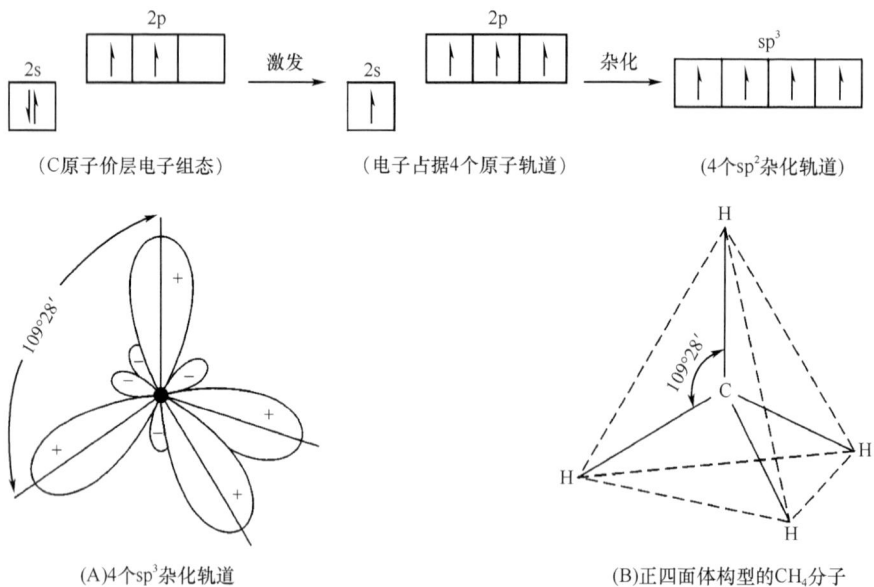

(C原子价层电子组态)　　　(电子占据4个原子轨道)　　　(4个sp²杂化轨道)

(A)4个sp³杂化轨道　　　　(B)正四面体构型的CH₄分子

图 11-17　CH₄ 分子构型和 sp³ 杂化轨道的空间取向

如 CH₄ 分子,实验测定表明,CH₄ 分子的空间构型为正四面体。其形成过程可表示为:C 原子的 2s 轨道和 2p 轨道杂化形成 4 个完全等同的 sp³ 杂化轨道,杂化轨道间夹角均为 109°28′,分别与 4 个 H 原子的 1s 轨道重叠后,形成 4 个 sp³-s 的 $\sigma$ 键,故 CH₄ 分子的空间构型为正四面体。

s 轨道和 p 轨道的三种杂化归纳于表 11-6 中。

**表 11-6　sp 型的三种杂化**

| 杂化类型 | sp | sp² | | sp³ | | |
|---|---|---|---|---|---|---|
| | | 等性 | 不等性 | 等性 | 不等性 | 不等性 |
| 参与杂化的原子轨道 | 1 个 s 与 1 个 p | 1 个 s 与 2 个 p | | 1 个 s 与 3 个 p | | |
| 杂化轨道间夹角 | 180° | 120° | <120° | 109°28′ | 107°18′ | 104°45′ |
| 分子空间构型 | 直线型 | 平面三角形 | V 形 | 正四面体 | 三角锥 | V 形 |
| 实例 | $BeCl_2$<br>$CO_2$<br>$HgCl_2$<br>$C_2H_2$ | $BF_3$<br>$SO_3$<br>$C_2H_4$ | $SO_2$<br>$NO_2$ | $CH_4$<br>$SiF_4$<br>$NH_4^+$ | $NH_3$<br>$PCl_3$ | $H_2O$<br>$OF_2$ |

（2）spd 轨道杂化：同一原子内,能量相近的$(n-1)d$ 与 $ns$、$np$ 轨道或 $ns$、$np$ 与 $nd$ 轨道组合成新的 dsp 或 spd 型杂化轨道的过程,统称为 spd 型杂化,如 $PCl_5$、$SCl_6$ 等。这种类型的杂化比较复杂,将在配位化合物中介绍,表 11-7 列出几种典型的杂化轨道实例:

**表 11-7　几种典型的 spd 型杂化轨道**

| 杂化轨道类型 | dsp² | sp³d | d²sp³ 或 sp³d² |
|---|---|---|---|
| 杂化轨道数 | 4 | 5 | 6 |
| 空间构型 | 平面四方形 | 三角双锥 | 正八面体 |
| 实例 | $[Ni(CN)_4]^{2-}$ | $PCl_5$ | $[Fe(CN)_6]^{3-}$,$[Co(NH_3)_6]^{2+}$ |

**3. 等性杂化和不等性杂化**　根据杂化后形成的几个杂化轨道的组成和能量是否相同,轨道的杂化可分为等性杂化和不等性杂化。

（1）等性杂化:中心原子杂化后所形成的杂化轨道组成和能量完全相同,这种杂化称为**等性杂化**（equivalent hybridization）。一般情况下,如果参与杂化的原子轨道均是含有单电子或者都是空轨道,其杂化是等性的。如上述的 $BeCl_2$、$BF_3$ 和 $CH_4$ 分子中的中心原子分别为 sp、sp² 和 sp³ 等性杂化。在配离子 $[Fe(CN)_6]^{3-}$ 和 $[Co(NH_3)_6]^{2+}$ 中,中心原子分别为 d²sp³ 和 sp³d² 等性杂化。

（2）不等性杂化:如果中心原子杂化后所形成的杂化轨道组成和能量不完全相同,这种杂化称为**不等性杂化**（nonequivalent hybridization）。通常,若参与杂化的原子轨道中带有孤对电子,其余为单电子轨道,或者杂化轨道中既有单电子也有空轨道,这种类型的杂化是不等性的。现在以 $NH_3$ 分子和 $H_2O$ 分子的形成为例来说明不等性杂化。N 原子是 $NH_3$ 分子的中心原子,其价层电子组态为 $2s^2 2p_x^1 2p_y^1 2p_z^1$。当 H 原子与 N 原子在形成 $NH_3$ 分子的过程中,如果不发生杂化,N 原子分别以 $2p_x$、$2p_y$、$2p_z$ 三个轨道与氢成键,三个 N—H 键的夹角应该为 90°,但实验测定,$NH_3$ 分子中 3 个 N—H 键的键角为 107°18′,更接近四面体的夹角,分子的空间构型为三角锥形。因此,杂化轨道理论认为,在形成 $NH_3$ 分子过程中,N 原子的 1 个已被孤电子对占据的 2s 轨道与 3 个含有单电子的 p 轨道进行杂化,形成的 4 个 sp³ 杂化轨道,其中 1 个已被 N 原子的孤电子对占据,该 sp³ 杂化轨道含有较多的 2s 轨道成分,其余 3 个各有单电子的 sp³ 杂化轨道则含有较多的 2p 轨道成分,所以 N 原子的 sp³ 杂化是不等性杂化。在与 H 原子成键的时候,孤对电子不参与形成正常共价键,3 个含有单电子的 sp³ 杂化轨道各与 1 个 H 原子的 1s 轨道重叠,就形成 3 个 sp³-s 的 σ 键。而孤对电子的电子云较密集于 N 原子周围,它对成键电子对产生排斥作用,使 N—H 键的夹角被压缩至 107°18′（小于 109°28′）,所以 $NH_3$ 分子的空间构型呈三角锥形,如图 11-18。

由于 $NH_3$ 分子中含有孤对电子,当遇到有空轨道的 $H^+$ 时,两者可以形成配位键,$NH_4^+$ 具有正四面体的空间构型。同理,可以解释为什么 $H_2O$ 分子的空间构型是 V 形,且键角为 104°45′（如图 11-18）。

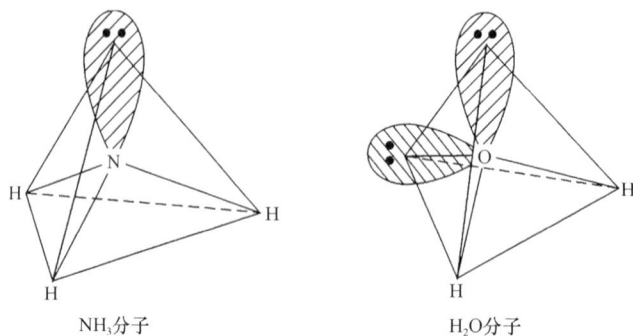

图 11-18　氨分子和水分子的结构

　　需要注意，等性杂化并不表示共价键等同，如 $CHCl_3$ 分子，C 虽然是等性 $sp^3$ 杂化，但是 C—H 共价键和 C—Cl 共价键并不相同。杂化轨道理论和价键理论一样，认为共价键是有原子轨道重叠形成，不同的是，杂化轨道理论认为，多电子原子在形成过程中，中心原子提供杂化的轨道参与成键，这样原子的成键能力增强，可以形成数目更多的共价键，同时，由于杂化轨道形状的特殊性，成键时可以更好地满足最大重叠，形成稳定的共价键。所以可以把杂化轨道理论看成是对价键理论的补充。

## (三) 价层电子对互斥理论

　　杂化轨道理论成功地解释了一些共价分子的空间构型，但其不能直接应用于预测分子的空间构型。为了能更准确地确定或预测分子的空间构型，1940 年，美国的 Sidgwick NV(西奇威克)等人相继提出了**价层电子对互斥理论**( valence shell electron pair repulsion theory)，简称 VSEPR 法。

**1. 价层电子对互斥理论的基本要点**

　　(1) 对于一个 $AB_n$ 型分子或离子，中心原子 A 周围配置的原子或原子团的空间排布，主要取决于中心原子的价层电子对(包括成键电子对和孤对电子)的排斥作用，各价层电子对间应尽可能相互远离，以减少价层电子对之间静电斥力，使体系达最稳定状态。

　　(2) 分子的几何构型取决于价层电子对的数目和类型，由于孤对电子比成键电子对接近中心原子，只受原子核的吸引，电子云密度大，所以对相邻电子对的斥力较大。不同电子对之间的斥力大小顺序为：

　　　　　　孤对电子—孤对电子>孤对电子—成键电子对>成键电子对—成键电子对

　　(3) 计算价层电子对时，如果 $AB_n$ 分子中存在双键或三键，按单键来考虑，即只考虑提供一个成键电子对。多重键具有较多的电子而斥力大，其斥力大小顺序为：三键>双键>单键。根据电子对之间斥力最小原则，将分子几何构型中电子对数目和类型的关系列于表 11-8 中。

**2. 分子空间构型的判断**　应用价层电子对互斥理论，可按下述步骤推测判断分子的空间构型。

　　(1) 确定中心原子中价层电子对数：将中心原子的价层电子数和配体所提供的共用电子数的总和除以 2，即为中心原子的价层电子对数。一般规定：①作为配体，卤素原子和 H 原子提供 1 个电子，氧族元素的原子不提供电子；②作为中心原子，卤素原子提供 7 个电子，氧族元素的原子提供 6 个电子；③对于复杂离子，在计算价层电子对数时，还应加上负离子的电荷数或减去正离子的电荷数；④计算电子对数时，若剩余 1 个电子，亦当作 1 对电子处理；⑤ 双键、叁键等多重键作为 1 对电子看待。

　　(2) 推测分子的空间构型：根据中心原子的价层电子对数，从表 11-8 中找出相应的价层电子对构型后，再根据价层电子对中的孤电子对数，确定电子对的排布方式和分子的空间构型。

对分子构型起主要作用的是 $\sigma$ 键,而不是 $\pi$ 键。但在有多重键存在时,多重键同孤对电子相似,对其他成键电子对也有较大斥力,影响分子中的键角,从而改变分子的空间构型。

表 11-8　理想的价层电子对构型和分子构型

| A 的电子对数 | 价层电子对构型 | 分子类型 | 成键电子对数 | 孤电子对数 | 电子对排布 | 分子构型 | 实例 |
|---|---|---|---|---|---|---|---|
| 2 | 直线 | $AB_2$ | 2 | 0 | | 直线 | $HgCl_2$, $CO_2$ |
| 3 | 平面三角形 | $AB_3$ | 3 | 0 | | 平面三角形 | $BF_3$, $NO_3^-$ |
| | | $AB_2$ | 2 | 1 | | V 形 | $PbCl_2$, $SO_2$ |
| 4 | 四面体 | $AB_4$ | 4 | 0 | | 正四面体 | $SiF_4$, $SO_4^{2-}$ |
| | | $AB_3$ | 3 | 1 | | 三角锥 | $NH_3$, $H_3O^+$ |
| | | $AB_2$ | 2 | 2 | | V 形 | $H_2O$, $H_2S$ |
| 5 | 三角双锥 | $AB_5$ | 5 | 0 | | 三角双锥 | $PCl_5$, $PF_5$ |
| | | $AB_4$ | 4 | 1 | | 变形四面体 | $SF_4$, $TeCl_4$ |

续表

| A的电子对数 | 价层电子对构型 | 分子类型 | 成键电子对数 | 孤电子对数 | 电子对排布 | 分子构型 | 实例 |
|---|---|---|---|---|---|---|---|
| 5 | 三角双锥 | $AB_3$ | 3 | 2 | | T形 | $ClF_3$ |
| | | $AB_2$ | 2 | 3 | | 直线 | $I_3^-$, $XeF_2$ |
| 6 | 八面体 | $AB_6$ | 6 | 0 | | 正八面体 | $SF_6$, $AlF_6^{3-}$ |
| | | $AB_5$ | 5 | 1 | | 四方锥 | $BrF_5$, $SbF_5^{2-}$ |
| | | $AB_4$ | 4 | 2 | | 平面正方形 | $ICl_4^-$, $XeF_4$ |

**例 11-2**　试判断 $SO_4^{2-}$ 离子的空间构型。

**解:** $SO_4^{2-}$ 离子的负电荷数为 2,中心原子 S 有 6 个价电子,O 原子不提供电子,所以 S 原子的价层电子对数为 $(6+2)/2=4$,其排布方式为四面体型。因价层电子对中无孤对电子,所以 $SO_4^{2-}$ 离子为正四面体构型。

**例 11-3**　试判断 $H_2S$ 分子的空间构型。

**解:** S 是 $H_2S$ 分子的中心原子,它有 6 个价电子,与 S 化合的 2 个 H 原子各提供 1 个电子,所以 S 原子价层电子对数为 $(6+2)/2=4$,其排布方式为四面体,因价层电子对中有 2 对孤对电子,所以 $H_2S$ 分子的空间构型为 V 形。

**例 11-4**　试判断 HCHO 分子和 HCN 分子的空间构型。

**解:** $\begin{matrix}H\\|\\H{-}C{=}O\end{matrix}$ 分子中有 1 个 C=O 双键,看成 1 对成键电子,2 个 C—H 单键为 2 对成键电子,C 原子的价层电子对数为 3,且无孤对电子,所以 HCHO 分子的空间构型为平面三角形。

HCN 分子的结构式为 H—C≡N：,含有 1 个 C≡N 叁键,看成 1 对成键电子,1 个 C—H 单键为 1 对成键电子,故 C 原子的价层电子对数为 2,且无孤对电子,所以 HCN 分子的空间构型为直线。

价层电子对互斥理论,先考虑中心原子周围的价层电子对构成的几个图形,然后再考虑孤对电子如何分布使斥力最小,最后得到分子的几何构型。这种方法简明直观,应用方便,但存在局限性,如含有 d 电子的中心原子不能用价层电子对互斥理论判断分子的几何构型。

**例 11-5** 试判断 $CH_2$=$CHCl$ 分子的空间构型。

**解:** 在 $CH_2$=$CHCl$ 分子中,C 原子的价层电子对数均为 3,无孤对电子存在,按理其键角都应是 120°,但由于多重键的存在对 C—H 键或 C—Cl 的成键电子对有较大斥力,使其键角缩小。

# 二、分子轨道理论

价键理论、杂化轨道理论以及价层电子对互斥理论能较好说明共价键的形成和分子的空间构型,但这些理论也有其局限性。

---

**案例 11-2**

O 原子的电子组态为 $1s^2 2s^2 2p_x^2 2p_y^1 2p_z^1$,按现代价键理论,2 个 O 原子应以 1 个 $\sigma$ 键和 1 个 $\pi$ 键结合成 $O_2$ 分子,因此,$O_2$ 分子中的电子都是成对的,它应是抗磁性[*]物质。但是磁性测定表明,$O_2$ 分子是顺磁性物质,它有 2 个未配对的单电子。

**问题:**

1.为什么氧分子表现出顺磁性,而非抗磁性?

2.如何解释氧分子的形成及结构?

3.为何单线态氧 $^1O_2$ 具有较高的能量?成为引起人体衰老的氧自由基之一?

---

实验测定 NO、$NO^+$ 都具有顺磁性,用这些理论不能解释。另外,现代价键理论也不能解释分子中存在单电子键(如在 $H_2^+$ 中)等问题。1932 年,美国化学家 RS Mulliken 和德国化学家 F Hund 提出**分子轨道理论**(molecular orbital theory),即 **MO 法**。该理论立足于分子的整体性,能较好地说明多原子分子的结构。

## (一) 分子轨道理论的基本要点

(1)分子中的电子在整个分子范围内运动,不再从属于某个原子。在原子中可以用波函数($\psi$)来描述电子在原子中的运动状态,同样,可以用 $\psi$ 来描述电子在分子中的运动状态,$|\psi|^2$ 描述电子在分子中空间各处出现的几率密度,并把分子中的波函数 $\psi$ 称为**分子轨道**(molecular orbital)。

(2)分子轨道是原子轨道的**线性组合**(linear combination of atomic orbitals,LCAO)而成,组合形成的分子轨道数目和组合前的原子轨道数相等。几个原子轨道可以组合成几个分子轨道,其中有一半分子轨道为成键分子轨道 $\psi$,另一半分子轨道为反键分子轨道 $\psi^*$。例如,两个原子轨道 $\psi_a$ 和 $\psi_b$ 线性组合后产生两个分子轨道 $\psi_1$ 和 $\psi_1^*$ 表示为:

$$\psi_1 = c_1\psi_a + c_2\psi_b$$
$$\psi_1^* = c_1\psi_a - c_2\psi_b$$

式中:$\psi_a$ 和 $\psi_b$ 为原子轨道,$c_1$ 和 $c_2$ 是系数。

从电子的波动性考虑,把原子轨道相加看成相同两个电子波组合时波峰叠加,使波增强;把原子轨道相减看成相同两个电子波组合时波峰相减,使波减弱,见图 11-19 和图 11-20。

---

[*]物质的磁性,主要是由其中电子的自旋引起的。通常,在抗磁性物质中电子都已成对,在顺磁性物质中则含有单电子。

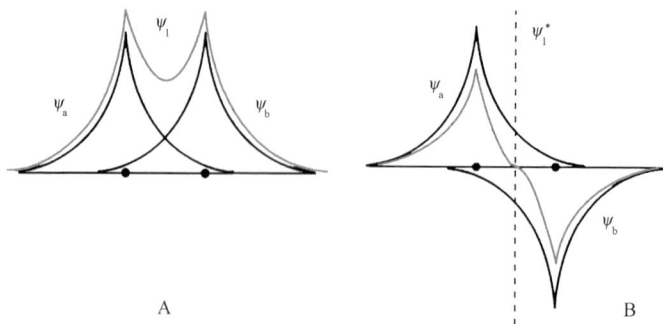

图 11-19　$\psi_1$ 成键分子轨道(A)和$\psi_1^*$ 反键分子轨道(B)

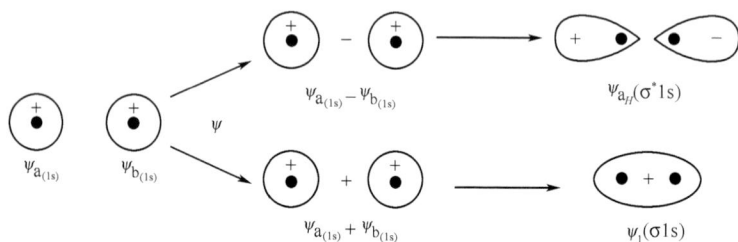

图 11-20　$\sigma_{1s}$ $\sigma_{1s}^*$ 分子轨道的形成

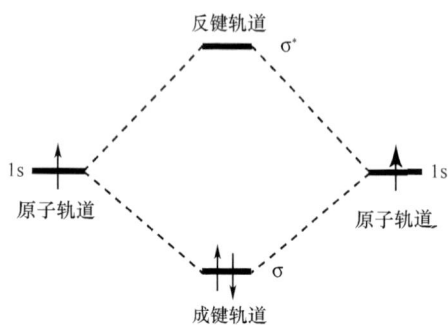

图 11-21　原子轨道和分子轨道

故在 $\psi_1$ 中,两核间电子概率密度明显增大,屏蔽了两原子核之间的斥力而稳定成键。所以,由两原子轨道重叠相加组成的分子轨道称**成键轨道**(bonding molecular orbital)。$\psi_1^*$ 中两核间电子概率密度减弱,波函数值为零,无法有效地吸引两成键的原子核,两原子轨道相减组成的分子轨道称**反键轨道**(antibonding molecular orbital)。成键轨道的能量低于原子轨道能量,反键轨道的能量高于原子轨道能量,用轨道能级表示如图 11-21。

分子轨道和原子轨道的主要区别在于:①在原子中,电子的运动只受 1 个原子核的作用,原子轨道是单核系统;而在分子中,电子则在所有原子核势场作用下运动,分子轨道是多核系统。②原子轨道的名称用 s、p、d、... 符号表示,而分子轨道的名称则相应地用 σ、π、δ、... 符号表示。

(3) 为了有效地组合成分子轨道,要求成键的各原子轨道必须符合下述三条原则:

1) 对称性匹配原则:只有对称性匹配的原子轨道才能组合成分子轨道,这称为**对称性匹配原则**(law of symmetry matching)。所谓对称性匹配,就是指具有相同的空间对称性。例如,图 11-22中的 s 轨道和 $p_x$ 轨道(图 A),$p_x$ 和 $p_x$(图 B、C),$p_y$ 和 $p_y$(图 D、E)是对称性匹配的,而 s 和 $p_y$(图 F),$p_x$ 和 $p_y$(图 G)是对称性不匹配的。

对称性匹配的两原子轨道组合成分子轨道时,因波瓣符号的异同,有两种组合方式:波瓣符号相同(即++重叠或--重叠)的两原子轨道组合成成键分子轨道;波瓣符号相反(即+-重叠)的两原子轨道组合成反键分子轨道。图 11-23 是对称性匹配的两个原子轨道组合成分子轨道的示意图。

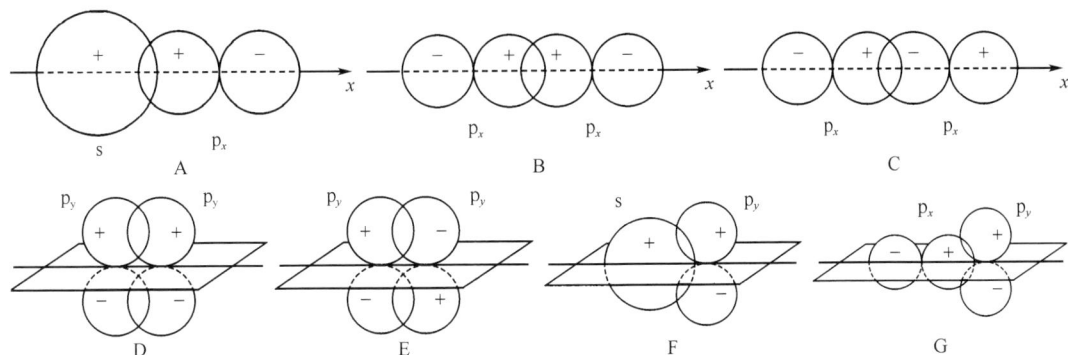

图 11-22　原子轨道对称性匹配示意图

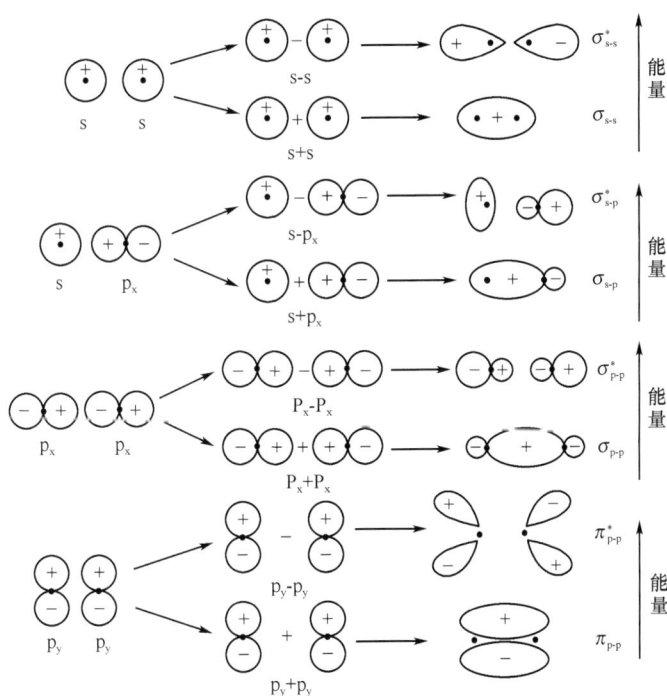

图 11-23　对称性匹配的两原子轨道组合成分子轨道示意图

2）能量近似原则：在对称性匹配的原子轨道中，只有能量相近的原子轨道才能有效地组合成分子轨道，而且能量越相近越好，这称为**能量近似原则**。这个原则对于确定两种不同型的原子轨道之间能否组成分子轨道尤为重要。例如，H 原子的 1s 轨道的能量为 $-1312$ kJ·mol$^{-1}$，F 原子的 1s、2s 和 2p 轨道的能量分别为 $-67181$、$-3870.8$ 和 $-1797.4$ kJ·mol$^{-1}$。当 H 原子和 F 原子形成 HF 分子时，从对称性匹配情况看，H 原子的 1s 轨道可以和 F 原子的 1s、2s 或 2p$_x$ 轨道中的任何一个组合成分子轨道，但只有 H 原子的 1s 原子轨道的能量与 F 的 2p$_x$ 原子轨道能量近似，根据能量近似原则，H 原子的 1s 原子轨道只能和 F 原子的 2p$_x$ 原子轨道有效组合成分子轨道。

3）轨道最大重叠原则：对称性匹配的两个原子轨道进行线性组合时，其重叠程度越大，则组合成的分子轨道的能量越低，所形成的化学键越牢固，这称为**轨道最大重叠原则**。

在上述三条原则中，对称性匹配原则最为重要。

（4）电子在分子轨道中的排布也遵守 Pauli 不相容原理、能量最低原理和 Hund 规则。具体排布时,应先知道分子轨道的能级顺序。目前,这个顺序主要借助于分子光谱实验来确定。

(5) 在分子轨道理论中,用**键级**(bond order)表示键的牢固程度。键级的定义是:

$$键级 \overset{\text{def}}{=\!=\!=} \frac{1}{2}(成键轨道上的电子数-反键轨道上的电子数)$$

一般说来,键级越高,键能越大,键越稳定;键级为零,则表明原子不可能结合成分子。

## (二) 分子轨道理论的应用

每个分子轨道都有相应的能量,分子轨道中的能级顺序目前主要通过光谱实验数据来测定。把分子中各分子轨道按能级高低顺序排列起来,可得到分子轨道能级图。

**1. 同核双原子分子的轨道能级图**　现以第二周期元素形成的同核双原子分子为例予以说明。对于第二周期元素来说,形成的同核双原子分子能级顺序有以下两种情况:如果2s、2p轨道能量相差较大($>1500\ kJ\cdot mol^{-1}$),在组合成分子轨道时,不会发生2s和2p轨道的相互作用,只是两原子的s-s和p-p轨道的线性组合,因此,由这些原子组成的同核双原子分子的分子轨道能级顺序如图11-24所示。

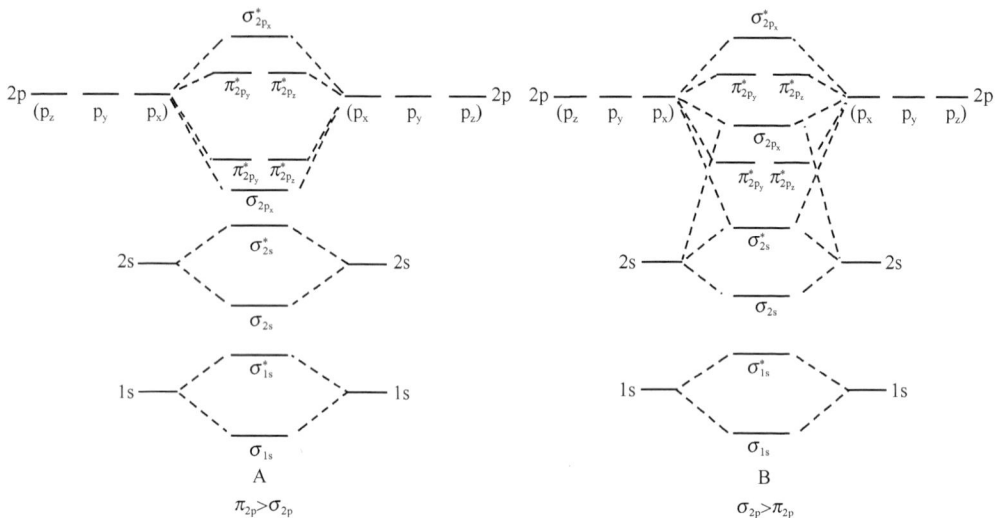

图11-24　同核双原子分子的分子轨道的两种能级顺序

图11-24A即是此能级顺序的分子轨道能级图,$O_2$、$F_2$分子的分子轨道能级排列符合此顺序。另一种是组成原子的2s和2p轨道的能量相差较小($<1500\ kJ\cdot mol^{-1}$),在组合成分子轨道时,一个原子的2s轨道除能和另一个原子的2s轨道发生重叠外,还可与其2p轨道重叠,其结果是使$\sigma_{2p_x}$分子轨道的能量超过$\pi_{2p_y}$和$\pi_{2p_z}$分子轨道。由这些原子组成的同核双原子分子的分子轨道能级顺序如图11-24B。第二周期元素组成的同核双原子分子$Li_2$、$B_2$、$C_2$、$N_2$等的分子轨道能级排列均符合此顺序。

**例11-6**　试分析氢分子离子$H_2^+$和$He_2$分子能否存在。

**解**:氢分子离子是由1个H原子和1个H原子核组成的。因为$H_2^+$中只有1个1s电子,所以它的分子轨道式为$(\sigma_{1s})^1$。这表明1个H原子和1个$H^+$离子是通过1个单电子$\sigma$键结合在一起的,其键级为1/2。故$H_2^+$可以存在,但不够稳定。

He原子的电子组态为$1s^2$。2个He原子共有4个电子,若它们可以结合,则$He_2$分子的分子轨道式应为$(\sigma_{1s})^2(\sigma_{1s}^*)^2$,键级为零,这表明$He_2$分子不能存在。在这里,成键分子轨道$\sigma_{1s}$和反键分子轨道$\sigma_{1s}^*$各填满2个电子,使成键轨道降低的能量与反键轨道升高的能量相互抵消,因而净成键作用为零,或者说对成键没有贡献。

**例 11-7**　试用 MO 法说明 $N_2$ 分子的结构。

**解**：N 原子的电子组态为 $1s^2 2s^2 2p^3$。$N_2$ 分子中的 14 个电子按图 11-24B 的能级顺序依次填入相应的分子轨道，所以 $N_2$ 分子的分子轨道式为：

$$N_2\left[\ (\sigma_{1s})^2 (\sigma_{1s}^*)^2 (\sigma_{2s})^2 (\sigma_{2s}^*)^2 (\pi_{2py})^2 (\pi_{2pz})^2 (\sigma_{2px})^2 \right]$$

根据计算，原子内层轨道上的电子在形成分子时基本上处于原来的原子轨道上，可以认为它们未参与成键。所以 $N_2$ 分子的分子轨道式可写成：

$$N_2\left[\ K\ K\ (\sigma_{2s})^2 (\sigma_{2s}^*)^2 (\pi_{2py})^2 (\pi_{2pz})^2 (\sigma_{2px})^2 \right]$$

式中每一 K 字表示 K 层原子轨道上的 2 个电子。

此分子轨道式中 $(\sigma_{2s})^2$ 的成键作用与 $(\sigma_{2s}^*)^2$ 的反键作用相互抵消，对成键没有贡献；$(\sigma_{2px})^2$ 构成 1 个 $\sigma$ 键；$(\pi_{2py})^2$、$(\pi_{2pz})^2$ 各构成 1 个 $\pi$ 键。所以 $N_2$ 分子中有 1 个 $\sigma$ 键和 2 个 $\pi$ 键。由于电子都填入成键轨道，而且分子中 $\pi$ 轨道的能量较低，使系统的能量大为降低，故 $N_2$ 分子特别稳定，其键级为 $(8-2)/2 = 3$。

**2. 异核双原子分子的轨道能级图**　用分子轨道理论处理两种不同元素的原子组成的异核双原子分子时，和处理同核双原子分子一样遵循相同的原则即对称性匹配原则、能量近似原则和轨道最大重叠原则。

对于第二周期元素的异核双原子分子或离子，可近似地用第二周期的同核双原子分子的方法去处理。因为原子的核电荷是影响分子轨道能级高低的主要因素，所以组成分子的两个原子的原子序数之和小于或等于 N 的原子序数的两倍（即 14）时，则此异核双原子分子或离子的分子轨道能级符合图 11-24B 的能级顺序；若组成分子的两个原子的原子序数之和比 N 原子序数的两倍大时，则此异核双原子分子或离子的分子轨道能级图符合图 11-24A 的能级顺序。

**例 11-8**　试分析 HF 分子的形成。

**解**：HF 是异核双原子分子。但因 H 和 F 不属于同一周期，因而不能采用上述的方法来确定其分子轨道能级顺序。根据分子轨道理论提出的原子轨道线性组合三原则进行综合分析，可确定：H 原子的 1s 轨道和 F 原子的 $2p_x$ 轨道（这些轨道的能级数据在前面能量近似原则一段中已介绍）沿键轴（$x$ 轴）方向能最大程度重叠，有效地组成一个成键分子轨道 $3\sigma$ 和一个反键分子轨道 $4\sigma$。而 F 原子的其他原子轨道在形成 HF 分子的过程中，基本保持它们原来的原子轨道性质，对成键没有贡献，统称为**非键轨道**（nonbonding orbital）。HF 分子的分子轨道能级图和电子在其中的排布

图 11-25　HF 的分子轨道能级

如图 11-25 所示。图中的 $1\sigma$、$2\sigma$ 和两个 $1\pi$ 均为非键轨道。HF 分子的键级为 1，分子中有一个 $\sigma$ 键。

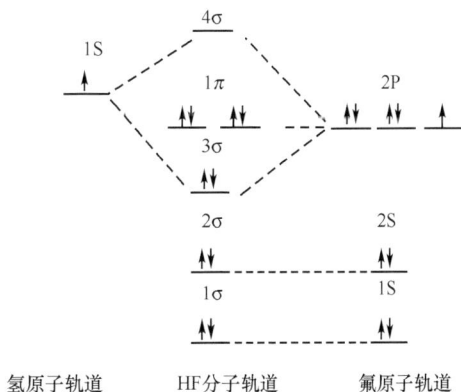

**3. 分子轨道理论的应用**　应用分子轨道理论，可以判断第一、第二周期的原子能否形成稳定的同核双原子分子或离子，如 $O_2$、$F_2$ 分子，是常见的双原子分子，而 $H_2^+$，$He_2^+$，$Li_2$，$B_2$ 及 $C_2$ 分子在气相中已被观测到并被研究；而 $Be_2$ 和 $Ne_2$ 分子则至今未发现。

物质的磁性实验发现，凡有未成对电子的分子，在外加磁场中必顺磁场方向排列，分子的这种性质叫**顺磁性**（paramagnetism），具有这种性质的物质叫顺磁性物质。反之，电子完全配对的分子则具有**反磁性**（diamagnetism）。若按价键理论，$O_2$ 分子的结构应为：

$$\ddot{\overset{..}{O}}:\quad\quad \ddot{\overset{..}{O}}:\quad\quad\quad O=O$$
$$\text{电子式}\quad\quad\quad\quad\quad \text{分子结构式}$$

即 $O_2$ 分子是以双键结合的，分子中无未成对电子，应具有反磁性。实验说明 $O_2$ 分子具有

顺磁性,而且光谱实验还指出,$O_2$ 分子中确实含有两个自旋平行的未成对电子。按照分子轨道理论来处理,O 原子的电子组态为 $1s^22s^22p^4$,$O_2$ 分子中共有 16 个电子。与 $N_2$ 分子不同,$O_2$ 分子中的电子按图 11-24A 所示的能级顺序依次填入相应的分子轨道,其中有 14 个电子填入 $\pi_{2p}$ 及其以下的分子轨道中,剩下的 2 个电子,按 Hund 规则分别填入 2 个简并的 $\pi_{2p}^*$ 轨道,且自旋平行。所以 $O_2$ 分子的分子轨道式为:

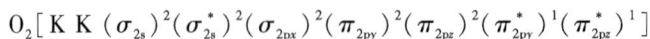

$$O_2[\,KK\,(\sigma_{2s})^2(\sigma_{2s}^*)^2(\sigma_{2px})^2(\pi_{2py})^2(\pi_{2pz})^2(\pi_{2py}^*)^1(\pi_{2pz}^*)^1\,]$$

其中 $(\sigma_{2s})^2$ 和 $(\sigma_{2s}^*)^2$ 对成键没有贡献;$(\sigma_{2px})^2$ 构成 1 个 $\sigma$ 键;$(\pi_{2py})^2$ 的成键作用与 $(\pi_{2py}^*)^1$ 的反键作用不能完全抵消,且因其空间方位一致,构成 1 个三电子 $\pi$ 键;$(\pi_{2pz})^2$ 与 $(\pi_{2pz}^*)^1$ 构成另 1 个三电子 $\pi$ 键。所以,$O_2$ 分子中有 1 个 $\sigma$ 键和 2 个三电子 $\pi$ 键。因 2 个三电子 $\pi$ 键中各有 1 个单电子,故 $O_2$ 有顺磁性。在每个三电子 $\pi$ 键中,2 个电子在成键轨道,1 个电子在反键轨道,三电子 $\pi$ 键的键能只有单键的一半,因而三电子 $\pi$ 键要比双电子 $\pi$ 键弱得多。事实上,$O_2$ 的键能只有 495 kJ·mol$^{-1}$,这比一般双键的键能低。正因为 $O_2$ 分子中含有结合力弱的三电子 $\pi$ 键,所以它的化学性质比较活泼,而且可以失去电子变成氧分子离子 $O_2^+$,$O_2$ 分子的键级为 $(8-4)/2=2$。

由此可见,分子轨道理论能预言分子的顺磁性与反磁性,这是价键理论所不能及的。

**例 11-9**　写出 $O_2^{\,\cdot\,-}$ 的分子轨道,并比较它和 $O_2$ 的稳定性。

**解**:$O_2^{\,\cdot\,-}$ 的分子轨道是,

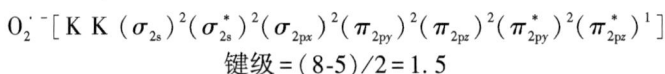

$$O_2^{\,\cdot\,-}[\,KK\,(\sigma_{2s})^2(\sigma_{2s}^*)^2(\sigma_{2px})^2(\pi_{2py})^2(\pi_{2pz})^2(\pi_{2py}^*)^2(\pi_{2pz}^*)^1\,]$$
$$键级 = (8-5)/2 = 1.5$$

与 $O_2$ 分子的键级 2 相比,其性质更加活泼,由于含单电子所以称为氧自由基。

---

**案例 11-3**

某男,70 岁,近年来面部和手臂等部位长出许多褐色的斑块,呈圆形,无压痛。这种斑块俗称“老年斑”,多在 60~70 岁以后形成。

**问题:**

1.“老年斑”是如何产生的?

2.“老年斑”的产生和自由基有怎样的关系?

3.$O_2^{\,\cdot\,-}$ 的反应性和它的结构有何关系?

**要点提示:**

“老年斑”是脂褐素在人体皮肤表面沉积形成的。脂褐素是一种不溶于水、带棕色的、可产生荧光的、圆形或椭圆形颗粒物质,脂褐质是脂质过氧化反应过程中的产物。褐脂素的产生,与 $O_2^{\,\cdot\,-}$ 有关。当人体内具有抗过氧化作用的过氧化物歧化酶的活力降低时,对自由基不能有效地清除,自由基会产生 $O_2^{\,\cdot\,-}$,年轻时,由于体内有天然的抗氧化剂和抗氧化酶,可以清除体内的自由基。老年后,体内自由基增加,抗氧化酶数量减少,使得体内发生脂质过氧化,形成脂褐素沉积,形成“老年斑”。

---

价键理论简明直观,能很好地解释分子的几何构型,揭示共价键的本质和特点,但是价键理论把成键仅局限于两个相邻的成键原子之间,构成的是定域键,不能解释化合物的磁性和单电子键的稳定性,使其应用范围较窄,并有一定的局限性。分子轨道理论恰好克服了价键理论的缺点,它提出分子轨道的概念,把分子中电子的分布统筹安排,使分子具有整体性,能阐明一些价键理论不能解释的问题。但是,分子轨道理论由于计算方法复杂,目前只能应用于第一第二周期的双原子分子,对分子的几何构型无法作出解释。价键理论和分子轨道理论两者取长补短,相辅相成,在阐明分子结构方面发挥着各自的优势。

# 三、共价键参数与键的极性

## (一) 共价键的参数

能表征化学键性质的物理量称为**键参数**(bond parameter)。共价键的键参数主要有键能、键长、键角及键的极性。

**1.键能**($E$) 键能是衡量原子之间形成的化学键强度(键牢固程度)的键参数,用符号 $E$ 表示。在 100 kPa、298K,将 1mol 理想气态双原子分子 AB 解离成为理想气态 A 原子和 B 原子,这一过程的标准摩尔反应焓变称为**键能**(bond energy),所以键能也称为键焓:

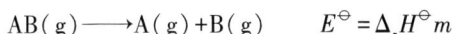

$$AB(g) \longrightarrow A(g) + B(g) \qquad E^{\ominus} = \Delta_r H^{\ominus} m$$

**解离能**是解离气态分子中每单位物质的量的某特定键所需的能量。对双原子分子来说,键能就等于解离能,例如:

$$HCl(g) = H(g) + Cl(g); \qquad E^{\ominus} = D^{\ominus} = 431 kJ \cdot mol^{-1}$$

若多原子分子中有多个相同的键,断开气态分子中的一个键,形成两个"碎片"时所需的能量,称为此键的解离能,则该键的键能为同种键逐级解离能的平均值。如 $NH_3$ 分子中三个 N—H 键的键能($E$)是相同的;三级解离能($D_i$)不同:

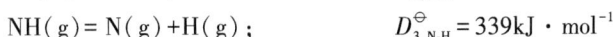

$$NH_3(g) = NH_2(g) + H(g); \qquad D_{1,N-H}^{\ominus} = 435 kJ \cdot mol^{-1}$$

$$NH_2(g) = NH(g) + H(g); \qquad D_{2,N-H}^{\ominus} = 398 kJ \cdot mol^{-1}$$

$$NH(g) = N(g) + H(g); \qquad D_{3,N-H}^{\ominus} = 339 kJ \cdot mol^{-1}$$

$$E_{N-H}^{\ominus} = (D_{1,N-H}^{\ominus} + D_{2,N-H}^{\ominus} + D_{3,N-H}^{\ominus})/3 = 391 kJ \cdot mol^{-1}$$

同一种共价键在不同的多原子分子中的键能虽有差别,但差别不大。我们可用不同分子中同一种键能的平均值,即平均键能作为该键的键能。一般键能越大,键越牢固。表 11-9 列出了一些双原子分子的键能和某些键的平均键能。

从表中数据可以看出,同种原子中,单键键能最小,其次是双键,三键最大。同核双原子分子的键能随着原子半径增大而减少。

**2.键长**($L$) 分子中成键两原子核间的平衡距离称为**键长**(bond length)。例如,$H_2$ 分子,$L = 74pm$。光谱及衍射实验的结果表明,同一种键在不同分子中的键长数值稍有差异,但基本上可认为相同。如氢氧键(H—O)的键长 $L_{O-H}$ 在不同分子中的值几乎相等,见表 11-10。

表 11-9　一些双原子分子的键能和某些键的平均键能/$E$/kJ·mol$^{-1}$

| 分子名称 | 键能 | 分子名称 | 键能 | 共价键 | 平均键能 | 共价键 | 平均键能 |
|---|---|---|---|---|---|---|---|
| $H_2$ | 436 | HF | 565 | C—H | 413 | N—H | 391 |
| $F_2$ | 165 | HCl | 431 | C—F | 460 | N—N | 159 |
| $Cl_2$ | 247 | HBr | 366 | C—Cl | 335 | N≡N | 418 |
| $Br_2$ | 193 | HI | 299 | C—Br | 289 | N≡N | 946 |
| $I_2$ | 151 | NO | 286 | C—I | 230 | O—O | 143 |
| $N_2$ | 946 | CO | 1071 | C—C | 346 | O≡O | 495 |
| $O_2$ | 493 | | | C≡C | 610 | O—H | 463 |
| | | | | C≡C | 835 | | |

表 11-10　在部分化合物中(H—O)的键长

| 化合物 | $H_2O$ | $H_2O_2$ | $CH_3OH$ | HCOOH |
|---|---|---|---|---|
| $L_{O-H}$/pm | 96 | 97 | 96 | 96 |

又如 C—C 单键的键长在金刚石中为 154.2 pm;在乙烷中为 153.3 pm;在丙烷中为 154 pm;在环己烷中为 153 pm。因此,将 C—C 单键的键长定为 154 pm。表 11-11 列出一些双原子分子的键长。

**表 11-11　一些双原子分子的键长**

| 键 | $L_b$/pm | 键 | $L_b$/pm |
|---|---|---|---|
| H—H | 74.0 | H—F | 91.3 |
| Cl—Cl | 198.8 | H—Cl | 127.4 |
| Br—Br | 228.4 | H—Cl | 140.8 |
| I—I | 266.6 | H—Br | 160.8 |

由表 11-12 可看出,两原子形成的同型共价键的键长越短,键越牢固。就相同的两原子形成的键而言,单键键长>双键键长>叁键键长。例如,C=C 键长为 134 pm;C≡C 键长为 120 pm。

**表 11-12　一些化学键的键长和键能**

| 化学键 | C—C | C=C | C≡C | N—N | N=N | N≡N | C—N | C=N | C≡N |
|---|---|---|---|---|---|---|---|---|---|
| $L_b$/pm | 154 | 134 | 120 | 146 | 125 | 109.8 | 147 | 132 | 116 |
| $E^{\ominus}$/(kJ·mol$^{-1}$) | 356 | 598 | 813 | 160 | 418 | 946 | 285 | 616 | 866 |

**3.键角**　分子中同一原子形成的两个化学键间的夹角称为**键角**(bond angle)。它是反映分子空间构型的一个重要参数。如 $H_2O$ 分子中的键角为 104°45′,表明 $H_2O$ 分子为 V 形构型;$CO_2$ 分子中的键角为 180°,表明 $CO_2$ 分子为直线形构型。一般而言,根据分子中的键角和键长可确定分子的空间构型。

## (二) 键的极性

键的极性是由于成键原子的电负性不同而引起的。当成键原子的电负性相同时,核间的电子云密集区域在两核的中间,两个原子核所形成的正电荷重心和成键电子对的负电荷重心重合,这样的共价键称为**非极性共价键**(nonpolar covalent bond)。如 $H_2$、$O_2$ 分子中的共价键就是非极性共价键。当成键原子的电负性不相等时,核间的电子云密集区域会偏向电负性较大的原子一方,使之带部分负电荷,而电负性较小的原子一方则带部分正电荷,共价键的正负电荷重心不重合,这样的共价键称为**极性共价键**(polar covalent bond)。如 HCl 分子中的 H—Cl 键就是极性共价键,$H_2O$ 分子中的 O—H 键都是极性键。键的极性大小可用电负性差来衡量,成键原子的电负性差值越大,键的极性就越大。当成键原子的电负性相差很大时(>1.7),可以认为成键电子对完全转移到电负性大的原子上,化学键由共价键转变成离子键。离子键和共价键没有明显的界限,从键的极性看,可以将离子键和非极性键看成是共价键的一种极端形式,极性共价键是由离子键到非极性共价键之间的一种过渡情况,见表 11-13。

**表 11-13　键型与成键原子电负性差值的关系**

| 物质 | NaCl | HF | HCl | HBr | HI | Cl$_2$ |
|---|---|---|---|---|---|---|
| 电负性差值 | 2.1 | 1.9 | 0.9 | 0.7 | 0.4 | 0 |
| 键型 | 离子键 | | 极性共价键 | | | 非极性共价键 |

# 第3节 分子间作用力

当物质发生聚集状态变化时,需要环境提供能量,此时化学键并不断裂,物质化学性质并不发生变化,说明物质分子之间还存在着结合力,我们把它称为分子间作用力。分子间力是分子与分子之间或分子内部存在的一种相互作用力,其强度较弱,只有化学键键能的 1/100~1/10。分子间力最早由荷兰物理学家 van der Waals(范德华)提出,故称 van der Waals 力。分子间力主要影响物质的物理性质,如化合物的熔点、沸点、溶解度、表面张力等。分子间力的大小不仅与分子的结构有关,也与分子的极性有关。

## 一、分子的极性与分子极化

### (一) 分子的极性

分子中都含有带正电荷的原子核和带负电荷的电子,根据分子中原子正、负电荷重心是否重合,可将分子分为极性分子和非极性分子,如图 11-26。其中正、负电荷重心相重合的分子为**非极性分子**(nonpolar molecule);而正、负电荷重心不重合的分子为**极性分子**(polar molecule)。

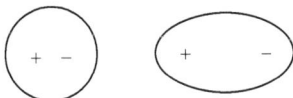

图 11-26 非极性分子和极性分子

对于双原子分子,其极性与键的极性一致,即由非极性共价键构成的分子是非极性分子,如 $H_2$、$Cl_2$、$O_2$ 等分子;而由极性共价键构成的分子一定是极性分子,如 HF 等分子。

对于多原子分子,分子的极性与键的极性不一定一致。一般非极性键组成的多原子分子也是非极性分子($O_3$ 例外),极性键组成的分子是否有极性,还要考虑分子的空间构型。例如 $CO_2$、$CH_4$ 分子,虽然都是由极性键构成,但前者是直线构型,后者是正四面体构型,分子完全对称,键的极性可相互抵消,因此它们是非极性分子。而在 V 形构型的 $H_2O$ 分子和三角锥形构型的 $NH_3$ 分子中,键的极性不能抵消,它们是极性分子。

分子极性的大小用**电偶极矩**(electric dipole moment)量度。分子的电偶极矩简称偶极矩(用 $\vec{\mu}$ 表示),它等于正、负电荷重心距离($d$)和正电荷重心或负电荷重心上的电量($q$)的乘积:

$$\vec{\mu}=q \cdot d$$

其单位为 $10^{-30}$ C·m。偶极矩是一个矢量,规定其方向是从正电荷重心指向负电荷重心。常见分子的偶极矩测定值如表 11-14。电偶极矩为零的分子是非极性分子,电偶极矩越大表示分子的极性越强。非极性分子偶极距为零。

表 11-14 一些分子的电偶极矩$\vec{\mu}/10^{-30}$C·m 和分子空间构型

| 分子 | $\vec{\mu}$ | 空间构型 | 分子 | $\vec{\mu}$ | 空间构型 |
| --- | --- | --- | --- | --- | --- |
| $H_2$ | 0 | 直线形 | CO | 0.33 | 直线形 |
| $Cl_2$ | 0 | 直线形 | HCl | 3.43 | 直线形 |
| $CO_2$ | 0 | 直线形 | HBr | 2.63 | 直线形 |
| $CH_4$ | 0 | 正四面体 | HI | 1.27 | 直线形 |
| $BF_3$ | 0 | 平面三角形 | $CHCl_3$ | 3.63 | 四面体 |
| $SO_2$ | 5.33 | V 形 | $O_3$ | 1.67 | V 形 |
| $H_2O$ | 6.16 | V 形 | $H_2S$ | 3.63 | V 形 |

## (二) 分子的极化

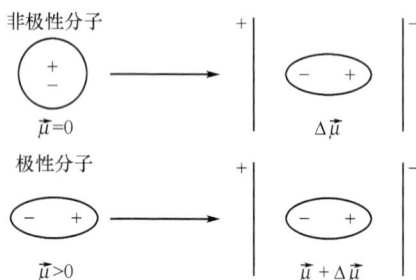

图 11-27 外电场对分子极性影响

分子在外电场作用下正、负电荷重心会发生相对位移。如图 11-27 所示。非极性分子的正、负电荷重心本来是重合的 ($\vec{\mu}=0$)，但在外电场的作用下，正负电荷中心发生相对位移，正电荷中心偏向负极一方，负电荷中心则相反，结果是分子变形而产生偶极；极性分子的正、负电荷重心不重合，分子中始终存在一个正极和一个负极，故极性分子具有**永久偶极**(permanent dipole moment)，在外电场的作用下，分子的偶极按电场方向取向，使正、负电荷重心的距离增大，分子的极性因而增强。这种因外电场的作用，使分子变形产生偶极或增大偶极矩的现象称为**分子的极化**(polarizing)，由此而产生的偶极矩称为**诱导偶极**(induced dipole moment)，即图 11-27 中的 $\Delta\vec{\mu}$ 值。

分子的极化不仅在外电场的作用下产生，分子间相互作用时也可发生，这正是分子间能产生相互作用力的重要原因。

# 二、van der Waals 力

## van der Waals 力

van der Waals 力按产生的原因和特点可分为取向力、诱导力和色散力。

**1.取向力** 极性分子由于正、负电荷中心不重合，分子中存在永久偶极。当两个极性分子接近时，极性分子的永久偶极同极相斥，异极相吸，分子将发生相对转动，力图使分子间按异极相邻的状态排列，如图 11-28。这种由于极性分子的偶极定向排列而产生的静电作用力称为**取向力**(orientation force)。取向力发生在极性分子之间。从分析可以看出，分子间作用力是一种静电吸引力。取向力的大小取决于分子极性的大小，分子极性越大，分子所带的部分电荷越大，分子间取向力越大。

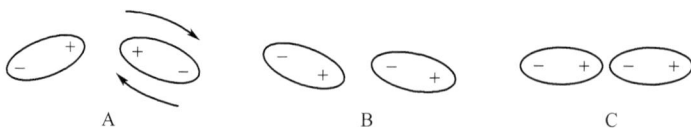

图 11-28 两个极性分子相互作用示意图

**2.诱导力** 当极性分子与非极性分子靠近时，可以把极性分子的永久偶极看成是一个外电场，非极性分子被极性分子极化而产生诱导偶极，非极性分子的诱导偶极与极性分子的永久偶极相吸引，如图 11-29 所示。这种由极性分子的永久偶极与非极性分子所产生

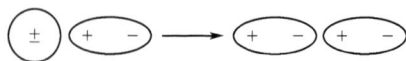

图 11-29 极性分子和非极性分子相互作用示意图

的诱导偶极之间的相互作用力称为**诱导力**(induction force)。诱导力的大小取决于极性分子的极性与非极性分子的变形性。极性分子极性越大，外电场强度越大，非极性分子产生的诱导偶极就越大。非极性分子越容易变形，产生的诱导偶极也越大，两者之间作用力越强。

当两个极性分子互相靠近时，在有永久偶极的相互影响下，每个极性分子的正、负电荷中心的距离被拉大，极性分子也会变形产生诱导偶极，增大了极性分子之间的吸引力。因此，诱导力不仅存在于极性分子和非极性分子之间，也存在于极性分子和极性分子之间，是一种附加的作用力。

**3.色散力**　$I_2$ 升华需要加热,说明非极性分子间也有作用力。对于非极性分子,分子正负电荷中心重合,偶极距为零,但由于非极性分子内部的电子在不断地运动,原子核在不断地振动,使分子的正、负电荷重心不断发生瞬间相对位移而产生极性,称**瞬间偶极**(instantaneous dipole moment)。瞬间偶极又可诱导邻近的

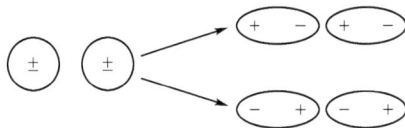

图 11-30　色散力产生示意图

分子极化,因此,非极性分子之间可借助瞬间偶极相互吸引(图 11-30)而产生分子间作用力。这种非极性分子之间由于瞬间偶极产生的力又称为**色散力**(dispersion force)。虽然瞬间偶极存在的时间很短,但是不断地重复发生,又不断地相互诱导和吸引,因此色散力始终存在。在任何分子中,都有不断运动的电子和不停振动的原子核,都会不断产生瞬间偶极,所以色散力存在于所有分子之间,是一种最重要的分子间作用力,见表 11-15。

表 11-15　常见分子分子间力的分配情况(单位:$kJ \cdot mol^{-1}$)

| 分子 | 取向力 | 诱导力 | 色散力 | 总能量 |
| --- | --- | --- | --- | --- |
| Ar | 0.000 | 0.000 | 8.49 | 8.49 |
| CO | 0.003 | 0.008 | 8.74 | 8.75 |
| HI | 0.025 | 0.113 | 25.86 | 26.00 |
| HBr | 0.686 | 0.502 | 21.92 | 23.11 |
| HCl | 3.305 | 1.004 | 16.82 | 21.13 |
| $NH_3$ | 13.31 | 1.548 | 14.94 | 29.80 |
| $H_2O$ | 36.38 | 1.929 | 8.996 | 47.31 |

色散力是由于分子瞬间变形产生的,因此,色散力的大小主要决定于分子变形性的大小,相对分子质量越大的分子通常越容易变形,因此,物质的熔沸点通常随着相对分子质量的增大而增大。卤素单质常温下聚集状态随着相对分子质量的增大而增大,由气体变成液体再变成固体,就是色散力随相对分子质量增大而增大的强有力的证明。综上所述,在非极性分子之间只有色散力;在极性分子和非极性分子之间,既有诱导力也有色散力;而在极性分子之间,取向力、诱导力和色散力都存在。表 11-15 列出了上述三种作用力在一些分子间的分配情况。

从上述讨论中可以看出:van der Waals 力不属于化学键,有以下特点:首先它是一种静电引力,其作用能只有几到几十千焦每摩尔,约比化学键小 1~2 个数量级;它的作用范围只有几十到几百皮米;它不具有方向性和饱和性;对于大多数分子,色散力是主要的。只有极性大的分子,取向力才比较显著。诱导力通常都很小。

分子间作用力主要影响物质的物理性质,如物质的沸点、熔点、溶解性等性质,一般说来分子间力小的物质,其沸点和熔点都较低。从表 11-15 可见,HCl、HBr、HI 的 van der Waals 力依次增大,故其沸点和熔点依次递增。

# 三、氢　键

通过以上讨论可以看出,物质熔沸点大小随着相对分子质量的增大而增大。但实验发现卤素、氧族和氮族的氢化物中,HF、$H_2O$ 和 $NH_3$ 的沸点和熔点却比其同系物的沸点和熔点高,这说明在 HF、$H_2O$ 和 $NH_3$ 分子之间除了存在 van der Waals 力外,可能还存在另外一种作用力。

H 原子是最简单的原子,原子核外只有一个电子,当 H 原子与电负性很大、半径很小的原子 X(如 F、O、N 等)以共价键结合成分子时,两核间的电子云强烈地偏向于 X 原子,使 H 原子几乎变成裸露的质子,此时,H 有很强的正电性,这个 H 原子还能与另一个电负性大、半径小并在外

层有孤对电子的 Y 原子(如 F、O、N 等)产生定向的吸引作用,形成 X—H⋯Y 结构,其中 H 原子与 Y 原子间的静电吸引作用(如图 11-3)称为**氢键**(hydrogen bond)。X、Y 可以是同种元素的原子,如 O—H⋯O,F—H⋯F,也可以是不同元素的原子,如 N—H⋯O。

氢键的强弱与 X、Y 原子的电负性及半径大小有关。X、Y 原子的电负性越大、半径越小,形成的氢键越强。Cl 的电负性比 N 的电负性略大,但半径比 N 大,只能形成较弱的氢键,常见氢键的强弱顺序是:

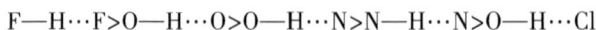

$$F—H⋯F > O—H⋯O > O—H⋯N > N—H⋯N > O—H⋯Cl$$

氢键具有方向性和饱和性。氢键的方向性是指以 H 原子为中心的 3 个原子 X–H⋯Y 尽可能在一条直线上,如图 11-31,这样电负性较大的 X 原子与 Y 原子间的距离较远,斥力较小,形成的氢键稳定。氢键饱和性是指 H 原子与 Y 原子形成 1 个氢键后,若再有第二个 Y 原子靠近 H 原子时,将会受到已形成氢键的 Y 原子电子云的强烈排斥。因为 H 原子比 X、Y 原子小得多,通常只能形成 1 个氢键。氢键的键能一般在 42 kJ · mol$^{-1}$以下,它比化学键弱得多,但比分子间力强。

氢键不仅存在于分子之间,如氟化氢、氨水(图 11-31),也可以在同一分子内形成,如硝酸、邻硝基苯酚(图 11-32)。分子内氢键虽不在一条直线上,但形成了较稳定的环状结构。

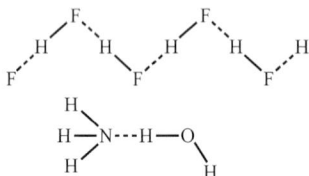

图 11-31　氟化氢、氨水中的分子间氢键　　　　图 11-32　硝酸、邻硝基苯酚中的分子内氢键

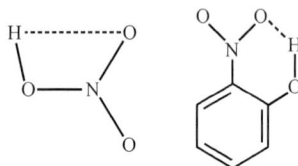

氢键存在于许多化合物中,它的存在对物质的性质产生一定的影响。由于氢键作用强于一般的分子间力,使得有氢键存在的物质熔沸点增高,因为破坏氢键需要能量。如上述的 V A ~ Ⅶ A 元素的氢化物中,NH$_3$、H$_2$O 和 HF 的沸点比同族其他相对原子质量较大元素的氢化物的沸点高,这种反常行为是因为在它们各自的分子间形成了氢键。氢键的形成使水具有许多特殊的性质,对生命的存在有很重要的意义。比如,水在常温下是液体,是因为氢键的存在,冰的密度小于水,也是因为分子间氢键的作用。此外,氨容易液化,并且在水中溶解度大都和分子间氢键相关。如果分子内形成氢键,由于分子极性变小,一般使化合物的沸点和熔点降低,如邻硝基苯酚分子可形成分子内氢键,对硝基苯酚分子因硝基与羟基相距较远不能形成分子内氢键,但它能与水分子形成分子间氢键,所以邻硝基苯酚在水中的溶解度比对硝基苯酚小。

# Summary

**1. Ionic Bond Theory**　Ionic bonding results from the complete transfer of electrons from one atom to another, with formation of a three-dimensional lattice of charged particles. Ionic bonds are the electrostatic forces that exist between ions of opposite charge. Ionic bond has no saturation and orientation. Strength of ionic bond depends on interaction between an ion and the surrounding ions of opposite charge and the magnitude of these interactions can be measured by the **lattice energy**.

**2. Ion Polarization**　The ease with which the electron cloud of a particle can be distorted is called its polarizability. Smaller atoms (or ions) are less polarizable than larger ones because their electrons are closer to the nucleus and therefore are held more tightly. Cations are less polarizable than their parent atoms because they are smaller; anions are more polarizable because they are larger.

**3. Modern Valence Bond Theory (VB)**　A covalent bond results from the sharing of electrons. The sharing of one pair of electrons produces a single bond; the sharing of two or three pairs of electrons that is bondend atoms produces double or triple bonds, respectively. In valence-bond theory, covalent bonds are formed when atomic orbitals on neighboring atoms overlap one another. The overlap region is a favorable one for the two electrons because of their attraction to two nuclei. The greater the overlap between two orbitals, the stronger the bond that is formed. Covalent bonds in which the electron density lies along the line connection the atoms (the internuclear axis) are called sigma ($\sigma$) bonds. Bonds can also be formed from the side-to side overlap of p orbitals. Such a bond is called a pi ($\pi$) bond. A double bond consists of one $\sigma$ bond and one $\pi$ bond; a triple bond consists of one $\sigma$ and two $\pi$ bonds.

**4. Hybrid Orbital Theory**　To extend the ideas of valence-bond theory to polyatomic molecules, we must envision mixing s, p and someties d orvitals to form hybrid orbitals. The process of hybridization leads to hybrid atomic orbitals that have a large lobe directed to overalap with orbitals on another atom to make a bond. a particular mode of hybridization can be associated with each of the four common electron-domain geometries (linear $\rightarrow$ sp; trigonal planar $\rightarrow$ sp$^2$; tetrahedral $\rightarrow$ sp$^3$; and octahedral sp$^3$d$^2$ or d$^2$sp$^3$).

**5. Valence-Shell Electron-Pair Repulsion Theory (VSRPR)**　In covalent molecules or ions, the geometries of other atoms around the central atom are mainly determined by the repulsions between electron domains and the number of electron domains. According to the VSEPR model, electron domains orient themselves to minimize electrostatic repulsion and remain as far apart as possible. Electron domains refers to $\sigma$-bonded electron pairs and lone pair electrons in the central atom.

**6. Molecular Orbital Theory (MO)**　Molecular orbital (MO) has a definite energy and can hold two electrons of opposite spin. The combination of two atomic orbitals leads to the formation of two MO, one is called a bonding molecular orbital which is at lower energy relative to the energy of the atomic orbitals. and another is called an antibonding molecular orbital which is at higher energy. MO formed by the combination of s orbitals are sigma ($\sigma$) molecular orbitals and of p orbitals are sigma ($\sigma$) and pi ($\pi$) molecular orbitals. The electron configurations are obtained by following to Pauli exclusion principle, building-up principle and Hund's rule.

**7. Intermolecular Forces**　Four types of intermolecular forces exist between neutral molecules: orientation force, induction force, London dispersion forces, and hydrogen bonding. London dispersion forces operate between all molecules. The relative strengths of the van der Waals force depend on the polarity, polarizability, size, and shape of the molecule. Dispersion forces increase in strength with increasing molecular weight. Hydrogen bonding occurs in compounds containing O-H, N-H, and F-H bonds. Hydrogen bonds are generally stronger than orientation force, induction force, or dispersion forces and have orientation and saturation.

# 习　　题

1. 理解下列概念:
(1) 极性共价键和非极性共价键。
(2) $\sigma$ 键和 $\pi$ 键。
(3) 成键分子轨道和反键分子轨道。
2. 简述共价键的饱和性和方向性。
3. 试用 VSEPR 理论判断下列分子和离子的几何形状:
$CO_2$、$PO_4^{3-}$、$H_2O$、$NH_3$、$CO_3^{2-}$

4. 讨论上题列举的分子(或离子)的中心原子的杂化类型。

5. 借助 VSEPR 和杂化轨道理论,讨论 $OF_2$、$ClF_3$、$SOCl_2$、$XeF_2$、$SF_6$、$PCl_5$ 的分子结构。

6. 预测下列分子的空间构型,指出偶极矩是否为零,并判断分子的极性。

$SiF_4$,$NF_3$,$BCl_3$,$H_2S$,$CHCl_3$

7. 实验证明,臭氧离子 $O_3^-$ 的键角为 $100°$,试用 VSEPR 模型解释之。并推测其中心氧原子的杂化轨道类型。

8. $O_2^+$、$O_2$、$O_2^-$ 和 $O_2^{2-}$ 的实测键长越来越长,试用分子轨道理论解释之。其中哪几种有顺磁性?为什么?

9. 下列各对原子间分别形成哪种键?离子键,极性共价键或非极性共价键?

(1) Li, O。

(2) Br, I。

(3) Mg, H。

(4) O, O。

(5) H, O。

(6) Si, O。

(7) N, O。

(8) Sr, F。

10. 试用分子轨道理论作出预言,$O_2^+$ 的键长与 $O_2$ 的键长哪个较短,$N_2^+$ 的键长与 $N_2$ 的键长哪个较短?为什么?

11. 按键级和键长减小的顺序排列下述物种:

(1) $O_2$,$O_2^+$,$O_2^-$,$O_2^{2+}$,$O_2^{2-}$。

(2) CN,$CN^+$,$CN^-$。

12. 极性分子—极性分子、 极性分子—非极性分子、非极性分子—非极性分子,其分子间的 van der Waals 各如何构成?为什么?

13. 为什么邻羟基苯甲酸的熔点比间羟基苯甲酸或对羟基苯甲酸的熔点低?

14. 下列每对分子中,哪个分子的极性较强?试简单说明原因。

(1) HCl 和 HI。

(2) $H_2O$ 和 $H_2S$。

(3) $NH_3$ 和 $PH_3$。

(4) $CH_4$ 和 $SiH_4$。

(5) $CH_4$ 和 $CHCl_3$。

(6) $BF_3$ 和 $NF_3$。

15. 乙醇($C_2H_5OH$)和二甲醚($CH_3OCH_3$)化学式相同,但乙醇的沸点比二甲醚的沸点高,何故?

16. 判断下列各组分子间存在着哪种分子间作用力。

(1) 苯和四氯化碳。

(2)乙醇和水。

(3)苯和乙醇。

(4)液氨。

(杜志坚　乔秀文)

# 第 12 章 配位化合物

## 学习目标

了解配合物的定义,熟悉配合物的组成及命名;了解配合物的异构现象。掌握价键理论的要点,会用价键理论判断配合物的空间构型、磁性及中心原子成键轨道的杂化类型,并说明配合物的类型(内轨或外轨配合物);熟悉中心原子 d 轨道在八面体场中的能级分裂及八面体配合物中心原子 d 电子的排布。掌握晶体场理论的基本要点,会用晶体场理论判断配合物的自旋状态(高自旋或低自旋)及磁性,通过计算晶体场稳定化能比较配合物的稳定性;了解晶体场理论对配离子颜色的解释。掌握配位平衡的概念,了解螯合物的概念及影响配合物稳定性的因素,熟悉软硬酸碱规则。掌握酸碱平衡、沉淀平衡、氧化还原平衡对配位平衡的影响以及配位平衡的相互转化,掌握相关计算。

## 案例 12-1

1996 年 9 月,年仅 25 岁的美国著名自行车运动员 Lance Armstrong 被确诊患有睾丸癌,并已扩散到肺部和脑部,只有 50% 的存活机会。经过抗癌药物的治疗,他一年后复出,并且连续六年夺得环法自行车赛总成绩冠军。而这种帮助他战胜癌症的药物就是顺铂(cisplatin),即顺式二氯·二氨合铂(Ⅱ),其化学组成为 $PtCl_2 \cdot 2NH_3$。

**问题:**

1. 根据经典价键理论,二价的 Pt(Ⅱ)与两个 $Cl^-$ 形成 $PtCl_2$ 后,价键已经饱和。为什么 Pt(Ⅱ)还能与 2 个氨分子结合?作为电中性的分子,$NH_3$ 如何与二价的 Pt(Ⅱ)结合?

2. 按照顺铂的化学组成,它溶解在水里应该解离出 2 个游离的 $Ce^-$,但加入 $AgNO_3$ 却并没有 AgCl 沉淀生成。这两个 $Ce^-$ 是如何与 Pt(Ⅱ)结合的?

3. 为什么 $PtCl_2 \cdot 2NH_3$ 有顺式与反式两个异构体?为什么反式二氯·二氨合铂(Ⅱ)(反铂)的物理化学性质与顺铂不同,且没有抗癌活性?

4. 为什么顺铂具有抗癌作用,它作用的机制是什么?

人类最早使用的染料茜素红,就是一种配合物,它是由茜草中的二羟基蒽醌和黏土中的钙铝离子生成的红色螯合物。1597 年,德国炼金家 Andrease Libavius 发现向铜盐溶液中加入氨水,溶液会变成翠蓝色。这也许是化学史上第一个关于配合物的科学记录。

**配合物**(coordination compound)是配位化合物的简称,早期也称为络合物(complex compound)。络合物的外文名称原意为"复杂化合物",因为最初这类化合物都是由已经存在的稳定化合物进一步结合而形成的。如用氨水代替 NaOH 来沉淀盐酸介质中的 $Co^{2+}$ 时,意外地得到了化学组成为 $CoCl_3 \cdot 6NH_3$ 的橘黄色结晶。1893 年,为解释此类"复杂化合物"中金属原子与其他原子之间的联结方式,瑞士苏黎世大学的 A. Werner(维尔纳)在总结前人工作的基础上,提出了现代的配位键、配位数和配位化合物结构的基本概念,奠定了现代配位化学的基础。20 世纪 30 年代,美国结构化学家 L. C. Pauling(鲍林)把杂化轨道理论应用于配合物,成功地解释了配合物的几何构型和磁性。在同一时期,科学家们还提出了晶体场理论,并将分子轨道理论应用于配合物;晶体场理论后来被改进为配体场理论。配合物的主要反应是配体取代反应和中心原子的氧化还原反应(也称为"电子转移反应"),20世纪以来,人们对这两类反应的机制进行了系统的研究。如今,配位化学已成为联结无机化学与其他化学分支学科和应用学科的纽带。

# 第1节　基本概念

## 一、配位化合物的概念与组成

向 $CuSO_4$ 溶液中逐渐加入氨水,开始时有蓝色的碱式硫酸铜沉淀 $Cu_2(OH)_2SO_4$ 生成。当氨水过量时,蓝色沉淀溶解,生成深蓝色的溶液,它的主要成分是 $[Cu(NH_3)_4]SO_4$,反应方程式为:

$$CuSO_4+4NH_3 \Longleftrightarrow [Cu(NH_3)_4]SO_4$$

上述反应的产物 $[Cu(NH_3)_4]SO_4$ 可以看成是由简单化合物反应生成的复杂化合物,$[Cu(NH_3)_4]^{2+}$ 是可以在水中稳定存在的复杂离子。像 $[Cu(NH_3)_4]SO_4$ 这样,由简单金属离子(或原子)和一定数目的中性分子或阴离子通过配位键结合,并按一定的组成和空间构型所形成的复杂化合物称为**配位化合物**,简称**配合物**。配位化合物的复杂离子称为**配离子**(coordination ion)。配合物多数是离子型化合物,也可以由中性分子构成。如 $K_3[Fe(CN)_6]$、$[Cu(NH_3)_4]SO_4$ 等是由复杂离子构成的配合物,而 $[Pt(NH_3)_2Cl_2]$、$[Fe(CO)_5]$ 等属于配位分子。配合物是一种较为稳定的结构单元,既可存在于晶体中,也可存在于溶液中。

明矾 $[KAl(SO_4)_2 \cdot 12H_2O]$ 也是一种分子间化合物,但是,明矾晶体中只有 $K^+$、$Al^{3+}$ 和 $SO_4^{2-}$ 等简单离子,溶于水中完全解离为简单的阴、阳离子,其性质相当于 $K_2SO_4$ 和 $Al_2(SO_4)_3$ 的混合物,并没有配离子存在,这样的复杂化合物为**复盐**(double salt)。复盐和配合物的区别在于,复盐在水溶液中完全解离为简单离子,而配合物除解离出简单离子外,还有稳定的复杂离子。注意,复盐和配合物之间并没有绝对的界限,尚有大量处于中间状态的复杂化合物。

配合物一般包括**内界**(inner sphere)和**外界**(outer sphere)两个组成部分。内界由中心原子和配体构成,如 $[Cu(NH_3)_4]SO_4$ 中,$Cu^{2+}$ 和 $NH_3$ 组成内界,通常写在"[ ]"内。"[ ]"以外部分称为外界,如其中的 $SO_4^{2-}$。内界和外界通过离子键结合形成配合物。由于配合物是电中性的,内界和外界所带电荷大小相等,符号相反。配合物 $[Cu(NH_3)_4]SO_4$ 的组成如图12-1所示:

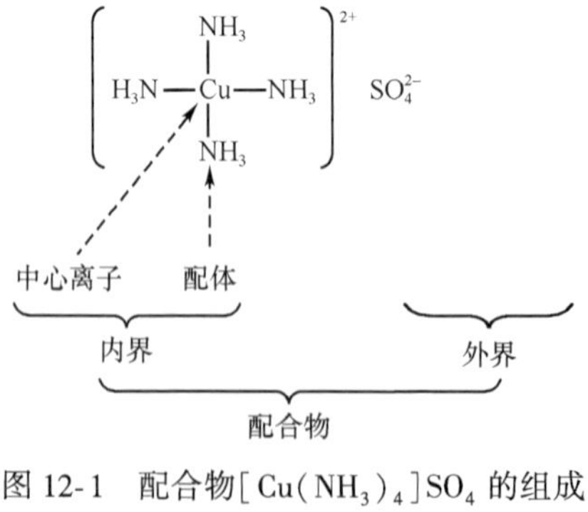

图 12-1　配合物 $[Cu(NH_3)_4]SO_4$ 的组成

并非所有配合物都是由内界和外界组成的,如配位分子 $[Fe(CO)_5]$、$[Ni(CO)_4]$ 等只有内界,没有外界。

## （一）中心原子和配体

**1. 中心原子**（central atom） 亦称为配合物的形成体,被配体包围而位于配离子的中心,绝大多数是带正电的金属离子。许多过渡金属离子都是较强的配合物形成体,如$[Ag(NH_3)_2]^+$中的$Ag^+$离子,$[Co(NH_3)_6]^{3+}$中的$Co^{3+}$离子等。金属原子也可作为中心原子,如$[Ni(CO)_4]$中的中性原子 Ni。具有高氧化值的非金属元素也可以作为中心原子,如$[SiF_6]^{2-}$、$[BF_4]^-$中的 Si(IV)、B(III)等。

**2. 配体**（ligand） 配合物中,与中心原子以配位键结合的离子或分子称为**配体**,常可用 L 代表,如$[Ag(NH_3)_2]^+$中的$NH_3$就是配体。配体中直接向中心原子提供孤对电子形成配位键的原子,称为**配位原子**（donor atom）,如$[Ag(NH_3)_2]^+$中配体$NH_3$的 N 原子。配位原子主要是非金属 N、O、S、C 和卤素等电负性较大的原子。

通常,配体可分为单齿配体和多齿配体。配体中只有一个配位原子同中心原子结合,这类配体为**单齿配体**（mono-dentate ligand）,如$[Ag(NH_3)_2]^+$中的$NH_3$。同一配体中有两个或两个以上的配位原子同时与一个中心原子相联结,这类配体称为**多齿配体**（polydentate ligand）,如$[Cu(en)_2]^{2+}$中配体乙二胺（$H_2N-CH_2-CH_2-NH_2$）,同时提供两个端基上的 N 原子和同一个中心金属离子$Cu^{2+}$结合。表 12-1 列出了部分常见的配体和配位原子。

**表 12-1 常见配体及其配位原子**

| | 配体 | 化学式 | 配位原子 | 缩写 |
|---|---|---|---|---|
| 单齿配体 | 卤素离子（halogen） | $F^-$、$Cl^-$、$Br^-$、$I^-$ | F、Cl、Br、I | |
| | 氨（amine）、硝基（nitro）、异硫氰酸根（isothiocyano）、吡啶（pyridine） | $NH_3$、$NO_2^-$、$NCS^-$、$C_5H_5N$ | N | |
| | 水（aqua）、羟基（hydroxo） | $H_2O$、$OH^-$ | O | |
| | 羰基（carbonyl）、氰（cyano） | CO、$CN^-$ | C | |
| | 硫氰酸根（thiocyano） | $SCN^-$ | S | |
| 多齿配体 | 草酸根（oxalate） | $C_2O_4^{2-}$ | O | ox |
| | 氨基乙酸根（2-aminoacetate） | $H_2NCH_2COO^-$ | O,N | |
| | 乙二胺（ethylenediamine） | $H_2N-CH_2-CH_2-NH_2$ | N | en |
| | 乙二胺四乙酸（Ethylenediaminetetraacetic acid） | | O,N | EDTA |
| | 2,2'-联吡啶（bipyridine） | | N | bpy |
| | 1,10-邻菲罗啉（o-phenanthroline） | | N | phen |

有些配体虽然有多个可配位的原子,但由于配位原子之间的距离较近,仅有一个配位原子与中心原子配位,这类配体称为**两可配体**（ambidentate ligand）。书写时参与配位的配位原子靠

近中心原子。例如,配离子$[Ag(SCN)_2]^-$和$[Fe(NCS)_6]^{3-}$中,配体分别是以硫原子配位的硫氰酸根$SCN^-$和以 N 原子配位的异硫氰酸根$NSC^-$。另一常见的两可配体是以 O 原子配位的亚硝酸根$ONO^-$和以 N 原子配位的硝基$-NO_2$。

**3. 桥连配体**(bridging ligand)　是连接两个或两个以上金属离子的配体。桥连配体可以是多齿配体或两可配体,也可以是单齿配体,但单齿配体必须具有超过一对的孤对电子,这些孤对电子同时与两个或多个中心原子配位。常见的桥连配体有$OH^-$(羟联)、$O^{2-}$(氧联)、CO、卤素、碳酸根、羧酸根及磷酸根等。例如$\{[Fe(OH_2)_4]_2(\mu-OH)_2\}^{4+}$(图 12-2A)中的 OH 和$[(\eta^6-C_6H_6)_2Ru_2Cl_2(\mu-Cl)_2]$(图 12-2B)中的 Cl 原子。在命名有桥连配体的配合物时,桥连配体前标示一个带有上标数字的$\mu$,上标数字表示桥连配体所连接的金属原子个数,如$\mu^2$表示一个桥连配体连接了两个金属原子,$\mu^2$常简写为$\mu$。

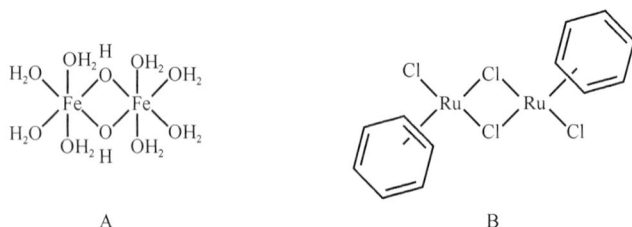

图 12-2　桥连配体

A. $\{[Fe(OH_2)_4]_2(\mu-OH)_2\}^{4+}$;B. $[(\eta^6-C_6H_6)_2Ru_2Cl_2(\mu-Cl)_2]$

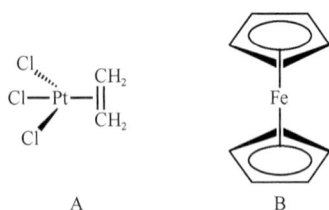

图 12-3　一些 $\pi$ 配体

A. $[PtCl_3(\eta^2-C_2H_4)]^-$中的 $\pi$ 配体;
B. 二茂铁中的 $\pi$ 配体

除了上述这些经典配体,还有一些非经典配体也可以与过渡金属形成配合物。如,乙烯的 $\pi$ 电子可以与中心原子配位,形成 $M\leftarrow L\pi$ 配位键,这类配体称作 **$\pi$ 配体**。$\pi$ 配体通常是含碳的不饱和有机分子,主要有链状(如烯烃、炔烃)和环状(如环戊二烯、苯)两种。它们以多个碳原子与金属配位,提供 $\pi$ 电子和金属作用形成配位键。如图 12-3A 所示,在$[PtCl_3(\eta^2-C_2H_4)]^-$中($\eta^2$中上标 2 表示参与配位的原子个数),由于乙烯的 $\pi$ 电子属于两个 C 原子,因此,这两个 C 原子都是配位原子,但乙烯分子与中心原子之间只形成一个配位键。二茂铁的结构(如图 12-3B 所示)为一个铁原子处在两个平行的环戊二烯的环之间,在固体状态下两个茂环相互错开成错位构型,温度升高时茂环则绕垂直轴相对转动。重叠构型比较稳定,但是,由于重叠与错位构型之间的能垒非常小,所以各种各样的构型都可能存在。

**4. 配位数**(coordination number)　配合物中,直接与中心原子形成配位键的配位原子总数称为该中心原子的**配位数**。如果配合物的所有配体都是单齿配体,则配位数就等于配体数。例如,$[Ag(NH_3)_2]^+$、$[Cu(NH_3)_4]^{2+}$、$[PtCl_2(NH_3)_2]$、$[Co(NH_3)_6]^{3+}$和$[Cu(NH_3)_4(H_2O)_2]^{2+}$的配位数分别是 2、4、4、6、6。如果配体为多齿配体,则配位数并不等于中心原子周围的配体数。例如,$[Cu(en)_2]^{2+}$中配体乙二胺是双齿配体,每个 en 配体提供两个配位原子和中心原子结合,所以,$[Cu(en)_2]^{2+}$中$Cu^{2+}$的配位数是 4 而不是 2。因此,应注意区别配位数和配体数。

中心原子的配位数一般为 2、4、6、8 等,5、7 等不常见。每个中心原子配位数的多少,主要取决于中心原子和配体的性质,如中心原子所带的电荷、电子层结构、离子半径以及它们之间相互影响的情况。有时也会受到温度、浓度等外界条件的影响。

(1) 对于相同配体,中心原子的电荷越高,吸引配体孤对电子的能力越强,配位数就越大。例如,$[Cu(NH_3)_2]^+$和$[Cu(NH_3)_4]^{2+}$,$[PtCl_4]^{2-}$和$[PtCl_6]^{2-}$,$Cu^{2+}$、$Pt^{4+}$的配位数多于$Cu^+$、$Pt^{2+}$的

配位数。中心原子的半径越大,周围可容纳的配体就越多,配位数就越大。例如,$B^{3+}$ 的半径小于 $Al^{3+}$ 的半径,分别和 $F^-$ 形成 $[BF_4]^-$ 和 $[AlF_6]^{3-}$。

(2)对于同一中心原子,配体越大,周围可容纳的配体就越少,配位数也就越小。例如,离子半径 $F^-<Cl^-$,它们分别和 $Al^{3+}$ 形成 $AlF_6^{3-}$ 和 $AlCl_4^-$。配体的负电荷增加时,虽然使配体和中心原子的结合增强,但是,配体之间的斥力也同时增大,因此,总的结果反倒使配位数减小。例如,$[SiF_6]^{2-}$ 和 $[SiO_4]^{4-}$,$[Ni(H_2O)_6]^{2+}$ 和 $[Ni(CN)_4]^{2-}$。

(3)一般来说,增大配体浓度有利于形成高配位数的配合物。例如,随着配体 $SCN^-$ 浓度的增加,$Fe^{3+}$ 可以与 $SCN^-$ 形成配位数为 1~6 的配合物。反应温度低,也易于形成高配位数的配合物。

综上所述,影响配位数的因素是很复杂的,必须根据具体情况具体分析。但是,在一定条件下,一个中心原子有一个特征的配位数。大多数常见价态的金属离子特征配位数以 6 和 4 比较多见。

## (二) 配合物的异构现象

**异构现象**(isomerism)不仅在有机化合物中常见,也是配合物的重要特征。在配位化学发展的早期阶段,Werner 曾对配合物的立体结构和异构现象做了大量经典的研究工作,奠定了配合物结构研究的基础。随着配位化学研究的深入和现代结构测定手段的发展,配合物的立体结构和异构现象更是现代配位化学理论和应用的重要研究内容。

配合物的异构现象是指两种或两种以上配合物的化学组成相同,即原子种类和数目相同,由于配体围绕中心原子的排列不同而引起的结构和性质不同的现象。配合物的异构现象不仅影响其物理和化学性质,而且与配合物的稳定性和配位键的性质密切相关。配合物的异构现象有很多种类,包括几何异构、光学异构、键合异构、离子异构、水合异构、配体异构等。本节主要介绍配合物的几何异构现象。

每一个配合物都有一定的空间构型。如果配合物中只有一种配体,那么配体中心原子周围就只有一种排列方式。但是,当中心原子周围有不止一种配体时,就可能出现不同的空间排列方式。这种组成相同、空间排列方式不同的配合物称为**几何异构体**(stereoisomerism),这种现象称为配合物的**几何异构现象**(stereoisomerism)。

几何异构体中最常见的是顺反异构体。顺式异构体(*cis*-isomer)是指相同配体彼此处于相邻的位置(图 12-4A 和图 12-5A),反式异构体(*trans*-isomer)是指相同配体处于对角的位置(图 12-4B 和图 12-5B)。如平面四方形构型的配合物 $[PtCl_2(NH_3)_2]$,就有顺式和反式两种不同的几何异构体:

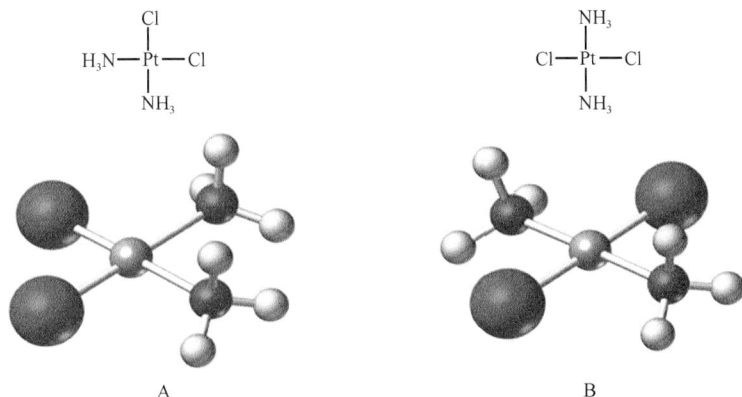

图 12-4

A. 顺-二氯二氨合铂(Ⅱ)*cis*-$[PtCl_2(NH_3)_2]$;B. 反-二氯二氨合铂(Ⅱ)*trans*-$[PtCl_2(NH_3)_2]$

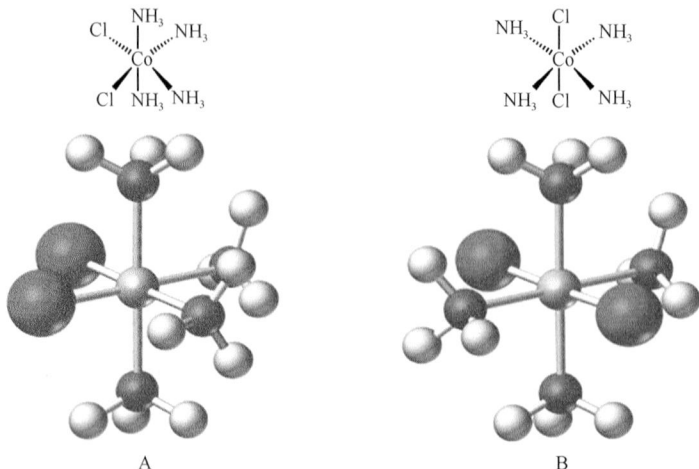

图 12-5

A. 顺-二氯四氨合钴(Ⅲ)$cis$-$[CoCl_2(NH_3)_4]^+$；B. 反-二氯四氨合钴(Ⅲ)$trans$-$[CoCl_2(NH_3)_4]^+$

几何异构体的鉴别可以应用多种方法。如，顺式$[PtCl_2(NH_3)_2]$的偶极矩不等于零，而反式$[PtCl_2(NH_3)_2]$的偶极矩为零，因此，通过测定配合物的偶极矩就可以区分它们。不同的异构体，其性质也有很大的不同。顺式$[PtCl_2(NH_3)_2]$为橙黄色，在水中的溶解度较大，反式为亮黄色，在水中溶解度较小；顺式$[PtCl_2(NH_3)_2]$不如反式稳定，在 443K 左右可转化为反式。顺式和反式$[PtCl_2(NH_3)_2]$的药理作用也不同。临床已经证明，顺式$[PtCl_2(NH_3)_2]$具有明显的抗癌作用，对人体的毒副作用也比较大，而反式却没有抗癌作用，对人体毒副作用也比较小。

几何异构现象主要发生在配位数为 4 的平面正方形结构和配位数为 6 的八面体结构的配合物中。对四面体构型的配合物，无论其中配体是否相同，均不存在顺反异构现象。总之，配合物的异构现象是很复杂的，不仅与配位数和配体的种类有关，还与配合物的空间构型密切相关。

# 二、配合物的命名

化合物的命名由 IUPAC 制定标准，各国根据这些标准再制定各自语言文字的命名原则。按照我国的规定，一般含金属的无机化合物命名原则中最主要的一条是非金属和酸根在前，金属在后。例如，氯化钴、硫酸铁、氧化锰等。对整个配合物的命名，与一般无机化合物的命名原则相同。若配合物的外界是一简单离子的酸根(如 $Br^-$)，便叫某化某，如$[Co(NH_3)_6]Br_3$，叫三溴化六氨合钴(Ⅲ)。若外界酸根是复杂阴离子(如 $SO_4^{2-}$)，便叫某酸某，如$[Cu(NH_3)_4]SO_4$，叫硫酸四氨合铜(Ⅱ)。如果配合物外界是一简单阳离子，内界为配位阴离子，则将配位阴离子当作含氧酸根，配合物叫做某酸某，如 $K_2[PtCl_6]$叫做六氯合铂(Ⅳ)酸钾，$K_4[Fe(CN)_6]$叫做六氰合铁(Ⅱ)酸钾(俗称亚铁氰化钾或黄血盐)。

下面详细介绍配合物内界的命名原则：

(1) 中心原子与配体之间用"合"字连接，表示它们之间是配位键；中心原子的氧化值用罗马数字紧随其后的"( )"中标明；没有外界的配合物，则不必标出中心原子的氧化值。

(2) 配合物中如有多种配体，书写时紧靠中心原子位置为先，不同配体间用圆点"·"隔开。其命名顺序按如下原则：

1) 无机配体在前，有机配体在后。如，$cis$-$[PtCl_2(PPh_3)]$命名为顺-二氯·二(三苯基膦)合铂(Ⅱ)。

2) 离子在前，分子在后，其顺序为阴离子、中性分子。如，$K[PtCl_3(NH_3)]$命名为三氯·一氨合铂(Ⅱ)酸钾，$[CoCl(NH_3)_5]Cl_2$命名为氯化一氯·五氨合钴(Ⅲ)。

3）同类离子或中性分子配体，按配位原子元素符号的英文字母顺序排列。如，[Co(NH$_3$)$_5$H$_2$O]Cl$_3$ 命名为三氯化五氨·水合钴（Ⅲ）。

4）配位原子相同的同类配体，含较少原子数的配体在前，含较多原子数的配体在后。如，[Pt(NO$_2$)(NH$_3$)(NH$_2$OH)(py)]Cl 命名为氯化硝基·氨·羟胺·吡啶合铂（Ⅱ）。

5）若配位原子相同，配体所含原子数目也相同，则按在结构式中与配位原子相连的原子元素符号的字母顺序排列。如，[Pt(NH$_2$)(NO$_2$)(NH$_3$)$_2$]命名为氨基·硝基·二氨合铂（Ⅱ）。

6）两可配体，按配位原子元素符号的顺序排列。如，[Co(ONO)(NH$_3$)$_5$]SO$_4$ 中，两可配体 NO$_2^-$ 以 O 原子配位，其命名应为硫酸亚硝酸根·五氨合钴（Ⅲ）。[Co(NCS)(NH$_3$)$_5$]Cl 中，两可配体 NCS$^-$ 以 N 原子配位，其命名应为氯化异硫氰酸根·五氨合钴（Ⅲ）。

（3）对含有配位阴离子的配合物，将配位阴离子当作含氧酸根。

| | |
|---|---|
| H$_2$[PtCl$_6$] | 六氯合铂（Ⅳ）酸 |
| Na$_3$[Ag(S$_2$O$_3$)$_2$] | 二(硫代硫酸根)合银（Ⅰ）酸钠 |
| K[Co(NO$_2$)$_4$(NH$_3$)$_2$] | 四硝基·二氨合钴（Ⅲ）酸钾 |

（4）对配位阳离子的盐或氢氧化物，将配位阳离子看做简单金属离子。

| | |
|---|---|
| [Cu(NH$_3$)$_4$]SO$_4$ | 硫酸四氨合铜（Ⅱ） |
| [Co(ONO)(NH$_3$)$_5$]SO$_4$ | 硫酸亚硝酸根·五氨合钴（Ⅲ） |
| [Co(NCS)(NH$_3$)$_5$]Cl$_2$ | 二氯化异硫氰酸根·五氨合钴（Ⅲ） |
| [CoCl(SCN)(en)$_2$]NO$_2$ | 亚硝酸氯·硫氰酸根·二(乙二胺)合钴（Ⅲ） |

如果阳、阴离子都是配离子，根据前两个原则命名。注意，阳离子在前，阴离子在后。

例如：[Pt(py)$_4$][PtCl$_4$]　　　　四氯合铂（Ⅱ）酸四(吡啶)合铂（Ⅱ）

（5）非电解质配合物。

| | |
|---|---|
| [Ni(CO)$_4$] | 四羰基合镍 |
| [Co(NO$_2$)$_3$(NH$_3$)$_3$] | 三硝基·三氨合钴（Ⅲ） |
| [PtCl$_4$(NH$_3$)$_2$] | 四氯·二氨合铂（Ⅳ） |

# 第 2 节　配合物的化学键理论

配位理论最早是由 A Werner 在 1893 年创立的，该理论认为每种元素都有主副价之分，而配合物中心原子既有符合化合价理论的主价，又有代表金属和配体之间联结的副价，因而能解释经典配合物内界的形成。随着 Lewis 酸碱电子理论的发展和应用，人们又提出了配位共价键的概念，并进一步发展成价键理论( valence bond theory, VBT)。几乎与此同时，在配合物离子模型的基础上又发展了晶体场理论( crystal field theory, CFT)。

价键理论把中心原子与配体之间的结合当成纯粹的共价键，对配合物的配位数、几何构型和磁性等都给出了较好的解释。晶体场理论把中心原子与配体之间的结合当成纯粹的静电吸引作用，在说明配合物磁性和颜色等方面，晶体场理论优于价键理论。为克服价键理论和晶体场理论的弱点，从 20 世纪 50 年代开始，人们把静电场理论与分子轨道理论结合起来，不仅考虑中心原子与配体之间的静电效应，也考虑它们之间所生成的共价键分子轨道的性质，从而提出配体场理论( ligand field theory, LFT)。本节介绍配合物的价键理论和晶体场理论。

## 一、价键理论

Pauling 首先将分子结构的价键理论应用于配合物，后经他人修正补充，形成近代配合物价键理论。该理论认为，配合物中心原子与配体之间的结合，是由于配位原子孤对电子轨道与中心原子的空轨道重叠，两者共享该电子对而形成配位键。因此，配位键本质上是共价性质的。

## (一) 理论的基本要点

（1）中心原子与配体以共价键结合。成键时,中心原子提供价电子层空轨道接受配体提供的孤对电子形成配位键。

（2）成键过程中,中心原子外层能量相近的轨道首先进行重新组合,形成数目相等、能量相同、具有一定空间伸展方向的杂化轨道。

（3）中心原子的价电子组态和配体的种类与数目共同决定杂化轨道类型,杂化轨道类型决定配合物的几何形状、磁矩和相对稳定性。

常见的杂化轨道类型和配合物空间构型列于表 12-2。

表 12-2　杂化轨道的类型与配合物空间构型的关系

| 轨道杂化类型 | 配位数 | 几何形状 | 实例 |
|---|---|---|---|
| sp | 2 | 直线形<br>(linear) | $[Ag(NH_3)_2]^+$,$[Cu(NH_3)_2]^+$ |
| $sp^2$ | 3 | 平面三角形<br>(planar triangle) | $[CuCl_3]^{2-}$,$[Cu(CN)_3]^{2-}$,$[HgI_3]^-$ |
| $sp^3$ | 4 | 四面体形<br>(tetrahedron) | $[Zn(NH_3)_4]^{2+}$,$[FeCl_4]^-$,$[Co(NCS)_4]^{2-}$ |
| $dsp^2$ | 4 | 平面正方形<br>(square planar) | $[Ni(CN)_4]^{2-}$,$[PtCl_4]^{2-}$,$[Pt(NH_3)_2Cl_2]$ |
| $dsp^3$ | 5 | 三角双锥形<br>(trigonal bipyramid) | $[CuCl_5]^{3-}$,$Fe(CO)_5$ |
| $sp^3d^2$ | 6 | | $[FeF_6]^{3-}$,$[Ni(NH_3)_6]^{2+}$,$[Fe(H_2O)_6]^{2+}$ |
| $d^2sp^3$ | | 八面体形<br>(octahedron) | $[Fe(CN)_6]^{3-}$,$[Cr(NH_3)_6]^{3+}$ |

## (二) 外轨型和内轨型

配合物的中心原子在形成杂化轨道时,受到中心原子价层电子组态和配体中配位原子电负性的影响,可以利用次外层的$(n-1)$或者最外层的$nd$轨道与$ns$、$np$轨道进行杂化,从而可以形成两种类型的配合物。凡是中心原子利用外层$ns$、$np$、$nd$轨道杂化与配体结合形成的配合物,**称为外轨型配合物**(outer-orbital coordination compound)。如中心原子采取$sp$、$sp^3$、$sp^3d^2$杂化轨道形成配位数为2、4、6的配合物都是外轨型配合物。中心原子利用次外层$d$轨道,即$(n-1)d$轨道和最外层$ns$、$np$轨道形成杂化轨道与配体相结合,所形成的配合物称为**内轨型配合物**(inner-orbital coordination compound)。如中心原子采取$dsp^2$或$d^2sp^3$杂化方式形成配位数为4或6的配合物都是外轨型配合物。

中心原子与配体结合究竟形成内轨型配合物还是外轨型配合物,主要取决于中心原子电子层结构以及配体的性质。下面依据中心原子价电子构型讨论过渡元素配合物的价键特征。

**1. 价电子构型为$(n-1)d^{9\sim10}$** 即使$d$轨道中的电子全部配对,所得到的空$d$轨道数也小于1,中心原子只能用最外层的轨道参与杂化,和配体形成外轨型配合物。如$[Zn(H_2O)_6]^{2+}$、$[ZnCl_4]^{2-}$、$[Zn(NH_3)_4]^{2+}$等均为外轨型配合物。$Zn^{2+}$的价电子构型为$3d^{10}$,$[Zn(H_2O)_6]^{2+}$的外层电子构型为:

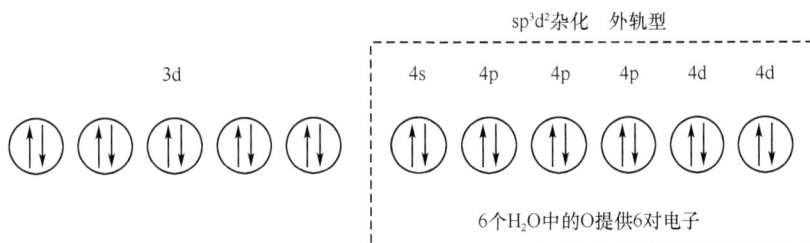

配合物$[Zn(NH_3)_4]^{2+}$,其$Zn^{2+}$中$d$轨道已完全为电子充满,不会再有空的$d$轨道参与杂化,形成配合物时仅能利用$4s$和$4p$轨道,以$sp^3$杂化方式形成配位键,因而,$Zn^{2+}$和$NH_3$配位形成配位数为4的正四面体配合物。

**2. 价电子构型为$(n-1)d^{4\sim8}$** 此时,中心原子和配体既可以形成内轨型的配合物也可以形成外轨型的配合物,配体成为决定配合物类型的主要因素。

卤素、氧(如$H_2O$配体)等配位原子电负性较高,不易给出孤对电子,共用电子对将偏向配位原子一方,倾向于占据中心原子的外层轨道,一般形成外轨型配合物。如$[FeF_6]^{3-}$、$[Fe(H_2O)_6]^{3+}$、$[Co(NH_3)_6]^{2+}$、$[Ni(H_2O)_4]^{2+}$等都是外轨型配合物。以$[Fe(H_2O)_6]^{3+}$为例,其形成过程如下:

$Fe^{3+}$的价电子构型为$3d^5$,5个$3d$轨道分别被一个电子占据。$[Fe(H_2O)_6]^{3+}$的外层电子构型为:

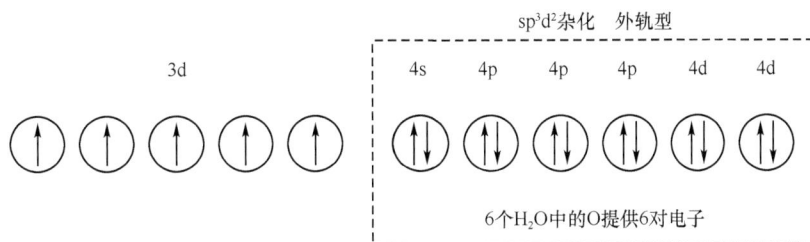

在电负性较大的配位氧原子影响下,Fe(Ⅲ)只能利用$4s$、$4p$和$4d$空轨道发生$sp^3d^2$杂化,杂化后的轨道用于接受六个配体水分子中氧原子提供的六对孤对电子形成外轨型配合物。由

于 $nd$ 轨道比 $ns$、$np$ 轨道能量高得多,一般认为外轨型杂化不如内轨型杂化有效。价键理论认为,同一中心原子形成的外轨型配合物相对于内轨型配合物来说,键能较小,较不稳定。

当配位原子的电负性较小时,如 C、S、P 等配位原子,容易给出孤对电子,它们在接近中心原子时,对其内层 d 电子排布影响较大,使 d 电子发生重排,即 $(n-1)d$ 轨道上的电子被迫成对,空出能量较低的内层 d 轨道与 $ns$、$np$ 轨道形成杂化轨道来接受配体的孤对电子形成内轨型配合物,如 $[Fe(CN)_6]^{3-}$、$[Ni(CN)_4]^{2-}$ 等都是内轨型配合物。以 $[Fe(CN)_6]^{3-}$ 为例,配位原子为电负性较小的 C 原子,原自由离子 $Fe^{3+}$ 的 3d 轨道上 5 个未成对电子被挤入 3 个 d 轨道,空出 2 个内层 d 轨道与外层的 4s、4p 轨道杂化形成 6 个 $d^2sp^3$ 杂化轨道,接受六个 $CN^-$ 提供的孤对电子形成八面体配合物。$Fe^{3+}$ 的价电子构型为 $3d^5$,$[Fe(CN)_6]^{3-}$ 的外层电子构型为:

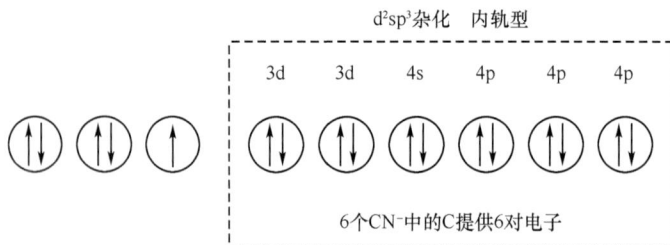

由于 $nd$ 轨道比 $ns$、$np$ 轨道能量高得多,一般认为外轨型杂化不如内轨型杂化有效。价键理论认为,同一中心原子形成的外轨型配合物相对于内轨型配合物来说,键能较小,较不稳定。

**3. 价电子构型为 $(n-1)d^{1-3}$**　由于至少有 2 个空的 $(n-1)d$ 轨道,这类中心原子和配体作用总是形成内轨型配合物,如 $[Cr(H_2O)_6]^{3+}$、$[Cr(NH_3)_6]^{3+}$ 和 $[Ti(H_2O)_6]^{3+}$ 等均为内轨型配合物。这类配合物中往往含有空的 $(n-1)d$ 轨道,造成配合物不稳定。因此,这类配合物虽为内轨型配合物,但稳定性往往较差。

$Ti^{3+}$ 的价电子构型为 $3d^1$,5 个 d 轨道中的一个 3d 轨道被电子占据,另有 4 个空的 3d 轨道。$[Ti(H_2O)_6]^{3+}$ 的外层电子构型为:

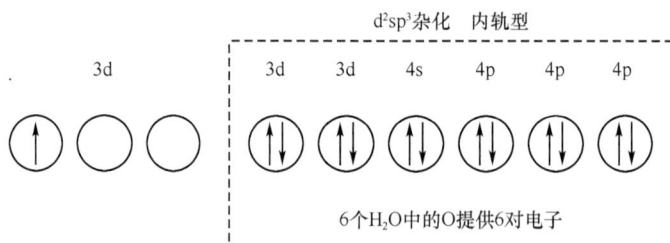

## (三) 配合物的磁性和稳定性

由上述讨论可见,形成外轨型配合物时,中心原子的内层电子排布受配体影响很小,故内层 d 电子尽可能分占每个 d 轨道而自旋平行,因此未成对电子数较高,所以外轨型配合物又被称为**高自旋型配合物**(high-sping complex)。它们常常具有顺磁性,未成对电子数目越多,顺磁磁矩越高。形成内轨型配合物时,由于内层电子结构往往发生重排,中心原子的未成对电子数会减少,配合物的磁矩比自由离子的磁矩要低,所以内轨型配合物又被称为**低自旋型配合物**(low-spin complex)。

因此,可根据磁矩大小来判断内轨型、外轨型配合物的形成,区分高、低自旋配合物。对于配合物的中心原子,若忽略轨道角动量,只考虑电子自旋角动量对磁矩的贡献,可用下式计算磁矩:

$$\mu = \sqrt{n(n+2)}\,\mu_B \tag{12-1}$$

式中:$n$ 为单电子数;$\mu_B$ 为玻尔磁子(Bohr magneton,$1\mu_B \approx 9.274 \times 10^{-24}$ J/T)。一些配合物的磁矩计算值和实测值列于表 12-3。对于第一过渡系金属的配合物,其磁矩的计算值和实测值基本相符。上述磁矩公式对第一过渡系金属是恰当的,而对第二、三过渡系金属,这一公式存在较大的偏差。

表 12-3　一些配合物的未成对电子数 $n$ 和磁矩

| d电子排布 | $n$ | $\mu_{算}/\mu_B$ | $\mu_{测}/\mu_B$ | 配合物 |
|---|---|---|---|---|
| ↑ ○ ○ ○ ○ | 1 | 1.73 | 1.75 | $[Ti(H_2O)_6]^{3+}$ |
| ↑ ↑ ○ ○ ○ | 2 | 2.83 | 2.80 | $[V(H_2O)_6]^{3+}$ |
| ↑ ↑ ↑ ○ ○ | 3 | 3.87 | 3.88 | $[Cr(H_2O)_6]^{3+}$ |
| ↑ ↑ ↑ ↑ ○ | 4 | 4.90 | 4.93 | $[Mn(H_2O)_6]^{3+}$ |
| ↑ ↑ ↑ ↑ ↑ | 5 | 5.92 | 5.40 | $[Fe(H_2O)_6]^{3+}$ |
| ↑↓ ↑↓ ↑ ○ ○ | 1 | 1.73 | 2.3 | $[Fe(CN)_6]^{3-}$ |
| ↑↓ ↑↓ ↑↓ ○ ○ | 0 | 0.00 | 0.0 | $[Co(NH_3)_6]^{3+}$ |
| ↑↓ ↑↓ ↑ ↑ ↑ | 3 | 3.87 | 4.85 | $[Co(H_2O)_6]^{2+}$ |
| ↑↓ ↑↓ ↑↓ ↑ ↑ | 2 | 2.83 | 2.83 | $[Ni(H_2O)_6]^{2+}$ |
| ↑↓ ↑↓ ↑↓ ↑↓ ↑ | 1 | 1.73 | 1.75 | $[Cu(H_2O)_6]^{2+}$ |

在配合物中,配体提供孤对电子,配合物的未成对电子数就是中心原子的未成对电子数。因此,比较实验测得的配合物磁矩与理论计算值,便可确定中心原子的未成对电子数,从而判断中心原子的杂化轨道类型和配合物的空间构型,进一步确定配合物是高自旋型还是低自旋型。

从表 12-3 可看出,利用磁矩可区分出价电子构型 $d^4 \sim d^8$ 的高自旋和低自旋配合物。显然,对于未成对电子数相同的外轨型和内轨型配合物,则不能用磁矩来判断。

可以应用价键理论说明或推测配合物性质。首先根据配位数判断中心原子的杂化轨道类型。例如,配位数为 4 的配合物可以是 $sp^3$ 或 $dsp^2$ 杂化,配位数为 6 的配合物可以是 $d^2sp^3$ 或 $sp^3d^2$ 杂化。究竟采取哪一种杂化方式,可以通过配位原子的电负性高低和实测的磁矩值具体分析。配位原子的电负性值越大,配体给出电子对的能力就越小,对中心原子 d 轨道的影响就越小,中心原子采取 $sp^3$ 或 $sp^3d^2$ 等的外轨型杂化的可能性就越大;反之,配位原子的电负性值越小,采取 $dsp^2$ 或 $d^2sp^3$ 内轨型杂化的可能性就越大。若已知实测磁矩数据,也可以由此判断中心原子的杂化类型。由杂化轨道的空间形状可以说明配合物的几何构型。

**例 12-1**　用古依天平测得 $[Ni(NH_3)_4]^{2+}$ 的磁矩为 $2.83\mu_B$,请判断配合物 $[Ni(NH_3)_4]^{2+}$ 的几何构型和稳定性。

**解**:Ni(Ⅱ)的价电子构型为 $3d^8$,↑↓ ↑↓ ↑↓ ↑ ↑

由配位数为 4 可知,需要 4 个空杂化轨道,杂化方式可能为 $dsp^2$ 或 $sp^3$。若为 $sp^3$ 杂化,d 电子排布仍为 ↑↓ ↑↓ ↑↓ ↑ ↑,有 2 个单电子;若为 $dsp^2$ 杂化,d 电子排布为

$\uparrow\downarrow$ $\uparrow\downarrow$ $\uparrow\downarrow$ $\uparrow\downarrow$ $\bigcirc$,电子全部成对,有 1 个空轨道。

由 $\mu_{实测}$ 推测的未成对电子数与 $sp^3$ 杂化方式的未成对电子数 2 较为接近,所以 $[Ni(NH_3)_4]^{2+}$ 的杂化方式为 $sp^3$,几何形状为四面体;由配合物的"高自旋"性质判断,该配合物为外轨型,较不稳定。

配合物的价键理论继承和发展了传统的价键概念,化学键的概念明确,解释问题简洁、形象,对配合物的配位数、磁矩、空间构型等问题做了较好的说明,可以定性说明一些配合物的稳定性。但是,价键理论没有提出 d 轨道能级分裂的概念,难于进行定量计算,无法说明配合物的颜色和吸收光谱,也无法定量说明配合物的相对稳定性,因而,价键理论只是一个近似的定性理论。

# 二、晶体场理论

晶体场理论是在静电理论的基础上把配体视为点电荷或偶极子来考虑它们对金属离子电子结构的影响,用电子在不同能级之间的跃迁解释配合物的吸收光谱。由于它成功解释了配合物的颜色而受到重视,并得到充分发展。现被广泛地用来说明配合物的光谱行为和磁性质,并和分子轨道理论相结合发展成为配体场理论。

## (一) 理论的基本要点

晶体场理论的基本要点如下:

(1) 配体与中心原子之间的作用力是静电作用。把配体视为点电荷或偶极子,配位原子的负电荷在中心原子周围形成静电场,称为**晶体场**(crystal field)。

(2) 中心原子在配体的静电场作用下,其电子能级将发生变化,原先简并的 5 个 d 轨道发生**能级分裂**(energy splitting),使得 d 轨道能级(相对于球形场)有的升高,有的降低。当中心原子一定时,能级分裂的方式和程度由配体的配位能力和数目决定。

(3) d 电子按照一定的规则填入分裂后的 d 轨道。能级分裂后体系能量比分裂前降低,形成稳定的配合物。

晶体场理论认为配体与中心原子之间的静电吸引是使配合物稳定的根本原因,这个力的本质类似于离子晶体中正、负离子间的作用力。晶体场理论和价键理论的一个主要的不同在于:晶体场模型中,配体只影响 d 轨道能级和 d 电子排布,和中心原子之间不发生轨道的重叠,不形成共价键。

## (二) 八面体配位场分裂能及其影响因素

在形成配合物之前,中心原子的 5 个 d 轨道能量完全相等,处于简并状态。但它们在空间的伸展方向是不同的,即 $d_{xy}$、$d_{xz}$ 和 $d_{yz}$ 轨道沿着 $x$、$y$、$z$ 轴夹角的平分线伸展,$d_{x^2-y^2}$ 轨道沿着 $x$、$y$ 轴向伸展,$d_{z^2}$ 轨道沿着 $z$ 轴方向伸展,如图 12-6 所示。

如果把中心原子置于带负电的球形对称场中,由于负电场对 5 个简并 d 轨道中的电子产生均匀的排斥力,5 个 d 轨道的能量将同等程度升高,但仍然是简并轨道,不会产生能级分裂。如果中心原子受到来自不同方向的、带有负电荷(偶极子)的几个配体作用时,由于中心原子的 5 个 d 轨道本身的空间伸展方向不同,在配体的负电场作用下,它们各自的能量变化会有所不同。也就是说,中心原子 d 轨道的能级发生了分裂。在不同晶体场作用下,中心原子的 d 轨道能级分裂情况不同。

设中心原子处在三维直角坐标系的原点。形成配位数为 6 的八面体配合物时,6 个带负电荷的配体沿着 $x$、$y$、$z$ 三个坐标轴方向向中心原子接近,在坐标轴方向上电子云密度最大的 $d_{x^2-y^2}$ 和 $d_{z^2}$ 正好与配体点电荷迎头相碰,这两个轨道受到配体的静电斥力最大,因而它们的能量升高较多;而夹在坐标轴之间的 $d_{xy}$、$d_{xz}$ 和 $d_{yz}$ 轨道上,受到配体点电荷的静电斥力较小,故能量升高较

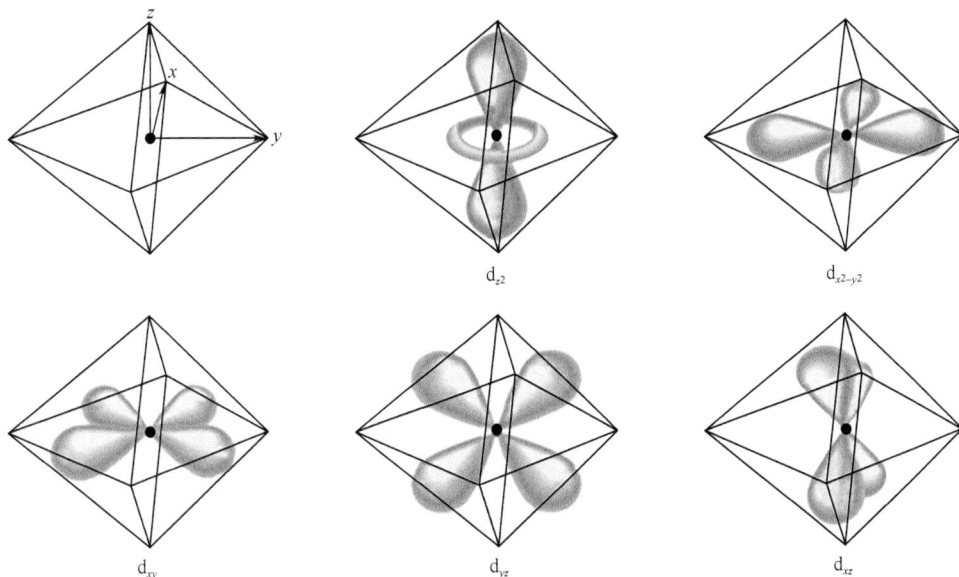

图 12-6　d 轨道在空间的伸展方向

小,如图 12-7 所示。因此,在自由的气态金属原(离)子和球形场中五重简并的 d 轨道,在八面体场中分裂成两组:二重简并的 $d_{x^2-y^2}$ 和 $d_{z^2}$($d_y$,用符号 $e_g$ 代表)* 与三重简并的 $d_{xy}$、$d_{xz}$ 和 $d_{yz}$($d_\varepsilon$,用符号 $t_{2g}$ 代表)。这两组轨道能级之间的差值称为**晶体场分裂能**(crystal field splitting energy,式 12-2),用 $\Delta_o$ 表示,下标"o"为 octahedron 的首字母,表示"八面体"。以球形场中 d 轨道的能量为基准,$c_g$ 和 $t_{2g}$ 的能量分别升高和降低。这种情形示于图 12-8。

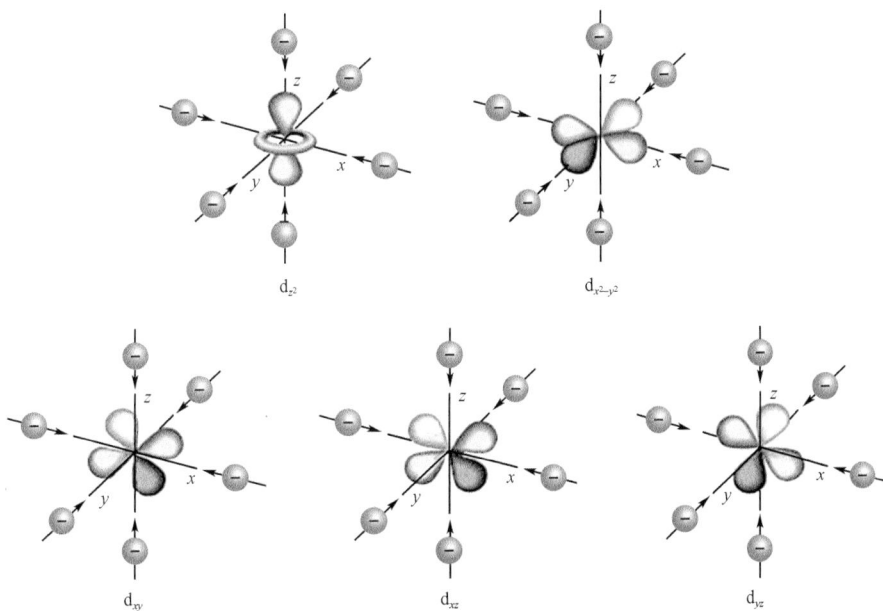

图 12-7　正八面体场中的 d 轨道

* $e_g$ 和 $t_{2g}$ 都是对称性符号,如果是四面体场,则略去下标中的"g"。

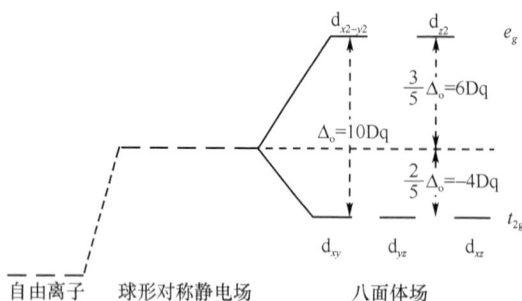

图 12-8   正八面体场中 d 轨道能级分裂

$$E(e_g) - E(t_{2g}) = \Delta_0 \qquad (12\text{-}2)$$

根据量子力学原理,在外场作用下,d 轨道分裂前后的总能量应保持不变。为简便起见,以球形场中 d 轨道的能量作为能量计算的零点,则有:

$$2E(e_g) + 3E(t_{2g}) = 0 \qquad (12\text{-}3)$$

联立式(12-2)和式(12-3),解得分裂后这两组 d 轨道相对于球形场的能量分别为:

$$E(e_g) = 3\Delta_0/5 = 0.6\Delta_0 \qquad (12\text{-}4)$$

$$E(t_{2g}) = -2\Delta_0/5 = -0.4\Delta_0 \qquad (12\text{-}5)$$

即在八面体场中,d 轨道分裂的结果是 $e_g$ 轨道能量升高 0.6 $\Delta_0$,$t_{2g}$ 轨道能量下降 0.4 $\Delta_0$。

当中心原子和配体形成配位数为 4 的四面体配合物时,中心原子的 d 轨道受到配体点电荷的影响而发生能级分裂。处于四面体顶点的配体不是沿着坐标轴,而是从坐标轴之间接近中心原子。与 $d_{x^2-y^2}$ 或 $d_{z^2}$ 相比,$d_{xy}$、$d_{xz}$ 和 $d_{yz}$ 轨道离配体最近,它们受到较大的斥力,能量升高较多。而 $d_{x^2-y^2}$ 和 $d_{z^2}$ 轨道的角度分布极大值正好与配体错开,所受斥力较小,能量升高较少。因此,在四面体配合物中 d 轨道的能级分裂与八面体场中的情况正好相反(图 12-9)。

由于在四面体场中,$e$ 和 $t_2$ 轨道不像八面体场中那样直接指向配体,因此它们所受配体的排斥作用没有八面体场中强烈。在其他条件相同的情况下,四面体场中 $e$ 和 $t_2$ 轨道的能量差,即四面体场中 d 轨道的分裂能 $\Delta_t$(下标"t"表示四面体 tetrahadron)约为八面体场中的一半。所以,就晶体场效应来说,生成八面体配合物比生成四面体配合物更为有利。晶体场分裂能 $\Delta$ 的大小除与配合物的空间构型有关

图 12-9   正四面体场中 d 轨道能级分裂

外,还与配体场强、中心原子所带的电荷和它所属周期等因素有关。下面分别讨论配体和中心原子对分裂能的影响。

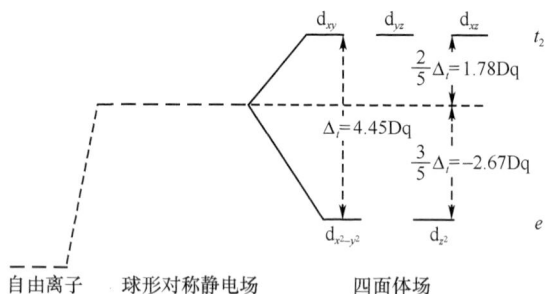

**1. 配体**   配体的性质是影响分裂能 $\Delta$ 的重要因素。对于中心原子相同的配合物,分裂能 $\Delta$ 随配体场强的不同而变化,不同配体的 $\Delta$ 值由小到大排成下列序列(下划线表示配位原子):

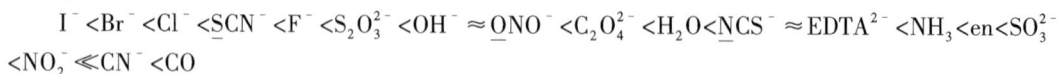

$$I^- < Br^- < Cl^- < \underline{S}CN^- < F^- < S_2O_3^{2-} < OH^- \approx \underline{O}NO^- < C_2O_4^{2-} < H_2O < \underline{N}CS^- \approx EDTA^{2-} < NH_3 < en < SO_3^{2-} < NO_2^- \ll CN^- < CO$$

这一顺序称为**光谱化学序列**(spectrochemical series),是在光谱实验的基础上排出的。在这个序列的左端为**弱场配体**(weak field ligand),右端为**强场配体**(strong field ligand)。对于不同的中心原子,该序列有所差异。当不同的配体与同一中心原子结合时,所产生的分裂能越小,表明配体的晶体场越弱。

第一过渡系中心原子为 $d^4 \sim d^7$ 的正八面体配合物形成高自旋或低自旋态的主要影响因素是场强的大小。利用光谱化学序列可以判断一些配合物的磁性质。例如,$Mn^{2+}$($d^5$)与强场配体 $CN^-$ 所生成的配合物应为低自旋,与弱场配体 $F^-$ 所生成的配合物应为高自旋。

**2. 中心原子**

(1)中心原子的氧化值:中心原子氧化值越高,拉引配体越紧,使配体与 d 轨道的相互作用越强,分裂能越大。例如:

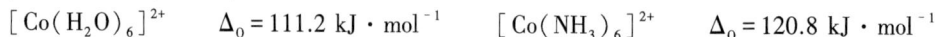

$[Co(H_2O)_6]^{2+} \qquad \Delta_0 = 111.2 \ kJ \cdot mol^{-1} \qquad [Co(NH_3)_6]^{2+} \qquad \Delta_0 = 120.8 \ kJ \cdot mol^{-1}$

$$[Co(H_2O)_6]^{3+} \quad \Delta_0 = 222.5 \ kJ \cdot mol^{-1} \quad [Co(NH_3)_6]^{3+} \quad \Delta_0 = 275.1 \ kJ \cdot mol^{-1}$$

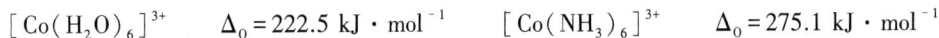

（2）中心原子所属周期：同族过渡金属，所属周期数越大，其原子半径越大。若中心原子电荷、配体种类和数目以及配合物的几何形状都相同，则自上而下，它们所形成配合物的 Δ 依次增大。随着周期数增大，外层 d 轨道在空间伸展得较远，d 轨道离核越远，与配体的距离越近，就越有利于与配体之间的相互作用，分裂能也越大。因此，第四周期的过渡金属离子既可以形成高自旋也可以形成低自旋的配合物，而第五、六周期的金属离子则几乎全部形成低自旋的配合物。

## （三）中心原子在八面体场中的 d 电子排布

中心原子的 d 轨道在八面体场中发生分裂后，将会引起这些 d 轨道上的电子重新排布。d 电子排布时，首先占据能量较低的 $t_{2g}$ 轨道，同时按照 Hund 规则，电子应分占各简并轨道并保持自旋平行。当中心原子的价电子排布为 $d^1 \sim d^3$ 时，它们将以自旋平行的方式分别占据三个简并的 $t_{2g}$ 轨道。

当中心原子的价电子排布为 $d^4 \sim d^7$ 时，第 4 个及其以后的电子是进入 $t_{2g}$ 轨道还是填入 $e_g$ 轨道，主要取决于晶体场分裂能（$\Delta_0$）和电子成对能（$P$）的相对大小。当电子进入一个已有电子的轨道时，必须克服与原有电子自旋配对而产生的排斥作用，所需能量称为**电子成对能**（$P$，electron pairing energy）。$P$ 只取决于中心原子，而 $\Delta_0$ 则由中心原子和配体共同决定。如使一个电子从能量较低的 $t_{2g}$ 轨道进入能量较高的 $e_g$ 轨道，需要吸收的能量为 $\Delta_0$。因此，如果配体的晶体场较弱，$\Delta_0 < P$，电子排斥作用会阻止电子自旋配对，使后来的电子进入能级较高的 $e_g$ 轨道，生成单电子数较多的高自旋配合物；反之，如果分裂能 $\Delta_0$ 足够大，$\Delta_0 > P$，后来的电子会进入 $t_{2g}$ 轨道，生成单电子数较少的低自旋配合物。表 12-4 给出了八面体场中 d 电子在 $t_{2g}$ 和 $e_g$ 轨道中的排布情况。

由表 12-4 可知，电子组态为 $d^1 \sim d^3$ 或 $d^8 \sim d^{10}$ 的中心原子，在八面体场中，无论在强场还是在弱场情况下，d 电子在 $e_g$ 和 $t_{2g}$ 轨道中的排布方式相同，所形成的配合物磁性也相同。电子组态为 $d^4 \sim d^7$ 的中心原子，如 $Cr^{2+}$、$Mn^{2+}$、$Fe^{2+}$、$Fe^{3+}$、$Co^{2+}$、$Co^{3+}$ 等，在强场或弱场中 d 电子的排布是不同的，所形成的配合物有高自旋配合物和低自旋配合物之分。一些八面体配合物的轨道分裂能和电子成对能数据列于表 12-5。

**表 12-4　八面体场中 d 电子在 $t_{2g}$ 和 $e_g$ 轨道中的排布**

| $d^n$ | 强场 $t_{2g}$ | 强场 $e_g$ | 弱场 $t_{2g}$ | 弱场 $e_g$ |
|---|---|---|---|---|
| $d^1$ | ↑ | | ↑ | |
| $d^2$ | ↑ ↑ | | ↑ ↑ | |
| $d^3$ | ↑ ↑ ↑ | | ↑ ↑ ↑ | |
| $d^4$ | ↑↓ ↑ | | ↑ ↑ ↑ | ↑ |
| $d^5$ | ↑↓ ↑↓ ↑ | | ↑ ↑ ↑ | ↑ ↑ |
| $d^6$ | ↑↓ ↑↓ ↑↓ | | ↑↓ ↑ ↑ | ↑ ↑ |
| $d^7$ | ↑↓ ↑↓ ↑↓ | ↑ | ↑↓ ↑↓ ↑ | ↑ ↑ |
| $d^8$ | ↑↓ ↑↓ ↑↓ | ↑ ↑ | ↑↓ ↑↓ ↑↓ | ↑ ↑ |
| $d^9$ | ↑↓ ↑↓ ↑↓ | ↑↓ ↑ | ↑↓ ↑↓ ↑↓ | ↑↓ ↑ |

表 12-5  一些八面体配合物的分裂能、电子成对能和自旋状态

| d 电子数 | 中心离子 | 配体 | $\Delta_0(kJ \cdot mol^{-1})$ 与 $P(kJ \cdot mol^{-1})$ 的相对大小 | 自旋状态 |
|---|---|---|---|---|
| 3 | $Cr^{3+}$ | $H_2O$ | 166.2<281.1 | 高自旋 |
|  | $Cr^{2+}$ | $H_2O$ | 166.2<239.2 | 高自旋 |
| 4 | $Mn^{3+}$ | $H_2O$ | 251.2<284.6 | 高自旋 |
| 5 | $Mn^{2+}$ | $H_2O$ | 93.3<259.5 | 高自旋 |
|  | $Fe^{3+}$ | $H_2O$ | 163.8<316.9 | 高自旋 |
| 6 | $Fe^{2+}$ | $H_2O$ | 124.4<179.4 | 高自旋 |
|  | $Fe^{2+}$ | $CN^-$ | 394.7>179.4 | 低自旋 |
|  | $Co^{3+}$ | $F^-$ | 155.5<212.9 | 高自旋 |
|  | $Co^{3+}$ | $H_2O$ | 222.5>212.9 | 低自旋 |
|  | $Co^{3+}$ | $NH_3$ | 275.1>212.9 | 低自旋 |
|  | $Co^{3+}$ | $CN^-$ | 406.6>212.9 | 低自旋 |
| 7 | $Co^{2+}$ | $H_2O$ | 111.2<228.4 | 高自旋 |
|  | $Co^{2+}$ | en | 131.6<228.4 | 高自旋 |
|  | $Co^{2+}$ | $NH_3$ | 120.8<228.4 | 高自旋 |

对于四面体配合物,由于其晶体场分裂能比较小,只有八面体场中分裂能的 4/9,其值一般不会超过电子成对能,所以,四面体配合物都是高自旋配合物。

## (四) 晶体场稳定化能

由上面讨论可知,在晶体场作用下,中心原子的 d 轨道会发生能级分裂,生成能级升高的轨道和能级降低的轨道(相对于球形场)。中心原子的 d 电子进入能级分裂后的 d 轨道,比起进入分裂前的 d 轨道,系统的能量比在球形场中低。系统所降低的总能量,称为**晶体场稳定化能**(crystal field stabilization energy,CFSE),如表 12-6。显然,系统降低的能量越大,形成的配合物越稳定。通常利用晶体场稳定化能的大小可以比较一些配合物的稳定性。对于八面体配合物,晶体场稳定化能的计算公式为:

$$CFSE = n_\varepsilon E(t_{2g}) + n_\gamma E(e_g) + (m_2 - m_1) \times P$$
$$= (-0.4\Delta_0) \times n_\varepsilon + 0.6\Delta_0 \times n_\gamma + (m_2 - m_1) \times P \qquad (12-6)$$

式中:$n_\varepsilon$、$n_\gamma$ 分别为 $t_{2g}$、$e_g$ 轨道上的电子数;$m_1$、$m_2$ 分别为能级分裂前、后 d 轨道上的电子对数;$P$ 为电子成对能。

**例 12-2**  $Fe^{3+}$ 的电子构型为 $d^5$,分别计算它的八面体配合物在强场和弱场中的晶体场稳定化能。

**解**:5 个 d 电子在强、弱八面体场中的排布情况为:

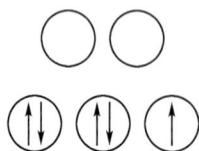

强场,低自旋
电子对数 2
强场下,$\Delta_0 > P$
$(CFSE)_强$
$= 5 \times (-0.4\Delta_0) + 2P$
$= -2.0\Delta_0 + 2P$

分裂前
电子对数 0

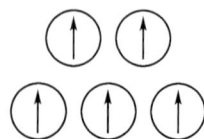

弱场,高自旋
电子对数 0
弱场下,$\Delta_0 < P$
$(CFSE)_弱$
$= 3 \times (-0.4\Delta_0) + 2 \times 0.6\Delta_0$
$= 0.0$

**表 12-6　八面体场中 d 电子在强场和弱场情况下的电子构型和晶体场稳定化能**

| $d^n$ | 强场 | | | | 弱场 | | | |
|---|---|---|---|---|---|---|---|---|
| | 构型 | 电子对数 | | CFSE | 构型 | 电子对数 | | CFSE |
| | | $m_2$ | $m_1$ | | | $m_2$ | $m_1$ | |
| $d^1$ | $t_{2g}^1$ | 0 | 0 | $-0.4\Delta_0$ | $t_{2g}^1$ | 0 | 0 | $-0.4\Delta_0$ |
| $d^2$ | $t_{2g}^2$ | 0 | 0 | $-0.8\Delta_0$ | $t_{2g}^2$ | 0 | 0 | $-0.8\Delta_0$ |
| $d^3$ | $t_{2g}^3$ | 0 | 0 | $-1.2\Delta_0$ | $t_{2g}^3$ | 0 | 0 | $-1.2\Delta_0$ |
| $d^4$ | $t_{2g}^4$ | 1 | 0 | $-1.6\Delta_0+P$ | $t_{2g}^3 e_g^1$ | 0 | 0 | $-0.6\Delta_0$ |
| $d^5$ | $t_{2g}^5$ | 2 | 0 | $-2.0\Delta_0+2P$ | $t_{2g}^3 e_g^2$ | 0 | 0 | 0 |
| $d^6$ | $t_{2g}^6$ | 3 | 1 | $-2.4\Delta_0+2P$ | $t_{2g}^4 e_g^2$ | 1 | 1 | $-0.4\Delta_0$ |
| $d^7$ | $t_{2g}^6 e_g^1$ | 3 | 2 | $-1.8\Delta_0+P$ | $t_{2g}^5 e_g^2$ | 2 | 2 | $-0.8\Delta_0$ |
| $d^8$ | $t_{2g}^6 e_g^2$ | 3 | 3 | $-1.2\Delta_0$ | $t_{2g}^6 e_g^2$ | 3 | 3 | $-1.2\Delta_0$ |
| $d^9$ | $t_{2g}^6 e_g^3$ | 4 | 4 | $-0.6\Delta_0$ | $t_{2g}^6 e_g^3$ | 4 | 4 | $-0.6\Delta_0$ |
| $d^{10}$ | $t_{2g}^6 e_g^4$ | 5 | 5 | 0 | $t_{2g}^6 e_g^4$ | 5 | 5 | 0 |

　　计算结果表明,在强场配合物中,电子填入能量较低的 $t_{2g}$ 轨道,由此引起的系统能量降低足以抵消电子成对能引起的能量升高。低自旋配合物(相当于内轨型配合物)比高自旋配合物(相当于外轨型配合物)稳定。

　　需要注意的是,高自旋 $Fe^{3+}$ 的配合物晶体场稳定化能为零,不能理解为 $Fe^{3+}$ 形成的配合物没有稳定性,只是说明 d 轨道分裂前后系统的总能量没有变化。

　　在其他构型的配合物中,d 轨道的分裂情况各有不同,但都可以对晶体场稳定化能进行类似的计算。必须指出,不同配合物 $\Delta_0$ 的大小是不一样的,随着中心原子及配体场强弱的不同而有很大的变化。实际应用时,应根据具体的分裂能 $\Delta_0$ 数值和电子成对能 $P$ 的大小计算具体配合物的晶体场稳定化能,进而比较配合物的稳定性。

## (五) 晶体场理论的应用

　　应用晶体场理论可以计算配合物晶体场稳定化能的大小,解释配合物的稳定性和磁性,解释配合物的空间构型以及配合物的颜色等性质。如在弱场中,同一配体的高自旋配合物稳定性顺序为 $d^0<d^1<d^2<d^3<d^4>d^5<d^6<d^7<d^8<d^9>d^{10}$,就和它们的晶体场稳定化能有关。下面主要介绍晶体场理论在解释配合物的磁性和颜色方面的应用。

　　**1. 配合物的磁性**　金属配合物的磁性可以用晶体场理论进行简单的说明和解释。配合物的中心原子在晶体场作用下会发生能级分裂,d 电子填入分裂后的轨道。根据晶体场分裂能和电子成对能的相对大小,可以确定电子的排布情况,从而判断出配合物是高自旋还是低自旋,由此说明配合物的磁性。如价电子构型为 $d^6$ 的 $Fe^{2+}$ 形成的配合物 $[Fe(H_2O)_6]^{2+}$ 为**顺磁性**(paramagnetism),$[Fe(CN)_6]^{4-}$ 为**反磁性**(diamagnetism)。这是因为在 $[Fe(H_2O)_6]^{2+}$ 中,$H_2O$ 为弱场配体,分裂能(124.4 kJ(mol$^{-1}$))小于成对能(210.5 kJ·mol$^{-1}$),配合物为高自旋型,有 4 个未成对电子,表现为顺磁性;在 $[Fe(CN)_6]^{4-}$ 中,$CN^-$ 为强场配体,分裂能(394.7 kJ·mol$^{-1}$)大于成对能(179.4 kJ·mol$^{-1}$),配合物为低自旋型,没有未成对电子,表现为反磁性。

　　利用磁天平可以测定各种物质的磁矩。比较磁矩的实测值和理论计算值,也可以判断中心原子的未成对电子数,从而说明配合物的磁性。

**2. 配合物的颜色**  晶体场理论的优点在于它成功地解释了过渡金属配合物的颜色。如电子构型为 $d^1 \sim d^9$ 的八面体配合物，$t_{2g}$ 和 $e_g$ 轨道之间的能量差较小，处于较低能级上的电子可以吸收可见光而跃迁到较高能级，这种跃迁称为 d~d 跃迁。d~d 跃迁所需要的能量就是分裂能，其大小一般在 119.6~358.8 kJ·mol$^{-1}$（相当于 10000~30000 cm$^{-1}$），覆盖了全部可见光范围（14286~25000cm$^{-1}$，即 170.9~299.0 kJ·mol$^{-1}$）。当可见光照射到配合物溶液时，与分裂能相当的光被吸收，使 d 电子发生 d~d 跃迁，从较低的能级上被激发到较高的能级上，因而，配合物的溶液便呈现所吸收光的互补色光的颜色（图 12-10，图 12-11）。不同配合物，分裂能的大小不同，产生 d~d 跃迁所需的能量也不同，就会呈现不同的颜色。例如，$[Ti(H_2O)_6]^{3+}$ 中 d 电子在 $t_{2g}$ 与 $e_g$ 之间跃迁所需的能量在 242.8 cm$^{-1}$（20300 cm$^{-1}$，波长 500nm）处，因此 $Ti^{3+}$ 的水溶液呈现紫色（图 12-12）。一些第一过渡系金属的水合配离子的颜色和吸收光见表 12-7。

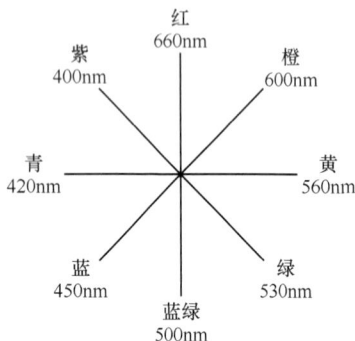

图 12-10    光的颜色及其互补色

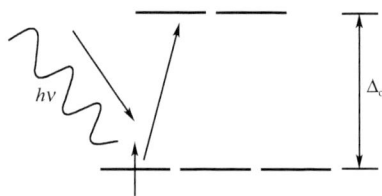

图 12-11    八面体场中的 d~d 电子跃迁

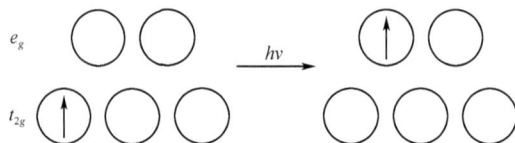

图 12-12    配合物 $[Ti(H_2O)_6]^{3+}$ 中的 d~d 跃迁

表 12-7    一些第一过渡系金属的水合配离子的颜色和吸收光

| d电子 | 配合物 | 颜色 | 波数/cm$^{-1}$ | d电子 | 配合物 | 颜色 | 波数/cm$^{-1}$ |
|---|---|---|---|---|---|---|---|
| $d^2$ | $[V(H_2O)_6]^{3+}$ | 绿 | 17700 | $d^6$ | $[Fe(H_2O)_6]^{2+}$ | 淡绿 | 10400 |
| $d^3$ | $[Cr(H_2O)_6]^{3+}$ | 紫 | 17400 | $d^7$ | $[Co(H_2O)_6]^{2+}$ | 粉红 | 9300 |
| $d^4$ | $[Cr(H_2O)_6]^{2+}$ | 天蓝 | 13900 | $d^8$ | $[Ni(H_2O)_6]^{2+}$ | 绿 | 8500 |
| $d^5$ | $[Mn(H_2O)_6]^{2+}$ | 浅粉红 | 7800 | $d^9$ | $[Cu(H_2O)_6]^{2+}$ | 蓝 | 12600 |

对于电子构型为 $d^{10}$ 的金属配合物，由于 d 轨道已充满电子，不可能产生 d~d 跃迁，所以，配合物一般是无色的。

晶体场理论具有模型简单、图像明确，使用的数学方法严谨等优点。与配合物的价键理论相比，晶体场理论最大的成功在于它解释了配合物的吸收光谱，对配合物的磁性和稳定性等给出了比较满意的解释。但是，它也有其局限性，无法解释中性分子配体，如 CO、en 等与中心原子能形成稳定的配合物。晶体场理论只考虑中心原子与配体之间的静电作用，忽略了它们之间一定程度的共价结合。因此，利用从光谱实验获得的参数，引入中心原子与配体之间轨道重叠的概念，将晶体场理论修正和改进，并与分子轨道理论相结合，发展出了配体场理论。

# 第 3 节　配 位 平 衡

## 一、配位平衡常数

在 $AgNO_3$ 溶液中加入 NaCl 溶液,会有白色的 AgCl 沉淀生成。加入足够的氨水,则 AgCl 沉淀会溶解,因为溶液中生成了 $[Ag(NH_3)_2]^+$ 配离子。如果向溶液中再加入 NaCl 溶液,此时并没有 AgCl 沉淀产生,似乎说明溶液中 $Ag^+$ 都与 $NH_3$ 作用形成了 $[Ag(NH_3)_2]^+$ 配离子。但是,若加入 KI 溶液,却有黄色的 AgI 沉淀生成,似乎又说明溶液中有 $Ag^+$ 存在,$Ag^+$ 并没有完全与 $NH_3$ 作用生成 $[Ag(NH_3)_2]^+$ 配离子。事实上,溶液中不仅存在着 $Ag^+$ 和氨作用生成 $[Ag(NH_3)_2]^+$ 的配位反应,也同时存在着 $[Ag(NH_3)_2]^+$ 配离子的解离反应。配位反应与解离反应最终会达到平衡,这种平衡就是配位平衡。

配离子的形成或解离是分步进行的,因此,在溶液中存在着一系列的**配位平衡**(coordination eqilibrium),用相应的各级**形成常数**或**解离常数**表示。例如,$Cu^{2+}$ 和配体 $NH_3$ 在溶液中会生成一系列的配离子,每一步对应的平衡可用平衡常数 $K_{sn}$ 来表示,$K_{sn}$ 就是铜氨配离子的**逐级稳定常数**(或**逐级形成常数**,stepwise stability constant)。稳定常数越大,说明生成配离子的倾向越大,而解离的倾向就越小,即配离子越稳定。

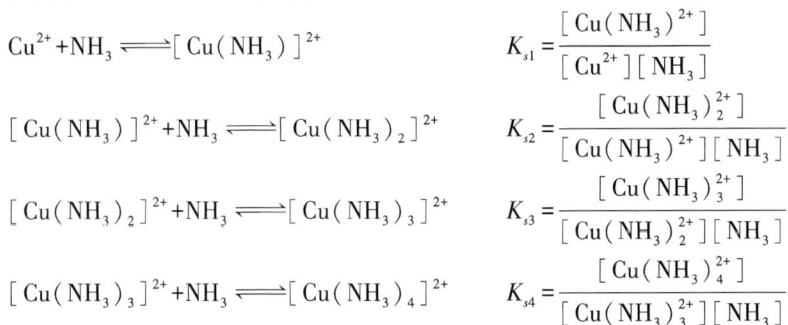

$$Cu^{2+}+NH_3 \rightleftharpoons [Cu(NH_3)]^{2+} \qquad K_{s1}=\frac{[Cu(NH_3)^{2+}]}{[Cu^{2+}][NH_3]}$$

$$[Cu(NH_3)]^{2+}+NH_3 \rightleftharpoons [Cu(NH_3)_2]^{2+} \qquad K_{s2}=\frac{[Cu(NH_3)_2^{2+}]}{[Cu(NH_3)^{2+}][NH_3]}$$

$$[Cu(NH_3)_2]^{2+}+NH_3 \rightleftharpoons [Cu(NH_3)_3]^{2+} \qquad K_{s3}=\frac{[Cu(NH_3)_3^{2+}]}{[Cu(NH_3)_2^{2+}][NH_3]}$$

$$[Cu(NH_3)_3]^{2+}+NH_3 \rightleftharpoons [Cu(NH_3)_4]^{2+} \qquad K_{s4}=\frac{[Cu(NH_3)_4^{2+}]}{[Cu(NH_3)_3^{2+}][NH_3]}$$

通常,$K_{s1}>K_{s2}>\cdots>K_{sn}$,这是由于先配位的配体对后配位的配体会产生排斥作用。

将上述第一和第二步相加合并,得:

$$Cu^{2+}+2NH_3 \rightleftharpoons [Cu(NH_3)_2]^{2+}$$

相应的平衡常数可表示为:

$$\beta_2=\frac{[Cu(NH_3)_2^{2+}]}{[Cu^{2+}][NH_3]^2}=\frac{[Cu(NH_3)^{2+}]}{[Cu^{2+}][NH_3]}\times\frac{[Cu(NH_3)_2^{2+}]}{[Cu(NH_3)^{2+}][NH_3]}=K_{s1}\times K_{s2}$$

平衡常数 $\beta_2$ 称为配离子 $[Cu(NH_3)_2]^{2+}$ **累积稳定常数**(overall stability constant)。同理,可得:

$$\beta_1=K_{s1}$$
$$\beta_2=K_{s1}\times K_{s2}$$
$$\cdots\cdots$$
$$\beta_n=K_{s1}\times K_{s2}\times\cdots\times K_{sn}$$

不难看出,$\beta_n$ 是配离子的累积稳定常数,各逐级稳定常数之积就是配离子总的稳定常数 $K_s$,$K_s=\beta_n$。由于 $\beta_n$ 的数值很大,为简便起见,又常用 $\lg\beta_n$ 表示。附录给出了一些常见配离子的稳定常数。

配合物生成反应的逆反应,即配合物的解离反应,对应的平衡状态,则用**不稳定常数**或**解离常数**($K_{dn}$)来表示。

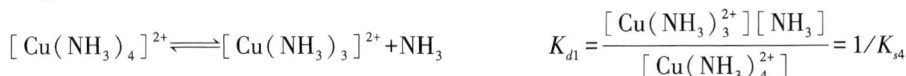

$$[Cu(NH_3)_4]^{2+} \rightleftharpoons [Cu(NH_3)_3]^{2+}+NH_3 \qquad K_{d1}=\frac{[Cu(NH_3)_3^{2+}][NH_3]}{[Cu(NH_3)_4^{2+}]}=1/K_{s4}$$

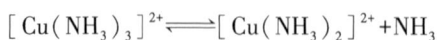

$$[Cu(NH_3)_2]^{2+} \rightleftharpoons [Cu(NH_3)]^{2+} + NH_3 \qquad K_{d3} = \frac{[Cu(NH_3)^{2+}][NH_3]}{[Cu(NH_3)_2^{2+}]} = 1/K_{s2}$$

$$[Cu(NH_3)]^{2+} \rightleftharpoons Cu^{2+} + NH_3 \qquad K_{d4} = \frac{[Cu^{2+}][NH_3]}{[Cu(NH_3)^{2+}]} = 1/K_{s1}$$

各级不稳定常数的乘积等于总的不稳定常数。配离子的稳定常数和不稳定常数互为倒数。

稳定常数和不稳定常数都反映了配离子的稳定性。当配离子的类型(空间构型)相同时,稳定常数越大,配离子越稳定。例如,$[Cu(NH_3)_4]^{2+}$ 和 $[Zn(NH_3)_4]^{2+}$ 的稳定常数分别为 $2.1\times10^{13}$ 和 $2.9\times10^9$,说明 $[Cu(NH_3)_4]^{2+}$ 比 $[Zn(NH_3)_4]^{2+}$ 稳定。若配离子的类型不同,即金属离子和配体个数的比例不同、构型不同时,不能用它们的稳定常数直接比较其稳定性。如 $[CuEDTA]^{2-}$ 和 $[Cu(en)_2]^{2+}$ 的稳定常数分别为 $6.2\times10^{18}$ 和 $1.0\times10^{21}$,看起来后者的稳定性比前者高。但是,事实恰恰相反,$[CuEDTA]^{2-}$ 比 $[Cu(en)_2]^{2+}$ 稳定。因为前者的中心原子和配体的比例是 $1:1$,而后者是 $1:2$,不能直接比较其稳定常数的大小,而必须通过具体计算来比较它们的稳定性。

**例 12-3** 分别计算下列溶液中 $Ag^+$ 的浓度:

(1) $0.10 \text{mol} \cdot L^{-1} [Ag(NH_3)_2]^+$ 溶液中含有 $1.0 \text{ mol} \cdot L^{-1}$ 的氨水。

(2) $0.10 \text{ mol} \cdot L^{-1} [Ag(CN)_2]^-$ 溶液中含有 $1.0 \text{ mol} \cdot L^{-1}$ 的 $CN^-$ 离子(已知,$K_s\{[Ag(NH_3)_2]^+\} = 1.1\times10^7, K_s\{[Ag(CN)_2]^-\} = 1.3\times10^{21}$)

**解**:(1) 设溶液中 $[Ag^+]$ 为 $x$ $\text{mol} \cdot L^{-1}$,

$$[Ag(NH_3)_2]^+ \rightleftharpoons Ag^+ + 2NH_3$$

平衡浓度(mol/L)      $0.10-x$      $x$      $1.0+2x$

由于大量 $NH_3$ 存在,$0.10-x \approx 0.10$,    $1.0+2x \approx 1.0$

$$K_d = \frac{[Ag^+][NH_3]^2}{[Ag(NH_3)_2^+]} = \frac{(1.0)^2 \times x}{0.1} = \frac{1}{K_s} = \frac{1}{1.1\times10^7}$$

解得 $x = 9.1\times10^{-9}$,即 $[Ag^+] = 9.1\times10^{-9} \text{mol} \cdot L^{-1}$

(2) 设溶液中 $[Ag^+]$ 为 $y$ mol/L,

$$[Ag(CN)_2]^- \rightleftharpoons Ag^+ + 2CN^-$$

平衡浓度(mol/L)      $0.10-y$      $y$      $1.0+2y$

由于大量 $CN^-$ 存在,$0.10-y \approx 0.10, 1.0+2y \approx 1.0$

$$K_d = \frac{[Ag^+][CN^-]^2}{[Ag(CN)_2^-]} = \frac{(1.0)^2 \times y}{0.1} = \frac{1}{K_s} = \frac{1}{1.3\times10^{21}}$$

解得 $y = 7.7\times10^{-23}$,即 $[Ag^+] = 7.7\times10^{-23} \text{ mol} \cdot L^{-1}$。

计算结果表明,$[Ag(CN)_2]^-$ 溶液中 $Ag^+$ 远小于 $[Ag(NH_3)_2]^+$ 溶液中的 $Ag^+$ 浓度,$[Ag(CN)_2]^-$ 配离子比 $[Ag(NH_3)_2]^+$ 配离子更稳定。

# 二、影响配合物稳定性的因素

配位反应的特点主要在于配合物的稳定性。配合物的稳定性通常指其热力学稳定性。影响配合物稳定性的因素有很多,分为内因和外因两方面。内因主要包括中心原子或离子以及配体的性质,而外因主要是溶液的酸度、浓度、温度和压力等因素。一般而言,过渡金属比非过渡金属更容易生成稳定的配合物。本节结合软硬酸碱规则,主要介绍配体和金属离子的性质对配合物稳定性的影响。

## （一）软硬酸碱规则

1963 年,R G Pearson 在 lewis 酸碱理论基础上进一步提出了**软硬酸碱规则**(soft hard acid base,SHAB),根据原子接受电子或给出电子能力的强弱将 lewis 酸碱分为硬酸、软酸、硬碱、软碱和交界酸碱。在配位化学中,把半径小,正电荷高,体积小,极化率小的金属离子称为硬酸;半径大,正电荷低,体积大,极化率大,易变形的金属离子称为软酸;介于两者之间的称为交界酸,如,$H^+$、$Na^+$、$K^+$、$Ca^{2+}$、$Mg^{2+}$、$Mn^{2+}$、$Fe^{3+}$、$Co^{3+}$ 等属于硬酸;$Cu^+$、$Ag^+$、$Au^+$、$Cd^{2+}$、$Hg^{2+}$ 等属于软酸;$Fe^{2+}$、$Co^{2+}$、$Ni^{2+}$、$Cu^{2+}$ 等属于交界酸,如表 12-8。

在碱中,如果给电子的原子电负性大,对外层电子吸引能力大,变形性小,为硬碱;如果给电子的原子电负性小,外层电子易失去,变形性大,为软碱;介于两者之间的为交界碱。如 $F^-$、$H_2O$、$OH^-$、$O^{2-}$ 等属于硬碱;$I^-$、$CN^-$、$S^{2-}$、$S_2O_3^{2-}$ 等属于软碱;$NO^-$、$SO_3^{2-}$、$Br^-$ 等属于交界碱,如表 12-8。

表 12-8　一些常见的软硬酸碱

| 硬酸 | 交界酸 | 软酸 |
|---|---|---|
| $H^+$、$Li^+$、$Na^+$、$K^+$、$Rb^+$ | $Fe^{2+}$、$Ru^{2+}$、$Os^{2+}$ | $Cu^+$、$Ag^+$、$Au^+$、$Cd^{2+}$、 |
| $Be^{2+}$、$Mg^{2+}$、$Ca^{2+}$、$Sr^{2+}$、$Ba^{2+}$ | $Co^{2+}$、$Ni^{2+}$、$Cu^{2+}$ | $Hg^+$、$Hg^{2+}$、$Pd^{2+}$、$Pt^{2+}$、 |
| $Al^{3+}$、$Sc^{3+}$、$Y^{3+}$、$La^{3+}$(系)、 | $Zn^{2+}$、$Sn^{2+}$、$Pb^{2+}$、$Sb^{3+}$、 | $Pt^{4+}$、$Rh^+$、$Ir^+$、$Tl^+$ |
| $Mn^{2+}$、$Fe^{3+}$、$Co^{3+}$、$Ga^{3+}$、$As^{3+}$、 | $Bi^{3+}$ | |
| $Si^{4+}$、$Ti^{4+}$、$Zr^{4+}$、$Hr^{4+}$、$Th^{4+}$ | | |

| 硬碱 | 交界碱 | 软碱 |
|---|---|---|
| $R_2O$、$ROH$、$OH^-$、$RCO^{2-}$、$SO_4^{2-}$、 | $Br^-$、$N_3^-$(叠氮酸根) | $R_2S$、$R_3P$、$R_3As$、$RNC$、 |
| $CO_3^{2-}$、$NO_3^-$、$PO_4^{3-}$、 | $SO_3^{2-}$、$NO_2^-$、嘧啶、 | $RSH$、$CO$、$CN^-$、$I^-$、 |
| $NH_3$、$NHR_2$(脂肪胺)、$N_2H_4$ | 苯胺 | $N\underline{C}S^{-a}$ |
| $F^-$、$Cl^-$、$S\underline{C}N^{-a}$ | | |

a 配位原子是画下画线的那个原子。

软硬酸碱规则指出"硬酸倾向于与硬碱结合,软酸倾向于与软碱结合",即"硬亲硬,软亲软,软硬交界则不稳"。说明硬酸和硬碱结合比较稳定,软酸和软碱结合比较稳定,而硬软结合的化合物稳定性较差,交界酸(碱)与硬软碱(酸)结合的化合物稳定性差别不大。

在配合物化学中,配合物中心原子是 lewis 酸,而配体是 lewis 碱。可用软硬酸碱规则预测配合物的形成以及配合物的稳定性。中心原子若为硬酸时,倾向于与硬碱配体结合;中心原子若为软酸时,则倾向与软碱配体结合形成稳定的配合物。如 $Cr^{3+}$ 为 $d^3$ 电子构型,外层电子少,有效核电荷大,电荷高,半径小,不易变形,属硬酸;同样,$Fe^{3+}$ 电荷高,半径小,也属于硬酸,它们和硬碱配体如羧酸衍生物形成稳定的配合物。而 $Cu^+$ 和 $Ag^+$ 价电子构型为 $d^{10}$,外层电子多,电荷低;$Pt^{2+}$、$Hg^{2+}$ 和 $Pb^{2+}$ 都是第六周期元素的离子,不仅外层电子多,而且电子层数多,半径大,易变形,属于软酸,它们和软碱形成稳定的配合物。

**案例 12-2**

历史上著名的"傀儡"皇帝光绪与统治中国近半个世纪的慈禧太后在 22 小时内相继死去,成为清史上一大疑案,光绪的死因随后众说纷纭。专家们历时五年,由光绪的头发入手,利用多种科学手段研究证明,光绪皇帝死于急性砒霜中毒。

**问题:**

为什么在头发中可以检测到微量元素?

案例 12-2 分析
　　用软硬酸碱规则可以解释一些金属在体内的富集,在不同组织中发挥其生物活性作用。例如,人发中含有大量可以和金属离子结合的氨基酸,有的是硬碱,有的是交界碱,氨基酸上的氨基可与硬酸(如 $Fe^{3+}$、$Co^{3+}$、$Al^{3+}$、$Mn^{2+}$、$Cr^{3+}$ 等)和交界酸(如 $Fe^{2+}$、$Zn^{2+}$、$Ni^{2+}$ 等)稳定结合。此外,人发还含有大量巯基(-SH),对许多软酸(如 $Hg^{2+}$、$Cd^{2+}$ 等)有比较强的亲和力,这就是微量元素在人发中富集的原因之一。因此,在头发中可以检测到微量元素。
要点提示:
　　用软硬酸碱规则可以解释配合物的形成及其稳定性。

## (二) 配体性质的影响

　　笼统地说,配体越容易给出电子,它与中心原子形成的配位键越强,配合物就越稳定。影响配体给出电子的因素主要有配位原子的电负性和配体的碱性等。配位原子电负性较大的配体往往和那些正电荷较小、离子半径较大、极化率较小的金属离子形成较稳定的配合物,而配位原子电负性较小的配体往往和那些易极化和变形的金属离子形成较稳定的配合物。从 lewis 酸碱理论看,金属离子和 $H^+$ 类似,都有能与提供电子对的配体(碱)结合的趋势,并且配体的碱性越强,它和金属离子配位的能力也就越强。配合物的稳定性除受到配体提供电子对的难易程度影响以外,还受到其他因素的影响,如螯合效应、大环效应等。

　　**1.螯合效应**　中心原子和多齿配体结合形成的配合物,称为**螯合物**(chelate)。其中含有 2个或 2 个以上配位原子并能与中心原子形成五到六元环的配体,称为**螯合剂**(chelating agents)。螯合剂中两个配位原子之间必须有其他 2~3 个不参与配位的原子。如乙二胺 en,可和金属离子结合形成由金属离子和配位原子构成的五元环结构。但在联胺 $NH_2-NH_2$ 中,由于两个氮原子直接相连,配位原子之间没有其他原子,不能形成螯合物。

　　en、EDTA 等配体生成的螯合物比具有相同配位数的非螯合的配合物稳定得多,这种现象称为**螯合效应**(chelate effect)。如同样条件下,$[Cu(NH_3)_4]^{2+}$ 的 $lg\beta_4$ 为 12.59,$[Cu(en)_2]^{2+}$ 的 $lg\beta_2$ 为 19.60,说明螯合环的形成增大了配合物的稳定性。在水溶液中,金属离子是以水合金属离子的形式存在,当金属离子和配体作用时,水分子的释放对系统的能量有重要作用,使系统的混乱度和熵值升高。系统熵值的升高反映了能量的降低,使反应系统趋于稳定。因此,从热力学的角度看,螯合效应是一种熵效应。形成螯合物的反应与非螯合反应相比,反应前后分子数变化较大。如:

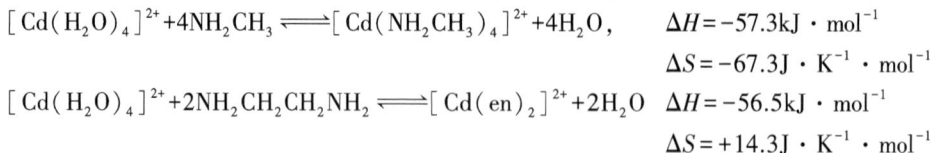

$$[Cd(H_2O)_4]^{2+}+4NH_2CH_3 \rightleftharpoons [Cd(NH_2CH_3)_4]^{2+}+4H_2O, \qquad \Delta H=-57.3kJ \cdot mol^{-1}$$
$$\Delta S=-67.3J \cdot K^{-1} \cdot mol^{-1}$$
$$[Cd(H_2O)_4]^{2+}+2NH_2CH_2CH_2NH_2 \rightleftharpoons [Cd(en)_2]^{2+}+2H_2O \quad \Delta H=-56.5kJ \cdot mol^{-1}$$
$$\Delta S=+14.3J \cdot K^{-1} \cdot mol^{-1}$$

　　以上两个反应的焓变相差不大,但是,由于配体分子与水分子的交换反应,使它们的熵变相差很多,螯合物 $[Cd(en)_2]^{2+}$ 更稳定。

　　一般而言,螯合环为五元环或六元环时,配合物比较稳定。如果成环的原子个数小于 5,由于配位原子之间靠得比较近,成环张力比较大。而七元环以上的螯合物,由于张力大,螯合环不稳定,易断开。事实证明,如果螯合环上没有双键,在溶液中五元环的螯合物比六元环更稳定。在饱和五元环中 C 原子采取 $sp^3$ 杂化,键角为 $109°28'$,与正五边形的夹角 $108°$ 接近,五元环的几何张力小。若六元环上有双键,C 原子采取 $sp^2$ 杂化,键角为 $120°$,与六元环夹角一致,几何张力比较小。因此,这类结构的螯合物通常比较稳定。

　　从成环数目看,成环数目越多,螯合物越稳定。如 $Co^{2+}$ 与 en 形成一个螯合环时的 $lg\beta$ 约为7,而它与三乙烯四胺 trien 形成三个螯合环的配合物,其 $lg\beta$ 约为 11。常用的螯合剂氨羧螯合剂

乙二胺四乙酸,它的结构如图 12-13 所示:

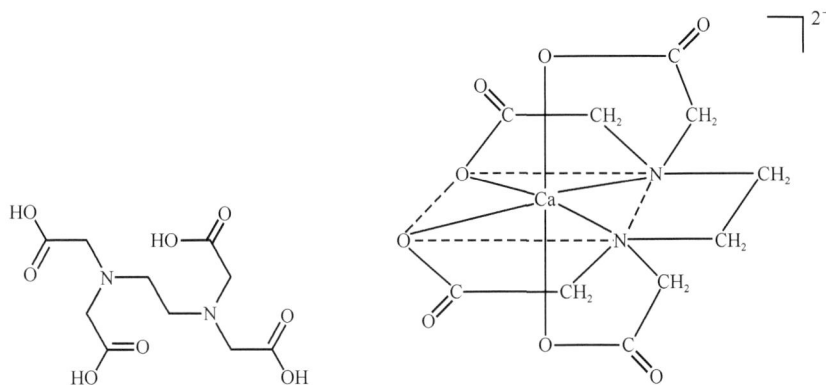

图 12-13 乙二胺四乙酸及其酸根与 $Ca^{2+}$ 形成的螯合物

**2.大环效应** 除了螯合环的大小和螯合环的数目影响螯合物的稳定性外,具有完整环形结构的螯合剂比具有相同配位原子、相同齿数的开链螯合剂形成的配合物更稳定,这种效应称为**大环效应**(macrocyclic effect)。大环效应是一种特殊的螯合效应,完全环形的螯合剂使螯合物稳定性得到了增加。许多生物分子都是大环配体,如哺乳动物体内运输 $O_2$ 的血红素和植物体中参与光合作用的叶绿素等配体,都是一类含氮的卟啉环状配体。因此,大环效应在生物无机化学中有着重要意义。

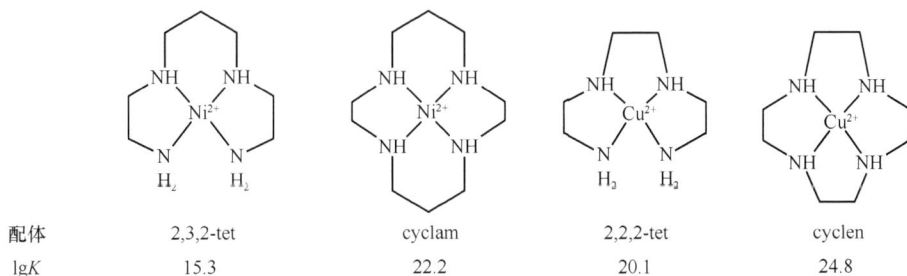

| 配体 | 2,3,2-tet | cyclam | 2,2,2-tet | cyclen |
|---|---|---|---|---|
| $\lg K$ | 15.3 | 22.2 | 20.1 | 24.8 |

# 三、配位平衡的移动

配离子在溶液中具有一定的稳定性,配离子的形成与解离和溶液中的金属离子及配体在一定条件下建立起配位平衡。配位平衡和其他化学平衡一样,是一种有条件的、相对的动态平衡。前面所介绍的一般化学平衡移动原理也适用于配位平衡。若平衡条件发生改变,就可能使这种平衡发生移动。外界条件的改变,如温度变化,溶液的 pH 改变、加入沉淀剂、氧化(还原)剂等均能引起配位平衡的移动。

## (一) 溶液酸度的影响

根据酸碱质子理论,许多配体都可以看成是能接受质子的碱,如 $NH_3$、$OH^-$、$F^-$、$CN^-$ 等作为配体,可以接受质子形成它们的共轭酸。由于弱电解质的形成,降低了配体浓度,导致配位平衡向配离子解离的方向移动。如:

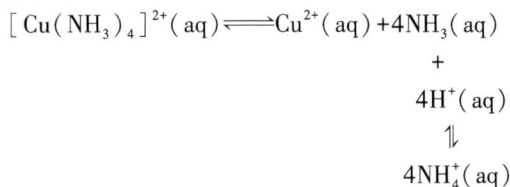

$$[Cu(NH_3)_4]^{2+}(aq) \rightleftharpoons Cu^{2+}(aq) + 4NH_3(aq)$$
$$+$$
$$4H^+(aq)$$
$$\Updownarrow$$
$$4NH_4^+(aq)$$

$$[FeF_6]^{3-}(aq) \rightleftharpoons Fe^{3+}(aq) + 6F^{3-}(aq)$$
$$+$$
$$6H^+(aq)$$
$$\Updownarrow$$
$$6HF(aq)$$

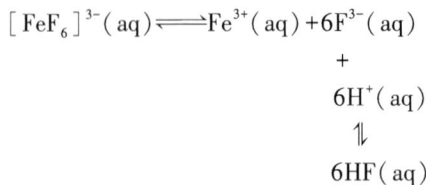

在上述体系中,由于配体 $NH_3$ 和 $F^-$ 与质子结合形成了弱电解质,使得溶液中游离配体的浓度下降。根据化学平衡移动的原理,为了抵消这种改变,配位平衡向右移动,导致配离子解离。这种由于溶液的酸度增大而导致配离子解离的效应称为酸效应。在酸度一定的条件下,配体的碱性越强,配离子越不稳定。配离子的 $K_s$ 越大,其抗酸能力越强。如 $[Ag(CN)_2]^-$ 的 $K_s$ 为 $1.3 \times 10^{21}$,稳定性高,抗酸能力强,可以在酸性溶液中存在。

过渡金属离子在水溶液中往往会发生水解,产生氢氧化物沉淀,导致溶液中金属离子浓度降低,配位平衡向配离子解离的方向移动,不利于配离子的稳定存在。溶液的碱性越强,越有利于金属离子的水解。如:

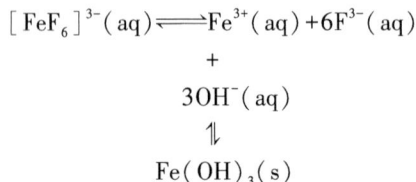

$$[FeF_6]^{3-}(aq) \rightleftharpoons Fe^{3+}(aq) + 6F^{3-}(aq)$$
$$+$$
$$3OH^-(aq)$$
$$\Updownarrow$$
$$Fe(OH)_3(s)$$

由于金属离子与溶液中 $OH^-$ 结合导致配位平衡向配离子解离的方向移动,这种作用称为水解效应。溶液的酸度越小,金属离子越易水解,配离子越不稳定。

从上面的例子可以看出,在溶液中存在着几种平衡:

配位平衡:

$$ML_n(aq) \rightleftharpoons M^{n+}(aq) + nL^-(aq) \qquad K_s = \frac{[M^{n+}][L^-]^n}{[ML_n]}$$

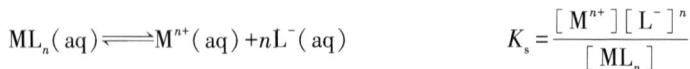

配体的酸碱平衡:

$$HL(aq) \rightleftharpoons H^+(aq) + L^-(aq) \qquad K_a = \frac{[H^+][L^-]}{[HL]}$$

金属离子的水解沉淀平衡:

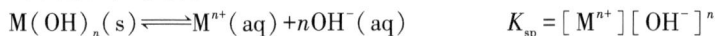

$$M(OH)_n(s) \rightleftharpoons M^{n+}(aq) + nOH^-(aq) \qquad K_{sp} = [M^{n+}][OH^-]^n$$

水的解离平衡:

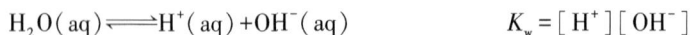

$$H_2O(aq) \rightleftharpoons H^+(aq) + OH^-(aq) \qquad K_w = [H^+][OH^-]$$

其中,配位平衡和氢氧化物沉淀平衡都由酸碱平衡决定。在一定酸度下,究竟是配位反应为主,还是金属离子的水解为主,取决于配离子的稳定性、配体碱性的强弱和中心原子氢氧化物的 $K_{sp}$ 大小。

**例 12-4**　向 1.0L 水中同时加入 0.010mol $NH_4Cl$、0.15 mol $[Cu(NH_3)_4]^{2+}$ 和 0.10 mol$NH_3$,问有无 $Cu(OH)_2$ 沉淀生成？已知 $K_s\{[Cu(NH_3)_4]^{2+}\} = 2.1 \times 10^{13}$,$K_b(NH_3) = 1.76 \times 10^{-5}$,$K_{sp}\{Cu(OH)_2\} = 2.2 \times 10^{-20}$。

**解:**可由酸碱平衡求出 $[OH^-]$,由配位平衡求出 $[Cu^{2+}]$,然后根据沉淀—溶解平衡的溶度积规则判断有无沉淀生成。

酸碱平衡:　　　　$NH_3(aq) + H_2O(aq) \rightleftharpoons NH_4^+(aq) + OH^-(aq)$

$$K_b = \frac{[NH_4^+][OH^-]}{[NH_3]}$$

$$[OH^-] = \frac{K_b[NH_3]}{[NH_4^+]} = \frac{1.76 \times 10^{-5} \times 0.10}{0.010} = 1.76 \times 10^{-4} \, (mol \cdot L^{-1})$$

配位平衡：
$$Cu^{2+}(aq)+4NH_3(aq)\rightleftharpoons[Cu(NH_3)_4]^{2+}(aq)$$

$$K_s=\frac{[Cu(NH_3)_4^{2+}]}{[Cu^{2+}][NH_3]^4}$$

$$[Cu^{2+}]=\frac{[Cu(NH_3)_4^{2+}]}{K_s[NH_3]^4}=\frac{0.15}{2.1\times10^{13}\times(0.10)^4}=7.1\times10^{-11}(mol\cdot L^{-1})$$

沉淀-溶解平衡：
$$Cu^{2+}(aq)+2OH^-(aq)\rightleftharpoons Cu(OH)_2(s)$$

$$\begin{aligned}Q&=c(Cu^{2+})\times c^2(OH^-)\\&=7.1\times10^{-11}\times(1.76\times10^{-4})^2=2.2\times10^{-18}(mol\cdot L^{-1})\end{aligned}$$

因为离子积 $Q>K_{sp}=2.2\times10^{-20}$，所以溶液中有 $Cu(OH)_2$ 沉淀生成。

## (二) 沉淀形成与溶解的影响

配位平衡与沉淀—溶解平衡的相互转化取决于配体和沉淀剂与金属离子结合的能力，即与 $K_s$ 和 $K_{sp}$ 的相对大小及沉淀剂和配体的浓度有关。在此类平衡移动中，体系存在多重平衡。

（1）沉淀转化为配离子：如果向 AgCl 沉淀中加入足量氨水，则 AgCl 白色沉淀溶解，生成 $[Ag(NH_3)_2]^+$ 配离子，沉淀—溶解平衡向配位平衡转化。由沉淀—溶解平衡向配位平衡移动时，沉淀的溶度积越大及配离子的稳定常数越大，沉淀—溶解平衡越容易向配位平衡方向移动。

**例 12-5**　AgBr 可以溶解在 $Na_2S_2O_3$ 溶液中，因此，$Na_2S_2O_3$ 是定影液的主要成分，用来溶解那些未经曝光分解的 AgBr。试计算，室温下，1.0 L 浓度为 $1.0\ mol\cdot L^{-1}$ 的 $Na_2S_2O_3$ 溶液中最多可以溶解多少克 AgBr 沉淀？已知 $K_s\{[Ag(S_2O_3)_2]^{3-}\}=2.88\times10^{13}$，$K_{sp}(AgBr)=5.35\times10^{-13}$。

**解**：设 1.0 L 浓度为 $1.0\ mol\cdot L^{-1}$ 的 $Na_2S_2O_3$ 溶液中最多溶解 AgBr 沉淀 $x$ mol。

体系中存在着沉淀—溶解平衡和配位平衡之间的多重平衡，AgBr 沉淀转化为 $[Ag(S_2O_3)_2]^{3-}$ 的反应为：

$$AgBr(s)+2S_2O_3^{2-}(aq)\rightleftharpoons[Ag(S_2O_3)_2]^{3-}(aq)+Br^-(aq)$$

平衡浓度（$mol\cdot L^{-1}$）　　　$1.0-2x$　　　　　$x$　　　　　　$x$

其平衡常数 $K$ 为：

$$\begin{aligned}K&=\frac{[Ag(S_2O_3)_2^{3-}][Br^-]}{[S_2O_3^{2-}]^2}=\frac{[Ag(S_2O_3)_2^{3-}][Br^-]}{[S_2O_3^{2-}]^2}\times\frac{[Ag^+]}{[Ag^+]}\\&=K_s\{[Ag(S_2O_3)_2]^{3-}\}\times K_{sp}(AgBr)\\&=2.88\times10^{13}\times5.35\times10^{-13}\\&=15.41\end{aligned}$$

将体系中各物质的平衡浓度代入上述平衡常数表达式：

$$\frac{x^2}{(1.0-2x)^2}=15.41$$

等式两边同时开平方，得 $x=0.44\ mol\cdot L^{-1}$。所以室温下，1.0 L 浓度为 $1.0\ mol\cdot L^{-1}$ 的 $Na_2S_2O_3$ 溶液中，最多可以溶解 AgBr 沉淀 82.6 g。

（2）配离子转化为沉淀。

**例 12-6**　在 1.0L $0.10\ mol\cdot L^{-1}$ 的 $[Ag(CN)_2]^-$ 溶液中加入固体 KCN 使溶液中 $CN^-$ 浓度为 $0.1\ mol\cdot L^{-1}$，然后再分别加入 0.01 mol 固体 $Na_2S$ 和 KI，是否都能生成沉淀？已知 $K_s\{[Ag(CN)_2]^-\}=1.3\times10^{21}$，$K_{sp}(Ag_2S)=6.3\times10^{-50}$，$K_{sp}(AgI)=8.52\times10^{-17}$。

**解**：设溶液中 $[Ag^+]=x\ mol\cdot L^{-1}$

$$[Ag(CN)_2]^-(aq)\rightleftharpoons Ag^+(aq)+2CN^-(aq)$$

平衡浓度（$mol\cdot L^{-1}$）　$0.10-x\approx0.1$　　　$x$　　　　0.1

$$K_d=\frac{[Ag^+][CN^-]^2}{[Ag(CN)_2^-]}=\frac{x\times0.1^2}{0.10}=\frac{1}{1.3\times10^{21}}$$

所以,$x = 7.69 \times 10^{-21} (\text{mol} \cdot \text{L}^{-1})$

根据溶度积规则:$Q(\text{Ag}_2\text{S}) = c^2(\text{Ag}^+) \times c(\text{S}^{2-})$

$$= (7.69 \times 10^{-21})^2 \times 0.01$$

$$= 5.91 \times 10^{-43} > K_{sp}(\text{Ag}_2\text{S}) = 6.3 \times 10^{-50}$$

所以,加入固体 NaS 能生成相应的 $\text{Ag}_2\text{S}$ 沉淀。

$$Q(\text{AgI}) = c(\text{Ag}^+) \times c(\text{I}^-)$$

$$= 7.69 \times 10^{-23} < K_{sp}(\text{AgI}) = 8.52 \times 10^{-17}$$

而加入固体 KI,则不能生成相应的 AgI 沉淀。

在 AgCl 沉淀中加入足量氨水,沉淀溶解,生成 $[\text{Ag}(\text{NH}_3)_2]^+$ 配离子;向此溶液中加入 KBr 溶液,$[\text{Ag}(\text{NH}_3)_2]^+$ 配离子解离,生成淡黄色的 AgBr 沉淀;然后加入 $\text{Na}_2\text{S}_2\text{O}_3$ 溶液,AgBr 溶解,生成 $[\text{Ag}(\text{S}_2\text{O}_3)_2]^{3-}$ 配离子;接着加入 KI 溶液,$[\text{Ag}(\text{S}_2\text{O}_3)_2]^{3-}$ 配离子解离,生成黄色的 AgI 沉淀;再加入 KCN 溶液,AgI 溶解,生成 $[\text{Ag}(\text{CN})_2]^-$ 配离子;最后加入 $\text{Na}_2\text{S}$ 溶液,生成黑色的 $\text{Ag}_2\text{S}$ 沉淀。这一系列反应为:

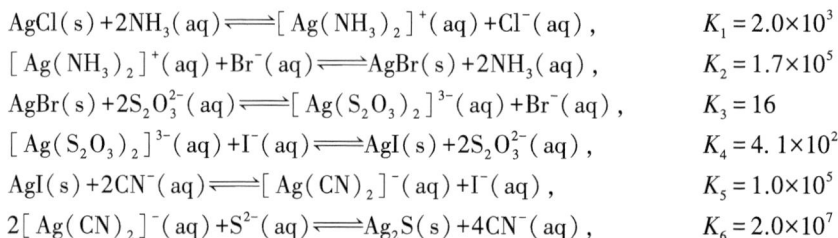

$$\text{AgCl}(s) + 2\text{NH}_3(aq) \rightleftharpoons [\text{Ag}(\text{NH}_3)_2]^+(aq) + \text{Cl}^-(aq), \quad K_1 = 2.0 \times 10^3$$

$$[\text{Ag}(\text{NH}_3)_2]^+(aq) + \text{Br}^-(aq) \rightleftharpoons \text{AgBr}(s) + 2\text{NH}_3(aq), \quad K_2 = 1.7 \times 10^5$$

$$\text{AgBr}(s) + 2\text{S}_2\text{O}_3^{2-}(aq) \rightleftharpoons [\text{Ag}(\text{S}_2\text{O}_3)_2]^{3-}(aq) + \text{Br}^-(aq), \quad K_3 = 16$$

$$[\text{Ag}(\text{S}_2\text{O}_3)_2]^{3-}(aq) + \text{I}^-(aq) \rightleftharpoons \text{AgI}(s) + 2\text{S}_2\text{O}_3^{2-}(aq), \quad K_4 = 4.1 \times 10^2$$

$$\text{AgI}(s) + 2\text{CN}^-(aq) \rightleftharpoons [\text{Ag}(\text{CN})_2]^-(aq) + \text{I}^-(aq), \quad K_5 = 1.0 \times 10^5$$

$$2[\text{Ag}(\text{CN})_2]^-(aq) + \text{S}^{2-}(aq) \rightleftharpoons \text{Ag}_2\text{S}(s) + 4\text{CN}^-(aq), \quad K_6 = 2.0 \times 10^7$$

可见,一方面,配体可促使沉淀平衡向溶解方向移动,$K_s$ 越大就越易使沉淀转化为配离子;另一方面,沉淀剂可促使配位平衡向解离方向移动,$K_{sp}$ 越小就越易使配离子转化为沉淀。

## (三) 氧化还原反应的影响

向含有配离子的溶液中,加入能和配体或金属离子发生氧化还原反应的氧化剂或还原剂,由于金属离子或配体浓度的变小,导致配位平衡向解离方向移动。如,在 $[\text{Fe}(\text{NCS})]^{2+}$ 溶液中加入 $\text{SnCl}_2$ 溶液,则溶液的血红色褪去。这是由于 $\text{Sn}^{2+}$ 的还原作用使 $[\text{Fe}(\text{NCS})]^{2+}$ 中的 $\text{Fe}^{3+}$ 被还原为 $\text{Fe}^{2+}$,导致配离子 $[\text{Fe}(\text{NCS})]^{2+}$ 解离,反应式如下:

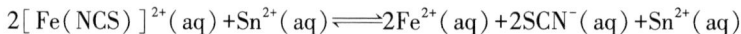

$$2[\text{Fe}(\text{NCS})]^{2+}(aq) + \text{Sn}^{2+}(aq) \rightleftharpoons 2\text{Fe}^{2+}(aq) + 2\text{SCN}^-(aq) + \text{Sn}^{2+}(aq)$$

反之,如果向氧化还原平衡体系中加入配体,降低金属离子浓度,也可以影响氧化还原反应的平衡。而且,金属离子浓度的变化还会引起其相应的电极电位改变。如下列电极反应,同一种金属离子与不同的配体形成配合物,电极电位相差很大,应用配位平衡常数 $K_s$,可计算其电极电位。

| 电极反应 | $K_s$ | $\varphi^{\ominus}/\text{V}$ |
|---|---|---|
| $[\text{Ag}(\text{NH}_3)_2]^+(aq) + e^- \rightleftharpoons \text{Ag}(s) + 2\text{NH}_3(aq)$ | $1.1 \times 10^7$ | 0.373 |
| $[\text{Ag}(\text{S}_2\text{O}_3)_2]^{3-}(aq) + e^- \rightleftharpoons \text{Ag}(s) + 2\text{S}_2\text{O}_3^{2-}(aq)$ | $2.9 \times 10^{13}$ | 0.010 |
| $[\text{Ag}(\text{CN})_2]^-(aq) + e^- \rightleftharpoons \text{Ag}(s) + 2\text{CN}^-(aq)$ | $1.3 \times 10^{21}$ | -0.310 |

可见,配离子越稳定,溶液中游离的金属离子浓度越低,电极电位就越低,该金属离子的氧化性也就越弱,或还原性越强。

实践中利用这一原理来提取金、银等贵金属。在氧气存在的条件下,金很容易溶于 NaCN 溶液中:

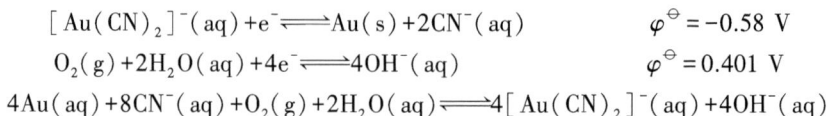

$$[\text{Au}(\text{CN})_2]^-(aq) + e^- \rightleftharpoons \text{Au}(s) + 2\text{CN}^-(aq) \quad \varphi^{\ominus} = -0.58 \text{ V}$$

$$\text{O}_2(g) + 2\text{H}_2\text{O}(aq) + 4e^- \rightleftharpoons 4\text{OH}^-(aq) \quad \varphi^{\ominus} = 0.401 \text{ V}$$

$$4\text{Au}(aq) + 8\text{CN}^-(aq) + \text{O}_2(g) + 2\text{H}_2\text{O}(aq) \rightleftharpoons 4[\text{Au}(\text{CN})_2]^-(aq) + 4\text{OH}^-(aq)$$

这一反应被广泛应用于从金矿砂中提取金。随后,用金属锌置换[Au(CN)$_2$]$^-$中的金:

$$Zn(s)+2[Au(CN)_2]^-(aq)\rightleftharpoons 2Au(s)+[Zn(CN)_4]^{2-}(aq)$$

**例 12-7** 求电对[Au(CN)$_2$]$^-$/Au 的标准电极电位 $\varphi^\ominus$。已知 $K_s\{[Au(CN)_2]^-\}=2.0\times10^{38}$,$\varphi^\ominus(Au^+/Au)=1.692$ V。

**解**:电极反应为,$[Au(CN)_2]^-(aq)+e^-\rightleftharpoons Au(s)+2CN^-(aq)$

配位平衡为:$[Au(CN)_2]^-(aq)\rightleftharpoons Au^+(aq)+2CN^-(aq)$

由配位平衡,可得:$[Au^+]=\dfrac{[Au(CN)_2^-]}{[CN^-]^2\times K_s\{[Au(CN)_2]^-\}}$

根据 Nernst 方程式:

$$\varphi(Au^+/Au)=\varphi^\ominus(Au^+/Au)+\frac{0.0592}{1}lg[Au^+]$$

$$=\varphi^\ominus(Au^+/Au)+\frac{0.0592}{1}lg\frac{[Au(CN)_2^-]}{[CN^-]^2\times K_s\{[Au(CN)_2]^-\}}$$

标准状态下,$[Au(CN)_2^-]=[CN^-]=1.0$ mol·L$^{-1}$,

$$\varphi(Au^+/Au)=\varphi^\ominus(Au^+/Au)+0.0592lg\frac{1}{K_s\{[Au(CN)_2]^-\}}$$

$$=1.692-0.0592\times38.3$$

$$=-0.576(V)$$

可见,当 Au$^+$形成配离子后,电对 Au$^+$/Au 的电极电位下降很多,即 Au 的还原能力增强,在 NaCN 溶液中被氧化形成[Au(CN)$_2$]$^-$配离子。

如果同一金属两种不同价态的离子组成电对,并且这两种价态的离子都可以和一种配体形成类型相同的配离子时,其配离子电对的电极电位与这两种配离子稳定常数的相对大小有关。如电对 Co$^{3+}$/Co$^{2+}$:

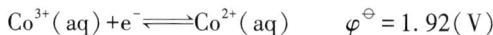

$$Co^{3+}(aq)+e^-\rightleftharpoons Co^{2+}(aq)\qquad \varphi^\ominus=1.92(V)$$

由于电对的标准电极电位很高,在标准状态下,Co$^{3+}$是很强的氧化剂,能氧化 H$_2$O 放出 O$_2$;而 Co$^{2+}$则是很弱的还原剂。如果在含有 Co$^{3+}$和 Co$^{2+}$的溶液中加入足量氨水,则会生成这两种离子的配离子,其稳定常数如下:

$$Co^{3+}(aq)+6NH_3(aq)\rightleftharpoons[Co(NH_3)_6]^{3+}(aq)\qquad K_s=1.6\times10^{35}$$

$$Co^{2+}(aq)+6NH_3(aq)\rightleftharpoons[Co(NH_3)_6]^{2+}(aq)\qquad K'_s=1.3\times10^5$$

由配位平衡可知,溶液中 Co$^{3+}$和 Co$^{2+}$的浓度分别为:

$$[Co^{3+}]=\frac{[Co(NH_3)_6^{3+}]}{[NH_3]^6\times K_s\{[Co(NH_3)_6]^{3+}\}}$$

$$[Co^{2+}]=\frac{[Co(NH_3)_6^{2+}]}{[NH_3]^6\times K_s\{[Co(NH_3)_6]^{2+}\}}$$

标准状态下,$[Co(NH_3)_6]^{3+}=[Co(NH_3)_6]^{2+}=[NH_3]=1.0$ mol·L$^{-1}$,则上述表达式可简化为:

$$[Co^{3+}]=\frac{1}{K_s\{[Co(NH_3)_6]^{3+}\}}$$

$$[Co^{2+}]=\frac{1}{K_s\{[Co(NH_3)_6]^{2+}\}}$$

代入 Nernst 方程,则有:

$$\varphi\{[Co(NH_3)_6]^{3+}/[Co(NH_3)_6]^{2+}\}=\varphi^\ominus(Co^{3+}/Co^{2+})+0.0592lg\frac{[Co^{3+}]}{[Co^{3+}]}$$

$$=1.92+0.0592lg\frac{K'_s}{K_s}$$

$$= 1.92 + \lg \frac{1.3 \times 10^5}{1.6 \times 10^{35}}$$

$$= 0.14(V)$$

即：

$$[Co(NH_3)]^{3+}(aq) + e^- \Longrightarrow [Co(NH_3)]^{2+}(aq)$$

$$\varphi^{\ominus}\{[Co(NH_3)_6]^{3+}/[Co(NH_3)_6]^{2+}\} = 0.14(V)$$

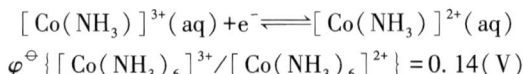

由上例可见,如果高价态配合物比低价态配合物更稳定,则配离子电对的电极电位小于其相应金属电对的电极电势,即形成配合物后,低价态离子的还原能力增强而高价态离子的氧化能力减弱。反之,如果低价配合物的稳定性比高价配合物高,则配离子电对的电极电位大于其相应金属电对的电极电位,即形成配合物后,高价态离子的氧化能力增强而低价态离子的还原能力减弱,见表12-9。

表 12-9　一些金属离子及其配合物电对的电极电位和稳定常数

| 电极反应 | $\varphi^{\ominus}/V$ | $\lg K_s$ | |
|---|---|---|---|
| | | 氧化态 | 还原态 |
| $Ag^+(aq) + e^- \Longrightarrow Ag(s)$ | +0.7996 | | |
| $[Ag(NH_3)_2]^+(aq) + e^- \Longrightarrow Ag(s) + 2NH_3(aq)$ | +0.373 | 7.05 | |
| $[Ag(CN)_2]^-(aq) + e^- \Longrightarrow Ag(s) + 2CN^-(aq)$ | −0.31 | 21.10 | |
| $Cd^{2+}(aq) + 2e^- \Longrightarrow Cd(s)$ | −0.4030 | | |
| $[Cd(NH_3)_4]^{2+}(aq) + 2e^- \Longrightarrow Cd(s) + 4NH_3(aq)$ | −0.613 | 7.12 | |
| $[Cd(CN)_4]^{2-}(aq) + 2e^- \Longrightarrow Cd(s) + 4CN^-(aq)$ | −1.028 | 18.85 | |
| $Co^{3+}(aq) + e^- \Longrightarrow Co^{2+}(aq)$ | +1.92 | | |
| $[Co(EDTA)]^-(aq) + e^- \Longrightarrow [Co(EDTA)]^{2-}(aq)$ | +0.60 | 36 | 16.1 |
| $[Co(NH_3)_6]^{3+}(aq) + e^- \Longrightarrow [Co(NH_3)_6]^{2+}(aq)$ | +0.108 | 35.2 | 5.14 |
| $[Co(en)_3]^{3+}(aq) + e^- \Longrightarrow [Co(en)_3]^{2+}(aq)$ | −0.26 | 48.7 | 13.82 |
| $Fe^{3+}(aq) + e^- \Longrightarrow Fe^{2+}(aq)$ | +0.771 | | |
| $[Fe(C_2O_4)_3]^{3-}(aq) + e^- \Longrightarrow [Fe(C_2O_4)_3]^{4-}(aq)$ | +0.02 | 20.2 | 5.22 |
| $[Fe(CN)_6]^{3-}(aq) + e^- \Longrightarrow [Fe(CN)_6]^{4-}(aq)$ | +0.36 | 43.9 | 36.9 |
| $[Fe(bpy)_3]^{3+}(aq) + e^- \Longrightarrow [Fe(bpy)_3]^{2+}(aq)$ | +1.03 | | |
| $[Fe(phen)_3]^{3+}(aq) + e^- \Longrightarrow [Fe(phen)_3]^{2+}(aq)$ | +1.12 | 14.1 | 21.4 |
| $Hg^{2+}(aq) + 2e \Longrightarrow Hg(l)$ | +0.851 | | |
| $[HgBr_4]^{2-}(aq) + 2e^- \Longrightarrow Hg(l) + 4Br^-(aq)$ | +0.223 | 21.00 | |
| $[Hg(CN)_4]^-(aq) + 2e^- \Longrightarrow Hg(l) + 4CN^-(aq)$ | −0.37 | 41.4 | |
| $Zn^{2+}(aq) + 2e^- \Longrightarrow Zn(s)$ | −0.7618 | | |
| $[Zn(NH_3)_4]^{2+}(aq) + 2e^- \Longrightarrow Zn(s) + 4NH_3(aq)$ | −1.04 | 9.46 | |
| $[Zn(CN)_4]^{2-}(aq) + 2e^- \Longrightarrow Zn(s) + 4CN^-(aq)$ | −1.26 | 16.89 | |

## (四) 其他配位平衡的影响

配合物相互转化的趋势取决于其稳定常数的相对大小,即配位平衡总是向生成更稳定配合物的方向移动。两个配合物的稳定性相差越大,由较不稳定的配合物转化为较稳定的配合物的趋势就越大。若两者接近,则主要由配体的相对浓度决定。如向$[Ag(NH_3)_2]^+$溶液中加入 KCN 溶液,则$[Ag(NH_3)_2]^+$可以完全转化为$[Ag(CN)_2]^-$:

$$Ag^+(aq) + 2CN^-(aq) \rightleftharpoons [Ag(CN)_2]^-(aq)$$

总反应式为:$[Ag(NH_3)_2]^+(s) + 2CN^-(aq) \rightleftharpoons [Ag(CN)_2]^-(aq) + 2NH_3(aq)$

平衡常数表达式为:

$$K = \frac{[Ag(CN)_2^-] \times [NH_3]^2}{[Ag(NH_3)_2^+] \times [CN^-]^2} = \frac{[Ag(CN)_2^-] \times [NH_3]^2}{[Ag(NH_3)_2^+] \times [CN^-]^2} \times \frac{[Ag^+]}{[Ag^+]}$$

$$= \frac{K_s\{[Ag(CN)_2]^-\}}{K_s\{[Ag(NH_3)_2]^+\}}$$

已知$[Ag(NH_3)_2]^+$和$[Ag(CN)_2]^-$的$K_s$分别为$1.1 \times 10^7$和$1.3 \times 10^{21}$,则:

$$K = \frac{1.1 \times 10^7}{1.3 \times 10^{21}} = 1.2 \times 10^{14}$$

可见,转化反应的平衡常数很大,$[Ag(NH_3)_2]^+$可以完全转化为$[Ag(CN)_2]^-$。

---

**案例 12-3**

血红蛋白(HHb)与肌红蛋白都是氧的携带者和储存者,都能与氧可逆结合。正是机体内这些氧载体的作用,实现机体的供氧。当人体处于高浓度 CO 的条件下,就会发生煤气中毒。氧载体的载氧和储氧功能主要依靠血红素辅基完成,后者的结构为:

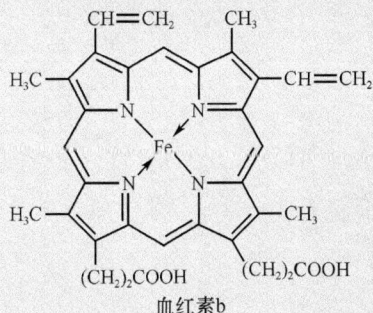

血红素b

**问题:**

1. 为什么血红蛋白中的 Fe(Ⅱ)能够和氧分子可逆结合,而不被氧分子所氧化?

2. 血红蛋白中的 Fe(Ⅱ)已经价键饱和,它如何与分子氧 $O_2$ 结合?

3. CO 和氰化物中毒时因为 CO 分子或 $CN^-$离子与血红蛋白中的 Fe(Ⅱ)结合,占据了氧分子的结合位点,从而降低了血红蛋白的载氧能力。CO 也是分子,它是如何与 Fe(Ⅱ)结合的? 价键饱和的 Fe(Ⅱ)又是如何与 $CN^-$离子结合的?

---

**案例 12-3 分析**

为了实现可逆载氧的功能,要求 $O_2$ 不能与卟啉环中的 Fe(Ⅱ)结合得太牢。Fe(Ⅱ)属交界酸,其正常的配位数是 6,其中 5 个位置已分别被卟啉环中的 4 个 N 原子和蛋白质分子内组氨酸的 1 个 N 原子占据。由于这 5 个 N 原子的给电子作用使 Fe(Ⅱ)的正电荷降低,从而使其硬度下降,因此不可能与硬碱 $O_2$ 结合得太牢。氧配位后,导致血红蛋白空间构型改变,抑制了 Fe(Ⅱ)的氧化。当无 $O_2$ 存在时第六个配位位置被第二个组氨酸残基所保护,防止活性中心 Fe(Ⅱ)的氧化。

然而当体内有 $CN^-$、CO 等软碱存在时,卟啉环中 Fe(Ⅱ)与它们软度匹配形成稳定的配合物,使血红蛋白和肌红蛋白失去正常功能,导致人体中毒。CO是强场配体,它和血红蛋白的结合能力是 $O_2$ 和血红蛋白结合的 $200\sim250$ 倍。当人体吸入CO后,将发生下列反应:

$$HHbO_2+CO \Longrightarrow HHbCO+O_2$$

导致血红蛋白输送氧气的能力被抑制。这就是煤气中毒的机制。

**要点提示:**

1. 金属离子和配体之间可以通过配位键的作用形成稳定的配合物。

2. 可以用软硬酸碱规则来解释配合物的稳定性。也可以通过稳定常数来判断配合物的稳定性。

3. 配合物之间会发生相互转化,由较不稳定的配合物转化为较稳定的配合物。

---

**案例 12-4**

当发生氰化物中毒的时候可以利用碱性酒石酸亚铁来解救。

**问题:**

1. 为什么氰化物溶液中加入碱性酒石酸亚铁后溶液中基本没有 $CN^-$ 离子,也没有游离的亚铁离子或铁离子? 如有游离的 $CN^-$ 离子,它就应该有毒性,但是实际毒性很低。

2. 在中性或碱性水溶液中 $Fe(II)$ 应该可以被空气中的氧所氧化,并水解成 $Fe(OH)_3$ 沉淀,但是 $K_4[Fe(CN)_6]$ 很稳定。

---

**案例 12-4 分析**

因为 $Fe(II)$ 或 $Fe(III)$ 与 $CN^-$ 结合生成了 $K_4[Fe(CN)_6]$ 或 $K_3[Fe(CN)_6]$,因而溶液中游离的金属离子和配体浓度都非常小。同时配离子的生成导致电对 $Fe^{3+}/Fe^{2+}$ 的电极电位降低很多,不易被氧气氧化。

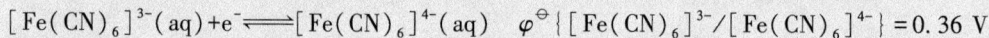

$$Fe^{3+}(aq)+e^- \Longrightarrow Fe^{2+}(aq) \qquad \varphi^{\ominus}(Fe^{3+}/Fe^{2+})=0.771\ V$$
$$[Fe(CN)_6]^{3-}(aq)+e^- \Longrightarrow [Fe(CN)_6]^{4-}(aq) \quad \varphi^{\ominus}\{[Fe(CN)_6]^{3-}/[Fe(CN)_6]^{4-}\}=0.36\ V$$

**要点提示:**

由于配合物的稳定常数比较大,溶液中游离的金属离子和配体非常少。对配位数和构型相同的配合物,稳定常数大的配合物较稳定。

金属离子生成配合物后,电极电位会发生很大的改变,氧化还原能力受到配合物稳定性的影响。

# 第4节　生物配体与配合物药物

## 一、生物配体

在生物体中,金属元素往往并不是以自由离子的形式存在,而是和生物分子中的配位原子结合以配位化合物的形式存在。那些能与生物金属以配位方式相结合、并具有生物功能的分子或离子,就是生物配体。生物配体的配位原子一般是具有孤对电子的 N、O、S 等原子。

生物配体按照分子量大小,大致可分为大分子配体和小分子配体两大类。大分子配体的相对分子量从几千到数百万,如蛋白质、多糖、核酸以及糖蛋白、脂蛋白等。小分子配体有氨基酸、核苷酸、卟啉以及一些简单的酸根离子如 $Cl^-$、$SO_4^{2-}$、$HCO_3^-$、$PO_4^{3-}$ 等，另外还有一些简单分子配体如 $O_2$、$H_2O$、$NO$、$CO$、羧酸和胺类等。

氨基酸(amino acid)是蛋白质(protein)的基本结构单位。在自然界中已发现有一百多种氨基酸，但构成蛋白质的氨基酸却仅有 20 种。在这 20 种氨基酸中，除脯氨酸外，其余 19 种氨基酸在结构上具有共同点：与羧基相邻的 α-碳原子上都有一个氨基，因此称为 α-氨基酸。α-氨基酸的结构通式如下：

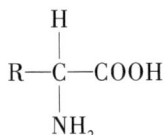

$$\begin{array}{c} H \\ | \\ R-C-COOH \\ | \\ NH_2 \end{array}$$

某些蛋白质含有特殊的氨基酸，这是普通氨基酸进入多肽链后被修饰的结果。如胶原含有羟基脯氨酸，其结构如下所示。它是脯氨酸的羟基衍生物，羟基的引入可以增加胶原纤维的稳定性。

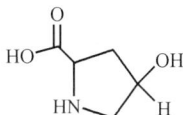

氨基酸的性质与其侧链 R 基团的性质有关，其侧链也是参与和金属离子作用的主要基团。半胱氨酸的巯基、组氨酸的咪唑基、甘氨酸、谷氨酸和天冬氨酸的羧基、酪氨酸的苯酚基以及蛋氨酸的甲硫基等都可以和金属离子作用形成稳定的配合物。如甘氨酸和 $Zn(II)$ 形成稳定的五元环螯合物 $Zn(Gly)_2$，如图 12-14。多肽分子与金属离子形成配合物时，除 N-端氨基和 C-端羧基，以及氨基酸侧链的某些基团可参与配位外，肽链中的羰基和亚氨基也可能参与配位。蛋白质分子中含有很多氨基酸残基，其中能够参与配位作用的基团很多。但是，通常情况下，分子中的配位基团只有处于有利位置并具有较强的配位能力(如组氨酸残基的咪唑基和半胱氨酸残基的巯基)，它们和金属离子的配位作用才占主导地位，这样就避免了生成过于多种多样配合物的可能性。

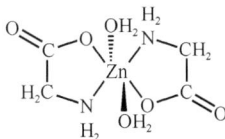

图 12-14　$Zn(Gly)_2$ 的五元螯合物

案例 12-3 中，血红素的活性部位就是铁卟啉。卟啉(porphyrin)是最重要的生物配体之一。哺乳动物体内 70% 的铁元素与卟啉形成配合物。除血红素外，叶绿素是一类含镁的卟啉衍生物，是构成高等植物和绝大多数藻类光合作用的主要成分。构成卟啉骨架的是卟吩(porphine)，是一个具有多个双键的共轭大 π 键体系。卟啉和金属离子形成的配合物统称为金属卟啉(metalloporphyrin)。和卟啉类似的结构还有咕啉(corrin)，咕啉的共轭程度不如卟啉环高。维生素 $B_{12}$ 的结构中就含有咕啉环。维生素 $B_{12}$ 具有多种生理功能，如参与蛋白的合成、叶酸的存储等。它的主要功能是促进红细胞成熟。缺乏维生素 $B_{12}$ 会引起恶性贫血症。

核酸(nucleic acid)是生物体内承载和传递信息的载体，是最重要的生物大分子。核酸是多聚核苷酸(olynucleotide)，其基本结构单位是核苷酸(nuleotide)。一个核苷酸分子由戊糖环、碱基和磷酸基三部分构成，其中每个部分都可与金属离子发生相互作用。一般来说，碱基的配位能力最强，磷酸基次之，戊糖环上的羟基最弱。较硬的金属离子，如 $Ca^{2+}$、$Mg^{2+}$、稀土离子等，往往与磷酸基相作用，O 原子作为配位原子。如三磷酸腺苷 ATP 的水解需要 $Mg^{2+}$ 的参与，产物为

ADP 和磷酸。过渡金属离子和碱基发生配位作用,通常碱基上的 N 原子作为配位原子,有时 O 原子也参与配位。有些软硬居中的金属离子,既能与磷酸基结合,也能与碱基配位,配位情况受环境条件如 pH 和温度的影响。

核酸在结构、功能、甚至生物催化上都具有重要作用,这些作用的发挥往往离不开金属离子。一些重金属的毒性大多是因为重金属离子与核酸间的共价结合,影响金属蛋白的正常调节功能,从而干涉基因的正常表达。金属与核酸相互作用的研究是成功开发顺铂类抗癌药物的基础,而金属配合物在发展核酸的光谱探针及反应性探针中有独到之处,可望开发出新的诊断试剂。因此,深入了解金属及其配合物与核酸的相互作用,不但有助于研究核酸的结构与功能的关系,而且对探索金属离子的毒理、致癌机制、开发新型抗癌药物和诊断试剂具有重大的意义。

# 二、配合物药物

配位化合物与生命过程密切相关。研究生物体内金属大分子配合物,弄清生命过程中金属的状态及功能,将不仅加深对生命现象和生命科学的理解,而且也会极大地促进现代科学技术的发展。如人造血液的合成,就是利用 $Fe^{2+}$ 和卟啉形成的配合物能够像血红素一样可逆地和氧气结合,有可能作为人工氧载体在人造血中代替血红蛋白,但目前得到的人造血液在体温下还不够稳定。

铂配合物是目前应用最广泛的抗癌药物之一。顺铂早在 1845 年就由意大利化学家 Michel Peyrone(佩纶)合成,所以历史上又叫佩纶盐。顺铂的分子结构是在 1893 年由配位化学的创始人 Alfred Werner 解析而得。1965 年,美国密执安州立大学的生物物理化学教授 Barnett Rosenberg(罗森伯格)等人报道了顺铂对老鼠癌细胞具有较强抑制作用。1971 年顺铂进入临床实验,被发现有较强的广谱抗癌作用,目前仍然是世界上用于治疗癌症最为广泛的 3 种药物之一。顺铂与其他抗癌药物较少产生交叉耐药性,有利于临床联合用药。顺铂之所以有抗肿瘤活性,是由于其中的 Pt(Ⅱ)能与癌细胞核中的脱氧核糖核酸(DNA)上碱基结合,使 DNA 骨架构象发生显著改变,从而破坏遗传信息的复制和转录等过程,抑制癌细胞的分裂。

20 世纪 70 年代,Connor 等人又合成了一种新的 Pt(Ⅱ)配合物 cis-$[PtCl_2(C_5H_9NH_2)_2]$,它在抑制血浆细胞癌方面,效率比顺铂高约 30 倍。进一步的研究表明,具有顺式结构的中性配合物$[PtA_2X_2]$(A 代表胺类,X 代表酸根)都具有抗癌活性。

早期的研究表明,反铂无抗癌活性。1992 年,人们发现反式 Pt(Ⅳ)配合物 trans-$[PtCl_2(OH)_2NH_3(NH_2C_6H_{11})]$对人及老鼠的皮下肿瘤均有药物活性、并能有效促进 DNA 链间交联和单链断裂。研究发现,其他一些反式铂配合物也具有抗癌活性。

作为第二代铂抗癌药已进入临床使用的配合物有三种,即 1,1-环丁二甲酸二氨合铂(Ⅱ)(简称卡铂或碳铂)、顺-二氯-反-二羟基-双-二异丙胺合铂(Ⅳ)(简称异丙铂)和 1R,2R-环己二胺草酸合铂(Ⅱ)(简称草酸铂)。与顺铂相比,它们的显著优点是对肾脏无毒性,水溶性大。目前,作为第三代铂抗癌新药已有一些进入临床试验中。

除铂配合物外,对其他非铂抗癌金属配合物也在研究中。如,有机金属化合物($\eta$-$C_5H_5$)$_2MX_2$(M 为 Ti、V、Nb、Ta、Mo 或 W,X 为 NCS$^-$、N$^{3-}$或卤离子),对艾氏腹水癌和淋巴白血病有抑制作用。通式为 $R_2SnL_2X_2$ 的有机锡(其中 R 为脂肪族或芳香族烃基,L 为 1,10-phen 或 bpy 等含氮双齿配体,X 为卤离子)对淋巴白血病和肾腺癌有较高的抗癌活性。

博来霉素(bleomycin,BLM)是在临床上广泛使用的一类天然抗肿瘤抗生素,主要用来治疗头颈癌、睾丸癌等。它最早是从链霉菌属真菌中提取的铜配合物,通过改变发酵条件可得到一系列的类似物。从博来霉素的分子结构(图 12-15)可以看出,它含有双糖基团,又含有咪唑基等强的配位基团,同时含有肽链的部分结构。博来霉素需要金属离子存在的情况下才能产生活性,这种活性和其与 DNA 的结合有关,这种结合必须有 Fe 离子和氧的参与。铁、钴、锰、铜等离子的存在使得博来霉素能够对 DNA 进行裂解。其机理一般认为是:博来霉素首先与 Fe(Ⅲ)结合。和金属离子的作用导致博来霉素的构型发生变化,然后与活化分子氧生成"活化态",对 DNA 进行切割并阻止 DNA 的复制。

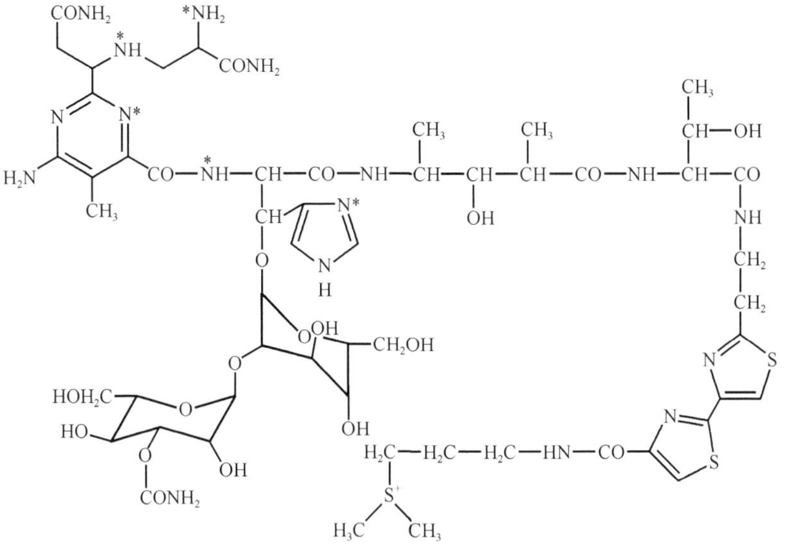

图 12-15　博来霉素结构,标*原子为可配位原子

对于体内的毒害或过量的金属离子,一般可选择合适的配体,通过配体和金属离子的作用而将金属离子排出体外。这种方法在医学上称为螯合疗法,所用的螯合剂称为促排剂或解毒剂。例如,临床上铅中毒的治疗,主要用金属配位剂进行驱铅治疗,如用 $Na_2EDTA$。但使用 EDTA 的钠盐,常会导致体内血钙水平的降低而引起痉挛。改用依地酸钙钠($CaNa_2$-EDTA)静脉注射或加 25% 葡萄糖液静脉滴注,则可顺利排铅而不影响血钙的水平。采用二巯基丁二酸钠(Na-DMS)1g 配 5% 生理盐水溶液或葡萄糖溶液静脉注射治疗汞、铅中毒时,会导致脑组织中汞、铅的含量升高而产生脑损伤。换用二巯基丁二酸(DMS)口服作为促排剂,则可有效排除体内的汞和铅而避免上述毒副作用。Wilson 病是一种常见的染色体隐形遗传疾病,主要有大量铜沉积于肝和脑组织。目前,主要用 D-青霉胺来治疗。其结构式为:

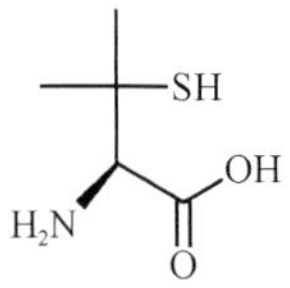

D-青霉胺

它能和沉积于组织的铜结合,形成相对分子质量约为 2600 的深紫色化合物而不会引起体内正常储存铜的释放。

作为治疗用的促排剂,必须满足以下要求:有足够的水溶性,在生理 pH 条件下仍然保持足够的螯合能力;它们与欲排除的金属离子所形成的配合物的稳定性必须高于该金属与体内生物大分子所形成的配合物;在治疗浓度下不应对人体产生明显的毒性。

金和银都是贵重金属,其单质和简单化合物被用作药物的历史几乎与它们被发现的历史一样长。Au(Ⅰ)的巯基配合物用于治疗类风湿性关节炎已有 60 多年,近年来发现它们的代谢物之一是 $[Au(CN)_2]^-$,它具有抗癌活性,并可抑制人免疫缺陷病毒(human immunodeficiency virus,

HIV)的复制。Au(Ⅲ)配合物的作用及其在生物体内与金(Ⅰ)配合物之间的相互转变对于药性与毒性的影响也正引起越来越多的关注。

人类对于银的抗微生物活性的认识可以追溯到有记载的历史早期。大约100多年前,一位瑞士植物学家甚至专门造了一个词"oligodynamic"来描述这种特性:在极微浓度下就显示出抗微生物活性。机制研究表明,$Ag^+$在体内与生物分子RNA、DNA和蛋白等结合,特别是细胞膜上的蛋白易与$Ag^+$作用。

1973年,Lauterbur首次将磁共振成像(magnetic resonance imaging,MRI)应用于人体诊断。目前,这一技术在生物、医学等领域已经得到迅速发展和广泛应用。第一种磁共振造影剂为德国Schering公司HJ Weinmenn研制开发的Gd-DTPA,即二乙三胺五乙酸(DTPA)与Gd(Ⅲ)的配合物,于1983年用于临床。随后,研究较多的是超顺磁性造影剂和水溶性顺磁性造影剂。水溶性顺磁造影剂由顺磁性金属离子和配体组成,金属离子主要为$Fe^{2+}$、$Fe^{3+}$、$Mn^{2+}$、$Gd^{3+}$和$Dy^{3+}$。其中,$Gd^{3+}$有7个未成对电子,自旋磁矩大,弛豫效率高,易与水配位,是造影剂的较佳选择。但是,游离的水合$Gd^{3+}$及大多数配合物不能与静脉血相容,易沉淀析出,毒性大。通过大量研究,选择配体,以使配合物在血液与体液中高度稳定。配体主要为多氨多羧化合物(图12-16),如二乙三胺五乙酸(DTPA)、1,4,7,10-四氮杂环十二烷-1,4,7,10-四乙酸(DOTA)和乙二胺四乙酸(EDTA)以及它们的衍生物。已经进入临床应用的有Gd-DTPA、Gd-DTPA-BMA、Gd-DOTA-HP、Gd-DOTA和Gd-DOTA-butrol。除$Gd^{3+}$配合物外,Mn-DPDP也已应用于临床。

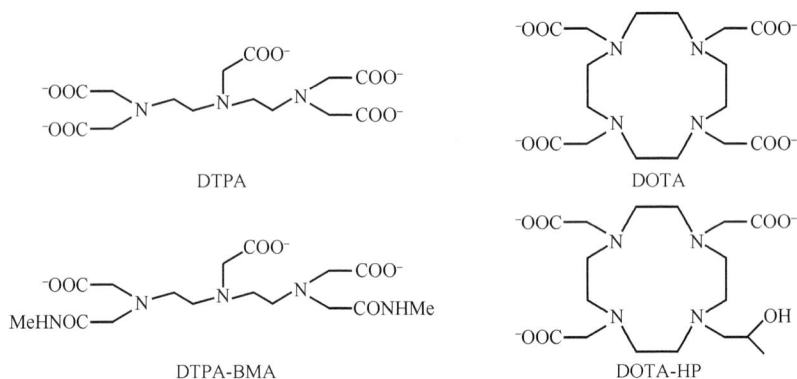

图12-16　常用的多氨多羧配体

# Summary

Coordination compound is a class of substances with chemical structures made up of a central metal atom surrounded by nonmetal atoms or groups of atoms. The ions or molecules surrounding the metal are called ligands, classified as monodentate ligand and polydentate ligand. Ligands are generally bound to a metal ion by a coordinate covalent bond, and are thus said to be coordinated to the ion. A complex ion, called inner sphere, is held with outer sphere by ionic force. Generally, the systematic naming of coordination compounds is carried out by rules recommended by the International Union of Pure and Applied Chemistry(IUPAC).

In heteroleptic complexes the different possible geometric arrangements of the ligands can lead to isomerism, and an important type of isomerism is geometric isomerism, which usually includes *cis*-isomer and *trans*-isomer.

In the valence bond (VB) theory, bonding is accounted for in terms of hybridized orbitals of the metal ion. Each ligand donates an electron pair to form a coordinate covalent bond. Coordination compounds are thus classified as outer-orbital and inner-orbital complexes. The configuration and discrpancies of the complexes depends on the type and number of orbitals involved in the hybridization. It fails to offer an explanation for the striking colours of many complexes, which arise from their selective absorption of light of only certain wavelengths. VB theory is used to interpret almost all coordination phenomena, for it gives simple answers to the questions of geometry and magnetic susceptibility.

The crystal field model concentrates on the splitting of the dorbitals of the transition metal atom into groups as a result of electrostatic interactions between the ligands and the electrons in the unhybridized orbitals of the transition metal atom. The d orbitals are splitted into two higher-energy and three lower-energy orbitals in octahedral coordination compounds. The energy difference between these two sets of d orbitals is the crystal field splitting energy. Electrons tend to be paralleled each other within weak-field ligands and paired within strong-field ligands. The model can be used to understand, interpret and predict the magnetic behavior, colors and some structures of coordination compounds.

Coordination equilibrium is one type of chemical equilibrium. For the reaction of the coordination compound formation:

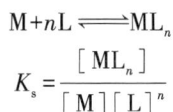

$$M + nL \rightleftharpoons ML_n$$

$$K_s = \frac{[ML_n]}{[M][L]^n}$$

$K_s$ is called the equilibrium constant for the coordination compound formation, also called the stability constant. The larger the $K_s$, the more stable the coordination compound is.

The balance may be disturbed and shifted to a new equilibrium position when the concentration of M and L are changed. If the redox equilibrium, acid-base equilibrium, or precipitation equilibrium are present in the coordination system, the coordination equilibrium be shifted.

When a bi- or polydentate ligand uses two or more donor atoms to bind to a single metal ion, it is said to form a chelate complex. Such complexes tend to be more stable than similar complexes containing monodentate ligands, due to five-or six-member ring in the structure. The more the cyclical structure in a chelate, the greater its stability is. Macro-cyclic compounds are also affored significant stability due to the presence of the marcro-cyclic ligands.

Coordination compounds play important roles in biology and life science. As electron transfer agents, bio-catalysts, and in photosynthesis, they are essential in the storage and transport of oxygen. Coordination compounds find application in medical areas-for example, in treatment of metal poisoning and as anti-tumor agents and MRI agents.

# 习　　题

1. 命名下列配合物,并指出下列配合物中心原子的配位数及配体的配位原子:

(1) $[Cu(NH_3)_4]SO_4$。

(2) $[Cu(NH_2CH_2CH_2NH_2)]SO_4$。

(3) $[Ni(NH_3)_2(C_2O_4)]$。

(4) $[CoCl(NH_3)_5]Cl_2$。

2. 将化学组成为 $CoCl_3 \cdot 4NH_3$ 的紫色固体配制成溶液,向其中加入足量的 $AgNO_3$ 溶液后,只有 1/3 的氯从沉淀中析出,该配合物的内界含有 　　　　　　　　(　　)

A. 2 个 $Cl^-$ 和 1 个 $NH_3$ 　　　　　　　B. 2 个 $Cl^-$ 和 3 个 $NH_3$

C. 2 个 $Cl^-$ 和 2 个 $NH_3$ 　　　　　　　D. 2 个 $Cl^-$ 和 4 个 $NH_3$

3. 形成高自旋配合物的原因是 　　　　　　　　　　　　　　　　　(　　)

A. 电子成对能 $P$>分裂能 $\Delta$  B. 电子成对能 $P$=分裂能 $\Delta$

C. 电子成对能 $P$<分裂能 $\Delta$  D. 不能只根据 $P$ 和 $\Delta$ 确定

4. $Na_2S_2O_3$ 可作为重金属中毒时的解毒剂,这是利用它的      (    )

   A. 还原性                 C. 氧化性

   B. 配位性                 D. 与重金属离子形成难溶物

5. 下列配离子属于反磁性的是               (    )

   A. $[Mn(CN)_6]^{4-}$    B. $[Cu(en)_2]^{2+}$    C. $[Fe(CN)_6]^{3-}$    D. $[Co(CN)_6]^{3-}$

6. 计算具有下列 d 电子数目的各中心原子在正八面体弱场和正八面体强场中的晶体场稳定化能(CFSE)。(1) $d^4$;(2) $d^5$; (3) $d^7$。

7. $Al^{3+}(aq)+H_2O(aq)\Longleftrightarrow Al(OH)^{2+}(aq)+H^+(aq)$,证明该反应平衡常数 $K=\beta K_w$。

8. 在 1.0L 6.0 $mol \cdot L^{-1}$ 氨水中,加入 0.10mol $CuSO_4$ 固体(忽略体积变化),求溶液中 $Cu^{2+}$ 离子浓度。已知 $[Cu(NH_3)_4]^{2+}$ 的稳定常数 $\beta=2.1\times10^{13}$。

9. 已知反应:$[Cu(NH_3)_2]^{2+}(aq)\Longleftrightarrow[Cu(en)]^{2+}(aq)+2NH_3(aq)$,在 298.15K 时,反应的 $\Delta H^{\theta}=-7.9$ kJ,$\Delta S^{\theta}=31$ J·$K^{-1}$,求平衡常数 $K^{\theta}$。

10. 试比较25℃时 AgI 在 1.0L 6.0 $mol \cdot L^{-1}$ 氨水和 1.0L 0.010 $mol \cdot L^{-1}$ KCN 溶液中的溶解度。已知 $K_{sp}(AgI)=8.3\times10^{-17}$,$\beta\{[Ag(NH_3)_2]^+\}=1.1\times10^7$,$\beta[Ag(CN)_2^-]=1.3\times10^{21}$。

11. 已知 $\varphi^{\ominus}(Cu^{2+}/Cu)=0.345V$,$K_s\{[Cu(NH_3)_4]^{2+}\}=4.8\times10^{12}$,试计算说明能否用铜器储存浓度为 1.0 $mol \cdot L^{-1}$ 的氨水?

12. 已知下列电对的 $\varphi^{\ominus}$ 值:

$[Co(H_2O)_6]^{3+}(aq)+e^-f[Co(H_2O)_6]^{2+}(aq)$       $\varphi^{\ominus}=1.84V$

$[Co(NH_3)_6]^{3+}(aq)+e^-f[Co(NH_3)_6]^{2+}(aq)$       $\varphi^{\ominus}=0.10V$

$[Co(H_2O)_6]^{2+}$、$[Co(NH_3)_6]^{3+}$ 的磁矩分别为 0 $\mu_B$、3.88$\mu_B$。试分析:(1)+2 价钴和+3 价钴在配位状态的稳定性;(2)根据晶体场理论,说明上述两电对 $\varphi^{\ominus}$ 值的差别。

(房晨婕)

# 第 13 章 生命活动与化学元素

**学习目标**

通过对本章的学习,熟悉几种常量、微量元素与人体健康之间的关系;了解与元素有关的疾病和有害微量元素对人体健康的影响。

化学元素组成了宇宙万物,生物的生长过程实质上是不断地从自然中获得物质和能量的过程。地球上所发现的一百多种元素已在人体中发现有 80 多种,根据元素在人体内的含量多少分为**常量元素**(macroelement)和微量元素(microelement),常量元素占人体质量分数 0.05% 以上,而微量元素占人体质量分数在 0.05% 以下,其中总质量分数占人体质量 99.95% 以上的有 11 种常量元素和 18 种微量元素,对于维持人体正常生理功能是不可缺少的,故称之为**生命元素**(biological element)。随着人类对自然生命过程认识的逐步提高以及对生命质量的关注,研究元素在生命活动中功能的无机生物化学在近二十几年来迅速发展起来,无机生物化学主要研究生命活动与化学元素之间的关系。本章将简要介绍某些生命元素和有毒元素。

## 第 1 节 人体内元素的组成和分类及作用

人体内所含的 80 多种元素主要分成两大类——**必需元素**(essential element)和**非必需元素**(non-essential element)。必需元素是那些在健康组织中有生物活性并能发挥正常生理功能的元素,它们在人体内有着相对恒定的含量范围,含量过高或过低将在人体内发生生理变化,调整后生理功能可以恢复。非必需元素是那些存在于身体内而含量不恒定,并且其生理作用还未被人类认识的元素,有的有毒,有的无毒。

蛋白质、水、核酸、糖类、维生素等是构成人类生命的主要物质,这些物质主要是由碳、氢、氧、氮等元素按照不同的方式组合而成,是生命活动的基础。Na、K、Ca、Mg 在周期表中彼此相邻,均以水合离子的形式存在于人体内,对于维持体液的渗透压力,保持神经与肌肉的正常生理机能起着重要的作用。

表 13-1 列举了人体内化学元素的平均含量。从表中可以看出这些元素在体内的含量与地球上元素的丰度有相关性,由此可以表明人与自然界息息相关,人与地壳保持着化学生态平衡。

**表 13-1 人体内化学元素的平均含量**(体重质量分数)

| 元素 | 含量/% | 元素 | 含量/% | 元素 | 含量/% | 元素 | 含量/% |
|------|--------|------|--------|------|--------|------|--------|
| O | 65.0 | Zn | $3.3 \times 10^{-3}$ | Ba | $2.3 \times 10^{-5}$ | Fe | $5.7 \times 10^{-3}$ |
| Se | $2.1 \times 10^{-2}$ | Ra | $1.4 \times 10^{-7}$ | C | 15.0 | Rb | $1.7 \times 10^{-3}$ |
| Ni | $<1.4 \times 10^{-5}$ | H | 10.0 | Br | $2.9 \times 10^{-3}$ | B | $<1.4 \times 10^{-5}$ |
| N | 3.0 | Sr | $2.0 \times 10^{-4}$ | Cr | $8.6 \times 10^{-5}$ | Ca | 1.5 |
| Cu | $1.4 \times 10^{-4}$ | Mo | $7.0 \times 10^{-6}$ | P | 1.0 | Al | $1.4 \times 10^{-4}$ |
| Co | $<4.3 \times 10^{-6}$ | S | 0.25 | As | $<1.4 \times 10^{-4}$ | Be | $<3.0 \times 10^{-6}$ |
| K | 0.20 | Pb | $1.1 \times 10^{-4}$ | Au | $<1.4 \times 10^{-6}$ | Na | 0.15 |

续表

| 元素 | 含量/% | 元素 | 含量/% | 元素 | 含量/% | 元素 | 含量/% |
|------|--------|------|--------|------|--------|------|--------|
| Sn | $4.3\times10^{-5}$ | Ag | $1.4\times10^{-6}$ | Cl | 0.15 | I | $4.3\times10^{-5}$ |
| Li | $1.3\times10^{-6}$ | Mg | 0.05 | Cd | $4.3\times10^{-5}$ | V | $1.4\times10^{-7}$ |
| Si | 0.026 | Mn | $3.0\times10^{-5}$ | U | $3.0\times10^{-7}$ | | |

有 29 种生命必需元素占人体总重达 99.95%,而其中 11 种元素就占 99.9%。这些元素称为必需常量元素,它们是 O、C、H、N、Ca、P、S、K、Na、Cl、Mg。还有 18 种生命必需微量元素,它们是 Si、F、V、Cr、Mn、Co、Fe、Ni、Cu、Zn、Sn、Se、Mo、I、B、Sr、As、Br。

如果把表 13-1 中的各生命元素在周期表中的位置标出来,可以发现大多数必需元素紧凑地排列于第一至第四周期,并分布于周期表中的三个区域内。见表 13-2。

表 13-2 生命必需元素在周期表中的分布

# 一、人体必需常量元素及生物功能

## (一) 人体必需常量元素生物功能

人体中 11 种必需常量元素的含量及在人体组织中的分布和功能见表 13-3。

表 13-3 人体内的常量元素

| 元素 | 体重质量分数/% | 在人体组织中的分布状况与功能 |
|------|----------------|------------------------------|
| O | 65.00 | 水、有机化合物的组成成分 |
| C | 15.00 | 有机化合物的组成成分 |
| H | 10.00 | 水、有机化合物的组成成分 |
| N | 3.00 | 有机化合物的组成成分 |
| Ca | 1.50 | 骨骼、牙齿、肌肉、体液,神经传导和肌肉收缩所必需 |
| P | 1.00 | 磷脂、磷蛋白的重要组成部分,为生物合成与能量代谢所必需 |
| S | 0.25 | 头发、指甲、皮肤,各种蛋白质的组成成分 |
| K | 0.20 | 细胞内液中,维持渗透平衡 |
| Na | 0.15 | 细胞外液中,维持渗透平衡,骨骼 |
| Cl | 0.15 | 脑脊液、胃肠道、细胞外液 |
| Mg | 0.05 | 骨骼、牙齿、细胞内液,参加酶的激活 |

## (二) 某些人体必需常量元素的作用

在人体一切组织和器官内都存在水,水由 H、O 元素组成,水约占人体总重量的 65%。水对人体的重要性甚至比食物都重要,当人长期不能进食时,完全消耗体内的糖、脂肪及3%的蛋白质仍可维持生命,但若缺水达到15%时,人便无法生存。水是良好的溶剂,人体内的生化反应均在水溶液中进行,水分子间存在氢键,因此水的比热容、蒸发焓都很高。水起着调节体温的重要作用。

蛋白质约占人体总重45%,是人体内所有细胞和细胞质间的主要物质,是构成生命的基础。蛋白质中各元素所占比例见表13-4。

表13-4 蛋白质中元素所占比例

| C | H | O | N | S | P |
|---|---|---|---|---|---|
| 50%~60% | 6%~8% | 19%~20% | 13%~19% | 约4% | 少量 |

组成脂类的元素是C、H、O,脂类存在于人体细胞内,某些器官如肝脏、肾脏中含有的脂肪可以保护和固定器官,脂类的主要功能是供给热量。

糖类主要由C、H、O三种元素组成,其主要生理功能是为人体提供热量,另外人体内的代谢过程必须有足够的糖参与。

钙是人体中必需的重要元素,其含量居体内各组成元素的第五位,它占人体质量分数的1.5%左右。其中大约99%的钙集中在骨骼和牙齿内,其余分布在体液和软组织中。钙参与神经肌肉的应激过程。

其他有关元素的作用请参阅后续有关章节内容。

## 二、人体必需微量元素及生物功能

通常把人体中质量分数低于0.05%的元素称为微量元素。人体内18种必需微量元素的含量虽然很低,但它们却有着重要的生理功能作用。表13-5为18种必需微量元素在人体内的分布与功能简表。

表13-5 必需微量元素在人体内的分布与功能

| 元素 | 在人体组织中的分布与功能 |
|---|---|
| Fe | 血红蛋白、肝、骨髓,可输送氧气,缺铁会引起贫血 |
| Zn | 肌肉、骨骼等组织中,多种酶的活性中心 |
| F | 骨骼、牙齿,促进骨质生长 |
| V | 脂肪组织,促进牙齿的矿化,缺钒引起骨骼畸形 |
| Cu | 肌肉、骨骼和血液中,有助铁的吸收、利用 |
| Sn | 脂肪、皮肤中,促进蛋白质及核酸反应,与黄素酶的活性有关 |
| Se | 肌肉(心肌)中,谷胱甘肽过氧化酶的重要组成成分 |
| Mn | 骨骼、肌肉中,参与酶的激活 |
| Ni | 肾、皮肤,参与酶的激活,与DNA和RNA的代谢有关 |
| Mo | 肝,为黄素氧化酶等多种酶之必需,与铜、硫的代谢有关 |
| Cr | 肾、胰、皮肤,缺铬会引起动脉硬化和冠心病 |
| Co | 骨髓,形成血红细胞所必需的$B_{12}$的组成成分 |
| I | 甲状腺,对发育及物质代谢有重要作用 |
| Sr | 骨骼、牙齿,代谢功能与钙相似,确定为必需元素较晚 |
| Br | 肌肉组织中 |
| As | 头发、皮肤中 |
| B | 脑、肝、肾,促进有机物运转和酶促反应 |
| Si | 骨骼、淋巴结、指甲,在骨骼形成初期所必需 |

　　这些微量元素可作为酶的活性因子,参与维生素和激素的生理作用,维持核酸的正常代谢。微量元素生理功能的逐步发现,解开了许多生命的奥秘,使过去难以理解的生命现象得到科学解释,研究微量元素在生命过程中的作用以及微量元素与疾病的关系的科学,必将大大提高人类生命的质量,是当今科学界引人注目的崭新领域。

# 三、人体必需元素营养浓度

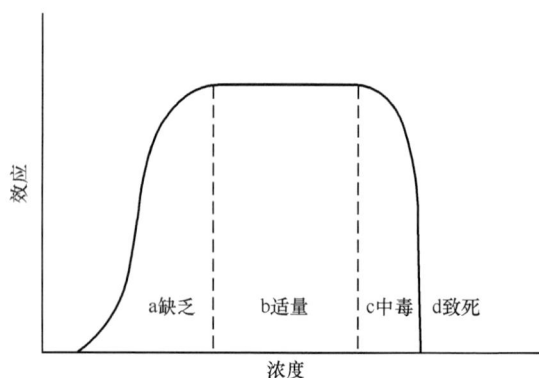

图 13-1　最适宜营养浓度示意图

　　每一种必需元素在人体内都有它自己最适当的浓度范围,如图 13-1 所示。

　　当人体内某种必需元素的浓度过低或过高(如图中 a、c 区)时,将会由于该元素的缺乏或过多而引起中毒甚至死亡。只有当浓度处于适当范围内(如图中 b 区)时,该元素在人体内才能发挥出正常功能。b 区所表示的浓度范围称为营养浓度范围。表 13-6 列出了一些元素在不足量和过量时对人体健康的影响。

表 13-6　一些元素在不足量和过量时对人体健康的影响

| 元素 | 不足量时的影响 | 过量时的影响 |
| --- | --- | --- |
| Na | 爱迪生病,痉挛 | 水肿、高血压、贫血 |
| Mg | 惊厥 | 麻木 |
| Cu | 贫血,白癜风病,头发受损 | 黄疸,威尔逊氏病 |
| Fe | 贫血 | 铁尘肺,糖尿病 |
| Ca | 骨骼变形,手足抽搐 | 胆结石,白内障,动脉硬化 |
| Zn | 发育及智力迟缓,侏儒症 | 贫血症 |
| Mn | 骨骼变形,生殖腺受影响 | 共济失调 |
| Ni | 肝脏变化,皮炎 | 皮炎,肺癌 |
| Co | 贫血症 | 红细胞增加,心力衰竭 |
| Pb | — | 贫血,神经炎,癌症,脑损伤 |
| Sn | 生长缓慢 | — |
| Cr | 角膜浑浊,影响葡萄糖代谢 | 肺癌 |
| Cd | 生长缓慢 | 高血压,肾炎 |
| Mo | 降低酶的活性 | 抑制生长 |
| V | 降低血清胆固醇 | 生长不良 |
| Sc | 不育,损伤白细胞,肝脏坏死 | 患癌,损伤角质 |
| Sb | — | 心脏病 |
| Hg | — | 神经受损 |
| As | 脾受损,头发生长不良 | 胃病,惊厥 |
| F | 骨骼、牙齿发育不良 | 牙斑、骨骼硬化 |
| Be | — | 肺癌 |
| I | 甲状腺机能下降,甲状腺肿大 | 甲状腺机能亢进 |
| K | 肌肉不发达、心率不齐 | 恶心、腹泻 |

# 第2节 常见有毒元素与癌症

**案例 13-1**

第二次世界大战后,日本富山县神通川流域发生骨通病,患者近300多人,死亡100多人。患者全身关节、骨骼痛不可忍,经临床检验患者骨骼中镉的含量为正常人的159倍,污染源是附近一家金属冶炼厂。

**问题:**

1. 镉是人体必需元素吗?
2. 镉是怎样进入人体内的?患者有哪些临床症状?

## 一、常见几种有毒元素

随着饮食、呼吸和皮肤接触等途径被摄入人体内的另一类元素是非必需元素,有些是有毒的,而有的却妨碍人体正常代谢、影响人体正常生理功能,如铅、汞、镉、铍、锑等有毒元素。

**1. 镉**(Cd) 镉是联合国粮农组织(FAO)和世界卫生组织(WHO)列为最优先研究的食品中的严重污染元素,它不是人体的必需元素。镉主要通过呼吸道和消化道进入人体。存在于环境中的镉及其化合物可经呼吸而由肺、经溶解而由皮肤、经饮食而由消化道等途径进入人体。

镉进入人体与蛋白质分子中的巯基相结合,镉对磷有很强的亲和力,进入人体的镉能将骨质磷酸钙中的钙置换出来,而引起骨质疏松、软化、发生变形和骨折。在一定条件下镉可以取代锌,从而干扰某些含锌酶的功能,使多种酶受到抑制,破坏正常生化反应,干扰人体正常的代谢功能,使人体体重减少。同时进入人体中的镉,可与金属硫蛋白结合,再经血液输送到肾脏,当它在肾中积累时,会损坏肾小管,使肾功能出现障碍,从而影响维生素D的活性,导致骨骼生长代谢受阻,使骨骼软化、骨骼畸形、骨折等引发骨骼的各种病变。可引起骨软化症或"痛痛病"(背下部和腿部剧烈疼痛)。镉中毒的典型病症是肾功能受破坏,肾小管对低分子蛋白再吸收功能发生障碍、糖、蛋白质代谢紊乱,尿蛋白、尿糖增多,引发糖尿病。镉进入呼吸道可引起肺炎、肺气肿。镉进入消化系统则可引起胃肠炎。镉中毒者常伴有贫血症,可能还导致骨癌、直肠癌、食管癌和胃癌的诱发。

钙可以拮抗镉,高钙食物会抑制消化道对镉的吸收,维生素D也会影响镉的吸收。

**2. 铅**(Pb) 铅是最为常见的有害微量元素,存在于环境中的铅及其化合物可经呼吸而由肺、经溶解而由皮肤、经饮食而由消化道进入人体,还可由母体胎盘进入胎儿体内。进入人体中的铅主要经消化道、呼吸道吸收后转入血液,与红细胞结合后再传输到全身和被分配到体内各组织器官。

人体摄入过量铅,会引起中枢神经系统损伤,出现疲惫、头痛、痉挛、精神障碍等。过量铅可损害骨髓造血系统,引起贫血,主要是过量铅干扰血红蛋白代谢所造成的。过量铅作用于心血管系统时引起动脉硬化、心肌损害。胃肠铅中毒则表现为胃肠黏膜出血、肠管痉挛。长期低浓度的接触(如长期食用含铅较高的食物或环境污染)可引起慢性中毒。其症状有食欲不振、口中有金属味、失眠、头痛、头昏、腹痛和贫血,其中贫血是铅中毒的早期特征。除此之外,铅中毒还可以引起肾病、高血压、脑水肿等。特别需要指出的是铅对儿童的危害,儿童由于代谢和排泄功能不完善,血脑屏障成熟较晚,所以对铅有特殊的易感性,低浓度的铅即可导致儿童生长迟缓、智力降低。儿童体内对铅的吸收率比成人高出4倍以上,且体内缺铁、缺钙的儿童其摄入和吸收铅的速率更快。儿童铅中毒时常会引起脑病综合征,具有呕吐、嗜睡、昏迷、运动失调、活动过度等神经病学症状,重者失明、失聪,乃至死亡。

在饮食中还可多吃一些大蒜,因为大蒜中含元素硒量较多,对铅的毒性有拮抗作用。

**3. 汞**(Hg)　汞及其化合物是最有害的微量元素之一。存在于环境中的汞及其化合物可经呼吸由肺、经溶解而由皮肤、经口进入消化道等途径进入人体,还可由母体胎盘、乳汁进入胎儿、婴儿体内。汞离子与细胞膜中含巯基的蛋白质有特殊的亲合力,从而能直接损害这类蛋白质和酶。汞离子与某些蛋白质蓄积于人体内,特别是肾和肝中,因此,肾功能障碍是汞中毒的首要标志。除了无机汞,自然界中因环境污染而产生有机汞,以甲基汞为多,甲基汞能使脑蛋白质合成活性减低,并沉积于脑组织中,从而导致神经系统中毒。

汞的毒性因化学形态不同而有很大差别。有机汞化合物通常都是高毒性的,汞的毒性以有机汞化合物毒性最大。有机汞中苯汞、甲氧基-乙基汞的毒性较小,而烷基汞等是剧毒的,其中甲基汞的毒性大,危害最普遍。甲基汞与红细胞中血红素分子的巯基结合,生成稳定的巯基汞烷基汞,它们蓄积在细胞内和脑室中,滞留时间长,导致中枢神经和全身性中毒。

对于慢性中毒患者,可使用大量三磷酸腺苷制剂、烟酸、维生素 $B_1$、维生素 $B_{12}$、维生素 E 等治疗,都有较好的排汞效果。

**4. 铍**(Be)　铍是一个强烈的致癌元素。铍主要从呼吸道侵入肌体,进入体内的铍大部分与蛋白质结合,并贮存于肝和骨骼中。铍离子有拮抗镁离子的作用因为铍和镁处于周期表的同一族中,$Be^{2+}$ 可以置换激活酶中的 $Mg^{2+}$,从而影响激活酶的功能。铍易积蓄于细胞核中,并阻止胸腺嘧啶脱氧核苷进入 DNA,干扰 DNA 合成,这也许是铍致癌的原因之一。

**5. 锑**(Sb)　所有的锑化合物对人体都有毒。进入人体内的锑广泛分布于各组织器官中,以肝脏和甲状腺为多。血中锑在红细胞中的浓度比血清高数倍。锑对人体的损害可表现在呼吸道、心脏、肝脏和血液,其中对呼吸道损害尤甚。锑对人体产生的毒性作用,是由于锑在体内可与巯基结合,抑制某些巯基酶如琥珀酸氧化酶的活性,与血清中硫氢基相结合,干扰了体内蛋白质及糖的代谢,损害肝脏、心脏及神经系统,还对黏膜产生刺激作用。

最常见的是慢性锑中毒,长期接触低浓度的锑及锑化合物粉尘或烟尘后,会引起慢性中毒。其症状主要表现为乏力、头晕、失眠、食欲减退、恶心、腹痛、胃肠功能紊乱、胸闷、虚弱等一般症状、引起慢性结膜炎、慢性咽炎,慢性副鼻窦炎等黏膜刺激症状。

# 二、化学元素与癌症

癌症与化学元素有密切的关系,人类恶性肿瘤中的 80% ~ 85% 是由化学致癌物引起的。癌症已成为第二位致死疾病,环境污染、生态环境被破坏使癌症发病率迅速增加。

化学元素对癌症有双重作用—诱发助长作用和抑制作用。如砷、铍、镍、镉等能诱发和助长肿瘤的生长;而另一些元素如铜、硒、铂等化合物能抑制癌症的发展。

## (一) 化学元素的致癌作用

流行病学调查及实验表明,放射性元素如镭、铀、钋有明显的致癌作用;铍、铬、钴、镍、镉等过量时有致癌作用;含钛、铁、镍的有机物有致癌作用;钪、锰、砷、钇、锆、铅在特殊情况下有致癌性。有些癌症的发病率与环境中微量元素的含量有关。如我国川西北地区食管癌发病率高,而该地区饮水和土壤中的铜、锰、镁含量偏低。多种癌症都与环境中的硒缺少有关。

尽管化学元素的致癌机理尚不明确,但目前一般认为致癌金属离子主要与酶中原有的金属离子置换,并引起酶的空间构型改变,其活性受到抑制或全部消失。致癌物主要与蛋白质及 DNA 作用并损害 DNA。

## (二) 化学元素的抗癌作用

尽管环境中有许多致癌物,但除了人体有抗癌作用外,环境中还存在一些抗癌物质。已证明或估计有抗癌或抑癌作用的元素有镁、钼、硒、铜、锌、碘及铂、钯、铱的配合物。如硒具有抵抗镉、汞的危害从而抑制镉、汞的致癌作用。顺式二氯·二氨合铂(Ⅱ)可使肌体内无控制地增殖和扩散癌细胞的 DNA 复制发生困难,进而达到抑制癌细胞分裂的目的。

目前,人们对癌症的研究是多方位的,对癌组织与健康组织进行化学元素分析有助于找出癌细胞与正常细胞的决定性差异。微量元素及其配合物对癌组织与正常组织的不同作用仍有待于深入研究。总之,经过不断的努力和探索,癌症是人类不治之症的结论将被人类自身推翻。

## Summary

This chapter discussed the element of life, including the essential elements, non-essential elements, macroelements and microelements. There are 29 kinds of essential elements in the human body representing the total up to 99.95%, 11 kinds of elements which account for 99.9%. These major elements are O, C, H, N, Ca, P, S, K, Na, Cl, Mg. Others are 18 kinds of trace elements including Si, F, V, Cr, Mn, Co, Fe, Ni, Cu, Zn, Sn, Se, Mo, I, B, Sr, As, Br.

The trace elements mass fraction is lower than 0.01%, they play an important role physiological functions. Too much or too little trace elements in body will lead to produce certain diseases. Some non-essential elements are toxic while others have hindered the normal metabolism of the body, affecting the normal physiological function of the human body, such as lead, mercury, cadmium, beryllium, antimony and other toxic elements.

Then a brief introduction for the biological effects of microelements is given and several toxic elements are also introduced. Finally, the chemical elements in cancer treatment and chemical carcinogen have done a brief introduction.

## 习　　题

1. 人体内的常量元素与微量元素是如何分类的?
2. 何为人体必需元素和非必需元素?

(刘有训)

# 第 14 章　s 区元素

## 学习目标

通过学习 s 区元素,掌握氢及氢化物的性质、碱金属和碱土金属重要氧化物和氢氧化物的性质、碱金属和碱土金属盐类的溶解性和热稳定性的变化规律。熟悉碱金属和碱土金属单质主要性质;锂和铍的特殊性和对角线规则。了解氢气的用途和制备方法;碱金属和碱土金属的一般制备方法和原理;常见的 $Na^+$、$K^+$、$Ca^{2+}$、$Mg^{2+}$ 的鉴定方法。

s 区元素包括第 I A 和第 II A 族元素。第 I A 族包括锂(Li)、钠(Na)、钾(K)、铷(Rb)、铯(Cs)、钫(Fr)6 种元素,称为**碱金属**(alkali metals),其价层电子组态为 $ns^1$。第 II A 族包括铍(Be)、镁(Mg)、钙(Ca)、锶(Sr)、钡(Ba)、镭(Ra)6 种元素,称为**碱土金属**(alkaline earth metals),其价层电子组态为 $ns^2$。由于氢元素的价层电子组态为 $1s^1$,它的一些性质呈现与碱金属一致的变化趋势,因此将氢元素放在第 I A 族,属于 s 区元素。

# 第 1 节　氢

## 一、物 理 性 质

氢(hydrogen)是自然界中最为丰富的元素之一,主要以化合物的形式存在。氢元素的单质为双原子分子($H_2$),在 273K,101.325kPa 下,其密度为 $0.090g \cdot L^{-1}$,仅为空气的 1/14,常用来充气球。在室温下,氢气发生膨胀时,体系温度升高;在低温下(如液态空气的温度条件,83K)使之膨胀,体系温度降低。氢气的沸点为 20.38 K,凝固点为 13.92 K,无论在何种物态下都是绝缘体。氢气容易被 Ni、Pd、Pt 等金属吸附,其中 Pd 吸附氢气的能力最强,室温下 1 体积的 Pd 吸附 900 体积的氢气。

氢有三种同位素(isotope),分别为氕(protium,$_1^1H$ 或 H)、氘(deuterium,$_1^2H$ 或 D)和氚(tritium,$_1^3H$ 或 T)。$_1^3H$ 是一种不稳定的放射性同位素。

$$_1^3H \rightarrow _2^3He + \beta \qquad 半衰期\ t_{1/2} = 12.4$$

天然的 $_1^3H$ 的丰度很低,每 $10^{18}$ 个 H 原子中仅有一个 $_1^3H$,然而人造的同位素增加了 $_1^3H$ 的量。在自裂变反应器中,利用 Li 靶与中子作用可以制得 $_1^3H$。

$$_0^1n + _3^6Li \rightarrow _1^3H + _2^4He$$

氢同位素的单质的物理性质见表 14-1。

表 14-1　氕、氘、氚的性质

| 名称 | 相对原子质量 | 熔点/K | 沸点/K | 丰度 |
| --- | --- | --- | --- | --- |
| 氕 | 1.007825 | 13.957 | 20.30 | 99.985% |
| 氘 | 2.14102 | 18.73 | 23.67 | 约 0.015% |
| 氚 | 3.016049 | 20.62 | 25.04 | $\sim 10^{-16}$ |

氢的同位素因核外均含有 1 个电子,因此它们的化学性质基本相同,但由于质量相差较大,

其单质和化合物的物理性质存在一定差异。见表 14-2。

表 14-2　氢同位素的单质和化合物的性质

| | $H_2$ | $D_2$ | $H_2O$ | $D_2O$ |
|---|---|---|---|---|
| 沸点/K | 20.30 | 23.67 | 373.0 | 374.4 |
| 平均键能/(kJ·mol$^{-1}$) | 436.0 | 443.3 | 463.5 | 470.9 |

氘的氧化物 $D_2O$ 比 $H_2O$ 重,称为重水。在核工业中其作用主要是作为核反应堆的减速剂和冷却剂,也可以用于制造氢弹的装料——氘或者氘化锂。重水还可以用于合成氘的各种标记化合物。在 $^1_1H$ 的核磁共振谱测定中常用氘代氯仿($CD_4$)作溶剂,避免其他溶剂中 $^1_1H$ 的干扰。

## 二、化 学 性 质

氢失去一个电子形成氢离子($H^+$)。$H^+$ 与其他原子失去电子后的结构不同,核外没有电子,这是氢的独特性之一。氢气可与卤素单质反应,反应活性由氟到碘逐渐减弱。氢气与氟在黑暗处能迅速反应,而与碘必须在持续加热 500℃ 的条件下才能化合生成 HI。氢气在氧气中燃烧,火焰温度可以达到 3000℃,因此,氢气可以作为动力燃料。当氢气与氧气混合,超过一定的比例,在光照或点燃条件下会发生剧烈地爆炸,因此,氢气使用时要检验其纯度。

在某些特定条件下,氢也可以得到一个电子形成 $H^-$,$H^-$ 与氟离子很相似,与碱金属可以形成 MH 形式的化合物,但其性质与金属卤化物有很大的差异。例如:NaH 溶于水后释放出 $H_2$,而卤化钠却没有这样的性质。

氢气也是一种很好的还原剂,在加热的条件下可以还原氧化锰及活泼性顺序中排在锰后面的金属氧化物或金属卤化物,制得金属单质。例如:

$$MnO+H_2 \rightleftharpoons Mn+H_2O$$
$$TiCl_4+2H_2 \rightleftharpoons Ti+4HCl$$

同时氢元素可以与 O、F 和 N 元素形成氢键,导致化合物沸点升高,例如:$H_2O$ 分子之间形成氢键,而 $H_2S$ 之间无氢键,所以 $H_2O$ 的沸点比 $H_2S$ 高。形成的氢键也可以维持某些化合物的空间构型,例如:DNA 的双螺旋空间结构主要是氢键起作用。

## 三、氢 气 的 制 备

### (一) 实验室制备

在实验室中,制备少量的氢气通常用铁、镁、锌等活泼金属与稀盐酸或稀硫酸反应来制取。制取的氢气中常含有 $PH_3$,$H_2S$ 等杂质,是因为金属中常含有 $Zn_3P_2$、ZnS 等杂质。

$$Zn+2HCl = ZnCl_2+H_2\uparrow$$
$$Fe+H_2SO_4 = FeSO_4+H_2\uparrow$$

### (二) 工业制法

氢气是一种重要的工业气体。工业上依据原料、纯度等要求,可采取多种方法制取氢气。

**1. 电解法**　将直流电通过铂电极通入水中,在阴极可以得到氢气,纯度高达 99.5%~99.8%,阳极可以得到氧气:

$$2H_2O \xrightarrow{\text{通电}} 2H_2\uparrow+O_2\uparrow$$

氯碱工业电解饱和食盐水制氯气和烧碱时,也同时得到副产品氢气:

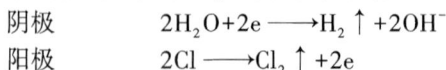

$$阴极 \qquad 2H_2O+2e \longrightarrow H_2\uparrow+2OH^-$$

$$阳极 \qquad 2Cl \longrightarrow Cl_2\uparrow+2e$$

**2. 水煤气转化法** 利用在高温下焦炭还原水蒸气制取氢气:

$$C+H_2O \xrightarrow{1000℃} CO+H_2$$

制得的 CO 和 H$_2$ 的混合物称为水煤气。将水煤气用液态空气冷却至约−200℃,可以使 CO 液化而分离出氢气。也可以将水煤气跟水蒸气混合,以氧化铁为催化剂,使水煤气中的 CO 转化为 CO$_2$,CO$_2$ 溶于水,通过加压水洗即得到较纯净的氢气:

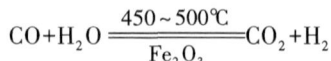

$$CO+H_2O \xrightarrow[Fe_2O_3]{450\sim500℃} CO_2+H_2$$

**3. 烃类裂解法** 碳氢化合物经过高温裂解,裂解气中含有大量氢气,经过低温冷却系统,可得到 90% 的氢气。例如甲烷裂解:

$$CH_4 \xrightarrow{高温裂解} C+2H_2$$

**4. 烃类蒸气转化法** 碳氢化合物在高温和催化剂的作用下与水蒸气作用,制得水煤气,例如:

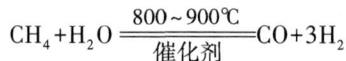

$$CH_4+H_2O \xrightarrow[催化剂]{800\sim900℃} CO+3H_2$$

用分子筛吸附法或水煤气转化法除去 CO,可得到纯净的氢气。天然气、油田气和炼厂气(石油炼制厂的副产气体)等都可用烃类裂解法和烃类蒸气转化法得到氢气。

# 四、氢气的用途

氢分子(H$_2$)是由两个氢原子以共价单键结合而成的双原子分子,H—H 键能为 436kJ·mol$^{-1}$,比一般的共价单键的键能高的多,而与共价双键接近。氢气在燃烧的时候可以放出大量的热:

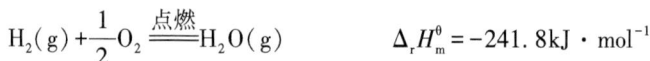

$$H_2(g)+\frac{1}{2}O_2 \xrightarrow{点燃} H_2O(g) \qquad\qquad \Delta_rH_m^\theta=-241.8kJ\cdot mol^{-1}$$

因此氢气是一种高能燃料。氢气也可用作制盐酸、合成氨等化工生产的原料,还可以利用氢气的还原性与四氯化硅高纯多晶硅。首先粗硅与 HCl 反应:

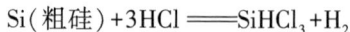

$$Si(粗硅)+3HCl \longrightarrow SiHCl_3+H_2$$

然后再将生成的三氯氢硅与氢气反应,这样可以得到高纯多晶硅:

$$SiHCl_3+H_2 \longrightarrow Si(高纯)+3HCl$$

在冶金工业中常利用氢气还原金属氧化物,制备金属:

$$CuO+H_2 \xrightarrow{\Delta} Cu+H_2O$$

$$Fe_3O_4+4H_2 \xrightarrow{\Delta} 3Fe+4H_2O$$

氢气的另一个主要工业用途是加氢反应,全世界每年生产的氢气主要消耗在加氢反应上,例如石油的催化加氢,食用油的加氢以及合成氨和甲醇都需要氢气的参与。

# 五、氢化物

除了稀有气体之外,氢元素几乎可以与所有元素化合生成二元化合物,称为氢化物。根据与不同类型的元素反应,可以分为:分子型(共价型)、离子型和金属型三种。

## (一) 分子型氢化物

氢元素与第Ⅳ至第Ⅶ主族元素生成的氢化物是分子型氢化物。例如 HX(X = F、Cl、Br、I)、$NH_3$ 和 $H_2O$ 等。氢与卤素、硫和氮单质在一定的条件下直接作用制得分子型氢化物;有些非金属元素的氢化物也可以用这些元素的金属化合物与水或酸作用制备,例如:

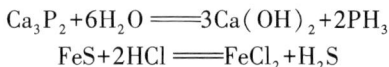

$$Ca_3P_2+6H_2O \mathop{=\!=\!=} 3Ca(OH)_2+2PH_3$$

$$FeS+2HCl \mathop{=\!=\!=} FeCl_2+H_2S$$

分子型氢化物的熔沸点较低,在常温下以气态为主。但其热稳定性相差较大,有些氢化物在室温下就发生分解(如 $SnH_4$,$PbH_4$ 等),而有些在高温下也不分解(如 HF)。元素的电负性越大,所形成氢化物的热稳定性就越高。

除氟化氢外,其他分子型氢化物都具有还原性。同一周期的元素,从左到右形成的分子型氢化物的还原性减弱,同一族从上而下形成的分子型氢化物的还原性逐渐增强。

## (二) 离子型氢化物

$H_2$ 与碱金属和碱土金属中的 Mg、Ca、Sr、Ba 在高温下反应,生成离子型的氢化物。其中以氢化钠、氢化锂为最常见。氢化钠(NaH)是一种强还原剂,常用于有机合成中。金属钠在高温下与氢气直接反应制备氢化钠:

$$2Na+H_2 \xrightarrow{\text{高温}} 2NaH$$

LiH 非常活泼,是强还原剂。遇水发生激烈反应并放出大量的氢气:

$$LiH+H_2O \mathop{=\!=\!=} LiOH+H_2\uparrow$$

1kg 氢化锂与水反应后可放出 2800L 氢气,因此,氢化锂有"制造氢气的工厂"之称。

常温下离子型氢化物是白色固体,熔点和沸点较高,熔融时能导电。在离子型氢化物中,H 是以 $H^-$ 形式存在的,其氧化值为−1。例如:在 360℃ 时电解 $CaH_2$ 在 LiCl 和 KCl 中的熔融液时(LiCl—KCl 为低共熔物),产生氢气。碱金属和碱土金属的金属氢化物的标准摩尔生成焓见表 14-3。

表 14-3　碱金属和碱土金属氢化物的标准摩尔生成焓 $\Delta_f H_m^0$

| 氢化物 | LiH | NaH | KH | RbH | CsH | $CaH_2$ | $SrH_2$ | $BaH_2$ |
|---|---|---|---|---|---|---|---|---|
| $\Delta_f H_m^0/(kJ \cdot mol^{-1})$ | −90.1 | −56.6 | −57.9 | −47.4 | −49.9 | −174.5 | −177.5 | −171.5 |

由表 14-3 知,氢负离子的稳定性较差,具有很强的还原性。例如:氢负离子与水剧烈反应放出氢气。

$$H^-+H_2O \mathop{=\!=\!=} H_2\uparrow+OH^-$$

以 $H^-$ 离子为配体的配合物称为**复合氢化物**。氢与硼、铝、镓生成构型为 $XH_4^-$ 的复合氢化物,典型的复合氢化物是 $LiAlH_4$,是 LiH 和 $AlCl_3$ 在干燥的乙醚条件性反应制得:

$$4\ LiH+AlCl_3 \mathop{=\!=\!=} LiAlH_4+LiCl$$

$LiAlH_4$ 是一种较强的还原剂,在有机反应中常用于还原羰基。

## (三) 金属型氢化物

### 案例 14-1

某著名杂志报道,有人在室温下,氢气压力为 $10^5Pa$ 条件下进行一项有趣的实验。实验采用厚度为 500nm 的金属钇膜,膜表面镀 Pd 以防止被空气氧化,$H_2$ 扩散穿过金属 Pd 的过程中被催化而解离为 H 原子,氢原子接着进入钇的晶格,随着金属吸氢量的增加,观察到一系列奇异的现象:钇金属膜最初形成像镜子一样的光反射表面,几分钟后由于形成组分为 $YH_n(n\geq 2)$ 的氢化物反光能力随着 n 值的变大吸收更多的 $H_2$ 而消失,变成黄色透明的表面,相应的组成为 $YH_{2.86}$,当减小氢气的压力的时候,该现象可逆。

**问题:**

1. $YH_{2.86}$ 中 2.86 表示什么?

2. 猜想这种可逆现象可能有什么用途?

**案例 14-1 分析**

$H_2$ 与过渡金属在加热或加压条件下形成金属型氢化物。

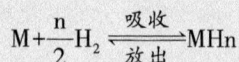

$$M+\frac{n}{2}H_2 \underset{放出}{\overset{吸收}{\rightleftharpoons}} MHn$$

在这类氢化物中,氢原子填充在金属的晶格空隙之间,其组成不固定,通常是非化学计量的,又称为间充式氢化物。例如:$LaH_{2.76}$,$TiH_{1.73}$,$CeH_{2.69}$,$ZrH_{1.98}$,$PdH_{0.8}$ 等。这种表示方式仅代表氢化物中两种原子的比值数目,例如 $ZrH_{1.98}$ 表示锆原子与氢原子的数目比值为100:198。

金属氢化物基本保持着金属的外观,具有金属光泽,能导电,但导电性由氢含量决定。温度升高时,金属氢化物中 H 原子通过固体迅速扩散,释放出氢气,这是氢化物的另一个重要的性质。利用这个性质,金属氢化物可以作为贮氢材料。

# 第2节 碱金属和碱土金属的单质

## 一、概 述

碱金属和碱土金属元素是很活泼的金属元素。它们的基本性质见表 14-4 和表 14-5。在元素周期表中,每一个周期都是从碱金属开始的,碱金属原子最外层仅有一个电子,而次外层有 8 个电子(锂的次外层是 2 个电子),具有稀有气体稳定的价电子组态,对核电荷的屏蔽作用较大,容易失去最外层电子呈+1 氧化值,从而使碱金属元素的第一电离势在同一周期中最低。碱土金属最外层只有 2 个电子,次外层为 8 电子(铍次外层 2 个电子)结构,容易失去最外层电子,形成+2 价的氧化值。但其金属活泼性比同周期的碱金属元素弱,碱土金属的原子半径比同周期的碱金属小,所形成的金属键比碱金属强,故碱土金属单质的熔点、沸点和密度都要比碱金属高。

表 14-4 碱金属元素的一些性质

| 元素性质 | 锂(Li) | 钠(Na) | 钾(K) | 铷(Rb) | 铯(Cs) |
|---|---|---|---|---|---|
| 相对原子质量 | 6.941 | 22.99 | 39.098 | 85.47 | 132.9 |
| 价层电子组态 | $1s^1$ | $2s^1$ | $3s^1$ | $4s^1$ | $5s^1$ |
| 原子半径/pm | 123 | 154 | 203 | 216 | 235 |
| 离子半径/pm | 60 | 95 | 133 | 148 | 169 |
| 第一电离能/$(kJ \cdot mol^{-1})$ | 520 | 496 | 419 | 403 | 376 |
| 第二电离能/$(kJ \cdot mol^{-1})$ | 7298 | 4562 | 3051 | 2633 | 2230 |
| 电子亲和能/$(kJ \cdot mol^{-1})$ | -59.6 | -52.9 | -48.4 | -46.9 | -45 |

| 元素性质 | 锂(Li) | 钠(Na) | 钾(K) | 铷(Rb) | 铯(Cs) |
|---|---|---|---|---|---|
| 电负性 | 0.98 | 0.93 | 0.82 | 0.82 | 0.79 |
| 熔点/K | 453.69 | 370.96 | 336.8 | 312.4 | 301.55 |
| 沸点/K | 1620 | 1156 | 1047 | 961 | 951.5 |
| 密度/(g·cm$^{-3}$) | 0.534 | 0.968 | 0.89 | 1.532 | 1.878 |
| 标准电极电位 $\varphi^{\ominus}(M^+/M)$/V | -3.040 | -2.714 | -2.936 | -2.943 | -3.027 |
| 氧化值 | +1 | +1 | +1 | +1 | +1 |
| 硬度(金刚石=10) | 0.6 | 0.5 | 0.4 | 0.3 | 0.2 |

表 14-5　碱土金属的性质

| 元素性质 | 铍(Be) | 镁(Mg) | 钙(Ca) | 锶(Sr) | 钡(Ba) |
|---|---|---|---|---|---|
| 相对原子质量 | 9.012 | 24.305 | 40.08 | 87.62 | 137.3 |
| 价层电子组态 | $1s^2$ | $2s^2$ | $3s^2$ | $4s^2$ | $5s^2$ |
| 原子半径/pm | 89 | 136 | 174 | 191 | 198 |
| 离子半径/pm | 31 | 65 | 99 | 113 | 135 |
| 第一电离能/(kJ·mol$^{-1}$) | 905.63 | 743.94 | 596.1 | 555.7 | 502.9 |
| 第二电离能/(kJ·mol$^{-1}$) | 1757 | 1451 | 1145 | 1064 | 965 |
| 第三电离能/(kJ·mol$^{-1}$) | 14849 | 7733 | 4812 | 4210 | — |
| 电子亲和能/(kJ·mol$^{-1}$) | 48.2 | 38.6 | 28.9 | 28.9 | |
| 电负性 | 1.57 | 1.31 | 1.00 | 0.95 | 0.89 |
| 熔点/K | 1551 | 922 | 1112 | 1042 | 998 |
| 沸点/K | 3243 | 1363 | 1757 | 1657 | 1913 |
| 密度/(g·cm$^{-3}$) | 1.847 | 1.738 | 1.55 | 2.64 | 3.51 |
| 标准电极电位 $\varphi^{\ominus}(M^{2+}/M)$/V | -1.968 | -2.357 | -2.869 | -2.899 | -2.906 |
| 氧化值 | +2 | +2 | +2 | +2 | +2 |
| 硬度(金刚石=10) | 4 | 2.0 | 1.8 | 1.5 | 1.2 |

　　s区元素中,同一族元素性质变化是有规律的。例如:从上到下,同族元素的原子半径和离子半径逐渐增大,电离能逐渐减小,电负性逐渐减小,金属性与还原性逐渐增强。

# 二、物 理 性 质

　　碱金属和碱土金属都具有金属光泽。其物理性质主要表现为密度小、质地软、熔点低,导电和导热性好。碱金属中锂、钠和钾的密度小于$1g·cm^{-3}$,能浮在水面上。其余元素密度都小于$5g·cm^{-3}$,属于轻金属。

　　碱金属和碱土金属的硬度都比较小,除铍、镁外,都小于2。碱金属原子半径较大,又只有一个价电子,形成的金属键很弱,因此它们的熔点、沸点都很低。铯的熔点比人的体温还低。当两种或两种以上的金属元素混合后,其物理性质与原来的元素的性质都不同。例如:锂铅合金使铅的硬度增大;镁铝合金作为一种轻质工业材料,广泛的应用于各种领域。

　　在一定波长的光作用下,碱金属电子可获得能量从金属表面逸出产生光电效应。在宾馆或者店铺的自动门开关上,安装上碱金属的真空光电管,当光照射时,由光电效应产生光电流,通过一定装置形成电流,使门关上。当人走到自动门附近时,遮住了光,光电效应消失,电路断开,门就会自动打开。这种光电管的主要是以铷和铯为原料制造而成。

# 三、化学性质

碱金属和碱土金属都是很活泼的金属,同族从 Li 到 Cs 和从 Be 到 Ba 活泼性依次增强。能直接或者间接的与电负性较高的非金属元素单质(如 $Cl_2$、S、P、$N_2$、$O_2$、$H_2$ 等)形成相应的化合物。碱金属和碱土金属的主要化学反应见表 14-6 和表 14-7。

**表 14-6　碱金属的化学反应**

| 反应式 | 反应条件或现象 |
| --- | --- |
| $4Li+O_2(过量)=2Li_2O$ | 其他金属形成 $Na_2O_2$,$K_2O_2$,$KO_2$,$RbO_2$,$CsO_2$ |
| $2M+X_2=2MX$ | X = 卤素 |
| $6Li+N_2=2Li_3N$ | 室温,其他碱金属无此反应 |
| $2M+H_2=2MH$ | 高温下反应,LiH 最为稳定 |
| $2M+S=M_2S$ | 反应很剧烈,产生大量的硫化物 |
| $2M+2H_2O=2MOH+H_2$ | Li 反应缓慢,K 发生爆炸,与酸作用时都发生爆炸 |
| $3M+E=M_3E$ | E = P,As,Sb,Bi,加热反应 |

**表 14-7　碱土金属的化学反应**

| 反应式 | 反应条件或现象 |
| --- | --- |
| $2M+O_2(过量)=2MO$ | 加热能燃烧,钡能形成过氧化钡 |
| $2M+X_2=2MX_2$ | X = 卤素 |
| $3M+N_2=M_3N_2$ | 水解生成 $NH_3$ 和 $M(OH)_2$ |
| $2M+H_2=2MH_2$ | 高温下反应,Mg 需要高 |
| $M+S=MS$ | |
| $M+2H_2O=2M(OH)_2+H_2$ | Be,Mg 与冷水反应缓慢 |
| $M+2H^+=M^{2+}+H_2$ | Be 反应缓慢,其余反应较快 |
| $Be+2OH^-+2H_2O=Be(OH)_4^{2-}+H_2$ | 其他元素没有这个性质 |

碱金属具有很高的反应活性,在常温下易与氧气、水等反应,因此需要将它们贮存在煤油中。久置于空气中的金属钠会变质为碳酸钠。锂、钠、钾可以在空气中处理,但暴露在空气中的时间不能过长。铷和铯在空气中迅速反应,因此必须在惰性气体环境中操作。碱金属元素在空气中点燃,除 Li 之外,其他元素都可以生成过氧化物或超氧化物。锂和碱土金属在空气中点燃时除了生成氧化物之外,还可以与氮气反应生成相应的叠氮化合物。例如:

$$3Mg+N_2===Mg_3N_2$$

生成的叠氮化合物在水中可以水解为 $Mg(OH)_2$ 和氨气:

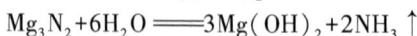

$$Mg_3N_2+6H_2O===3Mg(OH)_2+2NH_3\uparrow$$

碱金属中 Li 与水反应较为缓慢,其他碱金属遇水反应剧烈,甚至爆炸。碱土金属的活泼性不如碱金属。其中铍和镁表面能形成一层致密的保护膜对冷水稳定反应较为缓慢或者不反应之外,其他都能与水能剧烈作用产生氢气并放出热:

$$2Na+2H_2O===2NaOH+H_2\uparrow \qquad \Delta_rH_m^\theta=-281.8\ kJ\cdot mol^{-1}$$
$$Ca+2H_2O===Ca(OH)_2+H_2\uparrow \qquad \Delta_rH_m^\theta=-414.4\ kJ\cdot mol^{-1}$$

金属锂、钙、锶和钡与水反应相对钠和钾较缓慢,其原因是这几种金属的熔点较高,反应中放出的热不足以使它们熔化成液体,另外由于这几种金属元素的氢氧化物的溶解度较小,它们覆盖在金属固体表面,降低了金属与水的反应速率。

碱金属和碱土金属都能与酸反应,与酸反应时更为剧烈,甚至能发生爆炸。

钠、锂、镁和钙具有很强的还原性,在冶金、无机合成以及有机合成中起到重要的作用。例如,利用四氯化钛制备钛:

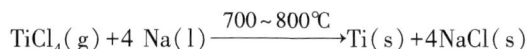

$$TiCl_4(g) + 4\ Na(l) \xrightarrow{700\sim800℃} Ti(s) + 4NaCl(s)$$

## 四、焰 色 反 应

碱金属和碱土金属中的钙、锶、钡及其挥发性化合物在无色的火焰中灼烧时,其火焰都具有特征的焰色,称为**焰色反应**。由于它们的原子或离子受热时,电子容易被激发,当电子从较高能级跃迁到较低能级时,相应的能量以光的形式释放出来,产生线状光谱,所以火焰具有特征颜色。火焰的颜色与较强的光谱区域相对应。光谱颜色及主要波长见表14-8。

**表14-8　部分碱金属和碱土金属的火焰颜色**

| 元素 | Li | Na | K | Rb | Cs | Ca | Sr | Ba |
|---|---|---|---|---|---|---|---|---|
| 颜色 | 深红 | 黄 | 紫 | 红紫 | 蓝 | 橙红 | 深红 | 绿 |
| 波长/nm | 670.8 | 589.2 | 766.5 | 780.0 | 455.5 | 714.9 | 687.8 | 553.5 |

锶、钡和钾的硝酸盐、硫粉、松香等按一定得比例混合,可以制成能发出各种颜色光的信号弹和烟花。利用焰色反应,可以鉴别 $K^+$、$Na^+$、$Ca^{2+}$ 等金属离子。

## 五、碱金属和碱土金属的存在形式和单质的制备

### (一) 存在形式

碱金属和碱土金属是活泼的金属元素,在自然界中以离子型化合物的形式存在。只有锂、铍、镁形成的化合物具有明显的共价性质。碱金属中的钠、钾和碱土金属(除镭外)在自然界分布很广,其中 Na、K、Ca 和 Ba 的丰度较大。这些元素存在的矿物质资源见表14-9。

**表14-9　s区元素主要存在的矿物质**

| 元素 | 存在的矿物质的名称和组成 |
|---|---|
| Li | 锂辉石 $LiAl(SiO_3)_2$,锂云母 $K_2Li_3Al_4Si_7O_{21}(OH_2F)_3$,透锂长石 $LiAlSi_4O_{10}$ |
| Na | 盐湖和海水中的氯化钠,天然碱($Na_2CO_3 \cdot xH_2O$),硝石($NaNO_3$),芒硝($Na_2SO_4 \cdot 10H_2O$) |
| K | 光卤石 $KCl \cdot MgCl_2 \cdot 6H_2O$,盐湖和海水中的氯化钾,钾长石 $K[AlSi_3O_8]$ |
| Be | 绿柱石 $Be_3Al_2(SiO_3)_6$,硅铍石 $Be_2SiO_4$,铝铍石 $BeO \cdot Al_2O_3$ |
| Mg | 菱镁矿 $MgCO_3$,光卤石,白云石($CaCO_3$,$MgCO_3$) |
| Ca | 大理石,方解石,白垩,石灰石,石膏,萤石 $CaF_2$ |
| Sr | 天青石 $SrSO_4$,碳酸锶矿 $SrCO_3$ |
| Ba | 重晶石 $BaSO_4$,毒重石 $BaCO_3$ |

### (二) 制备

**1. 电解熔融盐法**　钠和锂通常采用电解熔融的氯化物或低熔混合物来制备。例如制取金

属钠：以 40% $NaCl$ 和 60% $CaCl_2$ 的混合盐为原料制取钠。而锂通常在 723K 下,电解 55% $LiCl$ 和 45% $KCl$ 的熔融混合物制得。

**2. 金属置换法**　由于 K 的熔点低,迅速挥发,不能用电解法制取,而是用 Na 蒸气处理熔融 $KCl$ 来制备,并利用 Na、K 的沸点不同而分离：

$$KCl+Na \Longrightarrow NaCl+K$$

铷常用 Na、Ca、Mg、Ba 等在高温低压下还原它的氯化物方法制取：

$$2RbCl+Ca \Longrightarrow CaCl_2+2Rb$$

金属置换法的反应是用较不活泼的金属把活泼金属从其盐类中置换出来,这些反应是在高温下进行的,所以不能应用电极电位来判断反应进行的方向。

将钠蒸气通入熔融的 $KCl$ 中得到一种钠钾合金,钾在高温更易挥发,加热而从合金中分离出来。另外钠与钾的同类型化合物的晶格能相比,钠比钾高,因而钠的化合物更稳定。

**3. 热分解法**　碱金属氰化物和叠氮化物加热能被分解成碱金属：

$$4KCN \xrightarrow{\Delta} 4C+4K+2N_2$$

$$2MN_3 \xrightarrow{\Delta} 2M+3N_2 \qquad M=Na,K,Rb,Cs$$

铷、铯常用该方法制备：

$$2CsN_3 \xrightarrow[\text{高真空}]{663K} 2Cs+3N_2$$

$$2RbN_3 \xrightarrow[\text{高真空}]{668K} 2Rb+3N_2$$

碱金属的叠氮化物较易纯化,而且不发生爆炸,这种方法是精确定量制备碱金属的理想方法。

**4. 热还原法**　工业上利用还原法制取镁。例如：

$$MgO+C \xrightarrow{\Delta} Mg+CO$$

# 第3节　碱金属和碱土金属的化合物

## 一、氧　化　物

碱金属和碱土金属单质与氧能形成多种形式的氧化物。例如,正常氧化物、过氧化物、超氧化物和臭氧化合物。见表 14-10。

**表 14-10　碱金属和碱土金属元素形成的含氧化合物**

| 氧化物 | 阴离子 | 直接形成 | 间接形成 |
| --- | --- | --- | --- |
| 正常氧化物 | $O^{2-}$ | Li,Be,Mg,Ca,Sr,Ba | 第ⅠA,和ⅡA 所有元素 |
| 过氧化物 | $O_2^{2-}$ | Na,Ba | 除 Be 外所有元素 |
| 超氧化物 | $O_2^-$ | Na,K,Rb,Cs | 除 Be,Mg,Li 外的所有元素 |
| 臭氧化物 | $O_3^-$ | | Na,K,Rb,Cs |

### (一) 正常氧化物

碱金属在空气中燃烧时,除锂生成氧化锂($Li_2O$)外,其他元素只有在缺氧的条件下制得相应的氧化物。但这种条件不易控制,所以其他碱金属的氧化物 $M_2O$ 通常采用间接的方法来制备。例如,用金属钠还原过氧化钠,用金属钾还原硝酸钾,可以制得氧化钠和氧化钾：

$$Na_2O_2 + 2Na = 2Na_2O$$

$$2KNO_3 + 10K = 6K_2O + N_2 \uparrow$$

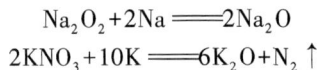

碱土金属的碳酸盐、硝酸盐等热分解也能得到氧化物。不同的碱金属氧化物的颜色和熔点见表14-11。

表14-11 碱金属氧化物的颜色及熔点

| 氧化物 | $Li_2O$ | $Na_2O$ | $K_2O$ | $Rb_2O$ | $Cs_2O$ |
|---|---|---|---|---|---|
| 颜色 | 白色 | 白色 | 淡黄色 | 亮黄色 | 橙红色 |
| 熔点/K | 1943 | 1173 | 623(分解) | 673(分解) | 763 |

碱金属氧化物与水反应可以生成氢氧化物 MOH：

$$M_2O + H_2O = 2MOH$$

该反应的剧烈程度,从氧化锂到氧化铯依次加强,氧化锂与水反应较为缓慢,但 $Rb_2O$ 和 $Cs_2O$ 与水反应时,会发生燃烧甚至爆炸。

碱土金属在室温或加热的条件下,能与氧气直接化合生成氧化物 MO,例如：

$$2Mg + O_2 = 2MgO$$

也可以从它们的碳酸盐或硝酸盐加热分解制得 MO,例如：

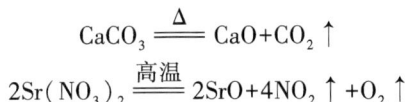

$$CaCO_3 \xrightarrow{\Delta} CaO + CO_2 \uparrow$$

$$2Sr(NO_3)_2 \xrightarrow{高温} 2SrO + 4NO_2 \uparrow + O_2 \uparrow$$

由于 $M^{2+}$ 的电荷比 $M^+$ 多,而离子半径较小,所以碱土金属氧化物具有较大的晶格能,熔点都很高,硬度也较大。

BeO 和 MgO 常用于制造耐火材料。经过煅烧的 BeO 和 MgO 难溶于水但能溶于酸和铵盐溶液。BeO、CaO、SrO 和 BaO 与水反应活性逐渐增强,生成相应的氢氧化物：

$$CaO + H_2O = Ca(OH)_2$$

CaO 与水反应生成的氢氧化物又称熟石灰,广泛应用在建筑工业上。此外常利用氧化钙的这种水合能力来吸收酒精等有机溶剂中的水分。碱土金属的氧化物的性质见表14-12。

表14-12 碱土金属氧化物的性质

| 氧化物 | BeO | MgO | CaO | SrO | BaO |
|---|---|---|---|---|---|
| 颜色 | 白色 | 白色 | 白色 | 白色 | 白色 |
| 熔点/K | 2851 | 3073 | 3173 | 2703 | 2246 |
| 密度/$(g \cdot cm^{-3})$ | 3.025 | 3.65~3.75 | 3.34 | 4.7 | 5.72 |
| 离子间距离/pm | 165 | 210 | 240 | 257 | 277 |
| $\Delta_f H_m^0/(kJ \cdot mol^{-1})$ | -609.6 | -604.70 | -635.09 | -592.0 | -553.5 |
| $\Delta_h H_m^0/(kJ \cdot mol^{-1})$ | 14.2 | 40.6 | 66.5 | 81.6 | 103.4 |

## (二) 过氧化物

除铍和镁外,所有碱金属和碱土金属都能形成相应的过氧化物 $\overset{+1}{M_2}O_2$ 和 $\overset{+2}{M}O_2$,其中只有钠和钡的过氧化物可由金属在空气中燃烧直接得到。过氧化钠是最常见的碱金属过氧化物。将金属钠在铝制容器中加热到 573~673K,并通入不含 $CO_2$ 的干空气,得到淡黄色颗粒状的 $Na_2O_2$ 粉末：

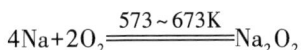

$$4Na + 2O_2 \xrightarrow{573~673K} Na_2O_2$$

**案例 14-2**

　　生氧呼吸器又称生氧式防毒面具,是利用人呼出气体中的二氧化碳和水蒸气与含有大量的生氧剂反应生成氧气,使呼出气体经补氧和净化后供人使用的一种闭路循环式呼吸器。

　　生氧呼吸器的组成包括生氧系统(含生氧罐、启动装置和应急装置)、降温系统(含冷却管、降温增湿器)储气装置(含储气囊及排气阀)及背具等。其中,生氧系统中的生氧罐是面具的重要部件,内装超氧化钾、超氧化钠、过氧化钾或过氧化钠等生氧剂,这类碱性氧化物能够与二氧化碳反应起到生氧的作用。该反应过程中放热,会导致通过气流温度升高,因此需要有降温装置对气流进行降温以供人呼吸。

**问题:**

　　1. 过氧化钠和过氧化钾等是利用什么反应生成氧气的?

　　2. 体系的温度会升高的原因是什么?

**案例 14-2 分析**

　　过氧化钠在空气中容易和水蒸气、二氧化碳或者稀酸反应:

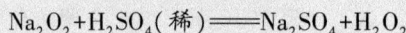

$$2Na_2O_2 + 2CO_2 =\!=\!= O_2 + 2Na_2CO_3$$

$$Na_2O_2 + 2H_2O =\!=\!= 2NaOH + H_2O_2$$

$$2H_2O_2 =\!=\!= 2H_2 + O_2\uparrow$$

$$Na_2O_2 + H_2SO_4(稀) =\!=\!= Na_2SO_4 + H_2O_2$$

　　生成的过氧化氢不稳定,易分解放出氧气,同时放出大量的热。因此过氧化钠可以用作高空飞行或者潜水时供氧剂和二氧化碳的吸收剂,同时也可作为防毒面具的填充材料。

　　过氧化钠是一种强氧化剂,工业上可以作为漂白剂。过氧化钠在熔融时几乎不分解,但遇到棉花、木炭或铝粉等还原性物质时,就会发生爆炸,使用 $Na_2O_2$ 时应当注意安全。

　　碱土金属的过氧化物以 $BaO_2$ 较为重要,在 773~793K 时,将氧气通过氧化钡即可制得:

$$2BaO + O_2 \xrightarrow{773\sim793K} 2BaO_2$$

　　在实验室,可以利用过氧化钡可以与稀硫酸反应制取 $H_2O_2$。

$$BaO_2 + H_2SO_4 =\!=\!= BaSO_4\downarrow + H_2O_2$$

## (三) 超氧化物

　　除锂、铍、镁元素外,其他碱金属和碱土金属都能形成超氧化物 $\overset{+1}{M}O_2$ 和 $\overset{+2}{M}(O_2)_2$。一般说来,钾、铷、铯在空气中燃烧直接生成超氧化物。其中 $KO_2$ 为橙黄色,$RbO_2$ 为深棕色,$CsO_2$ 为深黄色。

　　超氧化物都是很强的氧化剂,能与水发生剧烈的化学反应,生成氧气和过氧化氢。例如:

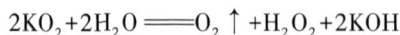

$$2KO_2 + 2H_2O =\!=\!= O_2\uparrow + H_2O_2 + 2KOH$$

　　超氧化物也可以与二氧化碳反应,放出氧气,例如:

$$4KO_2 + 2CO_2 =\!=\!= 2K_2CO_3 + 3O_2$$

　　因此,碱金属和碱土金属的超氧化物可用于吸收 $CO_2$ 和再生 $O_2$。比较容易制的 $KO_2$ 常作为供氧剂和二氧化碳的吸收剂。

## （四）臭氧化物

**臭氧化物**（Ozonid）是干燥的 Na、K、Rb、Sr 的氢氧化物固体与 $O_3$ 生成的化合物，是离子型化合物。例如：

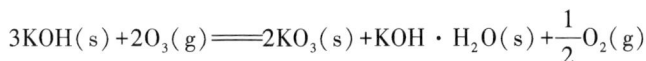

$$3KOH(s)+2O_3(g)\!\!=\!\!=\!\!2KO_3(s)+KOH\cdot H_2O(s)+\frac{1}{2}O_2(g)$$

$$6CsOH(s)+4O_3(g)\!\!=\!\!=\!\!4CsO_3(g)+2CsOH\cdot H_2O(s)+O_2$$

用液氨将 $KO_3$ 重结晶，可以得到橘红色的 $KO_3$ 晶体。臭氧化物中含有臭氧离子 $O_3^-$，比臭氧分子多一个电子，因此具有顺磁性。臭氧化物在室温下缓慢分解为超氧化合物和氧气。

$$2KO_3\!\!=\!\!=\!\!2KO_2+O_2$$

# 二、氢 氧 化 物

碱金属和碱土金属的氢氧化物都是白色晶体，在空气中易吸收水分而潮解，也能和空气中的二氧化碳反应，生成碳酸盐，所以要密封保存。碱金属的氢氧化物易溶于水，而碱土金属的氢氧化物在水中的溶解度较小，碱土金属氢氧化物的溶解度从 $Be(OH)_2$ 到 $Ba(OH)_2$ 逐渐递增，$Be(OH)_2$ 和 $Mg(OH)_2$ 难溶于水。碱金属的氢氧化物对纤维和皮肤具有强烈的腐蚀作用，因此在使用时需要注意安全。碱金属氢氧化物的性质见表 14-13。

表 14-13　碱金属氢氧化物的性质（293K）

| 性质 | LiOH | NaOH | KOH | RbOH | CsOH |
|---|---|---|---|---|---|
| 熔点/K | 723 | 591 | 633 | 574 | 545 |
| $\Delta_{sol}H_m^{\ominus}/(kJ\cdot mol^{-1})$ | −23.4 | −44.4 | −57.7 | −62.3 | −74.5 |
| 溶解度/$(mol\cdot L^{-1})$ | 5.3 | 26.4 | 19.1 | 17.9 | 25.8 |
| 酸碱性 | | ⟶ 碱性依次增强 | | | |

碱土金属氢氧化物的某些性质分别列于表 14-14。

表 14-14　碱土金属氢氧化物的性质（293K）

| 性质 | $Be(OH)_2$ | $Mg(OH)_2$ | $Ca(OH)_2$ | $Sr(OH)_2$ | $Ba(OH)_2$ |
|---|---|---|---|---|---|
| 溶解度/$(mol\cdot L^{-1})$ | $8\times10^{-6}$ | $5\times10^{-4}$ | $1.8\times10^{-2}$ | $6.7\times10^{-2}$ | $2\times10^{-1}$ |
| 酸碱性 | 两性 | 中强碱 | 中强碱 | 中强碱 | 强碱 |

碱金属和碱土金属的氢氧化物的溶解性与其离子半径的大小有着密切的关系。碱土金属氢氧化物从 $Be(OH)_2$ 到 $Ba(OH)_2$ 随着阳离子的半径的增大，阳离子和阴离子之间的吸引力逐渐减小，$M(OH)_2$ 晶格越来越容易被水分子拆开，因此溶解度逐渐增大。同一周期中，碱土金属离子比碱金属离子半径小，且带有两个正电荷，因此 $M(OH)_2$ 的溶解度比 MOH 小。

碱金属氢氧化物和碱土金属氢氧化物中，除 $Be(OH)_2$ 为两性氢氧化物，其他都为强碱或中强碱。

# 三、盐 类 的 性 质

碱金属和碱土金属可以形成很多种盐，常见的有卤化物、硝酸盐、硫酸盐、碳酸盐和硫化物等。这里主要讨论它们的共性和一些特性。

## (一) 碱金属和碱土金属盐的溶解性

**案例 14-3**

青霉素是指分子中含有青霉烷,能破坏细菌的细胞壁并在细菌细胞的繁殖期起杀菌作用的一类抗生素。青霉素类抗生素通过 $\beta$-内酰胺类作用于细菌的细胞壁,而人类只有细胞膜无细胞壁,故对人类的毒性较小。

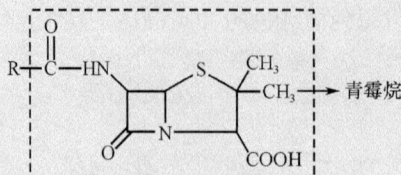

→ 青霉烷

R 为不同的基团时可以形成不同类型的青霉素。然而很多青霉素类化合物作为注射剂或者口服药时,常常都制成对应的钾盐或钠盐,而不直接使用。

**问题:**

1. 这些药物制备成钠盐或钾盐的目的是什么?
2. 为什么不能制备成碱土金属对应的盐类呢?

碱金属盐大多数易溶于水,并且在水中可以完全电离。只有少数大阴离子的碱金属盐是难溶的,见表 14-15。

**表 14-15　钠与钾的难溶盐**

| 名称 | 结构 | 颜色 |
|---|---|---|
| 醋酸铀酰锌钠 | $NaAc \cdot Zn(Ac)_2 \cdot 3UO_2(Ac)_2 \cdot 9H_2O$ | 淡黄色 |
| 高氯酸钾 | $KClO_4$ | 白色 |
| 酒石酸钾 | $KHC_4H_4O_6$ | 白色 |
| 六氯铂酸钾 | $K_4[PtCl_6]$ | 淡黄色 |
| 钴亚硝酸钾钠 | $K_2Na[Co(NO_2)_6]$ | 亮黄色 |
| 四苯硼酸钾 | $K[B(C_6H_5)_4]$ | 白色 |

可以利用部分碱金属盐难溶的性质进行离子的鉴定,例如钠离子的鉴别:用 $Na^+$ 与醋酸铀酰锌作用,生成淡黄色的结晶醋酸铀酰锌钠沉淀。

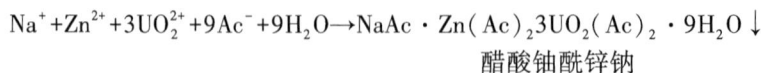

$$Na^+ + Zn^{2+} + 3UO_2^{2+} + 9Ac^- + 9H_2O \rightarrow NaAc \cdot Zn(Ac)_23UO_2(Ac)_2 \cdot 9H_2O\downarrow$$
醋酸铀酰锌钠

该反应是检验钠离子的特效反应。

$K^+$ 与亚硝酸钴钠反应,可生成黄色沉淀。

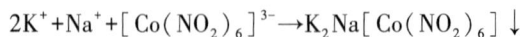

$$2K^+ + Na^+ + [Co(NO_2)_6]^{3-} \rightarrow K_2Na[Co(NO_2)_6]\downarrow$$

利用此反应可以鉴别 $K^+$。

碱土金属的盐类比相应的碱金属盐溶解度小。除了硝酸盐、氯化盐、硫酸镁、铬酸镁易溶于水外,其他的碳酸盐、硫酸盐、草酸盐、铬酸盐等都是难溶于水的。其中草酸盐的溶解度很小,因此,在重量分析中,可以用它来测定钙。钙、锶、钡的硫酸盐在浓硫酸中可部分溶解,所以浓硫酸不能使钙、锶、钡等离子沉淀完全。

$$MSO_4 + H_2SO_4 = M(HSO_4)_2$$

难溶的碳酸盐中通入过量二氧化碳,碳酸盐可生成碳酸氢盐而溶解。例如:

$$CaCO_3+CO_2+H_2O \Longrightarrow Ca(HCO_3)_2$$

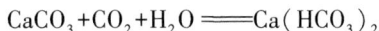

加热碳酸氢盐,又会得到碳酸盐沉淀,同时放出二氧化碳。难溶的碱土金属碳酸盐、草酸盐、铬酸盐、磷酸盐等,都可以溶解于强酸溶液中,例如:

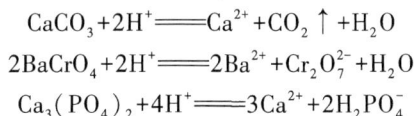

$$CaCO_3+2H^+ \Longrightarrow Ca^{2+}+CO_2\uparrow+H_2O$$

$$2BaCrO_4+2H^+ \Longrightarrow 2Ba^{2+}+Cr_2O_7^{2-}+H_2O$$

$$Ca_3(PO_4)_2+4H^+ \Longrightarrow 3Ca^{2+}+2H_2PO_4^-$$

常利用生成沉淀的方法鉴别 $Ca^{2+}$,$Mg^{2+}$ 等离子。但要使这些盐沉淀完全,必须控制溶液的酸碱性。

含有较多的 $Ca^{2+}$ 和 $Mg^{2+}$ 离子的水,称为**硬水**。计算硬水的主要指标是 $Ca^{2+}$,$Mg^{2+}$ 的浓度。通常规定,1升水中含有 MgO 和 CaO 的重量相当于 10mgCaO 时,其硬度为 1°。硬水的硬度是指硬度 $\geqslant$ 8°。如果不经常饮用硬水的人偶尔饮用硬水,则会造成肠胃功能紊乱,即所谓"水土不服"。

## (二) 形成结晶水合物

金属离子所带的电荷越多,半径越小,水合作用越强。与同周期元素相比碱金属离子是半径最大的阳离子,电荷最少,故它们的水合热小于其他离子。碱金属离子从 $Li^+ \to Cs^+$ 其水合能是逐渐降低的,其盐类形成结晶水合物。也有类似的递变规律常见于碱金属盐中,卤化物大多数是无水的,硝酸盐中只有锂可形成水合物,如 $LiNO_3 \cdot H_2O$ 和 $LiNO_3 \cdot 3H_2O$,硫酸盐中只有 $Li_2SO_4 \cdot 3H_2O$ 和 $Na_2SO_4 \cdot 3H_2O$,碳酸盐中只有 $Li_2CO_3$ 无水合物外,其余皆有不同形式的水合物。

碱土金属离子的半径比碱金属离子小,正电荷多,水合作用更强。因此,碱土金属的盐更易带结晶水,其无水盐吸湿性强,纺织工业中常用 $MgCl_2$ 作助剂保持面纱的适度柔软性。

## (三) 热稳定性

一般碱金属盐具有较高的热稳定性。卤化物在高温时挥发而难分解。硫酸盐在高温下既难挥发又难分解。碳酸盐除碳酸锂在 1543K 以上分解为 $Li_2O$ 和 $CO_2$ 外,其余更难分解。唯有硝酸盐热稳定性比较低,加热到一定温度就分解。例如:

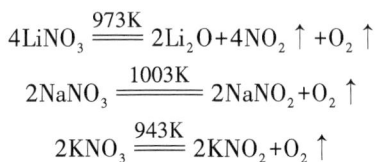

$$4LiNO_3 \xrightarrow{973K} 2Li_2O+4NO_2\uparrow+O_2\uparrow$$

$$2NaNO_3 \xrightarrow{1003K} 2NaNO_2+O_2\uparrow$$

$$2KNO_3 \xrightarrow{943K} 2KNO_2+O_2\uparrow$$

碱土金属的卤化物、硫酸盐、碳酸盐具有较高的热稳定性,但它们的碳酸盐热稳定性较碱金属碳酸盐要低。表 14-16 列出碱金属碳酸盐分解的热力学数据。反应的 $\Delta_r G^\theta$ 值越大,分解反应越难发生,即相应的碳酸盐也越稳定。下列数据清楚地说明按 $MgCO_3 \to BaCO_3$ 的顺序,盐的热稳定性升高。

表 14-16 碱土金属碳酸盐受热分解热力学数值

| | $\Delta_r H_{298}^\theta$ | $\Delta_r G_{298}^\theta$ | $T\Delta_r S^\theta$ | $\Delta_r S^\theta$ | $T^*/K$ |
|---|---|---|---|---|---|
| $MgCO_3$ | 117 | 67 | 50 | 0.168 | 813 |
| $CaCO_3$ | 176 | 130 | 44 | 0.148 | 1173 |
| $SrCO_3$ | 238 | 188 | 50 | 0.168 | 1553 |
| $BaCO_3$ | 268 | 218 | 50 | 0.168 | 1633 |

* 分解产生 101.3kPa 的 $CO_2$ 所需的温度。

总而言之,碱金属和碱土金属热稳定性的基本规律是:含有结晶水的盐受热容易失去结晶水,变成无水盐;对于含氧酸盐来说其热稳定顺序是:硅酸盐>磷酸盐>硫酸盐>碳酸盐>硝酸盐;正盐>酸式盐;碱金属盐>碱土金属盐。

# 四、配 合 物

在元素周期表内,碱金属和碱土金属形成配合物的能力是很弱的,很难和无机配体或有机配体形成稳定的配合物。1967 年,美国化学家 C. J. Pederson 首次报道了冠醚及其相关性质。冠醚如图 14-1,既有疏水的外部骨架,又有亲水的能与金属离子形成配位键的空腔,不同冠醚的空腔大小不同,能选择性的与半径大小不同的金属离子形成稳定的配合物。

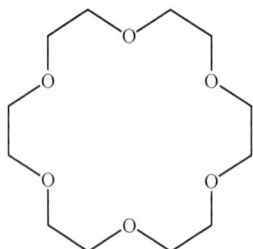

图 14-1　18 冠-6

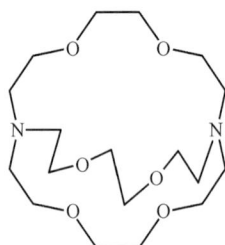

图 14-2　[2,2,2]-穴-6

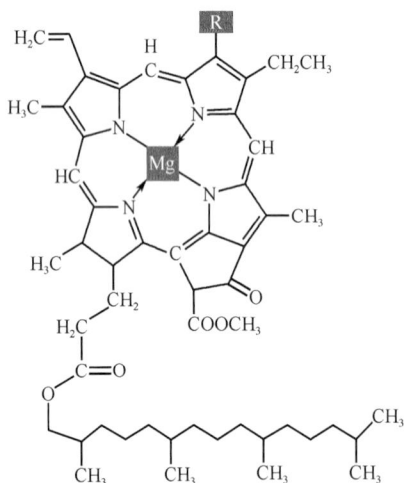

图 14-3　叶经素 a(R=CH₃)叶绿素 b(R=CHO)

冠醚中两个不相邻的氧原子被氮原子取代后形成穴醚,双环的穴状冠醚,如图 14-2,与碱金属形成的配合物非常稳定。穴醚和冠醚是常用的人工离子载体,在研究生物体内 $Na^+$、$K^+$、$Mg^{2+}$、$Ca^{2+}$ 等金属离子的跨膜转运有重要的作用。

碱土金属形成的配合物能力比碱金属强,能形成很多大环配合物外,例如叶绿素 a 和 b,结构见图 14-3。碱土金属还以与草酸根、多磷酸根离子和 EDTA 等有机螯合剂配合形成较为稳定的配合物。尤其是 $Ca^{2+}$ 和 $Mg^{2+}$ 的配合物较为常见。

光合作用中的一个关键组分是叶绿素。它是一种镁卟啉配合物。自然界中有两种主要的叶绿素,即叶绿素 a 和叶绿素 b,它们仅仅是卟啉环上的一个取代基不同。

# 五、几种常见的盐及其作用

**1. 氯化钠(NaCl)**　重要制剂是生理盐水($9g \cdot L^{-1}$ 的氯化钠溶液),用于临床治疗和生理实验,对失钠、失水、失血等病人可以用于补充水分。

**2. 氯化钾(KCl)**　为电解质补充药,可以维持细胞内渗透压、神经冲动传导和心肌收缩的功能,用于低血症和洋地黄中毒引起的心律失常的治疗。氯化钾制剂有氯化钾片、注射液和缓释片等。

**3. 氧化镁(MgO)**　主要用于配置内服药剂以中和过多的胃酸,制酸作用缓慢而持久。MgO 与胃酸作用生成的 $Mg^{2+}$ 能刺激肠蠕动,因而具有轻泻作用。临床上 MgO 主要用于治疗伴有便秘的胃酸过多症及消化道溃疡等。常用的制剂有:镁乳 $Mg(OH)_2$、镁钙片(每片含 0.1g MgO 和 0.5g $CaCO_3$)、制酸散(MgO 和 $NaHCO_3$ 混合制成的散剂)等。

**4. 硫酸镁（$MgSO_4$）** 用作泻药和利胆药,内服为泻药,注射时用作抗惊厥药,硫酸镁制剂为硫酸镁注射液。

**5. 碳酸氢钠（$NaHCO_3$）** 俗称小苏打,为制酸制剂,由于是水溶液药物,因此作用快,服后能暂时解除胃溃疡患者的痛感。碳酸氢钠无腐蚀性,既能中和酸,也能维持血液中酸碱平衡,因此被广泛的用于医疗上。

**6. 碳酸锂（$Li_2CO_3$）** 为抗躁狂药,对躁狂症疗效最好,对情绪高,语言多,兴奋激动,夸大妄想等症状的精神分裂症的疗效也很好。碳酸锂制剂有碳酸锂片和碳酸锂缓释片。

**7. 氯化钙（$CaCl_2$）** 为补钙药,可用于治疗钙缺乏症,如抽搐、佝偻病、骨骼和牙齿的发育不良等,也用作抗过敏性药盒消炎药。本品刺激性大,不宜口服,常用于静脉注射,不可皮下或肌内注射,以免引起组织坏死。通常为氯化钙注射液。

**8. 硫酸钙（$CaSO_4$）** 含水合硫酸钙的矿石称为石膏。石膏内服有清热泻火的功效。煅石膏粉末可用于治疗湿疹、烫伤、疥疮溃烂等。石膏在低于453K是煅烧,可失去部分结晶水,转化为烧石膏（$CaSO_4 \cdot \frac{1}{2}H_2O$）为白色细粒,吸收水分成细小颗粒,并失去固结性,烧石膏常用作固定剂,也可用作石膏绷带,还可用做撒布剂和脱水剂。

**9. 硫酸钡（$BaSO_4$）** 硫酸钡在肠胃道内无吸收,能阻止X射线通过,所以用作肠胃道的X射线照影剂。硫酸钡制剂有硫酸钡（Ⅰ型）干混悬剂和硫酸钡（Ⅱ型）干混悬剂。

# 第4节 锂和铍的特殊性和对角线规则

## 一、锂和铍的特殊性

一般说来,碱金属和碱土金属元素性质的递变是很有规律的,但是锂和铍却表现出很多反常性。其单质和化合物在性质上与其他元素有明显的差异。

锂和铍的熔点、沸点比同族元素高很多。锂的化学性质与其他碱金属变化规律不同。锂在空气中可以与氧气反应生成$Li_2O$,与氮气反应生成$Li_3N$。碱金属和碱土金属的化合物大多数为离子型化合物,而$Li^+$、$Be^{2+}$的半径特别小（分别为60pm和31pm）,极化能力强,形成共价键的倾向比较显著;由于$Li^+$的水合能很大,以至于$\varphi^{\ominus}(Li^+/Li)$比$\varphi^{\ominus}(Cs^+/Cs)$还要小。

## 二、对角线规则

在s区和p区元素中,除了同族元素的性质相似外,还有一些元素及其化合物的性质呈现出"对角线"相似性。所谓的对角线相似即第ⅠA族的Li与第ⅡA族的Mg,第ⅡA族的Be和第ⅢA族的Al,第ⅢA族的B和第ⅣA族的Si这三对元素在周期表中处于对角线位置:

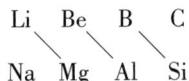

$$\begin{array}{cccc} Li & Be & B & C \\ Na & Mg & Al & Si \end{array}$$

相应的两元素及其化合物有许多相似之处。这种相似称为对角线规则。

### (一) 锂与镁的相似性

锂和镁在过量的氧气中燃烧并不生成过氧化物,而是生成正常的氧化物。锂和镁能与氮气直接反应生成对应的氮化物;锂和镁与水反应都很缓慢。锂和镁的氢氧化物都是中强碱,溶解度都不是很大,加热时可以分解生成正常的氧化物。锂和镁的氯化物均能溶解于有机溶剂,表现出共价特征。

## (二) 铍和铝的相似性

铍和铝都是两性金属,其氧化物、氢氧化物均为两性,氧化物熔点高、硬度大,氢氧化物难溶于水,盐易水解。$BeCl_2$、$AlCl_3$ 为共价化合物,易升华,易聚合,可溶于有机溶剂;铍和铝的单质均能被浓 $HNO_3$ 钝化。

# 第5节　钾、钠、钙、镁和锂的生物学效应

## 一、钾和钠的生物学效应

钾和钠是人体必需的组成元素,是维持生命不可或缺的必需物质。人体内的钾主要是以 $K^+$ 的形式分布在细胞内液的,浓度约为 $0.16\ mol\cdot L^{-1}$,$K^+$ 约占细胞内液正离子总数的 98%,其主要的生物学功能是:维持细胞内液和外液的渗透压,稳定细胞的内部结构,参与神经信息的传递过程,维持心血管系统的正常功能,以及作为某些酶的激活剂参与许多重要的生理生化反应等。钠主要是以钠离子的形式分布在细胞外液体中,浓度约为 $0.13\sim0.15\ mol\cdot L^{-1}$。$Na^+$ 约占细胞外液体正离子总数的 90%。钾和钠共同作用,调节体内水分的平衡并使心跳规律化。在细胞膜两边 $Na^+$ 和 $K^+$ 的浓度差是形成膜电势的主要因素,膜电势对神经细胞和肌肉细胞的脉冲传导及维持神经和肌肉的应激性具有重要的作用。

## 二、钙和镁的生物学效应

钙和镁是人体必需的组成元素。在正常人体内,钙约占体重的 1.5%~2.0%,是构成牙齿和骨骼的主要成分。钙主要以**羟基磷石灰** $[Ca_5(OH)(PO_4)_3]$(hydroxyapatite)的形式存在,占人体钙的 99%。还有 1% 的钙分布在细胞外液、血浆及软组织中。在血液中钙的浓度约为 $90\sim115\ mg\cdot L^{-1}$。其中一部分是以 $Ca^{2+}$ 形式存在,而另一部分则与有机物或蛋白质结合。钙能降低毛细血管和细胞膜的通透性,具有稳定蛋白质结构的作用;$Ca^{2+}$、$Mg^{2+}$、$K^+$、$Na^+$ 等离子保持一定的浓度比,对维持神经肌肉细胞的应激性和促进肌纤维收缩具有重要作用;钙对心血管系统有直接的影响,钙和钾相互拮抗维持正常的心跳节律;钙还参与凝血过程等。

成人如果缺钙可患骨质软化症和骨质疏松症,易抽搐及凝血功能不全等。儿童缺钙可引起生长迟缓、佝偻病、骨骼变形等。钙缺乏将导致高血压、异位钙化、老年痴呆症及某些神经系统疾病发病率升高。因此,通过合理的膳食及钙药物补充每日所需的钙非常重要。但是人体摄取钙及草酸过量时,也会引起某些异常生物矿化(如结石)等疾病。

在植物中,镁主要存在叶绿素中,谷类的光合作用的活性与 $Mg^{2+}$、$Ca^{2+}$ 浓度有关。镁在人体重量的 0.05%,镁主要以磷酸盐形式存在牙齿和骨骼中,其余分布在软组织和体液中。在细胞内,除钾离子外,镁离子起着重要。缺镁会导致心肌坏死、冠状动脉硬化等。成年人每天需要镁的量为 200~300mg。

## 三、锂的生物学效应

锂至今尚未被列入人体必需元素,近年一些研究表明,锂在人体的血液及许多器官和组织中均有分布,它能改变某些酶的活性,可以抑制脑内神经突触部位去甲肾上腺素的释放并促进其再摄取,使突触部位去甲肾上腺素含量减低,还可促进 5-羟色胺合成,使其含量增加,亦有助于情绪稳定,被广泛地应用在狂躁抑郁症精神病的治疗。

现代医学还应用锂盐治疗急性痢疾、白细胞减少症、再生障碍性贫血及某些妇科疾病等。

需要指出的是,患者每天服用的 $Li_2CO_3$ 的量为 $600 \sim 800mg$,服用过多会造成锂中毒。锂盐中毒目前尚无特效的治疗药物。

## Summary

The elements in group ⅠA and group ⅡA are situated in the s block of the periodic table. Group ⅠA elements, known as alkali metals, include lithium, sodium, potassium, rubidium, cesium, francium, and their valence configuration is $ns^1$. The elements in group Ⅱ, known as alkaline earth metals, include beryllium, magnesium, calcium, strontium, barium, radium, and their valence configuration is $ns^2$. Hydrogen is also discussed in this chapter since it has the same valence configuration as alkali metals.

Both alkali metals and alkaline earth metals have low melting points, and decrease with increasing atomic numbers, because metallic bonding between atoms becomes weaker with increasing atomic size.

Hydrogen occurs naturally in a variety of compounds, mainly in water, hydrocarbons and many other organic substances. Hydrogen combines with electropositive metallic elements to generate ionic hydrides, and with non-metallic elements to produce covalent hydrides. Hydrogen gas can be prepared by different ways.

Generally speaking, both alkali metals and alkaline earth metals are highly reactive.

The alkali metals are very similar in chemical properties, which are governed largely by the ease with which they can lose one electron (the alkali metals have the lowest ionization energies of all the elements), and thereby achieve a noble gas configuration. All members are excellent reducing agents. They react with oxygen to generate oxides, peroxides, superoxides. They react violently with water to produce hydrogen gas, with a lot heat releasing, whereas the alkaline earth metals react with water much more smoothly, and both beryllium and magnesium react with cold water sluggishly. The hydroxides of alkali metals are strong bases and greatly soluble in water, whereas the hydroxides of other Group ⅡA elements are slightly soluble in water, the solubility increasing down the group. Magnesium hydroxide precipitates only by an appreciable concentration of hydroxide ion, rather than by ammonium hydroxide in presence of ammonium chloride, and the hydroxides of other alkaline earth metals do not precipitate.

Many compounds of Group ⅠA and Group ⅡA are of great significance in medicine. $Li^+$, $Na^+$, $K^+$, $Ca^{2+}$ and $Mg^{2+}$ play an important physiological role in the human body.

## 习　　题

1. 按要求完成下列反应。
(1) 写出金属钠与 $H_2O$、$Na_2O_2$、$NH_3$、$C_2H_5OH$、$TiCl_4$、$KCl$、$MgO$ 和 $NaNO_2$ 的反应。
(2) 写出 $Na_2O_2$ 与 $H_2O$、$CO_2$ 和 $H_2SO_4$(稀)的反应。
2. 给出下列物质的化学式
(1) 萤石 _____。
(2) 天青石 _____。
(3) 重晶石 _____。
(4) 芒硝 _____。
3. 简答题
(1) 商品碳酸氢钠(小苏打)($NaHCO_3$)中为什么经常含有杂质 $Na_2CO_3$?如何测定 $NaHCO_3$ 的质量百分数?
(2) 实验室装氢氧化钠等强碱的瓶子为什么不能用玻璃塞?
(3) $Ba^{2+}$ 有毒,为什么 $BaSO_4$ 可用作人体消化道 X 射线检查疾病时的造影剂?

（4）举例说明镁与锂的相似性。

（5）电解熔盐法制得的金属钠中一般含有少量的钙,其原因是什么?

4. 推断题

有一固体混合物 A,加入水以后部分溶解,得溶液 B 和不溶物 C。往 B 溶液中加入澄清的石灰水出现白色沉淀 D,D 可溶于稀 HCl 或 HAc,放出可使石灰水变浑浊的气体 E。溶液 B 的焰色反应为黄色,不溶物 C 可溶于稀盐酸得溶液 F,F 可以使酸化的 $KMnO_4$ 溶液褪色,F 可使淀粉-KI 溶液变蓝。在盛有 F 的试管中加入少量 $MnO_2$ 可产生气体 G,G 使带有余烬的火柴复燃. 在 F 中加入 $Na_2SO_4$ 溶液,可产生不溶于硝酸的沉淀 H,F 的焰色反应为黄绿色。问 A、B、C、D、E、F、G、H 各是什么? 写出有关的离子反应式。

5. 计算题

骨质的主要成分是羟基磷灰石 $Ca_5(OH)(PO_4)_3$($K_{sp} = 6.8 \times 10^{-37}$)。计算纯水中羟基磷灰石的 $[Ca^{2+}]$?

（燕小梅）

# 第 15 章 p 区元素

📖 学习目标

通过本章的学习,掌握卤素、氧族元素、氮族元素、碳族元素和硼族元素的通性。熟悉卤素单质的性质,卤素的氢化物及氢卤酸、含氧酸及其盐的性质与结构;氧、臭氧、氧化物及过氧化物的结构和性质;硫的氢化物、氧化物、重要的含氧酸及其盐的结构、性质、制备和用途;氮、磷以及它们的氢化物,含氧酸及其盐的结构、性质和用途;碳、硅、硼的单质、氢化物、卤化物、氧化物、含氧酸及其盐的结构和性质。了解卤化物和卤素离子的分离鉴定;硒及其衍生物;无机含氧酸盐类的热分解;重要 p 区元素的生物学效应和相关药物。了解稀有气体的性质、用途以及稀有气体化合物的性质和结构特点。

## 第 1 节　p 区元素概述

p 区元素原子价层电子组态通式为 $ns^2np^{1~6}$(He 为 $1s^2$),它们的原子半径在同一族中从上到下逐渐增大,而有效核电荷只是略有增加,获得电子的能力逐渐减弱,金属性逐渐增强,非金属性逐渐减弱。尤其对于ⅢA~ⅤA族,这种变化更为明显,它们每一族都从典型的非金属元素开始过渡到金属元素。

大多数 P 区元素具有多种氧化值,其最高正氧化值等于其最外层电子数。除最高氧化值外,还可显示可变氧化值,而且正氧化值彼此之间的差值为 2(这与过渡元素可变氧化值规律不同)。例如,氯原子的正氧化值分别为+1、+3、+5、+7,硫原子的正氧化值分别为+2、+4、+6 等。p 区元素的同一族中,随着原子序数的增加,元素的低氧化值的稳定性逐渐增加。例如,ⅢA 族中,B、Al、Ga 的主要氧化值是+3,Tl 则是+1 氧化值较稳定,这是由于惰性电子对效应的缘故。p 区元素的同一周期中,从ⅢA~ⅦA 族元素(第二周期除外),随着原子序数的增加,元素形成多种氧化值的趋势也增加。例如,第三周期中的 Al,其主要氧化值是+3,Cl 的主要氧化值可有−1、+1、+3、+5、+7 等。

p 区非金属元素(稀有气体除外)在单质状态以非极性共价键结合。当非金属元素的原子半径较小、成键电子数较少时,可形成独立的少原子分子,如卤素分子、$O_2$、$N_2$ 等;而当非金属元素的原子半径较大、成键电子较多时,则形成多原子的巨型分子。如 C、Si、B 等。

p 区元素的电负性较 S 区元素的大,所以,P 区元素在许多化合物中常以共价键结合。例如,一些非金属元素的氧化物等就是如此。

**1. 每一族的第一个元素,其性质与同族其他元素比差别较大**　硼是ⅢA 族的第一个元素,其性质与同族其他元素相比,差异很大,而与硅相似。处于ⅣA 族的第一个碳不仅与同族的其他元素不形似,而且与其他任何元素的性质差异都很大。氮、氧、氟与同族元素之间性质差别也较大,例如,氮的氢化物氨比较稳定,而同族砷、锑、铋的氢化物都不稳定;再如,卤素中氯、溴、碘性质变化比较有规律,而氟有很多反常的性质。氮、氧、氟的氢化物能形成氢键。它们与同族元素之间性质差别较大的共同原因是原子半径在同一族中最小,价电子层只有 2s、2p 轨道,无 d 轨道可利用,从而造成与同族其他元素的差异。

**2. 同一主族中,第四周期元素的性质稍呈特殊**　p 区第四周期元素 Ga、Ge、As、Se、Br 的性质比较特殊。比如,ⅤA族元素中,$AsCl_5$并不存在,而同族中的磷和锑却能形成最高氧化值的氯化物;ⅦA族元素的含氧酸中,高溴酸的氧化性比高氯酸、高碘酸的略强。

p区第四周期元素呈特殊性的原因是由于第二、三周期的元素原子次外层为8个电子,而第四周期的元素原子次外层为18个电子(中间插入10个过渡元素)。由于18电子层组态的屏蔽效应比8电子组态的屏蔽效应小,因此,使得第四周期p区元素原子的有效核电荷显著增大,对核外电子吸引增强,原子半径增加的幅度明显较小。这种性质的缓慢递变,也使p区各同族的下面三个元素(即位于第四、五、六周期的元素)在性质上较为接近,如ⅣA族的Ge、Sn、Pb,ⅤA族的As、Sb、Bi就是如此,因而常在一起讨论。

# 第2节　碳族和硼族元素

周期表中第ⅣA族元素称为碳族元素,包括碳、硅、锗、锡和铅五种元素。

在自然界中,碳的元素丰度虽然只有0.03%,但它却是地球上分布最广、化合物最多的元素。碳以C—C键组成了包括生物体在内的整个有机界。

硅是常见元素,硅的元素丰度在所有元素中居第二位,仅次于氧。地壳主要由硅的含氧化合物组成,硅原子通过Si—O—Si键组成了几乎整个矿物界。

硼族元素位于周期表中的ⅢA族,包括硼、铝、镓、铟和铊五种元素。其中硼为非金属元素,在自然界中,硼只以其化合物形式存在于硼砂、硼酸中。硼的化合物的用途比单质硼要广泛得多,人们很早就发现和应用了硼的化合物,例如古代的炼金术就已使用了硼酸。近年来,随着新型硼化合物的大量合成,硼化学已成为无机化学发展得最快的领域之一。

# 一、碳族和硼族元素的通性

## (一) 基本性质

与周期表中所有的主族元素一样,从上至下,碳族和硼族元素的非金属性递减,金属性递增。碳是非金属,硅是准金属,锗、锡、铅是金属。硼族元素中除硼是非金属元素外,其他都是金属元素。总之,在长周期表中,这两族元素处于金属元素区和非金属元素区的交界处,元素由非金属转变为金属的性质也更为突出。同时,这两族元素中的一些元素及某些化合物的性质也比较相近。例如、碳、硅、硼都有同素异形体,都有很强的自相结合成链的能力,都以形成共价键为主要成键特征,它们的含氧酸都是弱酸等。而铝、锡、铅的某些化合物也有相似的性质,如它们的氧化物、氢氧化物均显两性,它们的盐溶于水时都发生水解反应等。表15-1列出了碳、硼族部分元素的一些基本性质。

表 15-1　碳族、硼族部分元素的一些基本性质

| 元素 | 碳 | 硅 | 锡 | 铅 | 硼 | 铝 |
|---|---|---|---|---|---|---|
| 价电子层组态 | $2s^2 2p^2$ | $3s^2 3p^2$ | $5s^2 5p^2$ | $6s^2 6p^2$ | $2s^2 2p^1$ | $3s^2 3p^1$ |
| 主要氧化值 | ±4、±2 | +4、+2 | +4、+2 | +2、+4 | +3 | +3 |
| 共价半径/pm | 77 | 118 | 141 | 154 | 82 | 118 |
| 离子半径($M^{4+}/M^{3+}$)/pm | 16/- | 42/- | 71/- | 84/- | -/20 | -/50 |
| 第一电离能/($kJ \cdot mol^{-1}$) | 1089 | 787 | 709 | 716 | 800.6 | 577.6 |
| 第二电离能/($kJ \cdot mol^{-1}$) | 2353 | 1577 | 1412 | 1450 | 2427 | 1817 |
| 电负性 | 2.55 | 1.90 | 1.96 | 2.33 | 2.04 | 1.61 |

## (二) 成键特征

碳与硅的价层电子组态为 $ns^2np^2$，价电子数目与价电子轨道数相等，它们被称为等电子原子。硼的价层电子组态为 $2s^22p^1$，价电子数少于价电子轨道数，所以它是缺电子原子。这些元素的电负性大，要失去价电子层上的 1-2 个 p 电子成为正离子是困难，它们倾向于将 s 电子激发到 p 轨道而形成较多的共价键，所以碳和硅的常见氧化值为+4，硼为+3。

碳和硅可以用 sp、$sp^2$ 和 $sp^3$ 杂化轨道形成 2~4 个 σ 键。碳的原子半径小，还能形成 pπ-pπ 键，所以碳能形成多重键。硼用 sp 和 $sp^3$ 杂化轨道成键时，除了能形成一般的 σ 键外，还能形成多中心键。

# 二、碳及其化合物

案例 15-1

科学家通过实验已证实碳纳米管具有缓慢释放药物成分和缓释后保持药效的特性。例如，碳纳米管吸附地塞米松后，经过 2 周时间才释放出一半吸附量，同时还发现药物释放后也能保持药效。实际上纳米碳管是由碳原子组成的石墨片层卷成的一个中空管体，其直径在纳米尺度范围内，因此，它在细胞的养料、药品供给系统材料等方面都具有极大的应用潜力。

问题：
1. 请问除石墨外，碳单质还有哪些其他存在形式？
2. 石墨中碳原子采用哪种杂化轨道成键？其分子间的作用力是什么？

## (一) 单质碳

**1. 金刚石** 金刚石(diamond)为典型的原子晶体，每一个碳原子均以 $sp^3$ 杂化轨道与相邻的 4 个碳原子上的 $sp^3$ 杂化轨道重叠而形成的 σ 单键(键长为 154pm)组成无限的三维骨架，所以它的硬度大，熔点、沸点高，化学性质不活泼。透明的金刚石导热性好、对紫外线和可见光投射率高等优点，可以作宝石或钻石。黑色和不透明的金刚石，在工业上用以制钻头和切割金属、玻璃矿石的工具。

**2. 石墨** 石墨(graphite)是原子晶体、金属晶体和分子晶体之间的一种过渡型晶体，它是一种较软的黑色固体，略有金属光泽。石墨中碳原子采用 $sp^2$ 杂化轨道与相邻的 3 个碳原子以 σ 键结合，并具有一个 $\prod_n^n$ 的大 π 键，构成一个片状结构，每层之间通过 van der Waals 力结合形成晶体。石墨粉可以作润滑剂、颜料和铅笔，将石墨转变为金刚石则较难。需要高温、高压条件下进行。

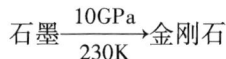

$$石墨 \xrightarrow[230K]{10GPa} 金刚石$$

**3. $C_{60}$和无定形碳** 20 世纪 80 年代发现的原子簇化合物 $C_{60}$ 即**富勒烯**(fullerenes)被认为是第三种碳的同素异形体。由 60 个碳原子构成球形 32 面体，其中 12 个面是五边形，另外 20 个面是六边形，12 个正五边形不但与 20 个六边形构成 $C_{60}$ 的封闭壳，还与其他若干个六边形组成蛋形的多面体，因此具有非常对称的结构。$C_{60}$ 的分子中共有 30 个双键和 60 个单键，其分子中每个 C 原子都以 $sp^2$ 杂化轨道与相邻的 3 个碳原子相连，剩余的 p 轨道在 $C_{60}$ 的外围和内腔形成球面 π 键，从而具有芳香性。由于 $C_{60}$ 的分子结构酷似足球，又被称为**足球烯**(footballene)。目前，这类物质的研究日益受到人们的重视。

**4. 无定形碳**(amorphous Carbon) 活性炭、木炭、焦炭等都是无定形碳，但实际上并不是真的无定形,它们均具有类似石墨的结构,只是其六元环构成的层杂乱无章,堆积不规则,结构不尽相同,作用也不一样。

**5. 化学性质**  碳单质在常温下很稳定,除 $F_2$ 以外与其他物质均不作用。但随温度的升高,碳的化学活泼性也迅速增强,高温时碳可与空气中的氧作用,生成 $CO_2$(空气不足时,则生成 CO)。

$$2C+O_2 === 2CO$$
$$C+O_2 === CO_2$$

在高温下,碳常被用作还原剂:

$$C+2S === CS_2$$
$$C+Fe_2O_3 === 2Fe+3CO$$

碳不与一般的酸作用,但可以被浓的氧化性酸氧化,如:

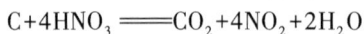

$$C+4HNO_3 === CO_2+4NO_2+2H_2O$$

## (二) 碳的含氧化合物

碳有多种氧化物,已见报导的有 CO、$CO_2$、$C_3O_2$、$C_4O_3$、$C_5O_2$ 等,其中主要的是 CO 和 $CO_2$。

**1. 一氧化碳(CO)**  碳在供氧不足以及高温的条件下燃烧,得到 CO。

工业上还用生产水煤气的方法来制取 CO。使水蒸气通入红热的炭层,可得到 CO 和 $H_2$ 的混合气体,称为水煤气。水煤气的成分大致是 40% CO。

在实验室中将甲酸滴加到热的浓硫酸中或将草酸晶体与浓硫酸一起加热,都可得到一氧化碳气体:

$$HCOOH === CO+H_2O$$
$$H_2C_2O_4 === CO+CO_2+H_2O$$

(1) 分子结构:CO 分子和 $N_2$ 分子各有 10 个价电子,它们是等电子体,两者的分子轨道相同:

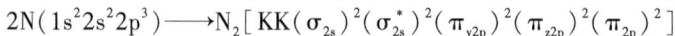

$$2N(1s^2 2s^2 2p^3) \longrightarrow N_2 [KK(\sigma_{2s})^2(\sigma_{2s}^*)^2(\pi_{y2p})^2(\pi_{z2p})^2(\pi_{2p})^2]$$
$$C(1s^2 2s^2 2p^2)+O(1s^2 2s^2 2p^4) \longrightarrow CO[KK(\sigma_{2s})^2(\sigma_{2s}^*)^2(\pi_{y2p})^2(\pi_{z2p})^2(\pi_{2p})^2]$$

CO 的偶极矩几乎为零。因为从原子的电负性看,电子云偏向 O,可是形成配键的电子对是 O 提供的,C 略带负电荷,而 O 略带正电荷,这与电负性的效果正好相反,相互抵消,所以 CO 的偶极矩近于零。这样 CO 分子中的 C 上的孤电子对易进入其他有空轨道原子而形成配位键。

(2) 主要化学性质

1) 配位性:CO 可直接与一些金属化合生成金属羰基配合物,如羰基铁 $[Fe(CO)_5]$、羰基镍 $[Ni(CO)_4]$ 等配合物。

2) 可燃性:CO 能在空气或氧气中燃烧,生成 $CO_2$ 并放出大量的热。

3) 还原性:$CO+PdCl_2+H_2O = CO_2+Pd\downarrow +2HCl$

灰色沉淀 Pd 的出现证明 CO 存在。此化学反应非常灵敏,可检验空气中微量的 CO 的含量。

4) CO 与碱作用:CO 显非常微弱的酸性,能与粉末状的 NaOH 反应生成甲酸钠:

$$NaOH+CO === HCOONa$$

因此也可以把 CO 看做是甲酸的酸酐。甲酸脱水可以得到 CO:

$$HCOOH === CO+H_2O$$

**2. 二氧化碳($CO_2$)**  大气中 $CO_2$ 的含量增多,对地表温度将发生影响,是造成地球"温室效应"的主要原因。大气中的 $CO_2$ 及水蒸气为红外线吸收体,它们在调节地面温度方面起着决定性的作用。

(1) 分子结构:在 $CO_2$ 分子中,C 与 O 生成 4 个键,2 个 $\sigma$ 键和 2 个 $\pi$ 键。$CO_2$ 为直线形分子。

$CO_2$ 气体的临界温度为 304K。常温下,将 $CO_2$ 气体加压到 70 个大气压,即行液化。液态 $CO_2$ 的气化热很高,217K 时为 $25.1kJ \cdot mol^{-1}$。$CO_2$ 分子为非极性分子,它很容易被液化,当一部分液态 $CO_2$ 气化时,另一部分 $CO_2$ 即被冷却成为雪花状固体,俗称"干冰"。

(2)化学性质:$CO_2$ 不活泼,但在高温下,能与活泼金属镁、钠等作用。

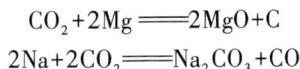

$$CO_2 + 2Mg == 2MgO + C$$
$$2Na + 2CO_2 == Na_2CO_3 + CO$$

$CO_2$ 不能燃烧也不助燃,密度又大,是良好的灭火剂。$CO_2$ 无毒,但若在空气中的含量过高,也会由于缺氧而使人窒息。

---

**案例 15-2**

作为一种抗酸药,碳酸氢钠有 $NaHCO_3$ 片和 $NaHCO_3$ 注射液,用于糖尿病昏迷及急性肾炎等引起的代谢性酸中毒。$NaHCO_3$ 注射液可用如下方法制备:称取适量固体 $NaHCO_3$,溶解于一定量的注射用水中,过滤,灌装,溶液中通入足量的 $CO_2$ 气体,密封,用100℃流通蒸气灭菌 30min。冷却至室温 2h 后使用。

**问题:**

1. 为什么在密封前要通入 $CO_2$?这与 $NaHCO_3$ 的性质又有什么关系?

2. 为什么以蒸气灭菌 2h 后才能使用?

3. 根据酸碱质子理论,$NaHCO_3$ 为两性物质,但为何说 $NaHCO_3$ 是一种碱性药物?

**要点提示:**

复习溶液、缓冲溶液及 S 区元素等知识,并学习本节的内容后讨论回答。

---

**3. 碳酸和碳酸盐**

(1)碳酸:$CO_2$ 溶于水生成碳酸 $H_2CO_3$(约 $0.033mol \cdot L^{-1}$)。碳酸很不稳定,只存在于水溶液中,游离的碳酸迄今尚未制得。碳酸是二元弱酸,在水中分步解离。$CO_3^{2-}$ 中 C 以 $sp^2$ 杂化轨道与 3 个 O 的 p 轨道成 3 个 σ 键,它的另一个 p 轨道与氧原子的 p 轨道形成 π 键,离子为平面三角形。

(2)碳酸盐:$H_2CO_3$ 能生成正碳酸盐和酸式碳酸盐。在碳酸溶液中,$HCO_3^-$ 比 $CO_3^{2-}$ 多得多,所以加碱,如 NaOH,先生成酸式盐 $NaHCO_3$,然后进一步与足量的碱作用得到正盐 $Na_2CO_3$。

1)溶解性:所有酸式盐都溶于水。正盐中只铵盐和碱金属盐溶于水。一般都是酸式盐较相应的正盐易溶。仅有少数碳酸盐是酸式盐的溶解度比正盐的溶解度小,例如 $NaHCO_3$ 和 $KHCO_3$ 等。下列碳酸盐与酸式碳酸盐之间的转化反应,说明自然界中钟乳石和石笋的形成:

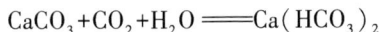

$$CaCO_3 + CO_2 + H_2O == Ca(HCO_3)_2$$

2)水解性:可溶性的碳酸盐在水溶液中水解而使溶液呈碱性。当可溶性碳酸盐与水解性较强的金属离子反应时,由于相互促进水解,产物可能是碳酸盐、碱式碳酸盐或氢氧化物。究竟是哪种产物,取决于反应物、生成物的性质和反应条件。如果金属离子不水解,将得到碳酸盐。如果金属离子的水解性极强,其氢氧化物的溶度积极小,如 $Al^{3+}$、$Cr^{3+}$ 和 $Fe^{3+}$ 等,将得到氢氧化物:

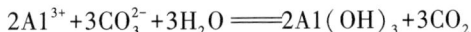

$$2Al^{3+} + 3CO_3^{2-} + 3H_2O == 2Al(OH)_3 + 3CO_2$$

有些金属离子,它们的氢氧化物和碳酸盐的溶解度相差不多,如 $Cu^{2+}$、$Zn^{2+}$、$Pb^{2+}$、$Mg^{2+}$ 等可能得到碱式盐:

$$2Cu^{2+} + 2CO_3^{2-} + H_2O == Cu_2(OH)_2CO_3 + CO_2$$

3)热稳定性:碳酸的热稳定性比碳酸盐小,而碳酸氢盐的热稳定性又比相应的碳酸盐小。不同阳离子的碳酸盐或酸式碳酸盐的稳定性也不一样。例如,碳酸水溶液加热就会分解,$NaHCO_3$ 在 423K 分解,而 $Na_2CO_3$ 在 2000K 以上才发生分解。

# 三、硅及其化合物

## (一) 单质硅

硅有两种晶型。无定形及晶形两种同素异形体。前者为深灰黑色粉末,后者为银灰色。有金属光泽,能导电,但导电率不及金属。硅在化学性质方面主要表现为非金属性。但又有金属性,因而被称为"半金属"。

晶态硅具有金刚石那样的结构,所以它硬而脆(硬度为7.0),熔点高,在常温下化学性质不活泼。

## (二) 硅烷

**1. 硅烷**  硅与碳相似有一系列氢化物,不过由于硅自相结合的能力比碳差,生成的氢化物要少得多。到目前为止,已制得的硅烷不到12种。硅烷的结构与烷烃相似。硅烷($SiH_4$)又称为甲硅烷。

**2. 性质**  硅烷为无色无臭的气体或液体。它们能溶于有机溶剂,熔点、沸点都很低。化学性质比相应的烷烃活泼,表现在以下几方面:

(1) 还原性强,能与 $O_2$ 或其他氧化剂剧烈反应。它们在空气中自燃,燃烧时放出大量的热,产物为 $SiO_2$:

$$SiH_4 + 2O_2 = SiO_2 + 2H_2O$$

硅烷能与一般氧化剂反应:

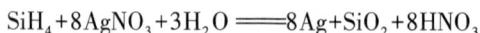

$$SiH_4 + 2KMnO_4 = 2MnO_2 + K_2SiO_3 + H_2 + H_2O$$
$$SiH_4 + 8AgNO_3 + 3H_2O = 8Ag + SiO_2 + 8HNO_3$$

这两个反应可用于硅烷的检验。

(2) 硅烷在纯水中不发生水解作用。但当水中有微量碱存在时,由于碱的催化作用,水解反应激烈地进行:

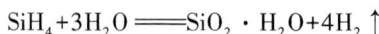

$$SiH_4 + 3H_2O = SiO_2 \cdot H_2O + 4H_2 \uparrow$$

(3) 所有硅烷的热稳定性都很差,分子量大的稳定性更差。将高硅烷适当地加热,它们即分解为低硅烷。低硅烷(如 $SiH_4$)在温度高于773K即分解为单质硅和氢气:

$$SiH_4 = Si + 2H_2 \uparrow$$

## (三) 硅的含氧化合物及其盐

**1. 二氧化硅**  $SiO_2$(石英)为原子晶体,所以石英的硬度大、熔点高。将石英在1873K熔融,冷却时,它不再成为晶体,只是缓慢地硬化,成为石英玻璃,这是一种过冷液体。

**2. 硅酸**  通常用化学式 $H_2SiO_3$ 表示。$SiO_2$ 为酸酐,但它不溶水,所以不能用 $SiO_2$ 与水直接作用得到 $H_2SiO_3$,只能用可溶性硅酸盐与酸反应制得,反应式一般写为:

$$SiO_4^{4-} + 4H^+ = H_4SiO_4$$

$H_4SiO_4$ 叫正硅酸,是个原酸,经过脱水可得到一系列酸,包括偏硅酸和多硅酸。产物的组成随形成条件的不同而不同,常以通式 $xSiO_2 \cdot yH_2O$ 表示。

| | | |
|---|---|---|
| 偏硅酸 | $H_2SiO_3$ | $x=1, y=1$ |
| 二硅酸 | $H_6Si_2O_7$ | $x=2, y=3$ |
| 三硅酸 | $H_4Si_3O_8$ | $x=3, y=2$ |
| 二偏硅酸 | $H_2Si_2O_5$ | $x=2, y=1$ |

在各种硅酸中以偏硅酸的组成最简单,所以常用 $H_2SiO_3$ 式子代表硅酸。硅酸在水中的溶解度不大。当单分子硅酸逐渐缩合为多酸时,形成硅酸溶胶。在此溶液中加电解质,或者在适当浓度的硅酸溶液中加酸,则得到半凝固状态、软而透明且有弹性的硅酸凝胶(在多酸骨架里包含有大量的水)。将硅酸凝胶充分洗涤以除去可溶性盐类,干燥脱水后即成为多孔性固体,称为硅胶。它是很好的干燥剂、吸附剂以及催化剂载体,对 $H_2O$、$BCl_3$ 及 $PCl_5$ 等极性物质都有较强的吸附作用。

**3. 硅酸盐**　除了碱金属以外,其他金属的硅酸盐都不溶解于水。硅酸钠是最常见的可溶性硅酸盐,可由石英砂与烧碱或纯碱作用而制得。硅酸钠水解溶液显强碱性,水解产物为二硅酸盐或多硅酸盐:

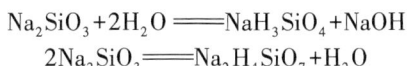

$$Na_2SiO_3 + 2H_2O \Longrightarrow NaH_3SiO_4 + NaOH$$
$$2Na_2SiO_3 \Longrightarrow Na_2H_4SiO_7 + H_2O$$

工业上制多硅酸钠的方法是将石英砂、硫酸钠和煤粉混合后放在反应炉内进行反应,温度为 1373~1623K。一小时以后,待产物冷却,即得玻璃块状物。产物常因合有铁盐等杂质而呈灰色或绿色。用水蒸气处理使之溶解成为黏稠液体,成品俗称"水玻璃"。它是多种多硅酸盐的混合物,其化学组成为 $Na_2O \cdot nSiO_2$。

# 四、硼及其化合物

**1. 单质硼**　无定形硼为棕色粉末。晶态硼,迄今已知有多种同素异形体,它们都是以 $B_{12}$ 二十面体为基本结构单元,由 12 个 B 原子组成,有 20 个等边三角形的面和 12 个顶角,每个顶角有 1 个 B 原子,每个 B 原子与邻近的 5 个 B 原子等距离。见图 15-1。

由于 $B_{12}$ 二十面体的连接方式不同,所形成的硼晶体类型不同。晶体硼的硬度大,熔点、沸点高,化学性质也不活泼。

**2. 硼烷、乙硼烷**　硼烷有 $B_nH_{n+4}$ 和 $B_nH_{n+6}$ 两大类,前者较稳定。在常温下,乙硼烷及四硼烷为气体,硼五到硼八的硼烷为液体,十硼烷以上都是固体。

这类氢化物的物理性质相似于**烷烃**(paraffin),故称**硼烷**(Borane)。多数硼烷组成是 $B_nH_{n+4}$、$B_nH_{n+6}$,少数为 $B_nH_{n+8}$、$B_nH_{n+10}$。但最简单的硼烷是 $B_2H_6$。$BH_3$ 之所以不存在是由于 B 的价轨道没有被充分利用,且配位数未达到饱和,又不能形成稳定的 $sp^2$ 杂化态的离域 π 键。

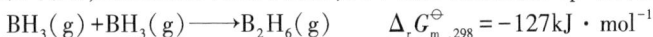

$$BH_3(g) + BH_3(g) \longrightarrow B_2H_6(g) \qquad \Delta_r G^{\ominus}_{m,298} = -127kJ \cdot mol^{-1}$$

而 $BF_3$ 之所以存在,是由于形成了 $\Pi_4^6$。

硼烷是**缺电子化合物**(electron deficiency compound),例如 $B_2H_6$ 中价电子总共只有 12 个,不足以形成 7 个二中心二电子单键(2c-2e),B 原子采取 $sp^3$ 杂化,位于一个平面的 $BH_2$ 原子团,以二中心二电子键连接,位于该平面上、下且对称的 H 原子与 B 原子分别形成三中心二电子键,称为氢桥键。见图 15-2。

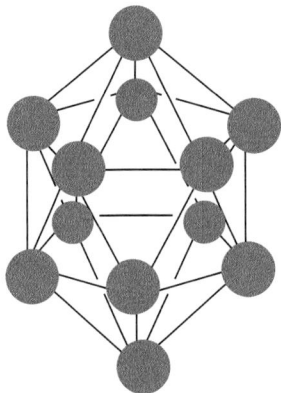

图 15-1　$B_{12}$ 二十面体的基本结构　　图 15-2　乙硼烷的结构

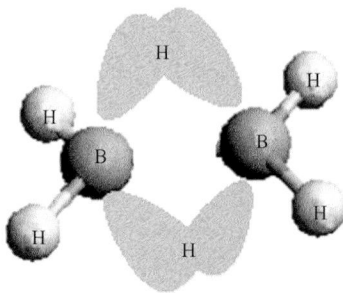

**3. 硼酸和硼酸盐**　硼酸晶体中,每个硼原子用 3 个 $sp^3$ 杂化轨道与 3 个氢氧根中的氧原子以共价键相结合,每个氧原子除以共价键与一个硼原子和一个氢原子相结合外,还通过氢键同另一个硼酸分子中的氢原子结合成片层结构。层与层之间则以微弱的 van der Waals 力相吸引。所以,硼酸晶体是片状的,有解离性,可作润滑剂。

硼酸在加热过程中首先转变为 $HBO_2$(偏硼酸),继而其中的 $BO_2$ 结构单元开始通过氧原子连接起来,出现 B—O—B 链,形成链状或环状的多硼酸根,其组成可用实验式 $(BO_2)_n^{n-}$ 表示。硼酸是一元弱酸,它的酸性不是它本身给出质子,而是由于 B 是缺电子原子,它加合了来自水分子的 $OH^-$(其中氧原子有孤电子对)而释出 $H^+$。利用硼酸的这种缺电子性质,加入多羟基化合物(如甘油或甘露醇)所生成的稳定配合物,可使硼酸的酸性增强。最常用的硼酸盐即硼砂,它是无色半透明的晶体或白色结晶粉末。硼砂在熔融状态能溶解一些金属氧化物,并依金属的不同而显出特征的颜色(硼酸也有此性质)。例如:

$$Na_2B_4O_7 + CoO \xrightarrow{\quad} 2NaBO_2 \cdot Co(BO_2)_2(蓝宝石色)$$

因此可用硼砂来作"硼砂珠试验",以鉴定金属离子。

将硼酸盐与 $H_2O_2$ 反应或者让硼酸与碱金属的过氧化物反应,都可以得到过硼酸盐:

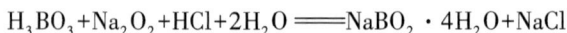

$$H_3BO_3 + Na_2O_2 + HCl + 2H_2O \xrightarrow{\quad} NaBO_2 \cdot 4H_2O + NaCl$$

过硼酸钠是强氧化剂,水解时放出 $H_2O_2$,用于漂白羊毛、丝、革和象牙等物或加在洗衣粉中作漂白剂。它是无色晶体,加热失水后成为黄色固体。

# 五、鉴　　定

**1. $CO_3^{2-}$ 离子**　在 $CO_3^{2-}$ 溶液中加入盐酸,产生 $CO_2$ 气体,将此气体通入澄清的 $Ca(OH)_2$ 溶液中,会产生白色 $CaCO_3$ 沉淀:

$$CO_2 + Ca(OH)_2 \xrightarrow{\quad} CaCO_3 \downarrow + H_2O$$

碳酸氢盐和碳酸盐具有同样的反应,为区别它们可加入 $Mg^{2+}$,若是碳酸盐则直接生成 $MgCO_3$ 沉淀,若是碳酸氢盐则不生成沉淀,但加热后有沉淀生成:

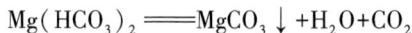

$$Mg^{2+} + CO_3^{2-} \xrightarrow{\quad} MgCO_3 \downarrow$$

$$Mg^{2+} + 2HCO_3^- \xrightarrow{\quad} Mg(HCO_3)_2$$

$$Mg(HCO_3)_2 \xrightarrow{\quad} MgCO_3 \downarrow + H_2O + CO_2$$

利用 $Ba(OH)_2$ 气瓶法,可鉴定溶液中微量的碳酸根离子:

$$Ba(OH)_2 + CO_2 \xrightarrow{\quad} BaCO_3 \downarrow + H_2O$$

**2. $SiO_3^{2-}$ 离子**　$SiO_3^{2-}$ 溶液中加入 $AgNO_3$ 试液,产生黄色硅酸银沉淀:

$$2Ag^+ + SiO_3^{2-} \xrightarrow{\quad} Ag_2SiO_3 \downarrow$$

因硅酸本身是沉淀,利用可溶性硅酸盐加酸后可生成胶状的硅酸沉淀的性质也可进行鉴别。

**3. $Sn^{2+}$ 离子**　利用 $Sn^{2+}$ 的还原性,可以将 $HgCl_2$ 还原为白色的甘汞($Hg_2Cl_2$)或黑色的汞。

$$2HgCl_2 + SnCl_2 \xrightarrow{\quad} HgCl_2 \downarrow + SnCl_4$$

$$Hg_2Cl_2 + SnCl_2 \xrightarrow{\quad} 2Hg \downarrow + SnCl_4$$

**4. $Pb^{2+}$ 离子**　在中性弱酸条件下,与铬酸盐溶液作用生成黄色的 $PbCrO_4$ 沉淀,如果有 $Ba^{2+}$、$Ag^+$ 离子存在则有干扰:

$$Pb^{2+} + CrO_4^{2-} \xrightarrow{\quad} PbCrO_4 \downarrow$$

但 $PbCrO_4$ 溶于强碱和醋酸中,而 $BaCrO_4$ 和 $Ag_2CrO_4$ 不溶。

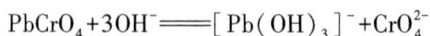

$$PbCrO_4 + 3OH^- \xrightarrow{\quad} [Pb(OH)_3]^- + CrO_4^{2-}$$

**5. $BO_2^-$、$BO_3^{3-}$、$B_4O_7^{2-}$**　在有硫酸存在时,硼酸与醇类(ROH)作用生成硼酸酯:

$$H_3BO_3+3ROH \Longrightarrow B(OR)_3+3H_2O$$

硼酸酯易挥发,加热蒸发,点燃时火焰边缘呈绿色,表明有 $BO_2^{2-}$ 存在。

**6. $Al^{3+}$ 离子** 向含有 $Al^{3+}$ 离子的溶液中加入氨水,有白色絮状沉淀析出,该沉淀溶于醋酸和强碱溶液中:

$$Al^{3+}+3NH_3 \cdot H_2O \Longrightarrow Al(OH)_3 \downarrow +3NH_4^+$$

利用醋酸控制溶液 pH 条件下,铝试剂(金黄色三羟酸的铵盐)可与微量的 $Al^{3+}$ 离子反应生成绛红色的配合物,但 $Fe^{3+}$ 有干扰。

# 六、生物学效应

碳是一切生物体不可缺少的组成元素。动植物的组织细胞都是由无数含碳的化合物构成。碳在自然界中的生物循环大致为:绿色植物吸收空气中的 $CO_2$,利用光能和 $H_2O$ 进行光合作用,制造出结构复杂的化合物,同时也将光能以化学能的形式储存在这些有机化合物中。人类和动物将部分植物作为食料,在从中获取营养和能量的同时,又将有机物转化成 $CO_2$ 排入大气中。此外,火山爆发、燃料燃烧和人类的许多生产活动都向大气中排放 $CO_2$。而岩石风化、部分动植物遗体转化成矿物又将耗去部分 $CO_2$。由于这些过程的相互补偿,使得自然界中的 $CO_2$ 保持基本平衡的状态。

硅是生物体必需的常量元素。硅在动物的骨骼、血管壁、皮肤和毛发中的含量较高。硅在许多植物中的含量更高,是植物生长不可缺少的元素。硅对人类的健康也会造成危害,若长期吸入 $SiO_2$ 粉尘,会引起慢性疾病硅肺。

硼是植物生长发育必需的微量元素,但它对人体来说其作用尚未确定。

# 七、常用药物

**1. 药用炭** 药用炭为植物活性炭,吸附药。内服用于治疗腹泻、胃肠胀气、生物碱中毒和食物中毒。

**2. 碳酸氢钠** $NaHCO_3$ 又名小苏打或重碳酸钠,为吸收性抗酸药。内服能中和胃酸及碱化尿液,5% $NaHCO_3$ 注射液用于治疗酸中毒。

**3. 三硅酸镁** 三硅酸镁 $Mg_2Si_3O_8$ 内服中和胃酸时能生成胶状的 $SiO_2$,对胃及十二指肠溃疡面有保护作用。

**4. 硼酸和硼砂** $H_3BO_3$ 具有杀菌作用,1%～4%的 $H_3BO_3$ 溶液用于冲洗眼睛、膀胱和伤口。4.5%～5.5%的硼酸软膏常用于治疗皮肤溃疡和褥疮。硼酸甘油滴耳剂用于治疗中耳炎。

硼砂 $Na_2B_4O_7 \cdot 10H_2O$ 外用时的作用与硼酸相似,内服能刺激胃液分泌。硼砂也是治疗咽喉炎及口腔炎的冰硼散和复方硼砂含漱剂的主要成分。

# 第3节 氮族元素

周期表中第ⅤA族元素称为氮族元素,包括氮、磷、砷、锑和铋五种元素。氮在地壳中主要以硝酸盐矿的形式存在,在大气中氮气的体积分数为78.08%。磷在地壳中有富集的矿。氮和磷都是生物体最重要的组成元素。砷、锑、铋在地壳中以富集的矿藏形式存在,它们的化合物具有多种用途。

# 一、氮族元素的通性

## （一）基本性质

氮族元素的基本性质列于表 15-2。氮族元素是从典型的非金属元素氮和磷,经准金属元素砷、锑,过渡到金属元素铋。单质氮是双原子分子 $N_2$,磷、砷、锑三者相似,是四原子分子,且都有同素异形体,铋是金属晶体。

**表 15-2　氮族元素的基本性质**

| 性质 | 氮 | 磷 | 砷 | 锑 | 铋 |
|---|---|---|---|---|---|
| 元素符号 | N | P | As | Sb | Bi |
| 价电子层组态 | $2s^2 2p^3$ | $3s^2 3p^3$ | $4s^2 4p^3$ | $5s^2 5p^3$ | $6s^2 6p^3$ |
| 主要氧化值 | $-3,+5,+4,$ $+3,\pm 2,\pm 1$ | $+5,\pm 3,+1$ | $+3,+5,-3$ | $+3,+5$ | $+3,+5$ |
| 共价半径/pm | 55 | 110 | 122 | 143 | 152 |
| 离子半径($M^{3-}/M^{3+}$)/pm | 171/16 | 212/44 | 222/69 | 245/92 | -/108 |
| 第一电离能/$(kJ \cdot mol^{-1})$ | 1402.3 | 1011.8 | 944 | 831.6 | 703.3 |
| 第二电离能/$(kJ \cdot mol^{-1})$ | 2856.1 | 1903.2 | 1797.8 | 1595 | 1610 |
| 第三电离能/$(kJ \cdot mol^{-1})$ | 4578.1 | 2912 | 2735.5 | 2440 | 2466 |
| 电负性 | 3.04 | 2.19 | 2.18 | 2.05 | 2.02 |

## （二）成键特征

氮族元素原子的价层电子组态为 $ns^2np^3$,有 3 个成单的价电子和 1 个孤电子对。氮族元素的电负性比对应的ⅦA族和ⅥA族的元素低,因此,氮族元素在与电负性较大的元素,如氟、氯、氧、硫等结合时,可动用全部价电子成键,从而显示高氧化值+5,此外,常见氧化值还有+3、+1 和−3。同时,氮族元素难于失去电子形成阳离子化合物,其中以氮、磷最为突出。氮族元素可与电负性较小的元素如活泼金属及氢结合呈负氧化值,多数形成共价化合物。只有氮能以阴离子($N^{3-}$)存在于某些化合物如 $Li_3N$ 及 $Mg_2N_3$ 等之中。

本族元素原子的 $ns^2$ 孤电子对具有较强的形成配位键的倾向,其中 N 和 P 是常见的配位原子。同时,除 N 外本族元素原子的价电子层均有可以利用的空 d 轨道,故它们又可作为配合物的中心原子,接受电子对形成配位键。如[$SbCl_6$]$^-$、[$BiI_4$]$^-$配离子等。

# 二、氮及其化合物

## （一）氮单质

氮气是无色无味难溶于水的气体,熔点 63.29K,沸点 77.4K。氮元素主要以单质分子形式($N_2$)存在于大气中,工业上用液态空气分馏制取氮气。

氮元素普遍存在生物体和其他有机物中,是所有蛋白质及其他许多有机物的组分,是生命的基础。氮的主要矿源是智利硝石($NaNO_3$)。氮的主要用途是制氨,以及由此可得肥料、硝酸、炸药等重要化工原料。

## (二) 氮的化学性质

(1) $N_2$ 在常温下化学性质极不活泼,是化学惰性,但在一定条件下,$N_2$ 可与金属、非金属反应。

$$6Li+N_2 \xrightarrow{\Delta} 2Li_3N$$

Mg、Ca、Sr、Ba 在炽热温度与 $N_2$ 直接化合:

$$N_2+O_2 \xrightarrow{放电} 2NO$$

这是固定氮的一种方法。闪电时空气中的氮和氧结合生成 NO 进而转化为硝酸随雨水降至地面为植物利用,是土壤氮的重要来源。

(2) 含氮化合物中氮的氧化值一般为-3、-1、+1、+3、+5 也有-2、+2、+4。

## (三) 氮的氢化物

**1. 氨**($NH_3$)　工业上用氮和氢在高温高压催化剂条件下直接合成。实验室中常用铵盐与碱反应制得氨:

$$2NH_4Cl+Ca(OH)_2 \longrightarrow CaCl_2+2NH_3+2H_2O$$

氨是无色有刺激性的气体。当冷致 240K 时即凝为液体,在 195.5K 时凝结为无色晶体。临界温度为 140.1K。因此氨很容易在常温下加压液化。氨有较大的蒸发热(沸点为 23.6kJ·$mol^{-1}$),常用作冷冻机的循环致冷剂。氨极易溶于水,在 273K 时 1 体积水约吸收 1200 体积的氨,在 293K 约吸收 700 体积。从氨的结构来看,有以下三类反应。

(1) 配位反应:氨能与许多过渡金属离子形成配合物如 $[Cu(NH_3)_4]SO_4$、$[Ag(NH_3)_2]Cl^-$、$[Co(NH_3)_6]Cl_3$ 等。这样可使难溶于水的化合物如 $AgCl$、$Cu(OH)_2$ 等溶解在氨水中。

(2) 取代反应:氨中的氢依次被取代生成氨基—$NH_2$,亚氨基—NH 和氮化物。例如:

$$2Na+2NH_3 \xrightarrow{623K} 2NaNH_2+H_2\uparrow$$

得到白色氨基化钠固体。

$$2Al+2NH_3 \Longrightarrow 2AlN+3H_2$$

得到黄色氮化铝固体。

(3) 氧化反应:$NH_3$ 中氮的氧化值为-3,处于最低氧化态,在一定条件下能被氧化剂氧化成高氧化值的化合物或单质氮气,表现还原性。例如,氨在空气中燃烧呈浅绿色火焰生成氮气:

$$4NH_3+3O_2 \Longrightarrow 2N_2+6H_2O$$

如有 Pt 催化剂存在,$NH_3$ 则被氧化成 NO:

$$4NH_3+5O_2 \Longrightarrow 4NO+6H_2O$$

该反应是工业上制造硝酸的基本反应。此外,卤素在常温下能氧化氨为氮。若卤素过量则生成三卤化物:

$$8NH_3+3Cl_2 \Longrightarrow N_2+6NH_4Cl$$
$$NH_3+3Cl_2 \Longrightarrow NCl_3+3HCl$$

高温 CuO 也能将 $NH_3$ 氧化:

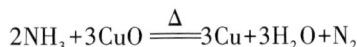

$$2NH_3+3CuO \xrightarrow{\Delta} 3Cu+3H_2O+N_2$$

液氨是一种优良的非水溶剂,它能溶解碱金属,生成深蓝色溶液,对离子型的无机化合物则是不良溶剂。液氨也有微弱的解离作用:

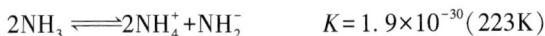

$$2NH_3 \Longrightarrow 2NH_4^++NH_2^- \qquad K=1.9\times10^{-30}(223K)$$

这种反应称为氨解反应。

**2. 铵盐** $NH_4^+$ 离子的稳定结晶盐大多数是水溶性的。铵盐在溶解度和结构上类似于钾盐和铷盐,这三种离子的半径相近:$NH_4^+$ 148pm,$K^+$ 133pm,$Rb^+$ 148pm。

铵盐在热力学上是不稳定的,分解物依赖于酸根阴离子。例如:

$$NH_4Cl(s) \longrightarrow NH_3(g) + HCl(g)$$
$$(NH_4)_2CO_3 \longrightarrow 2NH_3 + CO_2 + H_2O$$

氧化性酸能氧化氨,如 $NH_4NO_3$ 或 $(NH_4)_2Cr_2O_7$ 分解得 $N_2$;$NH_4NO_3$ 分解先得 $N_2O$,如高于573K 会发生爆炸性分解,放出 $N_2$:

$$NH_4NO_3 \xrightarrow{\Delta} N_2O + 2H_2O$$
$$2NH_4NO_3 \xrightarrow{\Delta} 4H_2O + 2N_2 + O_2$$

基于这个反应,硝酸铵是爆炸混合物的组成之一。铵盐中最重要的硫酸铵、碳酸氢铵、硝酸铵都是优良的肥料。

**3. 肼($N_2H_4$)** 肼又称联氨,可看成氨中一个氢原子被 $-NH_2$ 基取代的衍生物,即 $H_2N\text{-}NH_2$。在肼中每个 N 原子以 $sp^3$ 杂化轨道形成 $\sigma$ 键,由于孤电子对的排斥作用,故两个孤电子对在对位。$N_2H_4$ 是一个比 $NH_3$ 弱的二元碱:

$$N_2H_4 + H_2O \Longleftrightarrow N_2H_5^+ + OH^- \qquad K_{298} = 8.5 \times 10^{-7}$$
$$N_2H_5^+ + H_2O \Longleftrightarrow N_2H_6^{2+} + OH^- \qquad K_{298} = 8.5 \times 10^{-15}$$

因此,可获得两种形式的肼盐。$N_2H_5^+$ 的盐在水中是稳定的。由于 $N_2H_6^{2+}$ 盐的溶解度较小,能从含有过量酸的水溶液中结晶出来。例如常用的硫酸肼 $N_2H_6SO_4$ 等。同样,肼也能作配位剂,例如 $[Zn(N_2H_4)_2Cl_2]$ 和 $[Pd(N_2H_4)(NH_3)_2]^{2+}$ 等。

肼和液氧与 $N_2O_4$ 或 $H_2O_2$ 的混合物都可用作火箭喷射燃料。由于这些反应燃烧后放出大量热,同时体积膨胀,反应焓变、熵变都很大,反应的推动力极大,如肼与液体 $N_2O_4$ 反应:

$$2N_2H_4(l) + N_2O_4(l) \longrightarrow 3N_2(g) + 4H_2O(g) \qquad \Delta_r H^\theta = -1038.7 \text{kJ} \cdot \text{mol}^{-1}$$
$$\Delta_r S^\theta = +911.6 \text{kJ} \cdot \text{mol}^{-1} \cdot \text{K}^{-1}$$

这种大的 $\Delta H$(负值)和大的 $\Delta S$ 推动的反应,在任何温度下热力学上都是有利的。一般爆炸反应都具有这种特点。

肼的水合物 $N_2H_4 \cdot H_2O$(水合肼)在碱性溶液中是一种强还原剂,它通常被氧化至 $N_2$,能将 CuO 还原为 $Cu_2O$:

$$4CuO + N_2H_4 \Longleftrightarrow 2Cu_2O + N_2\uparrow + 2H_2O$$

肼在酸性溶液中也能将 Au,Ag、Pt 等的盐还原为金属:

$$4AgBr + N_2H_4 \Longleftrightarrow 4Ag + N_2\uparrow + 4HBr$$

用肼作还原剂的优点,除了很强的还原性外,它的氧化产物可离开反应体系,不引入杂质。

**4. 羟氨($NH_2OH$)** 羟氨可看成氨分子内的一个氢原子被羟基取代的衍生物。纯羟氨是一种不稳定的白色固体,熔点305K,在373K 以上即分解,它是一种比 $NH_3$ 更弱的碱。

$$NH_2OH + H_2O \Longleftrightarrow NH_3OH^+ + OH^- \qquad K_{289} = 6.6 \times 10^{-9}$$

羟氨在控制一定的条件下,由电解还原或用 $SO_2$ 还原亚硝酸盐而制得。羟氨有氧化性,也有还原性,但还原性更显著。它的水溶液或它的盐 $[NH_3OH]Cl$,$[NH_3OH]_2SO_4$ 是常用的还原剂。如在酸性溶液中能还原 $Ag^+$,$Hg^{2+}$ 为金属,还原 $Fe^{3+}$ 为 $Fe^{2+}$。

## (四) 氮的氧化物

氮和氧能形成由+1 至+5 氧化值的多种氧化物。

**1. 一氧化二氮($N_2O$)** 一氧化二氮又称笑气。长时间吸入这种气体就失去知觉,所以可用作麻醉剂。$N_2O$ 有线形结构,中心原子除以 $\sigma$ 键与两旁原子相连外,整个分子有两个 $\Pi_3^4$ 键。

$N_2O$ 与 $CO_2$、$N_3^-$ 是等电子体。

**2. 一氧化氮**（NO）　NO 不溶于水，不支持燃烧，不与酸、碱反应。在常温下极易与氧反应，生成棕色 $NO_2$，能与卤素（$F_2$、$Cl_2$、$Br_2$）反应生成卤化亚硝酰（NOX）。氧化剂能将 NO 氧化成 $NO_3^-$：

$$10NO+6KMnO_4+9H_2SO_4 \longrightarrow 3K_2SO_4+6MnSO_4+10HNO_3+4H_2O$$

NO 的分子轨道式为：$(\sigma_{1s})^2(\sigma_{1s}^*)^2(\sigma_{2s})^2(\sigma_{2s}^*)^2(\sigma_{2px})^2(\pi_{2py})^2(\pi_{2pz})^2(\pi_{2py}^*)^1$，分子中有一个 σ 键，一个双电子 π 键和一个 3 电子 π 键，$\pi^*$ 轨道上有一个电子，反应时较易丢失此电子，形成 $NO^+$ 亚硝酰离子：

$$:N \overset{..}{=\!\!=} O :\longrightarrow [:N \equiv O:]^+ + e^-$$

$NO^+$ 的电子数和 $N_2$、CO、$CN^-$ 相同，互为等电子体。

**3. 二氧化氮**（$NO_2$）　$NO_2$ 为红棕色气体，分子中价电子总数为 17，是奇电子分子。易聚合成无色 $N_2O_4$。$NO_2$ 和 $N_2O_4$ 两者处于依赖于温度的平衡中。在固态时都是 $N_2O_4$，液态时发生：

$$2NO_2(顺磁性) \Longleftrightarrow N_2O_4(反磁性)$$

这种 $NO_2$ 和 $N_2O_4$ 的混合物，可以由加热硝酸盐、NO 的氧化、硝酸或硝酸盐用金属或其他还原剂还原等方法来制备。

$NO_2$ 和水反应生成 $HNO_3$ 和 $HNO_2$，这是歧化反应：

$$2NO_2+H_2O \Longrightarrow HNO_3+HNO_2$$

在 423K 时 $NO_2$ 开始发生分解：

$$2NO_2 \Longrightarrow 2NO+O_2$$

873K 时反应进行得非常完全。液态 $N_2O_4$ 可用作火箭推进剂的氧化剂和制造爆炸药物。

## （五）氮的含氧酸及其盐

**1. 硝酸及其盐**　硝酸是重要的工业三酸之一。实验室用 $NaNO_3$ 和浓 $H_2SO_4$ 作用制取。工业上是用氨的催化氧化法制得。将氨和过量氧气的混合物通过装有 Pt—Rh 合金的丝网，氨在高温下被氧化为 NO。生成的 NO 与氧作用，被氧化成 $NO_2$，再被水吸收就成为 $HNO_3$。总反应式为：

$$NH_3+2O_2 \Longrightarrow HNO_3+2H_2O$$

（1）硝酸（$HNO_3$）：硝酸是一种强氧化性的酸，能氧化许多非金属和金属。非金属如碳、硫、磷等都能被硝酸氧化成氧化物或含氧酸，而硝酸本身被还原为 NO、$NO_2$：

$$4HNO_3(稀)+3C \Longrightarrow 3CO_2+4NO_2+2H_2O$$
$$6HNO_3(浓)+S \Longrightarrow H_2SO_4+6NO_2+2H_2O$$

硝酸与金属作用产物非常复杂，由于氮是多变价元素，硝酸作为氧化剂，可被还原为以下一系列较低氧化值氮的化合物。

$$HNO_3 \longrightarrow NO_2 \longrightarrow HNO_2 \longrightarrow NO \longrightarrow N_2O \longrightarrow N_2 \longrightarrow NH_2OH \longrightarrow N_2H_4 \longrightarrow NH_3$$

一般地，浓 $HNO_3$ 与金属反应，不管金属的活泼性如何，$HNO_3$ 被还原的产物主要是 $NO_2$：

$$4HNO_3(浓)+Cu \Longrightarrow Cu(NO_3)_2+2NO_2 \uparrow +2H_2O$$
$$4HNO_3(浓)+Zn \Longrightarrow Zn(NO_3)_2+2NO_2 \uparrow +2H_2O$$

稀 $HNO_3$ 被金属还原，则生成 NO：

$$3Cu+8HNO_3(浓) \Longrightarrow 3Cu(NO_3)_2+2NO \uparrow +4H_2O$$
$$Fe+4HNO_3(浓) \Longrightarrow Fe(NO_3)_3+NO \uparrow +2H_2O$$

当活泼金属与稀硝酸作用时，产物为更低氧化值氮的化合物如 $N_2O$，甚至 $NH_4^+$。

$$4Zn+10HNO_3(稀) \Longrightarrow 4Zn(NO_3)_2+NH_4NO_3+3H_2O$$

与浓 $HNO_3$ 不作用的金属( $Au$、$Pt$、$Ta$、$Rh$、$Ir$ )能溶于王水( 1 体积浓 $HNO_3$ 和 3 体积浓 $HCl$ 的混合液),如:

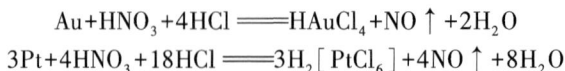

$$Au+HNO_3+4HCl =\!=\!= HAuCl_4+NO\uparrow+2H_2O$$
$$3Pt+4HNO_3+18HCl =\!=\!= 3H_2[PtCl_6]+4NO\uparrow+8H_2O$$

$Au$ 和 $Pt$ 能溶于王水,主要是由于王水中不仅含有 $HNO_3$、$Cl_2$、$NOCl$ 等强氧化剂,$HNO_3 + 3HCl =\!=\!= NOCl+Cl_2+2H_2O$,同时还有高浓度的 $Cl^-$,它与金属离子形成稳定的配离子 $[AnCl_4]^-$ 或 $[PtCl_6]^{2-}$,从而降低了溶液中金属离子的浓度,有利于反应向金属溶解的方向进行。

(2)硝酸盐:硝酸盐可由硝酸和金属单质、金属氧化物或碳酸盐反应生成。硝酸盐中除 $Tl^+$、$Ag^+$ 盐见光分解外,常温下较稳定,不体现氧化性。固体硝酸盐受热分解都放出氧气,而其他产物则因金属离子性质不同而可能是亚硝酸盐,氧化物或金属。例如:

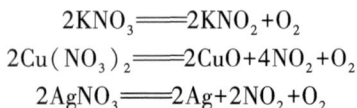

$$2KNO_3 =\!=\!= 2KNO_2+O_2$$
$$2Cu(NO_3)_2 =\!=\!= 2CuO+4NO_2+O_2$$
$$2AgNO_3 =\!=\!= 2Ag+2NO_2+O_2$$

硝酸盐热分解放出氧气的反应很快,故硝酸盐熔体是强氧化剂。$KNO_3$ 不吸水,常用作炸药,它与硫粉、碳以一定比例混合制成黑火药为中国四大发明之一。

**2. 亚硝酸及其盐**

(1)亚硝酸:$HNO_2$ 是弱酸( $K_a = 5.1\times10^{-4}$ ),等摩尔的 $NO_2$ 和 $NO$ 溶于冰水或亚硝酸钡和稀硫酸反应能得到 $HNO_2$:

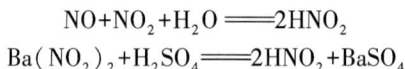

$$NO+NO_2+H_2O =\!=\!= 2HNO_2$$
$$Ba(NO_2)_2+H_2SO_4 =\!=\!= 2HNO_2+BaSO_4$$

室温放置,逐渐分解为 $HNO_3$ 和 $NO$:

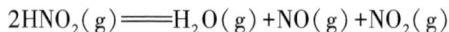

$$3HNO_2 =\!=\!= HNO_3+2NO+H_2O$$

纯的液态酸尚未发现,在气相中显著地分解:

$$2HNO_2(g) =\!=\!= H_2O(g)+NO(g)+NO_2(g)$$

亚硝酸及其盐既有氧化性,又有还原性,而以氧化性为主。如在酸性介质中 $NO_2^-$ 能将 $I^-$ 定量氧化为 $I_2$,能用于测 $NO_2^-$ 的含量:

$$2NO_2^-+2I^-+4H^+ =\!=\!= 2NO+I_2+2H_2O$$

$NO_2^-$ 是一个很好的配体,因为在 $O$ 和 $N$ 上都有孤电子对为异性双位配体,它们可与金属离子形成两种配合物(如 $M \leftarrow NO_2$ 和 $M \leftarrow ONO$ )。以氮配位时命名为硝基,以氧配位则命名为亚硝酸根。

(2)亚硝酸盐:碱金属、碱土金属元素(包括铵)的亚硝酸盐都是白色晶体(略带黄色),易溶于水,较稳定。重金属的亚硝酸盐微溶于水,热分解温度低,如 $AgNO_2$ 于 100℃ 开始分解。亚硝酸盐中以 $NaNO_2$ 最为重要,它大量用于染料工业及有机合成工业中,工业上用 $NaOH$ 或 $Na_2CO_3$ 吸收 $NO$ 和 $NO_2$ 混合气体来制取。

# 三、磷及其化合物

**案例 15-3**

白磷是剧毒物质,胃中含量达 0.1g 就会导致人死亡,空气中白磷的允许限量为 0.1mg · $m^{-3}$ 。磷主要破坏器官组织,使骨骼松软坏死。若不慎沾在手上或皮肤上,可用 50g · $L^{-1}$ 的 $CuSO_4$ 溶液或 1∶2000 的 $KMnO_4$ 水溶液浸泡处理。1g · $L^{-1}$ 的 $CuSO_4$ 溶液也常用作白磷中毒的内服解毒剂。

**问题:**

1. 白磷为剧毒物质的原因是什么? 应如何保存它?

2. 出现白磷中毒时,为什么可用 $CuSO_4$ 溶液作解毒剂?

3. 白磷还有哪些同素异形体? 请分析它们性质的异同点。

## (一) 单质磷

自然界单质磷很少,大多以磷酸盐存在,常见的有磷酸盐矿 $Ca_3(PO_4)_2$、磷灰石 $Ca_5F(PO_4)_3$。植物的种子及动物的脑、血液、神经组织的蛋白质和骨骼、牙齿都含有磷。

磷有 3 种同素异形体,白磷、红磷和黑磷。虽然白磷是最容易制备的同素异形体,并被作为标准热力学状态,但它不是最稳定的同素异形体,在加热(523K)时白磷转化为红磷。黑磷是在高压下加热白磷而产生的,是最稳定的形式。

## (二) 磷的化学性质

磷的 3 种同素异形体性质差别悬殊,白磷最活泼。白磷的晶格点上是 $P_4$ 分子,是由 4 个 P 原子通过单键相互键合而形成 4 个 $\sigma$ 键的四面体构型(图 15-3),键与键之间存在张力,$\angle PPP = 60°$,比纯 p 轨道的 $\sigma$ 键角 90° 要小,P—P 键受了应力而弯曲,键能很低,仅 $200\ kJ \cdot mol^{-1}$,很容易受外力而张开。它与空气接触时发生缓慢氧化作用,部分的反应能量以光能的形式放出,这种现象称为**磷光现象**(phosphorescence)。白磷的燃点为 313K,在空气中可自燃,一般保存在水中,以隔绝空气。

$$P_4 + 5O_2 = P_4O_{10}$$
$$P_4 + 3O_2 = P_4O_6(O_2\ 不足)$$

白磷易与氧化剂和还原剂作用,生成相应的化合物:

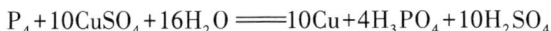

$$P_4 + 10HNO_3 + H_2O = 4H_3PO_4 + 5NO + 5NO_2$$
$$P_4 + 6X_2 = 4PX_3$$
$$P_4 + 10CuSO_4 + 16H_2O = 10Cu + 4H_3PO_4 + 10H_2SO_4$$

白磷与某些金属反应,形成氧化值为 -3 的磷化合物:

$$6Mg + P_4 = 2Mg_3P_2$$
$$12Cu + P_4 = 4\ Cu_3P$$

在热碱溶液中白磷容易发生歧化反应:

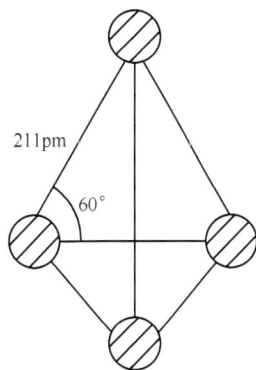

$$P_4 + 3KOH + 3H_2O = PH_3 + 3KH_2PO_2$$

图 15-3　白磷的分子结构

## (三) 磷的简单化合物

**1. 磷化氢**($PH_3$)　磷化氢称为膦。磷不与 $H_2$ 直接反应,可用金属磷化物($Mg_3P_2$ 或 $Zn_3P_2$)与水或酸反应制得:

$$Zn_3P_2 + 6H_2O = 3Zn(OH)_2 + 2PH_3$$

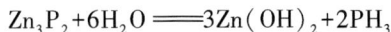

$PH_3$ 是无色、烂鱼嗅味、毒性很强的气体,熔点 137K,沸点 185K,710K 分解为单质。$PH_3$ 的分子结构与 $NH_3$ 相同,是三角锥形,但 $PH_3$ 在液态时不缔合,仅微溶于水,碱性比 $NH_3$ 弱得多($K_b \approx 10^{-26}$)。$PH_3$ 是还原剂,在较低温度时能还原酸性 $MnO_4^-$、$Cr_2O_7^{2-}$、$Cu^{2+}$、$Ag^+$ 等。$PH_3$ 和它的取代衍生物 $PR_3$ 能与过渡元素形成配合物,其配位能力比氨或胺强,因为 P 除提供配位的电子对外,配合物中心离子还可向 P 的空 d 轨道反馈电子,以加强配离子的稳定性。工业上 $PH_3$ 用于制备有机磷化合物。

**2. 卤化磷**    三卤化磷 $PX_3$(除 $PF_3$ 外)和五卤化磷(除 $PI_5$ 外)都能由元素直接化合,控制磷和卤素的相对量分别制得(前者磷过量,后者卤素过量)。

卤化物中最重要的是三氯化磷和五氯化磷。$PCl_3$ 是无色液体,分子结构为三角锥形。对湿度很敏感,在潮湿的空气中有烟雾,迅速水解,形成 $H_3PO_3$ 和 $HCl$:

$$PCl_3+3H_2O=\!=\!=H_3PO_3+3HCl$$

同样 $PCl_3$ 还能与氨、醇进行氨解和醇解反应:

$$PCl_3+3NH_3=\!=\!=P(NH_2)_3+3HCl$$

$$PCl_3+3ROH=\!=\!=P(OR)_3+3HCl$$

$PCl_5$ 是白色固体,加热时升华(433K),并可逆地分解为 $PCl_3$ 和 $Cl_2$,在 573K 以上分解完全。$PCl_5$ 与 $PCl_3$ 相同,易于水解,但水量不足时,则部分水解成黄色油状三氯氧磷和氯化氢:

$$PCl_5+H_2O=\!=\!=POCl_3+2HCl$$

在过量水中则完全水解:

$$POCl_3+3H_2O=\!=\!=H_3PO_4+3HCl$$

$PCl_5$ 可作氯化剂,与活泼金属 $Zn$、$Mg$、$Cd$ 和非金属 $S$、$I_2$ 等形成氯化物。

**3. 磷的氧化物**    磷在空气中燃烧得磷的氧化物,当空气不足时生成三氧化磷,空气充足时生成五氧化磷,其分子式分别为 $P_4O_6$ 和 $P_4O_{10}$。它们的结构都是以 $P_4$ 分子四面体结构为基础而衍生的。$P_4O_6$ 熔点 297K,沸点 447K,是亚磷酸的酸酐,它是还原剂,被空气、卤素、硫、$H_2O_2$ 等氧化至磷(V)的化合物。$P_4O_{10}$ 白色软质粉末,是磷酸的酸酐。$P_4O_{10}$ 对水有很大亲力,极易吸水,与水反应剧烈,放大量热,根据用水量多少而生成不同组分的磷酸。

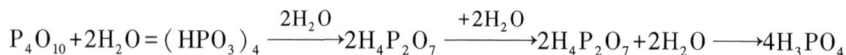

$$P_4O_{10}+2H_2O=(HPO_3)_4\xrightarrow{2H_2O}2H_4P_2O_7\xrightarrow{+2H_2O}2H_4P_2O_7+2H_2O\longrightarrow4H_3PO_4$$

当 $P_4O_{10}$ 与水的物质的量比超过 1∶6,特别是有硝酸作催化剂时,可完全转化为正磷酸。

## (四) 磷的含氧酸及其盐

磷能形成多种含氧酸,根据氧化值不同有次磷酸、亚磷酸、正磷酸。同时由于同一氧化值的磷酸还能脱水缩合形成许多种含一个磷原子以上的缩合酸(多酸),因此,磷的含氧酸及其盐非常广泛而且有很大的实用意义。

**1. 不同氧化值的磷酸**    不同氧化值的磷酸有 3 种,分别为次磷酸($H_3PO_2$)、亚磷酸($H_3PO_3$)、正磷酸($H_3PO_4$),见表 15-3。一个给定的元素,其含氧酸的酸性随元素的氧化值升高而增强,这一趋势在 $H_3PO_2$、$H_3PO_3$、$H_3PO_4$ 系列中是观察不到的,这也是由次磷酸、亚磷酸的特殊结构所造成的。

表 15-3    $P(I)$、$P(III)$、$P(V)$ 氧化态的磷酸

| 名称 | 结构 | 酸的强度 |
|---|---|---|
| 次磷酸 $H_3PO_2$ | $HO-\overset{\displaystyle O}{\underset{\displaystyle H}{\overset{\|}{\underset{\|}{P}}}}-H$ | $K_a=10^{-2}$ |
| 亚磷酸 $H_3PO_3$ | $HO-\overset{\displaystyle O}{\underset{\displaystyle H}{\overset{\|}{\underset{\|}{P}}}}-OH$ | $K_{a1}=1.6\times10^{-2}$,$K_{a2}=7\times10^{-7}$ |
| 正磷酸 $H_3PO_4$ | $HO-\overset{\displaystyle O}{\underset{\displaystyle OH}{\overset{\|}{\underset{\|}{P}}}}-OH$ | $K_{a1}=7.5\times10^{-3}$,$K_{a2}=6.2\times10^{-8}$,$K_{a3}=2.2\times10^{-13}$ |

**2. 正磷酸及其盐** 高氧化值的正磷酸称磷酸,是了解得最早和最主要的磷的化合物。工业上大量生产85%黏稠的磷酸,可用硫酸和磨细的磷酸盐矿石直接反应而制得:

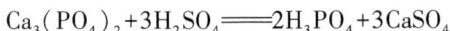
$$Ca_3(PO_4)_2+3H_2SO_4 =\!=\!= 2H_3PO_4+3CaSO_4$$

也可用磷直接燃烧而得到 $P_4O_{10}$,然后由 $P_4O_{10}$ 水解而制得较纯的磷酸。纯磷酸是无色晶体,熔点315K。由于氢键的存在,市售磷酸是一种黏稠的溶液(含 $H_3PO_4$ 约85%)。磷酸很稳定,在623K以下,实际没有氧化性,为非氧化性酸。加热磷酸时逐渐脱水生成焦磷酸、偏磷酸。磷酸具有强的配位能力,能与许多金属离子形成可溶性配合物,如与 $Fe^{3+}$ 生成 $[FeHPO_4]^+$:

$$Fe^{3+}+H_3PO_4 =\!=\!= [FeHPO_4]^++2H^+$$

**3. 次磷酸、亚磷酸** 低氧化值 $P(Ⅰ)$、$P(Ⅲ)$ 的含氧酸次磷酸和亚磷酸都是白色固体,前者易吸潮。它们都不稳定,强热发生歧化反应:

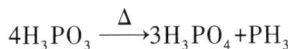
$$3H_3PO_a \longrightarrow 2H_2PO_2+PH_3$$
$$4H_3PO_3 \xrightarrow{\Delta} 3H_3PO_4+PH_3$$

这两种酸及其盐都是强还原剂。次磷酸可由次磷酸钡与硫酸反应制得:

$$Ba(H_2PO_2)_2+H_2SO_4 = BaSO_4+2H_3PO_2$$

亚磷酸可由 $P_4O_6$ 与水反应或 $PCl_3$、$PBr_3$、$PI_3$ 等的水解反应制得。

**4. 焦磷酸及其盐** 磷酸有很强的缩合性,当加热两个以上含有 P—OH 基团物质($H_3PO_4$ 或 $H_2PO_4^-$)脱去水分子,得到一个以上磷原子,且含 P—O—P 键的磷酸称为缩合磷酸(同多酸),简单地以下式表示:

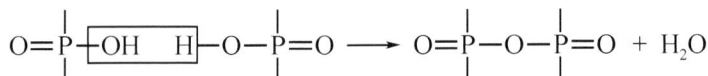

纯焦磷酸可由加热 $H_3PO_4$ 和 $POCl_3$ 制得:

$$5H_3PO_4+POCl_3 \xrightarrow{\Delta} 3H_4P_2O_7+3HCl$$

焦磷酸是无色玻璃状固体,易溶于水,在冷水中会慢慢转变成 $H_3PO_4$。焦磷酸水溶液酸性强于正磷酸。一般缩合酸的酸性均大于单酸,是因为缩合酸根离子体积大,其表面的电荷密度降低很多,因此缩合酸易解离出 $H^+$ 离子。

# 四、离子鉴定

**1. 铵离子**($NH_4^+$) 铵盐溶液中加入过量的 NaOH 试液,加热后有氨气放出,使湿润紫色石蕊试纸变蓝(或使湿润 pH 试纸变碱色):$NH_4^+$ 与奈式试剂(碱性 $K_2[HgI_4]$ 溶液)反应,生成棕黄色沉淀:

$$2K_2[HgI_4]+NH_3+3KOH =\!=\!= Hg_2ONH_2\downarrow+7KI+2H_2O$$

**2. 硝酸根离子**($NO_3^-$) 取试样数滴于试管中,加入 $0.10mol\cdot L^{-1}$ $FeSO_4$ 试液,沿管壁缓慢加入浓 $H_2SO_4$,使成两液面,界面显棕色为阳性反应:

$$NO_3^-+3Fe^{2+}+4H^+ =\!=\!= 3Fe^{3+}+NO+2H_2O$$
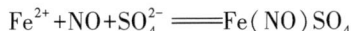
$$Fe^{2+}+NO+SO_4^{2-} =\!=\!= Fe(NO)SO_4$$

$NO_2^-$ 离子存在干扰反应,应先加入尿素除去 $NO_2^-$ 后再鉴定。

**3. 亚硝酸根离子**($NO_2^-$) 试管中加入几滴试液、$H_2SO_4$ 和淀粉 KI 试液,振荡试管,若显蓝色,表明有 $NO_2^-$ 存在:

$$2NO_2^-+4H^++2I^- =\!=\!= 2NO\uparrow+I_2+2H_2O$$

**4. 磷酸根离子**（$PO_4^{3-}$）　取试样数滴于试管中,加入 $6mol \cdot L^{-1}HNO_3$ 溶液和过量的钼酸铵 $\{(NH_4)_2MoO_4\}$ 溶液,加热,若有黄色沉淀(磷钼酸铵)生成表示有 $PO_4^{3-}$ 存在:

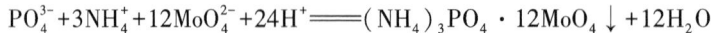

$$PO_4^{3-}+3NH_4^++12MoO_4^{2-}+24H^+ \!=\!=\!= (NH_4)_3PO_4 \cdot 12MoO_4 \downarrow +12H_2O$$

**5. $As^{3+}$、$Sb^{3+}$、$Bi^{3+}$**　利用生成不同颜色硫化物的方法鉴别,$As_2S_3$(黄色)、$Sb_2S_3$(橙色)、$Bi_2S_3$(棕黑色)。另外,向亚砷酸盐或砷酸盐溶液中加入 $AgNO_3$ 溶液,分别生成黄色的亚砷酸银或暗棕色的砷酸银沉淀:

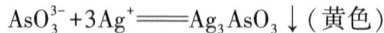

$$AsO_3^{3-}+3Ag^+ \!=\!=\!= Ag_3AsO_3 \downarrow (黄色)$$
$$AsO_4^{3-}+3Ag^+ \!=\!=\!= Ag_3AsO_4 \downarrow (暗棕色)$$

向含有 $Bi^{3+}$ 离子的溶液中加入新配制的 $NaSnO_2$ 的碱性溶液,有黑色的单质铋沉淀生成:

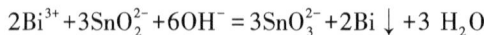

$$2Bi^{3+}+3SnO_2^{2-}+6OH^- = 3SnO_3^{2-}+2Bi \downarrow +3H_2O$$

## 五、氮族元素的生物效应

氮是构成一切生命体的重要组成元素。氮元素在蛋白质中的质量分数约为 16%,而蛋白质则是一切生命过程的基础。虽然大气中的游离氮取之不尽,但动物和绝大多数植物是无法直接利用大气中的氮元素合成蛋白质的。多数植物靠吸收土壤中的铵盐和硝酸盐合成蛋白质。部分植物作为动物的食料,植物蛋白就被动物利用在体内合成动物蛋白质。动植物的遗体和排泄物经腐烂分解后又转化成铵盐或硝酸盐回归自然,这样就构成了氮化合物的基本生物循环。

磷也是生命体的重要组成元素。动植物体内的多种蛋白质中都含有磷,动物骨骼中还含有大量的磷酸钙。人体中磷酸钙的质量分数约为 3%。在许多植物的叶根部也含有大量的磷酸盐。

## 六、常用药物

**1. 稀氨溶液**　药用稀氨溶液的质量分数为 9.5%~10.5%,为刺激性药。给昏厥患者吸入氨气,可反射性引起中枢兴奋。外用可治疗某些昆虫叮咬伤和化学试剂(如氢氟酸)造成的皮肤沾染伤。

**2. 亚硝酸钠**　亚硝酸钠($NaNO_2$)注射液主要用于治疗氰化物中毒。

# 第4节　氧族元素

氧族元素有氧、硫、硒、碲和钋五种元素。氧是地球上含量最多,分布最广的元素。约占地壳总质量的 46.6%。它遍及岩石层、水层和大气层。在岩石层中,氧主要以氧化物和含氧酸盐的形式存在。在海水中,氧占海水质量的 89%。在大气层中,氧以单质状态存在,约占大气质量的 23%。

硫在地壳中的含量为 0.045%,是一种分布较广的元素。它在自然界中以两种形态出现单质硫和化合态硫。天然的硫化合物包括金属硫化物、硫酸盐和有机硫化合物三大类。最重要的硫化物矿是黄铁矿 $FeS_2$,它是制造硫酸的重要原料。其次是黄铜矿($CuFeS_2$)、方铅矿($PbS$)、闪锌矿($ZnS$)等。硫酸盐矿以石膏($CaSO_4 \cdot 2H_2O$)和 $Na_2SO_4 \cdot 10H_2O$ 为最丰富。有机硫化合物除了存在于煤和石油等沉积物中外,还广泛地存在于生物体的蛋白质、氨基酸中。单质硫主要存在于火山附近。

# 一、氧族元素的通性

## (一) 基本性质

氧族元素的基本性质列于表 15-4。由表中数据可知,从氧到钋随着元素原子序数的增大,元素的电负性、电离能和电子亲合能递减,原子半径递增。本族元素从典型的非金属元素氧和硫过渡到金属元素钋,处于中间位置的硒和碲则为准金属。

表 15-4　氧族元素的基本性质

| 性质 | 氧 | 硫 | 硒 | 碲 |
|---|---|---|---|---|
| 价层电子组态 | $2s^2 2p^4$ | $3s^2 3p^4$ | $4s^2 4p^4$ | $5s^2 5p^4$ |
| 常见氧化值 | $-2,-1,0$ | $-2,0,+2,+4,+6$ | $-2,0,+2,+4,+6$ | $-2,0,+2,+4,+6$ |
| 共价半径/pm | 66 | 104 | 117 | 137 |
| $O_2^{2-}$ 离子半径/pm | 140 | 184 | 198 | 221 |
| 第一电离能/$(kJ \cdot mol^{-1})$ | 1314 | 1000 | 941 | 869 |
| 第一电子亲合能/$(kJ \cdot mol^{-1})$ | 141 | 200 | 195 | 190 |
| 第二电子亲合能/$(kJ \cdot mol^{-1})$ | $-780$ | $-590$ | $-420$ | $-295$ |
| 单键解离能/$(kJ \cdot mol^{-1})$ | 142 | 226 | 172 | 126 |
| 电负性(Pauling 标度) | 3.44 | 2.58 | 2.55 | 2.10 |

## (二) 成键特征

氧族元素原子的价电子层组态为 $ns^2 np^4$,与周期系其他族元素相比,氧族元素具有以下成键特征:

(1) 易得到或与其他元素的原子共用两个电子,形成氧化值为-2 的化合物,以达到稀有气体 8 电子构型的倾向。氧与大多数金属元素形成离子型化合物,而本族其他元素则与大多数金属元素形成共价型化合物。氧族元素与非金属元素化合均形成共价型化合物。

(2) 本族元素在与电负性大于它们的元素化合时,均可形成氧化值为+2 的共价型化合物,由于硫、硒、碲的价电子层有空的 d 轨道可参与成键,还可形成氧化值为+4 和+6 的共价型化合物。

(3) 本族元素具有较强的形成配位键的倾向,氧和硫是常见的配位原子。

(4) 本族元素 O,S 为非金属;Se,Te 是准金属;Po 为典型金属,是一个完整系列。

# 二、氧、臭氧和过氧化氢

**案例 15-4**

我国药典收载的过氧化氢溶液(双氧水),一般是将 30% 的 $H_2O_2$ 溶液稀释而得,浓度(质量分数)应为 1.0%~3.5%。临床上常用作消毒、防腐和除臭剂。但本品不稳定,见光或受热易分解。因此,商品中常加入一些可以结合过氧化氢溶液中杂质的稳定剂,如微量的锡酸钠、焦磷酸钠、磷酸、硼酸或 8-羟基喹啉等(医用的过氧化氢添加乙酰苯胺、甘氨酸、巴比妥及非那西汀等)。并且需在低温、避光和密闭条件下保存。

## （一）氧气

$O_2$ 在常温下为无色、无味、无臭气体，在 $H_2O$ 中溶解度很小，$O_2$ 为非极性分子，$H_2O$ 为极性溶剂。在水中有水合氧分子存在。水中少量氧气是水生动植物赖以生存的基础。$O_2$ 在 90K 时液化成淡蓝色液体，54K 时凝固成淡蓝色固体。

## （二）臭氧

臭氧的分子式为 $O_3$，分子构型为 V 形，中心氧原子采用不等性 $sp^2$ 杂化。中心的 2Pz 轨道和两个配体的 2Pz 轨道均垂直于分子平面，互相重叠，形成 3 中心 4 电子大 $\Pi$ 键，表示成 $\Pi_3^4$，故 $O_3$ 中的 $\Pi_3^4$ 以单键水平约束 3 个氧原子，$O_3$ 中的化学键介于单双键之间。臭氧淡蓝色，有鱼腥气味，由于分子有极性，在水中的溶解度比 $O_2$ 大些。氧化性很强。

$$O_3+2H^++2e \longrightarrow O_2+H_2O$$
$$O_3+H_2O+2e \longrightarrow O_2+2OH^-$$
$$PbS(黑)+4O_3 =\!=\!= PSO_4(白)+4O_2$$
$$2HI+O_3 =\!=\!= I_2+H_2O+O_2$$

大气层中，离地表 20~40km 有臭氧层，虽然浓度很低，但总量相当于在地表覆盖 3mm 厚的一层。臭氧层可以吸收紫外线，对地面生物有重要的保护作用。

## （三）过氧化氢

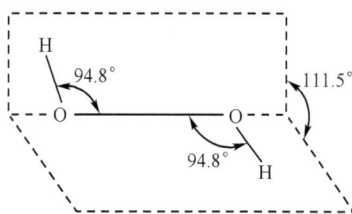

图 15-4　$H_2O_2$ 分子结构

**1. 过氧化氢的分子构型**　$H_2O_2$ 分子中的成键作用和 $H_2O$ 分子一样，其中的 O 原子也是采取不等性 $sp^3$ 杂化，两个杂化轨道一个同 H 原子形成 H—O σ 键，另一个则同第二个 O 原子的杂化轨道形成 O—O σ 键，其他两个杂化轨道则被两对孤电子对占据，每个 O 原子上的两对孤电子间的排斥作用，使得两个 H—O 键向 O—O 键靠拢，所以键角 ∠H—O—O 为小于四面体的值。同时也使得 O—O 键长为 149pm，比计算的单键值大。H—O 键键长为 97pm。整个分子不是直线形的，在分子中有一个过氧链—O—O—，O 的氧化值为 -1，每个 O 原子上各连着一个 H 原子，两个 H 原子位于像半展开的书的两页纸面上，两页纸面的夹角为，两个 O 原子则处在书的夹缝位置上，见图 15-4。

**2. 过氧化氢的性质**　纯 $H_2O_2$ 是淡蓝色黏稠状液体，极性比 $H_2O$ 强。分子间有比 $H_2O$ 还强的缔合作用，与 $H_2O$ 以任意比例互溶，沸点比 $H_2O$ 高，为 151.4℃。$H_2O_2$ 是二元弱酸，$K_{a1}=2.0\times10^{-12}$，$K_{a2}=1.0\times10^{-25}$，其酸性比水略强。$H_2O_2$ 的浓溶液和碱作用成盐：

$$H_2O_2+Ba(OH)_2 =\!=\!= BaO_2\downarrow+2H_2O$$

**3. 氧化还原性质**

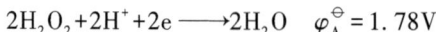

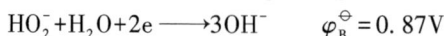

$$2H_2O_2+2H^++2e \longrightarrow 2H_2O \quad \varphi_A^\ominus=1.78V$$
$$HO_2^-+H_2O+2e \longrightarrow 3OH^- \quad \varphi_B^\ominus=0.87V$$

在酸中，碱中氧化性都很强：

$$2HI+H_2O_2 \overline{\qquad\qquad} I_2+2H_2O$$
$$PbS+4H_2O_2 \overline{\qquad\qquad} PbSO_4+4\ H_2O$$

油画的染料中含 Pb(Ⅱ),长久与空气中的 $H_2S$ 作用,生成黑色的 PbS,使油画发暗。用 $H_2O_2$ 涂刷,生成 $PbSO_4$,油画变白。$H_2O_2$ 做还原剂、氧化剂均不引入杂质,被称为"干净的"还原剂、氧化剂。

**4. 稳定性**

$$\varphi_A^{\ominus}/V \quad O_2 \xrightarrow{\ 0.68\ } H_2O_2 \xrightarrow{\ 1.78\ } H_2O \qquad \varphi_B^{\ominus}/V \quad O_2 \xrightarrow{\ -0.08\ } HO_2^- \xrightarrow{\ 0.87\ } OH^-$$

$\varphi_{\text{右}}^{\ominus}>\varphi_{\text{左}}^{\ominus}$ $H_2O_2$ 在两种介质中均不稳定,将歧化分解:

$$2H_2O_2 \overline{\qquad\qquad} 2H_2O+O_2$$

但在常温无杂质的情况下,分解速度不快。温度高或引入杂质,如 $Mn^{2+}$,反应将加快。

# 三、硫、硫化氢和金属硫化物

## (一) 硫的单质

单质硫有多种同素异形体,常见的晶体硫是淡黄色有微臭味的正交硫 $S_8$;不溶于水,易溶于二硫化碳 $CS_2$、四氯化碳 $CCl_4$ 等非极性有机溶剂中。

药用硫除升华硫外还有沉降硫和洗涤硫。洗涤硫可由升华硫经稀氨水浸泡制备。沉降硫可由多硫化钙与 HCl 反应制备。硫能形成氧化值为 $-2$、$+1$、$+2$、$+4$、$+6$ 的化合物,氧化值为 $-2$ 的硫具有较强的还原性,$+6$ 的硫只有氧化性,$+4$ 的硫既具有氧化性也有还原性。硫是一个很活泼的元素,表现在:

(1) 除金、铂外,硫几乎能与所有的金属直接加热化合,生成金属硫化物。

(2) 除稀有气体、碘、分子氮以外,硫与所有的非金属一般都能化合。

(3) 硫能溶解在苛性钠溶液:$6S+6NaOH \overline{\qquad} 2Na_2S_2+Na_2S_2O_3+3H_2O$

(4) 硫能被浓硝酸氧化成硫酸:$S+6HNO_3(浓)\overline{\qquad} H_2SO_4+6NO_2+2H_2O$

## (二) 硫的成键特征

S 原子的价电子层组态为 $3s^23p^4$,还有可以利用的空 3d 轨道,因此 S 在形成化合物时有如下的价键特征:

**1. 形成离子键** S 原子可以从电负性较小的原子接受 2 个电子,形成 $S^{2-}$ 离子,生成离子型硫化物。

**2. 形成共价键** S 原子可以与电负性相近的原子形成共价键,另外它的 3s 和 3p 中的成对电子可以拆开进入它的 3d 空轨道,然后参加成键。

**3. 形成多硫链** 从单质 S 的结构特征看,S 有形成长硫链—$S_n$—的习性,因此长硫链也可以成为形成化合物的结构基础。这个特点是其他元素少见的。当长硫链中 S 原子的个数 $n=2$ 时,也可以叫做过硫化物,类似于 O 的过氧化物。例如,离子型的过硫化亚铁 $FeS_2$、过硫化钠 $Na_2S_2$,共价型的过硫化氢 $H_2S_2$、$S_2Cl_2$。在过硫化物中 S 的氧化值为 $-1$ 或 $+1$。当长硫链中 S 原子的个数为 $2\sim6$ 时,还可以生成多硫化氢 $H_2S_n$(硫烷)、多硫化物 $MS_n$ 和连多硫酸 $H_2S_nO_6$。

## (三) 硫化氢、硫化物和多硫化物

**1. 硫化氢**

(1) 结构特点:S 原子采取 $sp^3$ 杂化,生成 2 个 $\sigma$ 键,2 对孤电子对,分子构型为 V 形。S 的氧化值为 $-2$。

（2）物理性质：$H_2S$ 是一种无色有毒的气体，有臭鸡蛋气味，它是一种大气污染物。空气中如果含 0.1% 的 $H_2S$ 就会迅速引起头疼眩晕等症状。吸入大量 $H_2S$ 会造成人昏迷和死亡。经常与 $H_2S$ 接触会引起嗅觉迟钝、消瘦、头痛等慢性中毒。$H_2S$ 在 213K 时液化，187K 时凝固。

（3）化学性质：$H_2S$ 的水溶液是一种二元弱酸，$K_{a1} = 1.3 \times 10^{-8}$，$K_{a2} = 1.3 \times 10^{-15}$。$H_2S$ 中 S 的氧化值为-2，处于 S 的最低氧化值，所以 $H_2S$ 的一个重要化学性质是具有还原性。从标准电极电位看，无论在酸性或碱性介质中，$H_2S$ 都具有较强的还原性：

$$\varphi_A^{\ominus}(S/H_2S) = 0.14V \qquad \varphi_A^{\ominus}(S/S^{2-}) = -0.45V$$

$H_2S$ 能被 $I_2$、$Br_2$、$O_2$、$SO_2$ 等氧化剂氧化成单质 S，甚至氧化成硫酸：

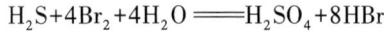

$$H_2S + I_2 === 2HI + S$$
$$H_2S + 4Br_2 + 4H_2O === H_2SO_4 + 8HBr$$
$$2H_2S + SO_2 === 3S + 2H_2O$$
$$2H_2S + O_2 === 2S + 2H_2O$$

工业上利用后两个反应从工业废气中回收单质硫。

实验室中用金属硫化物与酸作用制备 $H_2S$：

$$FeS + H_2SO_4 === H_2S \uparrow + FeSO_4$$
$$Na_2S + H_2SO_4 === H_2S \uparrow + Na_2SO_4$$

前一反应可用启普发生器为反应器制备较小量的 $H_2S$ 气体，后一反应适用于制备较大量的 $H_2S$ 气体。

**2. 硫化物**

（1）硫化物的颜色和溶解性：金属硫化物大多数是有颜色难溶于水的固体，只有碱金属和铵的硫化物易溶于水，碱土金属硫化物微溶于水，见表 15-5。

表 15-5　常见金属硫化物的颜色和溶度积常数（25℃）

| 化合物 | 颜色 | $K_{sp}$ | 化合物 | 颜色 | $K_{sp}$ |
|---|---|---|---|---|---|
| $Na_2S$ | 白色 | — | PbS | 黑色 | $1.1 \times 10^{-29}$ |
| ZnS | 白色 | $1.2 \times 10^{-23}$ | CoS | 黑色 | $7.0 \times 10^{-23}$ |
| MnS | 肉色 | $1.4 \times 10^{-15}$ | $Cu_2S$ | 黑色 | $2.6 \times 10^{-49}$ |
| NiS | 黑色 | $3.0 \times 10^{-21}$ | CuS | 黑色 | $6.0 \times 10^{-36}$ |
| FeS | 黑色 | $3.7 \times 10^{-19}$ | $Ag_2S$ | 黑色 | $1.6 \times 10^{-49}$ |
| CdS | 黄色 | $3.6 \times 10^{-29}$ | $Hg_2S$ | 黑色 | $1.0 \times 10^{-45}$ |
| SnS | 灰白色 | $1.0 \times 10^{-28}$ | $Bi_2S_3$ | 黑色 | $6.8 \times 10^{-92}$ |

（2）硫化物的水解：由于氢硫酸是个弱酸，所以所有的硫化物无论是易溶的还是难溶的，都会产生一定程度的水解，使溶液显碱性：

$$Na_2S + H_2O === NaHS + NaOH$$

$Na_2S$ 溶液呈强碱性，可作为强碱使用。$Al_2S_3$ 完全水解，难溶的 CuS 和 PbS 有微弱的水解。因此这些硫化物不能用湿法从溶液中制备。

（3）硫化钠和硫化铵：$Na_2S$ 是工业上有较多用途的一种水溶性硫化物，它是一种白色晶状固体，熔点 1453K，在空气中易潮解。常见商品是它的水合晶体 $Na_2S \cdot 9H_2O$。$(NH_4)_2S$ 是一种常用的水溶性硫化物试剂，是一种黄色晶体。

**3. 多硫化物**　　当硫化物 $M_2S_x$ 中的 $x = 2 \sim 6$ 时，例如 $Na_2S_2$ 或 $(NH_4)_2S_2$，可以叫做过硫化物，过硫化物实际是过氧化物的同类化合物。多硫离子具有链状结构，S 原子通过共用电子对相连成硫链。$Na_2S$ 或 $(NH_4)_2S$ 的溶液能够溶解单质硫，在溶液中生成多硫化物：

$$Na_2S + (x-1)S === Na_2S_x$$

$$(NH_4)_2S+(x-1)S \Longrightarrow (NH_4)_2S_x$$

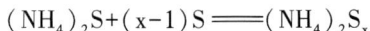

多硫化物溶液一般显黄色,其颜色可随着溶解的硫的增多而加深,最深为红色。多硫化物在酸性溶液中很不稳定,容易歧化分解生成 $H_2S$ 和单质 S:

$$S_x^{2-}+2H^+ \longrightarrow H_2S+(x-1)S$$

多硫化物是一种硫化试剂,在反应中它向其他反应物提供活性硫而表现出氧化性。例如:

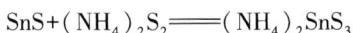

$$SnS+(NH_4)_2S_2 \Longrightarrow (NH_4)_2SnS_3$$

$$As_2S_3+3Na_2S_2 \Longrightarrow 2Na_3AsS_4+S$$

多硫化物能将 SnS 硫化亚锡(Ⅱ)氧化成硫代锡(Ⅳ)酸盐$(NH_4)_2SnS_3$ 而溶解。将三硫化二砷(Ⅲ)$As_2S_3$氧化成硫代砷(Ⅳ)酸盐而溶解。多硫化钠 $Na_2S_2$ 是常用的分析化学试剂,在制革工业中用作原皮的脱毛剂;多硫化钙 $CaS_4$ 在农业上用作杀虫剂。

# 四、硫的氧化物、含氧酸及其盐

## (一) 硫的氧化物

硫的氧化物有 $S_2O$、$SO$、$S_2O_3$、$SO_2$、$SO_3$、$S_2O_7$、$SO_4$ 等,其中最重要的是 $SO_2$ 和 $SO_3$。

**1. 二氧化硫**  二氧化硫的结构特点:$SO_2$ 分子是弯曲形的,S 原子采取不等性 $sp^2$ 杂化,键角为 119.5°。$SO_2$ 是一种无色有刺激臭味的气体,比空气重 2.26 倍,它是一种大气污染物,是造成酸雨的主要因素之一。$SO_2$ 中 S 的氧化值为+4,所以 $SO_2$ 既有氧化性又有还原性,但主要表现为还原性。只有遇到强还原剂时,$SO_2$ 才表现出氧化性。

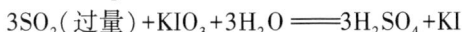

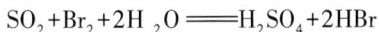

$$3SO_2(过量)+KIO_3+3H_2O \Longrightarrow 3H_2SO_4+KI$$

$$SO_2+Br_2+2H_2O \Longrightarrow H_2SO_4+2HBr$$

$$SO_2+2H_2S \Longrightarrow 3S+2H_2O$$

在催化剂的作用下:

$$2SO_2+O_2 \Longrightarrow 2SO_3$$

$$SO_2+2CO \Longrightarrow S+2CO_2$$

**2. 三氧化硫**  气态 $SO_3$ 分子构型为平面三角形,S 原子杂化,键角为 120°,键长 143pm,具有双键特征(S—O 单键长约为 155pm)。纯净的 $SO_3$ 是无色易挥发的固体,熔点 289.9K,沸点 317.8K。$SO_3$ 中 S 原子处于最高氧化值+6,所以 $SO_3$ 是一种强氧化剂,特别在高温时它能氧化磷、碘化物和铁、锌等金属:

$$5SO_3+2P \Longrightarrow 5SO_2+P_2O_5$$

$$SO_3+2KI \Longrightarrow K_2SO_3+I_2$$

$SO_3$ 极易吸收水分,在空气中强烈冒烟,溶于水即生成硫酸并放出大量热。

## (二) 硫的含氧酸及其盐

**1. 亚硫酸及其盐**  $SO_2$ 溶于水就生成亚硫酸,亚硫酸只存在于水溶液中不存在游离的纯 $H_2SO_3$。

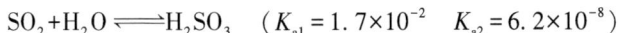

$$SO_2+H_2O \Longrightarrow H_2SO_3 \quad (K_{a1}=1.7\times10^{-2} \quad K_{a2}=6.2\times10^{-8})$$

碱金属的亚硫酸盐易溶于水,水解显碱性:

$$Na_2SO_3+H_2O \Longrightarrow NaHSO_3+NaOH$$

其他金属的正盐均微溶于水,而所有的酸式盐都易溶于水。在亚硫酸和它的盐中,硫的氧化值是+4,居中间氧化态,所以亚硫酸及其盐既有氧化性又有还原性,但主要表现为还原性。

(1)还原性:亚硫酸盐比亚硫酸具有更强的还原性。在碱性溶液中亚硫酸盐是一种强还原剂。例如:亚硫酸及其盐的溶液能使 $MnO_4^-$ 还原为 $Mn^{2+}$,使 $Cr_2O_7^{2-}$ 还原为 $Cr^{3+}$,使 $IO_3^-$ 还原为 $I_2$ 或 $I^-$,$Br_2$、$Cl_2$ 被还原为 $Br^-$ 或 $Cl^-$ 等。

(2) 氧化性:亚硫酸及其盐虽然是相当强的还原剂,但也能被它更强的还原剂(如 $H_2S$ 等)还原成单质硫,而表现出氧化性。例如:

$$H_2SO_3+2H_2S = 3S\downarrow +3H_2O$$

亚硫酸及其盐受热容易分解,遇到强酸也即分解。例如亚硫酸盐受热发生歧化反应而分解。亚硫酸盐遇到强酸即分解放出 $SO_2$,这是实验室制取少量的 $SO_2$ 的一种方法。

**2. 硫酸及其盐**　$SO_3$ 溶于水即生成硫酸并放出大量的热。

$$SO_3+H_2O = H_2SO_4$$

$H_2SO_4$ 是一个二元强酸,在稀溶液中,它的第一步电离是完全的,第二步电离程度则较低,$K_{a2}$ $=1.2\times10^{-2}$。硫酸是 $SO_3$ 的水合物,除了 $H_2SO_4(SO_3\cdot H_2O)$ 和 $H_2S_2O_7(2SO_3\cdot H_2O)$ 外,它还能生成一系列稳定的水合物,所以浓硫酸有强烈的吸水性。

浓硫酸是工业上和实验室中最常用的干燥剂,用它来干燥氯气、氢气和二氧化碳等气体。它不但能吸收游离的水分,还能从一些有机化合物中夺取与水分子组成相当的氢和氧,使这些有机物碳化。例如,蔗糖或纤维被浓硫酸脱水:

$$C_{12}H_{12}O_{11} \xrightarrow{\text{浓硫酸}} 12C+11H_2O$$

浓硫酸强氧化性:浓硫酸是一种氧化性酸,加热时氧化性更显著,它可以氧化许多金属和非金属。例如:

$$Cu+2H_2SO_4 = CuSO_4+SO_2\uparrow +2H_2O$$

$$C+2H_2SO_4 = CO_2+2SO_2\uparrow +2H_2O$$

冷的浓硫酸(93%以上)不和铁、铝等金属作用,因为铁、铝在冷浓硫酸中被钝化了。所以可以用铁、铝制的器皿盛放浓硫酸。稀硫酸只能与金属活泼顺序在 H 以前的金属如 $Zn$、$Mg$、$Fe$ 等反应而放出氢气:

$$H_2SO_4+Fe = FeSO_4+H_2\uparrow$$

硫酸是重要的基本化工原料,常用硫酸的年产量来衡量一个国家的化工生产能力。硫酸大部分消耗在肥料工业中,在石油、冶金等许多工业部门,也要消耗大量的硫酸。

**3. 硫代硫酸钠**　硫代硫酸 $H_2S_2O_3$ 非常不稳定,但硫代硫酸盐是相当稳定的。市售硫代硫酸钠 $Na_2S_2O_3\cdot 5H_2O$ 俗名海波或大苏打,是一种无色透明的晶体,易溶于水,其水溶液显弱碱性。$Na_2S_2O_3$ 在中性或碱性溶液中很稳定,在酸性(pH≤4.6)溶液中迅速分解:

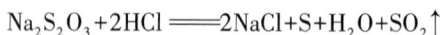
$$Na_2S_2O_3+2HCl = 2NaCl+S+H_2O+SO_2\uparrow$$

这个反应可以用来鉴定 $S_2O_3^{2-}$ 离子的存在。在制备 $Na_2S_2O_3$ 时,溶液必须控制在碱性范围内,否则将会有硫析出而使产品变黄。$Na_2S_2O_3$ 的结构特点:$S_2O_3^{2-}$ 离子的结构与 $SO_4^{2-}$ 类似,具有四面体构型。可以看成是其中的一个 O 原子被 S 取代后的产物。$S_2O_3^{2-}$ 离子中的两个 S 原子的平均氧化值是+2,中心 S 原子的氧化值为+6,另一个 S 原子的氧化值为-2。因此,$Na_2S_2O_3$ 具有一定的还原性。

$Na_2S_2O_3$ 的还原性:从标准电极电位值看,$Na_2S_2O_3$ 是一个中等强度的还原剂:$\varphi^{\ominus}(S_4O_6^{2-}/ S_2O_3^{2-})=0.09V$。碘可以将 $Na_2S_2O_3$ 氧化成连四硫酸钠 $Na_2S_4O_6$:

$$2Na_2S_2O_3+I_2 = Na_2S_4O_6+2NaI$$

这个反应是容量分析碘量法的基础。

不溶于水的卤化银 $AgX(X=Cl、Br、I)$ 能溶解在 $Na_2S_2O_3$ 溶液中生成稳定的硫代硫酸银配离子:

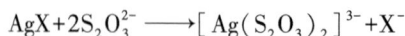
$$AgX+2S_2O_3^{2-} \longrightarrow [Ag(S_2O_3)_2]^{3-}+X^-$$

$Na_2S_2O_3$ 用作定影液,就是利用这个反应溶去胶片上未感光的 $AgBr$。

**4. 过二硫酸及其盐**  过二硫酸是无色晶体,可以看成是过氧化氢 H—O—O—H 中 H 原子被亚硫酸氢根取代的产物。若 H—O—O—H 中一个 H 被 HSO₃⁻ 取代后得 H—O—O—SO₃H,即称为过一硫酸;另一个 H 也被取代后得 HSO₃—O—O—SO₃H,称为过二硫酸。过氧键—O—O—中 O 原子的氧化值为-1,而不同于其他的 O 原子,其中 S 原子的氧化值仍然是+6。而在 $H_2S_2O_8$ 分子式中,形式上 S 的氧化值为+7。

过二硫酸及其盐的强氧化性:所有的过二硫酸及其盐都是强氧化剂,其标准电极电位为:$\varphi^\ominus$($S_2O_8^{2-}/SO_4^{2-}$) = 2.01V。

例如:过二硫酸钾能把铜氧化成硫酸铜:

$$K_2S_2O_8+Cu =\!=\!= CuSO_4+K_2SO_4$$

过二硫酸盐在 $Ag^+$ 的催化作用下能将 $Mn^{2+}$ 氧化成紫红色的:

$$5S_2O_8^{2-}+2Mn^{2+}+8H_2O \longrightarrow MnO_4^- +10SO_4^{2-}+16H^+$$

如果没有 $Ag^+$ 作催化剂,$S_2O_8^{2-}$ 只能把氧化成 $MnO(OH)_2$ 的棕色沉淀:

$$S_2O_8^{2-}+Mn^{2+}+3H_2O \longrightarrow MnO(OH)_2\downarrow+2SO_4^{2-}+4H^+$$

过二硫酸及其盐作为氧化剂在氧化还原反应过程中,它的过氧链断裂,过氧链中两个 O 原子的氧化值从-1 降到-2,而 S 的氧化值不变,仍是+6。过二硫酸及其盐的热不稳定性:过二硫酸及其盐均不稳定,加热时容易分解,例 $K_2S_2O_8$ 受热会放出 $SO_3$ 和 $O_2$:

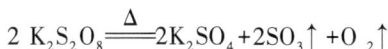
$$2 K_2S_2O_8 \xrightarrow{\Delta} 2K_2SO_4+2SO_3\uparrow+O_2\uparrow$$

# 五、硒及其化合物

Se 在自然界含量很少,但分布很广,因而称为是**稀散元素**(scattered elements)。硒有两类同素异形体,无定形为棕红色粉末。在 323K 左右开始软化,溶于二硫化碳。在二硫化碳中测得硒的分子量,证明其分子和硫的一样为 8 原子组成。蒸发二硫化碳可得晶态硒,晶体为黑色,熔点 490K,密度较无定形大。光照下硒的导电能力比在暗处大几千倍,故被用作光电池的材料,晶体硒也是制整流器的材料。

## (一) 硒化氢

$H_2Se$ 为无色且有恶臭的气体,其毒性大于 $H_2S$。氧族元素氢化物的熔沸点除 $H_2O$ 外依次升高,呈规律性变化。这说明其分子间作用力依次增强。但是分子内部,原子之间的作用力却依次减弱。故 $H_2Se$ 的水溶液的酸性大于 $H_2S$,为中强二元酸。其制备方法为:

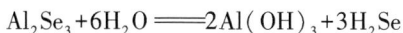
$$Al_2Se_3+6H_2O =\!=\!= 2Al(OH)_3+3H_2Se$$

和硫化物相似,大多数的硒化物难溶于水。

## (二) 氧化物和含氧酸

硒在空气中燃烧可得到 $SeO_2$,为白色固体。$SeO_2$ 溶于水得亚硒酸 $H_2SeO_3$($K_{a1} = 2.4\times10^{-3}$)。亚硒酸是弱酸,比亚硫酸弱,但和亚硫酸不同,亚硒酸是以氧化性为主,可氧化 $H_2S$、$SO_2$、HI 以及醛、酮等有机物。

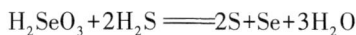
$$H_2SeO_3+2H_2S =\!=\!= 2S+Se+3H_2O$$

$$H_2SeO_3+2SO_2+H_2O =\!=\!= 2H_2SO_4+Se$$

遇强氧化剂时 $H_2SeO_3$ 显还原性:

$$H_2SeO_3+H_2O_2 =\!=\!= H_2SeO_4+H_2O$$

氧化值为+6 的含氧酸中,硒酸的氧化性比硫酸还强,是很强的氧化剂。如浓硒酸与盐酸混合液,像王水那样,可以溶解金和铂。

# 六、离子的鉴定

**1. 过氧化氢及过氧离子** 定性鉴定方法(药典法):$H_2O_2$ 与铬酸根离子在酸性条件下反应,生成蓝色的五氧化铬:

$$Cr_2O_7^{2-}+4H_2O_2+2H^+ == 2CrO_5(蓝色)+5H_2O$$

蓝色的 $CrO_5$ 含有过氧键,在水中不稳定很快分解:

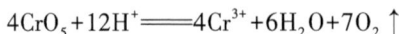

$$4CrO_5+12H^+ == 4Cr^{3+}+6H_2O+7O_2\uparrow$$

在乙醚中较为稳定,一般将其提取到乙醚中进行观察。

**2. 亚硫酸根离子($SO_3^{2-}$)** 亚硫酸根不稳定,遇酸容易分解,生成 $SO_2$ 气体:

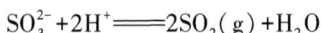

$$SO_3^{2-}+2H^+ == 2SO_2(g)+H_2O$$

利用 $SO_2$ 的还原性,可将亚汞离子还原为黑色的汞,或与酸性 $KMnO_4$ 反应,使溶液褪色;也可将蓝色的淀粉碘溶液中的碘还原,使蓝色褪去。

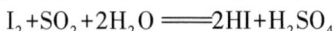

$$SO_2+Hg_2^{2+}+2H_2O == 2Hg+SO_4^{2-}+4HI^+$$
$$I_2+SO_2+2H_2O == 2HI+H_2SO_4$$

**3. 硫代硫酸根离子($S_2O_3^{2-}$)** 可以利用硫代硫酸根离子在酸性介质中的不稳定性来检测:

$$S_2O_3^{2-}+2H^+ == S\downarrow+SO_2\uparrow+H_2O$$

$SO_2$ 的检验同上,与亚硫酸根的区别在于溶液出现浑浊。过量的银离子和亚硫酸根离子作用,先生成白色的硫代硫酸银沉淀,此沉淀不稳定很快分解为 $Ag_2S$,沉淀的颜色由白变黄、变棕最后变为黑色。

**4. 硫酸根离子($SO_4^{2-}$)** 在确证无 $F^-$、$[SiF_6]^{2-}$ 存在时,用钡离子检验,生成不溶于盐酸的白色沉淀:

$$SO_4^{2-}+Ba^{2+} == BaSO_4\downarrow$$

# 七、生 物 效 应

氧是生物体最重要的组成元素,氧参与形成水和有机物。有机体的组织细胞靠氧的呼吸维持生命。机体的生命活动要消耗氧,而植物的光合作用又向空间输送氧。

硫是生物体必需的常量元素,主要参与形成酪蛋白。硫在蛋白质中的质量分数约为0.3% ~ 2.5 %。动物体内的硫大部分存在于毛发和软骨等组织中。

硒是人体必需的微量元素。目前的研究表明,硒在体内参与生物合成并转化为—SeH 基。硒在人体内的活性物质主要是含硒酶。含硒酶的生物功能是清除体内的自由基,而这些自由基对机体细胞的损伤与肿瘤和某些损伤性疾病(如克山病、大骨节病)的发生有关。动物实验证实了含硒化合物对化学致癌的癌前期病变和某些由病毒诱发的肿瘤有抑制作用。我国医务工作者对全国范围内一百多万有关人群采取补硒法防治克山病,取得了举世瞩目的成果。

# 八、常用的含氧族元素药物

**1. 过氧化氢溶液(双氧水)** 药用双氧水的质量分数为 3%,为消毒防腐药。双氧水在组织酶的作用下分解放出活性氧而具有杀菌作用,常用于清洗疮口,用于治疗化脓性中耳炎、口腔炎等。质量分数为 1% 的双氧水还可用于含漱。

**2. 药用硫** 药用硫主要有升华硫、沉降硫和洗涤硫。升华硫用于配制 10% 的硫黄软膏,外用治疗疥疮、真菌感染及牛皮癣等。洗涤硫和沉降硫既可外用也可内服,内服有轻泻作用。

**3. 硫酸钠** 硫酸钠 $Na_2SO_4\cdot10H_2O$,中药称芒硝或朴硝。$Na_2SO_4\cdot10H_2O$ 露置在空气中易

风化失去结晶水。无水硫酸钠中药称玄明粉或元明粉,有吸湿性。它们都可用作缓泻剂。

**4. 硫代硫酸钠** 20%硫代硫酸钠普通制剂内服用于治疗重金属中毒,外用可治疗疥癣和慢性皮炎等皮肤病。10%硫代硫酸钠注射剂主要用于治疗氰化物、砷、汞、铅、铋和碘中毒。

# 第5节 卤 素

周期中第ⅦA族元素为**卤素**(halogens),包括氟、氯、溴、碘和砹,这些元素都能与碱金属化合生成典型的盐,在自然界中都以化合状态存在。

从F到At,金属性增强,非金属性减弱,所以F是典型的非金属元素,At元素具有某种金属特性。

氟的化合物在人体中主要存在于牙和骨头中,在自然界中以萤石($CaF_2$)、冰晶石($Na_3AlF_6$)和氟磷灰石[$Ca_5(PO_4)_3F$]的矿物存在。氯在自然界中,主要以钾石盐(NaCl、KCl),光卤石(KCl、$MgCl_2 \cdot 6H_2O$)等矿物存在。溴、碘存在于海水中,砹需要人工合成。

## 一、卤素的通性

### (一) 基本性质

卤素是典型的非金属元素,且族内元素的性质十分相似。从氟到碘,随着元素原子序数的增大,核对外层电子的引力逐渐减小,原子半径递增,元素的电负性、电离能和电子亲合能递减。氟的电负性为3.98,是电负性最大的元素。氯的半径比氟大,第一电离能比氟低得多,但是氟的高电负性和小半径却引起氟的电子亲合能反常地小于氯。而且氟及其化合物的性质与同族元素同类化合物相比,也常表现为突出例外。表15-6列出了卤素的一些基本性质。

**表15-6 卤素的基本性质**

| 性质 | 氟 | 氯 | 溴 | 碘 |
|---|---|---|---|---|
| 元素符号 | F | Cl | Br | I |
| 价层电子组态 | $2s^2 2p^5$ | $3s^2 3p^5$ | $4s^2 4p^5$ | $5s^2 5p^5$ |
| 主要氧化值 | -1,0 | -1,0,+7,+5,+4,+3,+6,+1 | -1,0,+7,+5,+3,+1 | -1,0,+7,+5,+3,+1 |
| 共价半径/pm | 71 | 99 | 114 | 133 |
| $X^-$离子半径/pm | 136 | 181 | 195 | 216 |
| 电子亲和能/($kJ \cdot mol^{-1}$) | 322 | 348.7 | 324.5 | 295 |
| 第一电离能/($kJ \cdot mol^{-1}$) | 1681 | 1251 | 1140 | 1008 |
| 电负性 | 3.98 | 3.16 | 2.96 | 2.66 |

### (二) 成键特征

卤素原子的价电子层组态为$ns^2np^5$,与周期系其他族元素相比,卤素具有以下成键特征:

(1) 卤素原子的价电子层组态比稀有气体的稳定电子层组态只缺少一个电子,在化学反应中卤素原子都有夺取一个电子,成为卤素离子$X^-$的强烈倾向,因此卤素单质最突出的化学性质是它们的强氧化性。随着原子半径的增大,卤素单质的氧化能力依次减弱。

(2) 除氟外,氯、溴、碘的原子最外层电子组态中都存在着空的$nd$轨道。当这些元素与电负性更大的元素化合时,拆开成对的$ns$电子和$np$电子,激发进入$nd$空轨道。每拆开一对电子,可形成两个共价键,故这些元素可显示出+1、+3、+5、+7 的氧化值,这些氧化值突出表现在氯、溴、碘的含氧化物和卤素的互化物中。

(3) 卤素单质为双原子分子,卤素在其单质中氧化值为零。

(4) 卤素离子易作为电子对给予体与中心原子形成配位化合物。易形成配位键也是本族元素的成键特征。

# 二、卤素单质

**案例 15-5**

纳米碘是将碘微粒嵌入高分子中,提高活性、稳定性,增加水溶性减少刺激性,且起到缓释作用。但纳米碘被水稀释后,碘缓慢地释放出来杀灭细菌和病毒。纳米碘与其他的常规碘剂相比,其稳定性大大增强,刺激性和腐蚀性大大降低,而且更主要的是有效碘含量大大提高(比季铵盐络合碘高出 1 倍),杀菌效果得到增强,杀菌作用持久。

**问题:**

1. 除碘外,为什么其他卤素单质不能直接供药用?

2. 本案例中提出纳米碘与碘比较,其水溶性大大提高,稳定性大大增强。请问碘为什么难溶于水?

3. 卤素单质在水中的溶解性质是否一样?请比较它们的活泼性。

## (一) 物理性质

卤素单质均为双原子分子以 $X_2$ 表示。卤素单质的熔点、沸点随着原子半径的增大而升高,同时,它们的热稳定性随原子半径的增大而减小。表 15-7 列出了卤素单质的一些物理性质。

表 15-7  卤素单质的一些物理性质

| 性质 | 氟 | 氯 | 溴 | 碘 |
|---|---|---|---|---|
| 状态(常温、常压) | 气 | 气 | 液 | 固 |
| 颜色 | 浅黄 | 黄绿 | 棕红 | 紫黑 |
| 密度/$g \cdot cm^{-3}$ | 1.108(1) | 1.57(1) | 3.21(1) | 4.93(s) |
| 熔点/K | 53.38 | 172.02 | 265.92 | 386.5 |
| 沸点/K | 84.36 | 238.95 | 331.76 | 457.35 |
| 汽化热/($kJ \cdot mol^{-1}$) | 6.32 | 20.41 | 30.71 | 46.61 |
| 在水中溶解度/$mol \cdot L^{-1}$,293K | 反应 | 0.09 | 0.21 | 0.0013 |

注:卤族元素的单质均有刺激性气味,能强烈刺激眼、喉、气管的黏膜。

## (二) 化学性质

$X_2$ 最突出的化学性质是氧化性。$X_2$ 作为氧化剂在化学反应中得到电子,本身被还原成为 $X^-$ 离子:

$$X_2 + 2e^- \longrightarrow 2X^-$$

$X_2$ 的氧化性按 $F_2 < Cl_2 < Br_2 < I_2$ 的顺序递减,$X_2$ 的化学性质可概括为以下几个方面。

**1. 卤素与单质的作用**  $F_2$ 能与所有的金属和非金属($N_2$、$O_2$ 除外)直接化合,且多数反应非常剧烈。$Cl_2$ 与单质的作用比 $F_2$ 的活性要小,一般要求在较高的温度下进行。溴和碘的反应活性小于氯,常温下只能与活泼金属作用,与其他金属的反应要在加热的条件下才能进行。

**2. 卤素与非金属的作用**

（1）与氢的作用：$F_2$ 在低温和黑暗中可以和氢直接反应放出大量的热,并引起爆炸,$Cl_2$ 与氢混合时曝光后才能发生爆炸反应:

$$H_2(g)+Cl_2(g)\!=\!\!=\!\!=\!2HCl(g)$$

$Br_2$ 与氢反应需要加热,$I_2$ 和氢则要求更高的温度方能进行,该反应为可逆反应,碘化氢极不稳定,受热后立即分解。

（2）与磷的作用：氯与红磷能发生反应,产物为 $PCl_3$ 和 $PCl_5$。其反应方程式如下:

$$P_4+6Cl_2\!=\!\!=\!\!=\!4PCl_3$$
$$P_4+10Cl_2\!=\!\!=\!\!=\!4PCl_5$$

**3. 与水作用** $X_2$ 与水作用可发生两类反应:一类是 $X_2$ 氧化水放出氧气的反应:

$$X_2+H_2O\!=\!\!=\!\!=\!1/2O_2+2HX$$

另一类是 $X_2$ 在水中的歧化反应:

$$X_2+H_2O\!=\!\!=\!\!=\!HX+HXO$$

在第一类反应中,$X_2$ 是氧化剂,$H_2O$ 是还原剂。由水的电极电位可知,$X_2$ 氧化水放出 $O_2$ 的反应受溶液 pH 的影响（$\varphi^{\ominus}=1.229V$;pH = 7 时,$\varphi=0.815V$）。$F_2$ 氧化水剧烈地放出 $O_2$;$Cl_2$ 和 $Br_2$ 次之;而 $I_2$ 则不能氧化水。相反,其逆反应进行的倾向很大。实际上,$Cl_2$ 和 $Br_2$ 氧化水的反应因活化能较高通常也不能进行。

对于第二类反应,可认为是 $X_2$ 分子在 $H_2O$ 分子作用下发生"不均匀分裂",也称为"异裂",共用电子对完全属于其中的一个 X 原子所有（X:X）,而另一个 X 原子则失去电子,与溶液中的 $OH^-$ 离子结合,生成 HXO。因此,碱性介质中有利于歧化反应进行。

$X_2$ 在碱性溶液中迅速发生歧化反应,生成 $XO^-$ 或 $XO_3^-$ 离子。例如,

$$冷碱溶液中:\quad Cl_2+2OH^-\!=\!\!=\!\!=\!ClO^-+Cl^-+H_2O$$
$$热碱溶液中:\quad 3Cl_2+6OH^-\!=\!\!=\!\!=\!ClO_3^-+5Cl^-+3H_2O$$

**4. 卤素间的置换反应** 根据反应条件的不同,卤素间的反应有两种:一般的取代反应和特殊的置换反应,例如:

$$Cl_2+2Br^-\!=\!\!=\!\!=\!2Cl^-+Br_2$$
$$Cl_2+2I^-\!=\!\!=\!\!=\!2Cl^-+I_2$$
$$Br_2+2I^-\!=\!\!=\!\!=\!2Br^-+I_2$$
$$I_2+2ClO_3^-\!=\!\!=\!\!=\!2IO_3^-+Cl_2$$
$$I_2+2BrO_3^-\!=\!\!=\!\!=\!2IO_3^-+Br_2$$

**5. 生成卤素互化物的反应** 不同的卤素单质彼此互相化合所生成的化合物称为卤素互化物。例如,$Cl_2$ 和 $I_2$ 等摩尔作用生成氯化碘:

$$Cl_2+I_2\!=\!\!=\!\!=\!2ICl$$

卤素互化物可用通式表示为 $XX'_n$,$n = 1,3,5,7$,其中 X 的电负性小于 X'。表15-8列出了一些卤素互化物常温时的性状。

**表 15-8　某些卤素互化物的性状**（常温）

| XX' 型 | XX'$_3$ 型 | XX'$_5$ 型 | XX'$_7$ 型 |
| --- | --- | --- | --- |
| ClF 无色气体 | ClF$_3$ 无色气体 | BrF$_5$ 无色液体固体 | IF$_7$ 无色(278.5K升华) |
| BrF 棕色气体 | BrF$_3$ 黄绿色液体 | IF$_5$ 无色液体 | |
| BrCl 红色气体 | IF$_3$ 黄色固体(易分解) | | |
| ICl 红色固体 | ICl$_3$ 橙色固体 | | |
| IBr 黑色固体 | IBr$_3$ 棕色液体 | | |

多数卤素互化物不稳定,具有强氧化性,遇水易发生水解反应。它们大多可用作卤化剂,$BrF_3$ 和 $BrF_5$ 可作非水溶剂,$ClF_3$ 和 $ClF_5$ 可作火箭推进剂的高能氧化剂等。卤素单质的重要化学性质归纳于表 15-9。

表 15-9    卤素的重要化学反应

| 反应方程式 | 说明 |
|---|---|
| $nX_2+2M=2MX_n$ | 与大多数金属 M 作用,$n=1,2,3,\cdots\cdots$ |
| $3X_2+2P=2PX_3$ | P 过量。与 As,Sb,Bi 也有此反应 |
| $X_2+PX_3=PX_5$ | $X_2$ 过量。碘无此作用。$F_2$、$Cl_2$ 与 As、Sb 也有此作用 |
| $X_2+H_2=2HX$ | 剧烈程度按 $F_2>Cl_2>Br_2>I_2$ 顺序递减 |
| $2X_2+2H_2O=4H^++4X^-+O_2$ | 剧烈程度按 $F_2-Cl_2-Br_2$ 顺序递减 |
| $X_2+H_2O=H^++X^-+HOX$ | $F_2$ 无此作用 |
| $X_2+H_2S=S+2HX$ | $Cl_2$,$Br_2$,$I_2$ |
| $X_2+2S=S_2X_2$ | $Cl_2$,$Br_2$ |
| $X_2+2X'^-=X'_2+2X^-$ | 卤素单质与另一种卤离子的置换反应 |
| $X_2+X'_2=2XX'$ | 卤素单质互相化合形成卤素互化物 |
| $X_2+X'^-=X'X_2^-$ | 卤素单质与卤素离子形成多卤化物 |

# 三、卤化氢和氢卤酸

## (一)卤化氢的物理性质

卤化氢 HX 是具有刺激性的无色气体,极易溶于水,在潮湿的空气中与水蒸气结合形成细小的酸雾而"冒烟"。表 15-10 列举了卤化氢和氢卤酸的一些重要性质。从表中可知,HX 的物理性质按 HCl—HBr—HI 的顺序呈规律性变化,但 HF 却在许多方面表现为突出的例外,如它的熔点、沸点反常,生成热特别高,表观电离度非常小等。这是由于 HF 分子间存在着其他 HX 所没有的强氢键缔合作用和 H—F 键高强度的缘故。

表 15-10    卤化氢的物理性质

| 性质 | HF | HCl | HBr | HI |
|---|---|---|---|---|
| 熔点/K | 189.61 | 158.94 | 186.28 | 222.36 |
| 沸点/K | 292.67 | 188.11 | 206.43 | 237.80 |
| 生成焓/($kJ \cdot mol^{-1}$) | -271 | -92 | -36 | +26 |
| 在 1273K 时分解百分数 | | 0.014 | 0.5 | 33 |
| 气态分子核间距/pm | 92 | 127.6 | 141.0 | 162 |
| H—X 键能/($kJ \cdot mol^{-1}$) | 569.0 | 431 | 369 | 297.1 |
| 溶解度(293K,101.3kPa)/% | 35.3 | 42 | 49 | 57 |
| 表观解离度(0.1 mol · $L^{-1}$,219 K)/% | 10 | 92.6 | 93.5 | 95 |
| 沸点/K | 393 | 383 | 399 | 400 |
| 恒沸溶液密度/g · $cm^3$ | 1.138 | 1.096 | 1.482 | 1.708 |
| 质量分数/% | 35.35 | 20.24 | 47 | 57 |

卤化氢的水溶液称为氢卤酸,它们均为无色液体。氢卤酸恒沸溶液的组成和沸点见表 15-11。

## (二) 卤化氢和氢卤酸的化学性质

卤化氢为极性分子,HF 分子的极性最大,这些分子的极性随卤族元素自上而下元素电负性减弱,极性亦逐渐减弱。卤化氢在水中的溶解度很大;卤化氢极易液化,液态卤化氢不导电,卤化氢的水溶液称氢卤酸,除氢氟酸外均为强酸。

**1. 热稳定性**

$$2HX \xrightarrow{\Delta} H_2 + X_2$$

衡量卤化氢热稳定性的尺度是生成焓。生成焓为负值(即放热反应)的化合物其稳定性要比生成焓为正值的化合物要高。所以,卤化氢的稳定性顺序是 $HF \gg HCl > HBr > HI$。溴化氢、碘化氢易分解。

还原性

$$2HX - 2e^- \longrightarrow X_2 + 2H^+$$

HX 还原性的大小,决定于卤离子释放电子的能力,$F^- \longrightarrow I^-$ 释放电子能力递增。氟电负性最大,$F^-$ 离子的半径又小,由于核吸引电子的能力强,释放电子能力较弱。其还原性就差,碘则相反。由于 HBr、HI 在空气中极易被氧化,所以氢溴酸、氢碘酸试剂用棕色瓶来贮存。它们的还原性顺序是:

$$HF \ll HCl < HBr < HI$$

**2. 酸性**

$$HX_{(aq)} \longrightarrow H^+_{(aq)} + X^-_{(aq)}$$

氢氟酸是弱酸,由盐酸至氢碘酸依次酸性增强,氢碘酸是极强的酸。

## (三) 卤素的含氧酸及其盐

氟的电负性大于氧,所以一般不生成含氧酸及盐。氯、溴和碘可以形成四种类型的含氧酸,分别为次卤酸($HXO$)、亚卤酸($HXO_2$)、卤酸($HXO_3$)和高卤酸($HXO_4$)。

在卤素的含氧酸中,卤素原子采用了 $sp^3$ 杂化轨道与氧原子成键。由于不同氧化值的卤素原子结合的氧原子数不同,酸根离子的形状也各不相同。$XO^-$ 为直线形,$XO_2^-$ 为角形,$XO_3^-$ 为三角锥形,$XO_4^-$ 为四面体形(图 15-5)。

次卤酸根离子($XO^-$)　　亚卤酸根离子($XO_2^-$)　　卤酸根离子($XO_3^-$)　　高卤酸根离子($XO_4^-$)

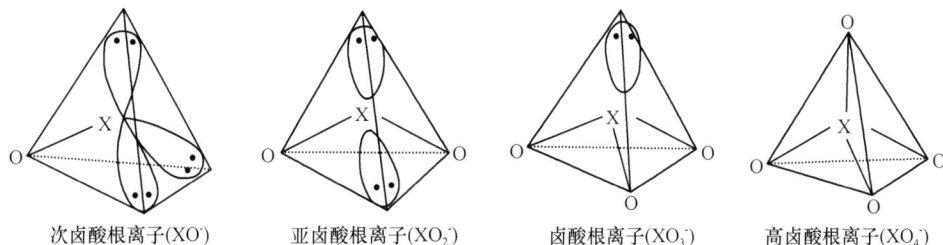

图 15-5　卤素含氧酸根的结构

**1. 次卤酸及其盐**　　次卤酸都是弱酸,其酸性随卤素原子电负性减小而减弱,HClO、HBrO 和 HIO 的酸解离常数 $K_a$ 分别为:$3.16 \times 10^{-8}$,$2.40 \times 10^{-9}$ 和 $2.40 \times 10^{-11}$。次卤酸极不稳定,仅能存在于水溶液中,在室温下按下列两种方式进行分解:

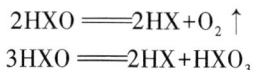

$$2HXO \Longrightarrow 2HX + O_2 \uparrow$$
$$3HXO \Longrightarrow 2HX + HXO_3$$

次氯酸的强氧化性和漂白杀菌能力就是基于它的分解反应。

次卤酸的分解反应,是歧化反应。在酸性介质中,仅次氯酸会发生歧化反应,而在碱性介质中,次卤酸都发生歧化反应:

$$X_2 + 2OH^- \rightleftharpoons X^- + XO^- + H_2O$$

$XO^-$离子易进一步歧化生成$XO_3^-$离子。$XO^-$离子在碱性介质中的歧化速度与物种和温度有关。

$$3XO^- \rightleftharpoons 2X^- + XO_3^-$$

$ClO^-$离子在室温和低于室温时歧化速度缓慢,当加热到348K左右时歧化反应速度非常快。因此氯气与碱溶液作用,在室温或低于室温时,产物是次氯酸盐,在高于348K时产物是氯酸盐。$BrO^-$离子在室温时具有中等程度的歧化速度,只有在273K左右才能制备和保存$BrO^-$离子。若在323K以上时,全部得到$BrO_3^-$和$Br^-$。在任何温度下$IO^-$离子的歧化速度都非常快,因此碘与碱溶液作用得不到$IO^-$离子。

$$3I_2 + 6OH^- \rightleftharpoons 5I^- + IO_3^- + 3H_2O$$

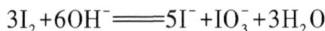

次卤酸盐比较重要的是次氯酸盐。次氯酸钙$Ca(ClO)_2$是"漂白粉"的有效成分。将氯气与廉价的消石灰作用,通过歧化反应可制得"漂白粉"。

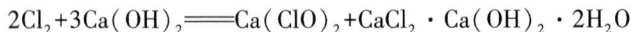

$$2Cl_2 + 3Ca(OH)_2 \rightleftharpoons Ca(ClO)_2 + CaCl_2 \cdot Ca(OH)_2 \cdot 2H_2O$$

**2. 卤酸及其盐** 卤酸的稳定性较次卤酸高,氯酸和溴酸能存在于水溶液中,碘酸以白色晶体状态存在。卤酸都是强酸,其酸性按$HClO_3 \longrightarrow HBrO_3 \longrightarrow HIO_3$的顺序依次减弱。卤酸的浓溶液都是强氧化剂,其中以溴酸的氧化性最强。它们还原为单质的电极电位值如下:

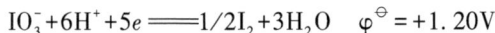

$$IO_3^- + 6H^+ + 5e \rightleftharpoons 1/2I_2 + 3H_2O \quad \varphi^\ominus = +1.20V$$
$$ClO_3^- + 6H^+ + 5e \rightleftharpoons 1/2Cl_2 + 3H_2 \quad \varphi^\ominus = +1.47V$$
$$BrO_3^- + 6H^+ + 5e \rightleftharpoons 1/2Br_2 + 3H_2O \quad \varphi^\ominus = +1.52V$$

故可发生下列的置换反应:

$$2HClO_3 + I_2 \rightleftharpoons 2HIO_3 + Cl_2 \uparrow$$
$$2HBrO_3 + I_2 \rightleftharpoons 2HIO_3 + Br_2 \uparrow$$
$$2HBrO_3 + Cl_2 \rightleftharpoons 2HClO_3 + Br_2 \uparrow$$

卤酸盐的热稳定性皆高于相应的酸。它们在酸性溶液中都是强氧化剂,在水溶液中氧化性不明显。固体卤酸盐,特别是氯酸钾是强氧化剂,与易燃物如碳、硫、磷及有机物等混和,受撞击会猛烈爆炸,氯酸钾大量用于制造火柴、信号弹、焰火等。

卤酸盐的热分解反应较为复杂,如氯酸钾在催化剂的影响和不同的温度时分解方式不同。

**3. 高卤酸及其盐** 高氯酸是无机酸中最强的酸,无水的高氯酸不稳定,在储藏过程中可能会发生爆炸,市售试剂为70%溶液。浓热的高氯酸氧化性很强,遇到有机化合物会发生爆炸性反应,而稀冷的高氯酸溶液氧化能力极弱,当遇到活泼金属如锌、铁等,则放出氢气:

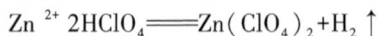

$$Zn + 2HClO_4 \rightleftharpoons Zn(ClO_4)_2 + H_2 \uparrow$$

高溴酸也是极强的酸,它是比高氯酸、高碘酸更强的氧化剂。浓度在55%以下的$HBrO_4$溶液才能长期稳定的存在。

高碘酸通常有两种形式,即正高碘酸$H_5IO_6$和偏高碘酸$HIO_4$。高碘酸的氧化性比高氯酸强,它可将$Mn^{2+}$离子氧化为紫红色的$MnO_4^-$:

$$2Mn^{2+} + 5IO_4^- + 3H_2O \rightleftharpoons 2MnO_4^- + 5IO_3^- + 6H^+$$

该反应迅速、平稳,分析化学中常把$IO_4^-$当做稳定的强氧化剂使用。

高卤酸盐较稳定,例如$KClO_4$的分解温度高于$KClO_3$,用$KClO_4$制成的炸药称"安全炸药"。

从上述讨论中可以看出,卤素含氧酸及其盐主要的性质是酸性、氧化性和稳定性。

## 四、卤素离子的鉴定

对混合离子进行分离、鉴定,完全是根据离子的性质采用不同的方法进行的。

**1. 利用沉淀反应** 氯、溴、碘离子可与 $Ag^+$ 反应生成沉淀,将 $Ag^+$ 离子加入到含有卤离子的溶液中:

$$Ag^+ + X^- = Ag\ X\downarrow$$

根据生成沉淀的颜色[ $AgCl$(白)、$AgBr$(淡黄)、$AgI$(黄)]判断卤离子种类。

**2. 利用氧化还原反应** 卤素离子的还原性按照 $Cl^-$、$Br^-$、$I^-$ 依次递增,氯水可以将溴、碘离子氧化,利用它们之间的还原型差异鉴别它们。$CCl_4$ 层中有紫色表示溶液中有碘离子存在,黄色表示溴离子的存在:

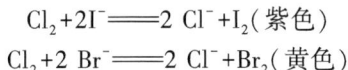

$$Cl_2 + 2I^- = 2\ Cl^- + I_2(\text{紫色})$$
$$Cl_2 + 2\ Br^- = 2\ Cl^- + Br_2(\text{黄色})$$

## 五、生 物 效 应

F 是广泛分布于生物体内的一种元素。正常骨骼中 F 的含量为 0.01% ~ 0.03%,齿骨中的氟以 $CaF_2$ 的形式存在,牙釉中含氟 0.01% ~ 0.02%。因此少量氟对预防龋齿有效。饮水中氟含量过低或过高均对人体有害。

氯是生物体内的宏量元素。氯在机体中主要以氯离子的形式存在,是多种体液的主要成分,并参与机体的生理作用,当食物中缺少氯时会引起多种病症。

碘是人体必需的微量元素。机体内的碘主要集中在甲状腺内,以两种碘化氨基酸的形式存在,这两种物质是甲状腺素的有效成分。

## 六、常 用 药 物

**1. 盐酸** 药用盐酸质量分数为 9.5% ~ 10.5%,内服补充胃酸不足,治疗胃酸缺乏症。

**2. 氯化铵** 氯化铵主要用作祛痰剂和用于治疗重度代谢性碱血症。

**3. 溴化钠、溴化钾和溴化铵** 溴化钠、溴化钾和溴化铵三者的混合溶液称为三溴合剂,单用或合用,作为镇静剂。

**4. 碘** 碘主要用于配制碘酊,外用作消毒剂。内服复方碘溶液,小剂量用于治疗单纯性甲状腺肿,大剂量用于治疗甲状腺危象。碘还可用作饮水消毒剂。

**5. 碘化钠、碘化钾** 碘化钠和碘化钾主要用于配制碘酊。碘化钠还用于配制造影剂。

**6. 含氯石灰**(漂白粉) 市售新鲜"漂白粉"含有效氯 25% ~ 35%,具有迅速强大的杀菌作用。

# 第6节 稀 有 气 体

周期表中ⅧA族元素有氦、氖、氩、氪、氙和氡一共六种,它们都是气体。

## 一、稀 有 气 体

稀有气体的化学性质是由它的原子结构所决定的。稀有气体外层电子组态,除 He 为 $1s^2$ 外,其余均为 $ns^2np^6$。稀有气体的电子亲合能都接近于零,与其他元素相比较,它们都有很高的电离能。因此,稀有气体原子在一般条件下不容易得到或失去电子而形成化学键。表现出化学性质很不活泼,不仅很难与其他元素化合,而且自身也是以单原子分子的形式存在,原子之间仅存在着微弱的范德华力。稀有气体的一些物理性质,如熔点、沸点溶解度等,均随着原子序数的增大而增大,与单原子分子的色散力的递增相符合,见表 15-11。

**表 15-11　稀有气体的某些性质**

|  | 氦 | 氖 | 氩 | 氪 | 氙 | 氡 |
|---|---|---|---|---|---|---|
| 元素符号 | He | Ne | Ar | Kr | Xe | Rn |
| 价层电子组态 | $1s^2$ | $2s^2 2p^6$ | $3s^2 3p^6$ | $4s^2 4p^6$ | $5s^2 5p^6$ | $6s^2 6p^6$ |
| 原子半径(pm) | 93 | 112 | 154 | 169 | 160 | 220 |
| 第一电离能/ $(kJ \cdot mol^{-1})$ | 2372 | 2081 | 1521 | 1351 | 1170 | 1037 |
| 蒸发热/ $(kJ \cdot mol^{-1})$ | 0.09 | 1.8 | 6.3 | 9.7 | 13.7 | 18.0 |
| 熔点/K | 0.95 | 24.48 | 83.95 | 116.55 | 161.15 | 202.15 |
| 沸点/K | 4.25 | 27.25 | 87.45 | 120.25 | 166.05 | 208.15 |
| 临界温度/K | 5.25 | 44.45 | 153.15 | 2010.65 | 289.75 | 377.65 |
| 临界压力/Pa | $2.29 \times 10^5$ | $27.25 \times 10^5$ | $48.94 \times 10^5$ | $55.01 \times 10^5$ | $58.36 \times 10^5$ | $63.23 \times 10^5$ |
| 在水中的溶解度/ $(ml \cdot kg^{-1})$ | 8.8 | 10.4 | 33.6 | 62.6 | 123 | 222 |

# 二、稀有气体化合物

在稀有气体发现后一段时间内(1900~1960 年),把它们作为化学性质上绝对惰性。直到 1962 年,Bartlett 将 $PtF_6$ 的蒸气与等摩尔的氙混合,在室温下制得了 $XePtF_6$ 的橙黄色固体,推翻了持续了近 70 年之久的关于稀有气体完全化学惰性的传统说法。现已合成较多的稀有气体化合物为氙的氟化物和含氧化合物。

**1. 氙的氟化物**(fluorides of xenon)$XeF_2$、$XeF_4$、$XeF_6$

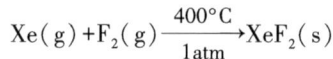

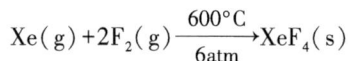

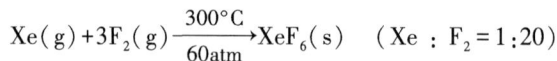

$$Xe(g) + F_2(g) \xrightarrow[1atm]{400°C} XeF_2(s)$$

$$Xe(g) + 2F_2(g) \xrightarrow[6atm]{600°C} XeF_4(s)$$

$$Xe(g) + 3F_2(g) \xrightarrow[60atm]{300°C} XeF_6(s) \quad (Xe:F_2 = 1:20)$$

或　　　　　　　　$XeF_4(s) + F_2(g) \longrightarrow XeF_6(s)$(在常压下)

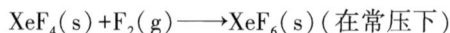

氙的氟化物都是强氧化剂

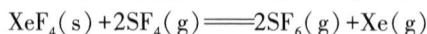

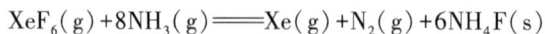

$$XeF_2(s) + CH_2 = CH_2(g) \longrightarrow CH_2 - CH_2F(s) + Xe(g)$$

$$XeF_4(s) + 2SF_4(g) \mathop{=\!=\!=} 2SF_6(g) + Xe(g)$$

$$XeF_6(g) + 8NH_3(g) \mathop{=\!=\!=} Xe(g) + N_2(g) + 6NH_4F(s)$$

**2. 氙的含氧化合物**(oxides of xenon)　已知氙的含氧化合物主要有氧化值为 +6 的 $XeO_3$ 和氧化值为 +8 的 $XeO_4$。$XeO_3$ 由 $XeF_4$ 和 $XeF_6$ 水解制得:

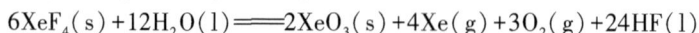

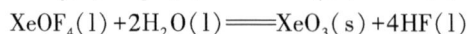

$$6XeF_4(s) + 12H_2O(l) \mathop{=\!=\!=} 2XeO_3(s) + 4Xe(g) + 3O_2(g) + 24HF(l)$$

$$XeF_6(s) + H_2O(l) \mathop{=\!=\!=} XeOF_4(l) + 2HF(l)$$

$$XeOF_4(l) + 2H_2O(l) \mathop{=\!=\!=} XeO_3(s) + 4HF(l)$$

$XeO_4$ 由 $XeF_6$ 在 $Ba(OH)_2$ 中歧化制得的高氙酸钡 $Ba_2XeO_6$,高氙酸钡再与硫酸反应制得:

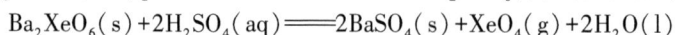

$$Ba_2XeO_6(s) + 2H_2SO_4(aq) \mathop{=\!=\!=} 2BaSO_4(s) + XeO_4(g) + 2H_2O(l)$$

无色无味 $XeO_3(s)$ 中含有 $XeO_3$ 分子。$XeO_3$ 在水中稳定,但在固态时 $XeO_3$ 会发生爆炸。它在 $OH^-$ 介质中形成 $HXeO_4^-$ 离子:

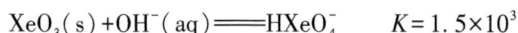

$$XeO_3(s) + OH^-(aq) \mathop{=\!=\!=} HXeO_4^- \qquad K = 1.5 \times 10^3$$

$XeO_4$ 是一种气体,正四面体几何构型。$XeO_4$ 缓慢分解成 $XeO_3$ 和 $O_2$,当 XeO 固态时,即使在室温下仍然会发生爆炸。

高氙酸盐是最强的氧化剂之一。它能把 $Mn^{2+}$ 分别氧化成 $MnO_4^-$、$ClO_3^-$、$ClO_4^-$:

$$5XeO_6^{4-}+2Mn^{2+}+9H^+ \Longrightarrow 5HXeO_4^-+2MnO_4^-+2H_2O$$

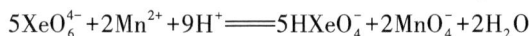

在碱性溶液中,高氙酸盐的主要形式是 $HXeO_6^{3-}$,它被水缓慢还原,然而在酸性溶液中:

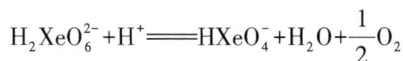

$$H_2XeO_6^{2-}+H^+ \Longrightarrow HXeO_4^-+H_2O+\frac{1}{2}O_2$$

# 三、稀有气体的应用

氦气是除了氢气以外密度最小的气体,可以代替氢气装在飞船里,不会着火和发生爆炸。液态氦的沸点为 $-269℃$,利用液态氦可获得接近绝对零度的超低温。氦气还用来代替氮气作人造空气,供探海潜水员呼吸,可避免潜水员因迅速返回水面时由于压力突然下降而引起的"气塞症"。这种含氦的人造空气,还可用来医治支气管气喘,因为它的平均密度比普通空气小 3 倍,容易吸入或呼出。稀有气体在电场作用下,易于发光放电,因此常用于制造特种光源。He 和 Ne 等常用于制造航标灯和霓虹灯。

作为麻醉剂,氙气在医学上很受重视。Xe 能溶于细胞质的油脂里,引起细胞的麻醉和膨胀,从而使神经末梢作用暂时停止。少量的氡气用于医疗,但氡的放射性也会危害人体健康。

## Summary

The elements of p-block exhibit a range of physical and chemical properties. Many of the trends observed in their groups can be understood from considerations of their electron configurations and their respective positions in the periodic table. For example, Boron has only three valence electrons, boron atoms tend to form electron-deficient compounds, leading to some unusual bonding patterns. Compounds resulting from the "addition" of one structure to another, called adducts, are common when boron is present. Also, boron atoms form three-center bonds in the boron-hydrogen compounds called boranes. Other common boron compounds include borax, boric oxide, boric acid, and borates. Aluminum is the most industrially important element of group 3A. It is an active metal that is protected against corrosion by a film of $AL_2O_3(s)$. Both $AL_2O_3(s)$ and Al react with acids and strong bases. The production of aluminum is based on the amphoterism of $AL_2O_3(s)$ and the electrolysis of $AL_2O_3$ in molten cryolite.

Carbon is the key element of organic chemistry, but the free element also has uses. Diamond is prized for hardness and thermal conductivity; while graphite's electrical conductivity and refractory properties have found extensive use. Silicon is the key element of the mineral world, occurring as silica, $SiO_2$ and as various minerals based on the silicate anion, $SiO_4^{4-}$. Some synthetic silicon-containing organic compounds are of commercial importance, including the silicon-containing polymers called silicones.

Nitrogen is the major constituent of the atmosphere, and essentially all nitrogen compounds—natural and synthetic—are derived from the atmosphere. Some industrially important nitrogen compounds are ammonia, urea, nitric acid, ammonium salts, hydrazine, hydrazoic acid, and azides. The structure of phosphorus is based on the pyramidal molecule, $P_4$, in both the white and red modifications. The structures of the oxides $P_4O_6$ and $P_4O_{10}$ are related to that of the $P_4$ molecule. The principal compounds of phosphorus are the phosphates and polyphosphates.

Oxygen forms compounds with all elements except the lighter noble gases. Most oxygen is obtained, together with nitrogen and argon, by the fractional distillation of liquid air. Oxygen forms three types of anions when combined with active metals: oxide ($O^{2-}$), peroxide ($O_2^{2-}$) and superoxide ($O_2^-$) Ozone, $O_3$, an allotrope of oxygen, is useful as an oxidizing agent, both in the laboratory and in the chemical industry. Sulfur differs from oxygen in important ways, such as in its variety of allotropic forms and the changes they undergo. Its important compounds are the oxides, oxoacids, sulfites, sulfates, and thiosulfates, and many of the reactions of these compounds are oxidation-reduction reactions.

The halogens are nonmetals; fluorine is the most nonmetallic of all elements. Fluorine and chlorine are prepared by electrolysis, and bromine and iodine by displacement reactions. Two halogens can react to form an interhalogen compound. Halogen atoms can substitute for H atoms in hydrocarbons and other organic compounds. Hydrogen halides form by the direct combination of the elements or by the reaction of a halide salt with a nonvolatile acid. In aqueous solution, the hydrogen halides act as acids. Important classes of halogen compounds include the oxoacids and their salts. The chemical reactions of these compounds are mostly oxidation-reduction reactions.

Most of the noble gases are found in Earth's atmosphere. Some, like He and Ar, are produced in quantity through the decay of radioactive isotopes of other elements. Radon is radioactive. Interest in the noble gases centers on their physical properties and inertness. In contrast, the ability of the heavier noble gases to form some chemical compounds provides important insights into bonding theory.

# 习　　题

1. 解释下列现象。

(1) $I_2$ 难溶于纯水,却易溶于 KI 溶液。

(2) 在卤素化合物中,Cl、Br、I 可呈多种氧化值。

(3) KI 溶液中通入 $Cl_2$ 时,开始溶液呈现红棕色,继续通入 $Cl_2$,颜色褪去。

2. 将 $Cl_2$ 通入熟石灰中得到"漂白粉",而向"漂白粉"中加入盐酸却产生 $Cl_2$,试解释之。

3. 利用电极电位解释下列现象:在淀粉碘化钾溶液中加入少量 NaClO 时得到蓝色溶液 A,加入过量 NaClO 时,得到无色溶液 B,将 B 溶液酸化后加入少量固体 $Na_2SO_3$,则 A 的蓝色复现,当 $Na_2SO_3$ 过量时又褪去成为无色溶液 C,再加入 $NaIO_3$ 溶液,A 的蓝色又出现,指出 A、B、C 各为何种物质,并写出各步反应方程式。

4. 少量 $Mn^{2+}$ 可以催化分解 $H_2O_2$,其反应机制解释如下:$H_2O_2$ 能氧化 $Mn^{2+}$ 成 $MnO_2$,后者又能使 $H_2O_2$ 氧化。试从电极电位说明上述解释是否合理,并写出离子方程式。

5. 某气态物质 A 溶于水,所得溶液既有氧化性又有还原性。

(1) 向此溶液加入碱时生成盐;

(2) 将(1)所得溶液酸化。加入适量 $KMnO_4$,可使 $KMnO_4$ 褪色;

(3) 在(2)所得溶液中加入 $BaCl_2$ 得白色沉淀。判断 A 是何物? 写出相关反应方程式。

6. 在酸性的 $KIO_3$ 溶液中加入 $Na_2S_2O_3$ 有什么反应发生?

7. 解释如下问题:

(1) 电负性氮比磷大,但化学活泼性都是磷大于氮?

(2) 为什么从 $NO^+$、NO 到 $NO^-$ 的键长逐渐增大?

8. O 的电负性比 C 强,为什么 CO 几乎没有极性?

9. 为什么 $CO_2$ 灭火器不能用于扑灭活泼金属引起的火灾?

10. 碳和硅都是第ⅣA族元素,为什么碳的化合物种类很多,而硅的化合物种类远不如碳的化合物那样多? 为什么常温下 $CO_2$ 是气体而 $SiO_2$ 是固体?

11. 向 $Na_3PO_4$ 溶液中分别加入过量 HCl 和 $CH_3COOH$。P(Ⅴ)的最终产物是什么?

（乌　恩）

# 第 16 章　d 区元素

**学习目标**

　　通过本章对 d 区元素的学习,掌握过渡元素的通性及铬、锰、铁等主要化合物的性质。熟悉钛、钒、铬、锰、铁、钴、镍等的单质及重要化合物的性质及用途;了解钛、钒及铂等单质和重要化合物的性质和用途。通过学习进一步巩固元素性质的周期性变化规律并加深理解配位化合物及其性质等知识,为 ds 区元素等后续章节的学习奠定基础,也为学习药物化学、药物分析等后续课程打下基础。

## 第 1 节　过渡元素概述

　　**过渡元素**(transition elements),又称为**过渡金属**(transition metal)。这些元素位于周期表的 d 区和 ds 区,它们衔接了典型的金属和非金属元素,即从 Ⅰ B~Ⅷ B 族元素共 10 个直列。d 区元素是指周期表 Ⅲ B~Ⅷ B 族的元素,价层电子组态为 $(n-1)d^{1\sim9}ns^{1\sim2}$。d 区元素原子结构的共同特点是次外层 d 轨道尚未充满(部分填充构型)。ds 区元素是指周期表 Ⅰ B 和 Ⅱ B 族的元素,价层电子组态为 $(n-1)d^{10}ns^{1\sim2}$,(Pd 为 $4d^{10}5s^0$)。ds 区元素原子结构的特点是 d 轨道为全充满构型。

　　关于过渡金属元素的范围,目前尚无完全一致的认识。通常把第四周期从 Sc~Zn 元素称为**第一过渡系**(the first row transition metal),也称为**轻过渡元素**;把第五周期从 Y~Cd 称为**第二过渡系**。而**第三过渡系**,是指第六周期从 La~Hg 等元素(不包括镧系元素)。第七周期的过渡元素(从 Ac 到 112 号元素 Uub,不包括锕系元素)称为**第四过渡系元素**。第二、三、四过渡系元素又称为**重过渡元素**。f 区的镧系元素和锕系元素称为**内过渡元素**,将在第 18 章讨论。

　　各种过渡元素的性质都随其所具有的 d 电子数目和排列而改变着。下面将就过渡元素的某些通性进行讨论。

## 一、过渡元素的原子半径

　　过渡元素的原子半径随着原子序数变化的情况见图 16-1。

　　由图 16-1 可看出,同周期元素从左向右,随着原子序数的增加,原子半径缓慢地减小,直到第Ⅷ B 族元素前后又稍增大。同族过渡元素从上至下原子半径逐渐增大,但第五、第六周期同族元素的原子半径十分接近。铪的原子半径甚至比锆还小。上述情况是由于过渡元素 d 轨道的电子未充满,d 电子的屏蔽效应较小,随着元素原子序数的递增,d 电子的数目依次增多,原子的有效核电荷依次增大,核对外层电子的吸引力增大,所以原子半径依次减小,第Ⅷ B 族元素后,d 轨道已被充满使屏蔽效应增强,核对外层电子的作用力减小,原子半径又有所增大。至于第五、六周期(即第二、第三过渡系)同族元素原子半径相近的原因,通常认为是由于**镧系收缩**(Lanthanide contraction)所导致的结果。

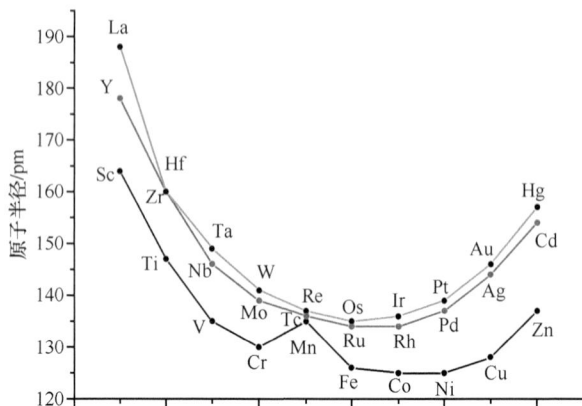

图 16-1 过渡元素原子半径的变化

# 二、过渡元素单质的性质

过渡元素都是金属元素,大多数都有较高的硬度,高沸点、高熔点,密度大及良好的导电和导热性。

同一周期,从左到右过渡金属的熔点是先逐步升高又缓慢下降,最高的是ⅥB族单质。产生这种现象的原因主要是这些金属晶体中原子间的金属键可能具有部分共价性。因为在金属单质的原子中,如果未成对的 d 电子数增多,那么由这些电子参与形成的金属键中的共价性也增强,这表现在金属单质的熔点会升高。当然,金属的熔点还与金属原子半径的大小、晶体结构等因素有关。

同一族中,从上到下过渡金属的熔点依次升高(第ⅦB族元素除外),金属中熔点最高的单质是钨(3683K),熔点最低的是镉(301.6K),汞除外。

过渡金属元素单质的密度在各周期和各族中,随原子序数的增大而依次增大,特别是第三过渡系的锇(Os)、铱(Ir)、铂(Pt)密度很大。Os 是金属单质中密度最大的,与锂(密度最小的)相比要大 40 多倍。所以常把第一过渡系元素称为轻过渡元素,而其他过渡系元素称为重过渡元素。

过渡金属单质的硬度与主族金属单质相比要大得多,其中硬度最大的是铬(Cr),其莫氏(Moh)硬度为 9,仅次于金刚石。

过渡金属单质都具有良好的延展性和机械加工性。尤其像钛、钒、铬、锰、钴、镍等金属的原子结构及晶体与铁都很相似,因此可与铁组成具有多种特殊性能的合金,它们是现代工程材料中最重要和应用最为广泛的金属。

在化学性质方面,第ⅢB族元素在过渡金属中是最活泼的,它们在空气中就能迅速被氧化;也能与 $H_2O$ 反应放出 $H_2$。例如:

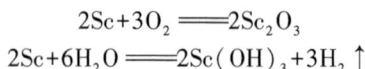

$$2Sc+3O_2 =\!=\!= 2Sc_2O_3$$
$$2Sc+6H_2O =\!=\!= 2Sc(OH)_3+3H_2\uparrow$$

在通常情况下,其他过渡元素不能直接与水作用。

第ⅢB族元素化学性质活泼的原因,是它们的原子半径在过渡金属中最大,次外层$(n-1)$d 轨道上又只有 1 个电子,这个电子对元素的性质变化影响不显著,所以第ⅢB族元素的金属活泼性与相邻的ⅡA族元素相近。

一般情况下,其他过渡金属不能直接与水反应。而第一过渡系元素除 Cu 外多是比较活泼的金属,都能从非氧化性稀酸中置换出 $H_2$。它们的电位值一般为负值。只有钯(Pd)和铂(Pt)

等金属的电位值 $\varphi^{\ominus}$ 为正,不属于活泼金属。而第二、第三过渡系的金属单质的活泼性较差,有一些金属如锆(Zr)和铪(Hf)等仅溶于王水和氢氟酸中,而有些甚至不溶于王水,如钌(Ru)、铑(Rh)、锇(Os)等。第ⅤB族的 Nb 和 Ta,室温下,它们不能被浓硝酸所腐蚀,Ta 甚至在王水中也不能被腐蚀,但它们能与硝酸和氢氟酸的混合溶液作用,生成稳定的配合物。

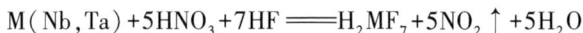

$$M(Nb,Ta)+5HNO_3+7HF \Longrightarrow H_2MF_7+5NO_2\uparrow+5H_2O$$

这些化学性质的差别主要是由于这些元素具有较大的电离能($I_1$ 和 $I_2$)和升华能,另外有些金属单质的表面上易形成致密的氧化膜,也影响了它们的活泼性。

大多过渡金属单质都能与活泼的非金属直接作用,生成相应的化合物。某些过渡金属,如第ⅣB～第ⅧB族的元素,还能与原子半径较小的非金属(如 B、N 等)形成间充式化合物,这些化合物是由非金属元素的原子填补到金属晶格的空隙中所形成的。这种间充式化合物比相应的纯金属单质的熔点更高、硬度更大、化学性质更不活泼,因此在工业生产上有许多重要的用途。另外,一些过渡金属的单质如 Ni、Pt 等在工业上是重要的催化剂。

总之,第二、第三过渡系比第一过渡系金属单质的活泼性弱,ⅠB、ⅡB族元素自上而下活泼性依次减弱。这是由于原子半径缩小,有效核电荷增加,核对外层电子吸引力增大,使之不易失去电子之故。当然,元素所表现出的金属活泼性除了与反应的热力学性质有关,还与反应的动力学性质及反应的实际性能有关。表 16-1 列出了常见过渡元素的反应性能及金属活泼性分类。

**表 16-1　常见过渡元素的反应性能及金属活泼性分类**

| 试剂 | 反应元素 | 金属活泼性分类 | 反应产物 |
|---|---|---|---|
| $H_2O$ | Se、Y、La | 极活泼金属 | $Sc(OH)_3$、$Y(OH)_3$、$La(OH)_3$ |
| 稀 HCl 或稀 $H_2SO_4$ | Cr、Mn、Fe、Co、Ni、Cd、Ti(热浓 HCl) | 活泼金属 | $M^{2+}$ 或 $M^{3+}$ 离子 |
| 稀 $HNO_3$ 浓 $HNO_3$ | Cu、Ag、V(热)、Mo、Tc、Pd、Re、Hg | 不活泼金属 | $Cu^{2+}$、$Ag^+$、$VO_2^+$、$MoO_4^{2-}$、$TcO_4^-$、$Pd^{2+}$、$ReO_4^-$、$Hg^{2+}$ |
| 王水 | Zr、Hf、Pt、Au | 极不活泼金属 | $ZrO_2$,$HfO_2$,$[PtCl_6]^{2-}$,$[AuCl_4]^-$ |
| $HNO_3+HF$ | Nb、Ta、W | 惰性金属 | $[NbF_6]^{2-}$、$[TaF_7]^{2-}$、$[WOF_5]^-$ |
| 苛性碱(熔融) | Ru、Rh、Os、Ir(不溶于王水) | 惰性金属 | $RuO_4^{2-}$、$Rh_2O_3$、$OsO_4$、$IrO_2$ |

# 三、过渡元素的氧化值变化

过渡金属元素的特征之一,是它们有多种氧化值的化合物。由于过渡元素最外层的 s 电子与次外层 d 电子能级接近,不仅最外层的 s 电子参加成键,而且次外层的 d 电子也可以部分或全部参与成键,因此形成多种不同氧化值的化合物。这以第一过渡系最为典型,见表 16-2。

**表 16-2　第一过渡系元素的各种氧化值**

| 元素 | Sc | Ti | V | Cr | Mn | Fe | Co | Ni | Cu | Zn |
|---|---|---|---|---|---|---|---|---|---|---|
| 价层电子组态 | $3d^14s^2$ | $3d^24s^2$ | $3d^34s^2$ | $3d^54s^1$ | $3d^54s^2$ | $3d^64s^2$ | $3d^74s^2$ | $3d^84s^2$ | $3d^{10}4s^1$ | $3d^{10}4s^2$ |
| | | +2 | +2 | +2 | +2 | +2 | +2 | +2 | +1 | +2 |
| | | +3 | +3 | +3 | +3 | +3 | +3 | +3 | +2 | |
| 氧化值 | | +4 | +4 | +4 | +4 | +4 | +4 | +4 | | |
| | | | +5 | +5 | +5 | +5 | | | | |
| | | | | +6 | +6 | +6 | | | | |
| | | | | | +7 | | | | | |

注:划横线的表示常见氧化值

由表 16-2 可见,从左到右,第一过渡系元素的氧化值随着 d 电子的增多而依次升高,可变氧化值的数目也依次增多；当 d 电子的数目达到 5 或超过 5 时，能级处于半充满状态，能量低，稳定性增强，但 d 电子参与成键的倾向减弱，氧化值又逐渐降低，可变氧化值的数目也相应减少。

第二、第三过渡元素氧化值，从左到右变化的情况与第一过渡系类似。不同点是这些过渡元素的最高氧化值化合物是稳定的，而低氧化值化合物不常见。例如，ⅢB 到ⅦB 各族最高氧化值与主族一样，等于其相应的族数，第ⅧB 族元素最高氧化值可达 +8（如锇的氧化物 $OsO_4$），其原因是这些元素原子的价电子层 s 电子和 d 电子数目之和与族数相等。

同一元素不同氧化值化合物之间在一定条件下可以相互转化。通常，高氧化值的化合物具有强氧化性，为理想的氧化剂，如 $K_2Cr_2O_7$、$KMnO_4$ 等。而低氧化值的化合物具有还原性，处于中间氧化值的化合物既可作为氧化剂，也可表现为还原剂。能发生歧化反应如 Mn(Ⅱ)、Mn(Ⅵ)。

过渡金属元素的氧化值变化有一定的规律性，即依周期从左向右，随着原子序数的增加，氧化值先是逐渐增高，但第四周期在锰以后，第五周期在钌以后，第六周期在锇以后，氧化值又逐渐降低，最后与ⅠB 族元素的低氧化值相同。但第五、第六周期元素趋于出现高氧化值。它们相应的低氧化值的化合物不常见。当过渡金属同羰基、亚硝基、联吡啶等配位体形成配位化合物时，可呈现低氧化值 +1、0、-1、-2、-3。具有低氧化值的过渡元素，大都以简单离子（$M^+$、$M^{2+}$）存在，但具有高氧化值（+4、+5、+6、…）的过渡元素离子，大都与电负性较大的氟、氧等形成酸根离子或化合物。如 $V_2O_5$、$Cr_2O_3$、$CrO_4^{2-}$、$WF_6$、$MnO_4^-$、$OsO_4$ 等。

过渡元素的氧化物及其水合物的酸碱性变化与主族元素相似，可归纳如下几点：①从左到右，同周期元素（ⅢB~ⅦB 族）最高氧化值的氧化物及其水合物的酸性增强；②从上到下，同族元素相同氧化值的氧化物及其水合物的碱性增强；③同一元素高氧化值的氧化物及其水合物的酸性大于其低氧化值的氧化物。

# 四、过渡元素离子的特征颜色

过渡金属元素的另一重要特征是它们的离子和化合物大都具有颜色。如第一过渡系元素的大多数水合离子都有一定的颜色，这是因为它们的简单离子在水溶液中一般以 $[M(H_2O)_6]^{n+}$ 配离子的形式存在。水合离子的颜色与其价层电子组态中未成对 d 电子的跃迁和电荷迁移有关。在可见光激发下，当 d 电子由基态跃迁到激发态能级（d-d 跃迁）所需的能量在可见光范围内时，它就会吸收一定波长的可见光，呈现出该波长的可见光的互补颜色。一些过渡金属元素水合离子的颜色如表 16-3 所示。

表 16-3　过渡元素部分金属水合离子的颜色

| 离子 | $Sc^{3+}$ | $Ti^+$ | $V^{3+}$ | $Cr^{3+}$ | $Mn^{3+}$ | $Mn^{2+}$ | $Fe^{3+}$ | $Fe^{2+}$ | $Co^{2+}$ | $Ni^{2+}$ | $Cu^{2+}$ | $Zn^{2+}$ |
|---|---|---|---|---|---|---|---|---|---|---|---|---|
| d 电子 | $3d^0$ | $3d^1$ | $3d^2$ | $3d^3$ | $3d^4$ | $3d^5$ | $3d^5$ | $3d^6$ | $3d^7$ | $3d^8$ | $3d^9$ | $3d^{10}$ |
| 颜色 | 无色 | 紫红 | 绿 | 蓝紫 | 紫红 | 肉色 | 淡黄 | 浅绿 | 粉红 | 绿色 | 蓝色 | 无色 |

对不同金属的水合离子而言，d 电子跃迁时吸收可见光的波长范围不同，水合金属离子将呈现不同的颜色；对同一金属离子的不同配合物而言，因配位体场强不同，d 能级分裂的程度不同，d 电子跃迁所需要的能量就不同，故配合物呈现的颜色也就不同。

对电子组态为 $d^0$ 或 $d^{10}$ 的金属离子而言，因 d 电子在可见光范围内不能发生 d-d 跃迁，因而这些配合物通常是无色的。但某些具有 $d^{10}$ 电子组态的 ds 区金属化合物也有颜色，如 AgI 呈黄色、$HgI_2$ 显橙红色等，这可用离子极化理论解释。而一些 $d^0$ 电子构型的高氧化值金属化合物，也具有一定的颜色，如 $V_2O_5$ 显橙黄色、$Cr_2O_7^{2-}$ 显橙红色、$MnO_4^-$ 显紫色等。这些化合物呈现颜色的原因，通常认为是 M-O 之间的电荷迁移造成的。

## 五、过渡元素的配位性

过渡元素最重要和最突出的化学性质之一是易形成各种配位化合物。周期表中所有的过渡金属元素均可作为配合物的形成体,它们与很多无机配体或有机配体形成相当稳定的配位化合物。某些金属的原子(Fe、Co、Ni、Pt等)还能与CO(羰基)形成羰基配合物,在这些配合物中,金属的氧化值为零甚至为负值。过渡元素之所以易形成配合物是因为它们都具有能用于成键的空的d轨道($ns$、$np$、$nd$或$(n-1)$d空轨道的能量比较接近,有利于组成各种类型的杂化轨道)以及较高的电荷/半径比,离子的极化作用及变形性较强,都很容易与各种配位体形成稳定的配位化合物(关于配位化合物已在第12章讨论),并且它们的配合物在许多领域中都有极其重要的应用。此外,过渡金属的原子或离子中可能有未成对的d电子,电子的自旋决定了原子或分子的磁性。因此,许多过渡金属有顺磁性,铁、钴、镍3种金属还可以观察到铁磁性,可用作磁性材料。

总之,过渡元素一系列的性质特征都与它们d轨道的电子填充状态密切相关。可以认为,过渡元素(d区和ds区)的化学是d电子的化学。在学习中应注意把握这一点,从本质上认识过渡元素及其化合物的性质与其结构间的内在联系。

## 六、过渡元素的生物学效应

人体内的金属元素依其含量分为**常量金属**(bulk metal)和**微量金属**(trace metal)。目前认为,人体必需微量元素有18种,在这其中有9种是过渡元素,除Mo外,其余8种过渡元素都分布在第一过渡系。

体内的过渡元素主要是作为构成金属蛋白、核酸配合物、金属酶和辅酶的中心金属原子储存于体内。它们作为许多生物酶的激活剂,在机体生长发育、细胞功能调节、信息传递、免疫应答、生物催化、生物矿化、物质输送、能量交换及各种生理生化反应中起着重要的作用(见本章第7节)。随着现代医学和生命科学的不断发展,在分子或亚分子水平上研究生命的过程,探索机体生老病死与生物分子间的有机联系,体内微量元素的生物功能及开发应用的研究愈来愈受到人们的重视,并由此产生了许多交叉前言学科领域。

# 第2节 钛 与 钒

## 一、钛与钒的单质

### (一) 钛

周期系第ⅣB族元素包括钛(Titanium)、锆(Zirconium)和铪(Hafnium)三个元素,它们均属于稀有金属。该族元素的价电子层组态为:$(n-1)$d$^2n$s$^2$,由于在d轨道全空的情况下,原子的结构是比较稳定的,所以两个s电子参加成键后,次外层的两个d电子也容易参加成键。因此它们有显示本族最高氧化值(+4)的强烈倾向,而几乎不出现较低的氧化值。即使钛有氧化值为+3的化合物,例如TiCl$_3$晶体,也只能在隔绝空气的情况下才是稳定的。尽管锆和铪这两个元素的原子序数相差32,但由于4f电子的填充所引起的镧系收缩效应,故它们的金属半径和四价阳离子的半径都非常接近。

本族元素都是有银白色金属光泽和高熔点的金属,而且密度小,机械强度高。在常温下,这些金属的表面容易形成致密的氧化物保护膜,使化学性质变得不活泼。它们不与水、稀硫酸、稀

盐酸和硝酸作用,因此具有较强的抗腐蚀性。在强热下,这些金属能使水蒸气分解。钛溶于热浓盐酸生成 $TiCl_3$:

$$2Ti+6HCl \Longrightarrow 2TiCl_3+3H_2\uparrow$$

钛对冷酸有抗侵蚀性。锆和铪在无机酸中也难溶,但在 $F^-$ 离子存在下,这三种金属都能溶解,钛与 $F^-$ 离子形成的配离子,能促进钛的溶解:

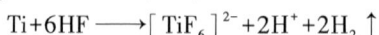

$$Ti+6HF \longrightarrow [TiF_6]^{2-}+2H^++2H_2\uparrow$$

Zr 和 Hf 可分别形成氧锆基 $ZrO^{2+}$ 和氧铪基 $HfO^{2+}$ 的盐。由于钛具有相对密度轻于钢(7.9),对海水的抗腐蚀性很强,以及耐高温等性能,因此在造船和超音速飞机制造工业中已广泛应用。锆比钛软得多,目前主要用于制造防弹合金钢。锆的中子俘获截面低,它可在反应堆中用作金属核燃料的包覆合金。因为铪中子俘获截面较高,所以用于反应堆的锆必须不含有铪。

钛、锆和铪与硫化合生成二硫化物,这些二硫化物是具有金属光泽的半导体。

## (二) 钒

周期系第ⅤB族元素包括钒(Ｖ)、铌(Ｎi)和钽(Ｔa)三种典型的过渡金属,俗称钒族元素。它们的第一电离能在 $650\sim675kJ\cdot mol^{-1}$ 范围内。这三种金属都是相当稀有的元素,它们的熔点都较高而且在同族中随着周期数增加而升高。三种元素的单质都为银白色、有金属光泽,具有典型的体心立方金属结构。纯净的金属硬度低、有延展性,当含有杂质时则变得硬而脆。它们的五氧化物 $M_2O_5$ 主要呈酸性,所以也称"酸土金属"元素。它们的价电子层组态为 $(n-1)d^3ns^2$,5 个电子都可以参与成键,因此其化合物中呈现多种氧化值,最高氧化值为+5,相当于 $d^0$ 的结构,这是钒族元素比较稳定的一种氧化值。

此外尚有+4、+3 和+2 等氧化值。依 V、Nb、Ta 的顺序,高氧化值化合物的稳定性依次增强,而低氧化值化合物的稳定性依次减弱。

钒是 1831 年瑞典的化学家 Sefstrom(塞夫斯特姆)发现的。在研究瑞典 Smaland 生产的铁矿时,发现了这种具有"铁"性质的矿石,将其溶于酸,出现了不溶的黑色金属粉末,同时研究含有此种金属的各种化合态的氧化物具有美丽的颜色,就以美丽的女神 Vanadis 命名为钒。

钒在地壳中的丰度为 0.0135%,在所有元素中排第 23 位。土壤中平均为 $10-300\mu g\cdot g^{-1}$,海洋中较低为 $2-35ng\cdot L^{-1}$,其中以 50%的钒(Ⅲ)和钒(Ｖ)存在,分散于铁矿和铅矿,石油中含有钒,以卟啉化合物存在,但钒的富集矿少见。目前已知的矿石主要有 $VS_2$-$V_2S_5$(绿硫钒矿),$K_2O\cdot 2UO_3\cdot V_2O_5\cdot 3H_2O$(钾钒铀矿),$Pb_5[VO_4]Cl$(褐铅矿)和钒云母$\{KV_2[AlSi_3O_{10}]\cdot(OH)_2\}$。

自然界中有 $V^{50}$(丰度为 0.24%)和 $V^{51}$(丰度为 99.76%)两种,熔点高(1900℃),密度小,钒的核性能好,不放射强的衰变产物,对液体金属有良好的稳定性,大量用于钒合金,在钢铁工业和钒工业中有重要意义。磁性材料铁钴钒合金,由于钒的存在,提高了合金的强度、可塑性和电阻。钒在核工业上也表现出了优良的特性,钒基合金为液钠冷却中子增殖反应堆的主要材料。

金属钒在室温下不活泼,块状钒在常温下不与空气、水和苛性碱作用,也不与非氧化性酸作用,但氢氟酸例外。

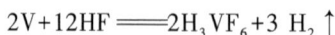

$$2V+12HF \Longrightarrow 2H_3VF_6+3H_2\uparrow$$

钒能溶于强的氧化性酸中,如王水和硝酸。而铌和钽的化学稳定性极高,它们不仅与空气和水不起作用,而且还能抵抗除氢氟酸以外的一切无机酸,包括王水的腐蚀。但它们却容易溶于热的 HF 和 $HNO_3$ 混合酸,以含氟配合物的形式进入溶液,而且这三种金属均能与熔融碱反应,放出氢气,生成含氧酸盐。

# 二、钛的重要化合物

$Ti^{3+}$ 离子的最外层电子组态为 $3s^2 3p^6 3d^1$，离子半径为76pm。$Ti^{3+}$ 能够发生 d-d 跃迁，其化合物一般呈紫色。$Ti^{3+}$ 离子的电荷与半径之比小于 $Ti^{4+}$ 离子，$H_3TiO_3$ 的酸性也比 $H_4TiO_4$ 弱，因此，$Ti^{3+}$ 化合物基本上是离子型的。$Ti^{3+}$ 在水溶液中容易水解，也容易失去电子而成为稳定的 $Ti^{4+}$，故它是一个强还原剂。$Ti^{4+}$ 的最外层电子组态为 $3s^2 3p^6$，它具有较高的正电荷和较小的半径（68pm），因此它是一种有较强电场的 8 电子离子。$Ti^{4+}$ 的化合物一般是无色的，只是与那些变形性较大的 $Br^-$、$I^-$ 和 $O_2^{2-}$ 离子结合时，它们的化合物才显颜色。$Ti^{4+}$ 还极易水解，因此在水溶液中不存在简单的 $[Ti(H_2O)_6]^{4+}$ 离子，只存在碱式或含水的氧化物（$TiO_2 \cdot nH_2O$）。

## （一）二氧化钛 $TiO_2$

钛在自然界的含量很丰富占地壳的 0.6%（重量），有开采价值的矿是钛铁矿 $FeTiO_3$ 和金红石（四方晶形的 $TiO_2$）。纯净的 $TiO_2$ 俗称钛白，$TiO_2$ 粉末冷时为白色，而受热的则呈浅黄色。它不溶于水或稀酸，但能溶于热的浓 $H_2SO_4$ 中，生成硫酸盐 $Ti(SO_4)_2$ 和硫酸钛酰 $TiOSO_4$。

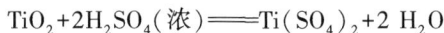
$$TiO_2 + 2H_2SO_4(浓) =\!=\!= Ti(SO_4)_2 + 2H_2O$$

$$TiO_2 + H_2SO_4 =\!=\!= TiOSO_4 + H_2O$$

## （二）四氯化钛 $TiCl_4$

在制备金属钛的过程中，将钛铁矿或金红石与碳一起加热到 1073~1173K 时，再通入氯气，使生成的 $TiCl_4$ 蒸气冷凝所得：

$$2TiO_2 + 3C + 4Cl_2 =\!=\!= 2TiCl_4 + 2CO + CO_2$$

其液体（沸点 409K）用分馏法纯制。在常压下用 1070K 熔融的 Mg 还原 $TiCl_4$ 蒸气制得多孔状的海绵钛，但反应器中的空气要通入氩气予以驱除：

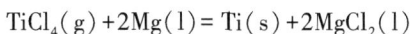
$$TiCl_4(g) + 2Mg(l) = Ti(s) + 2MgCl_2(l)$$
$$\Delta H = -483 kJ \cdot mol^{-1}; \quad \Delta G = -448 kJ \cdot mol^{-1}$$

$TiCl_4$ 是一种无色的液体，熔点为250K，沸点459K。$TiCl_4$ 在水中或潮湿空气中极易水解，因此将 $TiCl_4$ 暴露在空气中会发烟：

$$TiCl_4 + 3H_2O =\!=\!= H_2TiO_3 + 4HCl$$

四氯化钛是钛的一种重要卤化物，通过四氯化钛可以制备一系列的钛化合物或金属钛。

---

**案例 16-1**

金红石型纳米二氧化钛是一种热稳定性优良的抗菌纳米复合环保涂料，具有抗菌效果好、功效长、广谱抗（杀）菌、对人体及动物无毒性等优点。实验表明，这种涂料通过接触作用对大肠埃希菌、金黄色葡萄球菌和白色念珠菌24小时的杀灭率达到90%以上。因此常被用作医院门诊、病房的室内墙面涂料，起到抗菌和降低污染的作用。它的制备方法有多种，常用的方法为：

以 $TiCl_4$（化学纯）、盐酸（分析纯36%）为原料，在冰水浴冷却下将 $TiCl_4$ 缓慢滴入蒸馏水中，连续搅拌，配成一定浓度的水溶液为储备液，与盐酸、蒸馏水按一定比例配制混匀后升温、搅拌，在一定温度下保温数小时，将所得水解产物过滤、洗涤直至滤液呈中性（即无 $Cl^-$），经加热干燥即可制得 $TiO_2$ 粉体。在制备过程中，盐酸的加入量对沉淀产物形成金红石型 $TiO_2$ 有重要影响。

**问题：**
1. 请写出该制备过程的主要反应式？
2. 制备过程中，如何检验滤液呈中性无 $Cl^-$ 离子？
3. 为何加入盐酸的量对形成金红石型 $TiO_2$ 有重要影响？

**案例 16-1 分析**

该制备方法主要是利用 $TiCl_4$ 易水解性，其反应式可见于下面即将讨论的内容中。滤液中有无 $Cl^-$，可加入 $AgNO_3$ 溶液检验有无白色沉淀即可。实验证明，不加盐酸时，所得水解产物呈胶体沉淀状态，无法用普通过滤方法截留沉淀物；例如 1 升的反应液中，当加入 10ml 盐酸时，产率为 52%，加入量为 20ml 时，产物的收得率为 94%。但盐酸的量继续增加 $TiO_2$ 的收率反而降低。原因是盐酸（HCl）是 $TiCl_4$ 水解反应中的生成物，根据化学平衡原理可知其在体系中含量过高，会抑制水解反应的进行，使产率降低。

## （三）硫酸钛酰 $TiOSO_4 \cdot 2H_2O$

$TiO_2$ 与热浓 $H_2SO_4$ 反应，慢慢生成 $Ti(SO_4)_2$ 和 $TiOSO_4$，但实际上并没有从溶液中析出自由的 $Ti(SO_4)_2$ 和 $TiOSO_4$，而是析出 $TiOSO_4 \cdot 2H_2O$ 的白色粉末，它能溶于冷水。近来发现该化合物不论是在溶液中或是在晶体中都不存在简单的 $TiO_2$ 离子，而是钛与钛之间通过氧原于结合成如下结构的 $(TiO)_n^{2n+}$ 聚合物。

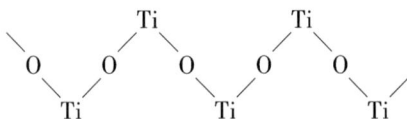

这些长链在晶体中彼此之间是由 $SO_4^{2-}$ 连接起来的，每个 $SO_4^{2-}$ 能与三个钛原于相接触，结晶中的水分子则与钛原子缔合。这种结构上的特征也可能是硫酸氧钛在水解过程中生成胶体的内在原因。硫酸钛酰容易水解而析出钛酸。

## （四）钛酸 $H_2TiO_3$ 或氢氧化钛 $Ti(OH)_4$

$Ti(OH)_4$ 一般称为钛酸 $H_4TiO_4$。因为 $Ti(OH)_4$ 具有两性，所以在室温下，用 NaOH 或 $NH_3 \cdot H_2O$ 中和 $TiOSO_4$ 溶液，生成钛酸 $H_4TiO_4$ 沉淀。将 $TiO_2$ 溶于浓硫酸中，生成 $Ti(SO_4)_2$ 和 $TiOSO_4$，在加热煮沸时，在弱酸性的溶液中发生水解，生成白色的偏钛酸 $H_2TiO_3$ 或 $TiO(OH)_2$ 沉淀。正钛酸或偏钛酸的析出，可以认为是硫酸钛分步水解的结果：

$$Ti(SO_4)_2 + H_2O \Longrightarrow TiO SO_4 + H_2SO_4$$
$$TiOSO_4 + 2H_2O \Longrightarrow H_2TiO_3 + H_2SO_4$$

钛酸与强碱反应，生成碱金属的偏钛酸盐 $M_2TiO_3$ 的水合物。无水偏钛酸盐可由二氧化钛与碳酸盐熔融而制得。例如 $TiO_2$ 与 $BaCO_3$ 在加入 $BaCl_2$ 或 $Na_2CO_3$ 助熔剂的情况下，一起熔融可制得偏钛酸钡：

$$TiO_2 + BaCO_3 \Longrightarrow BaTiO_3 + CO_2 \uparrow$$

钛酸钡用于超声波发生器中。

在中等酸度的钛（IV）盐溶液中加入发生如下反应：

$$TiO^{2+} + H_2O_2 \Longrightarrow Ti(O_2)^{2+} + H_2O$$

## （五）三氯化钛

将干燥气态 $TiCl_4$ 和过量的氢气在加热情况下还原，可得到紫色粉末状的三氯化钛：

$$2TiCl_4 + H_2 == 2TiCl_3 + 2HCl$$

在盐酸溶液中，用锌还原四价钛盐，可得到紫色晶体 $TiCl_3 \cdot 6H_2O$。

$$2TiCl_4 + Zn == 2TiCl_3 + ZnCl_2$$
$$2Ti + 6HCl == 2TiCl_3 + 3H_2 \uparrow$$

在水溶液中 $Ti^{3+}$ 是以蓝紫色 $[Ti(H_2O)_6]^{3+}$ 离子存在，这种水合离子为强酸，下述反应的平衡常数为 3.9。

$$[Ti(H_2O)_6]^{3+} + H_2O == [Ti(H_2O)_5OH]^{2+} + H_3O^+$$

值得注意的是大多数写成钛酸盐化学式的化合物，实际上是复合氧化物而不是盐，如钙钛矿 $CaTiO_3$，具有这种结构的叫钙钛矿型，例如 $SrTiO_3$ 和 $BaTiO_3$。然而，钡的化合物还可以出现四种其他晶形即六方晶形、四方晶形、斜方晶形和三方晶形。四方晶形的 $BaTiO_3$ 有非常高的电容率，并随温度而变化，它被用作高容量电容器。$Ba^{2+}$ 离子很大，它使 $O^{2-}$ 晶格膨胀，以致不太大的 $Ti^{4+}$ 离子不能充满其八面体空间。因此，在强电场作用下，$Ti^{4+}$ 容易在此空间内移动，随之便引起了晶体的极化。另一种晶形的 $BaTiO_3$ 有压电性，用于换能器中，可将电能转换为机械能，还可用于超声波发生装置中。

# 三、钒的重要化合物

钒由于具有优良的理化性能，广泛应用于化学工业。五氧化二钒的催化性能解决了催化剂抗毒性能的缺陷，同时四氯化钒、三氯化钒、偏钒酸铵也在催化领域初露头角。

由于 +5 氧化值的钒具有较大的电荷半径比，所以在水溶液中不存在简单的 $V^{5+}$ 离子，而是以钒氧基（$VO^{2+}$、$VO^{3+}$）或含氧酸根（$VO_3^-$、$VO_4^{3-}$）等形式存在。又由于在 $V_2O_5$ 或 $VO_4^{3-}$ 中的钒氧之间存在着较强的极化效应，$O^{2-}$ 中的电子能够吸收可见光向钒（V）发生跃迁，因而氧化值为 +5 的钒化合物一般都具有颜色，此外 $V_2O_5$ 比 $TiO_2$ 具有较强的酸性和较强的氧化性。所有低氧化值的离子都是有颜色的，$VO_2^+$ 呈蓝色，$V^{3+}$ 呈绿色，$V^{2+}$ 呈紫色，这是因为它们的 d 轨道都含有单电子。除了 $VO^{2+}$ 在溶液中比较稳定外，其他 $V^{3+}$ 和 $V^{2+}$ 离子皆为较强的还原剂，并且容易形成很多配合物如 $[VOCl_4]^{2-}$、$[VO(C_2O_4)_2]^{2-}$、$[VO(H_2O)_6]^{2-}$、$[V(H_2O)_6]^{3+}$、$[V(NCS)_6]^{3-}$、$[V(H_2O)_6]^{2+}$ 等。

## （一）氧化物

钒最重要的氧化物是 $V_2O_5$。在工业生产中，通常是将钒铅矿或含钒矿渣与 $NaCl$ 一起焙烧，使钒转变为钒酸钠，再用水浸出钒酸钠，当浸出液被酸化时即有红色的多钒酸盐沉淀出来。它在 950K 熔融，可制得工业级 $V_2O_5$，或将它溶于 $Na_2CO_3$ 水溶液中，用 $NH_4^+$ 离子沉淀出 $NH_4VO_3$，加热至 700K，钒氨酸便转为质量较好的 $V_2O_5$，为橙黄至深红的粉末。

$$2NH_4VO_3 \longrightarrow V_2O_5 + 2NH_3 + H_2O$$

铁存在下，用铝热法还原 $V_2O_5$ 可制得钒铁合金。此合金可用来制造高速工具钢。

$V_2O_5$ 是偏酸性的两性物质，能够溶于强碱而生成正钒酸盐：

$$V_2O_5 + 6NaOH == 2Na_3VO_4 + 3H_2O$$

其中有些盐（如 $Na_3VO_4 \cdot 12H_2O$，$K_3VO_4 \cdot 6H_2O$）可以从 pH>12 的溶液中结晶出来。$V_2O_5$ 也具有微弱的碱性，它可溶解于强酸中，在强酸溶液（pH<1）中能生成 $VO_2^+$ 离子。由于 $V_2O_5$ 是一个较强的氧化剂，因此它溶于盐酸时，$V_2O_5$ 被还原成 $VO^{2+}$ 离子，同时析出氯：

$$V_2O_5 + 6HCl == 2VOCl_2 + Cl_2 \uparrow + 3H_2O$$

在工业中 $V_2O_5$ 也是接触法生产硫酸的催化剂。

## (二) 钒酸盐及多钒酸盐

$V_2O_5$ 的碱性水溶液中存在着各种钒酸盐的离子。在 $V_2O_5$ 浓度为 $0.01\sim0.1mol\cdot L^{-1}$ 的溶液中,通过光谱分析和电位分析表明,pH<2 时,主要是 $VO_2^+$ 离子。在 pH $2.0\sim6.5$ 之间,存在着 $[H_2V_{10}O_{28}]^{4-}$、$[HV_{10}O_{28}]^{5-}$ 和 $[V_{10}O_{28}]^{6-}$ 离子,其比例取决于溶液的 pH 值。在高 pH 的情况下,多数为 $V_2O_7^{4-}$ 和 $VO_3^{3-}$ 离子。但在低浓度时(V₂O₅ 浓度 $<1\times10^{-3}mol\cdot L^{-1}$),出现单核离子:$VO_4^{3-}$、$HVO_4^{2-}$、$H_2VO_4^-$、$H_3VO_4$ 和 $VO_3^-$ 等,其比例也取决于 pH。其中正钒酸根离子 $VO_4^{3-}$ 的基本结构与 $ClO_4^-$、$SO_4^{2-}$ 和 $PO_4^{3-}$ 等含氧酸根离子一样,都是四面体结构。在所有的钒酸根中总是维持这种基本结构单元。但是钒-氧之间的结合并不十分牢固,其中的 $O^{2-}$ 离子可能同 $H^+$ 离子结合成水,反应平衡如下:

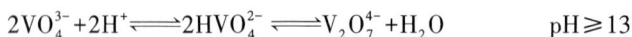

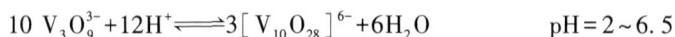

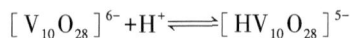

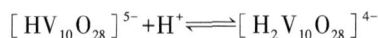

$$2VO_4^{3-}+2H^+\rightleftharpoons 2HVO_4^{2-}\rightleftharpoons V_2O_7^{4-}+H_2O \qquad pH\geq13$$
$$3V_2O_7^{4-}+6H^+\rightleftharpoons 2V_3O_9^{3-}+3H_2O \qquad pH\geq18$$
$$10V_3O_9^{3-}+12H^+\rightleftharpoons 3[V_{10}O_{28}]^{6-}+6H_2O \qquad pH=2\sim6.5$$
$$[V_{10}O_{28}]^{6-}+H^+\rightleftharpoons[HV_{10}O_{28}]^{5-}$$
$$[HV_{10}O_{28}]^{5-}+H^+\rightleftharpoons[H_2V_{10}O_{28}]^{4-}$$
$$[H_2V_{10}O_{28}]^{4-}+14H^+\rightleftharpoons 10VO_2^++8H_2O \qquad pH<2$$

由此可见,随着 $H^+$ 离子浓度的增加,多钒酸根中的氧逐渐被 $H^+$ 离子夺走,而使酸根中的钒与氧的比值依次下降。聚合度增大,溶液颜色逐渐加深,即从淡黄色变为深红色。如果加入足够的酸,则溶液中存在稳定的黄色 $VO_2^+$ 离子。在酸性溶液中,钒酸盐是一个强氧化剂,它的标准电极电势为:

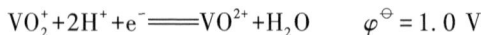

$$VO_2^++2H^++e^-\rightleftharpoons VO^{2+}+H_2O \qquad \varphi^\ominus=1.0\ V$$

$VO_2^+$ 离子可被 $Fe^{2+}$、草酸、酒石酸和乙醇等还原剂还原为 $VO^{2+}$ 离子:

$$VO_2^++Fe^{2+}+2H^+\rightleftharpoons VO^{2+}+Fe^{3+}+H_2O$$
$$2VO_2^++H_2C_2O_4+2H^+\xrightarrow{加热}2VO^{2+}+2CO_2+2H_2O$$

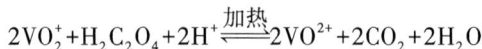

上述反应可用于氧化还原容量法测定钒。

## (三) 钒酸根和氧钒离子的配位性质

与磷酸类似,钒酸也能够与醇反应生成酯。但是由于钒的金属性,成酯反应具有配位性质,可以在钒酸根与醇之间进行:

$$H_2VO_4^-+HOR\rightleftharpoons ROVO_3H^-+H_2O$$

表面上看,钒酸根和磷酸根类似于醇羟基成酯,但是可以把钒酸酯看做是配合物,只是形成常数很小。当钒酸根与1,2-二元醇作用时由于形成螯合环使钒酸酯稳定化,主要生成稳定的 $2:2$ 的化合物。例如,环己二醇、吡喃糖、类单糖等都能够形成比较稳定的钒酸酯配合物。

钒酸酯与对应磷酸酯的最大区别在于钒所表现的过渡金属 d 轨道的配位键合特性。所以在钒酸酯中钒酸根可以 $VO^{2+}$ 或 $VO_3^+$ 形式与氧配位成为中心离子。这个性质使得在钒酸酯中由于与配体 O 键合的 $VO_3^+$ 或 $VO^{2+}$ 的配位结合特性,所以钒酸三酯在亲核进攻中 V—O 键强度没有被改变,而在同样类型的反应中,磷酸三酯的 P—O 键强度明显减弱。

钒酸根以氧合钒(V)阳离子形式配位结合表现出比磷更强的亲硫性质,在这一点上更像钼酸根。例如钒酸根可以形成 $VS_4^{3-}$(对应于 $MoS_4^{3-}$)和 $VSSH^+$(对应于 $MoS_2^+$)。

无论 V(V)还是 V(IV)都容易与氧配位结合,也能与 N 和 S 配位形成稳定配位化合物。前面提及 V(V)与醇羟基的成酯在本质上是 $VO^{2+}$ 或 $VO^{3+}$ 羟基的配位反应。除此以外,V(V)与过氧基配位形成过氧钒酸也是一类相对稳定的配合物。

$VO^{2+}$既类似于$Ca^{2+}$、$Mg^{2+}$等二价金属离子,又类似于$Fe^{3+}$,能够和$CO_3^{2-}$、$PO_4^{3-}$、膦酸盐、含氮杂环、去质子的巯基,以及氨基酸、核苷酸等许多生物配体结合。与羟基羧酸、磷羧酸、核苷和核酸中的糖羟基和邻苯二酚类的两个氧原子配位形成螯合物。因此无论V(Ⅴ)还是V(Ⅳ)都具有重要的生物效应。

# 第3节　铬、钼和钨

## 一、铬族元素单质

铬族是周期系第ⅥB族,包括铬(Cr)、钼(Mo)和钨(W)三种元素。在岩石中,铬约占0.2%,钼占$1.5×10^{-4}$%,钨占$1.6×10^{-4}$%。

这三种金属都是银白色的,具有金属光泽,熔点高,每一种金属的熔点在相应的同系列过渡金属中都是最高值。在所有金属元素中,铬的硬度最大;而钨具有最高的熔点,所以它可用作电灯泡的灯丝。铬、钨与其他金属制成的合金(如不锈钢含12%～26% Cr),在军事工业和高速工具钢(含3%～6% Cr)的生产中应用很广泛。类似于铝,铬和钨的表面上容易形成氧化膜而变为钝态,所以它们的化学活性不高。铬不溶于浓硝酸和王水,但铬在热的HCl和热的浓$H_2SO_4$中能快速溶解:

$$Cr+2HCl \longrightarrow CrCl_2+H_2\uparrow$$
$$4CrCl_2+4HCl+O_2 \longrightarrow 4CrCl_3(绿色)+2H_2O$$
$$2Cr+6H_2SO_4 \longrightarrow Cr_2(SO_4)_2+3SO_2\uparrow+6H_2O$$

钼只与浓$HNO_3$、热的浓$H_2SO_4$作用,钨与一般的无机酸不发生作用。为了使钼和钨溶解,可以使它们形成配合物。例如在浓磷酸中,生成磷钨酸$[H_3P(W_3O_{11})_4]$而使钨溶解。钨还可溶于$HNO_3$-HF中,W(Ⅵ)与$F^-$离子因形成稳定的配合物而进入溶液。铬具有良好的光泽度和抗腐蚀性,可用来镀在其他金属的表面上,既保护了金属也使外观更光亮,还增加了耐磨性及抗腐蚀性。铬还可同铁、镍组成合金,制成各种性能的不锈钢。

## 二、铬的重要化合物

铬的价层电子组态为$3d^54s^1$。在一定条件下,铬的6个价电子可以部分或全部参与成键,因此,铬元素可生成多种氧化值的化合物,最常见的氧化值有+6、+3和+2。铬的标准电位图如下:

$$\varphi_A^\ominus/V \quad Cr_2O_7^{2-} \xrightarrow{1.33} Cr^{3+} \xrightarrow{-0.41} Cr^{2+} \xrightarrow{-0.91} Cr$$
$$\underset{-0.74}{\underline{\qquad\qquad\qquad}}$$

$$\varphi_B^\ominus/V \quad CrO_4^{2-} \xrightarrow{-0.13} Cr(OH)_3 \xrightarrow{-1.1} Cr(OH)_2 \xrightarrow{-1.4} Cr$$
$$CrO_2^- \underset{-1.2}{\underline{\qquad\qquad}}$$

由其电位图可知:在酸性介质中$Cr_2O_7^{2-}$具有强的氧化性,可被还原为Cr(Ⅲ);而Cr(Ⅱ)有较强的还原性,可被氧化为Cr(Ⅲ)。在碱性介质中,$CrO_4^{2-}$氧化性很弱。

在酸性介质中,Cr(Ⅲ)离子是铬最稳定的氧化态,而Ⅵ氧化态的铬具有强氧化性,其还原产物为Cr(Ⅲ)离子。

### (一) 铬(Ⅲ)的化合物

铬(Ⅲ)的价层电子组态为$3d^34s^0$,属于不规则8～18电子层结构,这种结构对原子核的屏蔽作用比 8 电子层结构小,因此 $Cr^{3+}$ 有较高的有效正电荷。同时它的离子半径也较小(64pm),又有空的 d 轨道,故铬(Ⅲ)化合物的主要特性有:①3 个未成对 d 电子之间能发生 d-d 跃迁,使 Cr(Ⅲ)的化合物都具有一定的颜色;②Cr(Ⅲ)的氧化物及其水合物既可溶于酸又能溶于碱,为两性物质;③Cr(Ⅲ)盐易发生质子传递反应即水解;④$Cr^{3+}$ 表现出相当大的稳定性,即既不易被氧化成+6 氧化值,也不易被还原为+2 氧化值的化合物;另外,Cr(Ⅲ)易与 $NH_3$、$H_2O$、$Cl^-$、$CN^-$ 和 $C_2O_4^{2-}$ 等生成配位数为 6 的配合物。

**1. 三氧化二铬和氢氧化铬** 粉末状的金属铬在空气中燃烧或灼烧$(NH_4)_2Cr_2O_7$,都可生成绿色的 $Cr_2O_3(s)$:

$$4Cr+3O_2 \xrightarrow{\Delta} 2Cr_2O_3$$

$$(NH_4)_2Cr_2O_7 \xrightarrow{\Delta} Cr_2O_3+4H_2O+N_2\uparrow$$

$Cr_2O_3$ 微溶于水,其熔点高,硬度大,是两性氧化物:

$$Cr_2O_3+6H^+ == 2Cr^{3+}+3H_2O$$

$$Cr_2O_3+2OH^- == 2CrO_2^-+H_2O$$

$Cr_2O_3$ 显绿色(俗称铬绿),广泛应用于涂料、陶瓷和印刷等行业。

在铬(Ⅲ)盐水溶液中加适量氨水或 NaOH,可析出灰蓝色的水合氧化铬$(Cr_2O_3 \cdot nH_2O)$胶状沉淀,通常称之为氢氧化铬,简写为 $Cr(OH)_3$:

$$Cr^{3+}+3OH^- == 2Cr(OH)_3\downarrow$$

$Cr(OH)_3$ 具有明显的两性,溶于酸生成 Cr(Ⅲ)离子,溶于碱生成亚铬酸盐:

$$Cr(OH)_3+3H^+ == Cr^{3+}+3H_2O$$

$$Cr(OH)_3+OH^- == [Cr(OH)_4]^-$$

$[Cr(OH)_4]^-$ 常简写为 $CrO_2^-$,$Cr(OH)_3$ 在水溶液中存在如下平衡:

$$Cr^{3+}+3OH^- \rightleftharpoons Cr(OH)_3 \rightleftharpoons HCrO_2+H_2O \rightleftharpoons H^++CrO_2^-+H_2O$$
$$(紫色) \qquad (灰蓝色) \qquad\qquad (亮绿色)$$

当加酸时,平衡向左移动,生成紫色的 Cr(Ⅲ)离子;加碱时平衡向右移,生成亮绿色的 $CrO_2^-$。

**2. 铬(Ⅲ)盐和亚铬酸盐** 最重要的铬(Ⅲ)盐是硫酸铬和铬矾。将 $Cr_2O_3$ 溶在浓 $H_2SO_4$ 中,即得到紫色的 $Cr_2(SO_4)_3 \cdot 18H_2O$。此外,还有绿色的 $Cr_2(SO_4)_3 \cdot 6H_2O$ 和红色的 $Cr_2(SO_4)_3$。$Cr_2(SO_4)_3$ 与碱金属的硫酸盐可形成铬矾,如铬钾矾 $K_2SO_4 \cdot Cr(SO_4)_3 \cdot 24H_2O$,它可用 $SO_2$ 还原 $K_2Cr_2O_7$ 的酸性溶液而得:

$$K_2Cr_2O_7+6H_2SO_4+3SO_2 == K_2SO_4 \cdot Cr_2(SO_4)_3+H_2O$$

硫酸铬和铬钾矾常应用在鞣革及纺织工业中。

铬(Ⅲ)在碱性溶液中主要以 $CrO_2^-$ 形式存在,具有还原性,可被 $H_2O_2$、$Cl_2$ 等氧化剂氧化成 $CrO_4^{2-}$:

$$2CrO_2^-+3H_2O_2+2OH^- == 2CrO_4^{2-}+4H_2O$$

$$2CrO_2^-+3Cl_2+8OH^- == 2CrO_4^{2-}+6Cl^-+4H_2O$$

铬(Ⅲ)在酸性溶液中以 $Cr^{3+}$ 的形式存在,其还原性较弱,只有强氧化剂,如$(NH_4)_2S_2O_8$、$KMnO_4$ 等才能把它氧化:

$$2Cr^{3+}+3S_2O_8^{2-}+7H_2O \xrightarrow{\Delta,Ag催化} Cr_2O_7^{2-}+6SO_4^{2-}+14H^+$$

$$10Cr^{3+}+3MnO_4^-+11H_2O \xrightarrow{\Delta} 5Cr_2O_7^{2-}+6Mn^{2+}+22H^+$$

向含有 $Cr^{3+}$ 离子的试液中加入过量的 NaOH 溶液,再加入 $H_2O_2$,溶液的颜色则由绿色变为黄色:

$$Cr^{3+}+4OH^-=\!\!=\!\!2CrO_2^-+H_2O$$

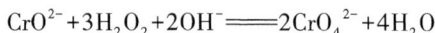

$$CrO_2^-+3H_2O_2+2OH^-=\!\!=\!\!2CrO_4^{2-}+4H_2O$$

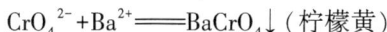

若再向溶液中加入 $Ba^{2+}$,则有黄色的 $BaCrO_4$ 沉淀生成,这样就可鉴定 $Cr^{3+}$:

$$CrO_4^{2-}+Ba^{2+}=\!\!=\!\!BaCrO_4\downarrow（柠檬黄）$$

**3. 铬(Ⅲ)的配合物** 如前所述,铬(Ⅲ)离子的价层电子组态为 $3d^34s^04p^0$,它有 6 个空轨道,同时其离子的半径较小,有较强的正电性,因而易与 $H_2O$、$NH_3$、$Cl^-$、$CN^-$ 和 $C_2O_4^{2-}$ 等以 $d^2sp^3$ 杂化形成配位数为 6 的配合物。例如,$Cr(Ⅲ)$ 离子在水溶液中以 $[Cr(H_2O)_6]^{3+}$ 形式存在的。$CrCl_3\cdot6H_2O$ 在水溶液中存在三种异构体:紫色的 $[Cr(H_2O)_6]Cl_3$,蓝绿色的 $[Cr(H_2O)_5Cl]Cl_2\cdot H_2O$ 和绿色的 $[Cr(H_2O)_4Cl_2]Cl\cdot2H_2O$。

## (二) 铬(Ⅵ)的化合物

重要的铬(Ⅵ)化合物有:三氧化铬($CrO_3$)、铬酸盐和重铬酸盐。铬(Ⅵ)离子具有很强的极化作用,因此无论在晶体或溶液中都不存在游离的 $Cr^{6+}$ 离子。$Cr(Ⅵ)$ 的化合物都具有一定的颜色,如 $CrO_3$ 是暗红色,$CrO_4^{2-}$ 黄色,$Cr_2O_7^{2-}$ 橙红色。

**1. 三氧化铬** $CrO_3$ 俗称"铬酐",向重铬酸钾的浓溶液中,缓缓加入过量的浓 $H_2SO_4$,则有橙红色的 $CrO_3$ 晶体析出:

$$K_2Cr_2O_7+H_2SO_4=\!\!=\!\!K_2SO_4+2CrO_3\downarrow+H_2O$$

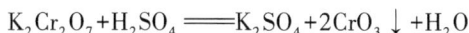

$CrO_3$ 的熔点为 469K,但热稳定性较差,若加热超过其熔点(707~784K)后,便逐渐分解为 $Cr_2O_3$,并放出 $O_2$:

$$CrO_3\longrightarrow Cr_3O_6\longrightarrow Cr_2O_6\longrightarrow CrO_2\longrightarrow Cr_2O_3$$

$$4CrO_3\xrightarrow{\Delta}2Cr_2O_3+3O_2\uparrow$$

$CrO_3$ 容易潮解,易溶于水生成铬酸($H_2CrO_4$),溶于碱生成铬酸盐:

$$CrO_3+H_2O=\!\!=\!\!H_2CrO_4$$

$$CrO_3+2NaOH=\!\!=\!\!Na_2CrO_4$$

$CrO_3$ 具有强氧化性,与有机化合物发生剧烈反应,甚至起火爆炸。在工业上,$CrO_3$ 主要用于电镀和鞣革业,也常用作纺织品的媒染剂和金属清洁剂等。

**2. 铬酸盐和重铬酸盐** 最常见的铬酸盐是铬酸钾($K_2CrO_4$)和铬酸钠($Na_2CrO_4$),它们都是黄色的晶体;重铬酸盐有:重铬酸钾($K_2Cr_2O_7$ 俗称红矾钾)和重铬酸钠($Na_2Cr_2O_7$,俗称红矾钠)。

在空气中煅烧铬铁矿与碳酸钠的混合物,可得到铬酸钠 $Na_2CrO_4$:

$$4Fe(CrO_2)_2+7O_2+8Na_2CO_3=\!\!=\!\!2Fe_2O_3+8Na_2CrO_4+8CO_2\uparrow$$

用水浸取熔体,过滤除去 $Fe_2O_3$ 等杂质。然后,再用适量的 $H_2SO_4$ 酸化 $Na_2CrO_4$ 的水溶液,可转化为 $Na_2Cr_2O_7$:

$$2Na_2CrO_4+H_2SO_4=\!\!=\!\!Na_2Cr_2O_7+Na_2SO_4+H_2O$$

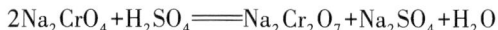

只要在 $Na_2Cr_2O_7$ 溶液中加入固体 KCl 进行复分解反应,即可得到 $K_2Cr_2O_7$。

$CrO_4^{2-}$ 和 $Cr_2O_7^{2-}$ 之间存在下列平衡:

$$2CrO_4^{2-}+2H^+\Longrightarrow Cr_2O_7^{2-}+H_2O \qquad K=\dfrac{c_{eq}(Cr_2O_7^{2-})}{c_{eq}^2(CrO_4^{2-})c_{eq}^2(H^+)}$$

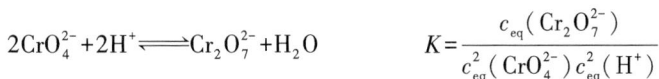

　　　（黄色）　　　（橙红色）

溶液 pH 的变化,会使上述平衡发生移动。在酸性溶液中,主要是以 $Cr_2O_7^{2-}$ 形式存在,溶液呈橙红色;在碱性溶液中,主要以 $CrO_4^{2-}$ 形式存在而呈黄色。$H_2CrO_4$ 是二元中强酸,仅存在于溶液中。而 $H_2Cr_2O_7$ 是强酸。

向铬酸盐或重铬酸盐溶液中加入 $Ba^{2+}$、$Pb^{2+}$、$Ag^+$ 等离子时,由于它们铬酸盐的溶解度远小于相应的重铬酸盐的溶解度,且又存在 $CrO_4^{2-}$ 和 $Cr_2O_7^{2-}$ 离子间的平衡,所以可发生如下沉淀反应:

$$Cr_2O_7^{2-}+2\ Ba^{2+}+H_2O=\!\!=\!\!=2H^++2BaCrO_4\downarrow(\text{柠檬黄色})$$

$$Cr_2O_7^{2-}+2\ Pb^{2+}+H_2O=\!\!=\!\!=2H^++2\ Pb\ CrO_4\downarrow(\text{亮黄色})$$

$$Cr_2O_7^{2-}+4\ Ag^++H_2O=\!\!=\!\!=2H^++2Ag_2CrO_4\downarrow(\text{砖红色})$$

这些反应常用于鉴定 $CrO_4^{2-}$ 和 $Cr_2O_7^{2-}$ 离子或鉴定 $Ba^{2+}$、$Pb^{2+}$、$Ag^+$ 等重金属离子。室温下,重铬酸盐在水中的溶解度极小,不含结晶水,且不易潮解,因此 $K_2Cr_2O_7$ 常被用作分析中的基准物。$K_2Cr_2O_7$ 在酸性溶液中是一种强氧化剂,可氧化 $H_2S$、$FeSO_4$、$SO_3^{2-}$ 和 $I^-$ 等,其还原产物都是 $Cr^{3+}$ 离子:

$$Cr_2O_7^{2-}+3\ H_2S+8\ H^+=\!\!=\!\!=2Cr^{3+}+3S\downarrow+7\ H_2O$$

$$Cr_2O_7^{2-}+3\ SO_3^{2-}+8\ H^+=\!\!=\!\!=2Cr^{3+}+3SO_4^{2-}+4\ H_2O$$

$$Cr_2O_7^{2-}+6I^-+14H^+=\!\!=\!\!=2Cr^{3+}+3I_2+7\ H_2O$$

$K_2Cr_2O_7$ 能与浓 HCl 反应,放出 $Cl_2$:

$$Cr_2O_7^{2-}+6Cl^-+14H^+=\!\!=\!\!=2Cr^{3+}+3Cl_2\uparrow+7\ H_2O$$

值得注意的是,重铬酸盐在酸性介质中与有机物(如乙醇等)相遇,立刻发生氧化-还原反应,使溶液由橙红色变为绿色:

$$3CH_3CH_2OH+2K_2Cr_2O_7+8H_2SO_4=\!\!=\!\!=3CH_3COOH+2K_2SO_4+2Cr_2(SO_4)_3+11H_2O$$

此反应可用于检查汽车司机是否为酒后驾车。通常是把汽车司机呼出的气体通入载有重铬酸溶液的硅胶上,倘若该司机呼出的气体含有一定量的乙醇时,则橙红色的 $Cr_2O_7^{2-}$ 变为绿色的 $Cr^{3+}$,证明司机是酒后驾车。

向含有 $CrO_4^{2-}$ 或 $Cr_2O_7^{2-}$ 离子的酸性试液中,加入 $H_2O_2$ 和适量乙醚,乙醚层显蓝色:

$$CrO_4^{2-}+2H_2O_2+2\ H^+=\!\!=\!\!=3H_2O+CrO_5(\text{过氧化铬})$$

$$CrO_5+(C_2H_5)_2O=\!\!=\!\!=CrO_5\cdot(C_2H_5)_2O(\text{蓝色})$$

这一反应也常用于鉴定 $CrO_4^{2-}$ 或 $Cr_2O_7^{2-}$ 离子。

---

**案例 16-2**

　　实验室中所用的"铬酸"洗液是重铬酸钾饱和溶液和浓硫酸的混合物。它是一种棕红色具有很强的氧化性,常用于洗涤化学玻璃器皿,以除去器壁上黏附的油污层。经验告诉我们,洗液经使用后,将由棕红色逐渐转变为暗绿色,若全部变为暗绿色,表明洗液已失效。大量使用铬酸洗液容易造成环境污染,现在已逐渐被其他洗涤剂所替代。

**问题:**

　　1．"铬酸"洗液的洗涤原理是什么?

　　2．为什么说"铬酸"洗液若全部变为暗绿色,表明洗液已失效?

　　3．根据已学习过的 P 区元素的知识,请你从常见的化学试剂中选择合适的洗液代用品,说明你的理由?

---

**案例 16-2 分析**

　　配制洗液时,将浓 $H_2SO_4$ 与 $K_2Cr_2O_7$ 混合,有 $CrO_3$ 红色针状晶体析出

$$K_2Cr_2O_7+2H_2SO_4=\!\!=\!\!=2KHSO_4+2CrO_3+H_2O$$

　　洗液实际上是利用 $CrO_3$ 强的氧化性及 $H_2SO_4$ 的强酸性,当洗液由棕红色转变为棕或暗绿色时,表明大部分 Cr(Ⅵ)已转化为 Cr(Ⅲ),洗液基本失效。若全部变为暗绿色,表明洗液已完全失效。由于铬(Ⅵ)污染环境,是致癌物质,因此目前已很少使用了。作为该洗液的代用品,可选王水,其组成为浓硝酸与浓盐酸按 1∶3 配制。王水利用浓硝酸的强氧化性、$Cl^-$ 的配位性质,以及大多数金属硝酸盐易溶等性质产生洗涤去污作用。

　　还需要注意的是,铬(Ⅵ)化合物的生物毒性很大,铬(Ⅲ)次之。铬(Ⅵ)中毒时,会引起肝、肾、神经系统和血液系统发生病变,甚至导致死亡。广泛应用于冶金和金属加工(如镀铬)等工业上的铬化合物,必须要经过严格的处理才能排放。

# 三、钼和钨的重要化合物

　　钼和钨在化合物中氧化值可以从+3 ~ +6,其中最稳定的氧化值为+6。三氧化钼 $MoO_3$ 和三氧化钨 $WO_3$,钨酸 $H_2WO_4$ 和钼酸 $H_2MoO_4$ 以及相应的盐 $M_2WO_4$ 和 $M_2MoO_4$ 都是钼和钨的重要化合物。二硫化钼 $MoS_2$(辉铜矿)和二氧化钼 $MoO_2$ 存在于自然界中。钨以黑色钨锰铁矿(Fe、Mn)$WO_4$(又称黑钨矿)以及黄灰色的钨酸钙矿(又称白钨矿)存在于自然界中。

## (一) 氧化物

　　金属钼和钨与铬类似都能形成三氧化物。三氧化钼 $MoO_3$ 为白色粉末,加热后变为黄色,熔点为 1068K。从强酸化的钼酸盐溶液中析出黄色的 $MoO_3 \cdot 2H_2O$:

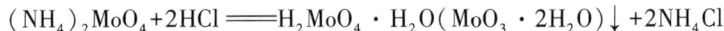

$$(NH_4)_2MoO_4+2HCl === H_2MoO_4 \cdot H_2O(MoO_3 \cdot 2H_2O)\downarrow +2NH_4Cl$$

经加热焙烧,即分解为 $MoO_3$:

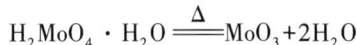

$$H_2MoO_4 \cdot H_2O \xrightarrow{\Delta} MoO_3+2H_2O$$

三氧化钨是深黄色粉末,加热时变橙黄色,熔点为 1746K. 从强热的钨酸钠溶液中析出结晶 $MoO_3 \cdot 2H_2O$:

$$Na_2WO_4+2HCl === H_2WO_4 \cdot H_2O(WO_3 \cdot 2H_2O)+2NaCl$$

将钨酸加热至 773K 脱水得:

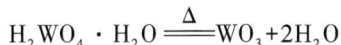

$$H_2WO_4 \cdot H_2O \xrightarrow{\Delta} WO_3+2H_2O$$

三氧化钼和三氧化钨都是酸性氧化物,难溶于水,但可溶于氨水和强碱溶液中。

$$WO_3+2NaOH === Na_2WO_4+H_2O$$
$$MoO_3+2NH_3 \cdot H_2O === (NH_4)_2MoO_4+H_2O$$

## (二) 钼酸和钨酸及其盐

　　钼酸和钨酸在水中溶解度较小,正钼酸盐和正钨酸盐都含有许多单个的 $MoO_4^{2-}$ 和 $WO_4^{2-}$ 的四面体。这两种盐都可以在一定 pH 范围的溶液中结晶出来。这两种盐的氧化性都比较弱,在酸性溶液中只能用强还原剂才能将 $H_2MoO_4$ 还原到 $Mo^{3+}$。例如,在 $(NH_4)_2MoO_4$ 盐酸溶液中加入锌还原剂,最后生成棕色的 $MoCl_3$:

$$2(NH_4)_2MoO_4+3Zn+16HCl === 2MoCl_3+3ZnCl_2+4NH_4Cl+8H_2O$$

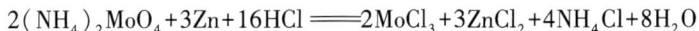

　　与 $CrO_4^{2-}$ 相比,$MoO_4^{2-}$ 和 $WO_4^{2-}$ 的 Mo—O 和 W—O 键较弱,因此钼酸和钨酸都容易形成多酸,而且其中的 $O^{2-}$ 也容易被其他阴离子取代。例如,将钼酸盐溶液的酸度逐渐降低时,钼酸盐可逐渐聚合成二钼酸 $Mo_2O_7^{2-}$、三钼酸 $Mo_3O_{10}^{2-}$ 等一系列的同多酸盐,最后析出 $MoO_3$。在近中性的溶液中则是 $(NH_4)_6Mo_7O_{24} \cdot 4H_2O$ 形式的盐,同样也可制得含 $Mo_8O_{26}^{4+}$ 的八钼酸盐。从钨酸盐溶液中可获得同多酸根离子 $HW_6O_{21}^{5-}$ 和 $W_{12}O_{39}^{6-}$。

　　最常见的多钼酸盐为仲钼酸铵 $(NH_4)_6(Mo_7O_{24})$,它是实验室常用试剂,也是微量元素肥料的主要成分之一。钨常见的多酸有仲钨酸和偏钨酸。鉴定 $MoO_4^{2-}$ 的方法有两种:

　　(1) 将被鉴定的溶液以 HCl 酸化,加入 Zn 或 $SnCl_2$,如有 $MoO_4^{2-}$ 存在,则 Mo(Ⅵ)被还原为 $Mo^{3+}$。溶液最初变为蓝色,然后变为绿色,最后变为棕色($Mo^{3+}$):

$$2MoO_4^{2-}+3Zn+16H^+ = 2Mo^{3+}+3Zn^{2+}+8H_2O$$

再加入 $NCS^-$ 离子，$Mo^{3+}$ 与 $NCS^-$ 形成配离子而呈红色。

$$Mo^{3+}+6\ NCS^- = [Mo(NCS)_6]^{3-}(红色)$$

(2) 将被鉴定离子的溶液以硝酸酸化。加热至 $50℃$，再加入 $(NH_4)_2PO_4$ 溶液，如有存在 $MoO_4^{2-}$，则生成磷钼酸铵黄色沉淀。

$$12MoO_4^{2-}+3NH_4^++HPO_2^{2-}+23H^+ = (NH_4)_3PO_4 \cdot 12MoO_3 \cdot 6H_2O\downarrow(黄色)+6H_2O$$

$WO_4^{2-}$ 鉴定的方法是：将被鉴定溶液以 HCl 或 $H_2SO_4$ 酸化，加入 Zn 或 $SnCl_2$，如有 $WO_4^{2-}$ 存在，溶液呈现蓝色（钨蓝），钨蓝是 W（Ⅵ）和 W（Ⅴ）的氧化物的混合物，它的组成可能是 $WO_{2.67}(OH)_{0.33}$，其反应式可写为：

$$MoO_4^{2-}+Zn+H^+ \longrightarrow 钨蓝$$

# 第4节 锰

在元素周期表中，ⅦB 族元素包括锰(Mn)、锝(Te)、铼(Re)三种元素，由于锝是一种放射性元素，铼是一种含量很少的元素，且常与钼伴生，因此本节只讨论锰及其重要化合物。

Mn 的价层电子组态为 $3d^54s^2$，在一定条件下，锰的 d 电子都可以部分或全部参与成键，因此其最高氧化值为+7，常见氧化值有+7、+6、+4、+3、+2，其中以+7、+4、+2 为稳定的氧化态，+6、+3 氧化态在溶液(尤其在酸性溶液)中易发生歧化反应，故不稳定。

## 一、锰的单质

锰是由瑞典化学家甘英于 1774 年用木炭还原软锰矿时最先制得的。锰在地壳中分布很广，元素的丰度较大，为 0.085%(质量百分比)，仅次于铁和钛，在过渡元素中排在第 3 位。在自然界中，锰主要是以软锰矿($MnO_2$)、水锰矿($Mn_2O_3 \cdot H_2O$)、褐锰矿($3Mn_2O_3 \cdot MnSiO_3$)及黑锰矿($Mn_3O_4$)和锰晶石($MnCO_3$)等形式存在。锰的外形似铁，块状锰是银白色的，质硬而脆，故不宜进行各种热或冷加工。粉末状的锰则呈灰色。

锰的化学性质活泼，在空气中，其表面能被氧氧化，加热时燃烧生成 $Mn_3O_4$。室温下，锰与水的作用缓慢，加热时反应迅速并放出 $H_2$。它易溶于非氧化性稀酸，生成 $Mn^{2+}$ 离子和 $H_2$；在高温下，锰单质能与硫、磷、氮等许多非金属单质直接化合：

$$Mn+2H^+ = Mn^{2+}+H_2\uparrow$$
$$Mn+Cl_2 \overset{\Delta}{=\!=\!=} MnCl_2$$
$$Mn+N_2 \overset{\Delta}{=\!=\!=} Mn_3N_2$$
$$Mn+S \overset{\Delta}{=\!=\!=} MnS$$

有氧化剂存在下，金属锰能与熔碱反应生成锰(Ⅵ)酸盐：

$$Mn+4KOH+3O_2 = 2K_2MnO_4+2H_2O$$

锰单质主要用于钢铁工业中制造锰钢，锰钢富于韧性，可煅可轧，抗撞击性和耐磨性好，常用来制造钢轨及拖拉机的履带、破碎机等。

## 二、锰的重要化合物

锰元素的标准电极电位图如下：

$$\varphi_A^\ominus/V \quad MnO_4^- \xrightarrow{0.56} MnO_4^{2-} \xrightarrow{2.26} MnO_2 \xrightarrow{0.95} Mn^{3+} \xrightarrow{1.51} Mn^{2+} \xrightarrow{-1.19} Mn$$
$$1.51$$

$\varphi_B^{\ominus}/V$  $MnO_4^- \underset{\phantom{0.59}}{\overset{0.56}{\longrightarrow}} MnO_4^{2-} \overset{0.60}{\longrightarrow} MnO_2 \overset{-0.20}{\longrightarrow} Mn(OH)_3 \overset{-0.11}{\longrightarrow} Mn(OH)_2 \overset{-1.55}{\longrightarrow} Mn$

$MnO_4^- \overset{0.59}{\longrightarrow} \cdots \qquad \overset{-0.59}{\longrightarrow}$

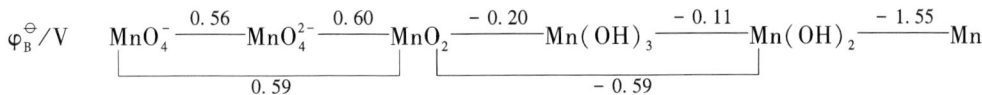

由其电极电位图可知:①无论在酸性还是在碱性介质中,Mn 单质都具有强的还原性;②在酸性介质中,Mn(Ⅱ)是最稳定的氧化值,而 Mn(Ⅶ)的化合物具有强氧化性;③处于中间氧化值的 Mn(Ⅲ、Ⅵ)可发生歧化反应,尤其在酸性介质中歧化反应进行的倾向更大。例如,在酸性溶液中 $Mn^{3+}$ 易发生歧化反应生成 $Mn^{2+}$ 和 $MnO_2$:

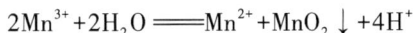

$$2Mn^{3+}+2H_2O \Longrightarrow Mn^{2+}+MnO_2\downarrow+4H^+$$

该反应的平衡常数 $K=3.2\times10^9$,表明歧化反应进行很完全。类似的情况还有 $MnO_4^{2-}$ 离子,在酸性溶液中它可歧化生成 $MnO_4^-$ 和沉淀 $MnO_2$:

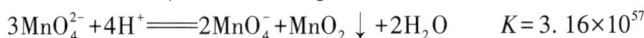

$$3MnO_4^{2-}+4H^+ \Longrightarrow 2MnO_4^-+MnO_2\downarrow+2H_2O \qquad K=3.16\times10^{57}$$

## (一) 锰(Ⅱ)的化合物

Mn(Ⅱ)的重要化合物,常见的可溶性盐有 $MnSO_4$、$MnCl_2$ 和 $Mn(NO_3)_2$。在水溶液中,$Mn^{2+}$ 以水合离子 $[Mn(H_2O)_6]^{2+}$ 存在,显浅红色。

由电极电位图可知,在碱性介质中 Mn(Ⅱ)的还原性较强,当 $Mn^{2+}$ 与 $OH^-$ 作用生成白色 $Mn(OH)_2$ 沉淀时,放置片刻,即被空气中的 $O_2$ 氧化,生成棕色 $MnO(OH)_2\downarrow$:

$$Mn^{2+}+2OH^- \Longrightarrow Mn(OH)_2\downarrow(白色)$$
$$Mn(OH)_2+O_2 \Longrightarrow 2MnO(OH)_2\downarrow(棕色)$$

在酸性溶液中,$Mn^{2+}$ 十分稳定,因为它的还原性较弱,只有在强酸性的热溶液中,才能被强氧化剂(如过二硫酸铵、铋酸钠等)氧化成 $MnO_4^-$ 离子:

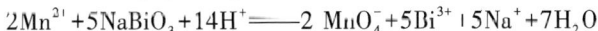

$$Mn^{2+}+5S_2O_8^{2-}+8H_2O \Longrightarrow 2MnO_4^-+10SO_4^{2-}+16H^+$$
$$2Mn^{2+}+5NaBiO_3+14H^+ \Longrightarrow 2MnO_4^-+5Bi^{3+}+5Na^++7H_2O$$

由于上述两个反应是由无色的 $Mn^{2+}$ 离子生成紫红色的 $MnO_4^-$ 离子,故可用于 $Mn^{2+}$ 离子的鉴定。特别是后一个反应,被称为鉴定 $Mn^{2+}$ 的特效反应(specific reaction)。$Mn^{2+}$ 离子的鉴定还可采取如下方法:

向含有 $Mn^{2+}$ 离子的溶液加入 $(NH_4)_2S$,溶液中有肉色的 MnS 沉淀生成,该沉淀可溶于稀盐酸:

$$Mn^{2+}+S^{2+} \Longrightarrow MnS\downarrow(肉色)$$
$$MnS+2H^+ \Longrightarrow Mn^++H_2S\uparrow$$

需要注意的是大多数锰(Ⅱ)盐都易溶于水,因此能与 $S^{2-}$、$CO_3^{2-}$、$C_2O_4^{2-}$、$PO_4^{3-}$ 及多数弱酸的酸根离子作用,均生成难溶于水的锰(Ⅱ)盐沉淀。其中 MnS 沉淀呈肉色,$K_{sp}$ 为 $1.4\times10^{-15}$,但可溶于弱酸(如 HAc)中,因此它不能在酸性介质中沉淀出来。自然界中存在的碳酸锰称锰晶石,$MnCO_3$ 为白色沉淀,可用作白色颜料(俗称锰白)。硫酸锰作为动植物生长素的成分,已被应用于农业和畜牧业。

由于 $Mn^{2+}$ 的价层电子组态为 $3d^54s^0$,处于半充满状态,比较稳定。它的大多数配合物为高自旋,且呈八面体构型,5 个 d 电子呈球形对称分布,电子发生 d-d 跃迁的趋向较小,所以 Mn(Ⅱ)的配合物大多颜色较淡或无色。当 $Mn^{2+}$ 离子同强场配位体结合时,也可以形成低自旋配合物,如 $Mn[(CN)_6]^{4-}$ 是低自旋型配合物。Mn(Ⅱ)也可形成少数配位数为 4 的正四面体配合物,但由于 d 轨道在四面体场中的分裂能较小,电子发生 d-d 自旋禁阻跃迁(spin-forbidden transition)所需能量相对较低,因此,Mn(Ⅱ)的四面体型配合物通常颜色较深。

## (二) 锰(Ⅳ)的化合物

常见重要的锰(Ⅳ)化合物是 $MnO_2$,二氧化锰是一种灰黑色粉末状的固体,不溶于水,它也是自然界中软锰矿(pyrolusite)的主要成分。在酸性介质中具有较强的氧化性,例如,它可与浓 HCl 反应放出 $Cl_2$,将 $H_2O_2$ 氧化成 $O_2$:

$$MnO_2+4HCl(浓) \stackrel{\Delta}{=\!=\!=} MnCl_2+Cl_2 \uparrow +2H_2O$$

$$MnO_2+2H_2O_2+H_2SO_4 =\!=\!= MnSO_4+O_2 \uparrow +2H_2O$$

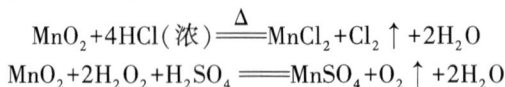

实验室中,常用前一个反应制备氯气。

$MnO_2$ 在碱性介质中可作为还原剂。若将 $MnO_2$ 和 KOH 的混合物与 $KClO_3$ 固体等氧化剂一起加热至熔融状态,可得到深绿色的 $K_2MnO_4$:

$$3MnO_2+6KOH+KClO_3 \stackrel{熔融}{=\!=\!=} 3K_2MnO_4+KCl+3H_2O$$

实际上,锰酸钾就是利用该反应制备的。

锰(Ⅳ)可作为配合物的形成体,与某些无机或有机配体生成较稳定的配合物。例如,$MnO_2$ 与 HF 和 $KHF_2$ 作用时,可生成金黄色的六氟合锰(Ⅳ)酸钾晶体:

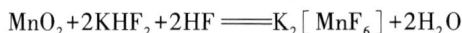

$$MnO_2+2KHF_2+2HF =\!=\!= K_2[MnF_6]+2H_2O$$

锰(Ⅳ)的配合物中较稳定的还有 $K_2[MnCl_6]$、$(NH_4)_2[MnCl_6]$ 和过氧基配合物 $K_2H_2[Mn(O_2)_4]$ 等。

$MnO_2$ 用途很广,大量用于制造干电池,也用于玻璃和陶瓷工业,在有机合成中用作氧化剂。$MnO_2$ 还是一种催化剂,它可以加快氯酸钾和过氧化氢的分解速度。中药无名异的主要成分为 $MnO_2$,用于治疗肿痛、跌打损伤。

## (三) 锰(Ⅵ)的化合物

锰(Ⅵ)的化合物中较稳定的是锰酸钠和锰酸钾。在水溶液中 $MnO_4^{2-}$ 离子呈绿色,而且只有在强碱性介质中(pH>14.4)才稳定。在酸性或近中性的条件下,易发生如下歧化反应:

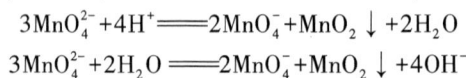

$$3MnO_4^{2-}+4H^+ =\!=\!= 2MnO_4^-+MnO_2 \downarrow +2H_2O$$

$$3MnO_4^{2-}+2H_2O =\!=\!= 2MnO_4^-+MnO_2 \downarrow +4OH^-$$

**案例 16-3**

临床上常用 $KMnO_4$ 作为消毒防腐剂。例如,0.05% ~ 0.02% 的 $KMnO_4$ 溶液常用于冲洗黏膜、腔道和伤口,1:1000 的 $KMnO_4$ 溶液可用于有机磷中毒时洗胃等。在日常生活中 $KMnO_4$ 溶液可用于饮食用具、器皿、蔬菜、水果等消毒。在医药化工中用于生产维生素 C、糊精等,在轻化工业用作纤维、油脂的漂白和脱色,具有广泛的用途。

**问题:**

1. 临床上使用 $KMnO_4$ 作消毒、防腐剂,实际上是利用它的什么性质?

2. 上述高锰酸钾溶液,是酸性溶液还是碱性溶液?

3. $KMnO_4$ 应如何保存?

## (四) 锰(Ⅶ)的化合物

锰(Ⅶ)化合物中最重要的是高锰酸钾。工业上用电解 $K_2MnO_4$ 的碱性溶液或用 $Cl_2$ 等氧化剂将 $K_2MnO_4$ 氧化来制备 $KMnO_4$:

$$2MnO_4^{2-}+Cl_2 =\!=\!= 2MnO_4^-+2Cl^-$$

固体 $KMnO_4$ 是深紫色的晶体,常温下较稳定,易溶于水,加热至 473K 以上时,即发生分解反应:

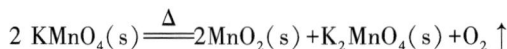

$$2KMnO_4(s) \stackrel{\Delta}{=\!=\!=} 2MnO_2(s)+K_2MnO_4(s)+O_2 \uparrow$$

实验室常用该反应制备少量的氧气。$KMnO_4$ 固体与浓 $H_2SO_4$ 作用时,生成棕绿色的油状物七氧化二锰($Mn_2O_7$,俗称高锰酸酐),$Mn_2O_7$ 氧化性极强,遇有机物发生燃烧,稍遇热即发生爆炸,分解生成 $MnO_2$、$O_2$ 和 $O_3$。

$KMnO_4$ 在水溶液中呈紫红色,稳定性差。在酸性介质中会渐渐分解,但在中性或弱碱性溶液中,其分解速度很慢:

$$4MnO_4^- + 4H^+ = 4MnO_2\downarrow + 3O_2\uparrow + 2H_2O$$

$$4MnO_4^- + 2H_2O = 4MnO_2\downarrow + 3O_2\uparrow + 4OH^-$$

光线照射或少量 $MnO_2$ 的存在都对 $KMnO_4$ 的分解起着催化作用,故 $KMnO_4$ 应保存在棕色的瓶中,放置一段时间后,应除去 $MnO_2$。

$KMnO_4$ 是最重要和常用的氧化剂之一。在酸性溶液中它可被还原为 $Mn^{2+}$ 离子:

$$2MnO_4^- + 5H_2O_2 + 6H^+ = 2Mn^{2+} + 5O_2\uparrow + 8H_2O$$

$$2MnO_4^- + 5C_2O_4^{2-} + 16H^+ = 2Mn^{2+} + 10CO_2\uparrow + 8H_2O$$

上述反应常被用于 $H_2O_2$ 和草酸盐的含量测定。

$KMnO_4$ 在溶液中作氧化剂时,反应开始缓慢,但当溶液中产生 $Mn^{2+}$ 离子后,反应速度加快,这是由于 $MnO_4^-$ 离子的还原产物 $Mn^{2+}$ 离子具有自身催化(autocatalysis)作用的缘故。

在近中性溶液中,$MnO_4^-$ 离子作为氧化剂时,其还原产物为 $MnO_2$。例如:

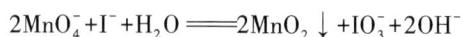

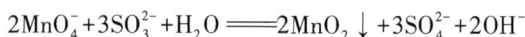

$$2MnO_4^- + I^- + H_2O = 2MnO_2\downarrow + IO_3^- + 2OH^-$$

$$2MnO_4^- + 3SO_3^{2-} + H_2O = 2MnO_2\downarrow + 3SO_4^{2-} + 2OH^-$$

在强碱性溶液中,$MnO_4^-$ 离子作氧化剂时,其还原产物为 $MnO_4^{2-}$ 离子。

$$2MnO_4^- + SO_3^{2-} + 2OH^- = MnO_4^{2-} + SO_4^{2-} + H_2O$$

一定浓度的酸性高锰酸钾溶液常用于漂白纤维、消毒、杀菌及除臭、解毒等方面,主要是利用其强的氧化性。锰元素不同氧化值的氧化物及其水合物的酸碱性变化如表16-4:

表16-4 锰元素不同氧化值的氧化物及其水合物酸碱性变化

| 氧化值 | +2 | +3 | +4 | +6 | +7 |
|---|---|---|---|---|---|
| 氧化物 | $MnO$ | $Mn_2O_3$ | $MnO_2$ | $MnO_3$ | $Mn_2O_7$ |
| 水合物 | $Mn(OH)_2$ | $Mn(OH)_3$ | $Mn(OH)_4$ | $H_2MnO_4$ | $HMnO_4$ |
| 酸碱性 | 碱性 | 弱碱性 | 两性 | 酸性 | 强酸性 |

$MnO_4^-$ 离子的鉴定可采用如下方法:

(1)向含有 $MnO_4^-$ 离子的溶液中加入少量的稀硫酸,再加入 $H_2O_2$ 溶液,$MnO_4^-$ 离子的紫红色褪去,并有气体生成:

$$2MnO_4^- + 5H_2O_2 + 6H^+ = 2Mn^{2+} + 5O_2\uparrow + 8H_2O$$

(2)向含有 $MnO_4^-$ 离子的溶液中加入稀硫酸,再加入草酸晶体,加热,$MnO_4^-$ 离子的紫红色褪去,并有气体生成:

$$2MnO_4^- + 5H_2C_2O_4 + 6H^+ = 10CO_2\uparrow + 2Mn^{2+} + 8H_2O$$

# 第5节 铁系元素

铁系元素包括铁(Fe)、钴(Co)和镍(Ni)三种元素,在元素周期系中属于第Ⅷ族。它们都是常见金属,在地壳中的分布广泛,含量较大。铁的元素丰度在周期系中列第4位,仅排在氧、硅、铝之后。含铁的矿石是构成地壳的主要物质之一,约占地壳总质量的 5.1%。钴和镍在地壳中的丰度分别是:0.001% 和 0.016%。重要的铁矿有:磁铁矿 $Fe_3O_4$、赤铁矿 $Fe_2O_3$、褐铁矿 $2Fe_2O_3$·

$H_2O$、菱铁矿 $FeCO_3$、和黄铁矿 $FeS_2$。钴和镍在自然界中常共生,重要的钴矿和镍矿是辉钴矿 CoAsS 和镍黄铁矿 $NiS \cdot FeS$。

# 一、铁系元素概述

铁、钴和镍三种元素原子的价层电子组态分别为:$3d^6 4s^2$、$3d^7 4s^2$ 和 $3d^8 4s^2$;它们的原子半径十分相近,因此性质也相似。铁最常见的氧化值为+2 和+3,铁最高氧化态为+6,但不稳定(如高铁酸盐)。在一般化合物中,钴最稳定的氧化值为+2,与强氧化剂作用时,能出现不稳定的氧化态+3。镍最常见的氧化值为+2,这是由于 3d 轨道已超过半充满状态,一般情况下,价电子全部参与成键的可能性逐渐减小,因而除 $d$ 电子最少的铁可以出现不稳定的较高氧化值外,$d$ 电子较多的钴和镍一般都不显高氧化态。

铁、钴、镍单质都是有银白色光泽的金属。铁、钴略带灰色,而镍为银白色。它们的密度都很大、熔点也较高。钴比较硬而脆,铁和镍却有很好的延展性,它们都表现出铁磁性,铁、钴、镍的合金都是很好的磁性材料。

在化学性质方面,铁、钴、镍都是中等活泼的金属。铁与稀盐酸等非氧化性稀酸作用时,生成 Fe(Ⅱ)盐;而与氧化性稀酸作用时生成 Fe(Ⅲ)盐:

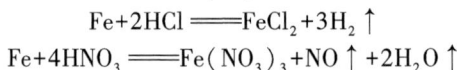

$$Fe+2HCl =\!=\!=\!= FeCl_2+3H_2 \uparrow$$
$$Fe+4HNO_3 =\!=\!=\!= Fe(NO_3)_3+NO \uparrow +2H_2O \uparrow$$

铁与浓硫酸、浓硝酸或含有重铬酸盐的强酸作用时,表面均可被钝化。因此,可用铁器贮运浓硝酸或浓硫酸。但铁能够被热的浓碱溶液所侵蚀。

铁单质放置在潮湿的空气中,表面将被锈蚀,生成水合氧化铁 $Fe_2O_3 \cdot nH_2O$(俗称铁锈)。水合氧化铁结构疏松,容易脱落,不能形成有效的保护层,因此锈蚀可继续向内层扩展。铁的锈蚀是一个电化学过程,也是最为严重的金属腐蚀之一,每年由于钢铁锈蚀所造成的浪费可占到世界金属总产量的 20%~30%。所以金属的腐蚀及防护问题受到人们的普遍重视。金属锈蚀的防护方法有很多种,例如,在金属表面覆盖保护层(镀锌、锡、铬金属、镀搪瓷,涂高分子材料等),也可用电化学的方法进行保护。实际上,人类大约在公元前两千年就发现并使用铁了,通常认为最早使用的铁器是用来自外太空的陨石制造的,也称为陨铁。而今钢铁工业已成为国民经济的支柱产业之一,钢铁的产量常作为一个国家工业发展的标志,钢铁也是最重要的和应用最为广泛的金属材料。

钴和镍单质是活泼金属,但在常温下对水和空气都较稳定,可溶于稀酸中,但溶解缓慢。与铁相似,钴和镍遇到浓硝酸也呈"钝态",但它们都不能与强碱反应,所以实验室常用镍坩埚熔融碱性物质。

# 二、铁的重要化合物

铁的价层电子组态为 $3d^6 4s^2$,常见氧化值为+2 和+3,最高氧化值为+6,其他氧化值还有+4 和+5。铁元素的标准电极电位图如下:

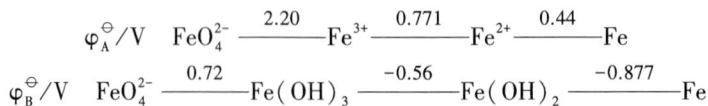

$$\varphi_A^{\ominus}/V \quad FeO_4^{2-} \xrightarrow{2.20} Fe^{3+} \xrightarrow{0.771} Fe^{2+} \xrightarrow{0.44} Fe$$

$$\varphi_B^{\ominus}/V \quad FeO_4^{2-} \xrightarrow{0.72} Fe(OH)_3 \xrightarrow{-0.56} Fe(OH)_2 \xrightarrow{-0.877} Fe$$

由元素的标准电极电位图可知:①单质铁具有较强的还原性;②Fe(Ⅱ)在酸性介质中较稳定,但在碱性介质中还原性较强;③Fe(Ⅲ)与强氧化剂作用时,可生成稳定性很小的化合物高铁酸盐,这一反应在碱性介质中较易进行;④在酸性介质中,Fe(Ⅲ)是中等强度的氧化剂。

## （一）氧化物和氢氧化物

铁的氧化物有：氧化亚铁 FeO(黑色)、三氧化二铁 $Fe_2O_3$(砖红色,俗称铁红)和四氧化三铁 $Fe_3O_4$(棕黑色)。Fe 的氧化物均易溶于酸,但不溶于水或碱性溶液。

$Fe_2O_3$ 有 α 和 γ 两种构型,α 型是顺磁性的,γ 型具有类似铁的磁性。自然界中存在的赤铁矿是 α 型的。将 γ 型的 $Fe_2O_3$ 加热到 673K 时,可转变成 α 型。$Fe_2O_3$ 常用作红色颜料、涂料、媒染剂、磨光剂,以及作为一些化学反应的催化剂等。

矿物药中的赭石主要成分为 $Fe_3O_4$。$Fe_3O_4$ 为混合氧化态的氧化物,经 X 射线实验得知其化学式应是 $Fe(Ⅱ)Fe(Ⅲ)[Fe(Ⅲ)O_4]$。

铁的氢氧化物有两种,分别是白色的氢氧化亚铁 $Fe(OH)_2$ 和棕红色的氢氧化铁 $Fe(OH)_3$。

氢氧化亚铁可由如下反应制得：

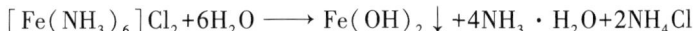
$$[Fe(NH_3)_6]Cl_2+6H_2O \longrightarrow Fe(OH)_2\downarrow +4NH_3\cdot H_2O+2NH_4Cl$$

$Fe(OH)_2$ 易被空气中的 $O_2$ 所氧化,因此在亚铁盐中加入碱,得到的不是白色的 $Fe(OH)_2$,而是被氧化后变成灰绿色,最后生成为棕红色的 $Fe(OH)_3$,其反应为：

$$4Fe(OH)_2+O_2+2H_2O ===4 Fe(OH)_3$$

$Fe(OH)_3$ 略有两性,主要显碱性,只有新生成的 $Fe(OH)_3$ 能溶于热浓的强碱性溶液中：

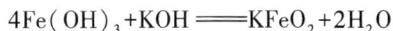
$$4Fe(OH)_3+KOH ===KFeO_2+2H_2O$$

## （二）盐类

**1. 亚铁盐**　重要的亚铁盐有：硫酸亚铁 $FeSO_4\cdot 7H_2O$、硫酸亚铁铵 $FeSO_4(NH_4)_2SO_4\cdot 6H_2O$ 和氯化亚铁 $FeCl_2\cdot 6H_2O$。其中 $FeSO_4\cdot 7H_2O$ 为绿色晶体,俗称绿矾,在空气中易被氧化,但 $FeSO_4(NH_4)_2SO_4\cdot 6H_2O$(俗称摩尔盐,More salt)在空气中却相当稳定,故在分析化学上常用来配制 $Fe(Ⅱ)$ 的标准溶液。

将铁屑与稀 $H_2SO_4$ 反应,并将溶液蒸发浓缩,冷却后即有绿色的 $FeSO_4\cdot 7H_2O$ 晶体析出。加热 $FeSO_4\cdot 7H_2O$ 使之失水后,可得无水白色的 $FeSO_4$。绿矾在空气中会逐渐失去部分结晶水,同时晶体表面被氧化为黄褐色的碱式硫酸铁：

$$4FeSO_4+O_2+2H_2O ===4 Fe(OH)SO_4$$

亚铁盐在碱性溶液中立即被氧化。在酸性溶液中为防止其被氧化,应加适量的酸和铁钉：

$$4Fe^{2+}+O_2+4H^+ ===4Fe^{3+}+2H_2O$$

$$2 Fe^{3+}+Fe ===3Fe^{2+}$$

亚铁盐也是常用的还原剂,遇到强氧化剂( 如 $K_2Cr_2O_7$、$KMnO_4$ 等)可被氧化为铁盐：

$$6FeSO_4+K_2Cr_2O_7+7H_2SO_4 ===3Fe_2(SO_4)_3+Cr_2(SO_4)_3+K_2SO_4+7H_2O$$

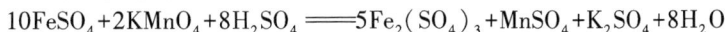
$$10FeSO_4+2KMnO_4+8H_2SO_4 ===5Fe_2(SO_4)_3+MnSO_4+K_2SO_4+8H_2O$$

久置的亚铁盐溶液中会有棕色的碱式盐沉淀生成,通常使用时需新鲜配制;配制时除需加适量的酸抑制 $Fe^{2+}$ 离子水解外,还应加入少量单质铁或其他抗氧化剂。这也提示我们,亚铁盐固体应当密封保存。

**2. 铁盐**　常见的铁盐有 $Fe_2(SO_4)_3$ 和 $FeCl_3$。$FeCl_3$ 的熔点(555K)和沸点(588K)都较低,这是因为它基本上属于共价型化合物。易溶于有机溶剂中(如丙酮、乙醚等),也易溶于水,并发生强烈的水解反应。无水 $FeCl_3$ 在空气中易潮解。加热到 673K 时,它以双聚分子 $Fe_2Cl_6$ 存在：

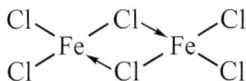

$FeCl_3$ 可用于有机染料的生产、印刷制版业等。此外,$FeCl_3$ 能够使蛋白质迅速凝聚,在医药上可作外用止血剂。铁盐都具有中等强度的氧化性。例如,在酸性溶液中的 $FeCl_3$ 能将 $Sn(Ⅱ)$

氧化成 Sn(Ⅳ),将 $H_2S$ 氧化成单质 S;将 $I^-$ 氧化成单质 $I_2$ 等:

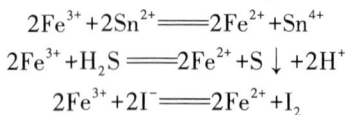

$$2Fe^{3+}+2Sn^{2+}\xrightarrow{\quad\quad}2Fe^{2+}+Sn^{4+}$$

$$2Fe^{3+}+H_2S\xrightarrow{\quad\quad}2Fe^{2+}+S\downarrow+2H^+$$

$$2Fe^{3+}+2I^-\xrightarrow{\quad\quad}2Fe^{2+}+I_2$$

Fe(Ⅲ)离子的电荷半径比($Z/r$)较大,离子的正电场强度较强,因此铁盐的水溶液水解性显著,水溶液显酸性,其水解平衡简写如下:

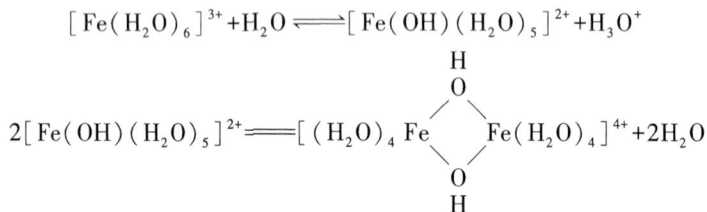

$$[Fe(H_2O)_6]^{3+}+H_2O\Longrightarrow[Fe(OH)(H_2O)_5]^{2+}+H_3O^+$$

$$2[Fe(OH)(H_2O)_5]^{2+}\Longrightarrow\left[(H_2O)_4Fe\begin{matrix}H\\O\\\diamond\\O\\H\end{matrix}Fe(H_2O)_4\right]^{4+}+2H_2O$$

由上述平衡可知,若向溶液中加酸,平衡向左移动,故配制 $Fe^{3+}$ 溶液时,一定要先加入适量的酸抑制水解。当溶液的 pH≈0 时,主要是以淡紫色的 $[Fe(H_2O)_6]^{3+}$ 形式存在。当 pH=1 时,$Fe^{3+}$ 离子开始水解,同时发生各种类型的缩合反应。pH=2~3 时,缩合反应增强,溶液呈黄棕色,随着溶液的 pH 逐渐升高,溶液逐渐变为红棕色,最后生成水合三氧化二铁($Fe_2O_3\cdot nH_2O$)胶状沉淀,习惯上把它写成 $Fe(OH)_3$。

## (三) 铁的配合物

**1. Fe(Ⅱ)的配合物**　Fe(Ⅱ)形成配合物的倾向很强,常见配位数为 6,空间构型为正八面体。重要的 Fe(Ⅱ)配合物有六氰合铁(Ⅱ)酸钾{$K_4[Fe(CN)_6]$,又称亚铁氰化钾(俗称黄血盐)}、环戊二烯基铁[$(C_5H_5)_2Fe$,二茂铁]等。

常温下,黄血盐是稳定的,为实验室常用的试剂,但加热至 373K 时,便开始失去其结晶水变成白色粉末,若继续加热即发生如下分解反应:

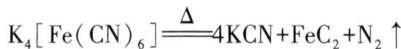

$$K_4[Fe(CN)_6]\xrightarrow{\Delta}4KCN+FeC_2+N_2\uparrow$$

在溶液中 $[Fe(CN)_6]^{4-}$ 能与 $Fe^{3+}$、$Cu^{2+}$、$Cd^{2+}$、$Co^{2+}$、$Mn^{2+}$、$Ni^{2+}$、$Zn^{2+}$ 等离子生成特定颜色的沉淀,这些反应常用于鉴定某些金属离子。

例如,$[Fe(CN)_6]^{4-}$ 与 $Fe^{3+}$ 作用时,生成深蓝色的沉淀 $KFe[Fe(CN)_6]$,俗称普鲁士蓝(Prussian blue)。

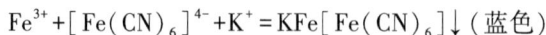

$$Fe^{3+}+[Fe(CN)_6]^{4-}+K^+=KFe[Fe(CN)_6]\downarrow(蓝色)$$

该反应可用于鉴定 $Fe^{3+}$ 离子。普鲁士蓝又称铁蓝在工业上常用作染料或颜料。

当 $K_4[Fe(CN)_6]$ 与 $NaNO_2$ 作用时,生成有剧毒性的红色取代产物——五氰亚硝酰合铁(Ⅱ)酸钠{$Na_4[Fe(CN)_5NO]$,俗称硝普钠},硝普钠与 $S^{2-}$ 反应生成紫红色的 $[Fe(CN)_5NOS]^{4-}$ 配离子,这是鉴别硫化物的灵敏反应。

**2. Fe(Ⅲ)的配合物**　Fe(Ⅲ)离子与 $CN^-$、$SCN^-$、$X^-$、$C_2O_4^{2-}$ 和 $PO_4^{3-}$ 离子等都能形成稳定的配合物。其中 Fe(Ⅲ)与 $SCN^-$ 离子作用,生成血红色的 $[Fe(SCN)_n]^{3-n}$ 离子:

$$Fe^{3+}+nSCN^-=[Fe(SCN)_n]^{3-n}\qquad n=1\sim6$$

该反应非常灵敏、常用来检出 Fe(Ⅲ)。

$Fe^{3+}$ 与 $F^-$ 离子作用时,生成无色的配离子 $[FeF_6]^{3-}$:

$$Fe^{3+}+6F^-=[FeF_6]^{3-}$$

$[FeF_6]^{3-}$ 离子稳定性较大,在定性分析中,常用该反应消除 $Fe^{3+}$ 离子对反应的干扰。

六氰合铁(Ⅲ)酸钾 $K_3[Fe(CN)_6]$ 可用 $Cl_2$ 来氧化六氰合铁(Ⅱ)酸钾溶液而得:

$$2K_4[Fe(CN)_6]+Cl_2=2K_3[Fe(CN)_6]+2KCl$$

$K_3[Fe(CN)_6]$是红色的晶体,又名赤血盐。它易溶于水,在碱性溶液中具有一定的氧化性:

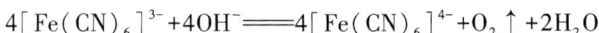

$$4[Fe(CN)_6]^{3-}+4OH^- ===4[Fe(CN)_6]^{4-}+O_2\uparrow+2H_2O$$

赤血盐在近中性溶液中,有微弱的水解。故需使用赤血盐的溶液时,最好临用时才配制。赤血盐的溶液遇到 Fe(Ⅱ)离子立即生成深蓝色的沉淀物,称为滕氏蓝(Turnbull's blue)。结构研究表明,滕氏蓝的结构和组成与普鲁士蓝一样,因此它们应属于同一种物质。

# 三、钴和镍的重要化合物

钴的价层电子组态为$3d^7 4s^2$,镍的价层电子组态为$3d^8 4s^2$,常见氧化值为+2 和+3。Co 和 Ni 的元素标准电极电位图为:

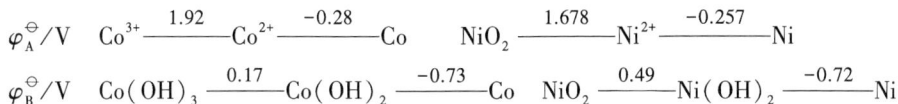

$$\varphi_A^\ominus/V \quad Co^{3+} \xrightarrow{1.92} Co^{2+} \xrightarrow{-0.28} Co \qquad NiO_2 \xrightarrow{1.678} Ni^{2+} \xrightarrow{-0.257} Ni$$

$$\varphi_B^\ominus/V \quad Co(OH)_3 \xrightarrow{0.17} Co(OH)_2 \xrightarrow{-0.73} Co \qquad NiO_2 \xrightarrow{0.49} Ni(OH)_2 \xrightarrow{-0.72} Ni$$

由元素标准电极电位图可知:①在酸性介质中,$Co^{2+}$、$Ni^{2+}$是最稳定的氧化值,而更高氧化值的钴和镍是强氧化剂;②在碱性介质中,Co(Ⅱ)和 Ni(Ⅱ)具有还原性。

## (一) 盐类

常见的钴(Ⅱ)和镍(Ⅱ)盐有:$CoCl_2$、$Co(NO_3)_2$、$NiCl_2$、$NiSO_4$ 和 $Ni(NO_3)_2$ 等。其中 $CoCl_2$ 在不同的温度下因含结晶水的数目不同,而呈现不同的颜色:

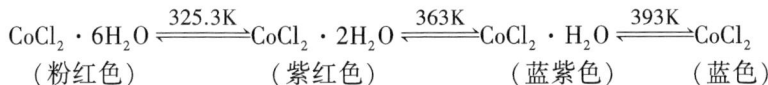

$$CoCl_2\cdot6H_2O \underset{}{\overset{325.3K}{=\!=\!=}} CoCl_2\cdot2H_2O \overset{363K}{=\!=\!=} CoCl_2\cdot H_2O \overset{393K}{=\!=\!=} CoCl_2$$
$$\text{(粉红色)} \qquad \text{(紫红色)} \qquad \text{(蓝紫色)} \quad \text{(蓝色)}$$

应用上述性质可制造温度计,实验室所用的硅胶干燥剂中常含有 $CoCl_2$,就是利用其在吸水和脱水时颜色的变化来指示硅胶的吸湿情况,蓝色的干燥硅胶吸水后会渐变为粉红色。表示吸水已达饱和,应放入设置温度为120℃的烘箱内烘干后再使用。

$CoCl_2$ 主要用于电解金属钴、制备钴的化合物,也用于制备显墨水、防毒面具等。

向钴(Ⅱ)或镍(Ⅱ)盐溶液中加入适量的碱,都可生成氢氧化物沉淀。$Co(OH)_2$ 为蓝色或粉红色沉淀,能溶于过量的浓碱溶液中形成$[Co(OH)_4]^{2-}$(蓝色)而显两性。$Co(OH)_2$ 在空气中放置可慢慢地被氧化成棕褐色的 $Co(OH)_3$。$Co(OH)_3$ 与 HCl 作用时放出 $Cl_2$,与 $H_2SO_4$ 作用时放出 $O_2$:

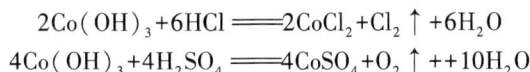

$$2Co(OH)_3+6HCl===2CoCl_2+Cl_2\uparrow+6H_2O$$
$$4Co(OH)_3+4H_2SO_4===4CoSO_4+O_2\uparrow++10H_2O$$

$Ni(OH)_2$ 为绿色沉淀,碱性氢氧化物。$Ni(OH)_2$ 不能被空气中的 $O_2$ 所氧化,当与 $Br_2$ 等氧化剂作用时,可被氧化为棕黑色的 $NiO(OH)$ 或 $NiO_2\cdot nH_2O$。Ni 的高氧化值化合物是强氧化剂。

钴(Ⅲ)盐极不稳定,有很强的氧化性,能以固体形式存在如 $CoCl_3$、$Co_2(SO_4)_3\cdot18H_2O$,遇水立即迅速分解,其反应如下:

$$2Co^{3+}+2H_2O===2Co^{2+}+O_2\uparrow+4H^+$$

固态的钴盐稳定性也较差,容易分解,放出氧气。镍(Ⅲ)盐尚未见报道。

## (二) 配合物

**1. 钴的配合物** 钴(Ⅱ)的配合物很多,常把它们分成两类:一类是以粉红色或红色的八面体配合物;另一类是以深蓝色的四面体配合物,它们在水溶液中的平衡:

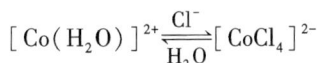

$$[Co(H_2O)]^{2+} \underset{H_2O}{\overset{Cl^-}{=\!=\!=}} [CoCl_4]^{2-}$$

$Co^{2+}$通常以水合离子$[Co(H_2O)_6]^{2+}$形式存在,呈粉红色,在水溶液中有微弱的水解,使溶液呈酸性,其反应为

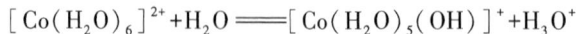

$$[Co(H_2O)_6]^{2+}+H_2O =\!=\!= [Co(H_2O)_5(OH)]^++H_3O^+$$

在钴(Ⅱ)离子的溶液中加入过量氨水,首先生成$[Co(NH_3)_6]^{2+}$,该离子容易被空气中的$O_2$氧化为$[Co(NH_3)_6]^{3+}$:

$$4[Co(NH_3)_6]^{2+}+O_2+2H_2O =\!=\!= 4[Co(NH_3)_6]^{3+}+4OH^-$$

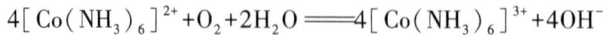

在含$Co^{2+}$的溶液加入KSCN和适量的乙醚,则乙醚层显蓝色:

$$Co^{2+}+4SCN^- =\!=\!= [Co(SCN)_4]^{2-} \quad (蓝色)$$

此反应常用于鉴定$Co^{2+}$离子。因为$[Co(SCN)_4]^{2-}$在水溶液容易发生解离,但在乙醚或丙酮中则比较稳定。$[Co(SCN)_4]^{2-}$与$Hg^{2+}$作用能定量地析出蓝色的$Hg[Co(SCN)_4]$晶体,这个性质可用于钴(Ⅱ)离子的重量分析。

由于Co(Ⅲ)离子不能稳定存在于水溶液中,因此Co(Ⅲ)很难与配位体直接形成配合物。通常把Co(Ⅱ)盐溶在另一种配合物的溶液中,再利用氧化剂把Co(Ⅱ)氧化成Co(Ⅲ)的配合物:

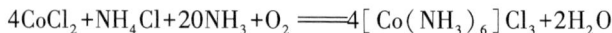

$$4CoCl_2+NH_4Cl+20NH_3+O_2 =\!=\!= 4[Co(NH_3)_6]Cl_3+2H_2O$$

钴(Ⅲ)配合物的配位数均为6,除$[CoF_6]^{3-}$外,其他几乎都是低自旋钴(Ⅲ)的配合物。它们在溶液中或固态时不易发生变化,十分稳定。

把$Na_3[Co(NO_2)_6]$溶液加到含有$K^+$的溶液中,可得到难溶于水的黄色晶体$K_3[Co(NO_2)_6]$:

$$3K^++[Co(NO_2)_6]^{3-} =\!=\!= K_3[Co(NO_2)_6]\!\downarrow$$

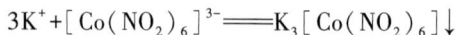

**2. 镍的配合物** 镍(Ⅱ)的配合物,大多数的空间构型是八面体,少数为平面正方形或四面体。重要的镍(Ⅱ)配合物有四氰合镍配离子$[Ni(CN)_4]^{2-}$和二丁二肟合镍(Ⅱ)。它们都是以$dsp^2$杂化轨道成键的,空间构型为平面正方形,并且都是反磁性的物质。

在碱性条件下,$Ni^{2+}$离子与丁二肟作用可生成鲜红色的螯合物沉淀,该反应应用于鉴定$Ni^{2+}$离子。

$Ni^{2+}$离子与强配位剂$CN^-$作用,形成非常稳定的红色配离子$[Ni(CN)_4]^{2-}$。$Ni^{2+}$与丁二肟生成的螯合物也溶于KCN溶液中。

# 第6节 铂系元素

## 一、铂系元素概述

铂系元素都是稀有金属,它包括钌(Ru)、铑(Rh)、钯(Pd)、锇(Os)、铱(Ir)、铂(Pt)六种元素。铂系元素属于丰度很小的稀有金属,它们与金、银一起被称为贵金属,化学性质则十分稳定。根据金属单质的密度,铂系元素又可分为二组:钌、铑、钯称为轻金属;锇、铱、铂称为重金属。铂系元素除锇呈蓝灰色外,其他都是银白色。它们都是难熔和高沸点的金属。铂系金属的熔点和沸点从左到右、从下到上依次降低,其中锇的熔点最高,钯的熔点最低。在硬度方面,钯和铂有较好的延展性,容易机械加工,而其他4种金属都是硬而脆、难以承受机械处理。铂系金属的化学性质不活泼,除钯和铂外,其他的不仅不溶于酸甚至与王水都不发生作用。钯溶于硝酸和王水中,铂只溶于王水。所有铂系金属在氧化剂存在的条件下,能与碱共熔都会变成可溶性的化合物。

铂系金属和其他过渡金属一样,具有多种氧化态,其中钌和锇的最高氧化值为+8,钯为+4,其他的都为+6。在铂系金属中,从左向右,从上至下低氧化态的化合物趋于稳定。例如,铑的稳

定氧化物是 $Rh_2O_3$，铱的稳定氧化物是 $IrO_2$；钯的稳定氧化态为2，铂稳定氧化态则为2和4。

铂系金属最显著的特性就是具有较强的催化活性，其中铂黑（即铂粉）的催化活性尤其大。大多数铂系金属能吸收气体，特别是氢气。锇吸收氢气的能力最差，钯吸收氢气的能力最强。铂系金属能吸收气体的性能与它们的高催化活性有关。铂系金属和铁系金属一样，都容易形成有颜色的配位化合物。

## 二、铂单质的性质

铂在自然界中主要以单质的形式存在，丰度为 $5×10^{-6}$。铂发现于18世纪中叶，但在当时并没有得到应用。19世纪20年代后，俄罗斯曾用铂铸造钱币。随着现代科学技术的飞速发展，它在许多领域都有非常重要的应用。

铂是银白色，有光泽，有很好延展性和可锻性的金属（俗称白金）。例如，将纯净铂冷轧。可加工成厚度仅为0.0025mm箔。铂的熔点和沸点很高。

铂有很高的化学稳定性。致密的铂在空气中加热也不会失去原有的光泽，这一性质在本族元素中最为突出。

铂在523K以上开始与干燥的氯作用生成 $PtCl_2$，加热时，铂也能与硫、硅、磷、锡、铅等反应，高温条件下，熔融的苛性碱，过氧化钠对铂有较强的腐蚀性。因此使用铂制器皿应遵守一定的操作规程。

铂不溶于强酸及氢氟酸，只溶解于王水中，生成淡黄色氯铂酸：

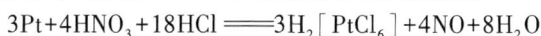

$$3Pt+4HNO_3+18HCl == 3H_2[PtCl_6]+4NO+8H_2O$$

铂良好的理化性质使它具有许多特殊的用途：

（1）在化学化工方面，铂用于制成各种耐高温，耐腐蚀的反应器皿和仪器零件。例如，铂坩埚、铂蒸发皿、铂丝、铂网、铂电极等。

（2）在电气工业中，铂用于制成测定高温的电阻温度计，热电耦及电炉丝等。

（3）在医药方面，单质铂可用作牙科合金，铂的某些配合物可用于治疗癌症。

（4）在珠宝业，铂用于加工各类饰品等。

## 三、铂和钯的重要化合物

### (一) 氯铂酸

铂的价层电子组态为 $5d^9 6s^1$，常见的氧化值为+4和+2，最高氧化值为+6。铂化合物中最重要的是氯铂酸及其盐。用王水溶解铂或四氯化铂溶于盐酸时都能生成氯铂酸：

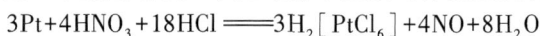

$$3Pt+4HNO_3+18HCl == 3H_2[PtCl_6]+4NO+8H_2O$$
$$PtCl_4+2HCl == H_2[PtCl_6]$$

蒸发浓缩氯铂酸溶液，可得橙红色的氯铂酸晶体 $H_2[PtCl_6]·6H_2O$。

碱金属氧化物与氯铂酸作用，可生成相应的氯铂酸盐。氯铂酸的钾盐、铵盐、铷盐和铯盐等都是难溶于水的黄色晶体。在定性分析中，利用难溶氯铂酸盐的生成，可以鉴定钾盐、铵盐、铷盐和铯盐等离子。氯铂酸钠 $Na_2[PtCl_6]$ 为橙红色晶体，易溶于乙醇和水。

在加热条件下，氯铂酸钾 $K_2[PtCl_6]$ 与KI（或KBr），可转化为深红色的 $K_2[PtBr_6]$（或黑色的 $K_2[PtI_6]$）。$[PtX_6]^{2-}$ 离子在溶液中非常稳定，其稳定性按 $F<Cl<Br<I$ 的顺序依次增大。$[PtX_6]^{2-}$ 离子属于内轨型配合物。

氯铂酸盐与某些还原剂如草酸钾，二氧化硫等作用，生成氯亚铂酸盐 $M_2[PtCl_4]$：

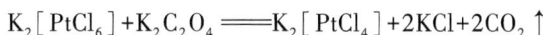

$$K_2[PtCl_6]+K_2C_2O_4 == K_2[PtCl_4]+2KCl+2CO_2↑$$

氯亚铂酸钾 $K_2[PtCl_4]$ 溶液与适量氨水作用,生成淡黄色组成为 $[PtCl_2(NH_3)_2]$ 的化合物:

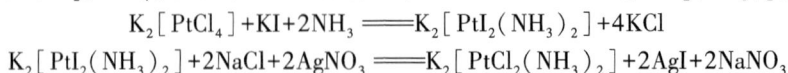

$$K_2[PtCl_4]+KI+2NH_3 \Longrightarrow K_2[PtI_2(NH_3)_2]+4KCl$$

$$K_2[PtI_2(NH_3)_2]+2NaCl+2AgNO_3 \Longrightarrow K_2[PtCl_2(NH_3)_2]+2AgI+2NaNO_3$$

## (二) 顺铂

铂最突出的特性之一是它的配位化学性质,氧化态从 0 到 Ⅳ 铂都能生成许多稳定的配合物。顺式二氯二氨合铂(Ⅱ) $cis$-$[PtCl_2(NH_3)_2]$(简称顺铂)是 20 世纪 70 年代起临床广泛应用的抗癌药物,而它的异构体反铂 $trans$-$[PtCl_2(NH_3)_2]$ 则没有抗癌活性。

$cis$-$[PtCl_2(NH_3)_2]$ 为淡黄色的晶体,熔点为 541~545 K(分解)。$cis$-$[PtCl_2(NH_3)_2]$ 可由氯亚铂酸钾制备,反应如下:

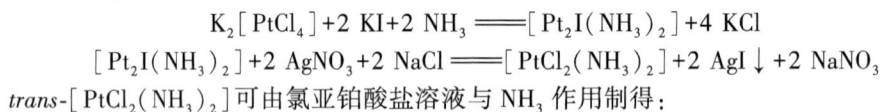

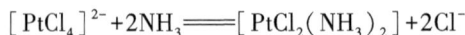

$$K_2[PtCl_4]+2KI+2NH_3 \Longrightarrow [Pt_2I(NH_3)_2]+4KCl$$

$$[Pt_2I(NH_3)_2]+2AgNO_3+2NaCl \Longrightarrow [PtCl_2(NH_3)_2]+2AgI\downarrow+2NaNO_3$$

$trans$-$[PtCl_2(NH_3)_2]$ 可由氯亚铂酸盐溶液与 $NH_3$ 作用制得:

$$[PtCl_4]^{2-}+2NH_3 \Longrightarrow [PtCl_2(NH_3)_2]+2Cl^-$$

## (三) 二氯化钯

在红热的条件下,金属钯与氯气反应可得到 $PdCl_2$。$PdCl_2$ 溶液与 CO 作用,即被还原单质钯:

$$PdCl_2+H_2O+CO \Longrightarrow Pd+2HCl+CO_2$$

由于析出的少量 Pd 使溶液呈现黑色,因此也可用该反应鉴别 CO 的存在。

二氯化钯也是一种良好的催化剂,例如,常温常压下,乙烯在 $PdCl_2$ 的催化下被氧化成乙醛,这是一个重要的配位催化反应,是生产乙醛良好的方法。

# 第7节　生物学效应及常用药物

在目前已确定的人体必需微量元素中,d 区元素占 9 种,它们是 Fe、Cr、Mn、V、Co、Ni、Mo,其中的 8 种元素为第一过渡系的元素,只有 Mo 是第二过渡系的元素,它们具有极其重要的生物学作用。

# 一、钒的生物效应

1971 年,钒被确定为生物体必需元素。钒也许是人体中含量最少的微量元素,目前的研究认为,正常成人体内钒的总量约为 0.7mg,主要分布在脂肪组织中,肝、肾等组织中也有少量的分布。由于人体对钒的生理需求量很低,食物、饮水和大气中的钒完全可以满足需要,目前尚未发现人类有缺钒的表现和症状。

体内的钒主要以钒酸根($VO_3^-$)或氧钒离子($VO^{2+}$)的形式存在,与磷酸根竞争某些生物酶的活性位点,或与其他过渡金属竞争金属蛋白的结合位点,从而影响某些酶的生物活性,因此钒是许多酶的抑制剂。例如,钒对 Na、K-ATP 酶和 Ca-ATP 酶的活性有很强的抑制作用。钒还影响体内的氧化还原反应,阻滞电子传递,具有类胰岛素的作用,参与糖和脂肪的代谢,刺激造血功能,抑制胆固醇合成,影响心血管系统和肾脏的功能等。

迄今为止,钒的最引人注目的作用是降血糖作用。在 100 多年前,Lyonnt 等就发现了钒的降血糖作用,他们给一些糖尿病患者每人口服 4~5mg 偏钒酸钠(SMV)溶液,结果发现有三分之二的患者血糖降低了。

钒化合物的类胰岛素效应无论在体内还是体外实验都已经很确定,无机和有机钒化合物都显示出降血糖效应、增加葡萄糖的吸收、提高胰岛素的敏感性、降低血脂水平以及使肝酶活性正常化的作用。

据报道钒和铬一样都有刺激机体造血的功能,而且机理可能也是由于阻碍体内氧化还原系统引起缺氧,从而刺激骨髓的造血功能。有资料显示:钒可促进哺乳动物的造血功能,还可增强铁对红细胞的再生作用,临床上已将其应用于治疗出血性贫血和败血病。钒对脂肪代谢的影响也已引起医学界的广泛关注,因为它与治疗动脉硬化和冠心病有关。

钒的生物毒性主要表现为对呼吸系统、造血器官、消化系统和神经系统的毒性。由于钒在体内不易蓄积,所以钒中毒者多为钒矿开采、冶炼、化工生产时吸入大量烟尘所致的急性中毒。主要症状为流涕、咳嗽、胸闷、气短、恶心、呕吐、腹痛、绿舌症、头晕、神经障碍、心悸等。长期与钒接触者还可出现皮肤损害等。

钒排泄缓慢,易在体内各组织中蓄积,小剂量的钒静脉或腹腔注射均会出现剧毒反应,口服钒化合物在胃肠吸收少,毒性也较低。人一般不发生钒缺乏且钒不易蓄积,故人一般只发生急性中毒。接触钒的人可发生皮炎、剧烈瘙痒等;若接触大量钒化物的烟气和粉尘后,首先出现鼻和眼的刺激,然后发生呼吸道刺激症状,继而再发生消化道和神经系统症状。对急性钒中毒的治疗可用大剂量的维生素 C 和依地酸二钙加高渗葡萄糖静脉滴注,抗感染及对症治疗,同时用 $NH_4Cl$ 酸化尿液促进钒的排出。

# 二、铬和钼的生物效应

## (一) 铬

铬元素是人体必需的微量元素,正常成人体内含铬的总量为 5~10 mg。铬广泛分布于体内的各种组织器官及体液中,是人体内唯一的随年龄增长体内含量逐渐降低的微量元素。人体主要是从食物中摄取铬,饮水及空气中也可供给少部分。正常成人对铬的日需要量约为 50~110 ng,体内的铬主要经尿液排出体外,汗液、胆汁及毛发也可排出部分铬。

有研究表明:体内的铬主要与蛋白质、核酸及各种小分子配体形成配位化合物,然后参与生命活动。铬的主要生物功能是参与体内的糖代谢和脂肪代谢,具有胰岛素促进剂的作用是胰岛素工作辅助因子,缺铬会产生胰岛素分泌功能衰竭。铬对维持身体的胆固醇正常水平起着重要的作用。据报道,缺铬严重的地区,糖尿病发病率比其他地区高。另外,通过血样分析发现,动脉粥样硬化患者血清铬及主动脉铬的含量均明显低于正常人。这些都说明铬元素缺乏是糖尿病和动脉粥样硬化病变的病原性因素之一。临床上已经应用铬(Ⅲ)盐或富含铬(Ⅲ)的啤酒酵母治疗糖尿病和冠状动脉硬化症,效果良好。

当然,铬也是具有一定生物毒性的过渡元素,尽管 Cr(Ⅲ)化合物的毒性较小,但体内含量过高,停留时间长时也会危害健康,甚至造成死亡。特别是 Cr(Ⅵ)对人体的毒性很大,对人的消化道和皮肤均有强烈的刺激性。据报道,口服重铬酸钾的致死量为 6.0~8.0 g。如果皮肤长期接触 Cr(Ⅵ)化合物时,会引起皮炎、溃疡及深部组织浸润性损伤。不慎吸入含 Cr(Ⅵ)的粉尘,可以引发呼吸道炎症、支气管哮喘,并诱发肺癌。饮用含 Cr(Ⅵ)污水将引起贫血、肾炎、神经炎等内科疾病,含 Cr(Ⅵ)污水还被认为是致癌物质。因此,含铬的工业废水必须要经过严格的处理才能排放,国家规定排放废水铬Ⅵ的最大容许浓度为 $0.5mg \cdot L^{-1}$。

## (二) 钼

钼是生命体所必需的重要痕量元素,它是催化嘌呤碱转化为尿酸的代谢过程最后一步的酶的重要组分。钼还参与有毒醛类物质的新陈代谢,在细胞内的能量转移反应,以及促进某些肠酶的活性及功能发挥都是必不可少的。但人体摄入过量的钼,会引起痛风症、膝内翻症和骨多孔症。

# 三、锰的生物效应

Mn 是人体必需微量元素之一,其在正常成人体内的含量约为 10~20mg,广泛分布在骨骼、肝、肾、胰腺及各组织细胞中。人体所需要的锰元素主要是从食物、饮水及空气中摄取。某些茶叶是良好的聚锰植物。锰在体内的排泄较缓慢,主要经胆汁和尿液排出体外。

Mn 元素的生物功能十分重要,Mn(Ⅱ、Ⅲ)是生物体内某些酶的活性中心,例如,超氧化物歧化酶(SOD)、精氨酸酶以及丙酮酸羧化酶等。这些生物酶对在机体组织细胞中进行的各种氧化还原反应及电子转移、能量转移有很重要的影响。相关的实验表明,机体中有近百种的生物酶需要 Mn 作激活剂,才能发挥它们的生物功能。研究已证实,Mn(Ⅱ)还参与软骨和骨组织形成时所需糖蛋白的合成,并对血液的生成及循环状态和脂类的代谢产生影响。锰还与体内的其他必需元素相互作用,并影响这些元素在体内的分布、代谢及生物活性。例如,当 Mn 吸收过量时,Fe 的吸收将减少或被抑制;锰中毒的患者,其血液 Zn 的含量明显降低,而引起血 Cu 含量升高;Mn 过量时将在不同程度上干扰 Cu、Zn、Fe 等微量元素对神经系统的作用。

无疑 Mn 与人体的健康关系密切。许多研究都表明,人体缺 Mn 可引起多种疾病,例如,在青少年生长期若缺锰会影响骨骼的发育;而成人缺锰将引发骨质疏松症;锰缺乏时还会导致胰岛素合成与分泌量减少,进而影响糖类物质的代谢;缺锰还会引起中枢神经系统病变,脑功能出现异常,以及引起细胞免疫功能降低等。有实验表明,锰对肿瘤细胞的生长具有一定的抑制作用。

当然,Mn 元素和其他过渡元素一样,也具有明显的生物毒性,人如果大量吸入含氧化锰的烟雾,就会出现头痛、头昏、胸闷、恶心、气促、咽干、高热等中毒症状。人体内的 Mn 含量过高,会产生昏昏欲睡之感,还会引起头痛、精神病等。职业性慢性 Mn 中毒患者,早期以神经衰弱和植物神经功能障碍症状为主,晚期则表现为锥体外系统神经损伤的症状,如帕金森综合征。研究还表明,Mn 元素对生殖系统及子代出生缺陷有潜在的危险性;它对机体的免疫系统具有明显的生物毒性效应。此外,锰矿区的产业工人中,肺炎的发病率及死亡率也较高,必须引起高度注意。

# 四、铁、钴和镍的生物效应

## (一) 铁

在生命体所需的微量元素中,似乎无法确定哪一种是最重要的。但是如果把心脏跳动和呼吸停止作为死亡的最终判断的话,不妨把铁当作最重要的元素。

大多数动物的血是红色的,它的红色是由含铁的血红蛋白产生的。铁最重要的生物功能之一是电子的传递体。机体中的 Fe(Ⅱ)和 Fe(Ⅲ)之间的变化,使电子能够从某一种生物分子传递到另一种生物分子,从而维持机体的活性。可以毫不夸张地说,机体中所有的细胞都需要铁,并且在不同的组织细胞中,铁元素的生物代谢形式基本相似。因为所有的细胞都通过细胞外的转铁蛋白获取铁,并将其中的大部分的铁提供给线粒体用以合成血红蛋白、肌红蛋白和细胞色素等血红素蛋白,它们具有极其重要的生物功能。比如,铁传递蛋白(transferrin,TF)在维持生命活动所必需的微量元素铁代谢中具有特殊作用,它分布在脊椎动物的体液和细胞中,在血液中约占 0.3%,称为血清转铁蛋白(serotransferrin);乳、泪腺分泌液中含乳转铁蛋白(lactotransferrin);鸟类的蛋中发现有卵转铁蛋白(ovotransferrin)。再如铁硫蛋白(iron sulphur protein)是一类含 Fe—S 发色团的非血红素铁蛋白。它们的相对分子质量较小,多数在 10000 左右。所有铁硫蛋白中的铁都可变价,它们的主要功能是作为电子传递体参与生物体内多种氧化还原反应,特别是在生物氧化、固氮作用和光合作用中具有重要意义。

铁与人体的健康关系密切,缺铁可引起多种疾病,主要有缺铁性贫血。中枢神经系统功能异常、机体免疫功能低下、生长期骨骼发育异常和体重增长迟缓等等。

植物也离不开铁元素,因为铁是制造叶绿素时不可缺少的催化剂。此外,变儿茶酚酶(meta-pyrocatechase),半胱胺双加氧酶(cysteamine dioxygenase)和类固醇双加氧酶(steroid dioxygenase)等也都以铁为辅助因子。

### (二) 钴和镍

钴是维生素 $B_{12}$ 分子的一个必需组分。维生素 $B_{12}$ 是天然存在的最复杂的也是最重要的含钴配合物之一。它存在于动物的肝脏中,在生命体中有生物活性的是 $B_{12}$ 辅酶。维生素 $B_{12}$ 能促进红细胞的增加和肌肉蛋白的合成。据实验表明,如果草的饲料中缺少钴,将引起严重的动物脱毛症,然而,只要在饲料中加入微量钴——每昼夜 1mg,便可治好脱毛症。维生素 $B_{12}$ 是一种抗恶性贫血的维生素,它是一种重要的生物化合物。

人们对镍的生理作用了解较少,但已经发现,它和 DNA(脱氧核糖核酸)及 RNA(核糖核酸)的代谢有关。

## 五、常 用 药 物

(1) 目前,无机铬(Ⅲ)盐(如 $CrCl_3 \cdot 6H_2O$)作为一种无机药物,已应用于临床治疗糖尿病和动脉粥样硬化症。例如,老年糖尿病人每天补充铬(Ⅲ)约 150μg 后,患者糖耐量明显改善,血脂也显著降低。

(2) 临床上常用 $KMnO_4$ 作为消毒防腐剂。例如,0.05%~0.02% 的 $KMnO_4$ 溶液常用于冲洗黏膜、腔道和伤口。1:1000 的 $KMnO_4$ 溶液用于有机磷中毒时洗胃等。中药无名异的主要成分为 $MnO_2$,用于治疗肿痛,跌打损伤。

(3) 临床上,最常见的含铁药物是硫酸亚铁,即 $FeSO_4 \cdot 7H_2O$,亦称为绿矾、青矾或皂矾,是一种抗贫血药。主要用于治疗缺铁性贫血。临床常用的口服补铁药物还有:乳酸亚铁、虎珀酸亚铁、枸橼酸铁胺、葡萄糖酸亚铁等。用于注射的补铁药物有:山梨酸铁、右旋糖酐铁、复方卡铁等。

(4) 顺铂是常用抗癌药物,它主要是用于治疗睾丸癌、卵巢癌、淋巴肉瘤、头颈部鳞癌、甲状腺癌等。此外,对小细胞肺癌、成胶质细胞癌、食管癌、胃癌、成骨肉瘤也有一定的疗效。

### Summary

Transition metals are elements of the d block that form compounds where electrons from d orbitals are ionized or otherwise involved in bonding. They have distinct chemical characteristics from the progressive filling of the d shells. The transition metals show great similarities within a given vertical group. For example, iron, cobalt, nickel, the properties of three elements in each periodic are rather similar, different from other group. All of the transition elements are metals and, except for the ⅡB elements, have high melting points and high boiling points, and are hard solids. Typical transition metal characteristics include:

The possibility of variable oxidation states; compounds with spectroscopic, Most compounds of the transition metals are colored, because the typical transition metal ion in a complex ion can absorb visible light of specific wavelengths.

Most compounds of the transition metals are paramagnetic because they contain unpaired electrons. Their magnetic and structural features resulting from partially occupied d orbitals; The transition metals form a large number of complex ions, an extensive range of complexes and organometallic compound including ones with very low oxidation state (zero or even negative); and useful catalytic properties shown by metals and by solid or molecular compounds. Different transition displays these features to different degree.

Transition metals, are usually, divided into there three series. The first series was mainly discussed in this chapter. For the first five metals, the maximum possible corresponds to the loss of all the 4s and 3d electrons. Toward the right end of the period, the maximum oxidation states are not observed. +2 oxidation state is particularly stable from manganese onword. Note that the transition elements become less characteristically metallic in higher oxidation states. Redox status can have opposite effects on solubility for different metals. Thus, whereas manganese is mobile under reducing conditions, other metals are mobilized under oxidizing conditions.

# 习　题

1. 请简述过渡元素的共性有哪些?

2. 在 $K_2Cr_2O_7$ 的饱和溶液中加入浓 $H_2SO_4$,并加热到 200℃时,发现溶液的颜色变为蓝绿色,经检查反应开始时溶液中并无任何还原剂存在,试说明上述变化的原因。

3. $K_2Cr_2O_7$ 溶液分别与 $BaCl_2$、KOH、浓 HCl(加热)和 $H_2O_2$(乙醚)混合作用后将得到什么产物? 请写出相关反应式。

4. 在 $MnCl_2$ 溶液中加入适量的硝酸,再加入 $NaBiO_3(s)$,溶液中出现紫红色后又消失,试说明原因,写出有关的反应方程式。

5. 在酸性溶液中,用足够的 $Na_2SO_3$ 与 $MnO_4^-$ 作用时,为什么 $MnO_4^-$ 总是被还原为 $Mn^{2+}$ 而得不到 $MnO_4^{2-}$、$MnO_2$ 或 $Mn^{3+}$? (请查阅相关电极电位图后解释)

6. 在 $Fe^{2+}$、$Co^{2+}$ 和 $Ni^{2+}$ 的溶液中分别加入足量的 NaOH,在无 $CO_2$ 的空气中放置后各有什么变化? 写出反应方程式。

7. 氯化钴溶液与过量的浓氨水作用,并将空气通入该溶液。请描述可能观察到的现象,写出相关化学反应方程式。

8. 请解释下列实验现象:

(1) 向 $FeCl_3$ 溶液中加入 KSCN 溶液,溶液立即变红,加入适量的 $SnCl_2$ 后溶液变成无色。

(2) 向 $FeSO_4$ 溶液中加入碘水溶液,碘水不褪色,再加入适量的 $NaHCO_3$ 后,碘水褪色。

(3) 向 $FeCl_3$ 溶液中通入 $H_2S$,并没有硫化物沉淀析出。

9. 某绿色固体 A 可溶于水,水溶液中通入 $CO_2$ 即得棕黑色固体 B 和紫红色溶液 C。B 与浓盐酸溶液共热时得黄绿色气体 D 和无色溶液 E。将此溶液和溶液 C 混合即得沉淀 B。将气体 D 通入 A 的溶液中也会得到 C。请根据上述现象写出 A、B、C、D、E 的分子式。

10. 请解释为什么 $FeCl_3$ 溶液与 $Na_2CO_3$ 溶液作用时生成的是氢氧化铁沉淀,而不是碳酸铁沉淀?

(陆家政)

# 第 17 章 ds 区元素

### 学习目标

通过 ds 区元素的学习,掌握铜族和锌族元素重要化合物的生成与性质;理解 ds 区元素的原子结构特征与元素性质的关系,铜族和锌族元素主要单质的性质及用途,Cu(Ⅰ)与 Cu(Ⅱ)、Hg(Ⅰ)与 Hg(Ⅱ)之间的相互转化;了解 ds 区元素价电子层结构的特点,ds 区元素的生物学效应及常用药物。

## 第1节 铜族元素

### 一、单 质

铜族元素又称第ⅠB族元素,位于周期表 ds 区中的第一列,包括铜(copper,Cu)、银(silver,Ag)、金(gold,Au)三种元素。它们的价层电子组态为$(n-1)d^{10}ns^1$。由于铜族元素最外层的 $ns$ 电子和次外层的$(n-1)d$ 电子的能量相差不大,如铜的第一电离能为 750kJ·$mol^{-1}$,第二电离能为 1970kJ·$mol^{-1}$,与其他元素反应时,不仅 $ns$ 电子能参加反应,$(n-1)d$ 电子在一定条件下还可以失去一个到两个,所以铜族元素的常见氧化值有+1、+2、+3 三种,这些氧化值的稳定性三种元素各不相同。对于铜族元素,它们都具有特定的颜色,如纯铜为紫红色,银为白色,金为黄色。与其他过渡金属相比,它们具有更优良的导电性和传热性,其中,银的导电性最好,铜次之。由于铜族元素都是面心立方晶体,有较多的滑移面,因而都具有很好的延展性,如 1 g 金能拉成 3 km 的金丝,同时也可将金制成各种饰品。

铜族元素的化学活性都较差,并且依 Cu、Ag、Au 的顺序递减,这主要表现在与空气中氧及与酸的反应上。

常温下在纯净干燥的空气中,三种金属都很稳定。在含有 $CO_2$ 的潮湿空气中,铜的表面会慢慢形成一层绿色的铜锈(铜绿):

$$2Cu+O_2+H_2O+CO_2 =\!=\!= Cu(OH)_2 \cdot CuCO_3$$

铜绿可防止金属进一步腐蚀,其组成是可变的。银、金则不发生这个反应。空气中如含有 $H_2S$ 气体与银接触后,银的表面上很快生成一层 $Ag_2S$ 的黑色薄膜而使银失去银白色光泽。

铜族元素的标准电极电位大于氢,因此它们不能与非氧化性酸反应释放出氢气,但铜和银能溶于氧化性酸,而金只能溶于王水:

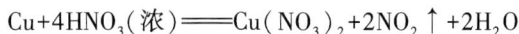

$$Cu+4HNO_3(浓) =\!=\!= Cu(NO_3)_2+2NO_2\uparrow+2H_2O$$

$$3Cu+8HNO_3(稀) =\!=\!= 3Cu(NO_3)_2+2NO_2\uparrow+4H_2O$$

$$Cu+2H_2SO_4(浓) \xrightarrow{\triangle} CuSO_4+SO_2\uparrow+2H_2O$$

$$2Ag+2H_2SO_4(浓) \xrightarrow{\triangle} Ag_2SO_4+SO_2\uparrow+2H_2O$$

$$Au+4HCl+HNO_3 =\!=\!= H[AuCl_4]+NO\uparrow+2H_2O$$

浓盐酸在加热时也能与铜反应,这是因为 $Cl^-$ 和 $Cu^+$ 形成了配离子$[CuCl_4]^{3-}$:

$$2Cu+8HCl(浓)\xrightarrow{\triangle}2H_3[CuCl_4]+H_2\uparrow$$

# 二、重要化合物

## (一) 铜的化合物

铜的价层电子组态为 $3d^{10}4s^1$，在化合物中的最高氧化值为 $+3$，$Cu(Ⅲ)$ 的化合物有较强的氧化性，稳定性差。常见氧化值是 $+2$ 和 $+1$。铜元素的标准电位图如下：

$$\varphi_A^{\ominus}/V \quad Cu^{2+}\xrightarrow{+0.152}Cu^+\xrightarrow{+0.521}Cu$$
$$\underset{+0.337}{\underline{\hspace{3cm}}}$$

由元素电位图可知：在酸性介质中 $Cu^+$ 不稳定，易发生歧化反应，生成 $Cu^{2+}$ 和 $Cu$；$Cu^{2+}$ 具有一定的氧化性。

**1. 铜(Ⅱ)的化合物**

(1) 氧化铜 $CuO$ 和氢氧化铜 $Cu(OH)_2$：$CuO$ 外观呈黑褐色，难溶于水，是碱性氧化物，具有热稳定性，只有温度超过 $1273K$ 时，才会发生明显的分解作用：

$$4CuO\xrightarrow{>1273K}2Cu_2O+O_2\uparrow$$

$CuO$ 加热时易被 $H_2$、$C$、$CO$、$NH_3$ 等还原为铜：

$$3CuO+2NH_3\xrightarrow{\triangle}3Cu+3H_2O+N_2\uparrow$$

在铜(Ⅱ)的溶液中加入强碱，可生成淡蓝色的氢氧化铜絮状沉淀。氢氧化铜受热易分解，当加热至 $353K$，$Cu(OH)_2$ 脱水生成 $CuO$：

$$Cu(OH)_2\xrightarrow{353K}CuO\downarrow+H_2O$$

$Cu(OH)_2$ 微显两性，既溶于酸，又溶于过量的强碱溶液：

$$Cu(OH)_2+H_2SO_4=\!=\!=CuSO_4+2H_2O$$
$$Cu(OH)_2+2NaOH=\!=\!=Na_2[Cu(OH)_4]$$

**案例 17-1**

人造丝是一种丝质的人造纤维，具有清爽、舒适、质感佳、清洗方便等优点，是服装行业常用的面料之一。人造丝主要由纤维素构成，工业上制造人造丝的方法通常如下：先将棉纤维溶于铜氨溶液中，然后从很细的喷丝嘴中将溶解了棉纤维的铜氨溶液喷注于稀酸中，纤维素则以细长且具有蚕丝光泽的细丝从稀酸中沉淀出来，再进行染色、调图等，一块质地高档、色泽艳丽的人造丝即展现在人们面前。

问题：

1. 铜氨溶液的主要化学成分是什么？
2. 工业上制造人造丝是利用了铜氨溶液的什么性质？

**案例 17-1 分析**

向硫酸铜溶液中加入过量氨水，得到的不是氢氧化铜，而是浅蓝色的碱式硫酸铜沉淀：

$$2CuSO_4+2NH_3\cdot H_2O=\!=\!=(NH_4)_2SO_4+Cu_2(OH)_2SO_4\downarrow$$

若继续加入氨水，碱式硫酸铜沉淀就会溶解，得到亮蓝色的四氨合铜配离子：

$$Cu_2(OH)_2SO_4+8NH_3=\!=\!=2[Cu(NH_3)_4]^{2+}+SO_4^{2-}+2OH^-$$

铜氨溶液具有溶解纤维的性能，在所得的纤维溶液中再加酸时，纤维又可沉淀析出。

**案例 17-2**

　　糖尿病是一种多因素导致的较为复杂的代谢性疾病,我国糖尿病发病率约为 4%,成为继心血管和癌症之后的第三位"健康杀手"。尿糖试验在临床用于普查、协助诊断及监护糖尿病患者已为人们所熟知。尿糖试验所用的化学试剂俗称班氏试剂,它包括枸橼酸钠、碳酸钠和硫酸铜等。尿糖试验用于尿糖半定量,具有操作简单、灵敏、结果判断容易、试剂稳定、无毒等优点而广泛应用于临床。

**问题:**

　　1. 尿糖试验是利用 $Cu^{2+}$ 的什么性质?

　　2. 其反应方程式是怎样的? 实验现象又是怎样的?

　　$Cu^{2+}$ 具有一定的氧化性,它可以与含有醛基的葡萄糖在碱性条件下反应,生成红色的氧化亚铜沉淀:

$$2Cu^{2+}+CH_2OH(CHOH)_4CHO+4OH^- \Longrightarrow Cu_2O\downarrow+CH_2OH(CHOH)_4COOH+2H_2O$$

　　(2) 硫酸铜 $CuSO_4$:$CuSO_4$ 是常见的铜盐,可用热浓硫酸溶解铜,或在氧气存在条件下用热的稀硫酸与铜反应而制得:

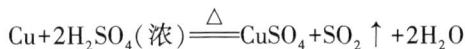

$$Cu+2H_2SO_4(浓) \xrightarrow{\triangle} CuSO_4+SO_2\uparrow+2H_2O$$

$$2Cu+2H_2SO_4(稀)+O_2 \xrightarrow{\triangle} 2CuSO_4+2H_2O$$

　　从水溶液中结晶,得到蓝色的五水硫酸铜($CuSO_4 \cdot 5H_2O$)晶体,俗称胆矾。$CuSO_4 \cdot 5H_2O$ 是蓝色斜方晶体,遇热可逐步失去结晶水:

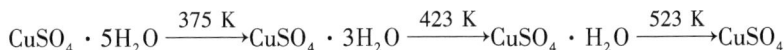

$$CuSO_4 \cdot 5H_2O \xrightarrow{375\ K} CuSO_4 \cdot 3H_2O \xrightarrow{423\ K} CuSO_4 \cdot H_2O \xrightarrow{523\ K} CuSO_4$$

显然各个水分子的结合力不完全一样。实验证明,$CuSO_4 \cdot 5H_2O$ 中,四个水分子与 $Cu^{2+}$ 以配位键结合,第五个水分子以氢键与两个配位水分子和 $SO_4^{2-}$ 结合。$CuSO_4 \cdot 5H_2O$ 的结构如图 17-1 所示。

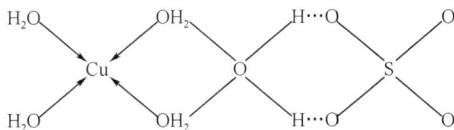

图 17-1　$CuSO_4 \cdot 5H_2O$ 结构示意图

　　无水 $CuSO_4$ 为白色粉末,不溶于乙醇和乙醚,具有很强的吸水性,吸水后显出特征的蓝色。这一性质常用来检验乙醇、乙醚等有机溶剂中的微量水分,并且可以用作干燥剂。

　　硫酸铜是一种重要的化工原料,广泛地应用于镀铜、颜料等工业。加在贮水池中,可以防止藻类生长。同石灰乳混合得到"波尔多液",是农业上常用的杀虫剂。在医药上用作收敛剂、防腐剂和催吐剂。

　　(3) 硫化铜 CuS:在硫酸铜溶液中,通入 $H_2S$,即有黑色硫化铜沉淀析出:

$$CuSO_4+H_2S \Longrightarrow CuS\downarrow+H_2SO_4$$

CuS 不溶于水,也不溶于稀酸,但溶于热的稀 $HNO_3$ 中:

$$3CuS+8HNO_3(稀) \xrightarrow{\triangle} 3Cu(NO_3)_2+2NO\uparrow+3S\downarrow+4H_2O$$

CuS 也溶于 KCN 溶液中,生成 $Cu[(CN)_4]^{3-}$:

$$2CuS+10CN^- \Longrightarrow 2[Cu(CN)_4]^{3-}+(CN)_2+2S^{2-}$$

上述反应中,$CN^-$ 离子既是配位剂,又是还原剂,$CN^-$ 与 $(CN)_2$ 都有剧毒,需慎用。

（4）配合物：$Cu^{2+}$离子的价层电子组态为$3d^9$，带两个正电荷，与配体的静电作用强，很容易形成配合物。其配位数可为 2、4 或 6，最常见的为 4，如$[Cu(H_2O)_4]^{2+}$、$[Cu(NH_3)_4]^{2+}$、$[CuCl_4]^{2-}$等。此外，$Cu^{2+}$还可与一些多齿配体形成稳定的螯合物，如$[CuY]^{2-}$。

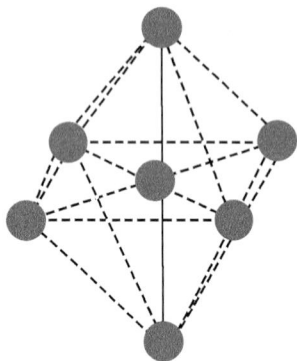

图 17-2　$[Cu(NH_3)_4(H_2O)_2]^{2+}$的空间结构示意图

一般 $Cu^{2+}$配离子的空间结构极不规则，常见的有变形八面体或平面正方形结构，在不规则的八面体中，有四个等长的短键和两个长键，两个长键在八面体相对的两端点，如配离子$[Cu(NH_3)_4(H_2O)_2]^{2+}$即为该类型，如图 17-2 所示。

**2. 铜（Ⅰ）的化合物**

（1）氧化亚铜 $Cu_2O$：由于制备方法和条件的不同，$Cu_2O$ 晶粒大小各异，而呈现多种颜色，如黄、橘黄、鲜红或深棕。$Cu_2O$ 对热十分稳定，在 1508 K 时熔化而不分解，继续升高温度，可发生分解反应：

$$2Cu_2O \xrightarrow{>1508K} 4Cu+O_2\uparrow$$

$Cu_2O$ 易溶于稀硫酸，并发生歧化反应：

$$Cu_2O+H_2SO_4 =\!=\!= CuSO_4+Cu\downarrow+H_2O$$

$Cu_2O$ 易溶于氨水，生成$[Cu(NH_3)_2]^+$：

$$Cu^+ +2NH_3 \longrightarrow [Cu(NH_3)_2]^+$$

$[Cu(NH_3)_2]^+$不稳定，很快被空气中的氧氧化，生成蓝色的$[Cu(NH_3)_4]^{2+}$，利用这个反应可以除去气体中的氧：

$$4[Cu(NH_3)_2]^+ +8NH_3 +2H_2O+O_2 =\!=\!= 4[Cu(NH_3)_4]^{2+}+4OH^-$$

$Cu_2O$ 也易溶于氢卤酸，并形成稳定的配合物：

$$Cu_2O+4HX =\!=\!= 2H[CuX_2]+H_2O$$

（2）硫化亚铜 $Cu_2S$：$Cu_2S$ 外观呈黑色，难溶于水，$Cu_2S$ 可以用过量的铜和硫加热制得：

$$2Cu（过量）+S \xrightarrow{\triangle} Cu_2S$$

在硫酸铜溶液中，加入硫代硫酸钠溶液，也能生成 $Cu_2S$ 沉淀，分析化学中常用此反应定量测定铜：

$$2Cu^{2+}+2S_2O_3^{2-}+2H_2O \xrightarrow{\triangle} Cu_2S\downarrow+S\downarrow+2SO_4^{2-}+4H^+$$

（3）卤化亚铜 $CuX$：$CuX$ 都是白色的难溶化合物，溶解度按 Cl、Br、I 的顺序减小。几乎所有的 $Cu(Ⅰ)$ 都是难溶化合物。卤化亚铜可以通过卤化铜与还原剂如 $SO_2$、$SnCl_2$ 等反应得到，如 $CuCl$ 可以通过下列反应制备：

$$2CuCl_2+SO_2+2H_2O =\!=\!= 2CuCl\downarrow+H_2SO_4+2HCl$$

氯化亚铜在不同浓度的 KCl 溶液中，可以形成$[CuCl_2]^-$、$[CuCl_3]^{2-}$及$[CuCl_3]^{3-}$等配离子。

（4）配合物：$Cu^+$的价电子层组态为$3d^{10}$，具有空的 s、p 轨道，通常以 sp、$sp^2$ 或 $sp^3$ 等杂化轨道，与 $X^-$、$NH_3$、$CN^-$等配体形成配位数为 2、3、4 的配离子。配位数为 2 的配离子，空间构型为直线型，如 $CuCl_2^-$。配位数为 4 的配离子，空间构型为四面体，如$[Cu(CN)_4]^{3-}$。$Cu^+$的配合物一般没有颜色，这是由于其价电子构型为 $3d^{10}$，不会产生 d-d 跃迁。

**3. Cu（Ⅱ）和 Cu（Ⅰ）的相互转化**　从离子的价电子层组态分析，Cu（Ⅰ）的结构是 $3d^{10}$，应比 Cu（Ⅱ）的 $3d^9$ 稳定。铜的第二电离能（1970kJ·$mol^{-1}$）较高，因此 Cu（Ⅰ）的化合物在气态或固态是稳定的，自然界中也确有含 $Cu_2O$ 和 $Cu_2S$ 的矿存在。

但是,在水溶液中,$Cu^{2+}$ 电荷高、半径小、水合能($2121kJ \cdot mol^{-1}$)比 $Cu^+$ 的($593kJ \cdot mol^{-1}$)大得多,因此在水溶液中 $Cu^+$ 没有 $Cu^{2+}$ 稳定,易发生歧化反应:

$$2Cu^+ = Cu + Cu^{2+}$$

298 K 时,上述歧化反应的平衡常数 $\pi$ 为 $1.7 \times 10^6$。$K$ 很大,说明歧化反应进行得很完全,因此 $Cu^{2+}$ 在溶液中很稳定。

为了使溶液中的 $Cu^{2+}$ 转化为 $Cu^+$,只有大大降低 $Cu^+$ 的浓度,通常的方法是同时向溶液中加入还原剂和沉淀剂。例如,铜与氯化铜在热浓盐酸中形成 Cu(Ⅰ)的化合物:

$$Cu + CuCl_2 = 2CuCl \downarrow$$
$$CuCl + HCl = HCuCl_2$$

可见在水溶液中,$Cu^+$ 的化合物除不溶解的或以配离子的形式存在外,都是不稳定的。

由于 Cu(Ⅱ)的极化作用比 Cu(Ⅰ)强,在高温下,Cu(Ⅱ)的化合物不稳定,易分解成 Cu(Ⅰ)化合物。例如氧化铜加热到 1273K 以上就分解为 $O_2$ 和 $Cu_2O$,其他如 $CuS$、$CuCl_2$、$CuBr_2$ 加热至高温都有分解为相应的 Cu(Ⅰ)化合物的现象。甚至有些化合物如 $CuI_2$、$Cu(CN)_2$ 在室温下,就不能存在,要分解为 Cu(Ⅰ)化合物。可见两种氧化数的铜化合物各以一定条件而存在,当条件变化时,又相互转化。

## (二) 银的化合物

银的价层电子组态为 $4d^{10}5s^1$,银的化合物主要是氧化值为 +1 的化合物,氧化值为 +2 的化合物很少。银元素的标准电位图如下:

$$\varphi_A^{\ominus}/V \quad Ag^{2+} \xrightarrow{+1.987} Ag^+ \xrightarrow{+0.799} Ag$$
$$\underset{+1.393}{\underline{\qquad\qquad\qquad\qquad}}$$

由元素电位图可知:在酸性介质中 $Ag^+$ 具有强氧化性,Ag 和 $Ag^{2+}$ 易发生反歧化反应,生成 $Ag^+$。

**1. 氧化银 $Ag_2O$**　$Ag_2O$ 外观呈褐色,难溶于水。通常由可溶性银盐与强碱反应而制得:

$$2Ag^+ + 2OH^- = Ag_2O \downarrow + H_2O$$

$Ag_2O$ 生成焓很小($31kJ \cdot mol^{-1}$),不稳定,加热到 573K 时就完全分解。它容易被 CO 或 $H_2O_2$ 所还原:

$$Ag_2O + CO = 2Ag + CO_2 \uparrow$$
$$Ag_2O + H_2O_2 = 2Ag + H_2O + O_2 \uparrow$$

$Ag_2O$ 和 $MnO_2$、$Co_2O_3$、$CuO$ 的混合物能在室温下将 CO 迅速氧化成 $CO_2$,可用于防毒面具中。

**2. 硝酸银 $AgNO_3$**　$AgNO_3$ 是最重要的可溶性银盐,它可以通过将银溶于硝酸,然后蒸发并结晶而制得:

$$3Ag + 4HNO_3 = 3AgNO_3 + NO \uparrow + 2H_2O$$

硝酸银晶体对热不稳定,加热到 713K 时分解:

$$2AgNO_3 \xrightarrow{>713K} 2Ag + 2NO_2 + O_2 \uparrow$$

如有微量的有机物存在或日光直接照射即逐渐分解,因此硝酸银晶体或它的溶液应保存在棕色玻璃瓶中。

硝酸银遇到蛋白质即生成黑色蛋白银,对有机组织有破坏作用,使用时不要接触皮肤。10% 的 $AgNO_3$ 溶液在医药上作消毒剂和腐蚀剂。

**3. 卤化银**　在硝酸银溶液中加入卤化物,可以生成 $AgCl$、$AgBr$、$AgI$ 沉淀。卤化银的颜色依 Cl、Br、I 的顺序加深。卤化银中只有 $AgF$ 易溶于水,其余都难溶于水,溶解度依 Cl、Br、I 顺序而降低。表 17-1 列出了卤化银的主要物理性质。这些性质反映了 $AgF$ 到 $AgI$ 键型的变化,即从主要为离子型化合物递变到主要为共价型化合物。

表 17-1　卤化银的主要物理性质

| 化合物 | AgF | AgCl | AgBr | AgI |
|---|---|---|---|---|
| 颜色 | 白色 | 白色 | 浅黄 | 黄色 |
| 溶解度/mg·L$^{-1}$ | $1.8 \times 10^6$ | 30 | 5.5 | 0.056 |
| 晶格类型 | NaCl | NaCl | NaCl | ZnS |
| 离子半径之和/pm | 262 | 307 | 321 | 342 |
| 离子半径之和/pm | 205 | 233 | 248 | 267 |

AgCl、AgBr、AgI 都具有感光性,见光容易分解:

$$AgX \xrightarrow{h\nu} 2Ag+X_2$$

**4. 配合物**　$Ag^+$ 的重要特征是容易形成配离子。从离子的电子层组态分析,$Ag^+$ 的价层电子组态为 $4d^{10}$,外层具有空的 s、p 轨道,所以 $Ag^+$ 常形成 sp 杂化轨道与配体形成配位数为 2 的直线型配合物,如 $[Ag(NH_3)_2]^+$、$[Ag(SCN)_2]^-$ 等。

配合物的生成有很大的意义,在制造热水瓶的过程中,瓶胆上镀银就是利用银氨配离子与甲醛或葡萄糖的反应:

$$2[Ag(NH_3)_2]^+ + RCHO + 2OH^- = RCOONH_4 + 2Ag\downarrow + 3NH_3 + H_2O$$

这个反应叫银镜反应,在有机化学中用它来鉴定醛基。

## (三) 金的化合物

金的价层电子组态为 $5d^{10}6s^1$,在化合物中表现的氧化值有 +1 和 +3,但以 +3 氧化值为最稳定。金元素的标准电位图如下:

$$\varphi_A^\ominus/V \quad Au^{3+} \underline{\quad +1.401 \quad} Au^+ \underline{\quad +1.692 \quad} Au$$
$$\underline{\quad\quad +1.498 \quad\quad}$$

由元素电位图可知:在酸性介质中 $Au^+$ 易发生歧化反应,生成 $Au^{3+}$ 和 Au:

$$3Au^+ = Au^{3+} + 2Au$$

298 K 时,上述歧化反应的平衡常数 K 为 $10^{13}$。K 很大,说明歧化反应进行得很完全,因此 $Au^+$ 在溶液中很不稳定,即使是溶解度很小的 AuCl 也要歧化。但 $Au^+$ 生成配离子,如 $[Au(CN)_2]^-$ 却能稳定存在于溶液中。

金在 473 K 时同氯作用生成红褐色晶体 $AuCl_3$,其在固态和气态都是以二聚体 $Au_2Cl_6$ 形式存在,其空间结构为平面正方形,如图 17-3 所示。

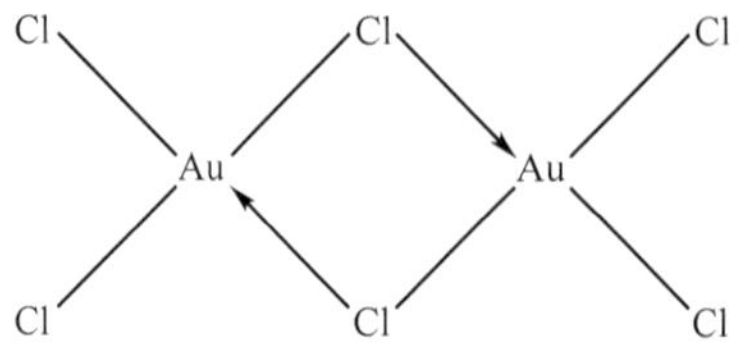

图 17-3　$Au_2Cl_6$ 的空间构型

$Au^{3+}$ 的化合物易被许多有机物如草酸、甲醛、葡萄糖等还原为生成 Au 的胶体溶液,即金胶。

**案例 17-3**

金胶,又称金纳米颗粒(gold nanoparticles,GNP),是直径为 0.8~250 nm 的缔合胶体,具有纳米表面效应、量子效应、宏观量子隧道效应。按粒子尺寸和聚集情况,GNP 可显示不同的特征颜色,此性质已被广泛用于光学、电学、电子显微镜检测的生物分子标记。单个纳米颗粒的尺寸和颗粒间的组装形式,使胶体 Au 溶液表现出不同的整体特征。生物分子可参与到 GNP 的聚集和组装过程中,从而干扰 GNP 的原始组装方式。通过 GNP 最终的物理状态(如颜色、吸光度等)可得到参与组装的生物分子的"质、量"特征,从而达到检测的目的。另外,GNP 逐渐在生物芯片检测中显现出应用前景。生物芯片技术本身是纳米尺度的分子操作和组装技术,芯片诊断、纳米检测等技术可以在此得到良好的融合。比如,GNP 修饰的寡核苷酸与捕获探针结合后导致导电率变化,据此可以开发出一种新的 DNA 检测方法。随着对 GNP 的物理化学性质和纳米介观效应的深入研究,GNP 在生物医疗、生物分子检测等领域将具有美好的前景。

**问题:**

1. 什么是 GNP?
2. GNP 在生物医疗、生物诊断方面可能具有哪些应用前景?

# 第2节 锌族元素

## 一、单 质

锌族元素又称第ⅡB族元素,位于周期表 ds 区中的第二列,包括锌(zinc,Zn)、镉(cadmium,Cd)、汞(mercury,Hg)三种元素。它们的价层电子组态为$(n-1)d^{10}ns^2$。由于锌族元素最外层的 $ns$ 电子和次外层的$(n-1)d$电子都已排满,且 $ns$ 电子和次外层的$(n-1)d$电子能量相差远较铜族元素大,因此通常只失去 $ns$ 电子而呈氧化值+2。至于+1 氧化值的亚汞离子 $Hg_2^{2+}$ 的稳定存在,可能与 Hg 汞原子中4f电子对6s电子的屏蔽较小,使 Hg 的第一电离能特别高,引起所谓的"惰性电子对效应"有关。锌族元素颜色都呈白色,它们在物理性质上一个突出的特点是单质的熔点、沸点都同一过渡系其他金属单质低,并依锌、镉、汞的顺序下降。这可能是由于最外层 s 电子成对后的稳定性的缘故,而且这种稳定性随原子序数的增加而增高。在汞原子里,这一对电子最稳定,所以金属键最弱,故在室温下为液体。锌、镉的 s 电子对也有一定的稳定性,所以金属间的结合力较弱,熔点和熔化热、沸点和蒸发焓当然就较低。

由于汞是唯一在常温下呈液态的金属,且具有流动性,在 273~573 K 汞的膨胀系数随温度升高而均匀地改变,并且不会润湿玻璃,故用来做温度计。汞的密度很大,蒸气压又低,因此用来制造气压计。汞受热易挥发,人体吸入汞蒸气会产生慢性中毒,空气中汞蒸气的最大允许浓度为 0.01 mg·m$^{-3}$。如果不小心撒落汞,应尽可能收集起来,凡有可能遗留汞的地方,应撒上硫磺粉,以便使汞生成难溶的硫化汞。汞的另一特性是能溶解一些金属,形成汞的合金,即汞齐。活泼金属与汞形成汞齐后,其活泼性会降低,如钠汞齐与水反应,汞仍然保持其惰性,而钠与水则可平稳地进行反应,缓慢地释放出氢气。根据此性质,钠汞齐在有机合成中常用作还原剂。混汞法提金也是利用汞能溶解金,从而与其他金属分离。

锌族元素中,锌和镉的金属活泼性相近,而汞则较特殊,这主要表现在与氧及与酸的反应上。

受热时,锌和镉可燃烧生成氧化物,汞则须加热至沸才缓慢与氧作用生成氧化汞,并且在773K 以上又重新分解成氧和汞:

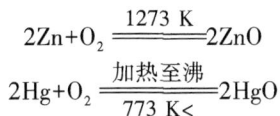

$$2Zn+O_2 \xrightarrow{1273\ K} 2ZnO$$

$$2Hg+O_2 \xrightarrow[773\ K<]{加热至沸} 2HgO$$

锌与含 $CO_2$ 的潮湿空气接触,表面会生成一层碱式碳酸锌薄膜,它能阻止锌被进一步氧化:

$$4Zn+2O_2+3H_2O+CO_2 \Longrightarrow ZnCO_3 \cdot 3Zn(OH)_2$$

由于锌具有这种性质,而且锌比铁活泼,因此常常把锌镀在铁片上,构成镀锌铁,以防止铁生锈。

从标准电极电位可知,锌和镉都能溶于盐酸和稀硫酸,而汞只能溶解于硝酸或热的浓硫酸:

$$3Hg+8HNO_3 \overset{\triangle}{=\!=\!=} 3Hg(NO_3)_2+2NO\uparrow+4H_2O$$

$$Hg+2H_2SO_4(浓) \overset{\triangle}{=\!=\!=} Hg(SO_4)_2+SO_2\uparrow+2H_2O$$

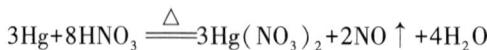

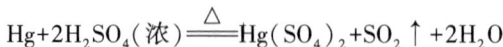

与铝类似,锌也是两性金属元素,能够溶于强碱:

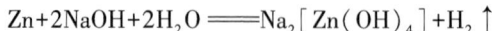

$$Zn+2NaOH+2H_2O \Longrightarrow Na_2[Zn(OH)_4]+H_2\uparrow$$

但与铝又不同,锌还可溶于氨水:

$$Zn+4NH_3+2H_2O \Longrightarrow [Zn(NH_3)_4](OH)_2+H_2\uparrow$$

# 二、重要化合物

## (一) 锌的化合物

锌的价层电子组态为 $3d^{10}4s^2$,常见氧化值为+2。

**1. 氧化锌和氢氧化锌**  氧化锌(ZnO),俗名锌白,难溶于水,常用作白色颜料。它的优点是遇到 $H_2S$ 气体不变黑,因为 ZnS 也是白色。由于 ZnO 具有收敛性和一定的杀菌力,在医药上常制成软膏应用。在锌盐中加入适量强碱,可以生成白色的 $Zn(OH)_2$ 沉淀:

$$ZnCl_2+2NaOH \Longrightarrow Zn(OH)_2\downarrow+2NaCl$$

氢氧化锌显两性,溶于强酸生成锌盐,溶于强碱生成四羟基合锌(Ⅱ)配离子:

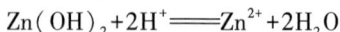

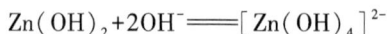

$$Zn(OH)_2+2H^+ \Longrightarrow Zn^{2+}+2H_2O$$

$$Zn(OH)_2+2OH^- \Longrightarrow [Zn(OH)_4]^{2-}$$

$Zn(OH)_2$ 受热时容易脱水生成 ZnO。

**2. 硫化锌 ZnS**  在 $Zn^{2+}$ 溶液中通入 $H_2S$,即可生成 ZnS 白色沉淀。

ZnS 难溶于水,它同 $BaSO_4$ 共沉淀所形成的混合晶体 $ZnS\cdot BaSO_4$ 叫做锌钡白(立德粉),是一种优良的白色颜料。ZnS 在 $H_2S$ 气氛中灼烧,即转变为晶体。若在晶体 ZnS 中加入微量的含 Cu、Mn、Ag 的化合物作活化剂,经紫外光或可见光照射后能发出不同颜色的荧光,这种材料叫荧光粉,可制作荧光屏、发光油漆等。

**3. 氯化锌 $ZnCl_2$**  用锌、氧化锌或碳酸锌与盐酸反应,经过浓缩冷却,就有 $ZnCl_2\cdot H_2O$ 的晶体析出。如果将氯化锌溶液蒸干,只能得到碱式氯化锌而得不到无水氯化锌,这是由于氯化锌水解造成:

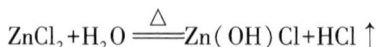

$$ZnCl_2+H_2O \overset{\triangle}{=\!=\!=} Zn(OH)Cl+HCl\uparrow$$

要制造无水 $ZnCl_2$,一般要在干燥 HCl 气氛中加热脱水。

无水 $ZnCl_2$ 是白色容易潮解的固体,它的溶解度很大,吸水性很强,有机化学中常用它作吸水剂和催化剂。

在 $ZnCl_2$ 的浓溶液中,可形成酸性很强的配合酸——羟基二氯合锌酸:

$$ZnCl_2+H_2O \Longrightarrow H[ZnCl_2(OH)]+HCl$$

$H[ZnCl_2(OH)]$ 能溶解金属氧化物,在焊接金属时用氯化锌消除金属表面上的氧化物就是根据这一性质。焊接金属的"熟镪水"就是氯化锌的浓溶液。

此外,$ZnCl_2$ 还用于电镀、医药、木材防腐和农药等领域。

**4. 配合物**  从离子的电子层结构分析,$Zn^{2+}$ 的价层电子组态为 $3d^{10}$,外层具有空的 s、p 轨道,所以 $Zn^{2+}$ 能以多种配体形成稳定的配合物,并且由于次外层 d 轨道上已经排满电子,没有d-d跃迁,因此这些配合物通常是无色的。

## (二) 镉的化合物

镉的价层电子组态为 $4d^{10}5s^2$,在化合物中表现的稳定氧化值为+2。

镉是一个活泼金属,能溶于酸,其标准电极电位如下:

$$\varphi_A^\ominus /V \quad Cd^{2+} \xrightarrow{-0.43030} Cd$$

**1. 氧化镉 CdO**　镉在空气中加热时生成棕色 CdO:

$$2Cd+O_2 \xrightarrow{\triangle} 2CdO$$

由于制备方法不同,颜色也各异。如在 250 ℃,将氢氧化镉加热,得到绿色的 CdO:

$$Cd(OH)_2 \xrightarrow{250\ ℃} CdO+H_2O$$

在 800 ℃加热,得到蓝黑色的 CdO:

$$Cd(OH)_2 \xrightarrow{800\ ℃} CdO+H_2O$$

**2. 氢氧化镉 Cd(OH)₂**　将氢氧化钠加入到镉盐溶液中,即有白色的 $Cd(OH)_2$ 沉淀析出:

$$2OH^- + Cd^{2+} === Cd(OH)_2 \downarrow$$

与 $Zn(OH)_2$ 不同,$Cd(OH)_2$ 不溶于碱,只溶于酸:

$$Cd(OH)_2 + 2H^+ === Cd^{2+} + 2H_2O$$

与 $Zn(OH)_2$ 相同,$Cd(OH)_2$ 溶于氨水生成配离子:

$$Cd(OH)_2 + 4NH_3 === [Cd(NH_4)_4]^{2+}$$

**3. 配合物**　$Cd^{2+}$ 的价层电子组态为 $4d^{10}$,外层具有空的 s、p 轨道,所以 $Cd^{2+}$ 能与 $NH_3$、$CN^-$ 等配体形成 $[Cd(NH_3)_4]^{2+}$ 和 $[Cd(CN)_4]^{2-}$ 型配合物,并且由于 $Cd^{2+}$ 能取代金属酶中的 $Zn^{2+}$,从而使酶的活性降低甚至完全丧失,表现出镉的毒性。

## (三) 汞的化合物

汞的价层电子组态为 $5d^{10}6s^2$,在化合物中表现的氧化值有+1 和+2。汞元素的标准电位图如下:

$$\varphi_A^\ominus /V \quad Hg^{2+} \xrightarrow{+0.920} Hg_2^{2+} \xrightarrow{+0.789} Hg$$
$$\underset{+0.854}{\underline{\qquad\qquad\qquad}}$$

由元素电位图可知:在酸性介质中 $Hg_2^{2+}$ 可以稳定存在。$Hg_2^{2+}$ 为双原子离子 $[Hg:Hg]^{2+}$,两个 Hg(Ⅰ)共用 1 对 6s 电子,以达到稳定的电子构型。

**1. 汞(Ⅱ)的化合物**

(1) 氧化汞 HgO:HgO 有红、黄两种变体,都难溶于水,有毒。在汞盐的溶液中加入碱,生成黄色的 HgO:

$$Hg^{2+} + 2OH^- === HgO \downarrow + H_2O$$

红色的 HgO 一般是由硝酸汞受热分解或者由碳酸钠与硝酸汞反应制得:

$$2Hg(NO_3)_2 \xrightarrow{\triangle} 2HgO \downarrow (红) + 4NO_2 \uparrow + O_2 \uparrow$$

$$Hg(NO_3)_2 + Na_2CO_3 \xrightarrow{\triangle} HgO \downarrow (红) + CO_2 \uparrow + 2NaNO_3 \uparrow$$

黄色 HgO 在低于 573K 加热时可以转变成红色 HgO,二者晶体结构相同,颜色不同仅是由于晶粒大小不同所致,黄色晶粒较细小,红色晶粒较大。

(2) 氯化汞 HgCl₂:HgCl₂ 为白色针状晶体,微溶于水,熔点低,易升华,故又称为升汞。HgCl₂ 可以通过硫酸汞和氯化钠的混合物而制得:

$$HgSO_4 + 2NaCl \xrightarrow{\triangle} HgCl_2 + Na_2SO_4$$

HgCl₂ 遇到氨水即析出白色氯化氨基汞沉淀:

$$HgCl_2 + NH_3 =\!=\!= HgNH_2Cl\downarrow(白) + HCl$$

酸性溶液中 $HgCl_2$ 是一个较强的氧化剂,某些还原剂(如 $SnCl_2$)可将其还原成白色的 $Hg_2Cl_2$:

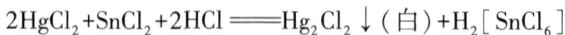

$$2HgCl_2 + SnCl_2 + 2HCl =\!=\!= Hg_2Cl_2\downarrow(白) + H_2[SnCl_6]$$

如果 $SnCl_2$ 过量,生成的 $Hg_2Cl_2$ 可被进一步还原为灰黑色的金属汞:

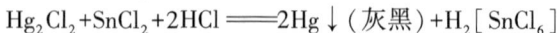

$$Hg_2Cl_2 + SnCl_2 + 2HCl =\!=\!= 2Hg\downarrow(灰黑) + H_2[SnCl_6]$$

上述反应可用以检验 $Hg^{2+}$ 离子或 $Sn^{2+}$ 离子。

$HgCl_2$ 有剧毒,内服 $0.2\sim0.4g$ 可以致死,它的稀溶液具有杀菌作用,在外科上用作消毒剂。

(3) 硫化汞 $HgS$:$HgS$ 有黑、红两种变体,都难溶于水。在 $Hg^{2+}$ 的溶液中通入 $H_2S$,得到黑色的 $HgS$ 沉淀:

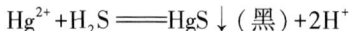

$$Hg^{2+} + H_2S =\!=\!= HgS\downarrow(黑) + 2H^+$$

黑色 $HgS$ 变体加热到 $659K$ 即可转变为比较稳定的红色变体。$HgS$ 颜色不同是由于晶型不同,红色 $HgS$ 是六方晶系 $\alpha$ 型,黑色 $HgS$ 是立方晶系 $\beta$ 型。

$HgS$ 是溶解度最小金属硫化物,它不溶于盐酸及硝酸,只溶于王水:

$$3HgS + 12HCl + 2HNO_3 =\!=\!= 3H_2[HgCl_4] + 3S\downarrow + 2NO\uparrow + 4H_2O$$

$HgS$ 的天然矿物称为辰砂或朱砂,呈朱红色,中药用作安神镇静药。

(4) 配合物:$Hg^{2+}$ 的价层电子组态为 $5d^{10}$,外层具有空的 $s$、$p$ 轨道,所以 $Hg^{2+}$ 容易与 $X^-$、$CN^-$、$SCN^-$ 等形成稳定的配离子,配位数一般为 2 或 4,配合物通常是无色的。如 $Hg^{2+}$ 与适量的 $I^-$ 作用生成橙红色的 $HgI_2$ 沉淀,$HgI_2$ 继续与过量 $I^-$ 作用生成无色的 $[HgI_4]^{2-}$:

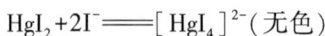

$$Hg^{2+} + 2I^- =\!=\!= HgI_2\downarrow(橙色)$$

$$HgI_2 + 2I^- =\!=\!= [HgI_4]^{2-}(无色)$$

$[HgI_4]^{2-}$ 的碱性溶液称为奈斯勒(Nessler)试剂。如果溶液中有微量的 $NH_4^+$ 存在,滴加 Nessler 试剂,会立即生成红棕色沉淀,此反应常用来鉴定 $NH_4^+$。

**2. 汞(Ⅰ)的化合物——氯化亚汞 $Hg_2Cl_2$** $Hg_2Cl_2$ 是一种不溶于水的白色粉末,无毒,因味略甜,俗称甘汞。$Hg_2Cl_2$ 不稳定,在光的照射下,容易分解成汞和氯化汞:

$$Hg_2Cl_2 \xrightarrow{光} HgCl_2 + Hg$$

所以应把氯化亚汞贮存在棕色瓶中。

$Hg_2Cl_2$ 与氨水反应可以生成氯化氨基汞和汞,而使沉淀显灰色:

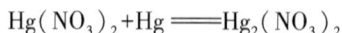

$$Hg_2Cl_2 + 2NH_3 =\!=\!= [Cl\text{-}Hg\text{-}NH_2]\downarrow(白) + Hg\downarrow(灰) + NH_4Cl$$

用此反应可以鉴别 $Hg_2^{2+}$ 和 $Hg^{2+}$。

**3. Hg(Ⅰ)与 Hg(Ⅱ)的互相转化** $Hg^{2+}$ 和 $Hg_2^{2+}$ 在溶液中存在下列平衡:

$$Hg + Hg^{2+} =\!=\!= Hg_2^{2+}$$

上述反应的平衡常数 $K=69.4$。此反应常用于亚汞盐的制备,如把硝酸汞溶液同汞共同振荡,则生成硝酸亚汞:

$$Hg(NO_3)_2 + Hg =\!=\!= Hg_2(NO_3)_2$$

从平衡式看,由于平衡常数 $K$ 不是很大,当条件改变时,$Hg_2^{2+}$ 也可发生歧化反应,如下列反应:

$$Hg_2^{2+} + S^{2-} =\!=\!= Hg\downarrow + HgS\downarrow$$

因此,为了使 $Hg_2^{2+}$ 转变为 $Hg^{2+}$,最简单的方法是降低溶液中 $Hg^{2+}$ 的浓度,使之变为某些难溶物或难解离的配合物:

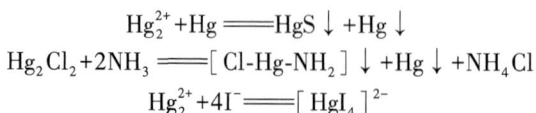

$$Hg_2^{2+} + Hg =\!=\!= HgS\downarrow + Hg\downarrow$$

$$Hg_2Cl_2 + 2NH_3 =\!=\!= [Cl\text{-}Hg\text{-}NH_2]\downarrow + Hg\downarrow + NH_4Cl$$

$$Hg_2^{2+} + 4I^- =\!=\!= [HgI_4]^{2-}$$

总之，$Hg_2^{2+}$ 在溶液中能够稳定存在，只有当体系中存在使 $Hg^{2+}$ 浓度大大降低的沉淀剂或配位剂时，$Hg_2^{2+}$ 才可能发生歧化反应。

# 第 3 节　生物学效应及常用药物

ds 区的六种元素中，铜、锌属于人体必需微量元素，而镉和汞则是明确的有毒元素。

## 一、铜和锌的主要生物效应

### (一) 铜

**案例 17-4**

某女，孕期反应大，吃下东西后经常要呕吐，孕期营养属不良。孩子出生后没有母乳，全靠奶粉喂养，两岁仍很瘦小，且伴有面色苍白、四肢无力、食欲不振、精神委靡等症状，医生诊断为贫血，给患儿补充铁剂，疗效并不明显。后经进一步化验，患儿是缺铁并伴缺铜，后给患儿补充铁剂的同时，合并补充铜剂，症状得到明显改善。

**问题：**

1. 铜对人体有哪些重要的生理作用？

2. 为什么缺铜会影响铁的吸收？

铜作为人体必需微量元素是在 1928 年由 Hart 发现的。目前已知正常成人体内含铜总量为 80~120 mg，几乎全部都与蛋白质结合，因此体内游离铜的浓度很低。铜在不断丢失和补充中维持其体内的稳态，人体每日需从食物中摄取 2~5 mg 铜以满足平衡所需。从饮食中获得的铜被运送到人体各组织器官，合成人体所需要的酶，完成它在维持生命过程中的作用。

铜在体内具有多种作用的生物功能，包括催化超氧阴离子自由基歧化、构成血浆铜蓝蛋白（copper protein，CP）并参与铁代谢等。

**1. 催化超氧阴离子自由基歧化**　超氧阴离子自由基是体内一种重要的活性氧，是氧在体内代谢的正常产物。临床发现超氧阴离子自由基在体内的过量产生，会引发体内脂质过氧化反应，造成机体在分子水平、细胞水平及组织器官水平的各种损伤，加速机体的衰老进程并诱发多种疾病（如心血管疾病、老年性痴呆、糖尿病、肿瘤等）。超氧化物歧化酶（superoxide disumatse，SOD）能催化超氧阴离子自由基的歧化分解，所以在防御活性氧毒性、防治肿瘤、预防衰老等方面有重要意义。SOD 是一类金属酶，按金属的不同分为三类，其中一类含铜和锌，即 CuZn-SOD。实验证实，铜是 CuZn-SOD 催化活性中心，其催化机制如下：

$$SOD\text{-}Cu^{2+}+O_2^{\cdot-} \longrightarrow SOD\text{-}Cu^{+}+O_2$$

$$SOD\text{-}Cu^{+}+O_2^{\cdot-} \longrightarrow SOD\text{-}Cu^{2+}+H_2O_2$$

**2. 构成血浆铜蓝蛋白（CP），参与铁代谢**　铜是血浆铜蓝蛋白活性中心的组成元素。食物中的铁通常呈 $Fe^{3+}$，不易被吸收，在胃肠道中 $Fe^{3+}$ 被还原为 $Fe^{2+}$ 而被吸收。但是进入血流中的 $Fe^{2+}$ 必须氧化成 $Fe^{3+}$ 才能与 β 球蛋白结合成铁传递蛋白而被运送至骨髓，用于合成血红蛋白。$Fe^{2+}$ 氧化成 $Fe^{3+}$ 的转变过程要在有氧条件下经血浆铜蓝蛋白的催化才能实现：

$$Fe^{2+}+Cu^{2+}\text{---}CP \longrightarrow Fe^{3+}+Cu^{+}\text{---}CP$$

$$4\ Cu^{+}\text{---}CP+O_2+4H^{+} \longrightarrow 4\ Cu^{2+}\text{---}CP+2H_2O$$

人体缺铜是 CP 含量不足或活性低下，铁得不到有效利用而发生贫血。在这种情况下，单纯补铁不能纠正贫血，必须同时补充铜、铁才能有效。

**3. 与铜代谢异常有关的疾病**　铜作为人体的一种必需微量元素，对维持人体正常的生物功能具有非常重要的作用。它在人体中的含量过高或过低,都有可能导致机体病态的发生。与铜代谢异常有关的疾病见表 17-2。

铜代谢紊乱引发的疾病大多与遗传因素有关,例如 Menkes 症(MD),此病于 1962 年由美国儿科医生 Menkes 进行了描述,1972 年 Danks 等发现该病具有明显的铜代谢异常特征,由于此病患儿头发呈卷曲状,故又称卷发综合征(kinky hair syndrome)。进一步的研究发现,Menkes 症是由基因缺陷而导致的体内铜代谢障碍性疾病,经肠道吸收铜障碍,肝和脑组织内的铜含量降低,而肾与肠组织内铜含量增高。临床上以严重的进行性中枢神经症状和特征性的头发异常为特征。又如肝豆状核变形,又称 Wilson 症,此病最早由 Wilson 于 1912 年首先描述为"进行性肝豆状核变形"而得名。进一步的研究发现,Wilson 症是由于基因缺陷导致胆汁排铜减少和铜蓝蛋白(CP)合成障碍,从而使得铜在肝、肾和脑组织中大量蓄积,是一种常染色体隐性遗传病。临床上以肝硬化、肾小管受损、神经细胞萎缩和共济运动失调为主要特征。

表 17-2　与铜相关的疾病

| 分类 | 疾病 | 临床主要症状 |
| --- | --- | --- |
| 铜代谢紊乱 | Wilson 症 | 又称肝豆状核变形。以肝硬变、肾小管受损和神经细胞萎缩为特征 |
| | Menkes 症 | 进行性中枢神经症状和特征性的头发异常为特征 |
| 铜代谢紊乱 | 典型铜缺乏症 | 贫血和骨病变 |
| | 职业性铜中毒 | 肝肿大、肝功能异常、溶血性贫血 |

## (二) 锌

**案例 17-5**

1958 年,Ananda S. Prasad 在伊朗锡拉兹的乡村地区发现,一些儿童生长发育迟缓,并伴有身材矮小、智力低下等特征。Ananda S. Prasad 于 1961 年作了报道,并称之为伊朗村病。此病患者除了明显的侏儒症外,还有严重的贫血、生殖功能腺不足、粗糙而干燥的皮肤等特征。起初他考虑病因主要是缺铁性贫血,通过补铁确实矫治疗了贫血,但生长阻滞、睾丸萎缩与智力低下却没有明显好转。后给患者服用补锌药物并食用含锌量高的食物,取得了良好的效果。因此,此病认为是缺锌引起。

以后,在印度、土耳其和我国都发现了锌缺乏患者,他们都表现出生长发育迟缓、身材矮小、智力低下等相同特征。

**问题:**

1. 锌对人体有哪些重要的生理作用?
2. 为什么儿童缺锌会影响他们的生长及智力发育?

锌是人体最重要的必需微量元素,在世界卫生组织公布的微量元素中,锌位列第一。人体内锌的含量仅次于铁,正常成人体内含锌 2~2.5mg,主要分布在肌肉和骨骼中。人体每日需从食物中摄取 12~16 mg 锌以满足机体所需。人体内的锌主要与生物大分子配体形成金属蛋白和金属核酸。目前已知含锌的生物大分子几乎参与了生物体内包括碳水化合物、脂类、蛋白质和核酸在内的新陈代谢过程。

**1. 锌与蛋白质代谢**　由于锌主要存在于蛋白质及各种锌酶中,因此,细胞内锌的含量直接调节着这些锌酶的活性,也就控制着各种代谢过程,特别是蛋白质、糖和脂肪的代谢过程。如碳酸酐酶(carbonatre hydrolyase),它是 1940 年由 Keilin 和 Man 首次从牛红细胞中分离制得,含锌 0.33%,是第一个被确定的含锌酶。后来人们发现,这种酶存在于大多数动、植物组织中,它不但起催化作用,并且在光活作用、钙化、维持 pH、离子输送等一系列生理过程中承担着功能。但是,$CO_2$ 水合反应是碳酸酐酶最重要的生物功能,也是迄今为止已知的催化效率最高的酶。在没有催化剂时,反应 $CO_2 + H_2O \rightleftharpoons H_2CO_3$ 的速率很慢(25 ℃时,一级反应速率常数为 0.037 $s^{-1}$);而在碳酸酐酶的催化下,25 ℃时,反应的一级反应速率常数为 $4 \sim 6 \times 10^5$ $s^{-1}$,反应速率几乎提高了 7 个数量级。这一点,对于从哺乳动微血管循环体系中快速地把 $CO_2$ 带走是生命攸关的。

**2. 锌与免疫**　锌是参与机体免疫功能的一种重要元素,在微量元素中,锌对免疫功能的影响最明显。体内锌含量的减少可引起细胞免疫功能低下,对疾病的易感性增加。动物试验表明,缺锌时由于细胞分裂的受损,对淋巴、脾脏和胸腺有显著的影响;T 淋巴细胞的数量大大降低,胸腺素分泌减少,最终导致淋巴器官的退化和萎缩。研究认为,锌主要还是通过各种锌依赖酶参与并调节细胞免疫功能。例如,锌是胸腺嘧啶核苷激酶和 DNA 聚合酶的激活因子,这些酶是脱氧核糖核酸合成的关键物质,对免疫功能有特异性作用,它们可以促进淋巴细胞的有丝分裂。这些酶活性的降低会导致周边淋巴细胞的减少。

**3. 与锌代谢有关的疾病**　锌作为人体最重要的一种必需微量元素,对维持人体正常的生物功能具有非常重要的作用。如果锌的摄入、贮存、利用和排泄等代谢过程发生紊乱,就会导致机体的各种病变。与锌代谢异常有关的疾病见表 17-3。

**表 17-3　锌相关的疾病**

| 分类 | 疾病 | 临床主要症状 |
| --- | --- | --- |
| 锌缺乏症 | 伊朗村病 | 生长发育迟缓、身材矮小、智力低下 |
|  | 肠原性肢体皮炎 | 皮肤、神经、眼部、胃肠道等典型特征 |
| 锌中毒 | 急性锌中毒 | 恶心、呕吐、腹痛、眩晕、共济失调 |
|  | 职业性锌中毒 | 贫血、生长延迟、性功能减退 |

# 二、镉和汞的生物效应

镉和汞作为重金属元素,对大多数生物都是有毒的。毒性机制是阻断生物高分子活性功能基团、取代生物高分子中的必需金属离子,或者改变生物高分子具有活性的构象,从而破坏人体免疫系统、产生神经毒性或者致癌。

## (一) 镉

镉主要通过饮食和呼吸进入人体,镉进入人体内可置换骨骼中的钙,中毒严重者患骨痛病并致死。镉的污染主要来自于金属冶炼、电镀业,空气中的镉来自于烟尘,煤和石油产品的燃烧也排放镉。镉的毒性极强,在人体内蓄积造成慢性中毒,主要造成肝脏、肾脏和骨骼组织的损害。

## (二) 汞

**案例 17-6**

汞作为有毒元素,它的使用与扩散巳经多次造成人类及生物的"污染病",其中最严重的事件就是 20 世纪 50 年代发生在日本九州岛熊本县水俣镇的"水俣病"。当地的氮肥生产公司在氮肥的生产过程中以汞为催化剂,含汞的废水未经任何处理直接排入海湾。汞先是在鱼贝体内富集,之后通过食物链致使使用水产品的人发生中毒。

**问题:**

1. 汞中毒的临床症状有哪些?

2. 对于汞中毒,临床有哪些治疗方法?

自然环境中汞的含量不高,不会出现中毒。汞中毒主要由于工业生产中没有良好的防护设备、汞化物使用不当、含汞废水在自然界转化为有机汞,并经过呼吸道、消化道、皮肤等途径进入人体而引起。由于摄取途径各异,进入生物体内的汞以不同形态存在于不同器官。汞蒸气能有效地由肺泡扩散通过肺膜进入血液,与血红蛋白结合并被氧化成二价汞离子,并与蛋白质、氨基酸等生物分子的活性基团(如巯基)结合形成配合物,从而使生物分子的活性降低或完全丧失,表现出汞的毒性,这一类汞称为无机汞。有机汞以甲基汞为代表,由于它的亲脂性,能透过细胞膜进入细胞核中,与核酸结合,如汞与 DNA 的作用使汞定量地嵌入 DNA 上,因而改变了 DNA 的柔性,干扰 DNA 的合成。

汞中毒的主要表现是患者精神失常、中枢神经中毒,造成视野缩小、运动失调、语言混乱、听力下降等精神障碍症状。

临床上对于汞中毒可以通过使用螯合剂,如二巯基类药物进行解毒治疗。

我国是汞资源丰富的国家,也是汞污染较严重的国家,汞中毒事件时有发生。因此汞污染的防治和环境保护应引起各级政府及化学、环境科学工作者们的高度重视。

# 三、常 用 药 物

(1) 硫酸铜,收敛药和消毒药,有催吐作用。用于沙眼和结膜炎,创面腐蚀、亦用于磷中毒时的催吐。

(2) 铜末散,主要成分为铜屑,中医常用于治疗筋骨折伤、外伤出血、烂炫风眼等。

(3) 碧霞丹,主要成分为铜绿 $CuCO_3 \cdot Cu(OH)_2$,中医主要用于祛痰、镇惊。

(4) 硫酸锌和葡萄糖酸锌是临床常用的补锌药物。主要用于治疗因为缺锌而导致的厌食、营养不良、生长缓慢等,还可治疗脱发、皮疹、口腔溃疡、胃炎等疾病。

(5) 朱砂是含有 HgS 的天然矿物药,在中医中药中常与其他药剂配伍成方剂使用,如治瘟病的安宫牛黄丸、紫雪丹、至宝丹,治疗小儿疾患的保赤散,清热解毒、消肿止痛的六神丸,祛风化痰、活血通络的再造丸等。使用朱砂制剂一定要注意量和度,以防中毒。

(6) 金箔镇心丸,其主要药用成分为自然金箔、人参、茯神、犀角、西牛黄、天竺黄等,对镇心安神有一定疗效。

## Summary

The ds block elements include the first assistant-group (ⅠB) and the second assistant-group (ⅡB) elements. These elements have the valence electron configurations of $(n-1)d^{10}ns^{1~2}$ with = 4,5, 6. They have distinct chemical characteristics from the progressive filling of the d shells. They are formally part of the d block but the electrons of the $(n-1)d$ shell are tightly bound to be involved directly in chemical bonding, and these elements show typical post-transition metal behavior. The extra nuclear charge associated with filling the d orbital leads to high ionization energies and hence reduced electropositive character. This is especially pronounced with mercury, which forms few compounds that can be regarded as ionic.

These metals in ⅠB elements have excellent electrical conductivity, diathermancy. Metals in ⅡB elements have melting and boiling points that are lower than the same transition series, especially with Hg, which is the just one elements existing as a liquid at 25℃.

Compared with the other transition metals, these metals are lower reactive. For example, Zn and Cd could dissove in non-oxidizing acids and form oxide films in air. Hg oxidizes at room temperature but HgO decomposes readily on heating, a reaction historically important in the discovery of oxygen.

All the ions can form strong compounds because of their empty outer shell d. Their compounds are colorless in ⅡB metals because there are not d-d transition.

Cu and Zn are essential trace elements of life. Cd and Hg are not essential and are very toxic.

# 习　　题

1. 回答下列问题：
（1）为何铜器在潮湿的空气中放置会慢慢生成一层铜绿？
（2）在金属焊接时，为何常用 $ZnCl_2$ 溶液处理金属表面？
（3）汞与硝酸反应，当汞过量时为何生成的是硝酸亚汞？
（4）为何 $Cu^+$ 的化合物一般呈无色或白色，而 $Cu^{2+}$ 的化合物常有一定颜色？
2. $CuCl$、$AgCl$、$Hg_2Cl_2$ 都是难溶于水的白色粉末，试区别这三种金属氧化物？
3. 有一白色沉淀，加入氨水沉淀溶解，再加入 KBr 溶液即析出淡黄色沉淀，此沉淀可溶于 $Na_2S_2O_3$ 溶液中，再加入溶液又见黄色沉淀，此沉淀溶于 KCN 溶液中，最后加入 $Na_2S$ 溶液时析出黑色沉淀。试问：
（1）白色沉淀为何物？
（2）写出各步反应方程式。
4. 镉的化合物有毒，进入人体后，引起骨质疏松、软化等症状，临床称作"痛痛病"，对此从化学的角度加以解释。
5. 用适当方法区别下列各种物质：
（1）$Hg_2Cl_2$ 和 $HgCl_2$。
（2）$Zn(OH)_2$ 和 $Cd(OH)_2$。
（3）$SnCl_2$ 和 $CdCl_2$。
6. 完成下列反应方程式：
（1）$CuSO_4+KI \longrightarrow$
（2）$Cu_2O+NH_3+H_2O \longrightarrow$
（3）$AgBr+Na_2S_2O_3 \longrightarrow$
（4）$Hg_2Cl_2+NH_3 \cdot H_2O（过量）\longrightarrow$
（5）$HgCl_2+4KI（过量）\longrightarrow$
7. 讨论
（1）Cu(Ⅱ) 和 Cu(Ⅰ) 的相互转化的条件及其化合物的稳定性。
（2）$Hg_2^{2+}$ 和 $Hg^{2+}$ 在性质上的差异，可用哪些反应区别它们？

（赵先英）

# 第 18 章 f区元素

📖 学习目标

　　掌握镧系和锕系元素的电子构型与性质的关系。熟悉镧系收缩的实质及其对镧系化合物性质的影响;镧系元素重要化合物的性质。了解镧系和锕系与 d 区过渡元素在性质上的异同;镧和铈的生物学效应和常用药物。

　　**f 区元素**(f-block elements)包括**镧系元素**(lanthanides)和**锕系元素**(actinides),其价层电子组态为$(n-2)f^{0~14}(n-1)d^{0~1}ns^2$。镧系元素和锕系元素分别占据周期表第三副族、第六周期和第七周期的一格。镧系元素(用 Ln 表示)和锕系元素(用 An 表示)各包括 15 个元素,随着核电荷数的递增,镧系和锕系元素新增加的电子依次填入倒数第三电子层的 f 轨道,因此镧系和锕系元素被称为 f 区元素。为了和 d 区的过渡金属相区别,f 区元素被称为**内过渡元素**(inner transition elements)。在周期表中单独排列。镧系元素和锕系元素均为金属元素,锕系金属具有**放射性**(radioactivity)。由于外层电子结构类似,镧系元素和锕系元素具有非常相似的化学和物理性质。

　　第三副族的元素钇(Y),由于镧系收缩的影响,原子半径(181pm)、三价离子半径(89.3pm)接近铽和镝,因此钇在矿物中与镧系共生。而钪(Sc)的氧化值特征和镧系元素也较相似,所以,常把钪、钇和镧系元素合称为**稀土元素** *(rare earth's elements),用 RE 表示。

## 第 1 节　镧 系 元 素

**案例 18-1**

　　新型 X 光增感屏(稀土荧光)——缩短曝光时间、减少辐射剂量、且可准确诊断难以确诊的病变;此外,现代医学仪器—磁共振成像仪(MRI)使用的是稀土永磁材料,MRI 用以分辨器官正常或异常,在鉴别病变的性质时具有安全、无痛苦、无损害、对比度高等优点。MRI 的出现被医学界称为诊断医学史上的一次技术革命。

**问题:**

　　1. 上述现代医学仪器具有特殊的功能,它们应用了稀土的哪些特殊性质?

　　2. 请讨论稀土元素在医、药学上还有哪些用途? 其原理是什么?

### 一、镧系元素通性

#### (一)镧系元素原子的基态电子构型

　　镧系元素的价层电子组态如表 18-1 所示,由表中可以看出:镧系元素最外层和次外层的电子组态基本相同,区别在于 4f 轨道的电子层不同,镧系元素的 4f 轨道在原子或离子的内层,占

---

*另一种观点认为,稀土元素不包括钪元素。

据这些轨道上的4f电子被处在外层轨道(5s、5p)的电子所屏蔽,受外界影响较小,不易失去4f电子。这是镧系元素及其离子化学性质相似的主要原因。大多数镧系元素的电子组态为$[Xe]6s^24f^x5d^0$,只有Ce,Gd和Lu例外,它们的5d轨道上有一个电子。根据Hund规则,当原子中等价轨道全充满,半充满或全空的状态时比较稳定,因此,镧系元素原子的电子排布方式一般符合Hund规则。如La、Gd、Lu的f轨道构型分别为$4f^0$,$4f^7$和$4f^{14}$。而第58号元素Ce是特例,它的价电子层结构不是$4f^26s^2$而是$4f^15d^16s^2$。

随核电荷数的递增,镧系元素4f电子数目不同,原子半径发生变化,使镧系元素的性质略有差异,这是分离镧系元素的基础。

由于镧系元素的价层电子组态特殊,结构中有大量的成单电子,电子能级多种多样,因此,镧系元素具有许多特殊的光、电、磁和化学特性,在新型材料开发中占有重要的地位。

表18-1　镧系元素的价层电子组态、金属半径和离子半径

| 原子序数 | 元素符号 | 价层电子组态 | 金属原子半径/pm | 离子半径 $Ln^{3+}$/pm |
|---|---|---|---|---|
| 57 | La | $[Xe]4f^05d^16s^2$ | 187.9 | 106.1 |
| 58 | Ce | $[Xe]4f^15d^16s^2$ | 182.4 | 103.4 |
| 59 | Pr | $[Xe]4f^36s^2$ | 182.8 | 101.3 |
| 60 | Nd | $[Xe]4f^46s^2$ | 182.1 | 99.5 |
| 61 | Pm | $[Xe]4f^56s^2$ | 182.0 | 97.9 |
| 62 | Sm | $[Xe]4f^66s^2$ | 180.4 | 96.4 |
| 63 | Eu | $[Xe]4f^76s^2$ | 204.2 | 95.0 |
| 64 | Gd | $[Xe]4f^75d^16s^2$ | 180.1 | 93.8 |
| 65 | Tb | $[Xe]4f^96s^2$ | 178.3 | 92.3 |
| 66 | Dy | $[Xe]4f^{10}6s^2$ | 177.4 | 90.8 |
| 67 | Ho | $[Xe]4f^{11}6s^2$ | 176.6 | 89.4 |
| 68 | Er | $[Xe]4f^{12}6s^2$ | 175.7 | 88.1 |
| 69 | Tm | $[Xe]4f^{13}6s^2$ | 174.6 | 86.9 |
| 70 | Yb | $[Xe]4f^{14}6s^2$ | 193.9 | 85.8 |
| 71 | Lu | $[Xe]4f^{14}5d^16s^2$ | 173.5 | 84.8 |

## (二) 原子半径和离子半径

由图18-1可以看出,镧系元素原子半径总的趋势减小,Eu和Yb出现了反常(称为双峰效应),原因是Eu和Yb元素的原子轨道处于半充满$4f^7$或全充满$4f^{14}$状态,屏蔽效应强,减弱了核对最外层电子的引力。同时,由于没有5d电子,在形成金属键时,只有2个6s电子参与成键,金属键比其他镧系元素弱,键长大大增加,导致金属原子半径明显增大,所以Eu和Yb这两种金属的密度和熔点较低,物理性质与其他镧系金属不同。

从图18-2可以看出从La到Lu元素的三价离子半径也逐渐减小。这种镧系元素的原子半径和离子半径随着原子序数递增而逐渐减小的现象称为**镧系收缩**(lanthanide contraction)。镧

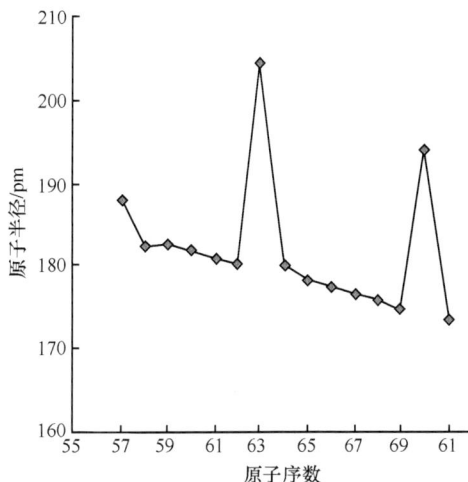

图18-1　镧系元素原子半径与原子序数的关系

系元素中,原子核每增加一个质子,相应的有一个电子进入 4f 层,而 4f 电子只能屏蔽核电荷的一部分,因而随着原子序数增加,有效核电荷略有增大,核对最外层电子的吸引增强,使原子半径、离子半径逐渐缩小。

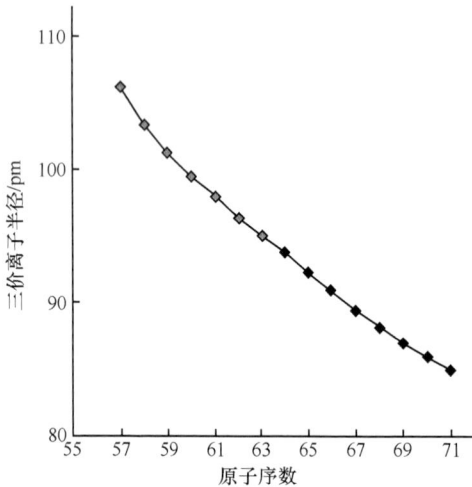

图 18-2    镧系元素的离子半径变化随原子序数的变化

镧系元素原子半径缩小的趋势不如离子半径多,这是因为原子的电子层比离子层多一层,它的最外层是 $6s^2$,4f 居于第二内层,它对原子核的屏蔽接近 100%(一般认为在离子中 4f 电子只能屏蔽核电荷的 85%),因而镧系金属原子半径收缩小于离子半径。

与其他元素相比,从 La 到 Lu,15 种元素原子半径缩小了 13.7pm,平均不到 1pm。而短周期元素从左到右,原子半径平均减小 10pm,过渡元素平均 5pm,f 区平均 1pm。

矿物中大量存在着的"伴生"现象也是镧系收缩的结果。由于镧系收缩使 $Y^{3+}$ 的半径接近 $Er^{3+}$,$Sc^{3+}$ 半径接近 $Lu^{3+}$,因而自然界中,Y 常同镧系共生,成为稀土元素成员。同样镧系收缩也使第二过渡系与第三过渡系金属的原子和离子半径相近,性质相似,如 $Zr^{4+}$(80pm) 和 $Hf^{4+}$(79pm),$Nb^{5+}$(70pm) 和 $Ta^{5+}$(69pm),$Mo^{6+}$(62pm) 和 $W^{6+}$(62pm) 的化学性质极为相似,分离相当困难。

随着核电荷数递增,镧系元素的离子半径递减,从而导致镧系元素的性质随原子序数增大,而有规律地递变。同时造成 Au、Hg 的不活泼性及第六周期 p 区主族元素 Tl、Pb、Bi 呈现惰性电子对效应,因此它们低价态较高价态稳定。

## (三) 氧化值

由于镧系元素的第一、第二和第三电离能相对较小,即气态时失去 2 个 s 电子和 1 个 d 电子或 2 个 s 电子和 1 个 f 电子所需的能量较低,因此,镧系元素在溶液和离子型固体中主要氧化值为 +3。由于原子轨道处于全充满和半充满时较稳定,铈与铽常呈现 +4 氧化值:电子组态为 $Ce^{4+}$ $(4f^0)$、$Tb^{4+}(4f^7)$。$Ce^{4+}$ 能存在于溶液中,具有很强的氧化性。同理,$Eu^{2+}$、$Yb^{2+}$ 的电子组态分别为 $4f^7$ 和 $4f^{14}$,表现出一定的稳定性。能存在于固体化合物当中,在水溶液中不稳定,还原性很强。镧系元素氧化值的变化情况见于表 18-2。

表 18-2    镧系元素的主要氧化值

| La | Ce | Pr | Nd | Pm | Sm | Eu | Gd | Tb | Dy | Ho | Er | Tm | Yb | Lu |
|----|----|----|----|----|----|----|----|----|----|----|----|----|----|----|
|    |    |    |    |    | +2 | +2 |    |    |    |    |    | +2 | +2 |    |
| +3 | +3 | +3 | +3 | +3 | +3 | +3 | +3 | +3 | +3 | +3 | +3 | +3 | +3 | +3 |
|    | +4 | +4 |    |    |    |    |    | +4 | +4 |    |    |    |    |    |

## (四) 离子的颜色和磁性

$Ln^{3+}$ 离子大多数有颜色,表现出一定的周期性变化,见表 18-3。从表中可以看出,具有 $f^n$ 和 $f^{14-n}$ 电子构型的 $Ln^{3+}$ 颜色相同或者相似。

$Ln^{3+}$ 离子的颜色主要是由于 4f 亚层中的电子的 f-f 跃迁引起。具有 $f^0$ 和 $f^{14}$ 构型的 $La^{3+}$ 和

Lu³⁺在200~1000nm区域内无吸收,所以无色。其余的Ln³⁺离子的4f电子可以在7个4f轨道之间任意排布,从而产生多种多样的电子能级,不但比主族元素的电子能级多,而且比d区过渡元素的电子能级也多,因此,Ln³⁺离子可以吸收从紫外、可见、到红外区的各种波长的电子辐射。除了f-f跃迁,镧系元素水合离子的颜色还和电荷跃迁有关。如$Ce^{4+}(4f^0)$离子的橙红色就是电荷迁移始迁所引起的,而不是f-f跃迁所引起。这些原因造成镧系元素具有优良的光电性能,可以制备各种各样的发光材料,如荧光粉,发光二极管。镧系元素的使用,使发光二极管发光效率提高了100倍。

表18-3  Ln³⁺的颜色和磁性

| 离子 | 未成对电子数 | 颜色 | 磁矩/(B.M) | 离子 | 未成对电子数 | 颜色 | 磁矩/(B.M) |
|---|---|---|---|---|---|---|---|
| La³⁺ | 0(4f⁰) | 无色 | — | Tb³⁺ | 6(4f⁸) | 浅粉色 | 9.5-9.8 |
| Ce³⁺ | 1(4f¹) | 无色 | 2.3-2.5 | Dy³⁺ | 5(4f⁹) | 黄色 | 10.4-10.6 |
| Pr³⁺ | 2(4f²) | 绿色 | 3.4-3.6 | Ho³⁺ | 4(4f¹⁰) | 黄色 | 10.4-10.7 |
| Nd³⁺ | 3(4f³) | 淡紫 | 3.5-3.6 | Er³⁺ | 3(4f¹¹) | 玫瑰红 | 9.4-9.6 |
| Pm³⁺ | 4(4f⁴) | 粉红 | — | Tm³⁺ | 2(4f¹²) | 浅绿 | 7.1-7.5 |
| Sm³⁺ | 5(4f⁵) | 黄 | 1.4-1.7 | Yb³⁺ | 1(4f¹³) | 无色 | 4.3-4.9 |
| Eu³⁺ | 6(4f⁶) | 浅粉色 | 3.3-3.5 | Lu³⁺ | 0(4f¹⁴) | 无色 | 0 |
| Gd³⁺ | 7(4f⁷) | 无色 | 7.9-8.0 | | | | |

**案例 18-2**

钕、钐、镨、镧等是制造现代超级永磁材料的主要原料,其磁性高出普通永磁材料4~10倍,广泛应用于电视机、电声、医疗设备、磁悬浮列车及军事工业等高新技术领域,如钕铁硼永磁材料。使用该材料电动机的效率和产品的整体水平都能大幅度增强,并带动全社会工业水平的大幅度提高。电动汽车的发动机使用钕铁硼永磁材料,起动力会大大增加,而体积会明显减小;未来的新一代变频空调、洗衣机等家用电器,使用钕铁硼永磁材料后,能耗显著降低,性能进一步提高;此外,在数字视盘、磁悬浮高速列车、自动化高速公路等方面都有广泛的应用前景。

问题:

1. 为何镧系元素钕、钐、镨、镧等可以做永磁材料?这和它们的哪些性质有关?

2. 物质的磁性和单电子数目有何关系?

**案例 18-2分析**

从表18-3可以看出,Ln³⁺离子大多数是顺磁性物质,很多离子具有相当大的磁矩。从十一章的讨论可知,物质的磁矩和未成对电子数目有关。一般顺磁性物质和铁磁性物质都含有未成对电子,单电子数目越多,磁性越强。而反磁性物质没有未成对电子,它们的磁矩等于零。从表中可以看出,4f⁰构型的离子La³⁺和Ce⁴⁺以及f¹⁴构型的离子Yb²⁺和Lu³⁺没有未成对电子,因而是反磁性的,而f¹⁻¹³构型的原子或离子都是顺磁性的。由于镧系元素中单电子数多,加上电子轨道磁矩对物质磁性的贡献,镧系元素可以作为良好磁性材料,磁性甚至超过铁系元素,因此,把它们制成稀土合金后可作为永磁材料。

# 二、镧系元素的单质和重要化合物

## (一) 镧系元素的单质

**1. 物理性质** 镧系元素为银白色带灰(某些略带淡黄)的金属,质地较软,随原子序数增大逐渐变硬,延展性良好,S、C、O、N 存在大大减少其延展性。镧系金属具有良好的导电性能,但随金属纯度降低而下降。当温度 T<-268.78℃具超导性;由于结构特点,使其具有强顺磁性,钐、钆、镝具铁磁性。镧系元素的物理性质见表 18-4。

表 18-4　镧系元素物理性质

| 原子序数 | 元素 | 密度/g·cm⁻³ | 熔点(℃) | 沸点(℃) | 氧化物熔点(℃) |
|---|---|---|---|---|---|
| 57 | La | 6.19 | 920±5 | 4230 | 2315 |
| 58 | Ce | 6.76 | 804±5 | 2930 | 1950 |
| 59 | Pr | 6.76 | 935±5 | 3020 | 2500 |
| 60 | Nd | 7.00 | 1024±5 | 3180 | 2270 |
| 61 | Pm | — | — | — | — |
| 62 | Sm | 7.50 | 1052±5 | 1630 | 2350 |
| 63 | Eu | 5.16 | 826±10 | 1490 | 2050 |
| 64 | Gd | 7.86 | 1350±20 | 2730 | 2350 |
| 65 | Tb | 8.25 | 1336 | 2530 | 2387 |
| 66 | Dy | 8.56 | 1485±20 | 2330 | 2340 |
| 67 | Ho | 8.79 | 1490 | 2330 | 2360 |
| 68 | Er | 9.05 | 1500~1550 | 2630 | 2355 |
| 69 | Tm | 9.31 | 1500~1600 | 2130 | 2400 |
| 70 | Yb | 6.95 | 824±5 | 1530 | 2346 |
| 71 | Lu | 9.84 | 1650~1750 | 1930 | 2400 |

从表中可以看出,随着原子序数的递增,镧系元素的密度、熔点、沸点总趋势是逐渐增大的,但 Eu 和 Yb 例外,这和它们的结构有关。

**2. 单质的化学性质** 镧系元素的电极电位见表 18-5。从电极电位可以看出:镧系金属都是较强的还原剂,其还原能力仅次于碱金属 Li、Na、K 和碱土金属的 Mg、Ca、Sr、Ba,随原子序数增加,其还原能力逐渐减弱。

镧系金属能与大部分非金属作用,燃点低,铈为 438K,镨为 563K,钕为 543K,燃烧时放出大量的热。当铈等混合轻稀土金属在不平的表面擦磨时,其细末就会自燃,因此可用来制造民用打火石和军用引火合金。镧系金属在空气中和潮湿的空气接触会发生氧化,因此镧系金属应隔绝空气保存,如保存在煤油中。

室温下,镧系金属可以与卤素、氧气、硫等非金属发生反应,生成相应的+3 氧化值的化合物。对于 Ce、Pr 和 Tb,它们和氧反应生成非定比氧化物:

$$2Ln+xO_2 \!=\!\!=\!\!= 2LnO_x$$

La 到 Eu(称为轻镧系元素)与潮湿的空气迅速反应生成 $Ln_2O_3 \cdot xH_2O$,重镧系元素(Ga-Lu)则与之生成 $Ln_2O_3$,且反应较慢。而 Eu 与潮湿空气反应则生成 $Eu(OH)_2 \cdot H_2O$。在高温下,镧系金属可以与氮、碳及氢分别发生反应:

表 18-5 镧系元素的标准电极电位(298K)

| 元素符号 | 标准电极电位 $\varphi^\ominus$(V) | | |
|---|---|---|---|
| La | $Ln^{3+}+3e \rightleftharpoons Ln(s)$ | $Ln^{3+}+3e \rightleftharpoons Ln(s)+3OH$ | $Ln^{3+}+3e \rightleftharpoons Ln^{2+}$ |
| La | −2.52 | −2.90 | |
| Ce | −2.48 | −2.87 | |
| Pr | −2.46 | −2.85 | |
| Nd | −2.43 | −2.84 | |
| Pm | −2.42 | −2.84 | |
| Sm | −2.41 | −2.83 | −1.55 |
| Eu | −2.41 | −2.82 | −0.43 |
| Gd | −2.40 | −2.79 | |
| Tb | −2.39 | −2.78 | |
| Dy | −2.35 | −2.78 | |
| Ho | −2.32 | −2.77 | |
| Er | −2.30 | −2.75 | |
| Tm | −2.28 | −2.74 | |
| Yb | −2.27 | −2.73 | −1.21 |
| Lu | −2.26 | −2.72 | |

$$2Ln+N_2 =\!=\!= 2LnN$$
$$Ln+2C =\!=\!= LnC_2$$
$$2Ln+3C =\!=\!= Ln_2C_3$$
$$Ln+H_2 =\!=\!= LnH_2$$
$$2Ln+3H_2 =\!=\!= 2LnH_3$$

镧系金属在室温下可以与稀盐酸、硫酸、高氯酸及醋酸等发生反应,放出氢气;但镧系金属都不溶于碱:

$$2Ln+6H^+ =\!=\!= 2Ln^{3+}+3H_2 \uparrow$$

在室温下,镧系金属能与水慢慢反应,反应产物为 $Ln_2O_3$ 或 $Ln_2O_3 \cdot xH_2O$,并有氢气放出。

## (二) 重要化合物

**1. 氧化物和氢氧化物** 镧系元素的特征氧化值是+3,一般形成组成为 $Ln_2O_3$ 的氧化物(Ce,Pr,Tb 除外)。氧化物颜色和离子颜色有关。可以通过氧化金属或将氢氧化物、草酸盐、硝酸盐加热分解的方法来制备。

$Ln_2O_3$ 与碱土金属氧化物性质相似,显碱性,易溶于强酸,难溶于水和碱性介质,具有很高的熔点。$Ln_2O_3$ 与空气中二氧化碳和水形成相应的碱式碳酸盐和水合氧化物。

在空气中加热金属铈、$Ce(OH)_3$、三价铈的含氧酸盐(如草酸盐、碳酸盐、硝酸盐)则得到白色的 $CeO_2$。二氧化铈不与强酸或强碱作用。当有还原剂(如 $Sn^{2+}$)存在时,可溶于酸,得到 $Ce^{3+}$ 的溶液。

镧系元素的氢氧化物分子式为 $Ln(OH)_3$,碱性接近于碱土金属氢氧化物,但溶度积很小($10^{-24} \sim 10^{-19}$ 之间)。即使 $NH_4Cl$ 存在的情况下,往 $Ln^{3+}$ 盐溶液中加氨水也可生成 $Ln(OH)_3$ 沉淀。从 La→Lu,它们的溶解度总趋势逐渐减小。$Ln(OH)_3$ 大多表现出碱性,不溶于过量的强碱,氢氧化物的碱性从 $La(OH)_3$ 到 $Lu(OH)_3$ 逐渐减弱,这是因为随着 $Ln^{3+}$ 半径逐渐减小,中心

离子对 $OH^-$ 的吸引力逐渐增强,氢氧化物解离度也逐渐减小,碱性减弱。但 $Yb(OH)_3$ 和 Lu $(OH)_3$ 例外,它们与浓碱溶液在高压釜中加热可转变为 $Na_3Ln(OH)_6$。

**2. 盐类**　镧系元素的盐类大多数都含有结晶水。轻镧系元素和重镧系元素的很多盐类在溶解度上存在很大差别。其中,镧系元素氯化物、硝酸盐、硫酸盐易溶于水,草酸盐、氟化物、碳酸盐、磷酸盐难溶于水。

(1) 卤化物:镧系元素卤化物中较重要的是氟化物和氯化物。镧系元素氟化物通式为 $LnF_3$,难溶于水。在 $Ln^{3+}$ 盐溶液中加氢氟酸或 $F^-$ 离子,可得到氟化物的沉淀,即使有 $3mol \cdot L^{-1}$ $HNO_3$ 存在,此反应也可以发生,因此,可用此方法检验镧系元素离子。在氟中加热 $CeF_3$ 可得到 $CeF_4$。

镧系元素的氯化物易溶于水,溶解度随温度的升高而显著增加。在水溶液中制备氯化物一般形成水合物。加热水合物时由于 $Ln^{3+}$ 发生水解生成氯氧化物 LnOCl,所以制备无水氯化物可将氧化物在 $COCl_2$ 或 $CCl_4$ 蒸气中加热。也可将氧化物与 $NH_4Cl$ 共热来制备:

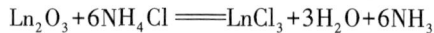
$$Ln_2O_3 + 6NH_4Cl = LnCl_3 + 3H_2O + 6NH_3$$

无水 $LnCl_3$ 具有熔点高,易潮解,易溶于水和醇等特点,熔融状态下电导率较高,是离子化合物。La、Ce、Pr、Nd、Sm、Gd 的水合氯化物在 $328 \sim 363$ K 时开始脱水:

$$LnCl_3 \cdot nH_2O = LnCl_3 + nH_2O$$

脱水的同时发生水解反应:

$$LnCl_3 + H_2O = LnOCl + 2HCl（除 Ce 外）$$

$CeCl_3$ 水解的最后产物是 $CeO_2$。

溴化物与碘化物与氯化物相似。

(2) 硫酸盐:常见镧系元素 $Ln^{3+}$ 硫酸盐为八水合物 $Ln_2(SO_4)_3 \cdot 8H_2O$。硫酸铈除外,为九水合物。无水硫酸盐可从水合物脱水制得:

$$Ln_2(SO_4)_3 \cdot nH_2O = Ln_2(SO_4)_3 + nH_2O$$

镧系元素的水合硫酸盐和无水硫酸盐均溶于水,溶解度随着温度升高而减小。镧系元素硫酸盐能与碱金属反应生成多种复盐,特别是钠盐。如 $Ln_2(SO_4)_3 \cdot Na_2SO_4 \cdot 2H_2O$。反应式如下:

$$xLn_2(SO_4)_3 + yM_2(SO_4)_3 + nH_2O = xLn_2(SO_4)_3 \cdot yM_2(SO_4)_3 \cdot nH_2O$$

铈(Ⅳ)的硫酸盐为硫酸铈 $Ce(SO_4)_2 \cdot 2H_2O$。在酸性溶液中是一个强氧化剂,标准电极电位为 1.44 V。在氧化还原过程中,$Ce^{4+}$ 直接变为 $Ce^{3+}$,反应快速,无副反应,常用于氧化还原滴定分析,称作铈量法。在 1 $mol \cdot L^{-1}HClO_4$ 中电极电位为:$\varphi^{\ominus}(Ce^{4+}/Ce^{3+}) = 1.70$ V

$Ce^{4+}$ 也能形成复盐,如 $2NH_4NO_3 \cdot Ce(NO_3)_4$ 和 $(NH_4)_4SO_4 \cdot Ce(SO_4)_2$,比相应的简单盐稳定。铈(Ⅳ)盐不如铈(Ⅲ)盐稳定,在水溶液中易水解,在稀释时往往析出碱式盐。

(3) 草酸盐:草酸盐 $[Ln_2(C_2O_4)_3]$ 是最重要的镧系盐类之一,可以通过下列反应得到:

$$2Ln^{3+} + 3H_2C_2O_4 = Ln_2(C_2O_4)_3 \downarrow + 6H^+$$

草酸盐在酸性溶液中难溶,可以利用这个性质将镧系元素离子与其他许多金属离子分离。

草酸盐沉淀的性质和生成时的条件有关。在硝酸溶液中,当主要离子是 $HC_2O_4^-$ 和 $NH_4^+$ 离子时,可以得到复盐 $NH_4Ln(C_2O_4)_2 \cdot yH_2O(y=1$ 或 3)。在中性溶液中,以草酸铵作沉淀剂,轻镧系得到正草酸盐,重镧系则得到混合物。用 0.1 $mol \cdot L^{-1}HNO_3$ 洗复盐可得到 $(NH_4)_2C_2O_4$。

草酸盐在 1073K 加热灼烧 $30 \sim 40$ min,经过脱水,继而形成碱式碳酸盐(Ce、Pr 和 Th 除外),最后得到氧化物。而 Ce、Pr 和 Th 相应得到 $CeO_2$、$PrO_x(1.5 < x < 2)$ 和 $Th_4O_7$。

**3. 配合物**　$Ln^{3+}$ 离子除生成水合离子外,它们的配合物种类不多,只有与强螯合剂形成的螯合物比较稳定。镧系元素在配合物化学方面与 Ca、Ba 相似,而与 d 区过渡元素差别较大。

由于 $Ln^{3+}$ 电荷高,半径(80 pm 以上)比一些过渡元素的离子半径大得多(如:$Cr^{3+}$ 为 64 pm,$Fe^{3+}$ 为 60 pm),外层有许多空轨道(5d,6s 和 4f 轨道),因此 $Ln^{3+}$ 离子的配位数一般较大,最高可达 12,常显示出特殊的配位几何形状。例如:在 $HLnY \cdot 4H_2O$ 配合物中,Ln(Ⅲ)的配位数为 10。

典型的镧系金属螯合物有:$Ln^{3+}$ 与 $\beta$-二酮类的乙酰丙酮(acac)生成螯合物 $Ln(acac)_3$,与乙二胺四乙酸(EDTA)生成螯合物 $Ln(EDTA)^-$。在 $Y(acac)_3 \cdot H_2O$ 中,中心离子配位数为 7。7 个氧原子包围 Y 离子,分别排在三角柱体加一个面心的角上。在 $La(acac)_3 \cdot 2H_2O$ 中,配位数为 8,形成四方反锥体的构型。

镧系配合物在碱性溶液中很稳定,但随着溶液的酸度增大稳定性降低,随镧系元素的原子序数增加,形成配合物能力增强。根据这些特征,可通过离子交换法和溶剂萃取法分离稀土元素。

# 三、稀土元素的存在和生物学效应

## (一) 稀土元素的存在和应用

**1. 存在**  镧系元素和钪、钇一起被称为"稀土元素",这个名称是从 18 世纪沿用下来的。实际上,镧系元素在自然界既不"稀"也不"土"。除钷以外,所有镧系元素都存在于自然界中。17 种稀土元素占地壳总量的 0.0153%,大大超过铜、铅、锌、锡等常见金属元素的地壳含量。

稀土元素在自然界以化合物存在于矿物中,已发现的稀土矿物约有 250 多种,但含量较高的(即含 5%~8%)仅 60 种左右。其中真正具有开采价值的不到 10 种,主要是独居石矿、氟碳铈矿和磷钇矿。由于在地壳中的分布比较分散,提取和分离比较困难,所以"稀土"名称一直使用至今。

我国稀土储量很大,已在 18 个省市发现蕴藏各类稀土矿,储量占世界已探明稀土矿藏的 80% 左右,南方以重稀土为主,内蒙古以轻稀土为主。

在内蒙古包头市北边白云鄂博,被称为"世界稀土之都",储量约 3500 万吨,占全国储量 70% 以上,主要以独居石、氟碳铈矿等轻稀土为主。

我国的稀土工业起步虽晚,但发展迅速,从 1986 年起,我国的稀土产量跃居世界第一,在稀土分离、应用技术及研究工作处于世界领先地位。

**2. 应用**  稀土元素及其化合物独特的理化性质,以及特殊的光、电、磁、声、热、力及其相互转换的性能,使得它们在现代材料科学技术领域中具有极为重要的地位和广泛的应用。目前,稀土已广泛应用在原子能工业、黑色及有色冶金工业、玻璃及陶瓷工业、皮毛染色及轻纺工业、医药和农业等方面。

在钢中加入稀土金属,可显著提高钢材韧性、耐磨性、抗腐蚀性;在炼钢时加入稀土可以起到抗氧脱硫作用。在铜中掺少量镧,可增强铜的高温塑性和抗氧化性;在铝中加入 0.2% 的铈,可增强铝的导电性;在钨中加入少量铈,可增强钨的延展性。在石油化工中广泛使用稀土化合物作催化剂。在玻璃工业中用于提高玻璃的折射率和降低色散度,制造特殊功能的玻璃制品。

近年来,稀土在各种特殊材料当中的应用,更是显现出其优良的特性。如稀土超导陶瓷材料的研发,将使无能量损耗远距离输电成为可能。稀土超导材料还可用于建造粒子加速器高强度磁场,用于制造磁悬浮列车、超导电磁推进器和空间推进系统,用于制作超导二级管、超导量子干涉器等各种尖端电子工程产品。稀土超导陶瓷在电力工业、微电子、航空航天、航海、国防军工等各领域中都有极其重要的应用。稀土永磁材料具有优良的磁、电、光、声等能量转换功能,广泛用于电子计算机、电子通讯技术等领域。稀土铁石榴石型永磁材料是最具有应用前景的新一代磁光记录材料。

稀土激光材料制成的激光器件不仅光学均匀性好、价格便宜,而且体积小、光效高、性能稳定,广泛用于激光测距、激光通讯、激光雷达、集成光学、激光切割、焊接和钻孔等。稀土贮氢材料可以将大体积的氢气贮存在小体积的贮氢容器中,并且稀土贮氢材料吸收和释放氢气的过程快速、可逆。

此外,稀土在农业、医药领域也显示出优良的性能。如稀土元素可以提高植物的叶绿素含量、增强光合作用、促进根系的发育和对养分的吸收,还能促进种子萌发、促进幼苗生长,使作物增强抗病、抗寒、抗旱的能力。稀土还显示出特殊的生物学效应,可以应用于疾病的诊断和治疗。

目前,无论是航天、航空、军事等高科技领域,还是人们的日常生活用品,无论工业、农牧业、还是化学、生物学、医药,稀土的应用几乎是无所不在,无所不能。

总之,稀土功能材料研究是当代科学技术中最重要和最为活跃的领域之一,该领域的研究成果必将对人类物质文明的进步产生巨大的影响。

## (二) 镧和铈的生物学效应以及常见药物

利用稀土特殊的物理性质和化学性质,主要应用于临床诊断和药物治疗两个方面。如用稀土元素中的镧或铈生产出的感光屏,性能优异,提高了动态脏器投照的清晰度和诊断水平,而且其照射时间仅为钨屏的 $1/4 \sim 1/3$,降低对患者的辐射剂量。稀土可以加强核磁共振影像,更好地改善肾、肝、胃肠道等器官图像。钆配合物可以自由扩散、无交换作用,稳定系数大,无毒,可很快经尿排出体外等优点,可用做大脑肿瘤、肝肿瘤、膀胱癌的图像对比度加强剂,也常用于脑损伤和大脑梗死等方面的诊断以及肾、脾、心肌缺血、损伤、肾盂造影等方面。

稀土元素虽不是生命必需元素,但对它们的生物效应研究表明,稀土元素对机体细胞的一些物质代谢过程和酶的活性有促进或抑制作用。特别是有些稀土化合物对动植物的生长具有促进作用,成为人们研究和应用的热点。

稀土化合物在医药上的应用研究是从 19 世纪后期开始的,至今仍然是国内外很重视的研究课题。自 20 世纪 60 年代以来陆续发现稀土化合物具有一系列特殊的药效作用,例如,治疗烧伤、抗凝血作用、抗炎及抑菌作用、抗动脉硬化和抗肿瘤作用等。到目前为止,除其在核磁诊断、放射性同位素诊断中用作诊断试剂以及临床上铈浴法治疗烧伤外,可用于临床的仅有用于治疗磷酸水平高的血液透析病人的磷酸盐结合剂–碳酸镧。大量的实验结果表明,稀土配合物属于毒性较低的物质,比许多有机合成药物或过渡金属配合物的毒性低,通过口服或外用稀土配合物未发现在体内积累。我国生物无机化学工作者经过不懈努力,在稀土进入生物体后的物种分布、稀土的跨膜转运、稀土对细胞中钙内流的影响、稀土对细胞的一系列生物效应的影响等方面取得了许多研究成果。

**1. 镧的生物学效应**　低剂量的 $LaCl_3$ 可促进小鼠胰岛 β 细胞再生,修复胰岛 β 细胞功能。La、Pr、Sm 的缩氨基硫脲配合物具有抗霉菌活性,也可以杀死尼日尔曲霉属真菌。稀土离子形成配合物可增强其抑菌效果。稀土与抗生素联合应用均比稀土和抗生素单独使用时的抗菌活性高。研究发现,La,Ce 和 Nd 氧氟沙星配合物对金黄色葡萄球菌和大肠埃希菌也表现出活性。La 的配合物对大肠埃希菌和绿脓杆菌的活性与吡哌酸相似,但对肺炎链球菌的活性明显高于吡哌酸。镧的丙氨酸咪唑高氯酸盐对棉花黄萎病菌有明显的抑制作用。1-(2-硫代乙酸)-3-甲基-4-丁基-5-羟基嘧啶镧的配合物具有广谱抗菌活性,它不仅对金黄色葡萄球菌和枯草球菌具有抑制杀伤作用,也对大肠埃希菌有杀伤作用,当浓度为 200 mg·L$^{-1}$时,其对大肠埃希菌的抑制杀伤作用甚至超过链霉素。

La、Eu 和 Er 的配合物对 L1210 细胞都有较强的杀伤能力;二硫代二(N-氧化吡啶)稀土硝酸盐对 L1210 和人白血病细胞(K562)也表现出良好的抗肿瘤活性。

**2. 铈的生物学效应**　稀土可降低多种动物的血糖。用磷酸铈喂养豚鼠,10 d 后其血糖降低到原来浓度的 2%,胆固醇降低了 3/4,丙氨酸转氨酶活性增加 15%,天冬氨酸转氨酶活性升高 25%。它们都是戊糖氨基酸,是血糖降低后的一种代偿机制。

研究发现,$Ce^{3+}$ 对离体豚鼠心房收缩产生影响,浓度为 $0.05 \ mmol \cdot L^{-1}$ 的 $Ce^{3+}$ 溶液可抑制豚鼠右心房的自律性和左心房的收缩。硫酸铈铵对紫杉醇合成有显著的提高,可以认为四价稀土离子能有效地影响限速酶的活性,有效提高紫杉醇的合成。用 2.2% 的硝酸铈与 1.0% 的磺胺嘧啶银的复方乳膏治疗烧伤,其临床疗效比单独使用 2.2% 的硝酸铈或 1.0% 的磺胺嘧啶银有显著提高。

稀土配合物如何在医药中发挥其有效作用,避免或减轻其毒性或副作用,是人们研究的主要目标之一。有关稀土配合物药物的合成研究主要集中在将具有特定生理活性的配体与稀土离子配位。研究表明,稀土离子和其他有生物活性的配体配位后,表现出良好的抑菌,抗肿瘤等活性,很多药效超过单一药物的使用。

**3. 常用的稀土药物** 从 20 世纪初开始,稀土化合物曾作为外用抗菌药物在临床上使用。1920 年,铈、钕和镨的硫酸盐溶液曾用于静脉注射治疗结核病。1950 年前后,草酸铈作为止吐药用于临床,其后还曾作为治疗消化道疾病的药物被载入多国药典。1982 年,英国 Martindale 药典将硝酸铈作为治疗烧伤的药物收载。近几年来稀土元素及其化合物的药学研究又得到了进一步的发展,在临床上使用的含稀土药物有:

(1) $La_2(CO_3)_3 \cdot 4H_2O$ 治疗晚期肾功能衰竭患者并发的高磷血症。

(2) $Ce(NO_3)_3$ 与磺胺嘧啶银合用治疗烧伤。

(3) $[Gd(DTPA)(H_2O)]^{2-}$ 作为磁共振成像造影剂,用于肿瘤的诊断和治疗。

# 第2节 锕系元素

锕系元素包括 Ac、Th、Pa、U、Np、Pu、Am、Cm、Bk、Cf、Es、Fm、Md、No、Lr。它们都是放射性元素。铀是被人们认识的第一种锕系元素,是 1789 年德国 M H Klaproth(克拉普特)从沥青矿中发现的,随后又陆续发现了钍、锕和镤。极微量的镎和钚也存在于铀矿中。在铀以后的 11 种元素(93~103)均是在 1940~1962 年用人工核反应制得的,通常又称超铀元素。

由于锕系元素原子核的不稳定性,而且 5f 和 6d 的能量比 4f 和 5d 能量更为接近,确定锕系元素基态价电子构型非常困难。一般认为和镧系类似,随着核电荷数的递增,锕系元素的电子填充在 5f 轨道上。

## 一、锕系元素的通性

### (一) 锕系元素的价层电子组态

锕系元素的价层电子组态与镧系元素相似,通式为 $5f^{0\sim14}6d^{0\sim1}7s^2$,一般有 $[Rn]5f^n7s^2$ 和 $[Rn]5f^{n-1}6d^17s^2$(锕和钍无 5f 电子)两种构型,见表 18-6。从表中可以看出,锕系元素的前一半元素中,Pu 和 Am 的构型是 $5f^n7s^2$,因为 $5f^{n-1}6d^17s^2$ 的能量高于 $5f^n7s^2$。Cm 的情况与镧系的 Gd 相似,为 $5f^7$ 半充满构型。其余的均为 $5f^{n-1}6d^17s^2$。除 Lr 外,锕系元素中的后一半电子构型 $[Rn]5f^n6s^2$。

锕系元素的最外层的电子组态基本相同,区别主要在内层 5f 轨道,因此锕系元素性质极为相似。由于 5f 轨道既不像 4f 轨道那样被完全屏蔽,也不像 d 区元素的 d 轨道那样暴露在外边,所以锕系元素的化学行为介于上述两种类型之间。

**表 18-6　锕系元素基态原子的电子层组态和离子半径**

| 原子序数 | 元 素 | 元素符号 | 价层电子组态 | $An^{3+}$, $r/pm$ | $An^{4+}$, $r/pm$ |
|---|---|---|---|---|---|
| 89 | 锕 | Ac | $[Rn]5f^06d^17s^2$ | 111 | – |
| 90 | 钍 | Th | $[Rn]5f^06d^27s^2$ | 108 | 99 |
| 91 | 镤 | Pa | $[Rn]5f^26d^17s^2$ | 105 | 96 |
| 92 | 铀 | U | $[Rn]5f^36d^17s^2$ | 103 | 93 |
| 93 | 镎 | Np | $[Rn]5f^46d^17s^2$ | 101 | 92 |
| 94 | 钚 | Pu | $[Rn]5f^67s^2$ | 100 | 90 |
| 95 | 镅 | Am | $[Rn]5f^77s^2$ | 99 | 89 |
| 96 | 锔 | Cm | $[Rn]5f^76d^17s^2$ | 98.5 | 88 |
| 97 | 锫 | Bk | $[Rn]5f^97s^2$ | 98 | |
| 98 | 锎 | Cf | $[Rn]5f^{10}7s^2$ | 97.7 | |
| 99 | 锿 | Es | $[Rn]5f^{11}7s^2$ | | |
| 100 | 镄 | Fm | $[Rn]5f^{12}7s^2$ | | |
| 101 | 钔 | Md | $[Rn]5f^{13}7s^2$ | | |
| 102 | 锘 | No | $[Rn]5f^{14}7s^2$ | | |
| 103 | 铹 | Lr | $[Rn]5f^{14}6d^17s^2$ | | |

## (二) 锕系元素的氧化值变化

锕系元素的已知氧化值见表 18-7。与镧系元素不同的是,锕系中前面一部分元素(Th—Am)存在多种氧化值,Am 以后的元素在水溶液中氧化值是+Ⅲ。这是因为 5f→6d 跃迁所需的能量比镧系元素 4f→5d 跃迁要少些,因此,锕系的前一半元素提供成键电子的倾向要大些,具有较高的氧化值。

**表 18-7　锕系元素的氧化值**

| Ac | Th | Pa | U | Np | Pu | Am | Cm | Bk | Cf | Es | Fm | Md | No | Lr |
|---|---|---|---|---|---|---|---|---|---|---|---|---|---|---|
| | | | | | | (+2) | | | +2 | +2 | +2 | +2 | +2 | |
| +3 | (+3) | +3 | +3 | +3 | +3 | +3 | +3 | +3 | +3 | +3 | +3 | +3 | +3 | +3 |
| | +4 | +4 | +4 | +4 | +4 | +4 | +4 | +4 | | | | | | |
| | | +5 | +5 | +5 | +5 | +5 | | | | | | | | |
| | | | +6 | +6 | +6 | +6 | | | | | | | | |
| | | | | (+7) | (+7) | | | | | | | | | |

注:有下画线标注的为最稳定的价态。( )表示该价态只存在于固体中。

## (三) 离子半径

由表 18-6 可以看出,随着原子序数增加,锕系元素 An 电子进入 5f 轨道,最外层是全充满的 7s,由于 5f 电子不能完全屏蔽增加的核电荷,使有效核电荷增加,因而产生类似镧系收缩的锕系收缩。同镧系元素类似,锕系元素的离子半径减小幅度很小。

## (四) 离子颜色

锕系元素不同类型的离子在水溶液中的颜色不同,如表 18-8 所示。除少数离子($Ac^{3+}$, $Cm^{3+}$, $Th^{4+}$, $Pa^{4+}$ 和 $PaO^+$)为无色外,共余离子部是显色的。同镧系相似,锕系水合离子颜色的变化和价电子构型有关,主要是由于 f-f 跃迁所引起。如 $Ce^{3+}$($4f^1$) 和 $Pa^{4+}$($5f^1$),$Gd^{3+}$($4f^7$) 和 $Cm^{3+}$($5f^7$),$La^{3+}$($4f^0$) 和 $Ac^{3+}$($5f^0$) 都是无色的。$Nd^{3+}$($4f^3$) 和 $U^{3+}$($f^3$) 显浅红色。

表 18-8　锕系离子在水溶液中的颜色

| 元素 | $An^{3+}$ | $An^{4+}$ | $AnO_2^+$ | $AnO_2^{2+}$ |
|---|---|---|---|---|
| Ac | 无色 | — | — | — |
| Th | — | 无色 | — | — |
| Pa | — | 无色 | 无色 | — |
| U | 浅红 | 绿 | — | 黄 |
| Np | 紫 | 黄绿 | 绿 | 粉红 |
| Pu | 蓝 | 黄褐 | 红紫 | 黄橙 |
| Am | 粉红 | 粉红 | 黄 | 浅棕 |
| Cm | 无色 | | | |

# 二、锕系元素的性质

锕系金属具有银白色光泽,在暗处遇到荧光物质能发光。和镧系金属相比,锕系金属熔点稍高和密度稍大。锕系元素单质的金属性较强,单质易与氧作用,在空气中迅速变暗,生成一种氧化膜,其中钍的氧化膜有保护作用,故锕系金属应该避氧保存。锕系金属可与大多数非金属反应,特别是在加热时易进行。锕系元素能与酸作用,但不与碱反应。与沸水或蒸气反应时,在金属表面生成氧化物,并放出氢气。

## (一) 钍及其化合物

在锕系元素中,最常见的是钍和铀及其化合物。对其他元素研究较少,原因是这两个元素可用作核燃料,易操作,安全性高。随着原子序数增加单位质量的放射性强度也增加。

**1. 钍的单质**　钍在自然界主要存在于独居石中。从独居石提取稀土元素时,可分离出 Th$(OH)_4$,这是钍的重要来源之一。

钍可用 Ca 在 1200K 时于氢气氛中还原 $ThO_2$ 来制备:

$$ThO_2 + 2Ca \Longrightarrow Th + 2CaO$$

新切开或磨亮的钍是银白色的金属,在空气中逐渐氧化变暗,金属性较强,粉末状钍在空气中能燃烧。钍能和沸水反应;加热到 500K 时可与氧气反应;1050K 时与氮气反应。钍可以和稀 HF、稀 $HNO_3$ 和稀硫酸作用,也可与浓 HCl 或浓磷酸作用,速度较慢,但在浓硝酸中钝化。

钍主要用于原子能工业,金属钍可用于制造合金。钍有良好的发射性能,可用于放电管和光电管中。

**2. 钍的化合物**

(1) 氧化物和氢氧化物:钍的最稳定氧化值为 +4,常见的化合物有二氧化钍、氢氧化钍。可通过在氧气中加热钍粉,或将氢氧化钍、硝酸钍、草酸钍灼烧制备二氧化钍。$ThO_2$ 为白色粉末,熔点可达 3493 K。强灼热过的晶形二氧化钍几乎不溶于酸(除了 $HNO_3$ 和 HF 的混酸),性质比较稳定。二氧化钍可作为催化剂,用于人造石油工业,又可作为制造钨丝的添加剂,约 1% $ThO_2$

就能使钨成为稳定的小晶粒,并增加抗震强度。$ThO_2$ 有广泛的用途。

在钍盐溶液中加碱或氨,生成白色凝胶状二氧化钍水合物沉淀,它易溶于酸,不溶于碱,但可溶于碱金属的碳酸盐中生成配合物。在 530~620 K 温度范围内加热水合物,可脱水生成氢氧化钍 $Th(OH)_4$,743 K 转化为二氧化钍。

(2) 硝酸钍:硝酸钍是最重要的钍盐,含有结晶水。制备条件不同,所含的结晶水也不同。常见的硝酸钍为 $Th(NO_3)_4 \cdot 5H_2O$,它易溶于水、醇、酮和酯中。硝酸钍是制备其他钍盐的原料。

$Th^{4+}$ 在 pH 大于 3 时发生剧烈水解,形成的产物是配离子,随着溶液 pH、浓度和阴离子的性质不同,配离子的性质有所不同。在高氯酸溶液中,主要离子为 $[Th(OH)]^{3+}$、$[Th(OH)_2]^{2+}$、$[Th_2(OH)_2]^{6+}$、$[Th_4(OH)_6]^{8+}$,最后产物为六聚物 $[Th_6(OH)_{15}]^{9+}$。

---

**案例 18-3**

1945 年 8 月 6 日,上午 8 点 15 分,即第二次世界大战末期,美国在日本广岛市投下名为"小男孩"原子弹。原子弹搭载了 50kg 的铀 235。核裂变爆发的能量为 50 万亿焦耳,相当于 1 万 5 千吨 TNT 当量。这是人类历史上第一个遭受核武器袭击的都市。原子弹爆炸造成广岛市十几万居民死亡,都市遭到毁灭性打击。

爆心 500m 以内的被害者,有 90% 以上的人当场死亡或当日死亡。500~1000m 以内的被害者,超过 60%~70% 的人当场死亡或当日死亡。暂时生存下来的人,有 50% 的人在 6 天内死亡;过了 6 天,又有 25% 的人死亡。直到 1945 年 11 月,爆心 500m 以内的人 98%~99% 已经死亡;500~1000m 范围内,90% 的人已经死亡。从 1945 年 8~12 月,总共有 9~12 万人死亡。

**问题:**

1. 为什么核裂变会造成如此大的危害?

2. 我们应该为反对使用核武器,倡导世界和平付出怎样的努力?

---

## (二) 铀及其化合物

1789 年,德国化学家 MH Klaproth(克拉普罗特)从沥青铀矿中分离出铀(实际为二氧化铀),用 1781 年新发现的一个行星——天王星命名它为 uranium,元素符号为 U。1841 年,E M Peligot 用钾还原四氯化铀,成功地获得了金属铀。铀主要用做玻璃着色或陶瓷釉料。直到 1939 年,O Hahn(哈恩)和 F Strassmann(斯特拉斯曼)发现了铀的核裂变现象。铀便成为主要的核原料。

**1. 铀的单质**　铀在自然界主要存在于沥青铀矿,其主要成分为 $U_3O_8$。提炼方法很多而且复杂,但最后步骤通常用萃取法将硝酸铀酰从水溶液中萃取到有机相,而得到较纯的铀化合物。

铀是致密而有延展性的银白色放射性金属,是密度最大的金属之一($19.07g \cdot cm^{-3}$)。铀在接近绝对零度时有超导性,有延展性。铀的化学性质活泼,易与绝大多数非金属反应,能与多种金属形成合金。在空气中表面易氧化生成黑色氧化膜,但此膜不能保护金属。粉末状的铀于室温下,在空气中,甚至在水中都会自燃。美国制造的一种高效的燃烧穿甲弹——"贫铀弹",能烧穿 30 厘米厚的装甲钢板,"贫铀弹"利用的就是铀极重而又易燃这两种性质。铀易溶于盐酸和硝酸,但在硫酸、磷酸和氢氟酸中溶解较慢。它不与碱作用。

**2. 铀的化合物**　铀的主要化合物有氧化物、卤化物、氢化物等。

(1) 氧化物:铀的氧化物主要有暗棕色的 $UO_2$;暗绿色的 $U_3O_8$ 和橙黄色的 $UO_3$。将硝酸铀酰 $UO_2(NO_3)_2$ 在 600K 分解得到 $UO_3$:

$$2\,UO_2(NO_3)_2 \stackrel{\triangle}{=\!=\!=} 2UO_3 + 4NO_2 + O_2$$

$U_3O_8$ 和 $UO_2$ 可以根据以下反应制得:

$$3UO_3 \stackrel{\triangle}{=\!=\!=} U_3O_8 + \frac{1}{2}O_2$$

$$3UO_3 + CO \xrightarrow{\triangle} UO_2 + CO_2$$

$UO_3$ 具有两性,可以溶于酸生成重铀酸根 $U_2O_7^{2-}$。$U_3O_8$ 和 $UO_2$ 也可溶于碱生成相应的 $UO_2^{2+}$ 的盐。

(2) 硝酸铀酰:将上述铀的氧化物溶于硝酸,可以得到柠檬黄色的 $UO_2(NO_3)_2 \cdot 6H_2O$ 晶体,硝酸铀酰易溶于水、醇和醚。$UO_2^{2+}$ 离子在溶液中易水解,带黄绿色荧光。室温下其水解产物主要为 $UO_2OH^+$、$(UO_2)_2(OH)_2^{2+}$ 和 $(UO_2)_3(OH)_5^+$。硝酸铀酰与碱金属硝酸盐生成 $M^INO_3 \cdot UO_2(NO_3)_2$ 复盐。

(3) 铀酸盐:在硝酸铀酸溶液中加碱,即析出黄色的重铀酸盐,例如黄色的重铀酸钠 $Na_2U_2O_7 \cdot 6H_2O$。将此盐加热脱水,得无水盐,叫"铀黄",应用在玻璃及陶瓷釉中作为黄色颜料。

(4) 卤化物:铀的氟化物很多,有 $UF_3$、$UF_4$、$UF_5$、$UF_6$,其中以 $UF_6$ 最重要。$UF_6$ 可以由低价氟化物氟化而制得。也可按下式转化得到:

$$UO_2 \xrightarrow[773K]{CCl_4} UCl_4 \xrightarrow[773K]{Cl_2} U_2Cl_{10}$$

$$UO_2 \xrightarrow[823K]{HF} UF_4 \xrightarrow[573K]{F_2} UF_6$$

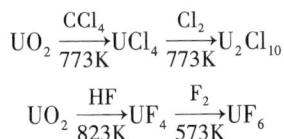

六氟化铀是无色晶体,具有挥发性,熔点 337 K,可利用 $^{238}UF_6$ 和 $^{235}UF_6$ 蒸气扩散速度的差别使二者分离,从而得到纯铀235核燃料。$UF_6$ 是一个很强的氧化剂,遇水立即水解:

$$UF_6 + H_2O = UO_2F_2 + 4HF$$

绿色 $UF_4$ 微溶,性质最为稳定。

(5) 氢化物:铀在250℃与氢作用得到能自燃的黑色粉末状氢化物 $UH_3$,用沸水与细粉状的金属作用也可以得到 $UH_3$,铀的氢化物很活泼,可用来制备其他铀的化合物。

# Summary

The lanthanides and actinides together comprise the f-block elements in the periodic table, or inner transition elements. Lanthanide and yttrium are called rare earth elements. Their chemical properties represent an extreme case of the small variations typical of transition elements in a period or a group, which makes the lanthanides very difficult to separate.

In this series of 15 lanthanides elements, the seven 4f orbitals are progressively filled. The actinides, seven inner 5f orbitals are being filled.

Atomic radius of lanthanide decreases with increasing atomic number known as the lanthanide contraction.

The small sizes of the third-series atoms are associated with what is called the lanthanide contraction, the general decrease in atomic radii of the f-block lanthanide elements between the second and third transition series. And it is also important for the transition elements of the 5d series.

The lanthanides have a common +3 oxidation state and exhibit very similar properties, even though, the oxidation states +2 and +4 are found for some elements. Lanthanide has very active **chemical property**, which can be reacted with most nonmetallic elements and form +3 oxidation compounds, such as oxides, hydroxides, salts and coordination compounds. Complexing ability of lanthanides is very different from that of d-coordinate transition metal, which mainly forms ionic coordinate bonds with the property of weak stability.

Most compounds of the lanthanide metals are paramagnetic because they contain unpaired electrons. Their magnetic and structural features resulting from partially occupied f orbitals.

The actinides are radioactive. All actinides have a +3 oxidation state; several, including uranium, have higher states as well.

## 习　　题

1. 什么是镧系收缩？造成镧系收缩的原因是什么？

2. 镧系元素常见的氧化值为+3。为什么铈、镨、铽、镝的氧化值常呈现+4,而钐、铕、铥、镱却能呈现+2 氧化值？

3. 镧系元素和锕系元素在价层电子组态上有什么相似之处？在氧化值上有何差异？

4. 哪些锕系元素是自然界中存在的？哪些是人工合成的？

5. 试简述稀土元素的主要用途。

6. 完成并配平下列反应方程式：

（1）$UO_2(NO_3)_2 \rightarrow$

（2）$UO_3 + HNO_3 \rightarrow$

（3）$UO_3 + HF \rightarrow$

（4）$LnCl_3 \cdot nH_2O \rightarrow$

7. 根据下列镧系元素的标准电极电位,判断它们在通常条件下和水及酸的反应能力。

| 元素 | Ce | Pr | Nd | Lu |
|---|---|---|---|---|
| $\varphi^{\ominus}(M^{3+}/M)\,/\,V$ | -2.48 | -2.47 | -2.4 | -2.25 |

（乔秀文）

# 参 考 文 献

北京师范大学,华中师范大学,南京师范大学.2002.无机化学.第4版.北京:高等教育出版社

大连理工大学无机化学教研室.2006.无机化学.第五版.北京:高等教育出版社

傅献彩.1999.大学化学(上册).北京:高等教育出版社

高文颖.2004.耗散结构理论在生命科学研究中的应用.大学化学,19(4):30~34

郭子建,孙为银.2006.生物无机化学.北京:科学出版社

洪茂椿,陈荣,梁文平.2005.21世纪的无机化学.北京:科学出版社

侯廷军等.2002.胰蛋白酶和苯酰胺类抑制剂结合自由能的预测.化学学报,60(6):1116~1121

胡常伟.2004.大学化学.北京:化学工业出版社

华彤文,陈景祖.2005.普通化学原理.第3版.北京:北京大学出版社

《化学发展简史》编写组.1980.化学发展史.北京:科学出版社

金若水,王韵华,芮承国.2003.现代化学原理(上册).北京:高等教育出版社

李家福,王克新.1996.渗透压、渗透浓度的区别与联系.中国药学杂志,31(3):185~186

李磊.2008.天然抗氧化物质的保健功能及抗氧化活性研究进展.茶叶,34(2):70~74

刘天和,骆文仪.1998.混合物和溶液的组成标度和组成变量.化学通报,(7):43~47

孟庆金,戴安邦.1998.配位化学的创始与现代化.北京:高等教育出版社

孟宪敏.2000.糖尿病视网膜病变与糖代谢氧化还原的关系.眼科研究,18(1):86~88

南京大学《无机及分析化学》编写组.2006.无机及分析化学.第4版.北京:高等教育出版社

钱燕春.2008.维生素C防治肿瘤作用的研究进展.右江医学,36(6):741~743

曲保中,朱炳林,周伟红.2007.新大学化学.第2版.北京:科学出版社

沈光球,陶家洵,徐攻骅.1999.现代化学基础.北京:清华大学出版社

宋大佑,程鹏,王杏乔.2004.无机化学.北京:高等教育出版社

铁步荣,贾桂芝.2006.无机化学.北京:中国中医药出版社

汪勇,刘云龙.2009.甘露醇在重症监护病房中的应用.中华全科医学,7(2):195~196

王夔.2005.化学原理和无机化学.北京:北京大学医学出版社

魏祖期,刘德育.2008.基础化学.第7版.北京:人民卫生出版社

徐光宪.2001.21世纪化学的前瞻.大学化学,16(1):1~6

杨频,高飞.2002.生物无机化学.北京:科学出版社

张礼和.2005.化学学科进展.北京:化学工业出版社

张天蓝.2007.无机化学.第5版.北京:人民卫生出版社

章慧,陈耐生.2009.配位化学—原理与应用.北京:化学工业出版社

赵学玲等.2007.微孔渗透泵片的药物传递机制.药学学报,42(2):226~230

# 附　录

## 附录一　我国的法定计量单位

**附表 1-1　SI 基本单位**

| 量的名称 | 单位名称 | 单位符号 |
|---|---|---|
| 长度 | 米 | m |
| 质量 | 千克 | kg |
| 时间 | 秒 | s |
| 电流 | 安[培] | A |
| 热力学温度 | 开[尔文] | K |
| 物质的量 | 摩[尔] | mol |
| 发光强度 | 坎[德拉] | cd |

**附表 1-2　包括 SI 辅助单位在内的具有专门名称的 SI 导出单位**

| 量的名称 | SI 导出单位 | | |
|---|---|---|---|
| | 名称 | 符号 | 用 SI 基本单位和 SI 导出单位表示 |
| [平面]角 | 弧度 | rad | $1 \text{ rad} = 1 \text{m/m} = 1$ |
| 立体角 | 球面度 | sr | $1 \text{ sr} = 1 \text{ m}^2/\text{m}^2 = 1$ |
| 频率 | 赫[兹] | Hz | $1 \text{ Hz} = 1 \text{ s}^{-1}$ |
| 力 | 牛[顿] | N | $1 \text{ N} = 1 \text{ kg} \cdot \text{m/s}^2$ |
| 压力,压强,应力 | 帕[斯卡] | Pa | $1 \text{ Pa} = 1 \text{ N/m}^2$ |
| 能[量],功,热量 | 焦[耳] | J | $1 \text{ J} = 1 \text{ N} \cdot \text{m}$ |
| 功率,辐[射能]通量 | 瓦[特] | W | $1 \text{ W} = 1 \text{ J/s}$ |
| 电荷[量] | 库[仑] | C | $1 \text{ C} = 1 \text{ A} \cdot \text{s}$ |
| 电压,电动势,电位,(电势) | 伏[特] | V | $1 \text{ V} = 1 \text{ W/A}$ |
| 电容 | 法[拉] | F | $1 \text{ F} = 1 \text{ C/V}$ |
| 电阻 | 欧[姆] | Ω | $1 \text{ Ω} = 1 \text{ V/A}$ |
| 电导 | 西[门子] | S | $1 \text{ S} = 1 \text{ Ω}^{-1}$ |
| 磁通[量] | 韦[伯] | Wb | $1 \text{ Wb} = 1 \text{ V} \cdot \text{S}$ |
| 磁通[量]密度 | 特[斯拉] | T | $1 \text{ T} = 1 \text{ Wb/m}^2$ |
| 电感 | 亨[利] | H | $1 \text{ H} = 1 \text{ Wb/A}$ |
| 摄氏温度 | 摄氏度 | ℃ | $1 \text{ ℃} = 1 \text{ K}$ |
| 光通量 | 流[明] | lm | $1 \text{ lm} = 1 \text{ cd} \cdot \text{sr}$ |
| [光]照度 | 勒[克斯] | lx | $1 \text{ lx} = 1 \text{ lm/m}^2$ |

附表 1-3　由于人类健康安全防护需要而确定的具有专门名称的 SI 导出单位

| 量的名称 | SI 导出单位 | | |
|---|---|---|---|
| | 名称 | 符号 | 用 SI 基本单位和 SI 导出单位表示 |
| [放射性]活度 | 贝可[勒尔] | Bq | $1\ Bq = 1\ s^{-1}$ |
| 吸收剂量<br>比授[予]能<br>比释功能 | 戈[瑞] | Gy | $1 Gy = 1\ J/kg$ |
| 剂量当量 | 希[沃特] | Sv | $1 Sv = 1\ J/kg$ |

附表 1-4　SI 词头

| 因数 | 词头名称 | | 符号 |
|---|---|---|---|
| | 英文 | 中文 | |
| $10^{24}$ | yotta | 尧[它] | Y |
| $10^{21}$ | zetta | 泽[它] | Z |
| $10^{18}$ | exa | 艾[克萨] | E |
| $10^{15}$ | peta | 拍[它] | P |
| $10^{12}$ | tera | 太[拉] | T |
| $10^{9}$ | giga | 吉[咖] | G |
| $10^{6}$ | mega | 兆 | M |
| $10^{3}$ | kilo | 千 | k |
| $10^{2}$ | hecto | 百 | h |
| $10^{1}$ | deca | 十 | da |
| $10^{-1}$ | deci | 分 | d |
| $10^{-2}$ | centi | 厘 | c |
| $10^{-3}$ | milli | 毫 | m |
| $10^{-6}$ | micro | 微 | μ |
| $10^{-9}$ | nano | 纳[诺] | n |
| $10^{-12}$ | pico | 皮[可] | p |
| $10^{-15}$ | femto | 飞[姆托] | f |
| $10^{-18}$ | atto | 阿[托] | a |
| $10^{-21}$ | zepto | 仄[普托] | z |
| $10^{-24}$ | yocto | 幺[科托] | y |

附表 1-5　可与国际单位制单位并用的我国法定计量单位

| 量的名称 | 单位名称 | 单位符号 | 与 SI 单位的关系 |
|---|---|---|---|
| 时间 | 分 | min | $1\ min = 60\ s$ |
| | [小]时 | h | $1\ h = 60\ min = 3600\ s$ |
| | 日,(天) | d | $1\ d = 24 h = 86400\ s$ |
| [平面]角 | [角]秒 | ″ | $1'' = (\pi/648000)\ rad$ |
| | [角]分 | ′ | $1' = 60'' = (\pi/10800) rad$ |
| | 度 | ° | $1° = 60' = (\pi/180) rad$ |
| 体积 | 升 | L,(l) | $1\ L = 1 dm^3 = 10^{-3} m^3$ |

| 量的名称 | 单位名称 | 单位符号 | 与 SI 单位的关系 |
|---|---|---|---|
| 质量 | 吨 | t | $1t = 10^3 kg$ |
| | 原子质量单位 | u | $1u = 1.66053886(28) \times 10^{-27} kg$ |
| 旋转速度 | 转每分 | r/min | $1\ r/min = (1/60) s$ |
| 长度 | 海里 | n mile | $1n\ mile = 1852\ m$<br>（只用于航程） |
| 速度 | 节 | kn | $1kn = 1n\ mile/h = (1852/3600) m/s$<br>（只用于航行） |
| 能 | 电子伏 | eV | $1eV = 1.60217653(14) \times 10^{-19} J$ |
| 级 差 | 分贝 | dB | |
| 线密度 | 特[克斯] | tex | $1\ tex = 10^{-6} kg/m$ |
| 面积 | 公顷 | hm² | $1\ hm^2 = 10^4 m^2$ |

# 附录二 一些物理和化学的基本常数

| 量的名称 | 符号 | 数值 | 单位 |
|---|---|---|---|
| 电磁波在真空中的速度 | $c, c_0$ | $2.99792458 \times 10^8$ | $m \cdot s^{-1}$ |
| 真空导磁率 | $\mu_0$ | $4\pi \times 10^{-7} = 1.2566370614 \times 10^{-6}$ | $N \cdot A^{-2}$ |
| 真空介电常数 | $\varepsilon_0$ | $10^7/(4\pi \times 299792458)$ | $F \cdot m^{-1}$ |
| $\varepsilon_0 = 1/\mu_0 c_0^2$ | | $= 8.854187817 \times 10^{-12}$ | |
| 引力常量 | $G$ | $6.6742(10) \times 10^{-11}$ | $m^3 \cdot kg^{-1} s^{-2}$ |
| $F = Gm_1 m_2/r^2$ | | | $N \cdot m^2 \cdot kg^{-2}$ |
| 普朗克常量 | $h$ | $6.6260693(11) \times 10^{-34}$ | $J \cdot s$ |
| $\hbar = h/2\pi$ | $\hbar$ | $1.05457168(18) \times 10^{-34}$ | $J \cdot s$ |
| 元电荷 | $e$ | $1.60217653(14) \times 10^{-19}$ | $C$ |
| 电子[静]质量 | $m_e$ | $9.1093826(16) \times 10^{-31}$ | $kg$ |
| 质子[静]质量 | $m_p$ | $1.67262171(29) \times 10^{-27}$ | $kg$ |
| 精细结构常数 | $\alpha$ | $7.297352568(24) \times 10^{-3}$ | $l$ |
| $\alpha = \dfrac{e^2}{4\pi\varepsilon_0 hc}$ | | | |
| 里德伯常量 | $R_\infty$ | $1.0973731568525(73) \times 10^7$ | $m^{-1}$ |
| $R_\infty = \dfrac{e^2}{8\pi\varepsilon_0 \alpha_0 hc}$ | | | |
| 阿伏伽德罗常数 | $N_A, L$ | $6.0221415(10) \times 10^{23}$ | $mol^{-1}$ |
| $L = N/n$ | | | |
| 法拉第常数 | $F$ | $96485.3383(83)$ | $C \cdot mol^{-1}$ |
| $F = N_A e$ | | | |
| 摩尔气体常数 | $R$ | $8.314472(15)$ | $J \cdot mol^{-1} \cdot K^{-1}$ |
| $pV_m = RT$ | | | |
| 玻耳兹曼常数 | $k$ | $1.3806505(24) \times 10^{-23}$ | $J \cdot K^{-1}$ |
| $k = R/N_A$ | | | |

| 量的名称 | 符号 | 数值 | 单位 |
|---|---|---|---|
| 斯忒藩-玻耳兹曼常量 $\sigma=\dfrac{2\pi^5 k^4}{15h^3 c^2}$ | $\sigma$ | $5.670400(40)\times10^{-8}$ | $W\cdot m^{-2}\cdot K^{-4}$ |
| 质子质量常量 | $m_u$ | $1.66053886(28)\times10^{-27}$ | kg |

注:本表数据主要录自 Weast RC. CRC Handbook of Chemistry and Physics,88th ed. ,CRC Press,2008~2009.

# 附录三　弱酸(弱碱)在水中的解离常数

| 化合物 | 化学式 | 温度/℃ | 分步 | $K_a^*$(或 $K_b$) | $pK_a$(或 $pK_b$) |
|---|---|---|---|---|---|
| 砷酸 | $H_3AsO_4$ | 25 | 1 | $5.5\times10^{-3}$ | 2.26 |
|  |  | 25 | 2 | $1.7\times10^{-7}$ | 6.76 |
|  |  | 25 | 3 | $5.1\times10^{-12}$ | 11.29 |
| 亚砷酸 | $H_2AsO_3$ | 25 | — | $5.1\times10^{-10}$ | 9.29 |
| 硼酸 | $H_3BO_3$ | 20 | 1 | $5.4\times10^{-10}$ | 9.27 |
|  |  | 20 | 2 |  | >14 |
| 碳酸 | $H_2CO_3$ | 25 | 1 | $4.5\times10^{-7}$ | 6.35 |
|  |  | 25 | 2 | $4.7\times10^{-11}$ | 10.33 |
| 铬酸 | $H_2CrO_4$ | 25 | 1 | $1.8\times10^{-1}$ | 0.74 |
|  |  | 25 | 2 | $3.2\times10^{-7}$ | 6.49 |
| 氢氰酸 | HCN | 25 | — | $6.2\times10^{-10}$ | 9.21 |
| 氢氟酸 | HF | 25 | — | $6.3\times10^{-4}$ | 3.20 |
| 氢硫酸 | $H_2S$ | 25 | 1 | $8.9\times10^{-8}$ | 7.05 |
|  |  | 25 | 2 | $1.2\times10^{-13}$ | 12.90 |
| 过氧化氢 | $H_2O_2$ | 25 | — | $2.4\times10^{-12}$ | 11.62 |
| 次溴酸 | HBrO | 25 | — | $2.0\times10^{-9}$ | 8.55 |
| 次氯酸 | HClO | 25 | — | $3.9\times10^{-8}$ | 7.40 |
| 次碘酸 | HIO | 25 | — | $3\times10^{-11}$ | 10.5 |
| 碘酸 | $HIO_3$ | 25 | — | $1.6\times10^{-1}$ | 0.78 |
| 高碘酸 | $HIO_4$ | 25 | — | $2.3\times10^{-2}$ | 1.64 |
| 亚硝酸 | $HNO_2$ | 25 | — | $5.6\times10^{-4}$ | 3.25 |
| 磷酸 | $H_3PO_4$ | 25 | 1 | $6.9\times10^{-3}$ | 2.16 |
|  |  | 25 | 2 | $6.1\times10^{-8}$ | 7.21 |
|  |  | 25 | 3 | $4.8\times10^{-13}$ | 12.32 |
| 亚磷酸 | $H_3PO_3$ | 20 | 1 | $5.0\times10^{-2}$ | 1.3 |
|  |  | 20 | 2 | $2.0\times10^{-7}$ | 6.70 |
| 焦磷酸 | $H_4P_2O_7$ | 25 | 1 | $1.2\times10^{-1}$ | 0.91 |

| 化合物 | 化学式 | 温度/℃ | 分步 | $K_a^*$（或 $K_b$） | $pK_a$（或 $pK_b$） |
|---|---|---|---|---|---|
| 焦磷酸 | | 25 | 2 | $7.9 \times 10^{-3}$ | 2.10 |
| | | 25 | 3 | $2.0 \times 10^{-7}$ | 6.70 |
| | | 25 | 4 | $4.8 \times 10^{-10}$ | 9.32 |
| 叠氮酸 | $HN_3$ | 25 | | $2.5 \times 10^{-5}$ | 4.6 |
| 硫酸 | $H_2SO_4$ | 25 | 2 | $1.0 \times 10^{-2}$ | 1.99 |
| 亚硫酸 | $H_2SO_3$ | 25 | 1 | $1.4 \times 10^{-2}$ | 1.85 |
| | | 25 | 2 | $6 \times 10^{-7}$ | 7.2 |
| 硒酸 | $H_2SeO_4$ | 25 | 2 | $2.0 \times 10^{-2}$ | 1.7 |
| 亚硒酸 | $H_2SeO_3$ | 25 | 1 | $2.4 \times 10^{-3}$ | 2.62 |
| | | 25 | 2 | $4.8 \times 10^{-8}$ | 8.32 |
| 正硅酸 | $H_4SiO_4$ | 30 | 1 | $1.2 \times 10^{-10}$ | 9.9 |
| | | 30 | 2 | $1.6 \times 10^{-12}$ | 11.8 |
| | | 30 | 3 | $1 \times 10^{-12}$ | 12 |
| | | 30 | 4 | $1 \times 10^{-12}$ | 12 |
| 乙（醋）酸 | $CH_3COOH$ | 25 | 1 | $1.75 \times 10^{-5}$ | 4.756 |
| 丙酸 | $C_2H_5COOH$ | 25 | 1 | $1.3 \times 10^{-5}$ | 4.87 |
| 一氯乙酸 | $CH_2ClCOOH$ | 25 | 1 | $1.3 \times 10^{-3}$ | 2.87 |
| 草酸 | $C_2H_2O_4$ | 25 | 1 | $5.6 \times 10^{-2}$ | 1.25 |
| | | 25 | 2 | $1.5 \times 10^{-4}$ | 3.81 |
| 乳酸 | $C_6H_3O_3$ | 25 | 1 | $1.4 \times 10^{-4}$ | 3.86 |
| 枸橼酸 | $C_6H_8O_7$ | 25 | 1 | $7.4 \times 10^{-4}$ | 3.13 |
| | | 25 | 2 | $1.7 \times 10^{-5}$ | 4.76 |
| | | 25 | 3 | $4.0 \times 10^{-7}$ | 6.40 |
| L-酒石酸 | $C_4H_6O_6$ | 25 | 1 | $1.0 \times 10^{-3}$ | 2.98 |
| | | 25 | 2 | $4.6 \times 10^{-5}$ | 4.34 |
| 苯甲酸 | $C_6H_5COOH$ | 25 | 1 | $6.25 \times 10^{-5}$ | 4.204 |
| 邻苯二甲酸 | $C_8H_6O_4$ | 25 | 1 | $1.14 \times 10^{-3}$ | 2.943 |
| | | 25 | 2 | $3.70 \times 10^{-6}$ | 5.432 |
| 苯酚 | $C_6H_5OH$ | 25 | 1 | $1.0 \times 10^{-10}$ | 9.99 |
| 巴比土酸 | $C_4H_4N_2O_3$ | 25 | 1 | $9.8 \times 10^{-5}$ | 4.01 |
| 甲胺 | $CH_3NH_2$ | 25 | 1 | $2.2 \times 10^{-11}$ | 10.66 |
| 二甲胺 | $(CH_3)_2NH$ | 25 | 1 | $1.9 \times 10^{-11}$ | 10.73 |
| 吗啡 | $C_4H_9NO$ | 25 | 1 | $3.2 \times 10^{-9}$ | 8.50 |
| 乙胺 | $C_2H_5NH_2$ | 20 | 1 | $2.2 \times 10^{-11}$ | 10.65 |
| 腺嘌呤 | $C_5H_5N_5$ | | 1 | $5 \times 10^{-5}$ | 4.3 |
| | | | 2 | $1.5 \times 10^{-10}$ | 9.83 |

| 化合物 | 化学式 | 温度/℃ | 分步 | $K_a^*$(或$K_b$) | $pK_a$(或$pK_b$) |
|---|---|---|---|---|---|
| 鸟嘌呤 | $C_5H_5N_5O$ | 40 | | $1.2\times10^{-10}$ | 9.92 |
| 胸腺嘧啶 | $C_5H_6N_2O_2$ | 25 | | $1.1\times10^{-10}$ | 9.94 |
| Tris-HCl | | 37 | 1 | $1.4\times10^{-8}$ | 7.85 |
| 氨基乙酸 | $H_2NCH_2COOH$ | 25 | 1 | $4.5\times10^{-3}$ | 2.35 |
| | | 25 | 2 | $1.6\times10^{-10}$ | 9.78 |
| 氨水 | $NH_3$ | 25 | — | $1.8\times10^{-5}$ | 4.75 |
| 氢氧化钙 | $Ca^{2+}$ | 25 | 2 | $4\times10^{-2}$ | 1.4 |
| 氢氧化铝 | $Al^{3+}$ | 25 | — | $1\times10^{-9}$ | 9.0 |
| 氢氧化银 | $Ag^+$ | 25 | — | $1.0\times10^{-2}$ | 2.00 |
| 氢氧化锌 | $Zn^{2+}$ | 25 | — | $7.9\times10^{-7}$ | 6.10 |
| 羟胺 | $NH_2OH$ | 25 | | $1.07\times10^{-8}$ | 7.97 |

注:本表数据主要录自 Weast RC. CRC Handbook of Chemistry and Physics,88th ed. ,CRC Press,2008~2009.

\* :$K_a$(或$K_b$)是从 $pK_a$(或$pK_b$)换算过来的。

# 附录四　一些难溶化合物的溶度积(298K)

| 化合物 | $K_{sp}$ | 化合物 | $K_{sp}$ | 化合物 | $K_{sp}$ |
|---|---|---|---|---|---|
| AgAc | $1.94\times10^{-3}$ | $CdCO_3$ | $1.0\times10^{-12}$ | $Li_2CO_3$ | $8.15\times10^{-4}$ |
| AgBr | $5.35\times10^{-13}$ | $CdF_2$ | $6.44\times10^{-3}$ | $MgCO_3$ | $6.82\times10^{-6}$ |
| $AgBrO_3$ | $5.38\times10^{-5}$ | $Cd(IO_3)_2$ | $2.5\times10^{-8}$ | $MgF_2$ | $5.16\times10^{-11}$ |
| AgCN | $5.97\times10^{-17}$ | $Cd(OH)_2$ | $7.2\times10^{-15}$ | $Mg(OH)_2$ | $5.61\times10^{-12}$ |
| AgCl | $1.77\times10^{-10}$ | CdS | $8.0\times10^{-27}$ | $Mg_3(PO_4)_2$ | $1.04\times10^{-24}$ |
| AgI | $8.52\times10^{-17}$ | $Cd_3(PO_4)_2$ | $2.53\times10^{-33}$ | $MnCO_3$ | $2.24\times10^{-11}$ |
| $AgIO_3$ | $3.17\times10^{-8}$ | $Co_3(PO_4)_2$ | $2.05\times10^{-35}$ | $Mn(IO_3)_2$ | $4.37\times10^{-7}$ |
| AgSCN | $1.03\times10^{-12}$ | CuBr | $6.27\times10^{-9}$ | $Mn(OH)_2$ | $1.9\times10^{-13}$ |
| $Ag_2CO_3$ | $8.46\times10^{-12}$ | $CuC_2O_4$ | $4.43\times10^{-10}$ | MnS | $2.5\times10^{-13}$ |
| $Ag_2C_2O_4$ | $5.40\times10^{-12}$ | CuCl | $1.72\times10^{-7}$ | $NiCO_3$ | $1.42\times10^{-7}$ |
| $Ag_2CrO_4$ | $1.12\times10^{-12}$ | CuI | $1.27\times10^{-12}$ | $Ni(IO_3)_2$ | $4.71\times10^{-5}$ |
| $Ag_2S$ | $6.3\times10^{-50}$ | CuS | $6.3\times10^{-36}$ | $Ni(OH)_2$ | $5.48\times10^{-16}$ |
| $Ag_2SO_3$ | $1.50\times10^{-14}$ | CuSCN | $1.77\times10^{-13}$ | $\alpha$-NiS | $3.2\times10^{-19}$ |
| $Ag_2SO_4$ | $1.20\times10^{-5}$ | $Cu_2S$ | $2.5\times10^{-48}$ | $Ni_3(PO_4)_2$ | $4.74\times10^{-32}$ |
| $Ag_3AsO_4$ | $1.03\times10^{-22}$ | $Cu_3(PO_4)_2$ | $1.40\times10^{-37}$ | $PbCO_3$ | $7.40\times10^{-14}$ |
| $Ag_3PO_4$ | $8.89\times10^{-17}$ | $FeCO_3$ | $3.13\times10^{-11}$ | $PbCl_2$ | $1.70\times10^{-5}$ |
| $Al(OH)_3$ | $1.3\times10^{-33}$ | $FeF_2$ | $2.36\times10^{-6}$ | $PbF_2$ | $3.3\times10^{-8}$ |
| $AlPO_4$ | $9.84\times10^{-21}$ | $Fe(OH)_2$ | $4.87\times10^{-17}$ | $PbI_2$ | $9.8\times10^{-9}$ |
| $BaCO_3$ | $2.58\times10^{-9}$ | $Fe(OH)_3$ | $2.79\times10^{-39}$ | $PbSO_4$ | $2.53\times10^{-8}$ |
| $BaCrO_4$ | $1.17\times10^{-10}$ | FeS | $6.3\times10^{-18}$ | PbS | $8.0\times10^{-28}$ |

| 化合物 | $K_{sp}$ | 化合物 | $K_{sp}$ | 化合物 | $K_{sp}$ |
|---|---|---|---|---|---|
| $BaF_2$ | $1.84 \times 10^{-7}$ | $HgI_2$ | $2.9 \times 10^{-29}$ | $Pb(OH)_2$ | $1.43 \times 10^{-20}$ |
| $Ba(IO_3)_2$ | $4.01 \times 10^{-9}$ | $HgS$ | $4 \times 10^{-53}$ | $Sn(OH)_2$ | $5.45 \times 10^{-27}$ |
| $BaSO_4$ | $1.08 \times 10^{-10}$ | $Hg_2Br_2$ | $6.40 \times 10^{-23}$ | $SnS$ | $1.0 \times 10^{-25}$ |
| $BiAsO_4$ | $4.43 \times 10^{-10}$ | $Hg_2CO_3$ | $3.6 \times 10^{-17}$ | $SrCO_3$ | $5.60 \times 10^{-10}$ |
| $CaC_2O_4$ | $2.32 \times 10^{-9}$ | $Hg_2C_2O_4$ | $1.75 \times 10^{-13}$ | $SrF_2$ | $4.33 \times 10^{-9}$ |
| $CaCO_3$ | $3.36 \times 10^{-9}$ | $Hg_2Cl_2$ | $1.43 \times 10^{-18}$ | $Sr(IO_3)_2$ | $1.14 \times 10^{-7}$ |
| $CaF_2$ | $3.45 \times 10^{-11}$ | $Hg_2F_2$ | $3.10 \times 10^{-6}$ | $SrSO_4$ | $3.44 \times 10^{-7}$ |
| $Ca(IO_3)_2$ | $6.47 \times 10^{-6}$ | $Hg_2I_2$ | $5.2 \times 10^{-29}$ | $ZnCO_3$ | $1.46 \times 10^{-10}$ |
| $Ca(OH)_2$ | $5.02 \times 10^{-6}$ | $Hg_2SO_4$ | $6.5 \times 10^{-7}$ | $ZnF_2$ | $3.04 \times 10^{-2}$ |
| $CaSO_4$ | $4.93 \times 10^{-5}$ | $KClO_4$ | $1.05 \times 10^{-2}$ | $Zn(OH)_2$ | $3 \times 10^{-17}$ |
| $Ca_3(PO_4)_2$ | $2.07 \times 10^{-33}$ | $K_2[PtCl_6]$ | $7.48 \times 10^{-6}$ | $\alpha-ZnS$ | $1.6 \times 10^{-24}$ |

注:本表资料主要引自 Weast RC. CRC Handbook of Chemistry and Physics,88th ed. CRC Press,2008~2009.硫化物的 $K_{sp}$ 引自 Lange's Handbook of Chemistry,16th ed.2005:1.331~1.342。

# 附录五　一些金属配合物的累积稳定常数

| 配体及金属离子 | $\lg\beta_1$ | $\lg\beta_2$ | $\lg\beta_3$ | $\lg\beta_4$ | $\lg\beta_5$ | $\lg\beta_6$ |
|---|---|---|---|---|---|---|
| 氨($NH_3$) | | | | | | |
| $Co^{2+}$ | 2.11 | 3.74 | 4.79 | 5.55 | 5.73 | 5.11 |
| $Co^{3+}$ | 6.7 | 14.0 | 20.1 | 25.7 | 30.8 | 35.2 |
| $Cu^{2+}$ | 4.31 | 7.98 | 11.02 | 13.32 | 12.86 | |
| $Hg^{2+}$ | 8.8 | 17.5 | 18.5 | 19.28 | | |
| $Ni^{2+}$ | 2.80 | 5.04 | 6.77 | 7.96 | 8.71 | 8.74 |
| $Ag^+$ | 3.24 | 7.05 | | | | |
| $Zn^{2+}$ | 2.37 | 4.81 | 7.31 | 9.46 | | |
| $Cd^{2+}$ | 2.65 | 4.75 | 6.19 | 7.12 | 6.80 | 5.14 |
| 氯离子($Cl^-$) | | | | | | |
| $Sb^{3+}$ | 2.26 | 3.49 | 4.18 | 4.72 | | |
| $Bi^{3+}$ | 2.44 | 4.7 | 5.0 | 5.6 | | |
| $Cu^+$ | | 5.5 | 5.7 | | | |
| $Pt^{2+}$ | | 11.5 | 14.5 | 16.0 | | |
| $Hg^{2+}$ | 6.74 | 13.22 | 14.07 | 15.07 | | |
| $Au^{3+}$ | | 9.8 | | | | |
| $Ag^+$ | 3.04 | 5.04 | | 5.30 | | |
| 氰离子($CN^-$) | | | | | | |
| $Au^+$ | | 38.3 | | | | |
| $Cd^{2+}$ | 5.48 | 10.60 | 15.23 | 18.78 | | |

| 配体及金属离子 | $\lg\beta_1$ | $\lg\beta_2$ | $\lg\beta_3$ | $\lg\beta_4$ | $\lg\beta_5$ | $\lg\beta_6$ |
|---|---|---|---|---|---|---|
| $Cu^+$ | | 24.0 | 28.59 | 30.30 | | |
| $Fe^{2+}$ | | | | | | 35 |
| $Fe^{3+}$ | | | | | | 42 |
| $Hg^{2+}$ | | | | 41.4 | | |
| $Ni^{2+}$ | | | | 31.3 | | |
| $Ag^+$ | | 21.1 | 21.7 | 20.6 | | |
| $Zn^{2+}$ | | | | 16.7 | | |
| 氟离子($F^-$) | | | | | | |
| $Al^{3+}$ | 6.10 | 11.15 | 15.00 | 17.75 | 19.37 | 19.84 |
| $Fe^{3+}$ | 5.28 | 9.30 | 12.06 | | | |
| 碘离子($I^-$) | | | | | | |
| $Bi^{3+}$ | 3.63 | | | 14.95 | 16.80 | 18.80 |
| $Hg^{2+}$ | 12.87 | 23.82 | 27.60 | 29.83 | | |
| $Ag^+$ | 6.58 | 11.74 | 13.68 | | | |
| 硫氰酸根($SCN^-$) | | | | | | |
| $Fe^{3+}$ | 2.95 | 3.36 | | | | |
| $Hg^{2+}$ | | 17.47 | | 21.23 | | |
| $Au^+$ | | 23 | | 42 | | |
| $Ag^+$ | | 7.57 | 9.08 | 10.08 | | |
| 硫代硫酸根($S_2O_3^{2-}$) | | | | | | |
| $Ag^+$ | 8.82 | 13.46 | | | | |
| $Hg^{2+}$ | | 29.44 | 31.90 | 33.24 | | |
| $Cu^+$ | 10.27 | 12.22 | 13.84 | | | |
| 醋酸根($CH_3COO^-$) | | | | | | |
| $Fe^{3+}$ | 3.2 | | | | | |
| $Hg^{2+}$ | | 8.43 | | | | |
| $Pb^{2+}$ | 2.52 | 4.0 | 6.4 | 8.5 | | |
| 枸橼酸根(按 $L^{3-}$配体) | | | | | | |
| $Al^{3+}$ | 20.0 | | | | | |
| $Co^{2+}$ | 12.5 | | | | | |
| $Cd^{2+}$ | 11.3 | | | | | |
| $Cu^{2+}$ | 14.2 | | | | | |
| $Fe^{2+}$ | 15.5 | | | | | |
| $Fe^{3+}$ | 25.0 | | | | | |
| $Ni^{2+}$ | 14.3 | | | | | |
| $Zn^{2+}$ | 11.4 | | | | | |

续表

| 配体及金属离子 | $\lg\beta_1$ | $\lg\beta_2$ | $\lg\beta_3$ | $\lg\beta_4$ | $\lg\beta_5$ | $\lg\beta_6$ |
|---|---|---|---|---|---|---|
| 乙二胺($H_2NCH_2CH_2NH_2$) | | | | | | |
| $Co^{2+}$ | 5.91 | 10.64 | 13.94 | | | |
| $Cu^{2+}$ | 10.67 | 20.00 | 21.0 | | | |
| $Zn^{2+}$ | 5.77 | 10.83 | 14.11 | | | |
| $Ni^{2+}$ | 7.52 | 13.84 | 18.33 | | | |
| 草酸根($C_2O_4^{2-}$) | | | | | | |
| $Cu^{2+}$ | 6.16 | 8.5 | | | | |
| $Fe^{2+}$ | 2.9 | 4.52 | 5.22 | | | |
| $Fe^{3+}$ | 9.4 | 16.2 | 20.2 | | | |
| $Hg^{2+}$ | | 6.98 | | | | |
| $Zn^{2+}$ | 4.89 | 7.60 | 8.15 | | | |
| $Ni^{2+}$ | 5.3 | 7.64 | $-8.5$ | | | |
| 乙二胺四乙酸(EDTA) | | | | | | |
| $Ag^+$ | 7.32 | | | | | |
| $Al^{3+}$ | 16.11 | | | | | |
| $Ba^{2+}$ | 7.78 | | | | | |
| $Bi^{3+}$ | 22.8 | | | | | |
| $Ca^{2+}$ | 11.0 | | | | | |
| $Cd^{2+}$ | 16.4 | | | | | |
| $Co^{2+}$ | 16.31 | | | | | |
| $Co^{3+}$ | 36 | | | | | |
| $Cr^{3+}$ | 23 | | | | | |
| $Cu^{2+}$ | 18.7 | | | | | |
| $Fe^{2+}$ | 14.33 | | | | | |
| $Fe^{3+}$ | 24.23 | | | | | |
| $Hg^{2+}$ | 21.80 | | | | | |
| $La^{3+}$ | 16.34 | | | | | |
| $Mg^{2+}$ | 8.64 | | | | | |
| $Mn^{2+}$ | 13.8 | | | | | |
| $Ni^{2+}$ | 18.56 | | | | | |
| $Pb^{2+}$ | 18.3 | | | | | |
| $Ti^{3+}$ | 21.3 | | | | | |
| $Sn^{2+}$ | 22.1 | | | | | |
| $V^{3+}$ | 25.9 | | | | | |
| $Zn^{2+}$ | 16.4 | | | | | |

注:本表数据主要录自 Lange's Handbook of Chemistry,16th ed.,2005:1.358~1.379.

# 附录六　一些物质的基本热力学数据

附表 6-1　298.15K 的标准摩尔生成焓、标准摩尔生成自由能和标准摩尔熵的数据

| 物质 | $\dfrac{\Delta_f H_m^{\ominus}}{kJ \cdot mol^{-1}}$ | $\dfrac{\Delta_f G_m^{\ominus}}{kJ \cdot mol^{-1}}$ | $\dfrac{S_m^{\ominus}}{J \cdot K^{-1} mol^{-1}}$ |
|---|---|---|---|
| Ag(s) | 0 | 0 | 42.6 |
| Ag$^+$(aq) | 105.6 | 77.1 | 72.7 |
| AgNO$_3$(s) | −124.4 | −33.4 | 140.9 |
| AgCl(s) | −127.0 | −109.8 | 96.3 |
| AgBr(s) | −100.4 | −96.9 | 107.1 |
| AgI(s) | −61.8 | −66.2 | 115.5 |
| Ag$_2$O(s) | −31.1 | −11.2 | 121.3 |
| Al(s) | 0 | 0 | 28.3 |
| AlCl$_3$(s) | −704.2 | −628.8 | 109.3 |
| Al$_2$O$_3$(刚玉) | −1675.7 | −1582.3 | 50.9 |
| Ba(s) | 0 | 0 | 62.5 |
| Ba$^{2+}$(aq) | −537.6 | −560.8 | 9.6 |
| BaCl$_2$(s) | −855.0 | −806.7 | 123.7 |
| BaO(s) | −548.0 | −520.3 | 72.1 |
| BaCO$_3$(s) | −1213.0 | −1134.4 | 112.1 |
| BaSO$_4$(s) | −1473.2 | −1362.2 | 132.2 |
| Br$_2$(g) | 30.9 | 3.1 | 245.5 |
| Br$_2$(l) | 0 | 0 | 152.2 |
| C(金刚石) | 1.9 | 2.9 | 2.4 |
| C(石墨) | 0 | 0 | 5.7 |
| CO(g) | −110.5 | −137.2 | 197.7 |
| CO$_2$(g) | −393.5 | −394.4 | 213.8 |
| Ca(s) | 0 | 0 | 41.6 |
| Ca$^{2+}$(aq) | −542.8 | −553.6 | −53.1 |
| CaCl$_2$(s) | −795.4 | −748.8 | 108.4 |
| CaCO$_3$(方解石) | −1207.6 | −1129.1 | 91.7 |
| CaCO$_3$(蓝文石) | −1207.8 | −1128.2 | 88.0 |
| CaO(s) | −634.9 | −603.3 | 38.1 |
| Ca(OH)$_2$(s) | −985.2 | −897.5 | 83.4 |
| CaSO$_4$(s) | −1434.5 | −1322.0 | 106.5 |
| Cl$_2$(g) | 0 | 0 | 223.1 |
| Cl$^-$(aq) | −167.2 | −131.2 | 56.5 |
| Co(s) | 0 | 0 | 30.0 |
| CoCl$_2$(s) | −312.5 | −269.8 | 109.2 |
| Cu(s) | 0 | 0 | 33.2 |
| Cu$^{2+}$(aq) | 64.8 | 65.5 | −99.6 |
| CuO(s) | −157.3 | −129.7 | 42.6 |
| Cu$_2$O(s) | −168.6 | −146.0 | 93.1 |

| 物质 | $\dfrac{\Delta_f H_m^{\ominus}}{kJ \cdot mol^{-1}}$ | $\dfrac{\Delta_f G_m^{\ominus}}{kJ \cdot mol^{-1}}$ | $\dfrac{S_m^{\ominus}}{J \cdot K^{-1} mol^{-1}}$ |
|---|---|---|---|
| $CuS(s)$ | $-53.1$ | $-53.6$ | $66.5$ |
| $CuSO_4(s)$ | $-771.4$ | $-662.2$ | $109.2$ |
| $F_2(g)$ | $0$ | $0$ | $202.8$ |
| $F^-(aq)$ | $-332.6$ | $-278.8$ | $-13.8$ |
| $Fe(s)$ | $0$ | $0$ | $27.3$ |
| $Fe^{2+}(aq)$ | $-89.1$ | $-78.9$ | $-137.7$ |
| $Fe^{3+}(aq)$ | $-48.5$ | $-4.7$ | $-315.9$ |
| $FeO(s)$ | $-272.0$ | $-251$ | $61$ |
| $Fe_3O_4(s)$ | $-1118.4$ | $-1015.4$ | $146.4$ |
| $Fe_2O_3(s)$ | $-824.2$ | $-742.2$ | $87.4$ |
| $H_2(g)$ | $0$ | $0$ | $130.7$ |
| $H^+(aq)$ | $0$ | $0$ | $0$ |
| $HCl(g)$ | $-92.3$ | $-95.3$ | $186.9$ |
| $HF(g)$ | $-273.3$ | $-275.4$ | $173.8$ |
| $HBr(g)$ | $-36.3$ | $-53.4$ | $198.70$ |
| $HI(g)$ | $26.5$ | $1.7$ | $206.6$ |
| $HNO_3(l)$ | $-174.1$ | $-80.7$ | $155.6$ |
| $H_2O(g)$ | $-241.8$ | $-228.6$ | $188.8$ |
| $H_2O(l)$ | $-285.8$ | $-237.1$ | $70.0$ |
| $H_2O_2(l)$ | $-187.8$ | $-120.4$ | $109.6$ |
| $H_2S(g)$ | $-20.6$ | $-33.4$ | $205.8$ |
| $HN_3(l)$ | $264.0$ | $327.3$ | $140.6$ |
| $HN_3(g)$ | $294.1$ | $328.1$ | $239.0$ |
| $Hg(l)$ | $0$ | $0$ | $75.9$ |
| $HgCl_2(s)$ | $-224.3$ | $-178.6$ | $146.0$ |
| $HgO(红色)$ | $-90.8$ | $-58.5$ | $70.3$ |
| $HgI_2(s)$ | $-105.4$ | $-101.7$ | $180.0$ |
| $HgS(红色)$ | $-58.2$ | $-50.6$ | $82.4$ |
| $I_2(g)$ | $62.4$ | $19.3$ | $260.7$ |
| $I_2(s)$ | $0$ | $0$ | $116.1$ |
| $I^-(aq)$ | $-55.2$ | $-51.6$ | $111.3$ |
| $K(s)$ | $0$ | $0$ | $64.7$ |
| $K^+(aq)$ | $-252.4$ | $-283.3$ | $102.5$ |
| $KI(s)$ | $-327.9$ | $-324.9$ | $106.3$ |
| $KCl(s)$ | $-436.5$ | $-408.5$ | $82.6$ |
| $KBr(s)$ | $-393.8$ | $-380.7$ | $95.9$ |

续表

| 物质 | $\dfrac{\Delta_f H_m^{\ominus}}{kJ \cdot mol^{-1}}$ | $\dfrac{\Delta_f G_m^{\ominus}}{kJ \cdot mol^{-1}}$ | $\dfrac{S_m^{\ominus}}{J \cdot K^{-1} mol^{-1}}$ |
|---|---|---|---|
| $KOH(s)$ | −424.6 | −379.4 | 81.2 |
| $KMnO_4(s)$ | −837.2 | −737.6 | 171.7 |
| $Mg(s)$ | 0 | 0 | 32.7 |
| $Mg^{2+}(aq)$ | −466.9 | −454.8 | −138.1 |
| $MgO(s)$ | −601.6 | −569.3 | 27.0 |
| $MgCO_3(s)$ | −1095.8 | −1012.1 | 65.7 |
| $MgSO_4(s)$ | −1284.9 | −1170.6 | 91.6 |
| $Mn(s)$ | 0 | 0 | 32.0 |
| $Mn^{2+}(aq)$ | −220.8 | −228.1 | −73.6 |
| $MnO_2(s)$ | −520.0 | −465.1 | 53.1 |
| $N_2(g)$ | 0 | 0 | 191.6 |
| $NH_3(g)$ | −45.9 | −16.4 | 192.8 |
| $NH_4Cl(s)$ | −314.4 | −202.9 | 94.6 |
| $NH_4NO_3(s)$ | −365.6 | −183.9 | 151.1 |
| $NO(g)$ | 91.3 | 87.6 | 210.8 |
| $NO_2(g)$ | 33.2 | 51.3 | 240.1 |
| $N_2O_4(l)$ | −19.5 | 97.5 | 209.2 |
| $N_2O_4(g)$ | 11.1 | 99.8 | 304.4 |
| $N_2H_4(l)$ | 50.6 | 149.3 | 121.2 |
| $N_2H_4(g)$ | 95.4 | 159.4 | 238.5 |
| $Na(s)$ | 0 | 0 | 51.3 |
| $Na^+(aq)$ | −240.1 | −261.9 | 59.0 |
| $NaCl(s)$ | −411.2 | −384.1 | 72.1 |
| $Na_2CO_3(s)$ | −1130.7 | −1044.4 | 135.0 |
| $NaNO_3(s)$ | −467.9 | −367.0 | 116.5 |
| $Na(OH)(s)$ | −425.8 | −379.7 | 64.4 |
| $O_2(g)$ | 0 | 0 | 205.2 |
| $O_3(g)$ | 142.7 | 163.2 | 238.9 |
| $OH^-(aq)$ | −230.0 | −157.2 | −10.8 |
| $P(白)$ | 0 | 0 | 41.1 |
| $P(红)$ | −17.6 | — | 22.8 |
| $PCl_3(l)$ | −319.7 | −272.3 | 217.1 |
| $PCl_5(s)$ | −443.5 | — | — |
| $Pb(s)$ | 0 | 0 | 64.8 |
| $PbCl_2(s)$ | −359.4 | −314.1 | 136.0 |
| $PbO(黄色)$ | −217.3 | −187.9 | 68.7 |

续表

| 物质 | $\dfrac{\Delta_f H_m^{\ominus}}{kJ \cdot mol^{-1}}$ | $\dfrac{\Delta_f G_m^{\ominus}}{kJ \cdot mol^{-1}}$ | $\dfrac{S_m^{\ominus}}{J \cdot K^{-1} mol^{-1}}$ |
|---|---|---|---|
| $PbO_2(s)$ | -277.4 | -217.3 | 68.6 |
| $Pb_3O_4(s)$ | -718.4 | -601.2 | 211.3 |
| $PbS(s)$ | -100.4 | -98.7 | 91.2 |
| $PbSO_4(s)$ | -920.0 | -813.0 | 148.5 |
| S(斜方) | 0 | 0 | 32.1 |
| S(单斜) | 0.3 | — | — |
| $H_2S(g)$ | -20.6 | -33.4 | 205.8 |
| $SO_2(g)$ | -296.8 | -300.1 | 248.2 |
| $SO_3(g)$ | -395.7 | -371.1 | 256.8 |
| $SiO_2(石英)$ | -910.7 | -856.3 | 41.5 |
| $SnCl_2(s)$ | -325.1 | — | — |
| SnO(四方) | -280.7 | -251.9 | 57.2 |
| $SnO_2(四方)$ | -577.6 | -515.8 | 49.0 |
| $SbCl_3(s)$ | -382.2 | -323.7 | 184.1 |
| $Zn(s)$ | 0 | 0 | 41.6 |
| $Zn^{2+}(aq)$ | -153.9 | -147.1 | -112.1 |
| $ZnO(s)$ | -350.5 | -320.5 | 43.7 |
| $ZnS(s)$ | -206.0 | -201.3 | 57.7 |
| $ZnSO_4(s)$ | -982.8 | -817.5 | -110.5 |
| $CH_4(g)$ | -74.6 | -50.5 | 186.3 |
| $C_2H_2(g)$ | 227.4 | 209.9 | 200.9 |
| $C_2H_4(g)$ | 52.4 | 68.4 | 219.3 |
| $C_2H_6(g,乙烷)$ | -84.0 | -32.0 | 229.2 |
| $C_6H_6(g,苯)$ | 82.9 | 129.7 | 269.2 |
| $C_6H_6(l,苯)$ | 49.1 | 124.5 | 173.4 |
| $CH_3OH(g)$ | -201.0 | -162.3 | 239.9 |
| $CH_3OH(l)$ | -239.2 | -166.6 | 126.8 |
| $HCHO(g)$ | -108.6 | -102.5 | 218.8 |
| $HCOOH(l)$ | -425.0 | -361.4 | 129.0 |
| $C_2H_5OH(g)$ | -234.8 | -167.9 | 281.6 |
| $C_2H_5OH(l)$ | -277.6 | -174.8 | 160.7 |
| $CH_3CHO(l)$ | -192.2 | -127.6 | 160.2 |
| $CH_3COOH(l)$ | -484.3 | -389.9 | 159.8 |
| $H_2NCONH_2(s)$ | -333.1 | -197.33 | 104.60 |
| $C_6H_{12}O_6(s)$ (葡萄糖) | -1273.3 | -910.6 | 212.1 |
| $C_{12}H_{22}O_{11}(s)$ (蔗糖) | -2226.1 | -1544.6 | 360.2 |

注:本表数据主要录自 Weast RC. CRC Handbook of Chemistry and Physics,88th ed. CRC Press,2008~2009.

附表 6-2　一些有机化合物的标准摩尔燃烧热

| 化合物 | $\dfrac{\Delta_c H_m^{\ominus}}{kJ \cdot mol^{-1}}$ | 化合物 | $\dfrac{\Delta_c H_m^{\ominus}}{kJ \cdot mol^{-1}}$ |
|---|---|---|---|
| 烃类 | | 醛、酮、酯类 | |
| $CH_4$ 甲烷(g) | 890.8 | $CH_2O$ 甲醛(g) | 570.7 |
| $C_2H_2$ 乙炔(g) | 1301.1 | $C_2H_2O$ 乙烯酮(g) | 1025.4 |
| $C_2H_4$ 乙烯(g) | 1411.2 | $C_2H_4O$ 乙醛(l) | 1166.9 |
| $C_2H_6$ 乙烷(g) | 1560.7 | $C_3H_6O$ 丙酮(l) | 1789.9 |
| $C_3H_6$ 丙烯(g) | 2058.0 | $C_3H_6O$ 丙醛(l) | 1822.7 |
| $C_3H_6$ 环丙烷(g) | 2091.3 | $C_4H_8O$ 2-丁酮(l) | 2444.1 |
| $C_3H_8$ 丙烷(g) | 2219.2 | $C_2H_4O_2$ 甲酸甲酯(l) | 972.6 |
| $C_4H_6$ 1,3-丁二烯(g) | 2541.5 | $C_3H_6O_2$ 乙酸甲酯(l) | 1592.2 |
| $C_4H_{10}$ 正丁烷(g) | 2877.6 | $C_4H_8O_2$ 乙酸乙酯(l) | 2238.1 |
| $C_5H_{12}$ 正戊烷(l) | 3509.0 | 酸类 | |
| $C_6H_6$ 苯(l) | 3267.6 | $CH_2O_2$ 甲酸(l) | 254.6 |
| $C_6H_{12}$ 环己烷(l) | 3919.6 | $C_2H_4O_2$ 乙酸(l) | 874.2 |
| $C_6H_{14}$ 正己烷(l) | 4163.2 | $C_6H_5NO_2$ 烟酸(s) | 2731.1 |
| $C_7H_8$ 甲苯(l) | 3910.3 | $C_7H_6O_2$ 苯甲酸(s) | 3228.2 |
| $C_7H_{16}$ 正庚烷(l) | 4817.0 | $C_{17}H_{35}COOH$ 硬脂酸(s) | −11281 |
| $C_{10}H_8$ 萘(s) | 5156.3 | 含氮化合物 | |
| 醇、酚、醚类 | | $CHN$ 氢氰酸(g) | 671.5 |
| $CH_3OH$ 甲醇(l) | 726.1 | $CH_3NO_2$ 硝基甲烷(l) | 709.2 |
| $C_2H_5OH$ 乙醇(l) | 1366.8 | $CH_4N_2O$ 脲(s) | 632.7 |
| $C_2H_6O$ 甲醚(g) | 1460.4 | $CH_5N$ 甲胺(g) | 1085.6 |
| $C_2H_6O_2$ 乙二醇(l) | 1189.2 | $C_2H_3N$ 乙胺(l) | 1247.2 |
| $C_3H_7OH$ 1-丙醇(l) | 2021.3 | $C_2H_5NO$ 乙酰胺(s) | 1184.6 |
| $C_3H_8O_3$ 甘油(l) | 1655.4 | $C_3H_9N$ 三甲胺(g) | 2443.1 |
| $C_4H_{10}O$ 乙醚(l) | 2723.9 | $C_5H_5N$ 吡啶(l) | 2782.3 |
| $C_5H_{11}OH$ 1-戊醇(l) | 3330.9 | $C_6H_7N$ 苯胺(l) | 3392.8 |
| $C_6H_6O$ 苯酚(s) | 3053.5 | 碳水化合物 | |
| | | $C_6H_{12}O_6$ 葡萄糖(s) | −2803.0 |
| | | $C_{12}H_{22}O_{11}$ 蔗糖(s) | −5640.9 |

注：本表数据主要摘自 Weast RC.CRC Handbook of Chemistry and Physics,88th ed.,CRC Press,2008~2009.

# 附录七　一些电对的标准电极电位(298.15K)

| 半反应 | $\varphi^{\ominus}/V$ | 半反应 | $\varphi^{\ominus}/V$ |
|---|---|---|---|
| $Sr^+ + e^- \rightleftharpoons Sr$ | -4.10 | $[Ag(CN)_2]^- + e^- \rightleftharpoons Ag + 2CN^-$ | -0.31 |
| $Li^+ + e^- \rightleftharpoons Li$ | -3.0401 | $Co^{2+} + 2e^- \rightleftharpoons Co$ | -0.28 |
| $Ca(OH)_2 + 2e^- \rightleftharpoons Ca + 2OH^-$ | -3.02 | $H_3PO_4 + 2H^+ + 2e^- \rightleftharpoons H_3PO_3 + H_2O$ | -0.276 |
| $K^+ + e^- \rightleftharpoons K$ | -2.931 | $PbCl_2 + 2e^- \rightleftharpoons Pb + 2Cl^-$ | -0.2675 |
| $Ba^{2+} + 2e^- \rightleftharpoons Ba$ | -2.912 | $Ni^{2+} + 2e^- \rightleftharpoons Ni$ | -0.257 |
| $Ca^{2+} + 2e^- \rightleftharpoons Ca$ | -2.868 | $V^{3+} + e^- \rightleftharpoons V^{2+}$ | -0.255 |
| $Na^+ + e^- \rightleftharpoons Na$ | -2.71 | $Cu(OH)_2 + 2e^- \rightleftharpoons Cu + 2OH^-$ | -0.222 |
| $Mg^{2+} + 2e^- \rightleftharpoons Mg$ | -2.372 | $CO_2 + 2H^+ + 2e^- \rightleftharpoons HCOOH$ | -0.199 |
| $Mg(OH)_2 + 2e^- \rightleftharpoons Mg + 2OH^-$ | -2.690 | $AgI + e^- \rightleftharpoons Ag + I^-$ | -0.15224 |
| $Al(OH)_3 + 3e^- \rightleftharpoons Al + 3OH^-$ | -2.31 | $O_2 + 2H_2O + 2e^- \rightleftharpoons H_2O_2 + 2OH^-$ | -0.146 |
| $Be^{2+} + 2e^- \rightleftharpoons Be$ | -1.847 | $Sn^{2+} + 2e^- \rightleftharpoons Sn$ | -0.1375 |
| $Al^{3+} + 3e^- \rightleftharpoons Al$ | -1.662 | $CrO_4^{2-} + 4H_2O + 3e^- \rightleftharpoons Cr(OH)_3 + 5OH^-$ | -0.13 |
| $Mn(OH)_2 + 2e^- \rightleftharpoons Mn + 2OH^-$ | -1.56 | $Pb^{2+} + 2e^- \rightleftharpoons Pb$ | -0.1262 |
| $ZnO + H_2O + 2e^- \rightleftharpoons Zn + 2OH^-$ | -1.260 | $O_2 + H_2O + 2e^- \rightleftharpoons HO_2^- + OH^-$ | -0.076 |
| $H_2BO_3^- + 5H_2O + 8e^- \rightleftharpoons BH_4^- + 8OH^-$ | -1.24 | $Fe^{3+} + 3e^- \rightleftharpoons Fe$ | -0.037 |
| $Mn^{2+} + 2e^- \rightleftharpoons Mn$ | -1.185 | $Ag_2S + 2H^+ + 2e^- \rightleftharpoons 2Ag + H_2S$ | -0.0366 |
| $2SO_3^{2-} + 2H_2O + 2e^- \rightleftharpoons S_2O_4^{2-} + 4OH^-$ | -1.12 | $2H^+ + 2e^- \rightleftharpoons H_2$ | 0.00000 |
| $PO_4^{3-} + 2H_2O + 2e^- \rightleftharpoons HPO_3^{2-} + 3OH^-$ | -1.05 | $Pd(OH)_2 + 2e^- \rightleftharpoons Pd + 2OH^-$ | 0.07 |
| $SO_4^{2-} + H_2O + 2e^- \rightleftharpoons SO_3^{2-} + 2OH^-$ | -0.93 | $AgBr + e^- \rightleftharpoons Ag + Br^-$ | 0.07133 |
| $2H_2O + 2e^- \rightleftharpoons H_2 + 2OH^-$ | -0.8277 | $S_4O_6^{2-} + 2e^- \rightleftharpoons 2S_2O_3^{2-}$ | 0.08 |
| $Zn^{2+} + 2e^- \rightleftharpoons Zn$ | -0.7618 | $[Co(NH_3)_6]^{3+} + e^- \rightleftharpoons [Co(NH_3)_6]^{2+}$ | 0.108 |
| $Cr^{3+} + 3e^- \rightleftharpoons Cr$ | -0.744 | $S + 2H^+ + 2e^- \rightleftharpoons H_2S(aq)$ | 0.142 |
| $AsO_4^{3-} + 2H_2O + 2e^- \rightleftharpoons AsO_2^- + 4OH^-$ | -0.71 | $Sn^{4+} + 2e^- \rightleftharpoons Sn^{2+}$ | 0.151 |
| $AsO_2^- + 2H_2O + 3e^- \rightleftharpoons As + 4OH^-$ | -0.68 | $Cu^{2+} + e^- \rightleftharpoons Cu^+$ | 0.153 |
| $SbO_2^- + 2H_2O + 3e^- \rightleftharpoons Sb + 4OH^-$ | -0.66 | $Fe_2O_3 + 4H^+ + 2e^- \rightleftharpoons 2FeOH^+ + H_2O$ | 0.16 |
| $SbO_3^- + H_2O + 2e^- \rightleftharpoons SbO_2^- + 2OH^-$ | -0.59 | $SO_4^{2-} + 4H^+ + 2e^- \rightleftharpoons H_2SO_3 + H_2O$ | 0.172 |
| $Fe(OH)_3 + e^- \rightleftharpoons Fe(OH)_2 + OH^-$ | -0.56 | $AgCl + e^- \rightleftharpoons Ag + Cl^-$ | 0.22233 |
| $In^{3+} + e^- \rightleftharpoons In^{2+}$ | -0.49 | $As_2O_3 + 6H^+ + 6e^- \rightleftharpoons 2As + 3H_2O$ | 0.234 |
| $B(OH)_3 + 7H^+ + 8e^- \rightleftharpoons BH_4^- + 3H_2O$ | -0.481 | $HAsO_2 + 3H^+ + 3e^- \rightleftharpoons As + 2H_2O$ | 0.248 |
| $S + 2e^- \rightleftharpoons S^{2-}$ | -0.47627 | $Hg_2Cl_2 + 2e^- \rightleftharpoons 2Hg + 2Cl^-$ | 0.26808 |
| $Fe^{2+} + 2e^- \rightleftharpoons Fe$ | -0.447 | $Cu^{2+} + 2e^- \rightleftharpoons Cu$ | 0.3419 |
| $Cr^{3+} + e^- \rightleftharpoons Cr^{2+}$ | -0.407 | $Ag_2O + H_2O + 2e^- \rightleftharpoons 2Ag + 2OH^-$ | 0.342 |
| $Cd^{2+} + 2e^- \rightleftharpoons Cd$ | -0.4030 | $[Fe(CN)_6]^{3-} + e^- \rightleftharpoons [Fe(CN)_6]^{4-}$ | 0.358 |
| $PbSO_4 + 2e^- \rightleftharpoons Pb + SO_4^{2-}$ | -0.3588 | $[Ag(NH_3)_2]^+ + e^- \rightleftharpoons Ag + 2NH_3$ | 0.373 |
| $Tl^+ + e^- \rightleftharpoons Tl$ | -0.336 | $O_2 + 2H_2O + 4e^- \rightleftharpoons 4OH^-$ | 0.401 |

| 半反应 | $\varphi^{\ominus}/V$ | 半反应 | $\varphi^{\ominus}/V$ |
|---|---|---|---|
| $H_2SO_3+4H^++4e^-\Longleftrightarrow S+3H_2O$ | 0.449 | $Br_2(l)+2e^-\Longleftrightarrow 2Br^-$ | 1.066 |
| $IO^-+H_2O+2e^-\Longleftrightarrow I^-+2OH^-$ | 0.485 | $Br_2(aq)+2e^-\Longleftrightarrow 2Br^-$ | 1.0873 |
| $Cu^++e^-\Longleftrightarrow Cu$ | 0.521 | $2IO_3^-+12H^++10e^-\Longleftrightarrow I_2+6H_2O$ | 1.195 |
| $I_2+2e^-\Longleftrightarrow 2I^-$ | 0.5355 | $ClO_3^-+3H^++2e^-\Longleftrightarrow HClO_2+H_2O$ | 1.214 |
| $I_3^-+2e^-\Longleftrightarrow 3I^-$ | 0.536 | $MnO_2+4H^++2e^-\Longleftrightarrow Mn^{2+}+2H_2O$ | 1.224 |
| $AgBrO_3+e^-\Longleftrightarrow Ag+BrO_3^-$ | 0.546 | $O_2+4H^++4e^-\Longleftrightarrow 2H_2O$ | 1.229 |
| $MnO_4^-+e^-\Longleftrightarrow MnO_4^{2-}$ | 0.558 | $Tl^{3+}+2e^-\Longleftrightarrow Tl^+$ | 1.252 |
| $AsO_4^{3-}+2H^++2e^-\Longleftrightarrow AsO_3^{2-}+H_2O$ | 0.559 | $2HNO_2+4H^++4e^-\Longleftrightarrow N_2O+3H_2O$ | 1.297 |
| $H_3AsO_4+2H^++2e^-\Longleftrightarrow HAsO_2+2H_2O$ | 0.560 | $HBrO+H^++2e^-\Longleftrightarrow Br^-+H_2O$ | 1.331 |
| $MnO_4^-+2H_2O+3e^-\Longleftrightarrow MnO_2+4OH^-$ | 0.595 | $HCrO_4^-+7H^++3e^-\Longleftrightarrow Cr^{3+}+4H_2O$ | 1.350 |
| $Hg_2SO_4+2e^-\Longleftrightarrow 2Hg+SO_4^{2-}$ | 0.6125 | $Cl_2(g)+2e^-\Longleftrightarrow 2Cl^-$ | 1.35827 |
| $O_2+2H^++2e^-\Longleftrightarrow H_2O_2$ | 0.695 | $Cr_2O_7^{2-}+14H^++6e^-\Longleftrightarrow 2Cr^{3+}+7H_2O$ | 1.36 |
| $[PtCl_4]^{2-}+2e^-\Longleftrightarrow Pt+4Cl^-$ | 0.755 | $HClO+H^++2e^-\Longleftrightarrow Cl^-+H_2O$ | 1.482 |
| $BrO^-+H_2O+2e^-\Longleftrightarrow Br^-+2OH^-$ | 0.761 | $MnO_4^-+8H^++5e^-\Longleftrightarrow Mn^{2+}+4H_2O$ | 1.507 |
| $Fe^{3+}+e^-\Longleftrightarrow Fe^{2+}$ | 0.771 | $MnO_4^-+4H^++3e^-\Longleftrightarrow MnO_2+2H_2O$ | 1.679 |
| $Hg_2^{2+}+2e^-\Longleftrightarrow 2Hg$ | 0.7973 | $Au^++e^-\Longleftrightarrow Au$ | 1.692 |
| $Ag^++e^-\Longleftrightarrow Ag$ | 0.7996 | $Ce^{4+}+e^-\Longleftrightarrow Ce^{3+}$ | 1.72 |
| $ClO^-+H_2O+2e^-\Longleftrightarrow Cl^-+2OH^-$ | 0.841 | $H_2O_2+2H^++2e^-\Longleftrightarrow 2H_2O$ | 1.776 |
| $Hg^{2+}+2e^-\Longleftrightarrow Hg$ | 0.851 | $Co^{3+}+e^-\Longleftrightarrow Co^{2+}$ | 1.92 |
| $2Hg^{2+}+2e^-\Longleftrightarrow Hg_2^{2+}$ | 0.920 | $S_2O_8^{2-}+2e^-\Longleftrightarrow 2SO_4^{2-}$ | 2.010 |
| $NO_3^-+3H^++2e^-\Longleftrightarrow HNO_2+H_2O$ | 0.934 | $F_2+2e^-\Longleftrightarrow 2F^-$ | 2.866 |
| $Pd^{2+}+2e^-\Longleftrightarrow Pd$ | 0.951 | $XeF+e^-\Longleftrightarrow Xe+F^-$ | 3.4 |

注:本表数据主要摘自 Weast RC.CRC Handbook of Chemistry and Physics,88th ed.CRC Press,2008~2009.

# 中英文词汇对照

## A

锕系元素　actinide elements

## B

钯　Palladium
半电池　half cell
半透膜　semi-permeable membrane
饱和溶液　saturated solution
饱和蒸气　saturated vapor
钡　barium
比例浓度　ratio concentration
必需元素　essential element
变形性　polarizability
标准电极电位　standard electrode potential
标准缓冲溶液　standard buffer solution
标准摩尔燃烧焓　standard molar enthalpy of combustion
标准摩尔熵　standard molar entropy
标准摩尔生成焓　standard molar enthalpy of formation
标准摩尔生成自由能　standard free energy of formation
标准平衡常数　standard equilibrium constant
标准氢电极　standard hydrogen electrode, SHE
标准状态　standard state
表观荷电数　apparent charge number
表观解离度　apparent degree of dissociation
波函数　wave function
波粒二象性　wave-particle duality
玻璃电极　glass electrode
铂　Platinum
不等性杂化　nonequivalent hybridization
不可逆反应　irreversible reaction
不可逆过程　irreversible process

## C

常量元素　macroelement
敞开系统　open system
超滤膜　ultrafiltration membrane
超氧化物　surperoxide
超氧化物歧化酶　Superoxide Disumatse, SOD
沉淀　precipitation
沉淀的转化　transformation of precipitate
沉淀反应　precipitation reaction
沉淀溶解平衡　precipitation dissolution equilibrium
成键轨道　bonding molecular orbital
氚　tritium
磁量子数　magnetic quantum number
催化剂　catalyst

催化作用　catalysis

## D

弹性碰撞　elastic collsion
氘　deuterium
锝　Technetium
等价轨道　equivalent orbitals
等容过程　isometric process
等渗溶液　isotonic solution
等温方程式　isothermal equation
等温过程　isothermal process
等性杂化　equivalent hybridization
等压过程　isobaric process
低渗溶液　hypotonic solution
底物　substrate
第二电离能　the second ionization energy
第一电离能　the first ionization energy
第一过渡系　the first row transition metal
电池电动势　electromotive force
电池反应　cell reaction
电动势法　potentiometry
电负性　electronegativity
电荷平衡　charge balance
电极　electrode
电极电位　electrode potential
电极反应　electrode reaction
电解质　electrolyte
电解质溶液　electrolytic solution
电离能　ionization energy
电子层　shell
电子亚层　subshell
电子云　electron density
电子云图　electron density distribution
电子组态　electronic configuration
定态　stationary state
动量　momentum
对称性匹配原则　law of symmetry matching
多相催化　heterogeneous catalysis
多元弱碱　polyprotic base
多元弱酸　polyprotic acid
多重平衡　multiple equilibrium
多重平衡规则　multiple equilibrium rule

## E

锇　Osmium

## F

f区元素　f-block elements

394

钒　Vanadium
反磁性　diamagnetism
反键轨道　antibonding molecular orbital
反向渗透　reverse osmosis
反应进度　extent of reaction
反应热　heat of reaction
放热反应　exothermal reaction
放射性　radioactivity
非必需元素　non-essential element
非极性分子　nonpolar molecule
非极性共价键　nonpolar covalent bond
非键轨道　nonbonding orbital
非晶体　non crystal
沸点　boiling point
沸点升高　boiling point elevation
分步沉淀　fractional precipitation
分步解离平衡　stepwise dissociation eqilibrium
分子的极化　polarizing
分子轨道　molecular orbital
分子轨道理论　molecular orbital theory
分子间作用力　Intermolecular Forces
封闭系统　closed system
富勒烯　fullerenes

### G

钙　calcium
概率密度　probability density
高渗溶液　hypertonic solution
锆　Zirconium
镉　Cadmium
各向异性　isotropy
铬　Chromiumr
功　work
汞　Mercury
共轭碱　conjugate base
共轭酸　conjugate acid
共轭酸碱对　conjugate pair of acid- base
共价半径　covalent radius
共价键　covalent bond
共价键的饱和性　saturation of covalent bond
构造原理　building-up principle
孤立系统　isolated system
钴　Cobalt
光电效应　photoelectric effect
光子　photon
广度性质　extensive property
规定熵　conventional entropy
国际纯粹与应用化学联合会　IUPAC
过程　process
过渡金属　transition metal
过渡元素　transition elements
过氧化物　peroxide

### H

Heisenberg 不确定原理　Heisenberg's uncertainty principle
铪　Hafnium
焓　enthalpy
核间距　internuclear distance
核式模型　nuclear model
亨德森-哈塞尔巴赫方程式　Henderson-Hasselbalch Equation
洪特规则　Hund's rule
化学反应速率　rate of chemical reaction
化学键　chemical bond
化学平衡的移动　shift of chemical equilibrium
化学热力学　chemical thermodynamics
还原　reduction
还原剂　reducing agent
还原型　redution form
环境　surrounding
缓冲比　buffer-component ratio
缓冲对　buffer pair
缓冲范围　buffer range
缓冲容量　buffer capacity
缓冲溶液　buffer solution
缓冲系　buffer system
缓冲作用　buffer action
缓冲作用原理　the principle of buffer action
混合物　mixture
活度　activity
活度系数　activity coefficient
活度因子　activity factor
活化络合物　activated complex
活化能　activation energy

### J

基态　ground state
激发态　excited state
极化率　polarizability
极化能力　polaring power
极性分子　polar molecule
极性共价键　polar covalent bond
钾　potassium
价层电子对互斥理论　valence shell electron pair repulsion theory
价电子　valence electron
价电子层或价层　valence shell
简并轨道　degenerate orbitals
碱　base
碱度　basidity
碱度常数　basidity constant
碱金属　alkali metals
碱土金属　alkaline earth metals
键参数　bond parameter
键长　bond length

区　block
区分溶剂　differentiating solvent
区分效应　differentiating effect
取向力　orientation force
缺电子化合物　electron deficiency compound

**R**

热　heat
热化学　thermochemistry
热化学方程式　thermochemical equation
热力学　thermodynamics
热力学第二定律　the second law of thermodynamics
热力学第三定律　the third law of thermodynamics
热力学能　thermodynamic energy
热容　heat capacity
热效应　heat effect
溶度积　solubility product
溶度积规则　solubility product principle
溶剂　solvent
溶剂化作用　solvation
溶解　dissolution
溶解　dissolve
溶解度　solubility
溶解反应　dissolution reaction
溶血　hemolysis
溶液　solution
溶质　solute
铷　rubidium
弱电解质　weak electrolyte
弱碱解离常数　base dissociation constant
弱酸解离常数　acid dissociation constant

**S**

Schrödinger 方程　Schrödinger's equation
色散力　dispersion force
铯　cesium
熵　entropy
熵判据　entropy criterion
熵增加原理　principle of entropy increase
渗透　osmosis
渗透活性物质　osmosis activated matter
渗透浓度　osmolarity
渗透性利尿药　osmotic diuretics
渗透压力　osmotic pressure
升华　sublimation
生命元素　biological element
生物传感器　biosensor
石墨　graphite
实验平衡常数　experimental equilibrium constant
始态　initial state
世界卫生组织　WHO
双电层　electric double layer
水合作用　hydrated effect

顺磁性　paramagnetism
瞬间偶极　instantaneous dipole moment
瞬时速率　instantaneous rate
锶　strontium
酸　acid
酸度　acidity
酸度常数　acidity constant
酸碱半反应　half reaction of acid-base
酸碱质子理论　Brönsted - Lowry theory
酸效应　acidic effect

**T**

钛　Titanium
钽　Tantalum
碳酸酐酶　Carbonatre hydrolyase
滕氏蓝　Turnbull's blue
体积分数　volume fraction
体液　humor
铁　Iron
同离子效应　common ion effect
同位素　isotope
铜　Copper
铜蓝蛋白　Copper Protein,CP
透析袋　dialysis tubing
途径　path

**V**

van der Waals 半径　van der Waals radius

**W**

微量元素　microelement
钨　Tungsten
无定形碳　amorphous Carbon
无定形物质　amorphuos solids
物质波　matter waves
物质的量浓度　amount-of-substance concentration

**X**

吸热反应　endothermal reaction
稀薄溶液的依数性质　colligative properties of dilute solution
稀散元素　scattered elements
稀释定律　diluting law
稀土元素　rare earth's elements
系统　system
氙的氟化物　fluorides of xenon
氙的含氧化合物　oxides of xenon
现代价键理论　valence bond theory
线性组合　linear combination of atomic orbitals,LCAO
线状光谱　line spectrum
相似相溶原理　like dissolves like
锌　Zinc
循环过程　cyclic process

**Y**

盐桥　salt bridge

盐效应　salt effect
氧化　oxidation
氧化还原电对　redox couple
氧化还原反应　oxidation-reduction reaction
氧化剂　oxidizing agent
氧化物　oxide
氧化型　oxidation form
氧化值　oxidation number
铱　Iridium
银　Silver
永久偶极　permanent dipole moment
有效核电荷　effective nuclear charge
有效碰撞　effective collision
诱导力　induction force
诱导偶极　induced dipole moment
元反应　elementary reaction
元素的电子亲合能　electron affinity
元素电位图　electric potential diagram of elements
原电池　primary cell
原子半径　atomic radius
原子轨道　atomic orbital
原子实　atomic kernel
跃迁　transition

### Z

杂化　hybridization
杂化轨道　hybrid orbital

杂化轨道理论　hybrid orbital theory
蒸发　evaporation
蒸气压　vapor pressure
蒸气压下降　vapor pressure lowering
正常沸点　normal boiling point
质量分数　mass fraction
质量摩尔浓度　molarity
质量浓度　mass concentration
质量平衡　mass balance
质子给予体　proton donor
质子接受体　proton acceptor
质子自递平衡　autoprotolysis equilibrium
质子自递平衡常数　autoprotolysis equilibrium constant
终态　final state
周期　period
主量子数　principal quantum number
主族　representative-group（or main-group）
状态　state
状态函数　state function
自发过程　spontaneous process
自身催化　autocatalysis
自旋磁量子数　spin magnetic quantum number
自由能　free energy
组成标度　composition scale
钻穿效应　penetration effect

# 元素周期表

**分区：** s区 · p区 · d区 · ds区 · f区

**图例：** 主族金属 · 过渡金属 · 内过渡金属 · 准金属 · 非金属

示例说明（以钾 K 为例）：原子序数 19 · 元素符号 K（红色指放射性元素）· 元素名称 钾（注▲为人造元素）· 相对原子质量最末位括号内数据 39.0983(1) · 外围电子构型 4s¹（括号指可能的构型）· 为本表最长周期内数据。

| 周期 \ 族 | IA (1) | IIA (2) | IIIB (3) | IVB (4) | VB (5) | VIB (6) | VIIB (7) | VIIIB (8) | VIIIB (9) | VIIIB (10) | IB (11) | IIB (12) | IIIA (13) | IVA (14) | VA (15) | VIA (16) | VIIA (17) | VIIIA (18) |
|---|---|---|---|---|---|---|---|---|---|---|---|---|---|---|---|---|---|---|
| 1 | 1 H 氢 1s¹ 1.00794(7) | | | | | | | | | | | | | | | | | 2 He 氦 1s² 4.002602(2) |
| 2 | 3 Li 锂 2s¹ 6.941(2) | 4 Be 铍 2s² 9.012182(3) | | | | | | | | | | | 5 B 硼 2s²2p¹ 10.811(7) | 6 C 碳 2s²2p² 12.0107(8) | 7 N 氮 2s²2p³ 14.0067(2) | 8 O 氧 2s²2p⁴ 15.9994(3) | 9 F 氟 2s²2p⁵ 18.9984032(5) | 10 Ne 氖 2s²2p⁶ 20.1797(6) |
| 3 | 11 Na 钠 3s¹ 22.98976928(2) | 12 Mg 镁 3s² 24.3050(6) | | | | | | | | | | | 13 Al 铝 3s²3p¹ 26.9815386(8) | 14 Si 硅 3s²3p² 28.0855(3) | 15 P 磷 3s²3p³ 30.973762(2) | 16 S 硫 3s²3p⁴ 32.065(5) | 17 Cl 氯 3s²3p⁵ 35.453(2) | 18 Ar 氩 3s²3p⁶ 39.948(1) |
| 4 | 19 K 钾 4s¹ 39.0983(1) | 20 Ca 钙 4s² 40.078(4) | 21 Sc 钪 3d¹4s² 44.955912(6) | 22 Ti 钛 3d²4s² 47.867(1) | 23 V 钒 3d³4s² 50.9415(1) | 24 Cr 铬 3d⁵4s¹ 51.9961(6) | 25 Mn 锰 3d⁵4s² 54.938045(5) | 26 Fe 铁 3d⁶4s² 55.845(2) | 27 Co 钴 3d⁷4s² 58.933195(5) | 28 Ni 镍 3d⁸4s² 58.6934(4) | 29 Cu 铜 3d¹⁰4s¹ 63.546(3) | 30 Zn 锌 3d¹⁰4s² 65.409(4) | 31 Ga 镓 4s²4p¹ 69.723(1) | 32 Ge 锗 4s²4p² 72.64(1) | 33 As 砷 4s²4p³ 74.92160(2) | 34 Se 硒 4s²4p⁴ 78.96(3) | 35 Br 溴 4s²4p⁵ 79.904(1) | 36 Kr 氪 4s²4p⁶ 83.798(2) |
| 5 | 37 Rb 铷 5s¹ 85.4678(3) | 38 Sr 锶 5s² 87.62(1) | 39 Y 钇 4d¹5s² 88.90585(2) | 40 Zr 锆 4d²5s² 91.224(2) | 41 Nb 铌 4d⁴5s¹ 92.90638(2) | 42 Mo 钼 4d⁵5s¹ 95.96(2) | 43 Tc 锝 4d⁵5s² (97.9072) | 44 Ru 钌 4d⁷5s¹ 101.07(2) | 45 Rh 铑 4d⁸5s¹ 102.90550(2) | 46 Pd 钯 4d¹⁰ 106.42(1) | 47 Ag 银 4d¹⁰5s¹ 107.8682(2) | 48 Cd 镉 4d¹⁰5s² 112.411(8) | 49 In 铟 5s²5p¹ 114.818(3) | 50 Sn 锡 5s²5p² 118.710(7) | 51 Sb 锑 5s²5p³ 121.760(1) | 52 Te 碲 5s²5p⁴ 127.60(3) | 53 I 碘 5s²5p⁵ 126.90447(3) | 54 Xe 氙 5s²5p⁶ 131.293(6) |
| 6 | 55 Cs 铯 6s¹ 132.9054519(2) | 56 Ba 钡 6s² 137.327(7) | 57 La 镧 5d¹6s² 138.90547(7) | 72 Hf 铪 5d²6s² 178.49(2) | 73 Ta 钽 5d³6s² 180.94788(2) | 74 W 钨 5d⁴6s² 183.84(1) | 75 Re 铼 5d⁵6s² 186.207(1) | 76 Os 锇 5d⁶6s² 190.23(3) | 77 Ir 铱 5d⁷6s² 192.217(3) | 78 Pt 铂 5d⁹6s¹ 195.084(9) | 79 Au 金 5d¹⁰6s¹ 196.966569(5) | 80 Hg 汞 5d¹⁰6s² 200.59(2) | 81 Tl 铊 6s²6p¹ 204.3833(2) | 82 Pb 铅 6s²6p² 207.2(1) | 83 Bi 铋 6s²6p³ 208.98040(1) | 84 Po 钋 6s²6p⁴ (208.9824) | 85 At 砹 6s²6p⁵ (209.9871) | 86 Rn 氡 6s²6p⁶ (222.0176) |
| 7 | 87 Fr 钫 7s¹ (223.0197) | 88 Ra 镭 7s² (226.0254) | 89 Ac 锕 6d¹7s² (227.0277) | 104 Rf 鑪 (6d²7s²) (261.1088) | 105 Db 𨧀 (6d³7s²) (262.1141) | 106 Sg 𨭎 (266.1219) | 107 Bh 𨨏 (264.12) | 108 Hs 𨭆 (267) | 109 Mt 䥑 (268.1388) | 110 Ds 鐽 (271) | 111 Rg 錀 (272.1535) | 112 Uub (285) | | 114 Uuq (289) | | 116 Uuh (293) | | |

**f区**

| 镧系 | 58 Ce 铈 4f¹5d¹6s² 140.116(1) | 59 Pr 镨 4f³6s² 140.90765(2) | 60 Nd 钕 4f⁴6s² 144.242(3) | 61 Pm 钷 4f⁵6s² (144.9127) | 62 Sm 钐 4f⁶6s² 150.36(2) | 63 Eu 铕 4f⁷6s² 151.964(1) | 64 Gd 钆 4f⁷5d¹6s² 157.25(3) | 65 Tb 铽 4f⁹6s² 158.92535(2) | 66 Dy 镝 4f¹⁰6s² 162.500(1) | 67 Ho 钬 4f¹¹6s² 164.93032(2) | 68 Er 铒 4f¹²6s² 167.259(3) | 69 Tm 铥 4f¹³6s² 168.93421(2) | 70 Yb 镱 4f¹⁴6s² 173.04(3) | 71 Lu 镥 4f¹⁴5d¹6s² 174.967(1) |
|---|---|---|---|---|---|---|---|---|---|---|---|---|---|---|
| 锕系 | 90 Th 钍 6d²7s² 232.03806(2) | 91 Pa 镤 5f²6d¹7s² 231.03588(2) | 92 U 铀 5f³6d¹7s² 238.02891(3) | 93 Np 镎 5f⁴6d¹7s² (237.0482) | 94 Pu 钚 5f⁶7s² (244.0642) | 95 Am 镅 5f⁷7s² (243.0614) | 96 Cm 锔 5f⁷6d¹7s² (247.0704) | 97 Bk 锫 5f⁹7s² (247.0703) | 98 Cf 锎 5f¹⁰7s² (251.0796) | 99 Es 锿 5f¹¹7s² (252.0830) | 100 Fm 镄 5f¹²7s² (257.0951) | 101 Md 钔 5f¹³7s² (258.0984) | 102 No 锘 5f¹⁴7s² (259.1010) | 103 Lr 铹 (5f¹⁴6d¹7s²) (262.1097) |

**电子层电子数（右上）**

| 族→ | 电子层 | 电子数 |
|---|---|---|
| VIIIA (18) | K | 2 |
| | L / K | 8 / 2 |
| | M / L / K | 8 / 8 / 2 |
| | N / M / L / K | 8 / 18 / 8 / 2 |
| | O / N / M / L / K | 8 / 18 / 18 / 8 / 2 |
| | P / O / N / M / L / K | 8 / 18 / 32 / 18 / 8 / 2 |

注:
1. 相对原子质量录自2005年国际原子质量表，以 ¹²C=12 为基准。元素的相对原子质量末位数的准确度加注在其后的括号内。
2. 商品级的相对原子质量范围见图见6.939~6.996。
3. 稳定元素列有天然丰度的同位素，天然放射性元素和人造元素的选列与国际相对原子质量所标的中文文献一致。